普通高等教育土木工程类专业信息化系列教材

U0379281

土木工程测量

主　编　程　扬　郑　磊　曲双宝
副主编　王　萍　张顾萍　张仁萍

西安电子科技大学出版社

内容简介

本书较为全面、系统地介绍了土木工程测量的基础知识、基本理论、基本方法，常规测量仪器(水准仪、经纬仪、全站仪和GNSS-RTK)的操作与使用及工程建设中勘测设计、施工和竣工运营阶段所涉及的测量工作的理论和方法，结构严谨、逻辑性强。本书在编写过程中，遵循教育教学规律和土木工程卓越工程师培养规律，注重理论联系实践，同时结合目前行业发展的现状，将最新技术介绍给读者。

本书可以作为普通高等院校和高职院校工程技术类专业的教学用书，也可以作为相关工程技术人员的参考用书。

图书在版编目(CIP)数据

土木工程测量／程扬，郑磊，曲双宝主编. --西安：西安电子科技大学出版社，2023.9
ISBN 978-7-5606-6971-7

Ⅰ. ①土…　Ⅱ. ①程…　②郑…　③曲…　Ⅲ. ①土木工程—测量　Ⅳ. ①TU198

中国国家版本馆CIP数据核字(2023)第145270号

策　　划　吴祯娥　刘统军
责任编辑　武翠琴
出版发行　西安电子科技大学出版社(西安市太白南路2号)
电　　话　(029)88202421　88201467　　邮　　编　710071
网　　址　www.xduph.com　　电子邮箱　xdupfxb001@163.com
经　　销　新华书店
印刷单位　广东虎彩云印刷有限公司
版　　次　2023年9月第1版　2023年9月第1次印刷
开　　本　787毫米×1092毫米　1/16　印张　23.5
字　　数　563千字
印　　数　1～1000册
定　　价　63.00元
ISBN 978-7-5606-6971-7／TU
XDUP 7273001-1

＊＊＊**如有印装问题可调换**＊＊＊

前言

随着科学技术的不断发展和进步，测量技术也发生了很大的变化，从数据采集设备、方法到数据处理软件都在不断地更新。测量工作在土木工程建设中一直扮演着非常重要的角色，贯穿于整个土木工程建设中，土木工程建设离不开测量工作，就像人类生活离不开土木工程一样。

本书共分为 15 章，前 6 章主要介绍土木工程测量的基础知识、基本理论和测量仪器的操作等，后 9 章讲述工程建设中勘测设计、施工和竣工运营阶段所进行的具体测量工作的相关知识。其中，第 1 章是绪论，第 2～5 章分别介绍水准测量、角度测量、距离测量和坐标测量，第 6 章介绍观测误差基础知识，第 7～9 章分别介绍工程控制测量、地形图测绘及地形图的应用，第 10～14 章分别介绍施工测量基本知识、建筑工程施工测量、线路工程测量、桥梁工程测量、地下工程测量，第 15 章介绍变形监测。

本书的特色如下：

（1）在章节框架设计及顺序排版方面，力求符合学生的认知和学习规律，将理论与实践相结合，结构严谨、逻辑性强，更大程度地满足土木工程建设过程中的测量工作需要。

（2）在内容素材选取方面，广泛征求专家、学者的意见和建议，遵循教育教学规律和土木工程卓越工程师培养规律，结合目前行业发展的现状，淘汰落后技术，充实新技术。

（3）安排了大量的实践教学环节，通过实践才能更好地检验理论知识的掌握程度，更好地提高学生的动手能力。

本书由程扬、郑磊和曲双宝担任主编，王萍、张顾萍和张仁萍担任副主编，具体编写分工为：程扬编写第 11～14 章，郑磊编写前言和第 1、5、6、15 章，曲双宝编写第 7～10 章，王萍编写第 2～4 章，全书由张顾萍和张仁萍统稿。

鉴于编者水平有限，虽经多次修改完善，但书中难免有不尽完善之处，敬请读者、同仁和专家批评指正，以帮助编者再版时修改完善。

编　者
2023 年 5 月

目录

第1章 绪论

本章的主要内容包括测量学的基本概念、发展简史、学科分类，土木工程测量学的概念、任务与作用，测量工作的基准，地面点位的表示方法，水平面代替水准面的限度，测量工作的基本内容、基本原则和基本要求以及常用的计量单位。本章的教学重点为测量工作的基准及地面点位的表示方法，教学难点为高斯-克吕格投影。

学习目标

通过本章的学习，学生应理解土木工程测量学的概念、任务与作用，掌握地面点位的表示方法、我国常用的测量坐标系统和高程基准，了解测量工作的基本内容、基本原则和基本要求，了解水平面代替水准面的限度及常用的计量单位。

1.1 测量学概述

测量学的应用范围非常广泛，测量工作常被人们称为建设的尖兵工作，这是由于不论是文化教育和科学研究，还是国民经济建设和国防建设，都十分需要测量工作。随着社会的不断进步和科学技术的日益发展，人们在日常生活和工作中也越来越离不开测量工作，测量工作在各行各业中发挥着巨大的作用。下面让我们来一起了解测量学的相关知识。

1.1.1 基本概念

1. 测量学

测量学(也称测绘学)是研究地球的形状和大小以及确定地球近地空间(包括空中、地表、地下和海洋)点位的学科，它通过一定的测量技术采集地球近地空间的点位信息，并对这些点位信息进行处理、存储、管理和应用。

测量学的内容包括测定和测设两部分。测定又称为定位，是指使用测量仪器和工具，通过测量和计算，得到一系列测量数据或将地球表面的地物和地貌缩绘成地形图，获取的数据或成果可供经济建设、国防建设、规划设计、学科研究以及人们日常生活使用。测设又称为放样或放线，是指利用一定的测量技术和方法，按要求把设计图纸上规划设计好的建筑物的平面位置和高程在实地标定出来，作为工程施工的依据。测定和测设的工作目的不同，但其实质相同，都是采用一定的测量技术确定地面点的位置。

2. 土木工程测量学

土木工程测量学是研究在土木工程建设的规划、设计、施工、竣工和运营管理各阶段中所需测量工作的理论和技术的学科，是工程测量学的重要组成部分。本书重点介绍土木工程建设中涉及的测量工作。

1.1.2 发展简史

测量学有着悠久的历史。古代的测量技术起源于水利和农业。古埃及尼罗河每年洪水泛滥，都会淹没土地界线，洪水退去以后需要重新划界，从而开始了测量工作。公元前 2 世纪，司马迁在《史记·夏本纪》中叙述了禹受命治理洪水的情况："左准绳，右规矩，载四时，以开九州、通九道、陂九泽、度九山。"说明在公元前很久，中国人为了治水，已经会使用简单的测量工具了。

17 世纪末，英国的牛顿(I. Newton)和荷兰的惠更斯(C. Huygens)首次以力学的观点探讨地球形状，提出地球是两极略扁的椭球体(称为地扁说)。1743 年，法国 A. C. 克莱洛证明了地球椭球扁率同重力扁率之间存在着简单的关系。19 世纪初，随着测量精度的提高，人们对各处弧度测量结果的研究更加深入，发现测量所依据的垂线方向同地球椭球面的法线方向之间的差异不能忽略。

19 世纪 50 年代初，法国洛斯达(A. Laussedat)首创摄影测量方法。随后，相继出现立体坐标量测仪、地面立体测图仪等。到 20 世纪初，已形成比较完备的地面立体摄影测量法。从 17 世纪末到 20 世纪中叶，测量仪器主要在光学领域内发展，测量学的传统理论和方法也已发展成熟。从 20 世纪 50 年代起，测量技术又朝电子化和自动化方向发展。首先是测距仪器发生变革，与此同时，电子计算机出现了，并很快被应用到测量学中。这不仅加快了测量计算的速度，还改变了测量仪器和测量方法，使测量工作更为简便和精确。

自 1950 年起，中国的测量事业有了很大的发展，主要成就有：在全国范围内建立了国家大地网、国家水准网、国家基本重力网和卫星多普勒网，并对国家大地网进行了整体平差；为了发展卫星大地测量技术，相继研制了卫星摄影仪、卫星激光测距仪和卫星多普勒接收机，并已投入实际应用；在摄影测量技术上已普遍应用电子计算机进行解析空中三角测量，并正在研制解析测图仪、正射投影仪，还在研究自动测图系统和航天遥感技术在测量上的应用；在海洋测量方面，采用了新的海洋定位系统。

随着卫星遥感、雷达技术、GNSS(全球导航卫星系统)接收机、无人机、三维激光扫描仪等测量设备和技术应用到测量外业数据采集中，测量外业数据采集的效率大大改善了。同时伴随着计算机技术的发展，相关软件应用到测量内业数据处理中，数据处理的效率和精度也大大提升了。新设备、新技术、新软件的应用进一步推动了中国测量事业的发展。

1.1.3 学科分类

测量学按其研究的范围、对象及采用的技术的不同，可分为大地测量学、摄影测量学、工程测量学、海洋测量学及地图制图学等多个分支学科。本书主要介绍土木工程建设各个

阶段所进行的测量工作(简称土木工程测量)，属于工程测量学范畴。

1. 大地测量学

大地测量学是研究和测定地球形状、大小和地球重力场，以及测定地面点几何位置的学科。在大地测量学中，测定地球的大小是指测定地球椭球面的大小；研究地球的形状是指研究地球水准面的形状；测定地面点的几何位置是指测定以地球椭球面为参考面的地面点位置，具体方法是将地面点沿法线方向投影于地球椭球面上，用投影点在地球椭球面上的大地纬度和大地经度表示该点的水平位置，用地面点至投影点的法线距离表示该点的大地高程。地面点的几何位置也可以用一个以地球质心为原点的空间直角坐标系中的三维坐标来表示。大地测量工作为大规模测制地形图提供了地面的水平位置控制网和高程控制网，为用重力勘探地下矿藏提供了重力控制点，同时也为发射人造地球卫星、导弹和各种航天器提供了地面站的精确坐标和地球重力场资料。

2. 摄影测量学

摄影测量学是研究利用摄影或遥感的手段获取被测物体的信息(影像的或数字式的)，从几何和物理方面进行分析和处理，以确定被测物体的形状、大小和位置，并判断其性质的一门学科。摄影测量学包括航空摄影测量学、航天摄影测量学、水下摄影测量学和地面立体摄影测量学等。航空摄影测量学是摄影测量学的主要内容。摄影测量的特点是通过图像对被测物体进行间接测量，无需接触被测物体本身。摄影测量主要用于测制地形图，但它的原理和基本技术也适用于非地形测量。自从出现了影像的数字化技术以后，被测物体可以是固体、液体，也可以是气体；可以是微小的，也可以是巨大的；可以是瞬时的，也可以是变化缓慢的。这些特性使摄影测量得到了广泛的应用。

3. 工程测量学

工程测量学是研究在工程建设的设计、施工和管理各阶段中进行的测量工作的理论、技术和方法的学科，又称实用测量学或应用测量学。它是测量学在国民经济和国防建设中的直接应用。工程测量学所研究的内容，按工程测量所服务的工程种类的不同，分为建筑工程测量、线路测量(如铁路测量、公路测量、输电线路测量和输油管道测量等)、桥梁测量、隧道测量、矿山测量、城市测量和水利工程测量等；按工程建设进行的阶段的不同，又可分为规划设计阶段的测量、施工兴建阶段的测量和竣工后运营管理阶段的测量，每个阶段测量工作的重点和要求各不相同。

4. 海洋测量学

海洋测量学是研究以海洋水体和海底为对象所进行的测量和海图编制工作的学科，主要包括海道测量、海洋大地测量、海底地形测量、海洋专题测量，以及航海图、海底地形图、各种海洋专题图和海洋图集等的编制。海洋测量是海洋事业的一项基础性工作，其成果广泛应用于经济建设、国防建设和科学研究的各个领域。例如，海上交通，海洋地质勘探，海洋资源开发，海洋工程建设，海底电缆和管道的敷设，海洋疆界的勘定，海洋环境保护和地壳变迁、板块构造等理论的研究都离不开海洋测量。同陆地测量相比，海洋测量的基本理论、技术方法和仪器设备等有自己的特点，主要是：测量内容综合性强，需多种仪器配合施测，同时完成多种观测项目；测区条件比较复杂，海面受潮汐、气象等影响起伏不定；大多为动态作业，精确测量难度较大。

5. 地图制图学

地图制图学是研究地图编制及其应用的一门学科。它研究用地图图形反映自然界和人类社会各种现象的空间分布、相互联系及动态变化，具有区域性学科和技术性学科的两重性，亦称地图学。传统的地图制图学由地图学总论、地图投影、地图编制、地图设计、地图制印和地图应用等部分组成。地图制图学同许多学科都有联系，尤其同测量学、地理学和数学的联系更为密切。

1.1.4 土木工程测量学的任务

土木工程测量学属于工程测量学的范畴，它主要面向土木建筑、环境、道路、桥梁、水利等学科，其主要任务如下：

(1) 研究测绘地形图的理论和方法。地形图是土木工程勘察、规划、设计的依据。土木工程测量学主要研究确定地球表面局部区域建筑物、构筑物、天然地物和地貌、地面高低起伏形态的空间三维坐标的原理和方法，局部地区地图投影理论，以及将测量资料按比例绘制成地形图或电子地图的原理和方法。

(2) 研究地形图在规划、设计中的应用方法。地形图的应用十分广泛，在土木工程建设过程中，常常遇到区域规划、道路选线、场地平整等问题，土木工程测量学将对其中的主要问题进行研究讨论。

(3) 研究建筑物施工放样、质量检验的技术和方法。施工放样是施工测量的主要工作，它的主要任务是将设计好的建筑物位置在实地上标定出来。另外，在施工过程中，为保证工程的施工质量，必须对施工结果分阶段进行检查验收。

(4) 研究变形监测的基本理论和方法。在土木工程施工过程中或竣工后，为确保工程的安全，应进行工程的变形监测。土木工程测量学重点介绍变形监测的原理和方法。

1.1.5 土木工程测量学的作用

在建筑工程、线路工程、桥梁工程、地下工程等土木工程建设过程中，工程勘测、规划、设计、施工、竣工和运营管理各阶段都离不开测量工作，即测量工作贯穿整个土木工程建设过程。

在土木工程建设的工程勘测、规划、设计阶段，不同比例尺的数字地形图或相关地理信息系统(GIS)用于城镇规划设计、道路选线以及竖向设计等，以保证规划布局的科学合理、选址得当，设计成果精确、可靠。

在土木工程建设的施工阶段，特别是大型、特大型工程的施工阶段，全球导航卫星系统(GNSS)和测量机器人技术用于高精度建筑物的施工放样，不仅可对高层、大型建筑物进行沉降、位移、倾斜等变形观测，以确保建筑物的安全，并为建筑物结构和地基基础的研究提供各种可靠的测量数据，还可对施工、安装工作进行检验校正，以保证施工符合设计要求。

在土木工程建设的竣工、运营管理阶段，竣工测量成果是扩建、改建和管理维护必需的资料。对于大型或重要建筑物，还需定期进行变形监测，以确保其安全、可靠。

因此，土木工程测量学是土木工程建设的重要基础理论。测量技术是土木工程项目勘测、规划、设计、施工的基本技术，是土木工程项目施工顺利进行和质量检验与安全监测的重要保证，是我国现代化建设不可缺少的一项重要技术。测量科技的发展以及新技术的研究开发与应用必将为各个行业及时提供更多、更好的信息服务与准确、适用的测量成果。

1.2 测量工作的基准

测量学(无论是测定还是测设)的基本问题是确定点位。点位包括点的平面位置和空间位置，而点位是相对而言的，必须用坐标来表示。例如，点的平面位置可以用平面直角坐标(x，y)来表示，点的空间位置可以用空间坐标(x，y，H)来表示。那么坐标系统怎样建立？坐标值怎样确定？要建立坐标系统，就必须有参照面(线)，那么以什么样的面(线)作为基准面(线)最为合适？这些都是测量学首先要解决的问题。

1.2.1 地球的形状和大小

测量工作是在地球的自然表面上进行的，所以需要了解地球的形状和大小。对地球形状的研究是大地测量学和固体地球物理学的一个共同课题，其目的是运用几何方法、重力方法和空间技术，确定地球的形状、大小，地面点的位置和重力场的精细结构。地球的自然表面高低起伏，是一个复杂的不规则曲面，即地球的自然表面是极不平坦和不规则的，其中有高达8844.86 m的珠穆朗玛峰，也有深至11 034 m的马里亚纳海沟，不过虽然它们高低起伏悬殊，但它们的高度(深度)与地球的平均半径(约为6371 km)相比，还是可以忽略不计的。此外，测量工作的基准线和基准面的选定、坐标系的建立直接与地球的形状、大小有关。通常情况下，地球的形状可近似视为由海水面包围着的球体(因为地球表面海洋面积约占71%，陆地面积约占29%)。

1.2.2 测量工作的基准线和基准面

1. 基准线和基准面

地表起伏相对于庞大的地球来说是微不足道的。由于地球表面大部分是海洋，所以海水所包围的形体基本表示了地球的形状。在无外力作用而静止时，地球表面是重力位相等的曲面。因此，人们设想以一个静止不动的海水面延伸穿越陆地，覆盖整个地球表面，形成一个闭合的曲面，这个闭合的曲面称为水准面。水准面上每一个点的铅垂线均与该点的重力方向重合。由于海水存在涨落变化，时高时低，所以水准面有无数多个。通常把通过平均海水面的水准面称为大地水准面，如图1-1所示。大地水准面所包围的地球形体称为大地体。

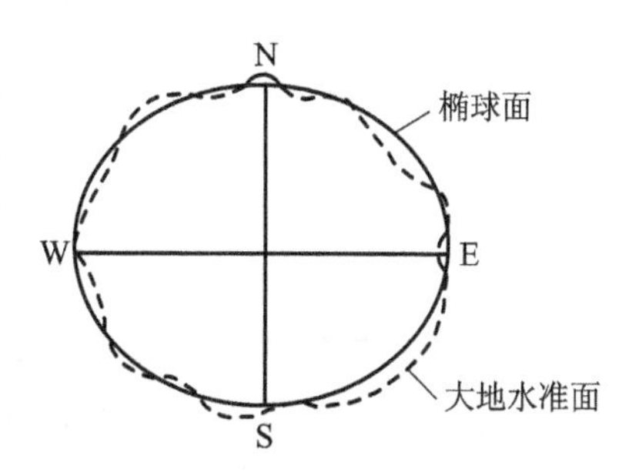

图1-1 大地水准面

大地水准面是受地球重力影响而形成的，其特点是大地水准面处处与重力方向线(铅垂线)垂直。

实际测量时，测量仪器的对中以铅垂线为依据，整平则以水准器气泡居中为依据。所以，铅垂线是测量工作的基准线，水准面是测量工作的基准面。

2. 参考椭球体及其几何参数

地球内部质量分布不均匀引起铅垂线方向变化，使大地水准面成为一个复杂而不宜用数学函数表达的曲面，导致进行地形制图或测量计算等工作特别困难。为了解决这个难题，测量学者们经过几个世纪的努力观测和推算，选用一个形状和大小非常接近大地体的几何形体代表地球的实际形体。这个几何形体是由一个椭圆绕它的短轴旋转而形成的形体，称为旋转椭球体或参考椭球体，如图 1-2 所示。它是一个规则的曲面体，可以用数学函数表达为

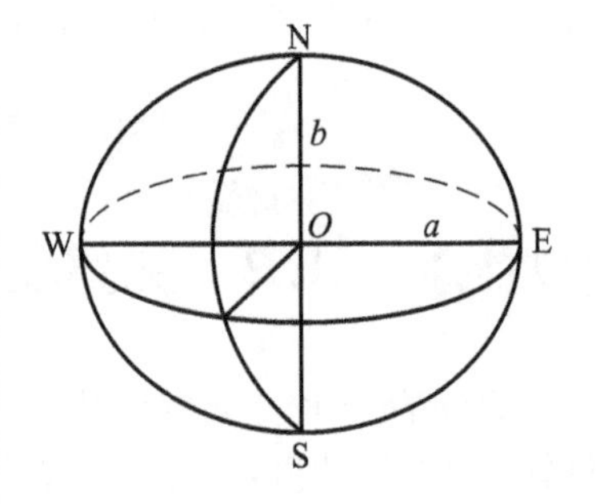

图 1-2 参考椭球体

$$\frac{x^2}{a^2}+\frac{y^2}{a^2}+\frac{z^2}{b^2}=1 \tag{1-1}$$

式中：a、b——参考椭球体的几何参数，其中 a 为参考椭球体的长半径，b 为参考椭球体的短半径。

参考椭球体的形状和大小取决于其长半径 a、短半径 b 及扁率 f，a、b、f 的关系应满足下式：

$$f=\frac{a-b}{a} \tag{1-2}$$

两个多世纪以来，许多学者和机构分别测算出了参考椭球体的几何参数值，为测量学的发展做出了杰出贡献。表 1-1 是几次有代表性的测算成果。

表 1-1 参考椭球体的几何参数测算成果

参考椭球体名称	时间(年)	长半径 a/m	扁率 f	说 明
德兰勃参考椭球体	1800	6 375 653	1∶334.0	法国
克拉索夫斯基参考椭球体	1940	6 378 245	1∶298.3	苏联
1975 大地测量参考椭球体	1975	6 378 140	1∶298.257	IUGG 第 16 届大会推荐值
1980 大地测量参考椭球体	1979	6 378 137	1∶298.257	IUGG 第 17 届大会推荐值
WGS-84 参考椭球体	1984	6 378 137±2	1∶298.257 223 563	美国，1984 世界大地坐标系
CGCS2000 参考椭球体	2008	6 378 137	1∶298.257 222 101	中国，2000 国家大地坐标系

注：IUGG 是国际大地测量学与地球物理学联合会。

由于参考椭球体的扁率很小，在实际测量工作中，当测量区域面积不大时，可把地球当作圆球来看待，其半径近似为

$$R=\frac{1}{3}(a+a+b)=6371\ \text{km} \tag{1-3}$$

3. 我国建立的大地坐标系及其采用的参考椭球体参数

(1) 1954 北京坐标系：将我国大地控制网与苏联 1942 普尔科沃大地坐标系相联结建立的我国过渡性大地坐标系，采用苏联克拉索夫斯基参考椭球体参数。

(2) 1980 西安坐标系：大地原点设在陕西省泾阳县永乐镇并采用多点定位所建立的大地

坐标系，采用国际大地测量学与地球物理学联合会(IUGG)1979 年推荐的参考椭球体参数。

(3) 2000 国家大地坐标系(CGCS2000)：我国建立的高精度、地心、动态、实用、统一的大地坐标系，其原点为包括海洋和大气的整个地球的质量中心，2008 年 7 月 1 日建立完成，过渡期为 10 年，于 2018 年 7 月 1 日正式启用，采用改进后的 WGS-84 参考椭球体参数。

1.3　地面点位的表示方法

测量工作的核心问题是确定地面点的空间位置。地面点的空间位置通常以该点的平面坐标(x，y)和高程(H)表示。因此，必须了解测量的坐标系统和高程系统。

现代几何测量的思路是：确定基准面和基准线后，以基准面和基准线为基础建立统一的坐标系统和高程系统，然后采用一定的测量技术获取地面点间的相对关系(角度、距离、高差等)，并投影到基准面上，在坐标系统(或高程系统)中计算出地面点的平面坐标(或高程)。

1.3.1　地面点的高程

1. 高程的概念

地面点的高程是指该点沿基准线(铅垂线)到基准面的距离。由于基准面不同，高程有所不同。测量常用的高程基准面有大地水准面和假定水准面，其相应的高程分别称为绝对高程(海拔)和假定高程。

1) 绝对高程(海拔)

绝对高程是指地面点沿铅垂线到大地水准面的距离，也称为海拔，用 H 表示，如图 1－3 所示。图中地面点 A、B 的绝对高程分别为 H_A、H_B。绝对高程是工程建设中常用的高程。

海水面由于受潮汐、风浪的影响，是个动态曲面，即静止的海水面是不存在的。我国在青岛市的黄海边设立测定海水高低起落的验潮站，通过长期观测，求得平均海水面，常用平均海水面代替大地水准面，作为我国的高程基准面，此高程基准面的高程为零。再用测量的方法由验潮站引测至陆地上的一个有固定位置的点，求得此点的高程值，并称此点为高程原点。全国各地的高程均以此高程原点为起算点测得。

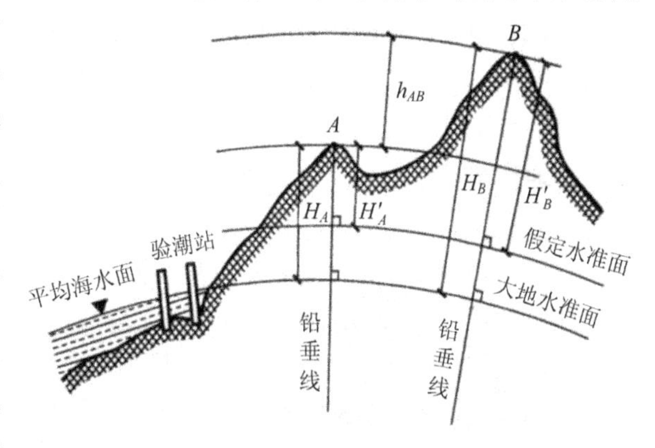

图 1－3　绝对高程与假定高程

20 世纪 50 年代，我国将采用青岛验潮站 1952—1956 年的观测资料求得的黄海平均海水面作为我国的高程基准面，建立了“1956 黄海高程系”，并在青岛市观象山建立国家水准原点，其高程为72.289 m。后来，随着验潮站几十年观测资料的积累，我国更加准确地确定了黄海平均海水面，即将采用1952—1979年的观测资料进行归算得到的新的黄海平均海水面作为高程基准面，建立了"1985国家高程基准"，并推算出国家水准原点的高程为72.260 m。我国从1987年开始至今一直使用"1985国家高程基准"。由于高程基准面发生了变化，因此这两个高程系统存在一定的差异，它们的关系如下：

$$H_{85}=H_{56}-0.029 \tag{1-4}$$

式中：H_{85}——1985国家高程基准；

H_{56}——1956国家高程基准。

不同的高程系统之间的差异主要是选取的高程基准面不同而导致的。因此，在使用高程资料时，应注意水准点所属的高程系统，以避免发生错误。

2）假定高程

在个别测区远离国家高程点或不影响工程的情况下，也可以指定任一个水准面作为高程基准面，这个水准面称为假定水准面。地面点沿铅垂线到假定水准面的距离称为假定高程或相对高程，用H'表示，如图1-3所示。图中地面点A、B的假定高程分别为H'_A、H'_B。

在建筑工程中，常使用的标高就属于假定高程。例如，房屋建筑工程中一般把一层室内地坪的标高设置为±0.000，即把一层室内地坪作为假定水准面，以此得到的高程称作标高。

2. 高差的概念

地面上两点间的高程之差称为高差，常用h表示。图1-3中A、B两点间的高差为

$$h_{AB}=H_B-H_A=H'_B-H'_A \tag{1-5}$$

由于水准面是不规则曲面，且相互不平行，所以从理论上讲，两点间的高差不是常数，两点间的绝对高程之差和假定高程之差也不相同，但在小区域范围内这种差异可忽略不计。

表示高程或高差时，一定要加上下标。例如，H_A是指A点的高程；h_{AB}是指A点至B点的高差，高差有正有负。此外，根据公式(1-5)可知，两点间的高差和所选取的基准面没有关系。

1.3.2 地面点的坐标

坐标系统用来确定地面点在地球椭球面上或投影在水平面上的位置。由于基准面和基准线的选取和应用场合不同，因此地面点的坐标有地理坐标、高斯平面直角坐标、独立平面直角坐标等不同的表达方式。

1. 地理坐标

地理坐标是用经度、纬度表示地面点在基准面上投影点位置的球面坐标。因采用的基准面和基准线不同，地理坐标又分为天文地理坐标和大地地理坐标。

天文地理坐标如图1-4所示，它表示地面点A在大地水准面上的位置，用天文经度λ和天文纬度φ来表示。天文经度和天文纬度是用天文测量的方法直接测出来的。

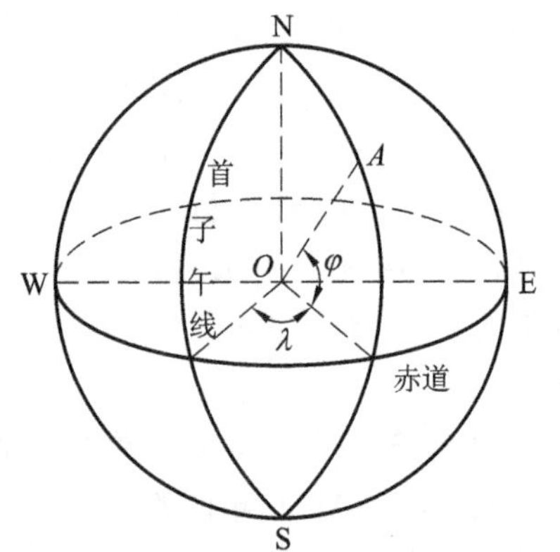

图1-4 天文地理坐标系

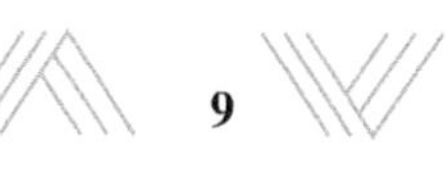

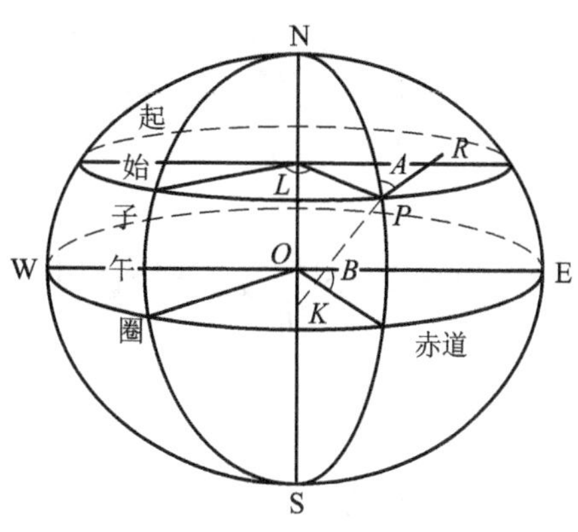

图 1-5 大地地理坐标系

大地地理坐标如图 1-5 所示，它表示地面点 P 在参考椭球面上的位置，用大地经度 L 和大地纬度 B 来表示。大地经度和大地纬度是根据大地测量所得数据推算得到的。地面上任意点 P 的大地经度 L 是过该点的大地子午面与首子午面所夹的二面角，大地纬度 B 是过该点的法线与赤道面的夹角。

国际规定：过格林尼治天文台的子午面为首子午面，向东经度为正，向西为负，经度的范围为 0°～±180°；以赤道面为基准面，向北称为北纬，向南称为南纬，纬度的范围为 0°～90°。例如，北京位于北纬 40°、东经 116°，用 $B=40°\text{N}$，$L=116°\text{E}$ 表示。

2. 高斯平面直角坐标

地理坐标是大地测量的基本坐标，可确定地面点在大地水准面或参考椭球面上的位置，常用于大地测量问题的解算，但若将其直接用于工程建设的规划、设计、施工，则很不方便。测量上的计算最好是在平面上进行的。如何将参考椭球面展开成平面？如何将参考椭球面上的地理坐标按一定数学规则归算到平面上？解决好这些问题才能更好地进行计算，从而便于工程建设。德国天文学家高斯提出采用投影的方法，德国大地测量学家克吕格对投影公式加以补充、完善后解决了上述问题，最后形成了高斯-克吕格投影，简称高斯投影。

1）高斯-克吕格投影的几何概念

如图 1-6(a)所示，将一个横椭圆柱套在地球参考椭球体上，参考椭球体中心 O 在椭圆柱中心轴上，南、北极与椭圆柱相切，并使某一子午线与椭圆柱相切，此子午线称为中央子午线。然后将椭球面上的点、线按正形投影条件投影到椭圆柱上，再沿椭圆柱的上、下母线割开，并展成平面，即成为高斯投影平面，如图 1-6(b)所示。高斯投影是横椭圆柱投影，是一种正形投影，具有以下特点：

(1) 中央子午线投影后是直线，其长度不变化。除中央子午线外的其他子午线投影后是弧线，凹向中央子午线，且离中央子午线越远，变形越大。

(2) 赤道投影后是一条直线，赤道与中央子午线保持正交。

(3) 离开赤道的纬线投影后是弧线，凸向赤道。

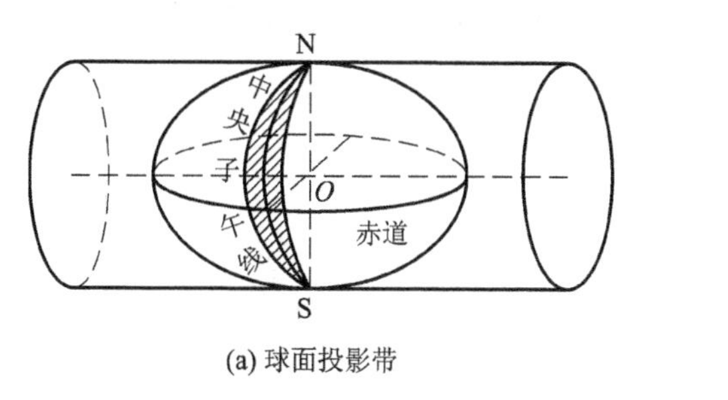

(a) 球面投影带

(b) 投影平面

图 1-6 高斯投影

高斯投影可以将参考椭球面展开成平面，但是离中央子午线越远，变形越大，这种变形将会影响地形图测绘和工程施工精度。为了对变形加以控制，可将投影区域限制在靠近中央子午线的两侧狭长地带，这种方法称为分带投影。投影带宽度是以相邻两个子午线的经度差来划分的，有6°带、3°带等不同带宽。6°带投影是从首子午线开始，自西向东，每隔6°划分一带，将参考椭球体共分成60个带，编号为第1～60带，带号用N表示，中央子午线位于各投影带中央，如图1-7所示。各带中央子午线经度(L_N^6)可用下式计算：

$$L_N^6 = 6^\circ \mathrm{N} - 3^\circ \tag{1-6}$$

式中：L_N^6——带号为N的6°带中央子午线经度；

N——6°带的带号。

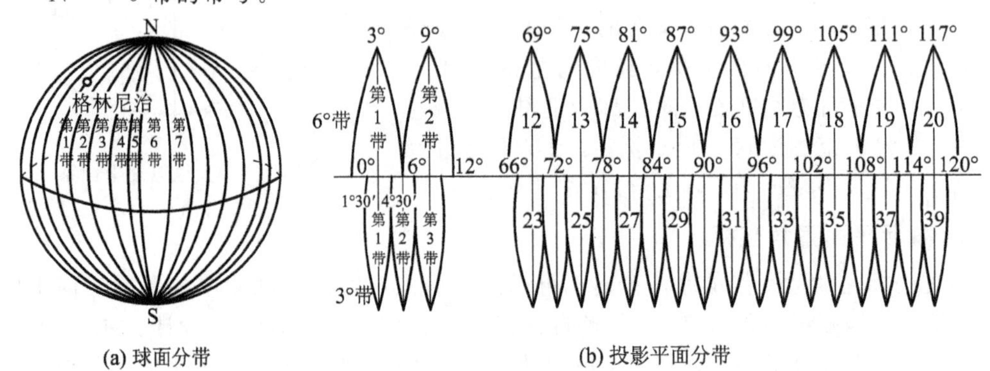

(a) 球面分带　　(b) 投影平面分带

图1-7　高斯分带投影

例如，6°带第21带的中央子午线经度为$L_{21}^6 = 6^\circ \times 21 - 3^\circ = 123^\circ$。

3°带是在6°带的基础上划分的，由东经1°30′开始，自西向东每隔3°划分一带，将参考椭球体共分成120个带，编号为第1～120带，带号用n表示，中央子午线位于各投影带中央。3°带中央子午线在奇数带时与6°带中央子午线重合，各带中央子午线经度(L_n^3)为

$$L_n^3 = 3^\circ n \tag{1-7}$$

式中：L_n^3——带号为n的3°带中央子午线经度；

n——3°带的带号。

例如，3°带第35带的中央子午线经度为$L_{35}^3 = 3^\circ \times 35 = 105^\circ$。

我国国土所属范围大约为6°带第13带至第23带，即带号N=13～23；3°带第24带至第46带，即带号n=24～46。

2) 高斯平面直角坐标系的建立

根据高斯投影的特点，以赤道和中央子午线投影后的交点为坐标原点O，以中央子午线投影为x轴，北方向为正，以赤道投影为y轴，东方向为正，便建立了高斯平面直角坐标系，如图1-8所示。

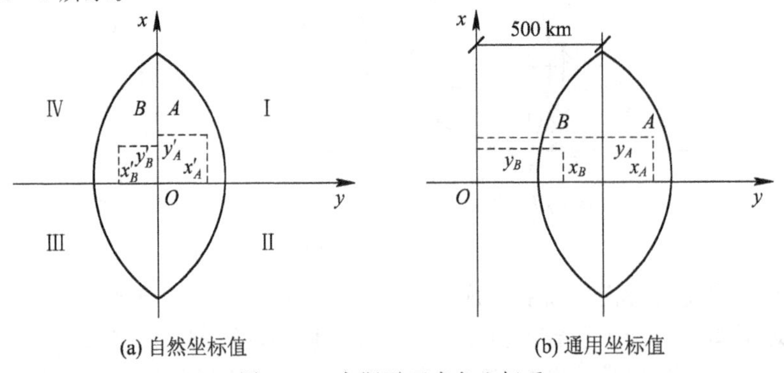

(a) 自然坐标值　　(b) 通用坐标值

图1-8　高斯平面直角坐标系

如图1-9所示，测量学中的高斯平面直角坐标系与数学中的笛卡尔平面直角坐标系的不同之处在于：

(1) 高斯平面直角坐标系的纵坐标轴为 x 轴，横坐标轴为 y 轴。

(2) 坐标象限按顺时针划分为4个象限。

(3) 坐标方位角是从 x 轴的正(北)方向开始顺时针计算的。

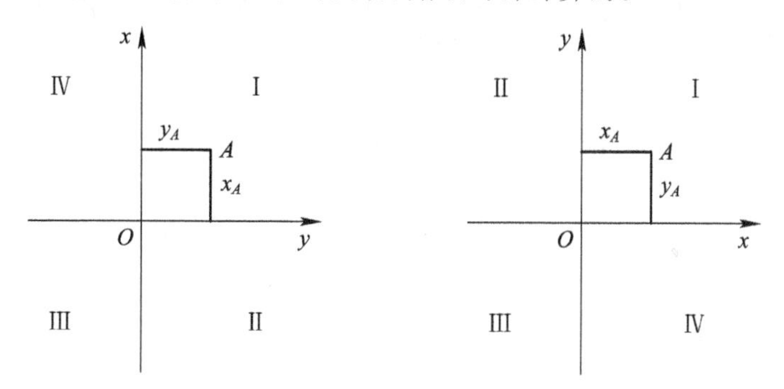

(a) 测量学中的高斯平面直角坐标系　(b) 数学中的笛卡尔平面直角坐标系

图1-9　高斯平面直角坐标系与笛卡尔平面直角坐标系

由于我国国土全部位于赤道以北的北半球，所以我国国内在高斯平面直角坐标系中的 x 坐标值均为正值，但 y 值有正有负，导致在计算和使用中很不方便。为了使 y 值都为正，我国规定将每带的纵坐标轴西移500 km，并将平移前的坐标称为自然坐标，平移后的坐标称为通用坐标，纵坐标的通用坐标值与自然坐标值相同，横坐标的通用坐标值与自然坐标值相差500 km。由于各投影带上的坐标系是相对独立的高斯平面直角坐标系，因此为了能正确区分某点所处投影带的位置，我国规定在通用坐标 y 值前面冠以投影带带号。例如，在第35带内中央子午线以西的 A 点自然坐标值为

$$x'_A = 4\ 429\ 757.075\ \text{m},\ y'_A = -58\ 269.593\ \text{m}$$

则 A 点在第35带中的通用坐标值为

$$X_A = 4\ 429\ 757.075\ \text{m},\ Y_A = 35\ 441\ 730.407\ \text{m}$$

高斯投影是正形投影，一般只需将参考椭球面上的方向、角度及距离等观测值经高斯投影后进行方向改化和距离改化，归化为高斯投影平面上的相应观测值，然后在高斯平面直角坐标系内进行平差计算，即可求得地面点在高斯平面直角坐标系中的坐标。

3. 独立平面直角坐标

当测量范围较小时，可以把测区球面看作平面，直接将地面点沿铅垂线方向投影到水平面上，用平面直角坐标来表示该地面点的投影位置。在实际测量中，平面直角坐标系的原点一般选在测区西南角以外，x 轴为该测区中央子午线(真子午线或磁子午线)，北向为正，y 轴与 x 轴正交，东向为正，这样就可以保证测区内所有点的坐标均为正值，由此建立该测区的独立平面直角坐标系，如图1-8(b)所示。

在实际测量中，为了更方便地开展测量工作，除了可以用地理坐标、高斯平面直角坐标和独立平面直角坐标表示地面点位，还可以用城市坐标、建筑施工坐标等表示地面点位。这些坐标之间可以通过联测重合点互相转换，如通过联测重合点使得城市坐标与国家坐标、独立平面直角坐标与高斯平面直角坐标、建筑施工坐标与测量坐标之间互相转换等。

4. 我国常用的大地坐标系统

20世纪50年代之前，一个国家或一个地区都是在使所选择的参考椭球面与其所在国家或地区的大地水准面最佳拟合的条件下，按弧度测量方法来建立各自的局部大地坐标系的。由于当时除海洋上只有稀疏的重力测量外，大地测量工作只能在各大陆上进行，而各大陆的局部大地坐标系间几乎没有联系。不过在当时的科学发展水平上，局部大地坐标系已能基本满足各国大地测量和制图工作的要求。

目前，我国常用的大地坐标系统有：

(1) 1954北京坐标系：新中国建国初期采用克拉索夫斯基椭球建立的坐标系。由于该坐标系的大地原点在苏联，我国便利用我国东北边境的三个大地点与苏联大地网联测后的坐标作为我国天文大地网的起算数据，通过天文大地网坐标计算，推算出北京一点的坐标，故该坐标系被命名为“1954北京坐标系”。该坐标系在我国的经济建设和国防建设中发挥了重要作用，但也存在点位精度不高等诸多问题。

(2) 1980西安坐标系：为了克服1954北京坐标系存在的问题，我国于20世纪70年代末对原大地网重新进行平差所建立的坐标系。该坐标系采用IUGG-75地球椭球，大地原点选在陕西省泾阳县永乐镇，椭球面与我国境内的大地水准面密合最佳，平差后的精度明显提高。此坐标系被命名为“1980西安坐标系”或“1980国家坐标系”。

(3) WGS-84：美国国防部为进行卫星导航定位于1984年建立的地心坐标系，1985年投入使用。WGS-84的几何意义是：坐标原点位于地球质心，z轴指向国际时间局(BIH)1984.0定义的协议地球极(CTP)方向，x轴指向BIH1984.0的零度子午面和CTP赤道的交点，y轴通过右手规则确定。WGS-84地心坐标系可以与1954北京坐标系或1980西安坐标系等参心坐标系相互转换。

(4) CGCS2000：由2000国家GPS大地网在历元2000.0的点位坐标和速度具体实现。2000国家大地坐标系符合ITRS(国际地球参考系统)的如下定义：原点在包括海洋和大气的整个地球的质量中心；长度单位为米(SI)，这一尺度同地心局部框架的TCG(地心坐标时)时间坐标一致；定向在1984.0时与BIH(国际时间局)的定向一致；定向随时间的演变由整个地球的水平构造运动无净旋转条件保证。

CGCS2000的定义与WGS-84的实质上是一致的，它们采用的参考椭球非常接近，仅扁率存在微小差异，在当前的测量精度范围内，可以忽略这样小的差异。CGCS2000与1954北京坐标系或1980西安坐标系在定义与实现上有根本区别。2008年7月1日，CGCS2000建立完成，过渡期为10年，于2018年7月1日，正式启用。

1.4 水平面代替水准面的限度

在1.3节中讲述的坐标系统是将大地水准面近似看成参考椭球面，将地面点投影到水准面上，确定地面点的位置。在实际测量，特别是工程测量中，测区范围较小或者工程对测量精度要求较低时，为了简化投影、方便计算，常将大地水准面视为水平面，直接将地面点沿铅垂线投影到水平面上，进行几何计算或制图工作。

从理论上讲，即使测区范围很小，用水平面代替水准面也会产生误差，产生的误差也会直接影响测量中所观测到的原始数据(如水平距离、高程、水平角等)。由于测量和制图过程中不可避免地也会产生误差，如果上述误差(即用水平面代替水准面产生的误差)不会超过测量和制图过程中产生的误差，就可以忽略不计。

本节主要讨论用水平面代替水准面对水平距离、高程和水平角的影响，从而总结出水平面代替水准面的限度。

1.4.1 对水平距离的影响

在地球表面上有一个小测区，如图1-10所示。其中R为地球半径，P为大地水准面，A、B为地球表面上两点，θ为$\overset{\frown}{AB}$对应的圆心角。A、B两点沿铅垂线投影到大地水准面上，投影点分别为a、b点。过a点作切平面P'交OB于b'点，用P'作为该测区的水平面，用D表示水平距离$\overline{ab'}$，用S表示θ对应的弧长$\overset{\frown}{ab}$。

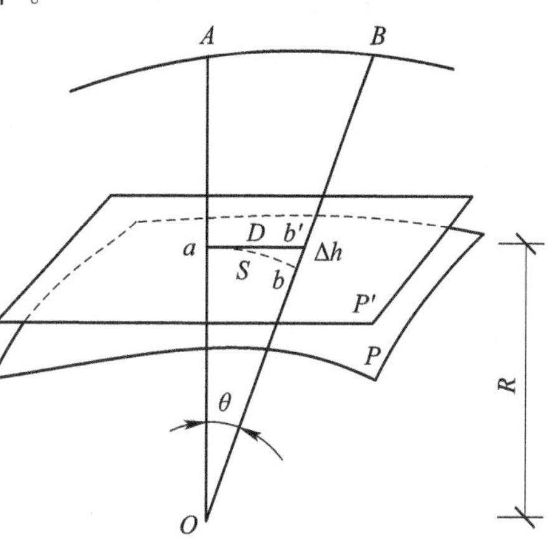

图1-10 用水平面代替水准面对水平距离、高程的影响

设用水平面代替水准面而产生的水平距离误差为ΔD，则

$$\Delta D = \overline{ab'} - \overset{\frown}{ab} = D - S = R(\tan\theta - \theta) \tag{1-8}$$

在小测区，θ角很小，$\tan\theta$可用级数展开，略去5次方以后各项，可得

$$\Delta D = R\left[\left(\theta + \frac{\theta^3}{3} + \frac{2\theta^5}{15} + \cdots\right) - \theta\right] \approx \frac{R\theta^3}{3} \tag{1-9}$$

将$\theta = \dfrac{D}{R}$代入式(1-9)，则有

$$\Delta D \approx \frac{D^3}{3R^2} \tag{1-10}$$

转换成相对误差，则有

$$\frac{\Delta D}{D} \approx \frac{D^2}{3R^2} \tag{1-11}$$

取地球半径$R=6371$ km，并将不同的D值代入式(1-10)和式(1-11)，则可得出用水平面代替水准面产生的水平距离误差ΔD和相对误差$\Delta D/D$，参见表1-2。

表1-2 用水平面代替水准面产生的水平距离误差和相对误差

水平距离 D/km	5	10	15	20	25	50	100
水平距离误差 ΔD/mm	1.0	8.2	27.7	65.7	128.3	1026.5	8212.3
相对误差 $\Delta D/D$	1/4 870 000	1/1 220 000	1/540 000	1/300 000	1/195 000	1/49 000	1/12 000

由表1-2可知，当$D=10$ km时，$\Delta D \approx 8.2$ mm，$\Delta D/D \approx 1/1\,220\,000$；当$D=20$ km时，$\Delta D \approx 65.7$ mm，$\Delta D/D \approx 1/300\,000$。而在当前技术条件下，电磁波测距仪的精度可达到1/1 000 000，所以可以认为在半径为10 km的测区范围内(相当于面积为320 km^2)，用水平面代替水准面产生的水平距离误差可以忽略不计，也就是可不考虑地球曲率对水平距

离测量的影响。在精度要求不高的工程建设中，测区范围还可以适当扩大。

1.4.2 对高程的影响

如图 1-10 所示，用水平面代替水准面时，产生的高程误差 Δh 称为地球曲率影响。在直角三角形 Oab'中，有

$$(R+\Delta h)^2 = R^2 + D^2 \tag{1-12}$$

整理得

$$\Delta h = \frac{D^2}{2R+\Delta h} \tag{1-13}$$

式(1-13)分母中 Δh 相对于 R 很小，故可以略去。将 D 用大地水准面上距离 S 代替，则有

$$\Delta h \approx \frac{S^2}{2R} \tag{1-14}$$

取地球半径 $R=6371$ km，将不同的距离 S 值代入式(1-14)，则可以计算出用水平面代替水准面产生的高程误差，如表 1-3 所示。

表 1-3 用水平面代替水准面产生的高程误差

距离 S/m	50	100	150	200	300	500	1000	2000
高程误差 Δh/mm	0.2	0.8	1.8	3.0	7.1	19.6	78.5	313.9

由表 1-3 可知，当距离为 1000 m 时，用水平面代替水准面产生的高程误差达到了 78.5 mm，即使距离为 150 m 也会产生 1.8 mm 的高程误差。而目前精密水准测量仪器的精度可达每千米高差中误差小于 0.5 mm。因此，在进行高程测量时，即使很短的距离都应该考虑地球曲率对高程产生的影响。也就是说，只能用水准面作为测量工作的基准面，而不能用水平面代替。

1.4.3 对水平角的影响

根据球面三角学原理，球面上多边形内角之和比平面上多边形内角之和大一个球面角超值 ε，其值可按下式计算：

$$\varepsilon = \frac{P\rho}{R^2} \tag{1-15}$$

式中：P——多边形面积；

R——地球半径；

ρ——常数，其值为 206 265″。

取地球半径 $R=6371$ km，将不同的多边形面积 P 值代入式(1-15)，则可以计算出用水平面代替水准面产生的球面角超值，如表 1-4 所示。

表 1-4 用水平面代替水准面产生的球面角超值

多边形面积 P/km²	20	50	70	100	150	200	300
球面角超值 ε/(″)	0.10	0.25	0.36	0.51	0.76	1.01	1.52

从表1-4中可以看出，当多边形面积为100 km^2时，球面角超值为0.51″。而现在测角仪器的最高精度为0.5″。因此，在面积为100 km^2的范围内进行水平角测量可不考虑地球曲率的影响。

综上所述，当测区面积在100 km^2范围内时，工程测量所进行的水平距离测量和水平角测量可以不考虑地球曲率的影响，在精度要求不高的工程建设中，测区范围还可以适当扩大；当进行高程测量时，即使两点间距离很短，也不能忽视地球曲率的影响。

1.5　测量工作的基本内容、基本原则和基本要求

至此已经介绍了一些与测量相关的基本知识，那么从事测量工作时，基本内容包含哪些？为确保测量工作的顺利进行和成果质量，需要遵守哪些测量工作的基本原则和基本要求？下面对此进行简要阐述。

1.5.1　测量工作的基本内容

控制测量、碎部测量及施工放样等的实质都是确定地面点的位置。控制测量和碎部测量的本质是测定，施工放样的本质是测设。无论是测定还是测设，测量过程中的地面点间的相对位置关系，都是以水平角、水平距离和高程来确定的。所以，习惯将水平角、水平距离和高程称为测量三要素。因此，测量工作的基本内容就是角度测量、距离测量和高程测量。测量工作的基本内容也是工程技术人员必须掌握的基本技能。

1.5.2　测量工作的基本原则

为了使测量成果统一在同一个坐标系统(高程系统)，减少误差累积，应先在测区内选择若干具有控制意义的点，采用全球卫星定位技术或几何测量技术确定这些点的坐标(高程)(即控制测量，所确定的点称为控制点)，再以控制点为依据进行地物、地貌测量(即碎部测量，所测量的点称为碎部点)。控制点的测量精度高，在测量过程中起着控制误差积累的作用。测量过程中要严格进行检核工作，及时检核每项测量成果，保证前一步工作无误，方可进行下一步工作，以保证测量成果的正确性。

因此，在实际测量中，测量工作的基本原则可以总结为测量方案设计和布局遵循“从整体到局部”、测量工作程序和步骤遵循“先控制后碎(细)部”、测量数据采集设备和数据精度遵循“先高级后低级”、测量工作的过程中要做到“步步有检核”。

1.5.3　测量工作的基本要求

测量工作的基本要求有：从事测量工作势必要与测量仪器、数据经常接触，无论从事外业测量工作还是内业数据处理工作，都应本着严谨和认真的工作态度，保证测量成果的真实性、客观性和原始性；应爱护测量仪器与工具，特别是精密测量仪器，按照相关规定定期检测和保养测量仪器；应按照《测绘法》及其他法律规程和相关规定对一定测量成果进行

保密。

1.6 常用的计量单位

1. 长度单位

常用的长度单位之间的换算关系为

$$1\ \text{km}=1000\ \text{m},\ 1\ \text{m}=10\ \text{dm}=100\ \text{cm}=1000\ \text{mm}$$

2. 面积单位

面积单位是 m^2，大面积则用公顷或 km^2 表示，在农业上常用亩作为面积单位。常用的面积单位之间的换算关系为

$$1\ \text{公顷}=10\ 000\ \text{m}^2=15\ \text{亩}$$

$$1\ \text{km}^2=100\ \text{公顷}=1\ 500\ \text{亩}$$

$$1\ \text{亩}=666.67\ \text{m}^2$$

3. 体积单位

体积单位为 m^3，在工程上简称“立方”或“方”。

4. 角度单位

(1) 角度制：

$$1\ \text{圆周角}=360°,\ 1°=60',\ 1'=60''$$

(2) 弧度制：弧长等于圆半径的圆弧所对的圆心角，称为一个弧度，用 ρ 表示。

弧度制与角度制之间的换算关系为

$$1\ \text{圆周角}=2\pi$$

$$1\ \text{弧度}=180/\pi=57.3°=3438'=206\ 265''$$

第 1 章课后习题

第2章 水准测量

本章的主要内容包括水准测量的原理、水准仪的构造和操作、水准测量的外业实施、水准测量的内业计算、水准仪的检验与校正、水准测量的误差分析及电子水准仪的相关介绍。本章的教学重点为水准测量的原理、水准测量的外业实施及水准测量的内业计算，教学难点为水准测量的内业计算、水准仪的检验与校正及水准测量的误差分析。

学习目标

通过本章的学习，学生应理解水准测量的原理，掌握水准仪的构造与操作、水准测量外业实施和内业计算的方法，了解水准仪的检验与校正、水准测量的误差分析及电子水准仪。

测定地面点高程的工作称为高程测量(height determination)。某一点的高程一般是指这点沿铅垂线方向到大地水准面的距离，又称海拔或绝对高程。根据所使用的仪器及测量方法的不同，高程测量可分为水准测量、三角高程测量、气压高程测量和GNSS高程测量等。水准测量是测定地面点高程的精密方法，多用于水准控制网点的高程测量。三角高程测量的精度次之，但工作速度较快，大多用于丘陵地带或山区的高程控制测量或地形点的高程测量。气压高程测量的精度低，多用于森林隐蔽地区或起伏较大的山区的勘察工作，或简略的中、小比例尺测图。GNSS测量是指通过GNSS接收机接收卫星信号，测量出GNSS接收机所在位置的大地水准面高程，从而推算出所要测量的点的高程。水准测量在国家高程控制测量、工程勘测和施工测量中被广泛采用。因此，本章主要介绍水准测量。

为了使全国有统一的高程系统，我国制定了一个统一的高程起算面，并在青岛建立了水准原点，作为全国高程的统一起算点。

2.1 水准测量的原理

水准测量的主要目的是通过已知点的高程确定未知点的高程，但不是直接测定，而是通过测定已知点和未知点之间的高差来推算未知点的高程。水准测量是指在两个点分别竖立水准尺，利用水准仪提供的水平视线来读取水准尺上的读数，求得两点之间的高差，从而由已知点的高程推算出未知点的高程。

现以图 2-1 来说明水准测量的原理。设图中已知点 A 的高程为 H_A，欲通过水准测量求未知点 B 的高程 H_B。在 A、B 两点之间安置水准仪，并在 A、B 两点上分别竖立水准尺，根据水准仪提供的水平视线，在 A 点水准尺上的读数为 a，在 B 点水准尺上的读数为 b，可得 A、B 两点间的高差为

$$h_{AB}=a-b \tag{2-1}$$

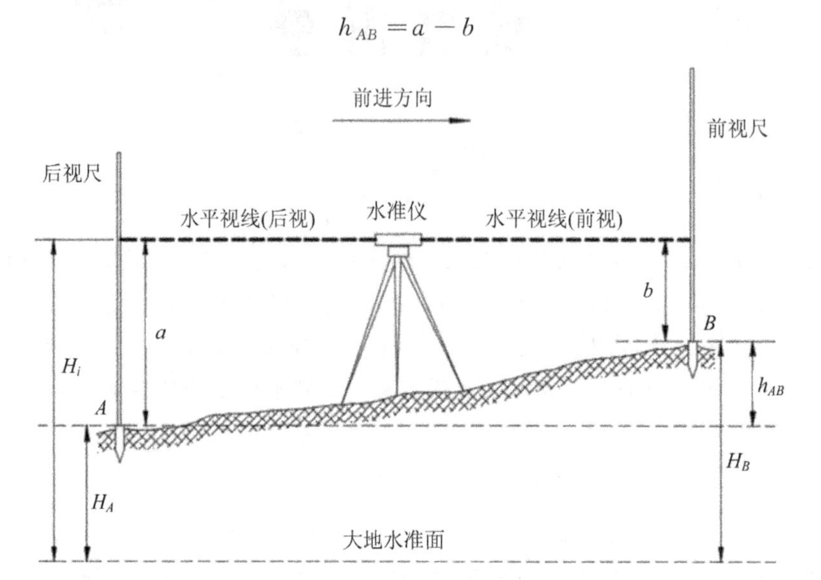

图 2-1 水准测量的原理

设水准测量是由 A 点向 B 点进行的，前进方向如图 2-1 中的箭头所示，则规定：A 点为后视点，其水准尺(称为后视尺)读数 a 为后视读数；B 点为前视点，其水准尺(称为前视尺)读数 b 为前视读数。可见，两点之间的高差应为“后视读数”减去“前视读数”。高差有正有负，若为正，则代表前视点的高程更大，即上坡；若为负，则代表前视点的高程更小，即下坡。

这里要注意高差 h_{AB} 的表示方法：h_{AB} 表示 A 点到 B 点的高差，h_{BA} 表示 B 点到 A 点的高差，两个高差的绝对值相同而符号相反，即

$$h_{AB}=-h_{BA} \tag{2-2}$$

测得 A、B 两点间的高差 h_{AB} 后，可得未知点 B 的高程 H_B 为

$$H_B=H_A+h_{AB}=H_A+(a-b) \tag{2-3}$$

由图 2-1 可以看出，B 点的高程也可以通过水准仪的视线高程 H_i(也称为仪器高程)来计算。视线高程 H_i 等于 A 点的高程加后视读数 a，即

$$H_i=H_A+a \tag{2-4}$$

则

$$H_B=H_i-b \tag{2-5}$$

一般情况下，用两点之间高差推算未知点高程的方法称为高差法，具体公式见式(2-3)。当安置一次仪器需要同时求出若干未知点的高程时，用式(2-5)计算较为方便，相应的方法称为视线高法。视线高法是指在每一个测站上测定一个视线高程作为该测站的

常数，用此常数分别减去各待测点上的前视读数，即可求得各未知点的高程，这种方法在实际工程中经常用到。

在实际水准测量中，由于A、B两点高差较大、相距较远、中间存在障碍物等，安置一次仪器(一测站)不能测定两点间的高差。此时可在沿A点至B点的水准路线中间增设若干必要的临时立尺点(称为转点)，根据水准测量原理依次连续地在两个立尺点之间安置水准仪来测定相邻各点间的高差，最后取各个测站高差的代数和，即可求得A、B两点间的高差值，这种方法称为连续水准测量，在实际工程测量中经常使用。

如图2-2所示，欲求A、B两点间的高差h_{AB}，在A点至B点的水准路线中间增设$n-1$个临时立尺点(转点)$TP_1 \sim TP_{n-1}$，安置n次水准仪，依次连续地测定相邻两点间的高差$h_1 \sim h_n$，即

$$
\begin{aligned}
h_1 &= a_1 - b_1 \\
h_2 &= a_2 - b_2 \\
&\vdots \\
h_n &= a_n - b_n
\end{aligned}
$$

则

$$h_{AB} = h_1 + h_2 + \cdots + h_n = \sum h_i = \sum a_i - \sum b_i \tag{2-6}$$

式(2-6)中，$\sum a_i$为后视读数之和，$\sum b_i$为前视读数之和，则未知点B的高程为

$$H_B = H_A + h_{AB} = H_A + (\sum a_i - \sum b_i) \tag{2-7}$$

可见，A、B两点间增设的转点起到了传递高程的作用。

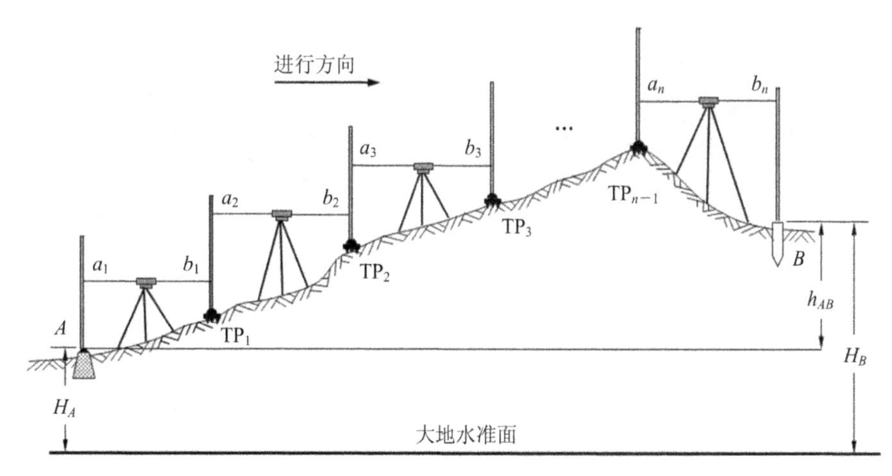

图2-2 连续水准测量的原理

为了保证高程传递的正确性，在连续水准测量过程中，不仅要选择土质稳固的地方作为转点位置(必须安放尺垫，水准点上不需放尺垫)，而且在相邻测站的观测过程中，要保持转点(尺垫)稳定不动；同时要尽可能保持各测站的前后视距(水准仪到水准尺的距离称为视距)大致相等，通过调节前视距和后视距，尽可能保持整条水准路线中的前视距之和与后视距之和相等，这样有利于消除(或减弱)地球曲率和某些仪器误差对高差的影响。

2.2 水准仪及其操作

测量高差的仪器主要有水准仪、全站仪等，但由于水准仪设备构造较为简单，操作简便，精度更高，因此测量高差主要采用水准仪。目前，工程测量常用的水准仪有微倾水准仪、自动安平水准仪、电子(数字)水准仪等，辅助工具有水准尺和尺垫。其中，自动安平水准仪和电子(数字)水准仪使用较为频繁，而微倾水准仪已基本被淘汰。但为了解最基本的水准仪构造，本节先对微倾水准仪进行介绍，接着介绍自动安平水准仪，后续再介绍电子水准仪。无论哪一种水准仪，其测量高差的原理是一样的。

水准仪按其所能达到的精度分为 DS_{05}、DS_1、DS_3 等几种型号。其中，D、S 分别代表“大地测量”“水准仪”中“大”字和“水”字的汉语拼音的第一个字母，通常书写时可以省略字母“D”；下标“05”“1”“3”等数字表示该类仪器的精度指标。例如，“05”表示该水准仪每千米往返测高差的中误差不超过±0.5 mm。DS_{05}、DS_1 型水准仪为精密水准仪，主要用于国家一、二等水准测量和精密工程测量；DS_3 型水准仪是普通水准仪，主要用于国家三、四等水准测量和普通工程测量。

2.2.1 DS_3 型微倾水准仪的构造

图 2-3 为 DS_3 型微倾水准仪，它主要由基座、望远镜和水准器三部分组成。

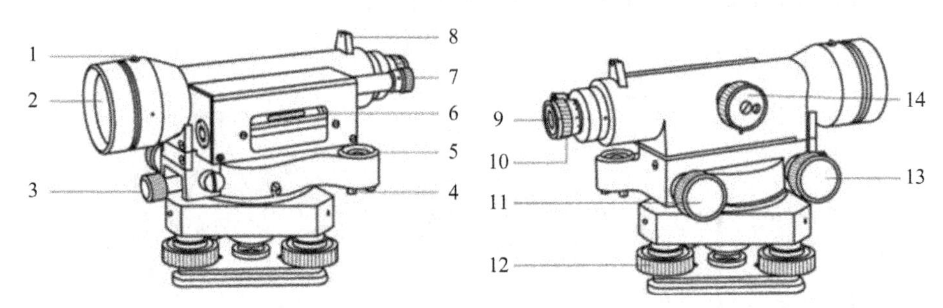

1—准星；2—物镜；3—制动螺旋；4—圆水准器校正螺丝；5—圆水准器；6—水准管；7—气泡观察窗；8—照门；9—目镜；10—目镜调焦螺旋；11—望远镜微倾螺旋；12—脚螺旋；13—水平微动螺旋；14—物镜调焦螺旋。

图 2-3 DS_3 型微倾水准仪的构造

1. 基座

基座的作用是支撑仪器的上部，并通过连接螺旋使仪器与三脚架相连。它包括轴座、脚螺旋、三角形底板等。

基座的三个脚螺旋用于调节仪器水准管气泡，是仪器的常用部件。基座不是水准仪独有的，几乎所有需要调平的测量仪器都有基座，其结构、作用和操作方法基本相同。

2. 望远镜

望远镜是用来精确照准远处目标(标尺)和提供水平视线进行读数的设备，主要由物

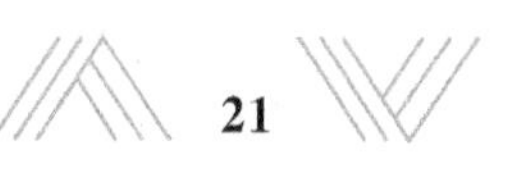

镜、调焦透镜、十字丝分划板、目镜四部分构成，如图 2-4(a)所示。图 2-4(b)是从目镜中看到的经过放大后的十字丝分划板的像。十字丝分划板是用来精确照准目标的，中间一根长横丝称为中丝，与之垂直的一根丝称为竖丝，关于中丝上、下对称的两根短横丝分别称为上丝、下丝，上、下丝统称为视距丝。在进行水准测量时，用中丝在水准尺上进行读数以计算高差，用上、下丝在水准尺上读数以计算水准仪至水准尺的距离(即视距)。

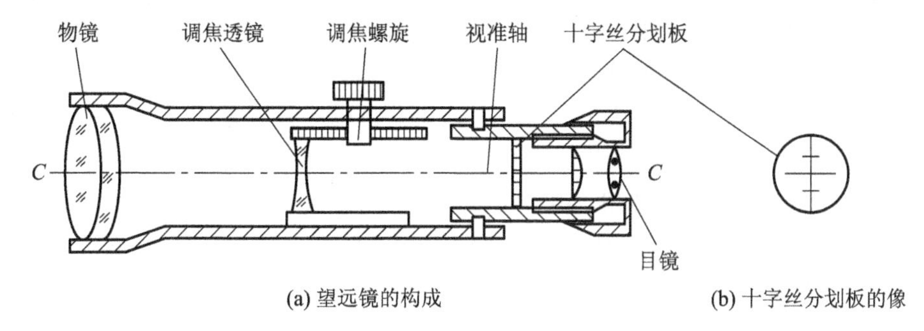

(a) 望远镜的构成　　(b) 十字丝分划板的像

图 2-4　望远镜的构成及十字丝分划板的像

物镜和目镜由多块透镜组合而成，调焦透镜由单块透镜或多块透镜组合而成。望远镜的成像原理如图 2-5 所示。望远镜所照准的目标 AB 经过物镜的作用形成一个倒立缩小的实像 ab，调节物镜调焦螺旋即可带动调焦透镜在望远镜筒内前后移动，从而使不同距离的目标都能清晰地成像在十字丝平面上。调节目镜调焦螺旋可使十字丝像清晰，再通过目镜，便可看到同时放大了的十字丝和目标影像 $a'b'$。

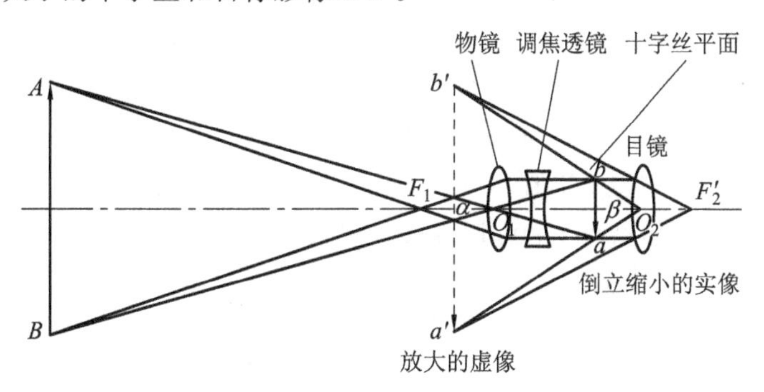

图 2-5　望远镜成像原理

如图 2-4 所示，通过物镜光心与十字丝交点的连线 CC 称为望远镜的视准轴，视准轴的延长线即视线，它是照准目标的依据，调节水平等很多操作的主要目标就是为了提供一条完全水平的视线，视线是否水平在很大程度上决定了水准测量的精度。

从望远镜内看到目标影像的视角与观测者直接用眼睛观察该目标的视角之比称为望远镜的放大率(放大倍数)。如图 2-5 所示，从望远镜内看到目标 AB 的影像 $a'b'$ 的视角为 β，观测者直接用眼睛观察该目标的视角可近似地认为是 α，故望远镜的放大率是 β/α。DS_3 型微倾水准仪望远镜的放大率一般不小于 28。

由于物镜调焦螺旋调焦不完善，可能使目标形成的实像 ab 与十字丝平面不完全重合，此时观测者眼睛在目镜端略微上、下移动，就会发现目标的实像 ab 与十字丝平面之间有相对移动，这种现象称为视差。测量作业中不允许存在视差，因为它不利于精确地照准目标与读数，因此在观测中必须消除视差。消除视差的方法：按操作程序依次调焦，先进行目镜调焦，使十字丝十分清晰；再照准目标进行物镜调焦，使目标十分清晰。当观测者眼睛在目镜端略微上、下移动时，若发现目标的实像与十字丝平面之间没有相对移动，则表示视差已经消除；否则应重新进行物镜调焦，直至无相对移动为止。在检查视差是否存在时，眼睛应处于放松状态，不宜紧张，且眼睛在目镜端上、下移动范围不宜过大，仅做很小范围的移动，否则会引起错觉而误认为视差存在。

制动螺旋用于控制望远镜在水平方向转动，以粗略照准目标。当望远镜转动时，应松开制动螺旋，避免造成制动系统失灵；当望远镜照准目标后再拧紧制动螺旋，且制动力度不宜太大，以望远镜不水平转动为宜。

微动螺旋与制动螺旋配套使用，用于精确照准目标。只有当制动螺旋拧紧后，微动螺旋才能发挥作用。当制动螺旋拧紧后，眼睛通过望远镜照准目标，转动微动螺旋，精确照准目标。如果正反旋转微动螺旋，都不能在望远镜中照准目标，应松开制动螺旋，重新照准后再精确照准。

3. 水准器

水准器是水准仪上的重要部件，它是一种利用液体受重力作用后使气泡居于最高处的特性，指示水准器的水准轴位于水平或竖直位置的装置，可使水准仪获得一条水平视线。水准器分为管水准器和圆水准器两种。

1）管水准器

管水准器由玻璃管制成，又称“水准管”，用于精确整平仪器，其纵向内壁研磨成具有一定半径的圆弧(圆弧半径一般为 7～20 m)，内装酒精和乙醚的混合液，加热密封冷却后形成一个小长气泡，因气泡较轻，故处于管内最高处。

水准管圆弧中点 O 称为水准管零点，通过零点 O 的圆弧切线 LL 称为水准管轴，如图 2-6(a)所示。水准管表面刻有 2 mm 间隔的分划线，并与零点 O 相对称。当气泡的重点与水准管的零点重合时，称为气泡居中，表示水准管轴水平。若保持视准轴与水准管轴平行，则当气泡居中时，视准轴也应位于水平位置。通常根据水准管气泡两端距水准管两端刻划的格数是否相等的方法来判断水准管气泡是否精确居中，如图 2-6(b)所示。

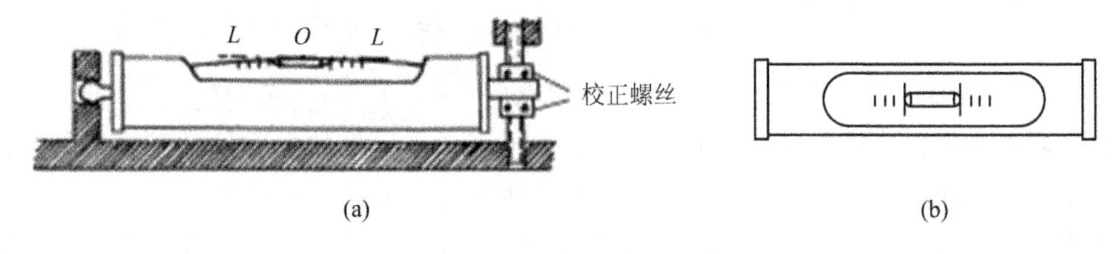

图 2-6 管水准器

水准管上两相邻分划线间的圆弧(弧长为 2 mm)所对应的圆心角称为水准管分划值 τ，其可按下式计算：

$$\tau = \frac{2}{R}\rho \tag{2-8}$$

式中：ρ——1 弧度所对应的角度秒值，$\rho=206\ 265''$；

R——水准管圆弧半径，单位为 mm。

式(2-8)说明水准管分划值τ与水准管圆弧半径R成反比。R越大，τ越小，水准管灵敏度越高，用其整平仪器的精度越高，反之用其整平仪器的精度就越低。DS_3型微倾水准仪水准管的分划值一般为20″/2mm，表明气泡移动一格(2 mm)，水准管轴倾斜20″。

为提高水准管气泡居中精度，DS_3型微倾水准仪的水准管上方安装有一组符合棱镜，如图2-7所示。通过符合棱镜的反射作用，可把水准管气泡两端的影像反映在望远镜旁的水准管气泡观察窗内。当气泡两端的两个半像符合成一个圆弧时，就表示水准管气泡居中；若两个半像错开，则表示水准管气泡不居中，此时可转动位于目镜下方的微倾螺旋，使气泡两端的半像严密吻合(即居中)，达到仪器的精确置平。这种配有符合棱镜的管水准器称为符合水准器。它不仅便于观察，同时可以使气泡居中精度提高一倍。

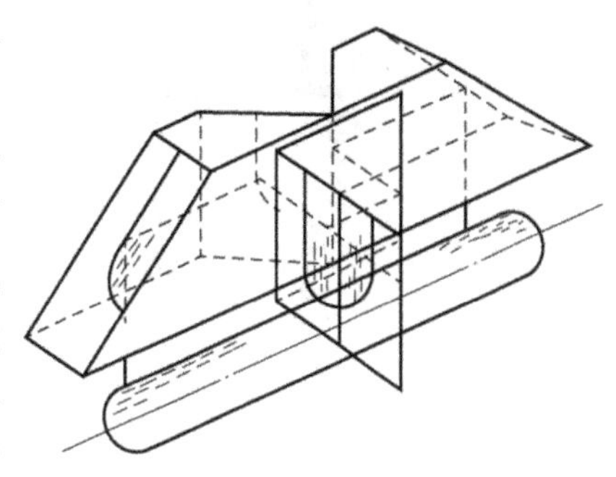

图2-7　水准管与符合棱镜

2) 圆水准器

圆水准器用于粗略整平仪器。圆水准器顶面的内壁研磨成圆球面，顶面中央刻有一个小圆圈，其圆心称为圆水准器的零点，过零点的法线称为圆水准器轴。由于圆水准器轴与仪器的旋转轴(竖轴)平行，因此当圆水准气泡居中时，圆水准器处于竖直(铅垂)位置，表示水准仪的竖轴也大致处于竖直位置。DS_3型微倾水准仪圆水准器分划值一般为8′/2 mm，此分划值较大，表明圆水准器的灵敏度较低，因此它只能用于水准仪的粗略整平，为仪器精确置平创造初始条件。

2.2.2　水准尺、尺垫和三脚架

水准尺是水准测量时使用的标尺，其质量的好坏直接影响水准测量的精度，因此水准尺是用不易变形且干燥的优良木材或玻璃钢制成的，要求尺长稳定，刻划准确，长度从2 m至5 m不等。根据构造不同，常用的水准尺可分为直尺(整体尺)和塔尺两种，如图2-8(a)所示。直尺中又有单面分划尺和双面(红黑面)分划尺。

水准尺尺面每隔1 cm涂有黑白或红白相间的分格，每分米处标注有数字，数字一般是倒写的，以便观测时从望远镜中看到的是正像数字。

双面水准尺的两面均有刻划，一面为黑白分划，称为“黑面尺”(也称主尺)；另一面为红白分划，称为“红面尺”。通常用两根尺组成一对进行水准测量，两根尺的黑面尺尺底均从零开始；而红面尺尺底，一根从固定数值4.687 m开始，另一根从固定数值4.787 m开始，此固定数值称为零点差(或红黑面常数差，或尺常数)。水平视线在同一根水准尺上的黑面与红面的读数之差称为尺底的零点差，可作为水准测量时读数的检核条件。

塔尺一般由三节(或五节)小尺套接而成，一般其他节小尺套在最下一节小尺内，长度为2 m。如果三节(或五节)小尺全部拉出，则长度可达5 m。塔尺携带方便，但应注意塔尺的连接处务必套接准确、稳固。塔尺一般用于地形起伏较大、精度要求较低的水准测量中。

塔尺在使用时优先使用最下面一节，如果高差较大时才拉出上面的两节，且应确保每

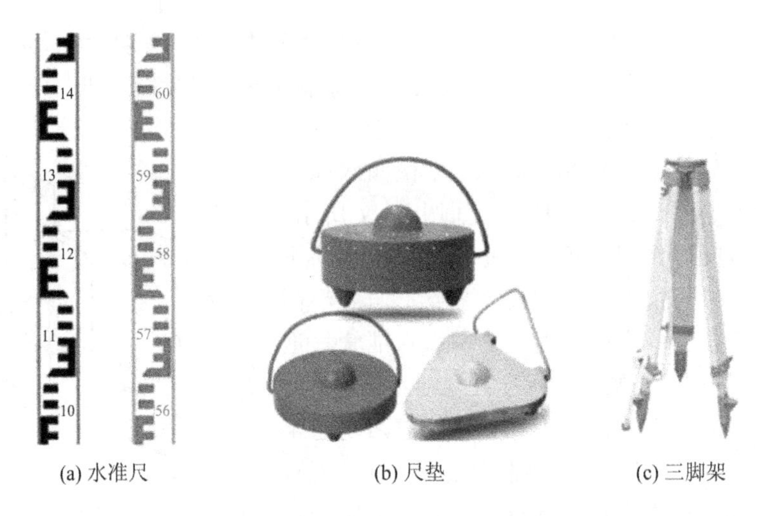

(a) 水准尺　(b) 尺垫　(c) 三脚架

图 2-8　水准尺、尺垫、三脚架

节完全拉出，切记避免第三节完全拉出，而第二节未完全拉出的情况。在使用过程中，应注意对塔尺的保护，避免套接损坏、尺面弯曲、尺面磨损严重、尺底磨损严重等情况出现。

如图 2-8(b)所示，尺垫一般由三角形的铸铁制成，下面有三个尖脚，便于使用时将尺垫踩入土中，使之稳固。尺垫中心有一个突起的半球体，水准尺竖立于尺垫半球体的最高点处。

尺垫一般安置在转点处，以防止观测过程中水准尺下沉或位置发生变化而影响读数。安置尺垫时，应用力踩实，避免尺垫沉降，因为尺垫的沉降误差是不能通过数据检查而发现的。在本测站未观测结束之前，不能移动尺垫。在水泥地面等较为坚硬的转点处，也应安置尺垫。安置尺垫虽然增加了该转点的尺底高程，但不影响整个水准路线的总体高差。尺垫起到传递高程的作用，一般不需要计算尺垫位置的高程。在测量需要计算高程的控制点时，不能使用尺垫。

三脚架是水准仪的重要附件，用以安置水准仪，一般用木头或金属制成。常用的三脚架如图 2-8(c)所示。脚架一般可伸缩，便于携带和调整仪器高度。在使用三脚架过程中应确保三个脚架腿不发生位置移动和沉降，如在土地上使用，应分别踩实三个脚架腿后再调整脚架长度和调整仪器。为确保测量准确，应确保三个脚架腿的伸缩固定螺栓固定以及中心连接螺旋与仪器牢固连接，但不要全力拧紧，以脚架相对位置不改变和仪器不在架头发生移动为宜。

2.2.3　水准仪的操作

水准仪的操作包括安置仪器、粗略整平(粗平)、照准水准尺、精确整平(精平)和读数等步骤。

1. 安置仪器

选取合适的位置安置仪器，首先打开三脚架，按观测者的身高调节三脚架的高度，一般以架头与观测者腋窝高度平齐为宜。为便于整平仪器，应使三脚架的架头大致水平，并将三脚架的三个脚架腿踩实，使脚架稳定。然后将水准仪平稳地安放在架头上，一只手握住仪器，另一只手立即将三脚架中心连接螺旋旋入仪器基座的中心螺孔内，适度旋紧，防

止仪器从架头上摔落下来。

2. 粗略整平(粗平)

粗略整平(粗平)是指通过移动三脚架或调节三个脚螺旋使圆水准器的气泡居中，从而使仪器的竖轴大致铅垂。

如图 2-9(a)所示，外围三个圆圈(标号分别为 1、2、3)为脚螺旋，中间为圆水准器，虚线圆圈代表气泡所在位置。粗平的具体做法是：首先用双手按图 2-9(a)中箭头所指方向转动脚螺旋 1、2，使气泡移动到这两个脚螺旋连线方向的中间，然后按图 2-9(b)中箭头所指方向，用左手转动脚螺旋 3，使气泡居中(即位于黑圆圈中央)。在整平的过程中，气泡移动的方向与左手大拇指转动脚螺旋时的移动方向一致，因此这种方法称为左手拇指法则。

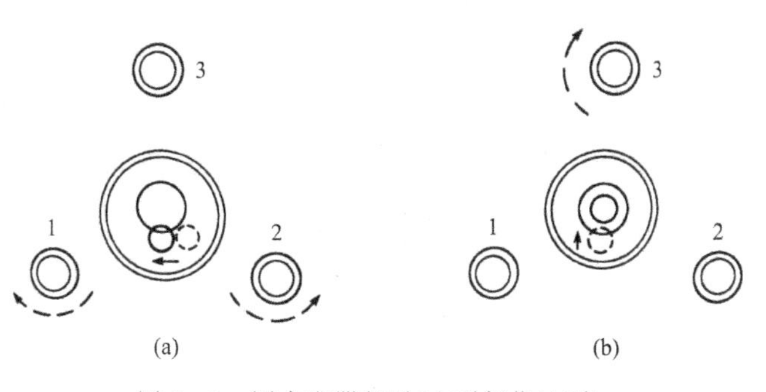

图 2-9　圆水准器整平(左手拇指法则)

3. 照准水准尺

将望远镜对着明亮的背景(如天空或白色明亮物体)，转动目镜调焦螺旋，使望远镜内的十字丝像十分清晰(以后照准时就不需要再进行目镜调焦)。然后松开制动螺旋，转动望远镜，用望远镜上方的缺口和准星照准水准尺，粗略进行物镜调焦。当在望远镜内看到水准尺像(如果无论如何旋转物镜调焦螺旋都不能看到水准尺像，可能是望远镜没有照准，或是物镜前存在遮挡物)时，拧紧制动螺旋，转动水平微动螺旋，使十字丝的竖丝对准水准尺中央或靠近水准尺的一侧，如图 2-10 所示。此时可检查水准尺是否左右倾斜，如果倾斜则修正之后再行照准。最后转动物镜调焦螺旋进行仔细对光，注意消除视差，使水准尺的分划像十分清晰。

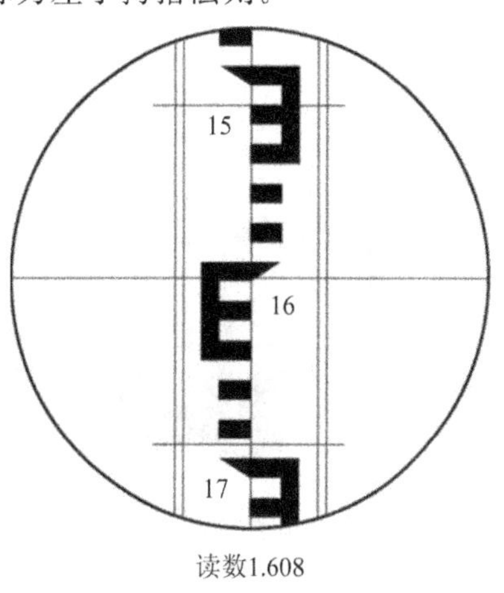

读数1.608

图 2-10　照准水准尺与读数

4. 精确整平(精平)

精确整平(精平)是指转动位于目镜下方的微倾螺旋，从气泡观察窗内看到水准管气泡严密吻合(居中)，此时视线即水平视线。

由于粗略整平中使用的圆水准器的灵敏度较低，所以当照准某一目标精平后，仪器转动照准另一目标时，水准管气泡将会有微小的偏离(不吻合)。因此，在进行水准测量中，每次照准水准尺进行读数时，应先转动微倾螺旋，使水准管气泡严密吻合后才能读数。

5. 读数

仪器精平后，应立即用十字丝的中丝在水准尺上读数。根据望远镜的成像原理，观测者从望远镜里看到的水准尺像是倒立的(大部分仪器如此)，为了便于读数，一般将水准尺上的注记倒写。读数时应先确定读数方向，即确定注记增大方向，依次读出分米值(由分米值可以确定米值)、厘米值(从分米位依次往注记增大方向数)。由于水准尺刻划至厘米位，因此毫米值需要估读，将一个黑格(或白格)十等分，然后按照从小往大的方向依次估读。

读数最终结果应为四位数，单位为 m 或者 mm。如图 2-10 中水准尺的中丝读数为 1.608 m，也可读作 1608 mm，其中末位 8 是估读的毫米值。

读数应迅速、果断、准确，读数后应立即重新检视水准管气泡是否仍居中，如仍居中，则读数有效，否则应重新精平后再读数。

2.2.4 自动安平水准仪介绍

自动安平水准仪是在一定的竖轴倾斜范围内，通过补偿器自动安平望远镜视准轴的水准仪，如图 2-11 所示。它的外形与微倾水准仪的外形相似，但操作更为简便。自动安平水准仪有两个特点：第一，机械部分通常采用摩擦制动控制望远镜的转动，即无制动螺旋；第二，光学系统中装有一个自动补偿器(代替管水准器)，起到视准轴自动安平的作用。当视准轴有微量倾斜时，补偿器在重力作用下相对视准轴移动，从而自动、迅速地获得准确的水平视线。部分自动安平水准仪还配置了粗略进行水平角测量的刻度盘、方便观察圆水准器气泡居中状态的反光镜。

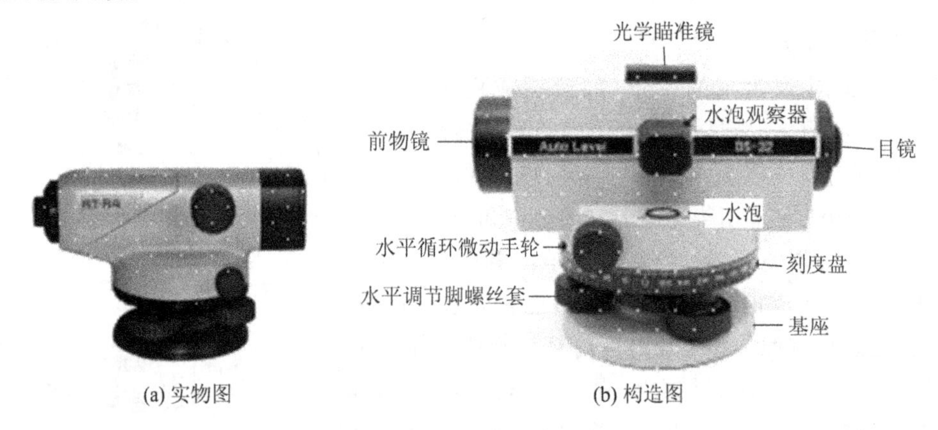

(a) 实物图　(b) 构造图

图 2-11　自动安平水准仪

自动安平水准仪没有制动螺旋、管水准器和微倾螺旋，也就没有水准管气泡观察系统，因此操作简便，测量速度快，在工程测量中广泛使用，基本取代了微倾水准仪的市场地位。

1. 自动安平原理

这里以图 2-12 来说明自动安平原理。由于圆水准器分划值为 8′/2 mm，置平精度较低，因此当圆水准器气泡居中后，视准轴与水平视线之间仍存在一个微小倾角 α。为使经过物镜光心的水平视线能够通过十字丝交点，可采用以下方法：在光路中设置一个补偿器，使光线偏转一个 β 角而通过十字丝交点 X，由于 α 和 β 的值都很小，若物镜至十字丝交点

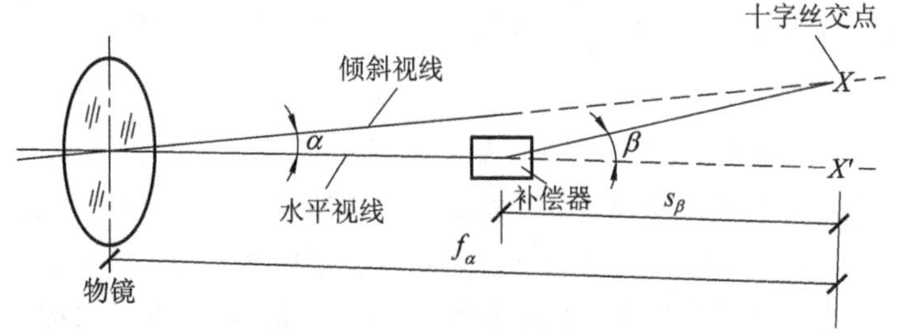

图 2-12　自动安平原理

的距离 f_α 与补偿器至十字丝交点的距离 s_β 相等，即

$$f_\alpha = s_\beta \tag{2-9}$$

成立，则能够达到“补偿”的目的；若能够使十字丝交点移至位置 X'，则也可达到“补偿”的目的。

2. 补偿器的补偿原理

补偿器的具体结构类型有很多种，一般均采用吊挂光学零件的方法，借助重力作用达到视线自动补偿的目的。下面以 DSZ_3 型自动安平水准仪的补偿器(其结构如图 2-13 所示)为例加以说明。

图 2-13(a)中虚线框内部分即是补偿器的主要零件，它由两个直角棱镜和一个屋脊棱镜构成。两个直角棱镜 B 用交叉的金属片 C 吊挂着，以零件 A 固定在望远镜上，如图 2-13(b)所示。当望远镜有微小的倾斜时，直角棱镜在重物(活塞 P)的重力作用下做与望远镜相对的偏转运动，偏转方向刚好与望远镜视准轴方向的倾斜方向相反。图 2-14 是望远镜视准轴向下倾斜时直角棱镜的偏转情况。其中，粗线代表棱镜未受重力作用时的位置，此时直角棱镜偏转望远镜视准轴方向的倾斜角为 α；细线为棱镜受重力作用时的位置，此时直角棱镜向相反方向偏转角 γ。选择合适的悬挂材料及重心位置，可使 $\alpha=\gamma$。

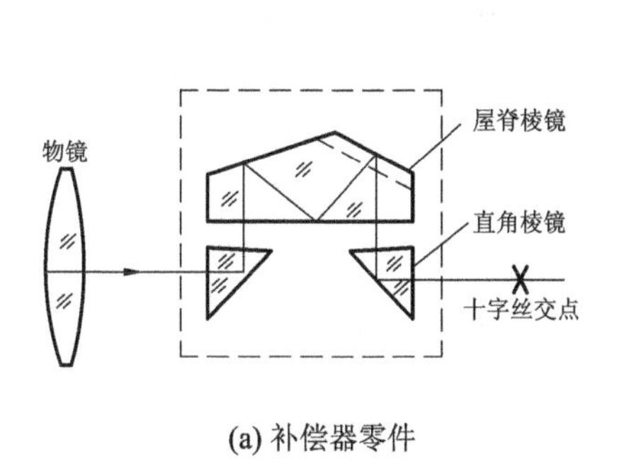

(a) 补偿器零件　　(b) 补偿器吊挂

图 2-13　DSZ_3 型自动安平水准仪的补偿器结构

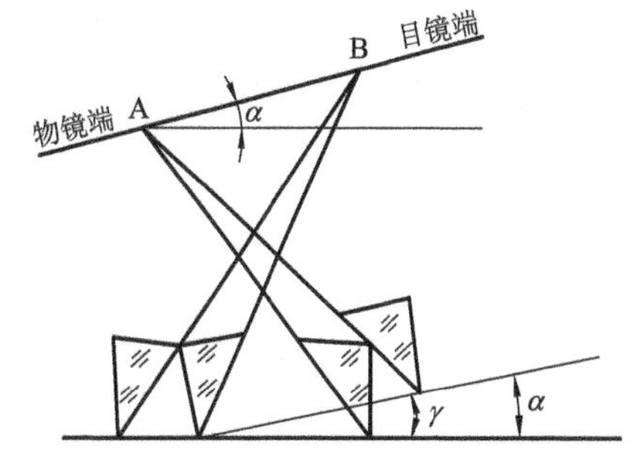

图 2-14　望远镜视准轴向下倾斜时直角棱镜的偏转情况

当视准轴水平时，光路见图 2-13(a)，即光线水平进入棱镜后经第一个直角棱镜反射到屋脊棱镜，在屋脊棱镜内经三次反射到达第二个直角棱镜，又被反射一次后通过十字丝交点。

下面讨论视准轴倾斜后光线的路径。为了使叙述更为详细，应将光路分为两种。第一种光路如图 2-15 所示，视准轴已经倾斜，而直角棱镜也随着倾斜，这种光路即补偿器没有发生作用的光路。图中实线表示与倾斜的视准轴重合的光线，虚线便是通过物镜光心的水平光线，水平光线经棱镜几次折射之后并不通过十字丝交点，而是通过 B 点，两条光线间

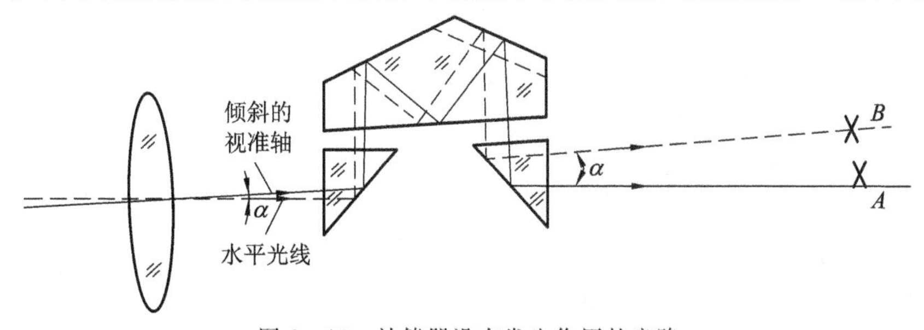

图 2-15　补偿器没有发生作用的光路

的角度即视准轴倾斜的角度 α。第二种光路如图 2－16 所示，即补偿器发生作用后的光路。直角棱镜在重力作用下产生偏转，因此经棱镜反射后的光线也将偏转。图 2－16 中粗线表示水平光线的路径，它和图 2－15 中虚线表示的光路之间的夹角为 β。补偿器的作用是调整 β 角的大小，使水平光线(粗线)刚好通过十字丝交点 A。DSZ_3 型自动安平水准仪的补偿器设计满足水平视线偏转角 β 为视准轴倾斜角 α 的 4 倍，即 $\beta=4\alpha$。

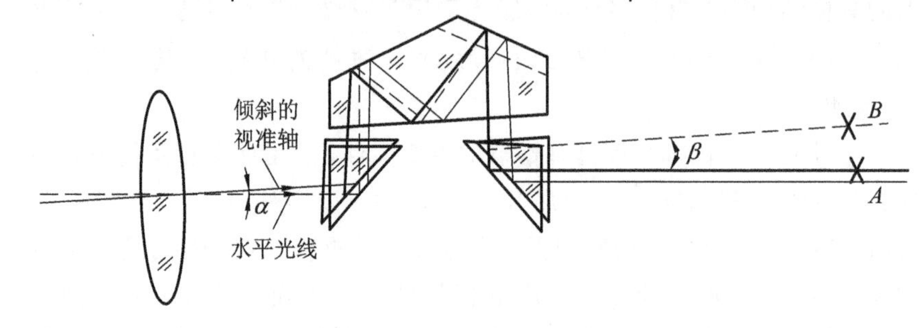

图 2－16 补偿器发生作用后的光路

在一般的自动安平水准仪中，通过适当选择簧片材料、截面尺寸、几何图形及活动部分的重心位置可以使直角棱镜由于望远镜倾斜而产生的偏转角 β 正好等于视准轴倾斜角 α。由光线的全反射理论可知，当反射面旋转一个角度 α 时，原来被反射的光线将相对其行进方向偏转 2α 的角度。因此，水平光线经第一个直角棱镜产生 2α 的偏转，经第二个直角棱镜又产生 2α 的偏转，两次偏转的角度和为 4α，即 $\beta=4\alpha$。适当地选择补偿器的位置，可使水平光线正好通过十字丝交点，以达到"补偿"的目的。

3. 阻尼器

补偿器有一个因重力作用而产生的"摆"。为使"摆"的摆动能迅速静止，必须装一个阻尼器。目前多采用空气阻尼器，也可采用磁阻尼器。

4. 自动安平水准仪的操作

自动安平水准仪的操作步骤为：安置仪器→整平→照准水准尺→读数。自动安平水准仪只有圆水准气泡，整平过程中，只需要将圆水准气泡居中即可。自动安平水准仪的安置仪器、照准水准尺和读数等操作与微倾水准仪的一样。相对于微倾水准仪，自动安平水准仪每次旋转望远镜读数前减少了精确整平的步骤，更加快速。

安置好仪器后，先利用脚架或脚螺旋使圆水准器气泡居中，照准水准尺，然后用十字丝中丝在水准尺上进行读数，再记录计算即可。部分自动安平水准仪配有一个补偿器检查按钮。

2.3 水准测量的实施

国家等级水准测量依据精度不同分为一、二、三、四等，其中一、二等水准测量是国家高程控制的基础，三、四等水准测量直接为地形图测绘和各种工程建设提供所必需的高程控制。工程水准测量分为二、三、四、五等。精度低于四等的水准测量又分为五等水准测量和图根水准测量，也称为等外水准测量和普通水准测量。本节重点介绍普通水准测量和三、四等水准测量的相关内容。

2.3.1 水准点

水准点(bench mark，BM)是用水准测量的方法测定的高程控制点。一般按照水准测量等级，根据地区气候条件与工程需要，每隔一定距离埋设不同类型的永久性或临时性水准点标志或标石。水准点标志或标石应埋设于土质坚实、稳固的地面或地表以下合适的位置，必须便于长期保存，且利于观测和寻找。国家等级永久性水准点一般用钢筋混凝土或石料制成，深埋到地面冻结线以下，如图2-17(a)所示。标石顶部镶嵌由不锈钢或其他不易锈蚀的材料制成的半球形标志，标志最高处(球顶)作为高程起算基准。有时永久性水准点的金属标志也可以直接镶嵌在坚固稳定的永久性建筑物的墙脚等方便观测的位置，如图2-17(b)所示。

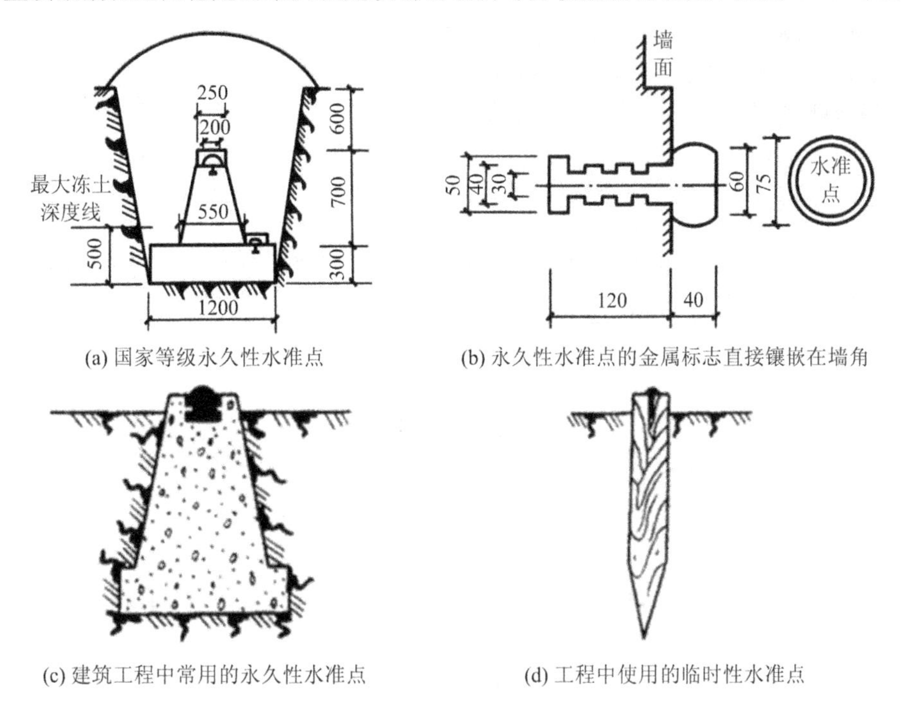

(a) 国家等级永久性水准点　(b) 永久性水准点的金属标志直接镶嵌在墙角

(c) 建筑工程中常用的永久性水准点　(d) 工程中使用的临时性水准点

图2-17　国家等级和建筑工程水准点

各类建筑工程中常用的永久性水准点一般用混凝土或钢筋混凝土制成，顶部设置半球形金属标志，如图2-17(c)所示。

工程中使用的临时性水准点可用长约20 cm的木桩代替，如图2-17(d)所示。木桩的一端削尖，方便打入土中；木桩的另一端钉入一个半圆球状铁钉，铁钉的最高处作为高程起算基准。木桩打入土中的深度以确保木桩牢固为宜，一般留在土体表面的长度不超过5 cm。也可直接把大铁钉(钢筋头)打入沥青等路面或桥台、房屋基石，或在坚硬地面和岩石上刻上记号，并用红油漆标记。

为了便于寻找水准点，应对其进行统一编号，编号前一般冠以“BM”字样，以表示水准点，并绘制水准点与附近固定建筑物或其他明显地物的关系的点位草图，称为“点之记”，作为水准测量的成果一并保存。

关于永久性水准点、临时性水准点的设置方法和要求，《工程测量标准》(GB 50026—2020)中有明确的规定，这里不再赘述。

2.3.2 测站、测段、水准路线

1. 测站

测站是指外业测量时安放仪器进行观测的点。在测站架设仪器进行测量，完成该测站的所有工作环节后移动仪器至下一个位置，这个过程称为搬站或迁站。

2. 测段

测段是指两个水准点或控制点之间的测量区段，一般由一个或多个测站组成。当出现两点之间距离较远、不能通视、高差较大等情况时，需要设置转点。

3. 水准路线

水准路线是指由已知水准点开始或在已知水准点之间按一定形式进行水准测量的测量路线。水准路线由 n 个测段组成，测段由 n 个测站组成，$n \geqslant 1$。根据测区已有水准点的实际情况、测量需要以及测区条件，水准路线一般可布设为支水准路线、闭合水准路线、附合水准路线、水准网，具体如图 2-18 所示。

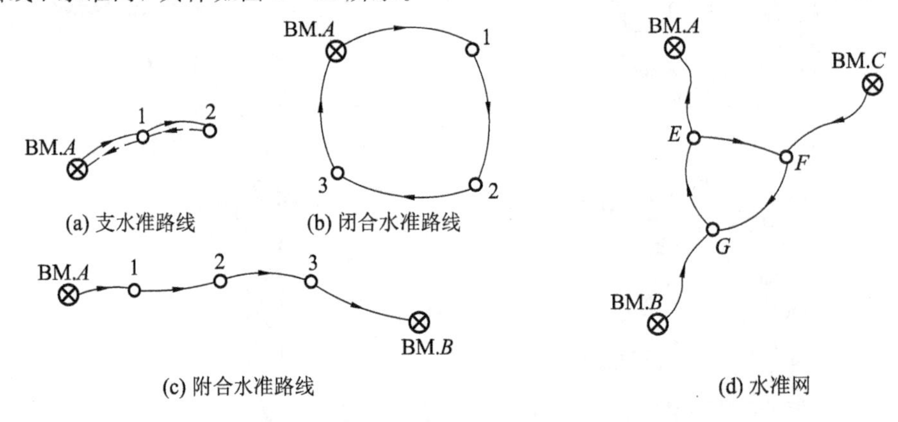

图 2-18 测量水准路线简图

(1) 支水准路线：从一个已知高程的水准点开始，沿各待测高程点进行水准测量，如图 2-18(a)所示。对于支水准路线，为提高测量精度，待测高程点不应超过 3 个，且应进行往返观测。

(2) 闭合水准路线：从一个已知高程的水准点开始，沿各待测高程点进行水准测量，最后又回到原水准点，如图 2-18(b)所示。

(3) 附合水准路线：从一个已知高程的水准点开始，沿各待测高程点进行水准测量，最后附合至另一已知水准点上，如图 2-18(c)所示。

(4) 水准网：若干条单一水准路线相互连接构成网状，如图 2-18(d)所示。

2.3.3 普通水准测量的实施

普通水准测量略图如图 2-19 所示。已知水准点 BM.A 的高程 H_A=19.153 m，欲测定距水准点 BM.A 较远的 B 点的高程，按普通水准测量的方法，由 BM.A 点出发共需设置 5 个测站，连续安置水准仪测出各站两点之间的高差，具体步骤如下。

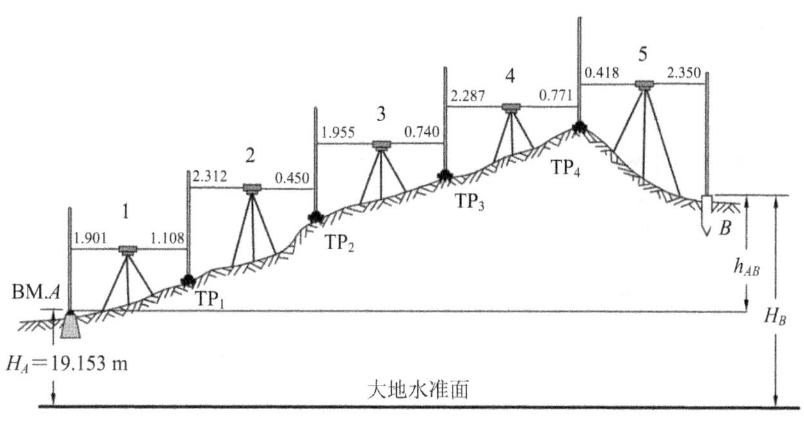

图 2-19 普通水准测量略图

首先，后视尺人员在 BM.A 点立尺，观测者在测站 1 处安置水准仪，前视尺人员视地形情况，在前进方向距水准仪距离约等于水准仪距后视点 BM.A 距离处设置转点 TP_1 来安放尺垫并立尺，立尺员应使水准尺保持竖直且分划面(双面尺的黑面)朝向仪器，观测者经过“粗平→照准→精平→读数”的操作程序，后视已知水准点 BM.A 上的水准尺，读数为 1.901 m，前视转点 TP_1 上的水准尺，读数为 1.108 m，记录者将观测数据记录在表 2-1 相应水准尺读数的后视与前视栏内，并计算该站高差为+0.793 m，记在表 2-1 高差“+”号栏中。至此，测站 1 的工作结束。然后，保持转点 TP_1 上的尺垫不动，将水准尺轻轻地转向下一测站的仪器方向，将水准仪搬迁至测站②，BM.A 点立尺员持尺前进，选择合适的转点 TP_2 安放尺垫并立尺，观测者先后视转点 TP_1 上的水准尺，读数为 2.312 m，再前视

表 2-1 普通水准测量记录手簿

测区＿＿＿＿＿＿ 仪器型号＿＿＿＿＿＿ 观测者＿＿＿＿＿＿

时间＿＿年＿＿月＿＿日 天 气＿＿＿＿＿＿ 记录者＿＿＿＿＿＿

测站	点号	水准尺读数/m		高差/m		高程/m	备注
		后视	前视	+	−		
1	BM.A	1.901		0.793		19.153	已知
	TP_1		1.108			19.946	
2	TP_1	2.312		1.862			
	TP_2		0.450			21.808	
3	TP_2	1.955		1.215			
	TP_3		0.740			23.023	
4	TP_3	2.287		1.516			
	TP_4		0.771			24.539	
5	TP_4	0.418			1.932		
	B		2.350			22.607	
计算检核	$\sum$	8.873	5.419	5.386	1.932		
	$\sum a_i - \sum b_i = +3.454$			$\sum h_i = +3.454$		$H_B - H_A = +3.454$	

转点 TP_2 上的水准尺，读数为 0.450 m，计算该站高差为 +1.862 m，读数与高差均记录在表 2-1 相应栏内。

按照上述方法依次连续进行水准测量，直至测到 B 点为止。具体计算和检核原理在前面已经阐述过，这里不再赘述。

表 2-1 中，$\sum a_i - \sum b_i = \sum h_i$ 可作为计算中的检核，检查计算是否正确，但不能检核观测和记录是否有错误。在进行连续水准测量时，其中任何一个后视或前视读数有错误，都会影响高差的正确性，因此应按照测量原则，每一步都做好检核工作。

2.3.4 水准测量测站检核

每站测量时，任何一个观测数据出现错误，都将导致所观测高差不正确。为保证观测数据的正确性，需要对每个测站的数据进行检核，检核合格之后才能进行下一站测量。通常采用变动仪器高法或双面尺法进行测站检核。

1. 变动仪器高法

在每一测站测得高差后，改变仪器高度(即重新安置与整平仪器)在 0.1 m 以上再观测一次高差，若两次测得高差的差值在 ±5 mm 以内，则取两次高差的平均值作为该站测得的高差值。否则需要查找原因，重新观测。

2. 双面尺法

保持仪器高度不变，读取每个双面尺的黑面与红面的读数，分别计算双面尺的黑面与红面读数之差、两个黑面的高差 $h_{黑}$ 及两个红面的高差 $h_{红}$。若同一水准尺黑面与红面(加尺常数)读数之差在 ±3 mm 以内，且两个黑面的高差 $h_{黑}$ 与两个红面的高差 $h_{红}$ 不超过 ±5 mm，则取黑、红面高差的平均值作为该站测得的高差值。当两个双面尺的黑、红面零点差相差100 mm 时，两个高差也应相差 100 mm，此时应将红面高差加或减 100 mm 后再与黑面高差比较。

双面尺法是等级水准测量常用的测站检核方法。

注意：在每站观测时，应尽量保持前、后视距相等。视距可由上、下丝读数之差乘以 100 求得。每次读数时均应使水准管气泡严密吻合，每个转点均应安放尺垫，但所有已知水准点和待求高程点上不能放置尺垫。

2.3.5 普通水准测量成果整理

测站检核只能检查每一个测站所测高差是否正确，而对于整条水准路线来说，还不能说明它的精度是否符合要求。例如，仪器搬站期间，转点的尺垫被碰动、下沉等引起的误差，在测站检核中无法发现，而水准路线的高差闭合差却能反映出来。因此，普通水准测量外业观测结束后，首先应复查与检核记录手簿，并按水准路线布设形式进行成果整理。普通水准测量成果整理的内容包括高差闭合差的计算与检核、高差闭合差的分配和改正后的高差计算、未知水准点的高程计算。

1. 高差闭合差的计算与检核

1) 支水准路线

对于如图 2-18(a)所示的支水准路线，沿同一路线进行往返观测，由于往返观测的方向相反，因此往测和返测的高差绝对值相同而符号相反，即往测高差总和 $\sum h_{往}$ 与返测高差总和 $\sum h_{返}$ 的代数和在理论上应等于零。但由于测量中各种误差的影响，往测高差总和与返测高差总和的代数和不等于零，即存在高差闭合差 f_h，且

$$f_h=\sum h_{往}+\sum h_{返} \tag{2-10}$$

2）闭合水准路线

对于如图2-18(b)所示的闭合水准路线，因其起点和终点均为同一点BM. A，构成一个闭合环路，故沿此闭合水准路线所测得的各测段高差的总和理论上应等于零，即 $\sum h_{理}=0$。设沿闭合水准路线实际所测得的各测段高差的总和为 $\sum h_{测}$，则其高差闭合差为

$$f_h=\sum h_{测}-\sum h_{理}=\sum h_{测} \tag{2-11}$$

3）附合水准路线

对于如图2-18(c)所示的附合水准路线，因其起点BM. A 和终点BM. B 的高程 H_A、H_B 已知，两点之间的高差是固定值，故沿此附合水准路线所测得的各测段高差的总和理论上应等于终点与起点的高程之差，即

$$\sum h_{理}=H_B-H_A \tag{2-12}$$

而沿附合水准路线实测的各测段高差总和 $\sum h_{测}$ 与高差理论值之差即为附合水准路线的高差闭合差，于是

$$f_h=\sum h_{测}-(H_B-H_A) \tag{2-13}$$

受仪器误差、观测误差以及外界的影响，水准测量中不可避免地存在高差，高差闭合差就是水准测量中上述各误差影响的综合反映。为了保证观测精度，对高差闭合差应做出一定的限制，即计算所得的高差闭合差应在规定的容许值范围内。若计算所得的高差闭合差不超过高差闭合差容许值(即 $f_h\leqslant f_{h容}$)，则认为外业观测合格。否则应查明原因，返工重测，直至符合要求为止。

对于普通水准测量，规定高差闭合差容许值 $f_{h容}$ 为

$$f_{h容}=\pm 40\sqrt{L}\ \text{mm} \tag{2-14}$$

式中：L——水准路线总长度，其单位为km。

在山丘地区，当每千米水准路线的测站数超过16时，高差闭合差容许值可用下式计算：

$$f_{h容}=\pm 12\sqrt{n}\ \text{mm} \tag{2-15}$$

式中：n——水准路线的测站总数。

根据规范要求，各等级水准测量的高差闭合差容许值见表2-2。

表2-2　各等级水准测量的高差闭合差容许值

水准测量等级	二等	三等	四等	五等	图根(普通)
平地往返较差、闭合差/mm	$\pm 4\sqrt{L}$	$\pm 12\sqrt{L}$	$\pm 20\sqrt{L}$	$\pm 30\sqrt{L}$	$\pm 40\sqrt{L}$
山地往返较差、闭合差/mm	—	$\pm 4\sqrt{n}$	$\pm 6\sqrt{n}$	—	$\pm 12\sqrt{n}$

注：L 为水准路线总长度，其单位为km；n 为水准路线的测站总数。

2. 高差闭合差的分配和改正后的高差计算

当计算出的高差闭合差在容许范围内时，可进行高差闭合差的分配。对于闭合或附合水准路线，高差闭合差 f_h 取负号，并按与路线总长度 L 或路线测站总数 n 成正比的原则分配给各测段，即

$$v_i = -\frac{f_h}{L}L_i \tag{2-16}$$

或

$$v_i = -\frac{f_h}{n}n_i \tag{2-17}$$

式中：L——水准路线总长度；

L_i——第 i 测段的路线长；

n——水准路线的测站总数；

n_i——第 i 测段的测站数；

v_i——分配给第 i 测段观测高差 h_i 的改正数；

f_h——水准路线的高差闭合差。

高差改正数计算检核式为

$$\sum v_i = -f_h$$

若满足此式，则说明计算无误。

改正后的高差 $\hat{h}_i$ 等于第 i 测段观测高差 h_i 加上其相应的高差改正数 v_i，即

$$\hat{h}_i = h_i + v_i \tag{2-18}$$

3. 未知水准点的高程计算

根据已知水准点高程和各测段改正后的高差 $\hat{h}_i$，依次逐点推求各未知水准点的高程，作为普通水准测量的最后成果。推求的最后一点高程值应与闭合或附合水准路线的已知水准点高程值完全一致。

1）算例一

对于如图 2-20 所示的平原地区闭合水准路线，BM.A 为已知水准点，按普通水准测量的方法测得的各测段观测高差和路线长度已分别标注在水准路线上。现将此算例高差闭合差的分配和改正后的高差及高程计算成果列于表 2-3 中。

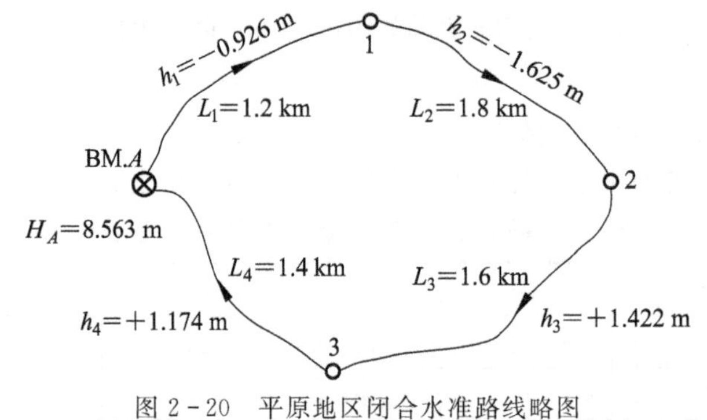

图 2-20 平原地区闭合水准路线略图

表 2-3 平原地区闭合水准路线测量成果计算表

点号	路线长度 L_i/km	观测高差 h_i/m	高差改正数 v_i/m	改正后高差 $\hat{h}_i$/m	高程 H/m	备注
BM.A					8.563	已知
	1.2	−0.926	−0.009	−0.935		
1					7.628	
	1.8	−1.625	−0.014	−1.639		
2					5.989	
	1.6	+1.422	−0.012	+1.410		
3					7.399	
	1.4	+1.174	−0.010	+1.164		
BM.A					8.563	已知
$\sum$	6.0	+0.045	−0.045	0.000		

由表 2-3 可知

$$f_h=\sum h_{测}=+45\ \text{mm},\ f_{h容}=\pm 40\sqrt{L}=\pm 98\ \text{mm}$$

则

$$|f_h|\leqslant|f_{h容}|$$

故此算例成果合格。

2）算例二

对于如图 2-21 所示的丘陵地区附合水准路线，BM.A 和 BM.B 为已知水准点，按普通水准测量的方法测得的各测段观测高差和测站数已分别标注在路线的上、下方。现将此算例高差闭合差的分配和改正后高差及高程计算成果列于表 2-4 中。

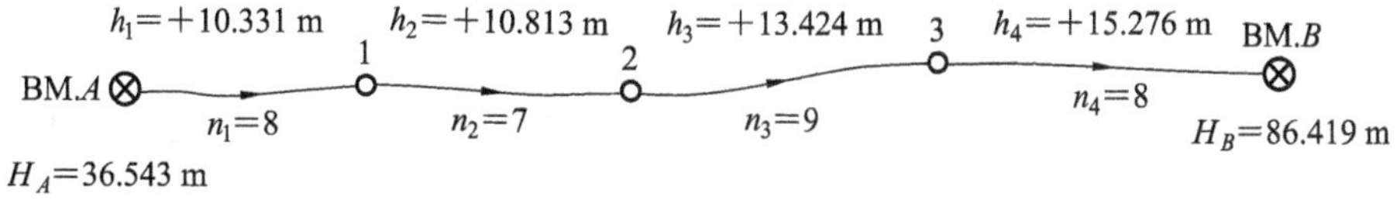

图 2-21 丘陵地区附合水准路线略图

表 2-4 丘陵地区附合水准路线测量成果计算表

点号	测站数 n_i	观测高差 h_i/m	高差改正数 v_i/m	改正后高差 $\hat{h}_i$/m	高程 H/m	备注
BM.A					36.543	已知
	8	+10.331	+0.008	+10.339		
1					46.882	
	7	+10.813	+0.007	+10.920		
2					57.702	
	9	+13.424	+0.009	+13.433		
3					71.135	
	8	+15.276	+0.008	+15.284		
BM.B					86.419	已知
$\sum$	32	+49.844	+0.032	+49.876		

由表 2-4 可知

$$f_h=\sum h_{测}-(H_B-H_A)=-32\ \text{mm},\ f_{h容}=\pm 12\sqrt{n}=\pm 68\ \text{mm}$$

$$-\frac{f_h}{n}=-\frac{-32}{32}=+1\ \text{mm/站}$$

$$\sum v_i=+32\ \text{mm}=-f_h$$

故此算例成果合格。

2.3.6 三、四等水准测量的实施

三、四等水准测量除了用于国家高程控制网的加密，还常用作小区域测绘工程的首级高程控制、工程建设区域内施工测量和变形观测的基本控制。三、四等水准测量应以测区附近高等级水准点的高程为起算数据，布设成单一附合(闭合)水准路线、单结点或多结点水准网。水准点距离可根据实际需要确定，一般为1～2 km。应埋设普通水准标石或设置墙脚水准点标志，也可将埋石的平面控制点作为水准点。

三、四等水准测量所使用的水准仪的技术指标应不低于DS_3型水准仪的，圆水准器分划值不大于8′/mm。三、四等水准测量通常使用电子水准仪、自动安平水准仪。当前使用的水准仪多为正像望远镜，望远镜放大率不低于28，管水准器的分划值不大于20″/mm。三、四等水准测量有时使用双面水准标尺。两根标尺零点黑面读数均为0，零点红面读数一根为4687 mm，另一根为4787 mm。《工程测量标准》(GB 50026—2020)对不同等级水准测量提出了具体的技术要求，参见表2-5。

表2-5 水准测量外业观测主要技术要求

<table>
<tr><th>等级</th><th>水准仪级别</th><th>视线长度/m</th><th>前后视距差/m</th><th>任一测站上前后视距差累积/m</th><th>视线离地面最低高度/m</th><th>黑、红面读数之差/mm</th><th>黑、红面所测高差之差/mm</th></tr>
<tr><td>二等</td><td>DS_1、DSZ_1</td><td>50</td><td>1.0</td><td>3.0</td><td>0.5</td><td>0.5</td><td>0.7</td></tr>
<tr><td rowspan="2">三等</td><td>DS_1、DSZ_1</td><td>100</td><td rowspan="2">3.0</td><td rowspan="2">6.0</td><td rowspan="2">0.3</td><td>1.0</td><td>1.5</td></tr>
<tr><td>DS_3、DSZ_3</td><td>75</td><td>2.0</td><td>3.0</td></tr>
<tr><td>四等</td><td>DS_3、DSZ_3</td><td>100</td><td>5.0</td><td>10.0</td><td>0.2</td><td>3.0</td><td>5.0</td></tr>
<tr><td>五等</td><td>DS_3、DSZ_3</td><td>100</td><td>近似相等</td><td>—</td><td>—</td><td>—</td><td>—</td></tr>
</table>

注：1. 二等水准视线长度小于20 m时，视线高度不应低于0.3 m。

2. 三、四等水准采用变动仪器高度观测单面水准尺时，所测两次高差较差应与黑、红面所测高差较差的要求相同。

1. 测站观测方法与记录

在一个测段的第一测站，后视尺人员在后视点立尺，观测者在目估视距不超过75 m(四等水准不超过100 m)的地方安置水准仪，调整圆水准器使气泡居中。前视尺人员从后视点开始用步幅法测量后视距和前视距，在视距差不超过3 m(四等水准不超过5 m)的地方用尺垫作转点，在尺垫上立尺。观测者分别照准后视尺、前视尺估读视距，确认前后视距差不超限(如果超限，则需调整前视转点或测站位置)，然后按表2-6所列观测顺序进行观测。记录者将读数记录在表2-6相应栏内，并现场计算，将计算结果与限差比较，进行检核。

表 2-6 三(四)等水准测量记录表

测　段：$A \rightarrow B$　　日期：2020年12月30日　　仪器：DS_3 - 007112

记录者：张三　　开始：11点整　　天气：晴天，微风

观测者：李四　　结束：12点整　　成像：清晰稳定

测站	点号	后视尺 上丝	前视尺 上丝	方向及尺号	中丝读数/mm		K+黑-红/mm	平均高差/mm	备注
		后视尺 下丝	前视尺 下丝		黑面	红面			
		后视距/m	前视距/m						
		前后视距差	前后视距差累积						
		(1)	(4)	后	(3)	(8)	(13)	(18)	
		(2)	(5)	前	(6)	(7)	(14)		
		(9)	(10)	后-前	(16)	(17)	(15)		
		(11)	(12)						
1	*A*	1.485	1.990	后7	1244	6029	+2	-469.5	$K_7=4787$
	TP_1	1.002	1.435	前6	1712	6400	-1		$K_6=4687$
		48.3	45.5	后-前	-0468	-0371	+3		
		+2.8	+2.8						
2	TP_1	1.422	1.745	后6	1198	5884	+1	-291.5	
	TP_2	0.950	1.235	前7	1490	6275	+2		
		49.2	51.0	后-前	-0292	-0391	-1		
		-1.8	+1.0						
3	TP_2	1.871	1.521	后7	1627	6412	+2	+361.5	
	TP_3	1.382	1.010	前6	1265	5951	+1		
		48.9	51.1	后-前	+0362	+0461	+1		
		-2.2	-1.2						
4	TP_3	1.932	1.542	后6	1570	6256	+1	+385.0	
	B	1.210	0.824	前7	1184	5972	-1		
		72.2	71.8	后-前	+0386	+0284	+2		
		+0.4	-0.8						
测段	$A \rightarrow B$	218.6	219.4		-12	-17		-14.5	

注：*K* 为尺常数，有不同的数值，即两根水准尺最底部的读数。

表2-6前4行中，括号内的数字表示在每个测站上观测、记录、计算、检核的顺序。其中：

① 读取后视尺黑面：上丝读数(1)，下丝读数(2)，中丝读数(3)；

② 读取前视尺黑面：上丝读数(4)，下丝读数(5)，中丝读数(6)；

③ 读取前视尺红面：中丝读数(7)；

④ 读取后视尺红面：中丝读数(8)。

上述8个观测数据是测站计算的基础，记录者要“边观测、边记录、边计算、边检核”。如果观测数据符合技术要求，则可以继续施测，否则应及时告知观测者本站从头观测，直至所观测数据符合要求。

以上观测顺序简称为“后(黑)—前(黑)—前(红)—后(红)”，三等水准测量必须依照这个观测顺序进行。四等水准测量也可以按照“后(黑)—后(红)—前(黑)—前(红)”的观测顺序进行。

如果一个测段存在多个测站，则双面尺的长期使用或制造误差会造成黑、红面的零点差不是4.787 m和4.687 m。如果测站数是奇数，则很难消除零点差造成的误差，因此一般要求一个测段的测站数为偶数。

2. 测站计算与检核

三、四等水准测量在每个测站上的计算有视距、高差和检核3个部分。这里约定，水准标尺上读数的单位为mm。

1) 视距部分

后视距：(9)＝100×[(1)－(2)]。三等不超过75 m，四等不超过100 m。

前视距：(10)＝100×[(4)－(5)]。三等不超过75 m，四等不超过100 m。

视距测量的原理参见4.2.1节内容。

前后视距差：(11)＝(9)－(10)。三等不超过±3 m，四等不超过±5 m。

前后视距差累积：(12)＝本站的(11)－前站的(12)。三等不超过±6 m，四等不超过±10 m。

2) 高差部分

后视尺黑、红面读数差：(13)＝$K_{后}$＋(3)－(8)。三等不超过±2 mm，四等不超过±3 mm。其中$K_{后}$为后视尺的黑、红面零点差。

前视尺黑、红面读数差：(14)＝$K_{前}$＋(6)－(7)。三等不超过±2 mm，四等不超过±3 mm。其中$K_{前}$为前视尺的黑、红面零点差。$K_{后}$和$K_{前}$也称为尺常数。

黑、红面高差之差：(15)＝(13)－(14)。三等不超过±3 mm，四等不超过±5 mm。

黑面高差：(16)＝(3)－(6)。

红面高差：(17)＝(8)－(7)。

黑、红面高差之差检核：(15)＝(13)－(14)＝(16)－[(17)±100]。

由于两根水准尺的尺常数相差100 mm，即4787 mm与4687 mm之差，因此红面高差应经过“±100 mm”的换算，是“＋”还是“－”要以黑面高差来确定。具体做法是：以黑面高差为基准，如果黑面高差值比红面高差值大，则红面实际高差应“＋100 mm”；如果黑面高差值比红面高差值小，则红面实际高差应“－100 mm”。

前面各项值在满足规范要求的限值的前提下，方能计算平均高差，且平均高差中的红面高差应采用经过换算后的高差。平均高差：

$$\sum(18)=\frac{1}{2}\sum[(16)+(17)\pm 100]$$

3）检核部分

一个测段的测量和现场记录完成之后，应检核计算有无错误。具体检核方法是：先计算各测站后视距之和$\sum(9)$、各测站前视距之和$\sum(10)$、各测站黑面高差之和$\sum(16)$、各测站红面高差之和$\sum(17)$、各测站平均高差之和$\sum(18)$，然后用下面三式检核。

视距差检核：

$$\sum(9)-\sum(10)=\text{末站}(12)$$

高差检核：

$$\sum(18)=\frac{1}{2}\sum[(16)+(17)\pm 100]\text{（测站数为奇数时）}$$

$$\sum(18)=\frac{1}{2}\left[\sum(16)+\sum(17)\right]\text{（测站数为偶数时）}$$

如果以上三式中有不成立的，则说明计算有错误，需要认真检查，必要时须重新测量。当三式都成立时，可得到该测段的观测结果：观测高差$=\sum(18)$，路线长度$=\sum(9)+\sum(10)$。

3. 成果整理

三、四等水准测量成果整理的内容与普通水准测量成果整理的内容一样，主要区别在于等级不同，高差闭合差容许值的计算公式不一样。这里不再赘述。

2.4 水准仪的检验与校正

水准仪检验就是查明仪器各轴线是否满足应有的几何条件。只有各轴线满足几何条件，水准仪才能真正提供一条水平视线，正确地测定两点间的高差。如果各轴线不满足几何条件，且超出规定的范围，则应进行仪器校正。所以水准仪校正的目的是使仪器各轴线满足应有的几何条件。

2.4.1 水准仪的轴线及其应满足的几何条件

如图2-22所示，水准仪的轴线主要有视准轴CC、水准管轴LL、圆水准器轴$L'L'$、仪器竖轴VV。

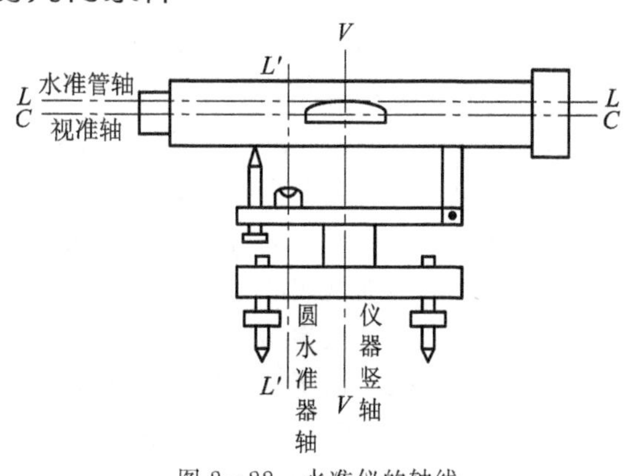

图2-22 水准仪的轴线

根据水准测量原理，水准仪必须提供一条水平视线（即视准轴水平），而视线是否水平是根据水准管气泡是否居中来判断的。如果水准管气泡居中，而视线不水平，则不符合水准测量的原理。因此水准仪在轴线构造上应满足水准管轴平行于视准轴这个主要的几何条件。

此外，为了便于迅速有效地用微倾螺旋使水准管气泡精确置平，应先用脚螺旋使圆水准器气泡居中，使仪器粗略整平，即仪器竖轴基本处于铅垂位置，故水准仪还应满足圆水准器轴平行于仪器竖轴的几何条件。为了准确地用中丝(横丝)进行读数，当水准仪的仪器竖轴铅垂时，中丝应当水平。

综上所述，水准仪的轴线应满足以下几何条件：

(1) 圆水准器轴平行于仪器竖轴($L'L'/\!/VV$)；

(2) 十字丝中丝垂直于仪器竖轴(即中丝水平)；

(3) 水准管轴平行于视准轴($LL/\!/CC$)。

2.4.2 圆水准器轴平行于仪器竖轴的检验与校正

1. 检验方法

安置水准仪后，转动脚螺旋使圆水准器气泡居中，如图 2-23(a)所示。然后将仪器绕竖轴旋仪器转 180°。如果气泡仍旧居中，则表示该几何条件满足，不必校正。如果气泡偏离中心，如图 2-23(b)所示，则表示该几何条件不满足，需要进行校正。

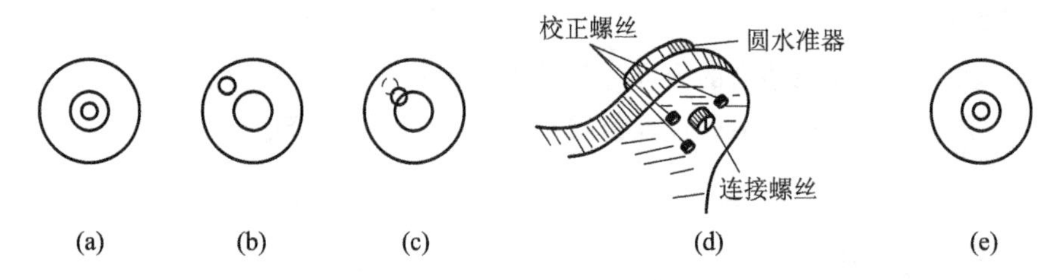

图 2-23 圆水准器轴平行于仪器竖轴的检验与校正方法

2. 校正方法

先保持水准仪不动，旋转脚螺旋，使圆水准器气泡向圆水准器中心方向移动偏离值的一半，如图 2-23(c)所示；然后用校正针松动圆水准器底部中间的连接螺丝，如图 2-23(d)所示；再分别拨动圆水准器底部的三个校正螺丝，使圆水准器气泡居中，如图 2-23(e)所示。校正完毕后，应记住把连接螺丝再旋紧。

3. 校正原理

设圆水准器轴 $L'L'$ 不平行于仪器竖轴 VV，两者的夹角为 α。当转动脚螺旋使圆水准器气泡居中时，圆水准器轴 $L'L'$ 处于铅垂方向，但仪器竖轴 VV 倾斜了 α 角，如图 2-24(a)所示。当仪器绕仪器竖轴旋转 180°后，仪器竖轴仍处于倾斜 α 角的位置，圆水准器气泡一直处于最高处，而圆水准器轴转到仪器竖轴的另一侧，但与仪器竖轴 VV 的夹角 α 不变，这样圆水准器轴相对于铅垂方向就倾斜了 2α 角，如图 2-24(b)所示，此时圆水准器气泡偏离圆心(零点)的弧长所对的圆心角为 2α。因为仪器竖轴相对于铅垂方向仅倾斜了 α 角，所以调节脚螺旋使圆水准器气泡向中心移动的距离只能是偏离值的一半，此时仪器竖轴即处于铅垂位置，如图 2-24(c)所示。然后拨动圆水准器底部的校正螺丝校正另一半偏离值，使圆水准器气泡居中，从而使圆水准器轴也处于铅垂位置，达到圆水准器轴 $L'L'$ 平行于仪器竖轴 VV 的目的，如图 2-24(d)所示。一次校正完毕后，应按照常规顺序检验是否满足几

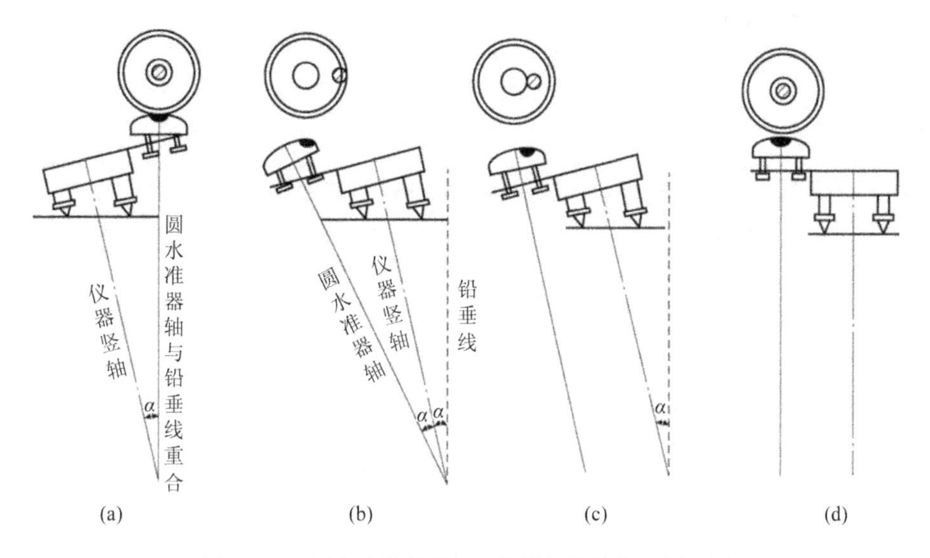

图 2-24　圆水准器轴平行于仪器竖轴的校正原理图

何条件。如果不满足，则再按照此方法稍作校正，直至满足几何条件为止。

2.4.3　十字丝中丝垂直于仪器竖轴的检验与校正

1. 检验方法

若十字丝中丝已垂直于仪器竖轴，则当仪器竖轴铅垂时，中丝应水平，从而用中丝的不同部分在水准尺上读数应该是相同的。安置水准仪整平后，用十字丝交点照准某一明显的点状目标 A，拧紧制动螺旋，缓慢地转动微动螺旋，从望远镜中观测 A 点是否始终沿着中丝移动。如果 A 点始终沿着中丝移动，则表示中丝是水平的，否则需要校正。

2. 校正方法

校正方法因十字丝装置的形式不同而异。对于如图 2-25 所示的形式，需旋下目镜端的十字丝环外罩，用螺丝刀松开十字丝环的四个压环螺丝，按中丝倾斜的反方向小心地转动十字丝环的校正螺丝，直至中丝水平；再重复检验，最后固紧十字丝环的压环螺丝，旋上十字丝环外罩。

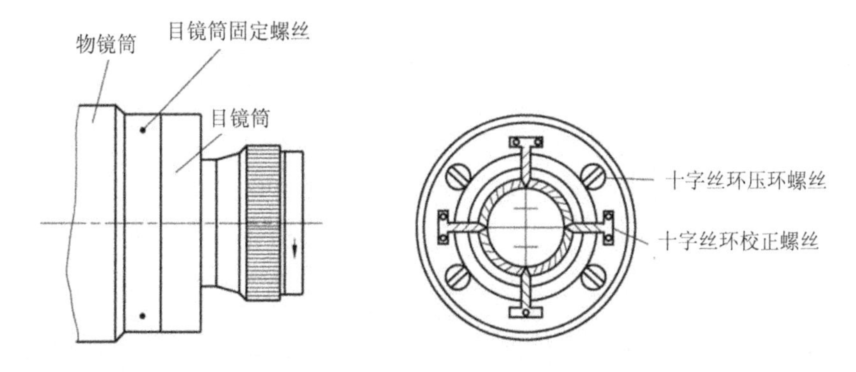

图 2-25　十字丝中丝垂直于仪器竖轴的校正方法

2.4.4 水准管轴平行于视准轴的检验与校正

1. 检验原理

设水准管轴不平行于视准轴，它们在竖直面内投影的夹角为 i，称为 i 角误差。当水准管气泡居中时，视准轴相对于水平线方向向上(或向下)倾斜 i 角，则视线(视准轴)在水准尺上的读数偏差为 x。水准尺离开水准仪越远，由此引起的读数偏差也越大。当水准仪至水准尺的前后视距相等时，即使存在 i 角误差，因在两根水准尺上的读数偏差 x 相等，所求高差也不受影响。当水准仪至水准尺的前后视距不相等时，若前后视距的差距增大，则 i 角误差对高差的影响也会随之增大。

2. 检验方法一

如图 2-26 所示，在平坦地区选择相距约 80 m 的 A、B 两点(可打下木桩或安放尺垫)，并在 A、B 两点中间处选择一点 O，且使 A、B 两点与 O 点的距离 D_1、D_2 满足 $D_1=D_2$。

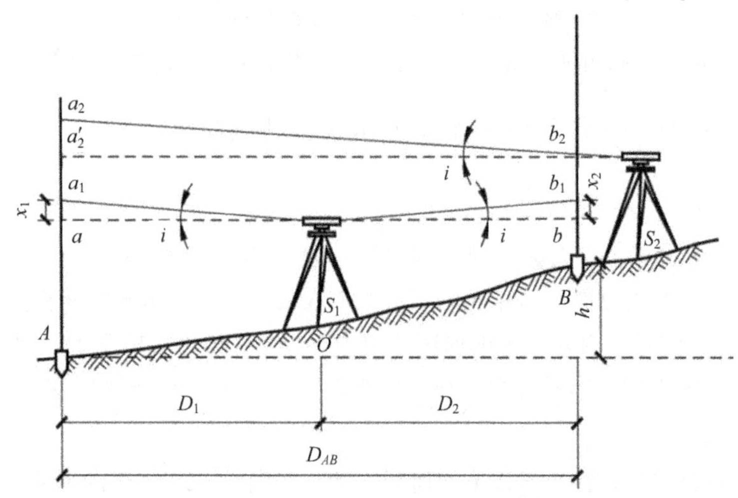

图 2-26 水准管轴平行于视准轴的检验方法一

将水准仪安置于 O 点处，在 A、B 两点分别竖立水准尺，则水准仪提供的水平视线在 A、B 两点水准尺上的读数分别为 a、b，视准轴相对于水平线方向向上倾斜 i 角后所得水准尺上的读数分别为 a_1、b_1，A、B 两点在水准尺上的读数偏差分别为 x_1、x_2。因 $D_1=D_2$，故 $x_1=x_2$，则 A、B 两点间的正确高差为

$$h_{AB}=(a_1-x_1)-(b_1-x_2)=a_1-b_1 \tag{2-19}$$

为了确保观测的正确性，也可用变动仪器高法测定高差 h_{AB}。若同一测站用不同的仪器高度测得高差之差不超过 3 mm，则取平均值作为最后结果。

将水准仪搬到靠近 B 点处(距 B 点约 3 m)，精平仪器后，照准 B 点水准尺，读数为 b_2，再照准 A 点水准尺，读数为 a_2，则 A、B 两点间的高差 h'_{AB} 为

$$h'_{AB}=a_2-b_2 \tag{2-20}$$

若 $h'_{AB}=h_{AB}$，则表明水准管轴平行于视准轴，几何条件满足。若 $h'_{AB}\neq h_{AB}$，则按式(2-22)计算 i 角值。对于 DS_3 型水准仪，如果 i 角绝对值大于 20″，则需要进行校正。

3. 校正方法一

保持水准仪不动，先计算视线水平时 A 尺(远尺)上应有的正确读数 a'_2，即

$$a'_2 = b_2 + h_{AB} = b_2 + (a_1 - b_1) \tag{2-21}$$

则

$$i = \frac{a_2 - a'_2}{D_{AB}} \cdot \rho \tag{2-22}$$

式中：D_{AB}——A、B 两点的距离；

ρ——1 弧度所对应的角度秒值，$\rho = 206\ 265''$。

当 $a_2 > a'_2$ 时，说明视线向上倾斜；反之向下倾斜。照准 A 尺，旋转微倾螺旋，使十字丝中丝对准 A 尺上的正确读数 a'_2，此时水准管气泡就不再居中了，但视线已处于水平位置。用校正丝拨动位于目镜端的水准管的上、下两个校正螺丝，使水准管气泡严密居中。此时，水准管轴也处于水平位置，达到了水准管轴平行于视准轴的要求。

校正时，应先稍松动左、右两个校正螺丝，再根据水准管气泡偏离情况，遵循“先松后紧”规则，拨动上、下两个校正螺丝，使水准管气泡居中。校正完毕后，再重新固紧左、右两个校正螺丝。

4. 检验方法二

如图 2－27 所示，在平坦场地上用钢尺量取一直线 I_1ABI_2，其中 I_1、I_2 为安置仪器处，A、B 为立标尺处，并使 $I_1A = BI_2$。设 $D_1 = BI_2$，$D_2 = AI_2$，使近标尺距离 D_1 为 5～7 m，远标尺距离 D_2 为 40～50 m。在 A、B 处各打一木桩(或放置尺垫)，并分别立上水准尺。

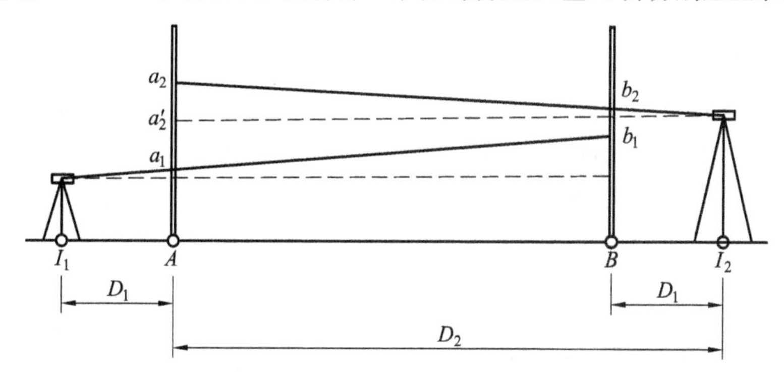

图 2－27　水准管轴平行于视准轴的检验方法二

首先将仪器安置于 I_1 点，测出 A、B 两点的高差 $h_1 = a_1 - b_1$。然后将仪器安置于 I_2 点，再测出 A、B 两点的高差 $h_2 = a_2 - b_2$。a_1、b_1 和 a_2、b_2 为仪器照准各水准尺基本分划四次读数的平均值(mm)。若 $h_1 = h_2$，则水准管轴平行于视准轴；若 $h_1 \neq h_2$，则按下式计算出仪器的 i 角值：

$$i = \frac{\Delta}{D_2 - D_1} \cdot \rho - 1.61 \times 10^{-3} \times (D_1 + D_2) \tag{2-23}$$

式中：$\Delta = [(a_2 - b_2) - (a_1 - b_1)]/2$，$\rho = 206\ 265''$。计算时，$D_1$、$D_2$ 均以 mm 为单位，当 i 角值大于规范规定值时应进行校正。

5. 校正方法二

对于气泡式水准仪，按下述方法校正。在 I_2 处，转动望远镜微倾螺旋，将望远镜视线对准 A 标尺上应有的正确读数 a_2'，a_2' 按下式计算：

$$a_2' = a_2 - \Delta \cdot \frac{D_2}{D_2 - D_1} \tag{2-24}$$

当中丝对准 a_2' 读数后，视线水平，而水准管气泡必然偏离中央，用校正针直接调整水准管校正螺丝使水准管气泡居中。此项检验校正工作需要反复进行，直至仪器的 i 角值满足要求为止。

2.5 水准测量误差分析及注意事项

在水准测量过程中，仪器的问题、操作的问题、环境的影响会造成最终的测量结果不能满足要求。为了保证应有的观测精度，测量人员应对水准测量误差产生的原因以及控制误差的方法有所了解，尤其要避免读数错误、记录错误等基本错误。

2.5.1 水准测量误差分析

水准测量误差按照其来源可以分为仪器误差、观测与操作者的误差、外界环境的影响等几个方面。

1. 仪器误差

使用水准仪之前，应按规定进行水准仪的检验与校正，以保证其各轴线满足几何条件。但由于仪器检验与校正不完善以及其他方面的影响，仪器会存在一些残余误差。其中最主要的是水准管轴不完全平行于视准轴的误差（i 角残余误差），这个 i 角残留误差对高差的影响为

$$\Delta h = x_1 - x_2 = \frac{i}{\rho} D_A - \frac{i}{\rho} D_B = \frac{i}{\rho}(D_A - D_B) \tag{2-25}$$

式中：$D_A - D_B$——前后视距差；

x_1、x_2——i 角残余误差对读数的影响。

若保持同一测站上前后视距相等（即 $D_A - D_B = 0$），则可消除 i 角残余误差对高差的影响。对于一条水准路线而言，保持前视距总和与后视距总和相等，同样可消除 i 角残余误差对路线高差总和的影响。

水准尺是水准测量的重要工具，它的误差（分划误差及尺长误差等）也影响着水准尺的读数及高差的精度。因此，水准尺应尺面平直，分划准确、清晰。有的水准尺上安装有圆水准器，便于水准尺竖直。此外，应注意水准尺零点差。对于精度要求较高的水准测量，应进行水准尺检定。

2. 观测与操作者的误差

1）水准尺读数误差

水准尺读数误差主要由观测者照准误差、水准管气泡居中误差、估读误差等综合影响

所致，属偶然误差。对于 DS_3 型水准仪，望远镜放大率 V 一般为 28，水准管分划值 $\tau=20''/2$ mm。当视距 $D=100$ m 时，其照准误差 m_1 和水准管气泡居中误差 m_2 分别为

$$m_1=\pm\frac{60''}{V}\times\frac{D}{\rho}=\pm\frac{60''}{28}\times\frac{100\times10^3}{206\ 265''}=\pm1.04\ \text{mm}$$

$$m_2=\pm\frac{0.15\tau}{2\rho}D=\pm\frac{0.15\times20''}{2\times206\ 265''}\times100\times10^3=\pm0.73\ \text{mm}$$

若取估读误差 $m_3=\pm1.0$ mm，则水准尺读数误差为

$$m=\sqrt{m_1^2+m_2^2+m_3^2}=\pm1.62\ \text{mm}$$

因此观测者应认真读数与操作，以尽量减少此项误差的影响。

2）水准尺竖立不直（倾斜）误差

根据要求，水准尺必须竖直立在点上，否则会使水准尺上的读数增大，并且随着水平视线的抬高（即读数增大），其影响也会增大。例如，若水准尺竖立不直，倾斜角 $\alpha=3°$，视线离开尺底（即尺上读数）为 2 m，则对读数影响为

$$\delta=2000\times(1-\cos\alpha)\approx2.7\ \text{mm}$$

因此，一般在水准尺上安装有圆水准器，扶尺者操作时应注意使尺上圆水准管气泡居中，表明水准尺竖直。如果没有安装圆水准器，则可采用摇尺法，使水准尺缓缓地向前、后倾斜，观测者读取到的最小读数即为水准尺竖直时的读数。水准尺左、右倾斜可由仪器观测者指挥立尺员纠正。

3）水准仪与尺垫下沉误差

如果水准仪或尺垫处地面土质松软，则水准仪或尺垫会由于自重随安置时间而下沉（或回弹）。为减少此类误差影响，观测者与操作者应选择坚实地面安置水准仪和尺垫并踩实三脚架和尺垫，观测时力求迅速，以减少安置时间。对于精度要求较高的水准测量，采取一定的观测顺序（后—前—前—后），可以减弱水准仪下沉误差对高差的影响；采取往测与返测相结合并取其高差平均值，可以减弱尺垫下沉误差对高差的影响。

3. 外界环境的影响

1）地球曲率和大气折光的影响

根据分析与研究，地球曲率和大气折光对水准尺读数的综合影响 f 可用下式表示：

$$f=(1-K)\frac{D^2}{2R}\approx0.43\frac{D^2}{2R}\tag{2-26}$$

式中：D——水准仪至水准尺的距离；

R——地球半径；

K——大气折光系数，一般取 0.14。

若 $D=100$ m，$R=6371$ km，则 $f=0.7$ mm。这说明在水准测量中，即使视距很短，也应考虑地球曲率和大气折光对读数的影响。

由式(2-26)可知，地球曲率和大气折光对两点间高差的影响 δ_f 为

$$\delta_f=f_A-f_B=\frac{0.43}{R}(D_A^2-D_B^2)\tag{2-27}$$

式中：$D_A^2-D_B^2$——水准仪至 A、B 两点视距平方之差。

当 $D_A = D_B$ 时，$\delta_f = 0$，表明仪器前后视距相等可以消除地球曲率和大气折光对水准测量高差的影响。因此在观测过程中，应尽量使前后视距大致相等。

2）大气温度（日光）和风力的影响

当大气温度变化或日光直射水准仪时，仪器受热不均匀，会影响仪器轴线间的正常几何关系，发生水准仪气泡偏离中心或三脚架扭转等现象。所以，在阳光下进行水准测量时，水准仪应打伞防晒，风力较大时应暂停水准测量。

2.5.2 水准测量注意事项

水准测量是一项集观测、记录及扶尺为一体的测量工作，只有全体参与人员认真负责，按规定要求仔细观测与操作，才能取得良好的成果。下面从观测、记录、扶尺几方面给出水准测量注意事项。

1. 观测

（1）观测前应认真按要求校验水准仪，检查水准尺；

（2）仪器应安置在土质坚实处，并踩实三脚架；

（3）水准仪至前、后视水准尺的视距应尽可能相等；

（4）每次读数前，注意消除视差，只有当水准管气泡居中后才能读数，读数应迅速、果断、准确，特别应认真估读毫米值；

（5）晴好天气，仪器应打伞防晒，操作时细心认真，做到“人不离开仪器”；

（6）只有当一测站记录计算合格后方能搬站，搬站时应检查仪器连接螺旋是否固紧，一只手托住仪器，另一只手握住脚架稳步前进。

2. 记录

（1）认真记录，边记录边复报数字，并将其准确无误地记入记录手簿相应栏内，严禁伪造和转抄；

（2）字体要端正、清楚，不准连环涂改，不准用橡皮擦改，如按规定可以改正时，应在原数字上划线后再在上方重写；

（3）每站应当场计算，检查符合要求后才能通知观测者搬站。

3. 扶尺

（1）扶尺员应认真竖立水准尺，注意保持尺上圆水准管气泡居中；

（2）转点应选择在土质坚实处设置，并将尺垫踩实；

（3）水准仪搬站时，应注意保护好原前视点尺垫位置，使其不受碰动。

2.6 电子水准仪介绍

电子水准仪主要用于国家一、二等水准测量和高精度的工程测量中，如建筑物的沉降观测、大型设备的安装及对高程精度要求很高的工程建设项目等测量工作，其高差测量的原理同微倾水准仪和自动安平水准仪的一样。

2.6.1　电子水准仪的构造

电子水准仪又称数字水准仪，是以自动安平水准仪为基础，在望远镜光路中增加了分光镜和读数器，并采用条形编码标尺和电子图像处理系统的光机电测一体化的高科技测量设备，如图 2-28(a)所示，目前在实际工程中应用很广泛。

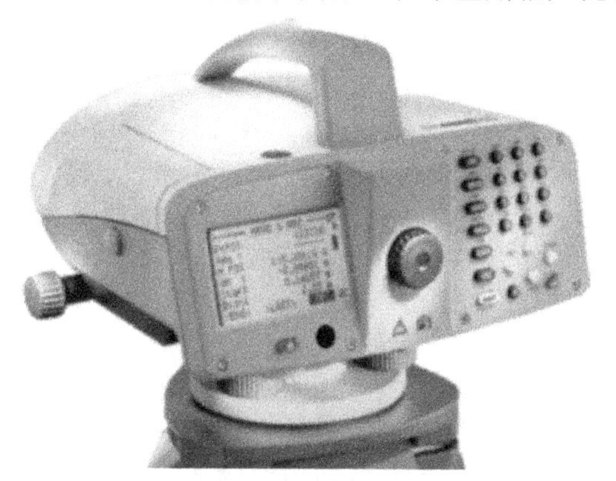

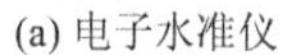

(a) 电子水准仪　　(b) 条形编码标尺

图 2-28　电子水准仪及条形编码标尺

与电子水准仪配套使用的水准尺为条形编码标尺，如图 2-28(b)所示，水准尺上的编码信号存储在仪器处理器中，作为信号参考。电子水准仪中有列阵传感器，它可识别条形编码标尺上的条形编码。条形编码被摄入后，经处理器转变为相应的数字，在显示屏上直接显示中丝读数和视距。

电子水准仪的测量精度高。例如，南方 DL-201 数字水准仪的每千米往返测高差中数的中误差为 1.0 mm。

2.6.2　电子水准仪的操作步骤

1. 安置仪器

在测站上安置三脚架，将电子水准仪安置在三脚架架头上，拧紧中心连接螺旋，旋转脚螺旋使圆水准器气泡居中。

2. 操作仪器

1) 设置参数

按下 POW/MEAS 键，开机，然后按照以下步骤设置参数。

用导航键选择主菜单中的配置选项→按回车键→选择输入菜单→按回车键→输入大气折射系数、加常数、日期、时间→按回车键存储。

用导航键选择主菜单中的配置选项→按回车键→选择限差/测试菜单→按回车键→输入最大视距(范围为 0～100 m)、最小视线高(范围为 0～1 m)、最大视线高(范围为 0～5 m)→按回车键进入第 3 页，选择设置一个测站限差或单次测量最大限差(范围为 0～0.01 m)→按回车键进入第4页，设置单站前后视距差(范围为0～5 m)或设置水准路线前后视距累积差(范围为0～100 m)→按回车键存储。

以上参数的设置应与所实测的等级相对应。

2) 建立数据文件

进入主菜单选择路线测量模式，输入作业名称，根据需要选择相应的观测顺序，输入起算点点名和起算点高程，分别在后视点、前视点竖立条形编码标尺，开始测量。可选择的观测顺序有以下几种：

(1) 标准顺序：后1→前1→前2→后2；

(2) 简化顺序：后1→后2→前1→前2；

(3) 断面测量顺序：后1→前1/后1→中间点1→中间点2→…→前1。

其中，标准顺序和简化顺序适用于附合(闭合)水准路线测量；断面测量顺序适用于面域(断面)高程测量。

3) 进行水准路线测量

这里给出一个测站上的操作步骤(例如，第1测站后视点是控制点NA_{01}，前视点是转点TP_1)。

选择水准测量观测模式1(标准顺序)，观测者先利用粗瞄器将望远镜照准后视标尺，旋转调焦螺旋使标尺影像清晰，转动水平微动螺旋使标尺成像在十字丝竖丝的中心位置，按ESC键删除默认后视点的名称，利用DIST键(字母、数字转换器)输入后视点名称(NA_{01})，按下POW/MEAS键，测量第1次后视读数(BK_1)；然后旋转望远镜照准前视标尺，按ESC键删除默认前视点名称，利用DIST键输入前视点名称(TP_1)，按下POW/MEAS键，测量第1次前视读数(FR_1)；再按下POW/MEAS键，测量第2次前视读数(FR_2)；再旋转望远镜照准后视标尺(此时后视点名称默认为NA01)，按下POW/MEAS键，测量第2次后视读数(BK_2)。至此，第1测站观测结束，下一测站观测同上所述。

3. 操作完毕

先将仪器脚螺旋调至大致等高的位置，再将水准仪从脚架上取下，保持原来的安放位置放入仪器箱内，清点所有附件工具，防止遗失，然后关闭仪器箱并上锁。

4. 数据传输

用数据线将电子水准仪与电脑USB接口连接好，在数据转换设备栏中选择“USB”。在接收栏里选择要传输的文件，点击添加键，然后点击全部传输键，并给定路径保存文件。

第2章课后习题

第3章
角度测量

内容提要

本章的主要内容包括角度测量的原理、光学经纬仪和电子经纬仪的基本结构及使用、水平角和竖直角的观测方法、经纬仪的检验与校正以及水平角观测的误差分析。本章的教学重点为角度测量的原理、电子经纬仪的使用、水平角和竖直角的观测方法，教学难点为经纬仪的检验与校正和水平角观测的误差分析。

学习目标

通过本章的学习，学生应理解角度测量的原理，掌握电子经纬仪的基本结构及使用、水平角和竖直角的观测方法，了解光学经纬仪的基本结构及使用、经纬仪的检验与校正以及水平角观测的误差分析。

3.1 角度测量的原理

角度测量包括水平角测量和竖直角测量，它是确定地面点位的基本测量工作之一。常用的角度测量仪器有光学经纬仪、电子经纬仪、全站仪等，目前应用较为广泛的是电子经纬仪和全站仪。经纬仪既能测量水平角，又能测量竖直角。水平角用于推算地面点的平面位置(坐标)，竖直角用于推算高差或结合斜距测量推算水平距离。

3.1.1 水平角测量原理

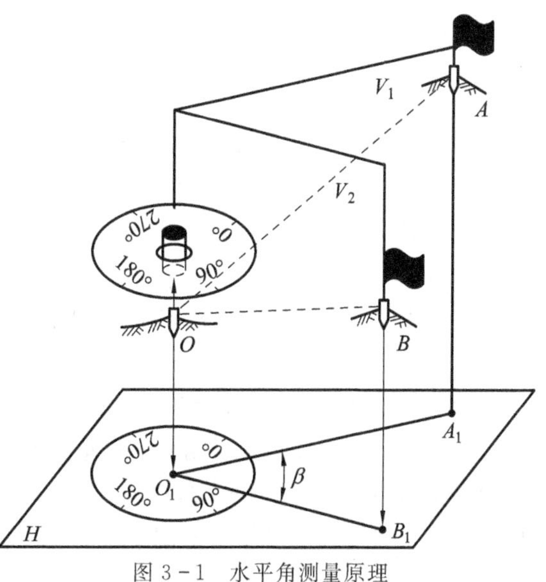

图 3-1 水平角测量原理

水平角是指空间上的两条直线在同一水平面上投影的夹角，或指分别过两条直线的铅垂面所夹的二面角。现以图 3-1 来说明水平角测量原理。设 A、O、B 为地面上的任意三点，将三点沿铅垂线方向投影到同一水平面上得到 A_1、O_1、B_1 三点，则直线 O_1A_1 与直线 O_1B_1 的夹角 β，或分别过直线 OA、OB 的铅垂面所夹的二面角，即为 OA 与 OB 两方向线间的水平角。水平角的取值范围为 0°～360°。

在图 3-1 中，为了获得水平角 β 的大小，设想有一个能水平安置的刻度圆盘(称为水平度盘)，且圆盘中心能处在过 O 点铅垂线上的任意位置；另有一个照准设备，能分别照准 A 点和 B 点的目标，且能在水平度盘上获得相应的读数 a 和 b，则水平角 β 为右方向(OB 方向)的水平度盘读数 b 减去左方向(OA 方向)的水平度盘读数 a，即

$$\beta = b - a \tag{3-1}$$

根据式(3-1)可知，水平角的计算总是用右方向的水平度盘读数减去左方向的水平度盘读数。如果结果小于 0°，则直接加上 360°。

3.1.2 竖直角测量原理

竖直角是指在同一竖直面内，空间任意方向线与水平线之间的夹角，又称为垂直角或竖角。

竖直角有仰角和俯角之分。方向线在水平线以上的竖直角称为仰角，取正号，如图 3-2(a)中的 α_A，角值为 0°～+90°；方向线在水平线以下的竖直角称为俯角，取负号，如图 3-2(b)中的 α_C，角值为 -90°～0°。因此，竖直角的取值范围为 -90°～+90°。

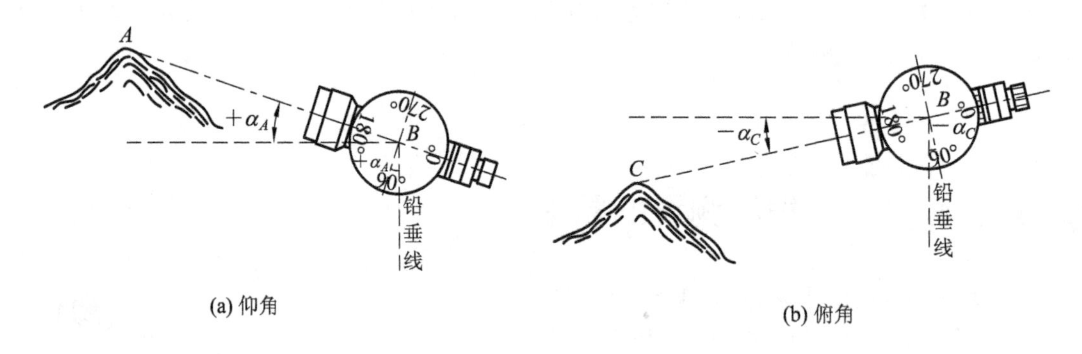

图 3-2 竖直角测量原理

在图 3-2 中，为了确定 α_A 和 α_C 的大小，假想有一竖直刻度圆盘，能处在过目标方向线的竖直面内，通过照准设备和读数设备可分别获得方向线和水平视线的读数，从而计算出竖直角的大小。值得注意的是，在过 B 点的铅垂线上不同位置设置竖直刻度圆盘，所得的竖直角大小是不同的。

天顶距是指方向线与天顶方向(即测站点铅垂线的反方向)所构成的夹角，一般用 Z 表示，通常从竖直刻度圆盘读数装置中直接读出。天顶距的取值范围为 0°～180°。

根据上述测角原理，用于角度测量的仪器应具有带刻度的水平度盘、竖直度盘(简称竖盘)，以及照准设备、读数设备等，并要求水平度盘中心在过地面点的铅垂线上，照准设备能照准方向不同、高低不一的目标。经纬仪就是根据这些要求制成的一种测角仪器，它既可以测水平角，又可以测竖直角。

3.2 经纬仪的基本结构及使用

测角仪器按精度可分为 DJ_{07}、DJ_1、DJ_2、DJ_6、DJ_{15} 和 DJ_{60} 等型号。其中，"D""J"分别为"大地测量""经纬仪"的汉语拼音的第一个字母；07，1，…，60 表示仪器的精度等级，即"一测回水平方向的观测中误差"，单位为秒(″)。"DJ"常简写为"J"。

按物理性能不同，测角仪器分为光学经纬仪、电子经纬仪和全站仪三类。电子经纬仪和全站仪作为现代测绘仪器，在生产上得到了广泛的应用，而光学经纬仪逐渐被淘汰了。但为了解最基本的经纬仪结构，下面先介绍 DJ_6 光学经纬仪，从而过渡到电子经纬仪。全站仪将在后面章节进行介绍。

3.2.1 DJ_6 光学经纬仪的基本结构及使用

1. DJ_6 光学经纬仪的基本结构

图 3-3 为一种 DJ_6 光学经纬仪。不同型号的光学经纬仪，其外形和各螺旋的形状、位置不尽相同，但其基本结构相同，一般都包括照准部、水平度盘和基座三大部分，如图 3-4 所示。

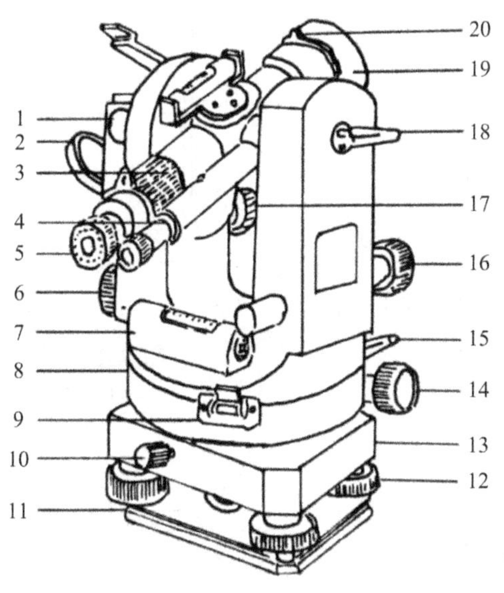

1—竖直度盘水准管；2—反光照明镜；
3—物镜调焦螺旋；4—度盘读数显微镜；
5—目镜调焦螺旋；6—度盘读数显微镜调焦螺旋；
7—照准部水准管；8—水平度盘外罩；
9—复测机钮；10—轴座固定螺旋；
11—脚螺旋压板；12—脚螺旋；13—基座；
14—水平微动螺旋；15—水平制动螺旋；
16—望远镜微动螺旋；17—竖直度盘水准管微动螺旋；
18—望远镜制动螺旋；19—物镜；20—准星。

图 3-3 DJ_6 光学经纬仪

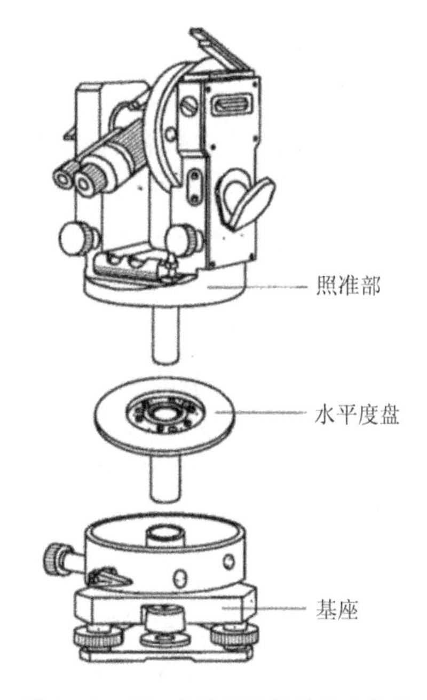

图 3-4 DJ_6 光学经纬仪的基本结构

1）照准部

照准部主要由望远镜、望远镜制动螺旋、望远镜微动螺旋、照准部制动螺旋、照准部微动螺旋、竖直度盘、读数设备、水准管和光学对中器等组成。望远镜用于照准目标，其构造与水准仪的相同。望远镜与横轴连在一起，安放在支架上，可绕仪器横轴做上下转动，视准轴所扫出的面为一竖直面。望远镜制动螺旋和微动螺旋用于控制望远镜的上、下转动。竖直度盘固定在望远镜横轴的一端，随同望远镜一起转动，用于观测竖直角。借助支架上的竖直度盘指标、水准管微动螺旋，可调节竖直度盘指标水准管气泡居中，以安置竖直度盘指标于正确位置。读数设备包括读数显微镜以及光路中一系列光学棱镜和透镜。仪器的竖轴处在管状轴套内，可使整个照准部绕仪器竖轴做水平转动。照准部制动螺旋、微动螺旋用于控制照准部的水平方向转动。水准管用于精确整平仪器。光学对中器用于调节仪器，使水平度盘中心与地面点位于同一铅垂线上。

2）水平度盘

水平度盘由光学玻璃制成，度盘边缘通常按顺时针方向刻有0°～360°的等角距分划线。水平度盘不随照准部转动。对于光学经纬仪，在水平角测量中，可利用水平度盘变换手轮将水平度盘转至所需要的位置。水平度盘配置后应及时盖好护盖，以免作业中碰动。

对于装有复测器的复测经纬仪，水平度盘与照准部之间的连接由复测器控制。将复测器扳手往下扳时，照准部转动时带动水平度盘一起转动；将复测器扳手往上扳时，水平度盘就不随照准部转动。

3）基座

经纬仪基座与水准仪基座的构成基本相同，有轴座、脚螺旋、底板和三角压板。但经纬仪基座上还有一个轴座固定螺旋，用于将照准部和基座固连在一起。通常情况下，轴座固定螺旋必须拧紧固定。

2. DJ_6 光学经纬仪的读数

DJ_6 光学经纬仪的水平度盘和竖直度盘分划线通过一系列的棱镜和透镜，成像于望远镜旁的读数显微镜内，观测者可通过读数显微镜读取度盘上的读数。图3-5为 DJ_6 光学经纬仪读数系统光路图。

对 DJ_6 光学经纬仪，常用的读数方法有以下两种。

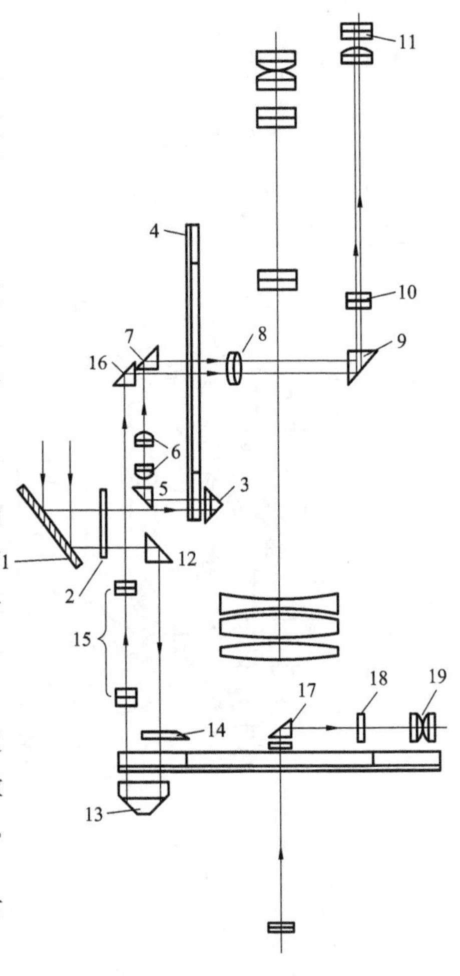

图3-5 DJ_6 光学经纬仪读数系统光路图

1）分微尺测微器读数

如图3-6所示为分微尺测微器读数窗，注有“水平”（或“H”）的为水平度盘读数，注有“竖直”（或“V”）的为竖直度盘读数。经放大后，分微尺长度与水平度盘或竖直度盘分划值1°的成像宽度相等，度盘分划值为1°，分微尺上有60个小格，每一小格为1′，可估读最小分划的1/10，即0.1′=6″。读数时，度数由落在分微尺上的度盘分划线注记数读出，分数则用该度盘分划线在分微尺上直接读出，秒数为估读数，是6的倍数。图3-6中水平度盘读数为 73°04′54″，竖直度盘读数为 87°06′12″。

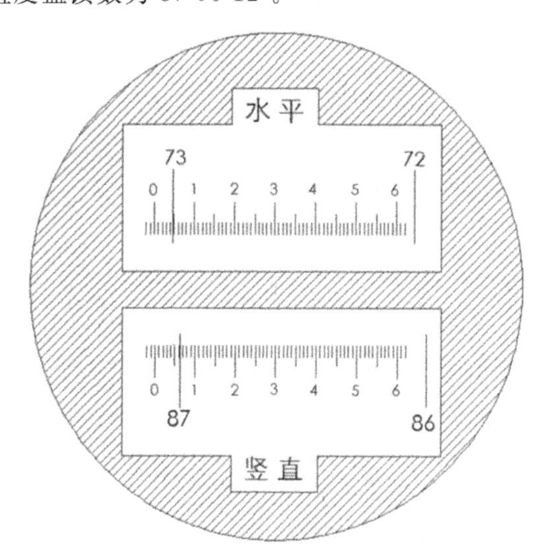

图 3-6　分微尺测微器读数窗

2）单平板玻璃测微器读数

单平板玻璃测微器利用一块平板玻璃与测微尺连接，转动测微轮，平板玻璃和测微尺绕同一轴转动。平板玻璃转动一个角度，水平度盘(或竖直度盘)分划线的影像也就平行移动一微小距离，移动量的大小可在测微尺上读出。单平板玻璃测微器图如图 3-7 所示。

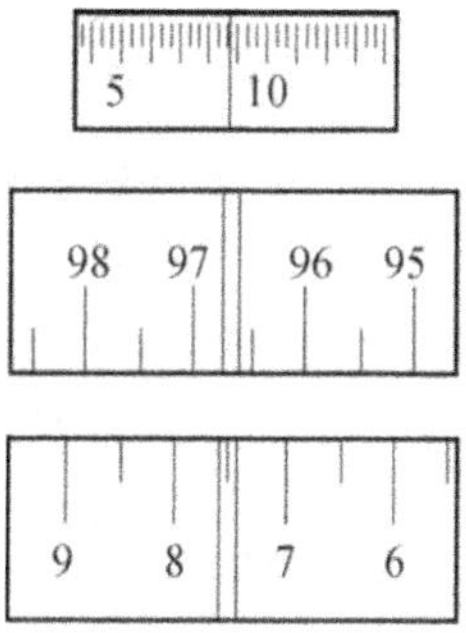

图 3-7　单平板玻璃测微器图

图 3-8 为单平板玻璃测微器读数窗的影像。其中，下窗为水平度盘影像，中窗为竖直度盘影像，上窗为测微尺影像。度盘最小分划值为 30′，测微尺总长与度盘最小分划值相同。测微尺分为 90 格，即测微尺最小分划值为 20″。读数时，转动测微轮，使度盘某一分划线精确地夹在双指标线中央，先读出度盘分划线的读数，再依指标线在测微尺上读出小于 30′的余数，两者之和即为读数结果。在图 3-8(a)中，当水平度盘某

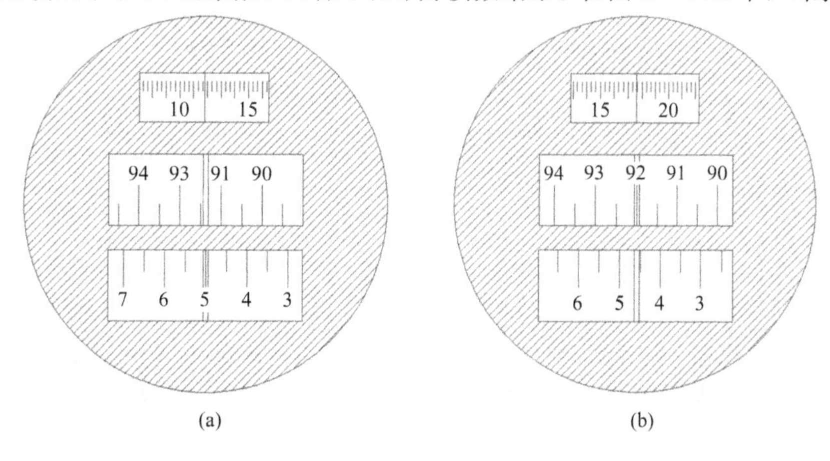

图 3-8　单平板玻璃测微器读数窗的影像

一分划线精确地夹在双指标线中央时，读数为 5°00′+12′40″=5°12′40″；在图 3-8(b)中，当竖直度盘某一分划线精确地夹在双指标线中央时，读数为 92°00′+17′40″=92°17′40″。

3. DJ_6 光学经纬仪的使用

1) 安置仪器

利用经纬仪测量角度时，首先应将仪器安置在测站点(角顶点)的铅垂线上，包括对中和整平两项工作。

对中的目的是使仪器竖轴(或水平度盘中心)位于过测站点的铅垂线上，方法有光学对中法和垂球对中法两种。

整平的目的是使仪器竖轴竖直，从而使水平度盘和横轴处于水平位置，竖直度盘位于铅垂平面内。整平分粗略整平和精确整平。

由于对中和整平两项工作相互影响，因此在安置经纬仪时，应同时满足对中和整平这两个条件。下面分别介绍使用两种不同对中方法安置经纬仪的步骤。

(1) 使用光学对中法安置经纬仪的步骤如下。

① 粗略对中。打开三脚架，使其高度适中，大致分开成等边三角形，将三脚架放置在测站点上，使架头大致水平。将仪器放置在三脚架架头上，旋紧中心连接螺旋，调节三个脚螺旋至适中部位。移动三脚架使光学对中器分划圈圆心或十字丝交点大致对准地面标志中心，踩紧三脚架并使架头基本水平，再旋转脚螺旋使光学对中器分划圈圆心或十字丝交点对准测站点标志中心。

② 粗略整平。升降三脚架三条腿的高度，使水准管气泡大致居中。对于有圆水准器的仪器，可通过升降脚架腿使圆水准器气泡居中，达到粗略整平的目的。

③ 精确整平。如图 3-9(a)所示，转动照准部使水准管平行任意一对脚螺旋连线，对向旋转这两只脚螺旋使水准管气泡居中，左手大拇指移动的方向为水准管气泡移动的方向；然后将照准部转动 90°，旋转第三只脚螺旋，使水准管气泡居中，如图 3-9(b)所示。反复调节，直到照准部转到任何方向，水准管气泡均居中为止。

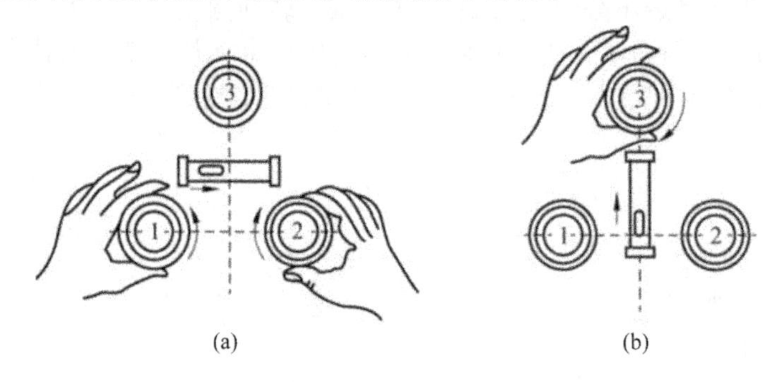

图 3-9 照准部水准管整平

④ 精确对中并整平。精确整平后重新检查对中，如有少许偏离，可稍松开中心连接螺旋，在架头上平移仪器，使其精确对中后，及时拧紧中心连接螺旋，重新进行精确整平。

由于对中和整平相互影响，因此需要反复操作，直至最后满足既对中又整平。

(2) 使用垂球对中法安置经纬仪的步骤如下：

① 对中。打开三脚架，将其置于测站点上，使其高度适中，在中心连接螺旋上挂上垂

球，调整垂球线的长度使垂球尖略高于测站点。移动三脚架使垂球尖大致对准测站点，使架头大致水平，并将三脚架的各脚稳固地踩入土中，再将仪器连接到脚架上。若此时垂球尖偏离测站点较大，则需平移脚架，使垂球尖大致对准测站点，再踩紧脚架；若垂球尖偏离测站点较小，则可稍松开中心连接螺旋，在架头上平移仪器，对中后及时旋紧中心连接螺旋。

② 整平。转动照准部，调节脚螺旋使照准部水准管气泡在相互垂直的两个方向上居中，达到精确整平的目的。整平工作需要反复进行，直至水准管气泡在任何方向都居中为止。

垂球对中法受风力的影响很大，操作不方便，且精度较低，对中误差一般为 3 mm。光学对中法不受风力影响，且精度较高，对中误差一般为 1 mm。

2）照准目标

测角时的照准标志一般是竖立于测点的标杆、测钎、垂球线或觇牌，如图 3－10 所示。测量水平角时，应使望远镜的十字丝竖丝照准照准标志，并尽量照准标志底部；而测量竖直角时，应使望远镜的十字丝中丝横切标志的顶部。

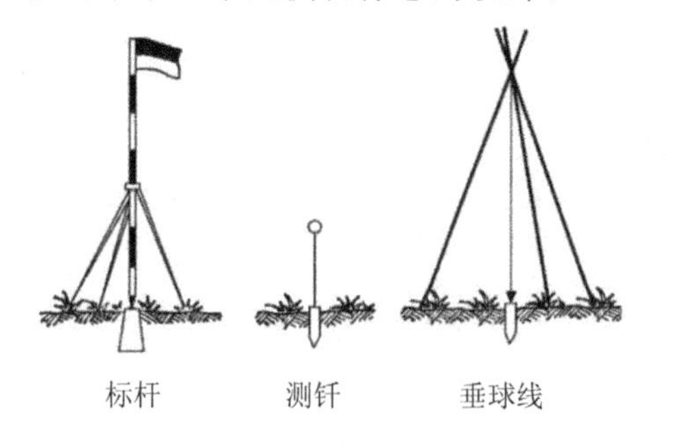

图 3－10　照准标志

照准时，先松开望远镜制动螺旋和照准部制动螺旋，将望远镜朝向明亮的天空，调节目镜调焦螺旋使十字丝清晰；然后利用望远镜上的照准器，使目标位于望远镜视场内，固定望远镜和照准部制动螺旋，调节物镜调焦螺旋使目标影像清晰；再转动望远镜和照准部微动螺旋，使十字丝竖丝的单丝平分目标或双丝夹准目标，如图 3－11(a)、(b)所示。

图 3－11　照准目标

3）读数

读数时，先打开度盘反光照明镜，调整反光镜的开度和方向，使读数窗亮度适中，旋转读数显微镜的目镜使刻画线清晰，然后读数。

在水平角测量中，为了使角度计算方便或减少度盘刻画误差的影响，通常需要将起始方向的水平度盘读数配置为 00°00′00″或某一预定值，此项工作称为配度盘。对于光学经纬仪，打开水平度盘变换手轮保护盖，转动变换手轮将度盘调至所需的读数后，轻轻盖上保护盖，并检查读数是否变动。对于复测经纬仪，则利用复测扳手来控制水平度盘的转动。扳上复测扳手，读数显微镜中的读数随照准部的转动而改变，当读数为所需配置的度盘读数时，扳下复测扳手，此时水平度盘与照准部结合在一起，转动照准部带动水平度盘一起转动。精确照准起始方向后，扳上复测扳手，这时目标方向的度盘读数即配置的读数。

3.2.2 电子经纬仪的基本结构及使用

1. 电子经纬仪的基本结构

电子经纬仪是一种集机、光、电为一体，带有电子扫描度盘，在微处理器控制下实现测角数字化的新型仪器。图 3-12 为南方测绘仪器公司生产的 ET-02 电子经纬仪。

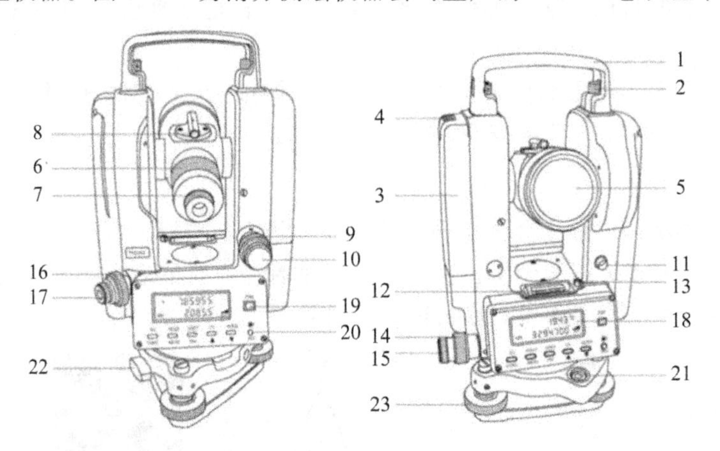

1—提把；2—提把固定螺旋；3—机载电池盒；4—电池盒按钮；5—望远镜物镜；6—物镜调焦螺旋；7—目镜调焦螺旋；8—光学瞄准器；9—望远镜制动螺旋；10—望远镜微动螺旋；11—测距仪数据接口；12—管水准器；13—管水准器校正螺丝；14—水平制动螺旋；15—水平微动螺旋；16—对中器物镜调焦螺旋；17—对中器目镜调焦螺旋；18—显示窗；19—电源开关；20—显示窗照明开关；21—圆水准器；22—轴套锁定旋钮；23—脚螺旋。

图 3-12 ET-02 电子经纬仪

2. 电子经纬仪的测角系统

电子经纬仪的测角系统有编码度盘测角系统、光栅度盘测角系统和动态测角系统三种。下面主要介绍前两种测角系统。

1）编码度盘测角系统

早期的编码度盘采用多码道编码，即在光学度盘上刻制多道同心圆环，每一同心圆环称为码道。如图 3-13 所示为一个四码道的纯二进制编码度盘。由于多码道编码度盘的角度分辨率有限且使用烦琐，现代仪器中几乎都采用单码道编码度盘。

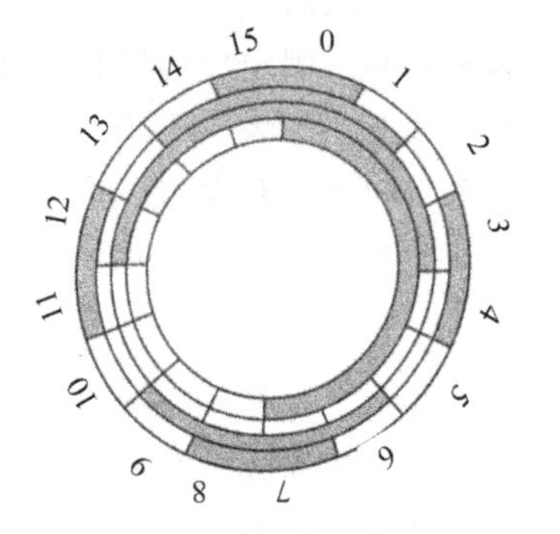

图 3-13 四码道的纯二进制编码度盘

2）光栅度盘测角系统

如图 3-14(a)所示，在玻璃圆盘上均匀地刻画出密集的等角距径向光栅，光线透过时呈现明暗条纹，这种度盘称为光栅度盘。通常光栅的刻线不透光，缝隙透光，两者的宽度相等，两者的宽度之和 d 称为栅距，栅距所对的圆心角即光栅度盘的分划值。

为了提高测角精度，在光栅度盘测角系统中采用了莫尔条纹技术，即当发光器发出红外光穿透光栅时，指示光栅上就呈现出放大的明暗条纹，纹距为 W，这种条纹称为莫尔条纹，如图 3-14(b)所示。莫尔条纹的特点是：两光栅的倾角 θ 越小，纹距 W 就越大，且

$$W=\frac{d}{\theta}\rho=kd \tag{3-2}$$

式中：θ——倾角，其单位为(′)；

ρ——常数，3438′；

k——莫尔条纹放大倍数。

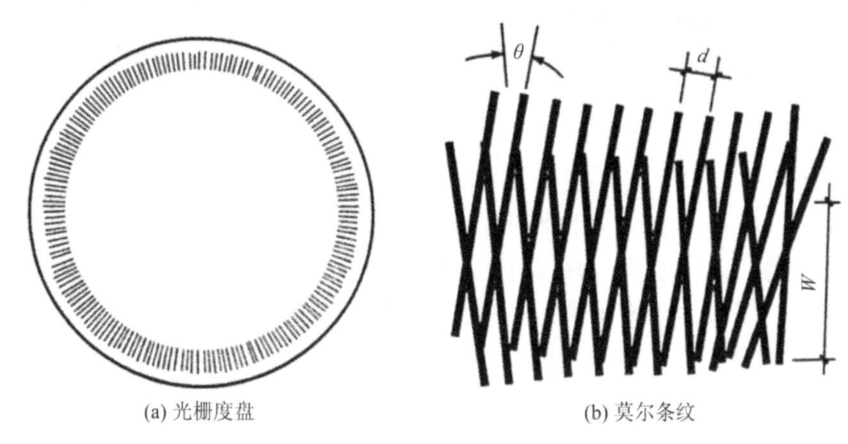

(a) 光栅度盘　　(b) 莫尔条纹

图 3-14　光栅度盘测角系统

当 $\theta=20'$时，$W=172d$，即纹距放大为栅距的 172 倍。因此，可通过进一步细分纹距来达到提高测角精度的目的。

测角时，望远镜照准起始方向，使接收电路中计数器处于"0"状态。当光栅度盘随照准部一起转动时，即形成莫尔条纹。当仪器转至另一目标方向时，计数器在判向电路控制下对莫尔条纹亮度变化的周期数进行累计计数，译码器将计数结果换算为度、分、秒，并在显示窗显示出来。这种累计栅距测角的方法称为增量式测角。

3. 电子经纬仪的使用

电子经纬仪的使用方法与光学经纬仪的基本相同。仪器对中、整平后，打开电源开关，仪器初始化打开后，默认是测角模式，就可以开始角度测量。精确照准目标后，显示屏上自动显示相应的水平度盘读数和竖直度盘读数，无需人工判读，能有效提高读数效率。

3.3 水平角观测

水平角的观测方法一般根据观测目标的多少而定，常用的方法主要有测回法和方向观测法两种。

3.3.1 测回法

如图 3-15 所示，A、O、B 分别为地面上的三点，欲测定 OA 与 OB 之间的水平角。采用测回法观测水平角的操作步骤如下：

(1) 将经纬仪安置在测站点 O，对中且整平。

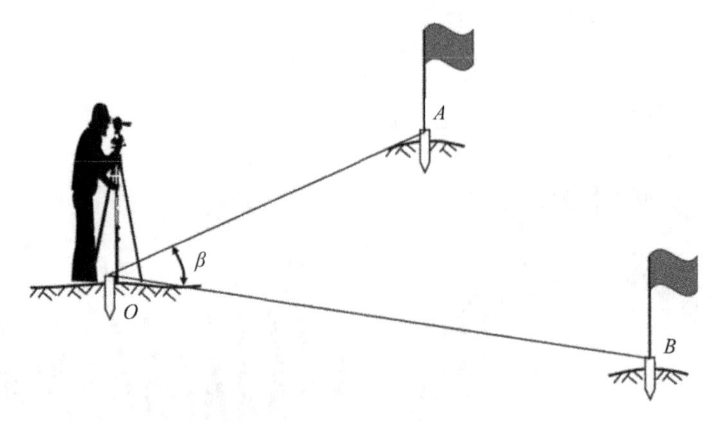

图 3-15 测回法观测水平角

(2) 盘左位置(竖直度盘在望远镜目镜端的左边，又称为正镜)照准目标 A，将水平度盘配置在 0°00′00″或稍大于 0°的位置，读取读数 $a_{左}$ 并记入观测手簿；再顺时针旋转照准部，照准目标 B，读数并记录 $b_{左}$，这个过程称为上半测回，则上半测回角值 $\beta_{左}=b_{左}-a_{左}$。

(3) 倒转望远镜成盘右位置(竖直度盘在望远镜目镜端的右边，又称为倒镜)，照准目标 B，读取读数 $b_{右}$ 并记入观测手簿；再逆时针旋转照准部，照准目标 A，读数并记录 $a_{右}$，这个过程称为下半测回，则下半测回角值 $\beta_{右}=b_{右}-a_{右}$。

上、下半测回构成一个测回。表 3-1 为测回法观测手簿。对于 DJ_6 光学经纬仪，若上、下半测回角值之差 $|\Delta\beta|=|\beta_{左}-\beta_{右}|\leqslant 36''$，则取 $\beta_{左}$、$\beta_{右}$ 的平均值作为该测回的角值。此法适用于观测两个目标所构成的单角。

表 3-1 测回法观测手簿

作业日期2021-12-15　　仪器型号 DJ_6　　观测者 李××

天　气 晴　　成　像 清晰　　记录者 杨××

测站	竖直度盘位置	目标	水平度盘读数 (° ′ ″)	半测回角值 (° ′ ″)	一测回角值 (° ′ ″)	各测回平均值 (° ′ ″)
O	左	A	00 01 54	84 08 06	84 08 00	
		B	84 10 00			
	右	A	180 01 24	84 07 54		
		B	264 09 18			

利用测回法观测水平角时，仅观测一个测回可以不配置度盘起始位置。但为了计算方便，可将起始目标读数配置在 0°或略大于 0°处。在实际测量工作中，为了减小水平度盘分划误差的影响和提高角度测量的精度，需要对某角度观测多个测回，此时应根据测回数 n，按 $180°/n$ 的间隔变换度盘起始位置。例如，图 3-15 中的水平角需要观测 4 个测回，按照 $180°/n$ 计算可知，第一个测回盘左起始方向水平度盘读数略大于 0°，第二个测回盘左起始方向水平度盘读数略大于 45°，第三个测回盘左起始方向水平度盘读数略大于 90°，第四个测回盘左起始方向水平度盘读数略大于 135°。

3.3.2 方向观测法

在一个测站上需要观测的方向为三个或三个以上时，采用方向观测法(又称为全圆观

测法）。如图 3-16 所示，O 为测站点，A、B、C、D 为四个目标点，欲测定测站点 O 到 A、B、C、D 各方向之间的水平角。

1. 观测步骤

（1）将经纬仪安置于测站点 O，对中、整平。

（2）盘左位置。选定一距离较远、目标明显的点（如 A 点）作为起始点，将水平度盘读数配置在略大于 0°处，读取此时的水平度盘读数；松开水平制动螺旋，按顺时针方向依次照准 B、C、D 三个目标点，并读数；最后再次照准起始点 A 并读数，这一操作称为归零。每观测一个方向均将度盘读数计入表 3-2 的方向观测法观测手簿。以上过程称为上半测回。两次照准 A 点的读数之差称为“归零差”，用 Δ 表示，其值应满足表 3-3 中的限差要求，否则应重测。

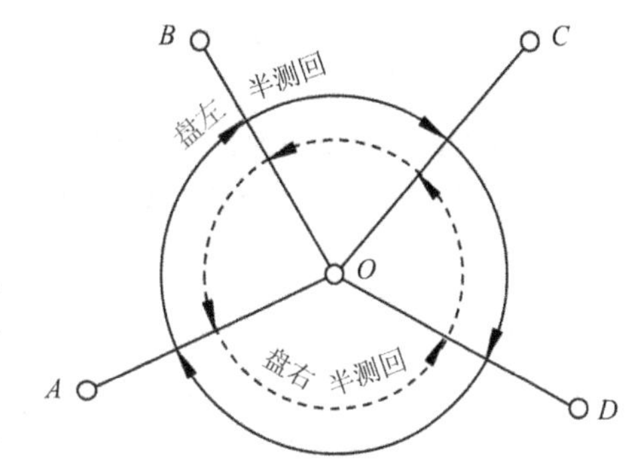

图 3-16 方向观测法观测水平角

表 3-2 方向观测法观测手簿

作业日期 2021-10-25　　仪器型号 DJ_6-88406　　观测者 李××

天　　气 晴　　成　　像 清晰　　记录者 杨××

测站	测回数	目标	水平度盘读数		2C (″)	平均读数 (° ′ ″)	一测回归零方向值 (° ′ ″)	各测回平均方向值 (° ′ ″)	角值 (° ′ ″)
			盘左 (° ′ ″)	盘右 (° ′ ″)					
O	1	A	00 00 48	180 00 24	+24	(00 00 33) 00 00 36	00 00 00	00 00 00	89 29 46
		B	89 30 24	269 30 06	+18	89 30 15	89 29 42	89 29 46	73 00 46
		C	162 31 18	342 31 00	+18	162 31 09	162 30 36	162 30 32	75 55 28
		D	238 26 54	58 26 30	+24	238 26 42	238 26 09	238 26 00	121 34 00
		A	00 00 42	180 00 18	+24	00 00 30			
		Δ	−6	−6					
O	2	A	90 01 06	270 00 42	+24	(90 00 51) 90 00 54	00 00 00		
		B	179 30 48	359 30 36	+12	179 30 42	89 29 51		
		C	252 31 30	72 31 06	+24	252 31 18	162 30 27		
		D	328 26 48	148 26 36	+12	328 26 42	238 25 51		
		A	90 01 00	270 00 36	+24	90 00 48			
		Δ	−6	−6					

(3) 倒转望远镜成盘右位置。先照准起始目标 A，并读数；然后按逆时针方向依次照准 D、C、B、A 各目标点，并读数；最后再次照准起始点 A 并读数，以上过程称为下半测回，其归零差仍应满足规定要求。

上、下半测回构成一个测回。

综上所述，观测顺序为：第一测回配置度盘读数稍大于 0°，盘左位置($A \to B \to C \to D \to A$)、盘右位置($A \to D \to C \to B \to A$)；第二测回配置度盘读数稍大于 90°，盘左位置($A \to B \to C \to D \to A$)、盘右位置($A \to D \to C \to B \to A$)。

2. 记录、计算

(1) 记录：表 3-2 为方向观测法观测手簿。盘左各目标的读数按从上往下的顺序记录，盘右各目标的读数按从下往上的顺序记录。

(2) 两倍照准误差 $2C$ 的计算：按下式依次计算表 3-2 中各目标的 $2C$ 值：

$$2C = \text{盘左读数} - (\text{盘右读数} \pm 180^\circ) \tag{3-3}$$

对于同一台仪器，在同一测回内，各方向的 $2C$ 值应为一个定值。若有变化，则其变化值(即 $2C$ 互差)不应超过表 3-3 中规定的范围。

表 3-3 水平角方向观测法的技术要求

等级	仪器精度等级	半测回归零差(″)限差	一测回内 $2C$ 互差(″)限差	同一方向值各测回较差(″)限差
四等及以上	0.5″级仪器	≤3	≤5	≤3
	1″级仪器	≤6	≤9	≤6
	2″级仪器	≤8	≤13	≤9
一级及以下	2″级仪器	≤12	≤18	≤12
	6″级仪器	≤18	—	≤24

注：1. 全站仪、电子经纬仪水平角观测时不受光学测微器两次重合读数之差指标的限制。

2. 当某观测方向的垂直角超过±3°的范围时，一测回内 $2C$ 互差可按相邻测回同方向进行比较，比较值应满足表中一测回内 $2C$ 互差的限值。

(3) 平均读数的计算：按式(3-4)依次计算各方向的平均读数，即以盘左读数为准，将盘右读数加或减 180°后和盘左读数取平均。

$$\text{平均读数} = \frac{1}{2}[\text{盘左读数} + (\text{盘右读数} \pm 180^\circ)] \tag{3-4}$$

起始方向有两个平均读数值，应再次取平均作为起始方向的平均读数。

(4) 一测回归零方向值的计算：在同一测回内，分别用各方向的平均读数减去起始方向的平均读数，得一测回归零后的方向值。起始方向的归零方向值为 0°00′00″。

(5) 各测回平均方向值的计算：当一个测站观测两个或两个以上测回时，应检查同一方向值各测回的互差，其限差应满足表 3-3 中的要求。若符合要求，则取各测回同一方向归零后方向值的平均值作为最后结果。

(6) 水平角的计算：相邻方向值之差即为两相邻方向所夹的水平角。

表 3-3 为《工程测量标准》中规定的水平角方向观测法的技术要求。在水平角观测中，

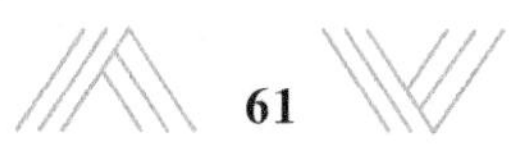

要及时进行检查，若发现超限，应予重测。

采用方向观测法观测水平角时，若方向为3个，则可以不归零。若需要观测多个测回，则应根据测回数 n，按 $180°/n$ 的间隔变换度盘起始位置，具体操作同测回法的一样。

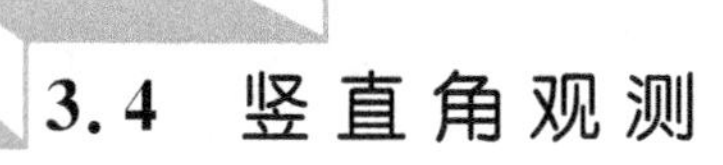

3.4 竖直角观测

3.4.1 竖盘构造

经纬仪的竖直度盘(简称竖盘)部分主要由竖盘、读数指标、竖盘指标水准管和竖盘指标水准管微动螺旋组成，如图3-17所示。竖盘垂直地固定在望远镜横轴的一端，随望远镜的上下转动而转动。读数指标与竖盘指标水准管一起安置在微动架上，不随望远镜转动，只能通过调节竖盘指标水准管微动螺旋使读数指标和竖盘指标水准管一起做微小转动。当竖盘指标水准管气泡居中时，指标线处于正确位置。竖盘的注记形式分顺时针注记和逆时针注记两种，图3-17中竖盘的注记为顺时针注记。

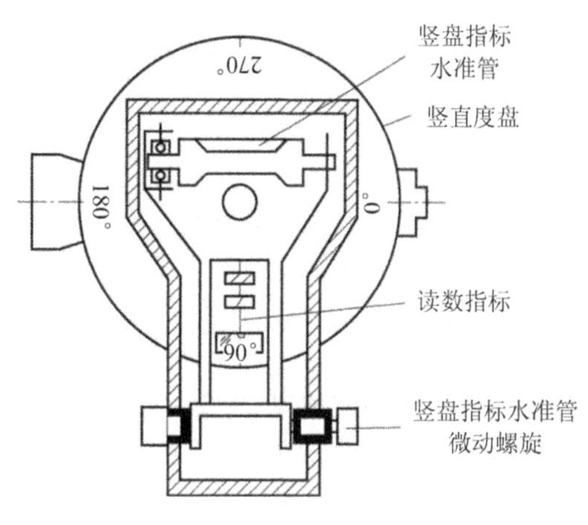

图3-17 竖盘构造

3.4.2 竖直角计算公式

竖盘的注记形式不同，竖直角计算的公式也不一样。现以顺时针注记的竖盘为例，推导竖直角计算的基本公式。

如图3-18所示，当望远镜视线水平，竖盘指标水准管气泡居中时，读数指标处于正确位置，竖盘读数正好为常数90°或270°。

图3-18中盘左位置，望远镜视线水平时竖盘读数为90°。当望远镜视线向上仰时，倾斜视线与水平视线所构成的竖直角为仰角 α_L，读数指标指向竖盘读数 L，读数减小，则盘左竖直角为

$$\alpha_L = 90° - L \tag{3-5}$$

图3-18中盘右位置，望远镜视线水平时竖盘读数为270°。当望远镜视线向上仰时，倾斜视线与水平视线所构成的竖直角为仰角 α_R，读数指标指向竖盘读数 R，读数增大，则盘

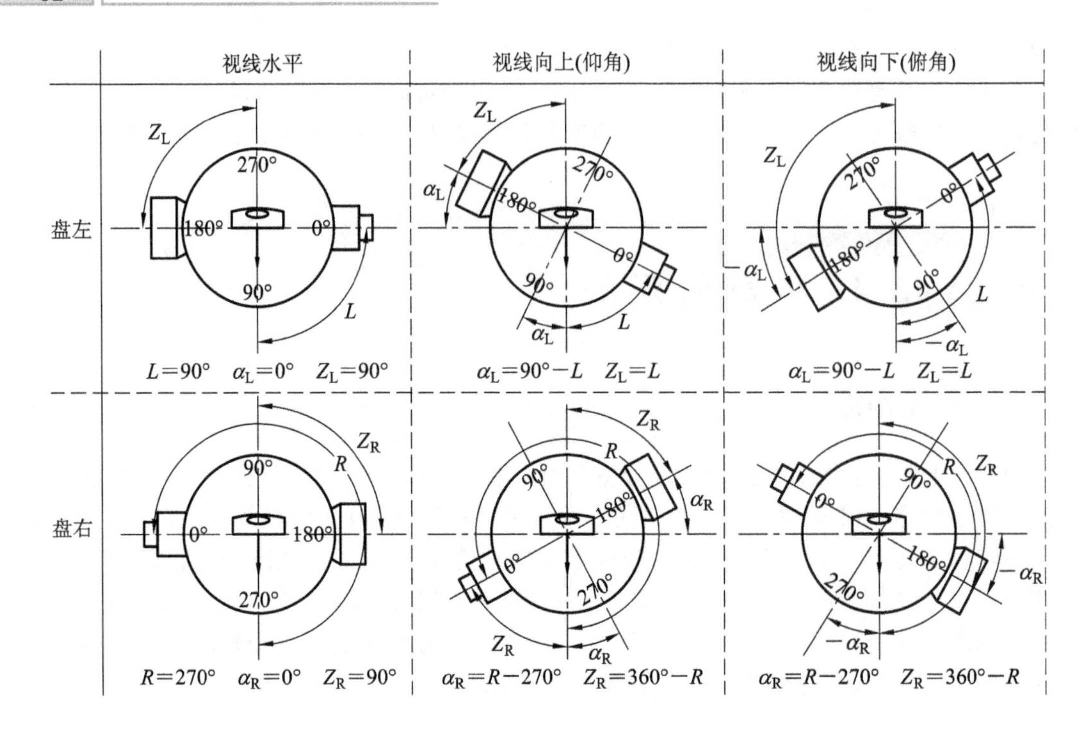

图 3-18 竖直角计算公式判断

右竖直角为

$$\alpha_R = R - 270° \tag{3-6}$$

对于同一目标，由于观测中存在误差，盘左、盘右所获得的竖直角 α_L 和 α_R 不完全相等，应取盘左、盘右竖直角的平均值作为最后结果，即

$$\alpha = \frac{1}{2}(\alpha_L + \alpha_R) = \frac{1}{2}[(R - L) - 180°] \tag{3-7}$$

式(3-5)至式(3-7)同样适用于俯角的情况。

将上述公式的推导推广到其他注记形式的竖盘，可得通用的竖直角计算公式如下：

(1) 当望远镜视线向上仰时，若竖盘读数逐渐减少，则竖直角 α 为

$$\alpha = \text{视线水平时的读数} - \text{照准目标时的读数} \tag{3-8}$$

(2) 当望远镜视线向上仰时，若竖盘读数逐渐增加，则竖直角 α 为

$$\alpha = \text{照准目标时的读数} - \text{视线水平时的读数} \tag{3-9}$$

在利用式(3-8)和式(3-9)计算竖直角时，对不同注记形式的竖盘，应正确判读视线水平时的读数。对于同一台仪器而言，盘左、盘右的读数差为 180°。

目前国内生产的电子经纬仪可以改变竖盘注记形式。根据人们的操作习惯，电子经纬仪默认的竖盘注记形式为顺时针注记形式，此时盘左、盘右状态下的竖直角可直接利用式(3-5)和式(3-6)进行计算。

3.4.3 竖盘指标差

当视线水平、竖盘指标水准管气泡居中时，若读数指标偏离正确位置，使读数大了或小了一个角值 x，则称这个偏离角值 x 为竖盘指标差。若读数指标偏离方向与竖盘注记方

向一致，使读数中增大了一个 x 值，则 x 为正；若读数指标偏离方向与竖盘注记方向相反，使读数中减少了一个 x 值，则 x 为负。图 3-19 中的竖盘指标差 x 为正。

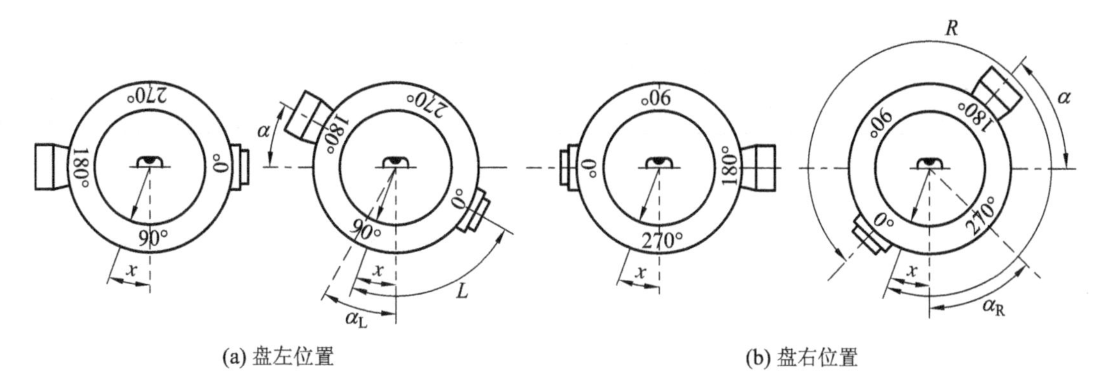

图 3-19 竖盘指标差

在图 3-19(a)的盘左位置中，视线倾斜时的竖盘读数 L 中增大了一个 x 值，则正确的竖直角为

$$\alpha=(90^\circ+x)-L=\alpha_L+x \tag{3-10}$$

在图 3-19(b)的盘右位置中，视线倾斜时的竖盘读数 R 中增大了一个 x 值，则正确的竖直角为

$$\alpha=R-(270^\circ+x)=\alpha_R-x \tag{3-11}$$

由式(3-10)和式(3-11)可得

$$\alpha=\frac{1}{2}[(R-L)-180^\circ]=\frac{1}{2}(\alpha_R+\alpha_L) \tag{3-12}$$

$$x=\frac{1}{2}[(R+L)-360^\circ]=\frac{1}{2}(\alpha_R-\alpha_L) \tag{3-13}$$

式(3-12)与无竖盘指标差时的竖直角计算公式(3-7)完全相同，说明即使存在竖盘指标差，通过盘左、盘右竖直角取平均也可以消除其影响，获得正确的竖直角。竖盘指标差可以通过式(3-13)计算。

3.4.4 竖直角观测步骤及记录、计算

1. 观测步骤

(1) 在测站点上安置经纬仪，判断竖盘注记形式，确定竖直角的计算公式。

(2) 盘左位置使十字丝中丝横切目标某一位置，调节竖盘指标水准管微动螺旋，使竖盘指标水准管气泡居中(电子经纬仪不需要这一步，对中、整平后可直接读数)，读取竖盘读数 L。

(3) 盘右位置用十字丝中丝照准目标同一位置，使竖盘指标水准管气泡居中后读取竖盘读数 R。

2. 记录、计算

将各观测数据及时记入表 3-4 的竖直角观测手簿中，按式(3-5)和式(3-6)分别计算半测回竖直角，再按式(3-12)计算一测回竖直角，竖盘指标差按式(3-13)求得。

表 3－4　竖直角观测手簿

作业日期 2021－09－25　　　　仪器型号 DJ6-88406　　　　观测者 陈××
天　气 晴　　　　成　像 清晰　　　　记录者 张××

测站	目标	测回	竖盘位置	竖盘读数(° ′ ″)	半测回竖直角(° ′ ″)	指标差(″)	一测回竖直角(° ′ ″)	各测回竖直角(° ′ ″)
B	*A*	1	左	78 45 42	+11 14 18	−00 09	+11 14 09	+11 14 14
			右	281 14 00	+11 14 00			
	A	2	左	78 45 36	+11 14 24	−00 06	+11 14 18	
			右	281 14 12	+11 14 12			
	C	1	左	97 25 54	−7 25 54	+00 03	−7 25 51	−7 25 56
			右	262 34 12	−7 25 48			
	C	2	左	97 26 06	−7 26 06	+00 06	−7 26 00	
			右	262 34 06	−7 25 54			

上述仅用十字丝中丝观测竖直角的方法称为中丝法。竖直角也可以用三丝法测得，即用上、中、下丝三根丝照准目标进行读数。由于上丝和下丝位置对称，它们与中丝所夹的视角均约为 17′。因此，由上、下丝观测值算出的竖盘指标差分别约为＋17′和－17′。记录观测数据时，盘左按上、中、下丝的读数顺序记录，盘右按下、中、上丝的读数顺序记录。然后分别按三丝所测得的 L 与 R 算出相应的竖直角，取三丝所测竖直角的平均值作为该竖直角的角值。

对同一台仪器，竖盘指标差在同一时间段内的变化应该很少，《工程测量标准》(GB 50026—2020)规定了竖盘指标差变化的容许范围，如果超限，则应重测。表 3－5 为《工程测量标准》(GB 50026—2020)中的竖直角观测技术要求。

表 3－5　竖直角观测技术要求

控制等级	仪器精度等级	测回数	指标差较差/(″)	测回较差/(″)
四等	DJ_2	3	≤7	≤7
五等	DJ_2	2	≤10	≤10

3.4.5　竖盘指标自动补偿装置

用经纬仪测量竖直角时，每次读取竖盘读数前，均应调节竖盘指标水准管微动螺旋，使竖盘指标水准管气泡居中，这种操作既费时，又容易因疏忽而出错。目前许多经纬仪采用竖盘指标自动补偿装置。在正常情况下，当仪器竖轴略有倾斜时，该装置能自动调整光路，获得读数指标处于正确位置的读数。竖盘指标自动补偿的原理与自动安平水准仪的补偿原理基本相同。

在图 3－20 的竖盘指标自动补偿装置中，透镜悬吊在读数指标和竖盘之间。当仪器竖

轴竖直、视线水平时，读数指标处于铅垂位置 A，通过透镜读出正确读数 90°，如图 3－20(a)所示。当仪器竖轴稍有倾斜时，读数指标没有处于正确位置 A，而在 A'处，且悬吊的透镜因重力作用由 O 处移至 O'处。此时，读数指标通过透镜的边缘部分折射，仍然读出正确读数 90°，从而达到竖盘指标自动补偿的目的，如图 3－20(b)所示。DJ_6 光学经纬仪竖盘指标自动补偿装置的补偿范围为±2′，安平中误差为±1″。

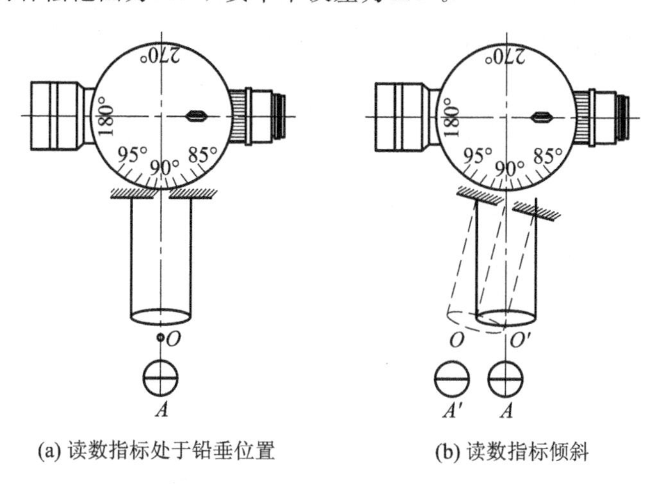

图 3－20 竖盘指标自动补偿装置

3.5 经纬仪的检验与校正

3.5.1 经纬仪的主要轴线及其应满足的几何条件

如图 3－21 所示，经纬仪的主要轴线有照准部水准管轴 L_1L_1、仪器旋转轴(竖轴)V_1V_1、望远镜视准轴 C_1C_1、望远镜旋转轴(横轴)H_1H_1。

各轴线间应满足的几何条件如下：

(1) 照准部水准管轴垂直于仪器竖轴，即 $L_1L_1 \perp V_1V_1$；

(2) 十字丝竖丝垂直于望远镜横轴；

(3) 望远镜视准轴垂直于望远镜横轴，即 $C_1C_1 \perp H_1H_1$；

(4) 望远镜横轴垂直于仪器竖轴，即 $H_1H_1 \perp V_1V_1$。

此外，当竖盘指标差为零时，光学对中器的光学垂线应与仪器竖轴重合。

仪器在出厂时虽经检验合格，但由于在搬运过程和长期使用中的震动、碰撞等，各项条件往往会发生变化。因此，在使用经纬仪之前必须进行检验与校正。经纬仪检验与校正的项目较多，但通常只进行主要轴线间几何关系的检验与校正。

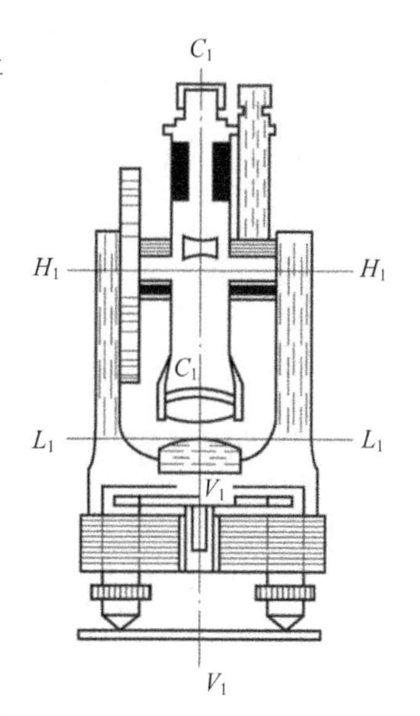

图 3－21 经纬仪的主要轴线

3.5.2 照准部水准管轴垂直于仪器竖轴的检验与校正

若照准部水准管轴不垂直于仪器竖轴，则当照准部水准管气泡居中时，仪器竖轴不竖直，水平度盘也不水平。

(1) 检验方法。将仪器粗略整平后，转动照准部使水准管平行于任意两个脚螺旋的连线方向，调节这两个脚螺旋使水准管气泡严格居中，再将仪器旋转 180°，如果照准部水准管气泡仍然居中，说明条件满足。当照准部水准管气泡偏离超过一格时，需要校正。在图 3-22(a)中，照准部水准管轴水平，但仪器竖轴倾斜，其与铅垂线的夹角为 α；将照准部旋转 180°后，照准部水准管轴与水平线的夹角为 2α，如图 3-22(b)所示。

(2) 校正方法。先转动脚螺旋，使照准部水准管气泡退回偏离量的一半，如图 3-22(c)所示；再用校正针拨动照准部水准管一端的校正螺丝(注意先松后紧)，使照准部水准管气泡居中，如图 3-22(d)所示。此时，照准部水准管轴与仪器竖轴垂直。

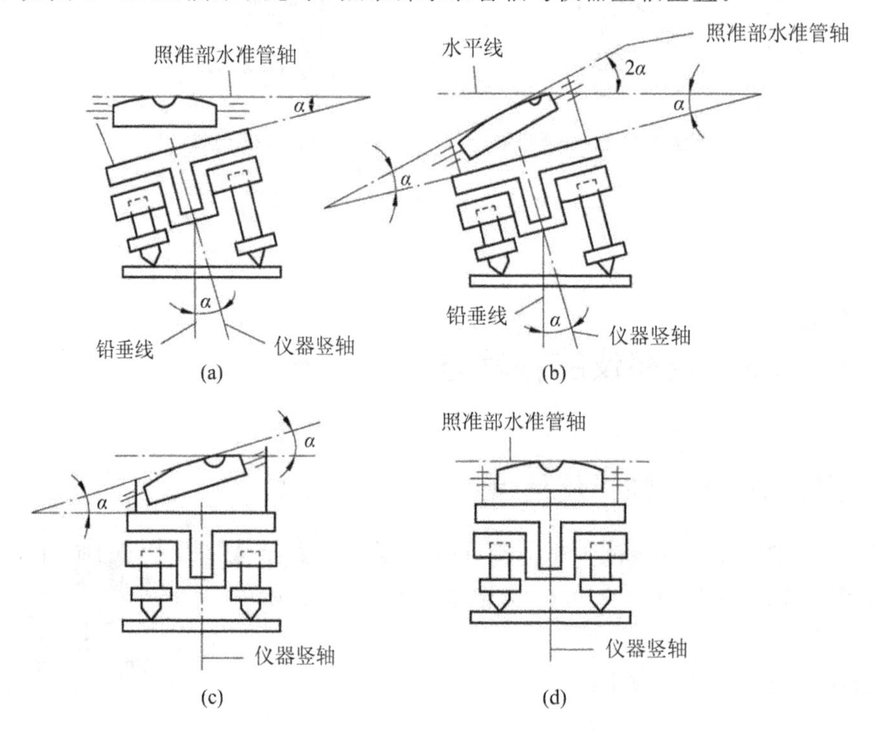

图 3-22 照准部水准管轴垂直于仪器竖轴的检验与校正方法

此项检验与校正需反复进行，直到照准部旋转到任意方向，照准部水准管气泡偏离不超过一格为止。

3.5.3 十字丝竖丝垂直于望远镜横轴的检验与校正

若十字丝竖丝不垂直于望远镜横轴，则用十字丝竖丝的不同部位照准目标，所获得的水平度盘读数不同。

(1) 检验方法。将仪器整平后，用十字丝交点精确照准远处一明显的目标点 A，固定水平制动螺旋和望远镜制动螺旋，转动望远镜微动螺旋使望远镜上仰或下俯。如果目标点始

终在十字丝竖丝上移动，如图3-23(a)所示，则说明条件满足。否则，如图3-23(b)所示，需要进行校正。

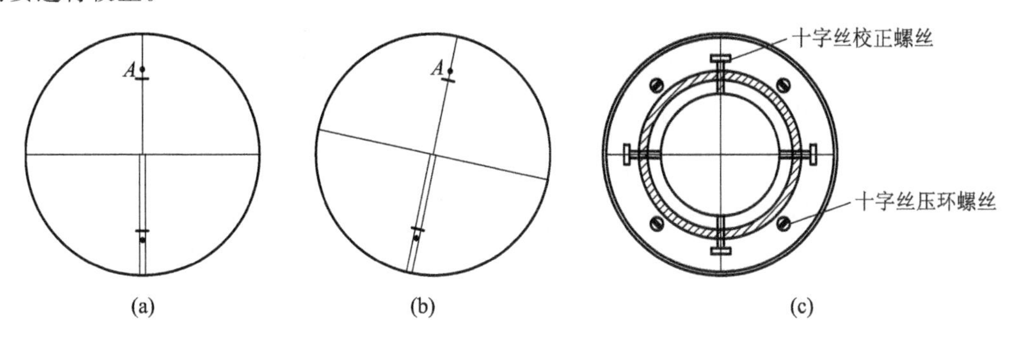

图3-23　十字丝竖丝垂直于望远镜横轴的检验与校正方法

(2) 校正方法。十字丝竖丝垂直于望远镜横轴的校正方法与水准仪十字丝中丝垂直于仪器竖轴的校正方法相同，但此时应使十字丝竖丝竖直。取下十字丝环外罩，微旋松十字丝环的四个压环螺丝，转动十字丝环，如图3-23(c)所示，直至望远镜上仰或下俯时十字丝竖丝与点状目标始终重合为止。最后，拧紧各压环螺丝，并旋上十字丝环外罩。

3.5.4　望远镜视准轴垂直于望远镜横轴的检验与校正

若望远镜视准轴不垂直于望远镜横轴，则使望远镜绕横轴旋转时，视准面不是一个平面，而是一个圆锥面。当望远镜视准轴不垂直于望远镜横轴时，其偏离垂直位置的角度称为视准轴误差，用C表示。

对于双指标读数仪器，由于采用对径分划符合读数设备，可以有效消除水平度盘偏心差的影响。而对于单指标读数仪器，读数中包含水平度盘偏心差的影响，因此，应分别采用盘左盘右瞄点法和四分之一法进行双指标读数仪器和单指标读数仪器的望远镜视准轴垂直于望远镜横轴的检校。

1. 盘左盘右瞄点法

检验时，在地面一点安置经纬仪，在远处选定一个与仪器大致同高的明显目标点A。盘左位置照准A点，得水平度盘读数$a_{左}$；盘右位置照准A点，得水平度盘读数$a_{右}$。若$a_{左}=a_{右}\pm180°$，则说明条件满足；否则，应计算出C。对于DJ_6光学经纬仪，若$|C|>1'$，则需进行校正。

校正时，在盘右位置调节照准部微动螺旋，使水平度盘读数为$a_{右}+C$，此时十字丝交点已偏离目标点A。取下十字丝环外罩，通过调节十字丝环左、右两个校正螺丝，一松一紧，使十字丝交点重新照准目标点A。反复检校，直至C值满足要求为止。最后，拧紧各压环螺丝，并旋上十字丝外罩。

2. 四分之一法

如图3-24所示，在平坦地面上选择相距60～100 m的A、B两点，将经纬仪安置在A、B连线的中点O处，在A点设置一个与仪器大致同高的标志，在B点与仪器大致同高处横置一根有毫米刻度的直尺，并使其垂直于直线OB。盘左位置照准A点，固定照准部，倒转望远镜，在B点横尺上用十字丝竖丝读得读数为B_1，对应的点为B_1点；盘右位置照

准 A 点，固定照准部，倒转望远镜，在 B 点横尺上用十字丝竖丝读得读数为 B_2，对应的点为 B_2 点。若 B_1、B_2 两点重合，则说明条件满足；否则，需要校正。

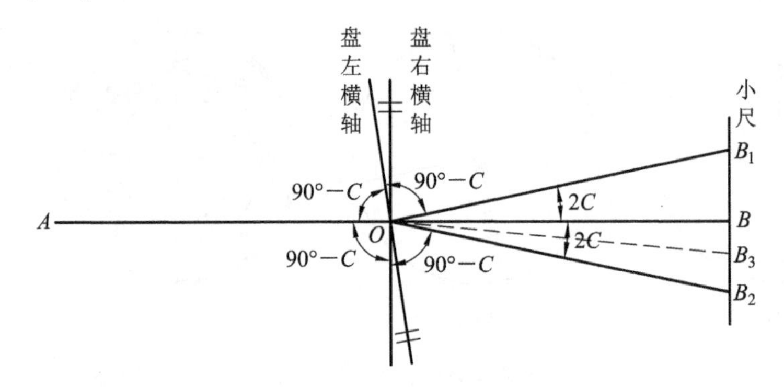

图 3-24　视准轴误差检校

由图 3-24 可知，若仪器至横尺的距离为 D，则 C 可写成

$$C=\frac{|B_2-B_1|}{4D}\rho \tag{3-14}$$

校正时，在横尺上由 B_2 点向 B_1 点量取 $\frac{1}{4}\overline{B_1B_2}$ 的长度定出 B_3 点的位置，此时 OB_3 便垂直于望远镜横轴 H_1H_1。取下十字丝环外罩，通过调节十字丝环的左、右两个校正螺丝，使十字丝交点对准 B_3 点。反复检校，直至 C 值满足要求为止。

3.5.5 望远镜横轴垂直于仪器竖轴的检验与校正

当望远镜横轴不垂直于仪器竖轴时，其偏离正确位置的角度称为横轴误差，用 i 表示。若仪器存在横轴误差，则当仪器竖轴竖直时，纵转望远镜，视准面不是一个竖直面，而是一个倾斜面。

(1) 检验方法。如图 3-25 所示，在墙面上设置一明显的目标点 P，在距墙面 20～30 m 处安置经纬仪，使望远镜照准目标点 P 的仰角在 30°以上。盘左位置照准 P 点，固定照准部，待竖盘指标水准管气泡居中后，读取竖盘读数 L；然后放平望远镜，使竖盘读数为 90°，

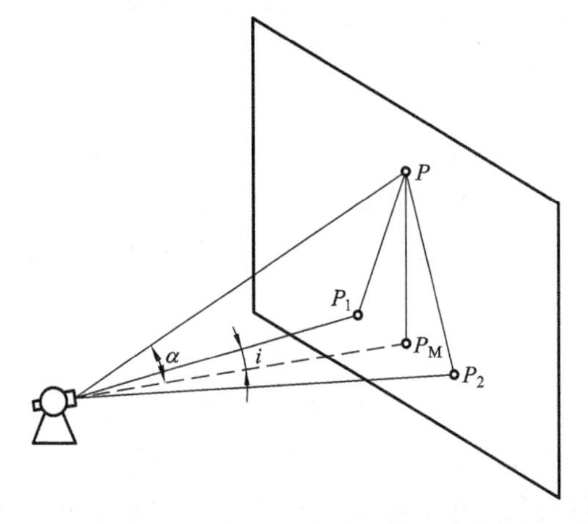

图 3-25　望远镜横轴垂直于仪器竖轴的检验与校正方法

在墙上定出一点 P_1。盘右位置照准 P 点，待竖盘指标水准管气泡居中后，固定照准部，读取竖盘读数 R；然后放平望远镜，使竖盘读数为 270°，在墙上定出另一点 P_2。若 P_1、P_2 两点重合，则说明条件满足。横轴误差 i 按下式计算：

$$i=\frac{\overline{P_1P_2}\rho}{2D}\cot\alpha \tag{3-15}$$

式中：α——P 点的竖直角，通过照准 P 点时所得的 L 和 R 算出；

D——仪器至 P 点的水平距离。

当计算出的横轴误差 $i>20''$时，必须校正。

(2) 校正方法。在图 3-25 中，照准墙上 P_1、P_2 两点的中点 P_M，再将望远镜上仰。此时，十字丝交点必定偏离 P 点。打开仪器支架的护盖，通过调节横轴一端支架上的偏心环，升高或降低横轴的一端，使十字丝交点精确照准 P 点，最后拧紧校正螺丝。因横轴是密封的，故校正应由专业维修人员进行。

3.5.6 竖盘指标差的检验与校正

(1) 检验方法。安置好经纬仪，用盘左、盘右位置分别照准大致水平的同一目标，读取竖盘读数 L 和 R(注意读数前使竖盘指标水准管气泡居中)，按式(3-13)计算出竖盘指标差 x。对于DJ_6 光学经纬仪，当$|x|$超过 $1'$时，应进行校正。

(2) 校正方法。盘右位置仍照准原目标，调节竖盘指标水准管微动螺旋，使竖盘读数对准正确读数 $R-x$。此时，竖盘指标水准管气泡不再居中，调节竖盘指标水准管校正螺丝，使竖盘指标水准管气泡居中。

此项检验与校正需反复进行，直到 x 在规定范围内为止。

3.5.7 光学对中器的检验与校正

光学对中器检验与校正的目的是使光学对中器的光学垂线与仪器旋转轴(竖轴)重合。

(1) 检验方法。在地面上放置一张白纸，在白纸上标出一点 A，以 A 点为对中标志，按光学对中的方法安置仪器，然后将照准部旋转 180°。若光学对中器分划圈中心对准 B 点，如图 3-26(a)所示，则说明光学对中器的光学垂线与仪器竖轴不重合，需进行校正。

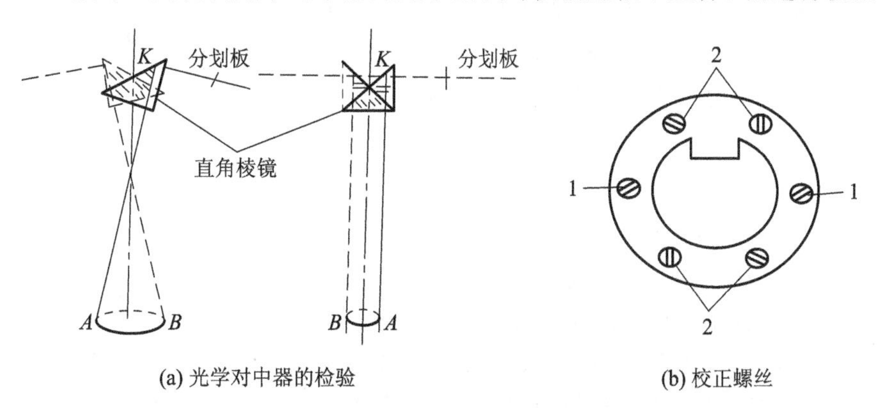

(a) 光学对中器的检验 (b) 校正螺丝

图 3-26 光学对中器的检验与校正方法

(2) 校正方法。仪器类型不同，校正部位也不同。有的校正直角转向棱镜，有的校正光学对中器分划板。图 3－26(b)是位于照准部支架间圆形护盖下的校正螺丝。校正时，通过调节相应的校正螺丝 1 或 2，使分划圈中心左右或前后移动，对准 A、B 的中点。反复进行 1～2 次，直到照准部转到任何位置，光学对中器分划圈中心始终对准 A 点为止。

3.6 水平角观测的误差分析

在水平角观测中，存在各种各样的误差。误差的来源不同，对角度的影响程度也不一样。误差来源主要有仪器误差、观测误差和外界条件的影响。下面分别对各项误差加以分析，从而找出消除或削弱这些误差的方法。

3.6.1 仪器误差

仪器误差包括两种类型：一种是由于仪器校正不完全所产生的仪器残余误差，如望远镜视准轴不垂直于望远镜横轴及望远镜横轴不垂直于仪器竖轴等的残余误差；另一种是由于仪器制造加工不完善所引起的误差，如度盘偏心差、度盘刻画误差等。

1. 望远镜视准轴不垂直于望远镜横轴的误差

仪器存在望远镜视准轴不垂直于望远镜横轴的残余误差，所产生的视准轴误差 C 对水平度盘读数的影响为盘左、盘右大小相等，符号相反，通过盘左、盘右观测取平均值可以消除该项误差的影响。

2. 望远镜横轴不垂直于仪器竖轴的误差

仪器存在望远镜横轴不垂直于仪器竖轴的残余误差，所产生的横轴误差 i 对水平度盘读数的影响与视准轴误差 C 类似，同样可以通过盘左、盘右观测取平均值消除此项误差的影响。

3. 仪器竖轴倾斜的误差

对于水准管轴不垂直于仪器竖轴所引起的竖轴误差对水平读数的影响，由于盘左和盘右竖轴的倾斜方向一致，因此该项误差不能用盘左、盘右观测取平均值的方法来消除。为此，在观测过程中，应保持照准部水准管气泡居中。当照准部水准管气泡偏离中心超过一格时，应重新对中、整平仪器，尤其是在竖直角较大的山区测量水平角时，应特别注意仪器的整平。

4. 度盘偏心差

水平度盘分划中心 O 与照准部旋转中心 O' 不重合所引起的读数误差称为度盘偏心差，如图 3－27 所示。当盘左位置照准目标点 A 时，盘左读数 $a'_{左}$ 比正确读数 $a_{左}$ 大 x，盘右读数 $a'_{右}$ 比正确读数 $a_{右}$ 小 x。对于单指标读数仪器，可通过盘左、盘右观测取平均值的方法减小此项误差的影响。对于双指标读数仪器，采用对径分划符合读数可以消除度盘偏心差的影响。

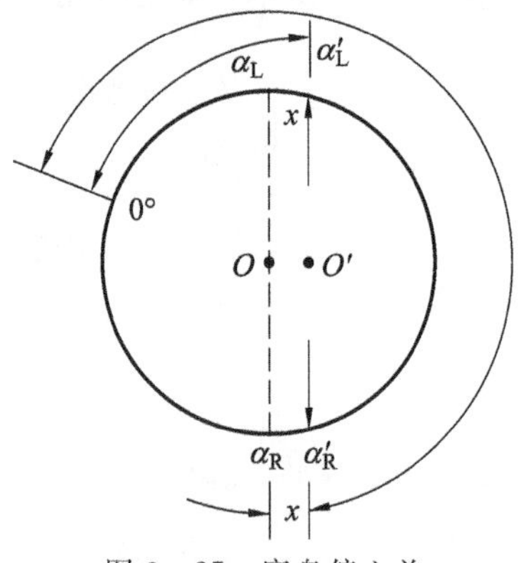

图 3－27 度盘偏心差

5. 度盘刻画误差

度盘刻画误差一般很小。当进行水平角观测时，在各测回间按一定方式变换度盘位置，可以有效地削弱度盘刻画误差的影响。

3.6.2　观测误差

角度测量过程中的观测误差主要有仪器对中误差、目标偏心差、照准误差和读数误差。

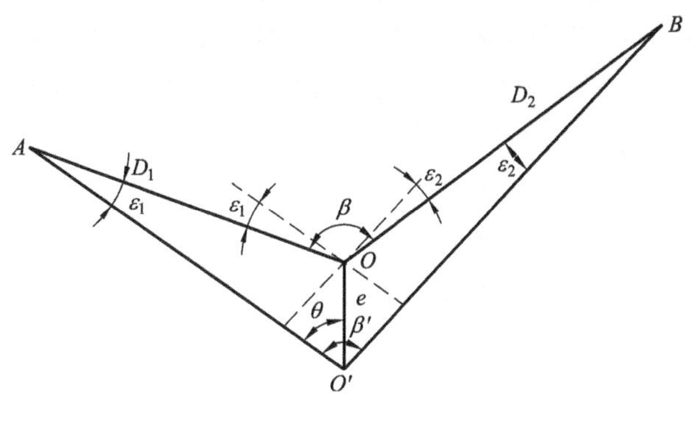

图3-28　仪器对中误差

1. 仪器对中误差

如图3-28所示，设O为测站点，A、B为两目标点。由于仪器存在对中误差，仪器中心偏离至O'点。设偏离量OO'为e(称为偏心距)，β为无对中误差时的正确角度，β'为有对中误差时的实际角度，$\angle AO'O$为θ，测站点O至A、B点的距离分别为D_1、D_2，则对中误差所引起的角度误差$\Delta\beta$为

$$\Delta\beta=\beta-\beta'=\varepsilon_1+\varepsilon_2 \tag{3-16}$$

式中：ε_1——$\angle O'AO$；

ε_2——$\angle O'BO$。

因ε_1、ε_2很小，故可写成

$$\varepsilon_1\approx\frac{e\sin\theta}{D_1}\rho,\quad \varepsilon_2\approx\frac{e\sin(\beta'-\theta)}{D_2}\rho$$

则角度误差$\Delta\beta$可用下式计算：

$$\Delta\beta\approx e\rho\left[\frac{\sin\theta}{D_1}+\frac{\sin(\beta'-\theta)}{D_2}\right] \tag{3-17}$$

设$e=3$ mm，$\theta=90°$，$\beta'=180°$，$D_1=D_2=100$ m，则$\Delta\beta=12.4''$，说明仪器对中误差对水平角观测的影响是很大的。

由式(3-17)可知，$\Delta\beta$与偏心距e成正比，与距离D_1、D_2成反比，还与水平角的大小有关，且β'越接近180°，仪器对中误差对观测方向的影响越大。因此，在观测目标较近或水平角接近180°时，尤其应注意仪器对中。

2. 目标偏心差

如图3-29所示，A点为测站点，B点为目标点，A、B两点间的距离为D。若B点的标杆倾斜了α角，B'为照准中心，B''为B'的投影，则此时偏心距$e=l\sin\alpha$，目标偏心差所引起的角度误差为

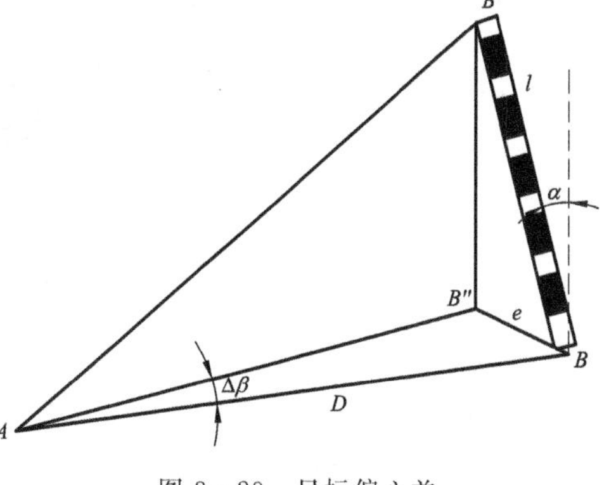

图3-29　目标偏心差

$$\Delta\beta=\frac{e}{D}\rho=\frac{l\sin\alpha}{D}\rho \tag{3-18}$$

设 e=10 mm，D=50 m，则 $\Delta\beta=41''$，说明目标偏心差对观测方向的影响是很大的。

由式(3-18)可知，$\Delta\beta$ 与偏心距 e 成正比，与距离 D 成反比。此外，应注意目标偏心方向，当 BB''与观测方向重合时，目标偏心方向对观测方向无影响；当 BB''与观测方向垂直时，目标偏心方向对观测方向的影响最大。因此，在进行水平角观测时，标杆或其他照准标志应竖直，并尽量照准目标底部。当目标较近时，可在测点上悬吊垂线球作为照准目标，以减小目标偏心对水平角观测的影响。

3. 照准误差

望远镜视准轴偏离目标理想照准线的夹角称为照准误差。照准误差主要取决于望远镜的放大率 V 以及人眼的分辨力。通常，人眼可以分辨两个点的最小视角为 60″。望远镜的照准误差一般用下式计算：

$$m_V=\pm\frac{60''}{V} \tag{3-19}$$

当 V=26 时，$m_V=\pm2.3''$。

此外，照准误差还与目标的形状、大小、颜色、亮度和清晰度等有关。

4. 读数误差

读数误差主要取决于仪器的读数设备、照明情况和观测者的判断能力。对于 DJ_6 光学经纬仪，读数误差为分微尺最小分划值的 1/10，即 6″。但如果受照明不佳、观测者操作不当等影响，则读数误差还会增大。

3.6.3 外界条件的影响

外界条件的影响比较复杂，一般难以用人力来控制。大风可以使仪器和标杆不稳定；雾气会使目标成像模糊；松软的土质会影响仪器的稳定性；烈日曝晒可使三脚架发生扭转，影响仪器的整平；温度变化会引起视准轴位置变化；大气折光变化致使视线产生偏折等。这些都会给角度测量带来误差。因此，测量时应选择有利的观测时间，尽量避免不利因素，使外界条件对角度测量的影响降到最低。

第 3 章课后习题

第4章 距离测量

本章的主要内容包括距离测量(包括钢尺量距、视距测量和电磁波测距)的基本原理和方法及各种测距方法的误差分析和注意事项，全站仪的基本结构及使用。

学习目标

通过本章的学习，学生应理解距离测量的基本原理，掌握全站仪的基本结构及使用、电磁波测距的方法，了解钢尺量距和视距测量的方法以及各种测距方法的误差分析和注意事项。

距离测量是测量地面两点间长度的技术方法。距离测量是测量的三项基本工作之一，距离分为倾斜距离和水平距离。地面上两点之间的直线距离称为倾斜距离。地面点沿铅垂线方向投影到水平面上，投影点之间的距离称为水平距离。在实际测量工作中，主要需要水平距离参与计算，如果获得倾斜距离，则需要将其转化成水平距离。

距离测量方法有钢尺量距、视距测量、电磁波测距和GNSS测量等。钢尺量距是用钢尺沿地面直接丈量距离；视距测量是利用经纬仪或水准仪望远镜中的视距丝及视距标尺，按几何光学原理进行测距；电磁波测距是用测量仪器发射并接收电磁波，通过测量电磁波在待测距离上往返传播的时间解算出距离；GNSS测量是利用两台GNSS接收机接收空间轨道上至少四颗卫星发射的精密测距信号，通过距离空间交会的方法解算出两台GNSS接收机之间的距离。本章重点介绍前三种距离测量方法。

4.1 钢尺量距

钢尺量距是利用钢尺以及辅助工具直接测量地面上两点间的水平距离，又称为距离丈量，通常在短距离测量中使用。对于精度要求较高的距离测量，应采用电磁波测距。本节主要讲述钢尺量距的方法。

4.1.1 钢尺量距的一般方法

钢尺量距的主要工具是钢尺(又称钢卷尺)。常用的钢尺长度有20 m、30 m和50 m，其基本分划有 cm 和 mm 两种。以 cm 分划的钢尺在起始的 10 cm 内为 mm 分划。

根据零点位置的不同，钢尺分为端点尺和刻线尺两种，如图 4－1 所示。端点尺是以尺的最外端作为尺的零点，刻线尺是以尺前端的一刻线作为尺的零点。一般钢尺量距的辅助工具有测钎、标杆、垂球，精密量距时，还需要弹簧秤、温度计等。

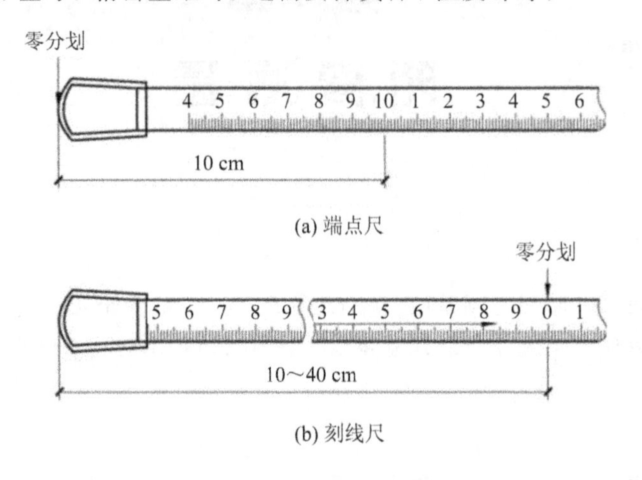

图 4－1 钢尺

当地面两点之间的距离大于钢尺的一个尺段时，就需要在直线方向上标定若干分段点，以便于用钢尺分段丈量，这项工作称为直线定线。直线定线的目的是使这些分段点在待量直线端点的连线上，直线定线的方法主要有目测定线和仪器定线两种。目测定线主要利用单眼目测，在直线的两个端点分别竖立标杆，观测者甲位于直线的一个端点，指挥手持标杆者乙左右移动，直至移动至直线上。仪器定线主要是将带有望远镜装置的测量仪器架设在直线的一个端点上，照准另一个端点，水平方向上固定望远镜，垂直方向上转动望远镜，照准地面后进行标定即可。

钢尺量距的一般方法有平量法和斜量法两种。

当地势起伏不大时，可将钢尺拉平丈量，即采用平量法，其示意图如图 4－2 所示。丈量由 A 点向 B 点进行，甲立于 A 点，指挥乙将钢尺拉在 AB 方向线上。甲将钢尺的零端对

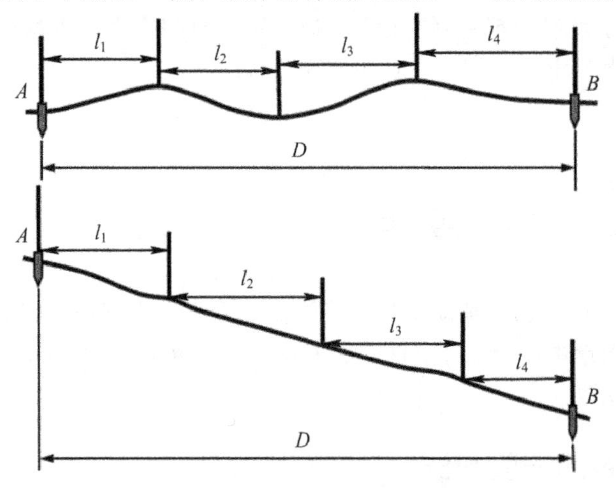

图 4－2 平量法示意图

准 A 点，乙将钢尺抬高，并且目估使钢尺水平；然后用垂球尖将尺段的末端投影到地面上，插上测钎。当地面倾斜较大，将钢尺抬平有困难时，可将一个尺段分成几个小段来平量。

采用平量法量距时，A、B 两点间的水平距离为

$$D = n \times 尺段长 + 余长 \tag{4-1}$$

式中：n——整尺段数。

当地面的坡度比较均匀时，可以沿着斜坡丈量，即采用斜量法，其示意图如图 4-3 所示。沿着斜坡丈量出 A、B 的斜距 L，测出地面倾斜角 α 或两端点的高差 h，然后按下式计算 A、B 两点间的水平距离 D：

$$D = L\cos\alpha = \sqrt{L^2 - h^2} \tag{4-2}$$

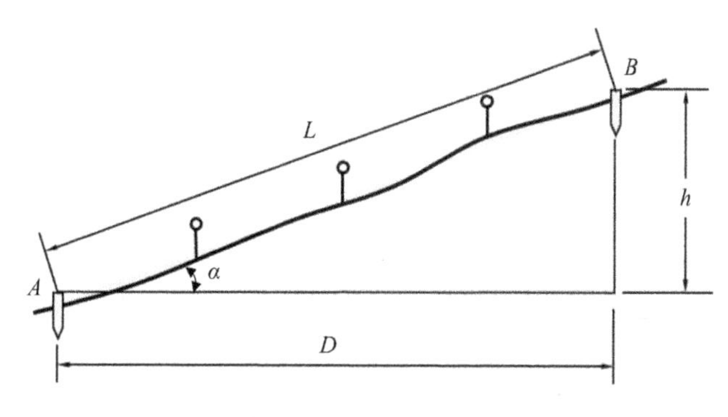

图 4-3　斜量法示意图

为了防止丈量中发生错误以及提高量距的精度，需要往、返丈量。返测时，要重新定线。往、返丈量距离的相对误差 K 定义为

$$K = \frac{|D_{AB} - D_{BA}|}{\overline{D_{AB}}} \tag{4-3}$$

式中：D_{AB}——A、B 两点间的往测距离；

D_{BA}——A、B 两点间的返测距离；

$\overline{D_{AB}}$——往、返丈量距离的平均值。在计算距离较差的相对误差时，一般将其化成分子为 1 的分式，相对误差的分母越大，说明量距的精度越高。对图根钢尺量距导线，钢尺量距往、返丈量较差的相对误差一般不应大于 1/3000，如果量距的相对较差没有超过规定，则可取往、返丈量距离的平均值 $\overline{D_{AB}}$ 作为两点间的水平距离。

【例 4.1】　A、B 两点间的往测距离为 187.530 m，返测距离为 187.580 m，往、返丈量距离的平均值为 187.555 m，求往、返丈量距离的相对误差 K。

【解】　往、返丈量距离的相对误差 K 为

$$K = \frac{|187.530 - 187.580|}{187.555} = \frac{1}{3751} < \frac{1}{3000}$$

4.1.2　钢尺量距的精密方法

用一般方法量距，其相对误差只能达到 1/5000～1/1000。当要求量距的相对误差更小，例如为 1/40 000～1/10 000 时，就需要用精密方法进行丈量。

精密方法量距的主要工具为钢尺、弹簧秤、温度计等。其中，钢尺必须经过检验，并得

到其检定的尺长方程式。钢尺精密量距记录手簿见表 4-1。

表 4-1 钢尺精密量距记录手簿

线段端点	尺段号	读数/m				中数/m	高差/m	温度/(℃)	备注
			第一次	第二次	第三次				
A	A	前	29.510	29.530	29.568	29.486	+1.12	26.0	
		后	0.023	0.045	0.082				
	1	前一后	29.487	29.485	29.486				
	1	前	25.308	25.161	25.835	25.070	+0.73	26.0	
		后	0.238	0.092	0.764				
	2	前一后	25.070	25.069	25.071				
B	2	前	28.061	28.064	28.075	28.041	+0.74	25.5	
		后	0.019	0.024	0.034				
	3	前一后	28.042	28.040	28.041				
	3	前	24.226	24.153	24.233	24.121	−0.54	25.0	
		后	0.102	0.032	0.112				
	B	前一后	24.124	24.121	24.121				

经过专门检定部门检定，得出钢尺在标准温度和标准拉力(一般规定 30 m 钢尺的标准拉力为 100 N，50 m 钢尺的标准拉力为 150 N)下的实际长度，并给出钢尺的尺长方程式：

$$l_t = l_0 + \Delta l + \alpha(t - t_0) l_0 \tag{4-4}$$

式中：l_t——钢尺在温度 t 时的实际长度(m)；

l_0——钢尺的名义长度(m)；

Δl——整尺段在检定温度 t_0 时的尺长改正数(m)；

α——钢尺的线膨胀系数，一般取为 1.25×10^{-5} m/(m·℃)；

t_0——钢尺检定时的温度(或标准温度)，一般为 20℃；

t——距离丈量时的温度(℃)。

用精密方法量距时，由于钢尺长度有误差并受量距时的环境影响，量距结果应进行以下几项改正，才能保证距离测量精度。

(1) 尺长改正。钢尺名义长度 l_0 一般和实际长度不相等，每量一段都需加入尺长改正。设在标准拉力、标准温度下经过检定的钢尺实际长度为 l'，则整尺段的尺长改正为

$$\Delta l = l' - l_0 \tag{4-5}$$

任一尺段长度 l 的尺长改正为

$$\Delta l_d = \frac{\Delta l}{l_0} l \tag{4-6}$$

(2) 温度改正。钢尺长度受温度影响会伸缩。当进行野外量距，距离丈量时的温度 t 与钢尺检定时的温度 t_0 不一致时，要进行温度改正。温度改正公式为

$$\Delta l_t = \alpha(t - t_0) l \tag{4-7}$$

(3) 倾斜改正。设沿地面量的斜距(尺段长度)为 l，测得高差为 h，则换成平距 D 时要进行倾斜改正。倾斜改正公式为

$$\Delta l_h = D - l = \sqrt{(l^2 - h^2)} - l \tag{4-8}$$

当高差不大时，倾斜改正可用下式计算：

$$\Delta l_h = -\frac{h^2}{2l} \tag{4-9}$$

综上所述，每一尺段改正后的水平距离为

$$D = l + \Delta l_d + \Delta l_t + \Delta l_h \tag{4-10}$$

钢尺精密量距计算手簿见表4-2。

表4-2　钢尺精密量距计算手簿

钢尺号：No.01　钢尺线膨胀系数：0.000 012 5 m/(m·℃)　检定温度：20℃　计算者：阳辉

钢尺名义长度：30 m　钢尺检定长度：30.0015 m　检定拉力：100 N　日期：2019.12.18

尺段	尺段长度/m	温度/℃	高差/m	尺长改正/mm	温度改正/mm	倾斜改正/mm	改正后尺段长/m
A—1	29.9218	25.5	−0.152	+1.5	+2.0	−0.4	29.9249
1—2	29.8195	25.4	−0.071	+1.5	+1.9	−0.08	29.8228
2—B	24.1102	25.7	−0.210	+1.2	+1.6	−0.9	24.1121

在表4-2中，利用式(4-5)至式(4-10)可分别计算出各尺段的尺长改正、温度改正、倾斜改正和改正后尺段长。例如，A—1尺段各量的计算方法如下：

尺长改正：

$$\Delta l_d = \frac{0.0015}{30} \times 29.9218 \approx +0.0015 \text{ m}$$

温度改正：

$$\Delta l_t = 1.25 \times 10^{-5} \times (25.5 - 20) \times 29.9218 \approx +0.0020 \text{ m}$$

倾斜改正：

$$\Delta l_h = -\frac{0.152^2}{2 \times 29.9218} \approx -0.0004 \text{ m}$$

改正后尺段长：

$$D_{A-1} = 29.9218 + 0.0015 + 0.0020 - 0.0004 = 29.9249 \text{ m}$$

4.1.3　钢尺量距的误差分析及注意事项

影响钢尺量距精度的因素很多，主要有定线误差、尺长误差、温度测定误差、钢尺倾斜误差、拉力不均误差、钢尺对准误差、读数误差等。

钢尺在使用中应注意以下问题：

(1) 钢尺易生锈。工作结束后，应用软布擦去钢尺上的泥和水，涂上机油，以防生锈。

(2) 钢尺易折断。如果钢尺出现卷曲，切不可用力硬拉。

(3) 在行人和车辆多的地区量距时，中间要有专人保护，严防钢尺被车辆压过而折断。

(4) 不能将钢尺沿地面拖拉，以免磨损尺面刻画线。

(5) 收卷钢尺时，应按顺时针方向转动钢尺摇柄，切不可逆转，以免折断钢尺。

4.2 视距测量

视距测量是一种根据几何光学原理，用简便的操作方法即能迅速测出两点间距离的方法。

视距测量是一种间接测距方法，普通视距测量所用的视距装置是测量仪器望远镜内十字丝分划板上的视距丝，视距丝是与十字丝中丝平行间距相等的上、下两根短丝。普通视距测量是利用十字丝分划板上的视距丝和刻有厘米分划的视距尺(可用普通水准尺代替)，根据几何光学原理，测定两点间的水平距离。

由于十字丝分划板上视距丝的位置固定，因此通过视距丝的视线所形成的夹角(视角)也是不变的，所以这种方法又称为定角视距测量。

视线水平时，视距测量测得的是水平距离。如果视线是倾斜的，为求得水平距离，还应测出竖直角。有了竖直角，也可以求得测站至目标的高差。所以说，视距测量也是一种能同时测得两点之间的距离和高差的测量方法。

视距测量操作简单，作业方便，观测速度快，一般不受地形条件的限制。但视距测量测程较短，测距精度较低，在比较好的外界条件下测距相对精度仅为1/300～1/200，低于钢尺量距的测距精度；测定高差的精度低于水准测量和三角高程测量的。因此，视距测量广泛用于地形测量的碎部测量中。

4.2.1 视距测量的原理

1. 视准轴水平时的视距计算公式

如图4-4所示，A、B两点间的距离D为待测距离，在A点安置经纬仪，在B点竖立视距尺，使望远镜视线水平(使竖直角为零，即竖直度盘读数为90°或270°)，照准B点的视距尺，此时视线与视距尺垂直。

图4-4中，$p=\overline{mn}$为望远镜十字丝分划板上视距丝的间距，$l=\overline{MN}$为视距间隔，f为望远镜物镜的焦距，δ为物镜中心到仪器中心的距离。

由于望远镜十字丝分划板上视距丝的间距p固定，因此从这两根丝引出去的视线在竖直面内的夹角φ也是固定的。设由视距丝n、m引出去的视线与视距尺的交点分别为N、M，与物镜的交点分别为n'、m'，则在望远镜视场内可以通过读取交点的读数求出视距间隔l。

图4-4中，视距间隔为l=下丝读数－上丝读数=1.385－1.188=0.197 m。

由于$\triangle n'm'F$相似于$\triangle NMF$，所以有$\frac{d}{f}=\frac{l}{p}$，解得

$$d=\frac{f}{p}l \tag{4-11}$$

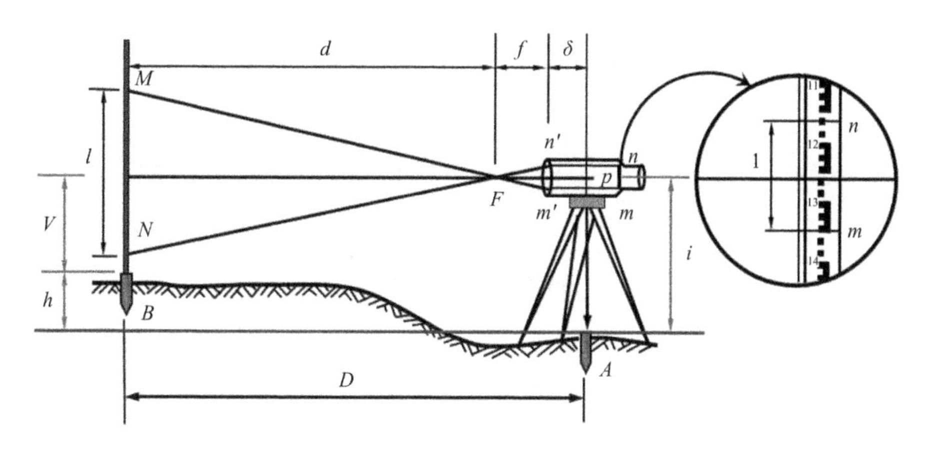

图 4-4 视准轴水平时的视距测量

结合式(4-11)，由图 4-4 得

$$D=d+f+\delta=\frac{f}{p}l+f+\delta \tag{4-12}$$

令 $K=\frac{f}{p}$，$C=f+\delta$，则有

$$D=Kl+C \tag{4-13}$$

式中：K——视距乘常数；

C——视距加常数。

设计制造仪器时，通常使 $K=100$，C 接近于零。因此，视准轴水平时的视距计算公式为

$$D=Kl=100l \tag{4-14}$$

图 4-4 中对应的视距为

$$D=100\times0.197=19.7\ \text{m}$$

如果再在望远镜中读出中丝读数 v(或者取上、下丝读数的平均值)，用小钢尺量出仪器高 i，则 A、B 两点间的高差为

$$h=i-v \tag{4-15}$$

2. 视准轴倾斜时的视距计算公式

如图 4-5 所示，当视准轴倾斜时，由于视线不垂直于视距尺，所以不能直接应用式(4-14)计算视距。由于 φ 角很小，约为 34′，所以有 $\angle MOM'=\alpha$，即只要将视距尺绕视距尺线与望远镜视线的交点 O 旋转如图 4-5 所示的 α 角后就能使其与视线垂直，并有

$$l'=l\cos\alpha \tag{4-16}$$

则望远镜旋转中心 Q 与视距尺旋转中心 O 的距离为

$$L=Kl'=Kl\cos\alpha \tag{4-17}$$

由此求得 A、B 两点间的水平距离，即视准轴倾斜时的视距计算公式为

$$D=L\cos\alpha=Kl\cos^2\alpha \tag{4-18}$$

设 A、B 两点间的高差为 h，则由图 4-5 可列出方程：

$$h+v=h'+i \tag{4-19}$$

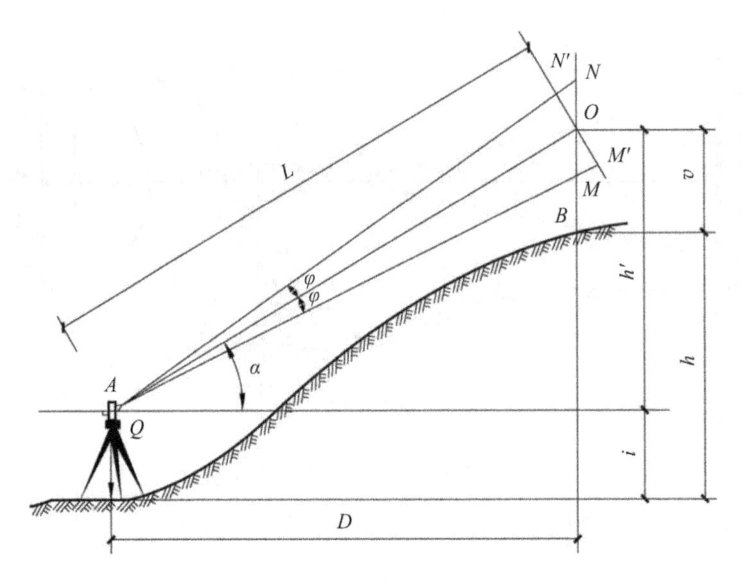

图 4-5 视准轴倾斜时的视距测量

式中：h'——初算高差，$h'=L\sin\alpha=Kl\cos\alpha\sin\alpha=\frac{1}{2}Kl\sin2\alpha$ 或者 $h'=D\tan\alpha$。

将 h' 代入式(4-19)，得 A、B 两点间的高差计算公式为

$$h=h'+i-v=\frac{1}{2}Kl\sin2\alpha+i-v=D\tan\alpha+i-v \tag{4-20}$$

4.2.2 视距测量的观测和计算

视距测量主要用于地形测量，测定测站点至地形点的水平距离及地形点的高程。视距测量的观测按下列步骤进行：

(1) 在控制点 A 上安置经纬仪，作为测站点。量取仪器高 i(取至厘米)并抄录测站点的高程 H_A(取至厘米)。

(2) 立标尺于欲测定其位置的地形点上，尽量使尺子竖直，尺面对准仪器。

(3) 一般用经纬仪盘左位置进行观测。望远镜照准标尺后，消除视差，读取下丝读数 m 及上丝读数 n(读取米、分米、厘米，估读至毫米数)，计算视距间隔 $l=m-n$。也可以直接读出视距间隔，方法为旋转望远镜微动螺旋，使上丝对准标尺上某一整分米数并迅速估读下丝的毫米数，并读取其分米及厘米数，用心算得到视距间隔 l；再读取中丝的读数 v(读至厘米数)；最后使竖盘指标水准管气泡居中，读取竖盘读数(若竖盘指标自动归零，则打开竖盘指标补偿器开关，直接读数)。

(4) 按公式计算出水平距离和高差，然后根据 A 点高程计算出 B 点高程。

进行视距测量时，可以采用电子计算器，特别是编程计算器进行计算；可根据竖直角的计算公式，将视距计算公式进行变换。如果 $\alpha=90°-L$，则视距计算公式变换成：

$$\begin{cases}D=Kl\sin^2L\\H=H_A+i+\frac{1}{2}Kl\sin2L-v\end{cases} \tag{4-21}$$

按照以上步骤完成对一个点的观测，然后重复(2)、(3)、(4)，测定另一个点。

在十分平坦的地区也可以用水准仪代替经纬仪，采用视准轴水平时的视距测量方法进行观测。

用经纬仪进行视距测量的记录和计算见表4-3。

表4-3 用经纬仪进行视距测量的记录和计算表

测站：A 测站高程：41.40 m 仪器高：1.42 m

照准点号	下丝读数/m	上丝读数/m	视距间距/m	中丝读数 v/m	竖盘读数 L	竖直角 α	水平距离 D/m	高差 h/m	高程 H/m
B	1.768	0.934	0.834	1.35	92°45′	+2°45′	83.21	+4.07	45.47
C	2.182	0.660	1.522	1.42	95°27′	+5°27′	150.83	+14.39	55.79
D	2.440	1.862	0.578	2.15	88°25′	−1°35′	57.76	−2.33	39.07

注：竖直角计算公式 $\alpha=L-90°$。

【例4.2】 在M点安置经纬仪，在N点竖立标尺，M点高程$H_M=65.32$ m。量得仪器高$i=1.39$ m，测得上、下丝读数分别为1.264 m、2.336 m，盘左观测的竖盘读数$L=82°26'00''$，仪器的竖盘指标差$x=+1'$，求M、N两点间的水平距离和高差及N点的高程。

【解】 视距间隔：

$$l=2.336-1.264=1.072\ \text{m}$$

竖直角：

$$\alpha=90°-L+x=90°-82°26'00''+1'=7°35'$$

由式(4-18)可得M、N两点间的水平距离：

$$D=Kl\cos^2\alpha=105.33\ \text{m}$$

中丝读数：

$$v=\frac{1}{2}(\text{上丝读数}+\text{下丝读数})=1.800\ \text{m}$$

由式(4-20)可得M、N两点间的高差：

$$h_{MN}=D\tan\alpha+i-v=+13.61\ \text{m}$$

N点的高程：

$$H_N=H_M+h_{MN}=65.32+13.61=78.93\ \text{m}$$

4.2.3 视距测量的误差分析及注意事项

1. 视距测量的误差分析

视距测量的主要误差来源有视距丝在标尺上的读数误差、标尺不竖直的误差、垂直角观测误差及外界气象条件的影响等。

1）读数误差

视距间隔l由上、下丝在标尺上的读数相减而得。由于视距乘常数$K=100$，因此视距丝的读数误差将扩大100倍地影响所测距离，即若读数误差为1 mm，则影响距离为0.1 m。所以，在标尺上读数前，必须消除视差，读数时应十分仔细。另外，由于竖立标尺者不可能使标尺完全稳定不动，因此上、下丝读数应几乎同时进行。建议应用经纬仪的竖盘微动螺旋将上丝对准标尺的整分米分划后，立即估读下丝读数。同时还要注意视距测量的距离不能太长，因为测量的距离越长，视距标尺 1 cm 分划的长度在望远镜十字丝分划板上的成像长度就越小，读数误差就越大。

2）标尺不竖直的误差

当标尺不竖直且偏离铅垂线方向 $d\alpha$ 角时，对水平距离影响的微分关系为

$$dD = -Kl\sin 2\alpha \frac{d\alpha}{\rho} \tag{4-22}$$

用目估使标尺竖直大约有 1°的误差，即 $d\alpha=1°$。设 $Kl=100$ m，按式(4-22)计算：当 $\alpha=5°$时，$dD=0.3$ m。由此可见，标尺倾斜对测定水平距离的影响随视准轴垂直角的增大而增大。在山区测量时，要特别注意将标尺竖直。视距标尺上一般装有水准器，立尺者在观测者读数时应参照尺上的水准器来使标尺保持竖直及稳定。

3）垂直角观测误差

垂直角观测误差在垂直角不大时对水平距离的影响较小，而主要影响高差，其对高差影响的微分关系为

$$dh = Kl\cos 2\alpha \frac{d\alpha}{\rho} \tag{4-23}$$

设 $Kl=100$ m，$d\alpha=1'$，则当 $\alpha=5°$时，$dh=0.3$ m。

由于视距测量时通常是用竖盘的一个位置（盘左或盘右）进行观测的，因此事先必须对竖盘的指标差进行检验和校正，使其尽可能小；或者每次测量之前测定指标差，在计算垂直角时加以改正。

4）外界气象条件的影响

（1）大气折光的影响。视线穿过大气时会产生折射，使光程从直线变为曲线，造成误差。由于视线靠近地面时折光大，所以规定视线应高出地面 1 m 以上。

（2）大气湍流的影响。空气的湍流使视距成像不稳定，造成视距误差。当视线接近地面或水面时，这种现象更为严重，所以视线要高出地面 1 m 以上。此外，风和大气能见度对视距测量也会产生影响。风力过大，尺子会抖动，空气中灰尘和水汽会使视距尺成像不清晰，造成读数误差，所以应选择良好的大气条件进行测量。

在以上的各种误差来源中，读数误差和标尺不竖直的误差这两种误差的影响最为突出，必须给以充分注意。根据实践资料分析，在比较良好的外界条件下，距离在 200 m 以内，视距测量的相对误差约为 1/300。

2. 视距测量的注意事项

（1）观测时应抬高视线，使视线高出地面 1 m 以上，以减少垂直折光的影响。

（2）为减少水准尺倾斜误差的影响，在立尺时应将水准尺竖直，尽量采用带有水准器的水准尺。

（3）水准尺一般应选择整尺，若用塔尺，则应注意检查各节的接头处是否正确。

（4）进行竖直角观测时，应注意将竖盘指标水准管气泡居中或将竖盘自动补偿开关打开。在观测前，应对竖盘指标差进行检验与校正，确保竖盘指标差满足要求。

（5）观测应在风力较小、成像较稳定的情况下进行。

4.3 电磁波测距

电磁波测距(electro-magnetic distance measuring, EDM)是利用电磁波作为载波传输测距信号，以测定两点间距离的一种方法。以电磁波测距原理制造的测距仪器称为电磁波测距仪。电磁波测距仪是20世纪中叶问世的一种进行距离测量的新型仪器。经过不断的改进和完善，现代测距仪已具有测量速度快、方便、受地形影响小、测程长、测量精度高等特点。从测距仪与光学经纬仪(或电子经纬仪)组合，到现在的全站仪，可完成角度、距离、高差和坐标测量工作，并且能将测量成果自动地传输到外部存储器中。因此，电磁波测距已被广泛应用于大地测量、工程测量和地形测量中。

4.3.1 电磁波测距仪的分类

电磁波测距仪可以按照采用的载波、测程、测量精度和基本功能进行分类。

(1) 电磁波测距仪按其所采用的载波划分为

① 用微波段的无线电波作为载波的微波测距仪；

② 用激光作为载波的激光测距仪；

③ 用红外光作为载波的红外测距仪。

激光测距仪和红外测距仪又统称为光电测距仪。微波测距仪和激光测距仪多属于长程测距仪，测程可达60 km，一般用于大地测量；而红外测距仪属于中、短程测距仪(测程为15 km以下)，一般用于小地区控制测量、地形测量、地籍测量和工程测量等。

(2) 电磁波测距仪按测程划分为

① 短程测距仪，测程<5 km；

② 中程测距仪，测程为5～15 km；

③ 远程测距仪，测程>15 km。

(3) 电磁波测距仪按测量精度划分为

① Ⅰ级测距仪，$m_D<5$ mm；

② Ⅱ级测距仪，5 mm$\leqslant m_D\leqslant$10 mm；

③ Ⅲ级测距仪，$m_D>10$ mm，

其中，m_D为1 km测距的中误差。

(4) 电磁波测距仪按基本功能划分为

① 专用型测距仪：测距仪安装在基座上，只用于测量距离。

② 半站型测距仪：测距仪与光学经纬仪按一定的形式组合安装在三脚架上。测距仪与光学经纬仪组合后的仪器功能较强，便于及时完成距离测量和角度测量以及进行其他数据处理等工作。

③ 全站型测距仪：测距仪与光电经纬仪安装成为组合式的仪器，或者测距仪与光电经纬仪结合成为一体化的仪器。这种仪器能够及时、快速完成距离、角度测量和其他数据处理等工作。

4.3.2 电磁波测距的基本原理

如图4-6所示，光电测距仪通过测量光波在待测距离D上往、返传播一次所需要的时间t_{2D}，依下式计算待测距离D：

$$D=\frac{1}{2}ct_{2D} \tag{4-24}$$

式中：c——光在大气中的传播速度，且

$$c=\frac{c_0}{n}$$

式中：c_0——光在真空中的传播速度，$c_0=299\ 792\ 458\ \text{m/s}\pm1.2\ \text{m/s}$；

n——大气折射率($n\geqslant1$)，它是光的波长λ、大气温度t和气压p的函数，即

$$n=f(\lambda,\ t,\ p) \tag{4-25}$$

由于$n\geqslant1$，所以$c\leqslant c_0$，即光在大气中的传播速度不大于其在真空中的传播速度。

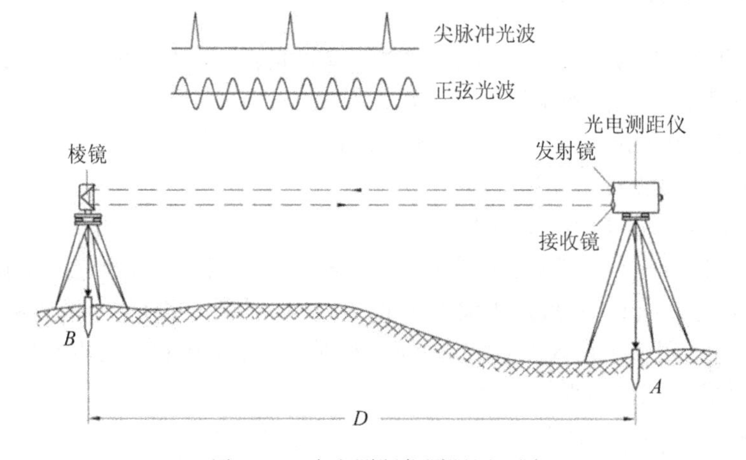

图4-6 光电测距仪测距原理图

红外测距仪一般采用GaAs(砷化镓)发光二极管发出的红外光作为光源，其波长λ的范围为0.85～0.93 μm。对一台红外测距仪来说，λ是一个常数，则由式(4-25)可知，影响光速的大气折射率n只随大气温度t、气压p而变化。这就要求我们在光电测距仪作业中，必须实时测定现场的大气温度和气压，并对所测距离施加气象改正。

根据测量光波在待测距离D上往、返传播一次所需要时间t_{2D}的不同，光电测距仪可分为脉冲式和相位式两种，相应的测距法有脉冲式光电测距和相位式光电测距。

1. 脉冲式光电测距

脉冲式光电测距是指用红外测距仪测定A、B两点间的距离D时，在待测距离一端安置测距仪，另一端安放反光镜，测距仪发出光脉冲，经反光镜反射后回到测距仪。若能测定光在距离D上往、返传播一次所需的时间，即测定发射光脉冲与接收光脉冲的时间差t_{2D}，则可得两点间的距离为

$$D=\frac{1}{2}\frac{c_0}{n}t_{2D} \tag{4-26}$$

公式(4-26)为脉冲式光电测距公式。用这种方法测定距离的精度取决于时间t_{2D}的量

测精度。若要达到±1 cm的测距精度，则时间量测精度应达到6.7×10^{-11} s。这对电子元件的性能要求很高，难以达到。所以，脉冲法测距常用于激光雷达、微波雷达等远距离测距上，其测距精度为0.5～1 m。20世纪90年代，出现了将测线上往返的时间延迟t_{2D}变成电信号，对一个精密电容进行充电，同时记录充电次数，然后用电容放电来测定t_{2D}的方法，其测量精度也可达到毫米级。

2. 相位式光电测距

相位式光电测距是指将发射光波的光强调制成正弦波的形式，通过测量正弦光波在待测距离上往、返传播的相位移来解算距离的。图4-7所示的相位式光电测距原理图是将返程的正弦波以棱镜站B点为中心对称展开后的图形。正弦光波振荡一个周期的相位移是2π，设发射的正弦光波经过$2D$距离后的相位移为φ，则φ可以分解为N个2π整数周期的相位移和不足一个整数周期的相位移$\Delta\varphi$，即有

$$\varphi=2\pi N+\Delta\varphi \tag{4-27}$$

另一方面，设正弦光波的振荡频率为f，而频率的定义是1 s振荡的次数，振荡一次的相位移为2π，则正弦光波经过t_{2D}振荡后的相位移为

$$\varphi=2\pi f t_{2D} \tag{4-28}$$

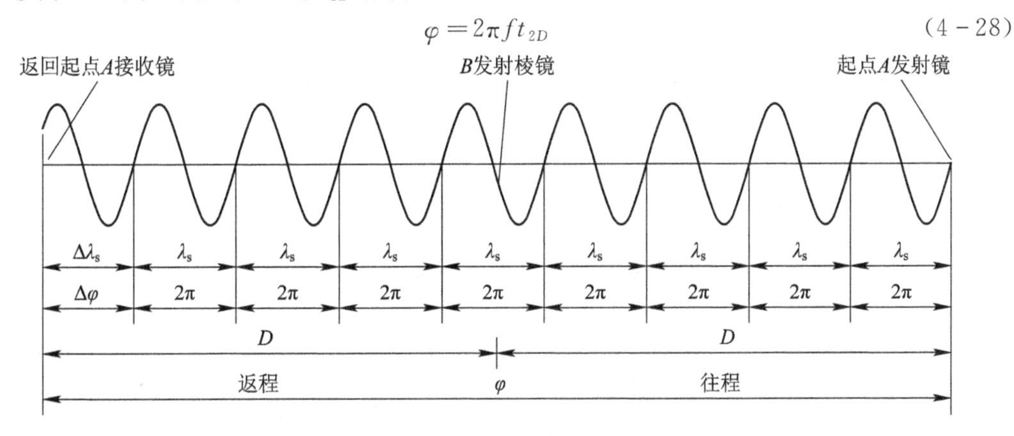

图4-7　相位式光电测距原理图

由式(4-27)和式(4-28)可以解出t_{2D}为

$$t_{2D}=\frac{2\pi N+\Delta\varphi}{2\pi f}=\frac{1}{f}\left(N+\frac{\Delta\varphi}{2\pi}\right)=\frac{1}{f}(N+\Delta N) \tag{4-29}$$

式中：ΔN——$\Delta N=\dfrac{\Delta\varphi}{2\pi}$，$0<\Delta N<1$。

将式(4-29)代入式(4-24)，得

$$D=\frac{c}{2f}(N+\Delta N)=\frac{\lambda}{2}(N+\Delta N) \tag{4-30}$$

式中：$\dfrac{\lambda}{2}$——正弦波的半波长，又称为测距仪的测尺长度。

取$c\approx3\times10^{8}$ m/s时，不同的调制频率f对应的测尺长度如表4-4所示。

表4-4　不同的调制频率对应的测尺长度

调制频率	15 MHz	7.5 MHz	1.5 MHz	150 kHz	75 kHz
测尺长度	10 m	20 m	100 m	1 km	2 km

可见，f 与$\frac{\lambda}{2}$的关系是：调制频率越大，测尺长度越短。

如果能够测出正弦光波在待测距离上往、返传播的整数周期相位移数 N 和不足一个整数周期的小数 ΔN，就可以依式(4-30)解算出待测距离 D。

在相位式光电测距仪中，有一个电子部件，称为相位计。它将发射镜中发射的正弦波与接收镜接收到的传播了 $2D$ 距离后的正弦波进行相位比较，可以测出不足一个整数周期的小数 ΔN，其测相误差一般小于 1/1000。相位计测不出 N，这就使相位式光电测距方程式(4-29)产生多值解，只有当待测距离小于测尺长度时(此时 $N=0$)，才有确定的距离值。人们通过在相位式光电测距仪中设置多个测尺，用各测尺分别测距，然后利用将测距结果组合起来的方法解决距离的多值解问题。在仪器的多个测尺中，长度最短的测尺称为精测尺，其余测尺称为粗测尺。

精、粗测尺测距结果的组合过程由测距仪内的微处理器自动完成，并输送到显示窗显示，无需用户干涉。

为保证测距的精度，测尺的长度必须十分精确。影响测距精度的因素有调制光的频率和光速。仪器制造时可以保证调制光的频率的稳定性，光在真空中的传播速度是已知的，但光在大气中传播时，通过不同密度的大气层的速度是不同的。因此，测得的距离还需加气象改正。

4.3.3 全站仪概述

近年来，随着科学技术的不断发展，全站仪测量技术越来越成熟，全站仪被广泛应用到各种测量工作中。

全站仪是一种集光电、计算机、微电子通讯、精密机械加工等高精尖技术于一体的先进测量仪器，它可方便、高效、可靠地完成多种工程测量工作，是目前测量工作中使用频率最高的仪器之一，具有常规测量仪器无法比拟的优点，是新一代综合性勘察测绘仪器。

全站仪集测距、测角和常用测量软件功能于一体，由微处理机控制，自动测距、测角，自动归算水平距离、高差、坐标增量等，同时还可自动显示、记录、存储和输出数据，是一种智能型的测绘仪器。与普通仪器相比，全站仪具有如下特点：

(1) 具有普通仪器(如经纬仪)的全部功能。

(2) 能在数秒内测定距离、坐标值，测量方式分为精测、粗测、跟踪三种，可任选其中一种。

(3) 角度、距离、坐标的测量结果在液晶屏幕上自动显示，不需人工读数、计算，测量速度快、效率高。

(4) 测距时仪器可自动进行气象改正。

(5) 系统参数可视需要进行设置、更改。

(6) 菜单式操作，可进行人机对话。提示语言有中文、英文等。

(7) 内存大，一般可存储几千个点的测量数据，能充分满足野外测量需要。

(8) 数据可录入电子手簿，并输入计算机进行处理。

(9) 仪器内置多种测量应用程序，可视实际测量工作需要，随时调用。

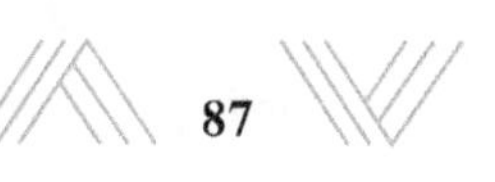

全站仪作为一种现代大地测量仪器，它的主要特点是同时具备电子经纬仪测角和测距两种功能，并由电子计算机控制、采集、处理和存储观测数据，使测量数字化、后处理自动化。全站仪除了应用于常规的控制测量、地形测量和工程测量，还广泛地应用于变形测量等领域。

1. 全站仪的发展历程

全站仪从出现到发展至今才短短十几年，已发生划时代的飞跃，其发展大致可分为四代。

第一代：半站型全站仪。半站型全站仪又称组合式全站仪，如图 4-8 所示。它由红外测距仪和电子经纬仪组合而成，一般可测斜距、平距、高差等。半站型全站仪的数据传输方式有两种：一种是由测距仪通过连接电缆传入电子经纬仪，再通过电子经纬仪上的 232 接口输出；另一种是通过“Y”型电缆分别由测距仪和电子经纬仪的通信口输出。半站型全站仪的代表产品主要有索佳 RED2LV、RED2L、RED2A、REDmini2 红外测距仪、DTZ、DT4 或 DTS 电子经纬仪等。

图 4-8 半站型全站仪

第二代：可接手簿全站仪。它集测角、测距计算于一体，观测内容的区分一般通过命令键或代码改变来实现；还具备数项专业测量的特殊功能，如断面测量、偏心测量、导线测量、对边测量、放样测量、悬高测量等，数据传输通过 232 接口输出。可接手簿全站仪的代表产品有索佳 SET2B、徕卡 TC-500、尼康 DTMA5LG、拓普康 GTS301、捷创力 GDM510 等。

第三代：可插磁卡全站仪。它具有第一、二代产品的所有功能，还增加了数据传输的插卡装置，便于将观测数据直接记录在磁卡上。磁卡分为非标准卡（专业卡）和标准电脑卡（PC 卡）。非标准卡不能直接与成品电脑兼容，独立性较强。标准电脑卡可以接在电脑上使用，便于用户调用数据。可插磁卡全站仪的代表产品有索佳 SET2C（专业卡）、徕卡 TC1100、拓普康 GTS-700 等。

第四代：电脑化全站仪。它具有与电脑兼容的双 PC 卡，可同时插系统卡和专用功能卡，如图 4-9 所示。专用功能卡有观测系统卡、纵横断面卡、计算卡、遥控传输卡等，并可全汉字显示。电脑化全站仪的数据传输方式有三种：串口或并口电缆传输、PC 卡传递、无线通信。电脑化全站仪还可以进行系统开发，其代表产品有 POWER SET、SET2000、SET3000、SET4000、尼康 DTM750 等。

全站仪的发展虽然使得它所具备的功能越来越多，但是其操作的方便性没有改变。内置程序的增多和标准化是近年来全站仪发展的一个重要特点，程序的执行过程实际上就是仪器操作的执行过程，这就使观测者能够按仪器中设定的正确的操作步骤去完成工作，从而避免误操作。另外，仪器的数据共享能力在不断加强，全站仪和其他类型的仪器（如 GNSS 接收机、数字水准仪）之

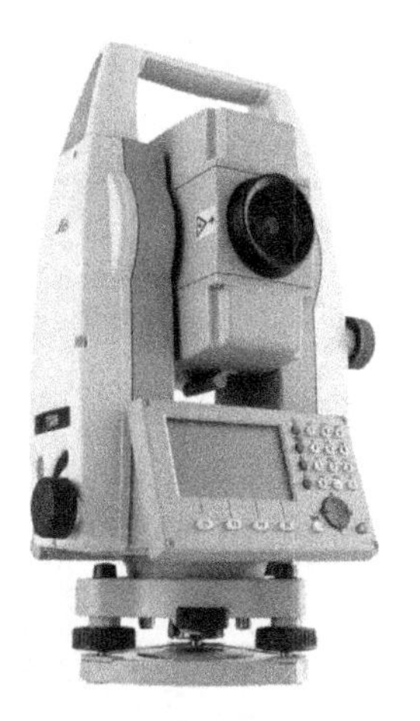

图 4-9 电脑化全站仪

间的数据交流越来越方便，其自动化水平不断提高。

全站仪早期的发展主要体现在硬件设备上(如质量的减轻、体积的减小等)；中期的发展主要体现在软件功能上(如水平距离的归算，加、乘常数的改正等)；现今的发展则是全方位的，不仅具有与电脑兼容的双 PC 卡，可以同时插系统卡和专用功能卡，实现数据的共享和传输，还可以进行系统的二次开发。

2. 全站仪的结构、操作

1) 全站仪的结构

全站仪是集光、机、电于一体的高科技仪器设备，其中轴系机械结构和望远镜光学照准系统与电子经纬仪相比没有大的差异，而电子系统主要由电子测距单元、电子测角及微处理器单元和电子记录单元构成。图 4-10 为徕卡 TPS1000 系列全站仪的电子系统结构示意图，主要由主板、存储卡板和马达板组成。主板是系统的核心，确保角度测量、距离测量、马达功能和输入/输出等部分的正常工作。

电子系统又可分为光电测量子系统和微处理子系统。光电测量子系统的主要功能有：水平角测量、垂直角测量、距离测量、仪器电子整平与轴系误差自动补偿、轴系驱动和目标自动照准、跟踪等。微处理子系统的主要功能有：控制和检核各类测量程序和指令，确保全站仪各部件有序工作；实现角度电子测微，距离精、粗读数等内容的逻辑判断与数据链接，全站仪轴系误差的补偿与改正；距离测量的气象改正或其他归化改算等；管理数据的显示、处理与存储，以及与外围设备的信息交换等。

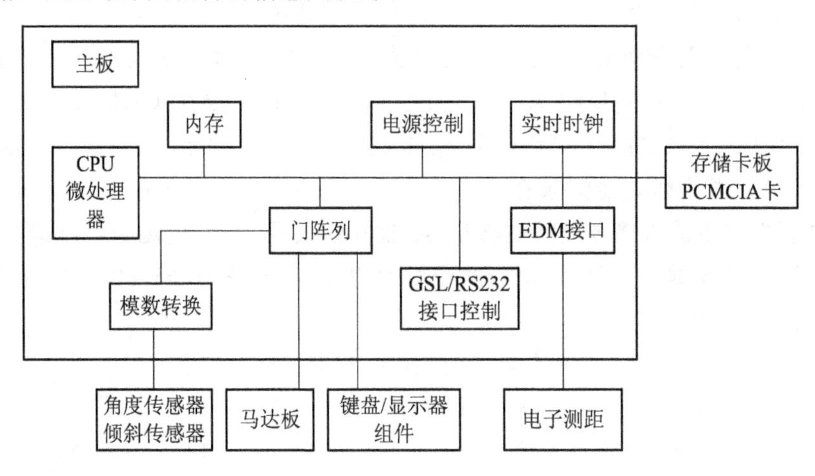

图 4-10 TPS1000 系列全站仪的电子系统结构示意图

2) 全站仪的操作步骤

全站仪的操作与电子经纬仪的差异也不大。下面主要介绍采用激光对中法进行对中与整平的具体步骤。

第一步：安置仪器。调整好脚架的高度，让其适合于观测者；将三脚架安置于测站点上，使三脚架架头大致水平。从仪器箱中取出全站仪放置在三脚架上，让全站仪的基座中心对准三脚架的中心，旋紧连接螺旋，然后关上仪器箱。

第二步：粗略对中。全站仪开机，打开仪器的激光对中器，通过平移脚架让激光对中点对准测站点(固定脚架的一条腿，平移另外两条腿)。

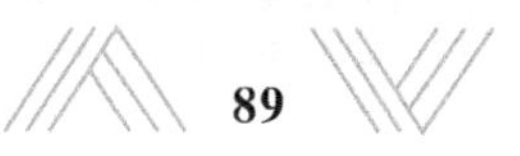

第三步：粗略整平。伸缩脚架，使全站仪的圆水准器气泡居中。

第四步：精确整平。转动仪器，让管水准器平行于任意两个脚螺旋的连线，转动这两个脚螺旋让管水准器居中(注意：两个脚螺旋一定是同时向里或同时向外旋进旋出的)；然后照准部再转动90°，让管水准器垂直于两个脚螺旋的连线，调节第三个脚螺旋让管水准器居中；最后转动照准部，检查管水准器是否在任意方向都居中，如果不居中，则继续前面的操作，直到管水准器在任意方向都居中。

第五步：精确对中。经过升降脚架和旋转脚螺旋等整平操作后，激光对中点往往偏离了测站点，这时需要稍微旋松连接螺旋，双手扶住基座底部，在架头上轻轻移动仪器，使激光对中点再次准确对准测站点。

第六步：检查。检查水准管是否在任意方向水平，看激光是否准确照准测站点。如果没有，则重复第四步和第五步，直至仪器既对中又整平。

3. 全站仪的分类

1) 按测程分类

全站仪按测距仪的测程可分为以下三类：

(1) 短程测距全站仪：测程小于3 km，一般匹配测距精度为$\pm(5+5\times10^{-8}\times D)$mm(D为全站仪实际测量的水平距离值)，主要用于普通工程测量和城市测量。

(2) 中程测距全站仪：测程为3～15 km，一般匹配测距精度为$\pm(5+2\times10^{-6}\times D)$mm～$\pm(2+2\times10^{-6}\times D)$mm，通常用于一般等级的控制测量。

(3) 远程测距全站仪：测程大于15 km，一般匹配测距精度为$\pm(5+1\times10^{-6}\times D)$mm，通常用于国家三角网及特级导线的测量。

2) 按准确度等级分类

全站仪按测角、测距准确度等级可分为四类，如表4-5所示。

表4-5 全站仪按测角、测距准确度等级分类

准确度等级	测角标准偏差/(″)	测距标准偏差/mm
Ⅰ	$\lvert m_\beta \rvert \leqslant 1$	$\lvert m_D \rvert \leqslant 3$
Ⅱ	$1 < \lvert m_\beta \rvert \leqslant 2$	$3 < \lvert m_D \rvert \leqslant 5$
Ⅲ	$2 < \lvert m_\beta \rvert \leqslant 6$	$5 < \lvert m_D \rvert \leqslant 10$
Ⅳ	$6 < \lvert m_\beta \rvert \leqslant 10$	$10 < \lvert m_D \rvert \leqslant 20$

注：m_β为一测回水平方向标准偏差，m_D为每千米测距标准偏差。

第4章课后习题

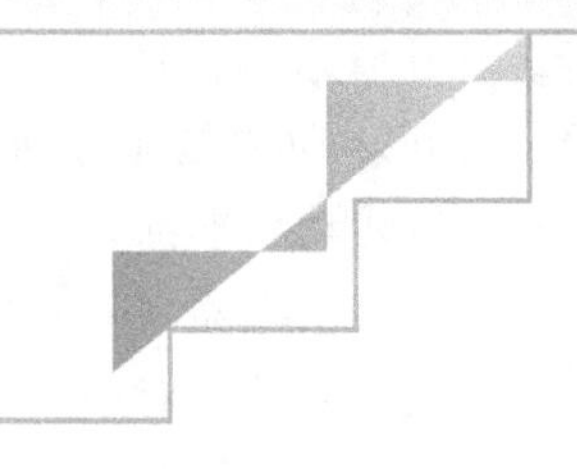

第5章 坐标测量

内容提要

本章的主要内容包括直线定向(直线定向、方位角、象限角、坐标的正反算)、地面定位技术(极坐标法、角度交会法、距离交会法)、全球卫星定位技术(GNSS的组成、GNSS定位方法、GNSS接收机的使用)等。本章的教学重点为地面定位技术和全球卫星定位技术,教学难点为地面定位技术。

学习目标

通过本章的学习,学生应理解直线定向的概念、坐标方位角的定义和推算、坐标的正反算,理解各种地面定位技术(极坐标法、角度交会法、距离交会法)的原理,掌握极坐标法地面定位技术,了解全球卫星定位技术(GNSS的组成、GNSS定位方法、GNSS接收机的使用)等相关内容。

5.1 直线定向

想要确定地面上某条直线的相对位置,仅知道该直线的水平距离是不够的,还要知道该直线与标准方向之间的关系。也就是说,首先要选定一个标准方向作为定向基准,然后用直线与标准方向的水平夹角来表示该直线的方向。确定地面直线与标准方向之间的水平夹角的过程称为直线定向。

5.1.1 标准方向的种类

在测量工作中,常用的标准方向主要有以下三种:

(1) 真子午线方向。通过地球表面某点的真子午面的切线方向称为该点的真子午线方向。真子午线方向可用天文测量方法或陀螺经纬仪测定。

(2) 磁子午线方向。在地球磁场作用下,磁针在某点自由静止时其轴线所指的方向就是磁子午线方向。磁子午线方向可用罗盘仪测定。

(3) 坐标纵轴方向(x 轴)。在高斯平面直角坐标系中,坐标纵轴方向就是地面点所在投影带的中央子午线方向。同一投影带内,各点的坐标纵轴方向是彼此平行的。

5.1.2 方位角

在测量工作中，常用方位角或象限角来表示直线的方向，即用方位角或象限角来表示直线与标准方向之间的关系。由标准方向的北端起，依顺时针方向至某直线的水平角称为该直线的方位角，其值域为0°～360°。标准方向的种类不同，所对应的方位角种类也不同。不同的标准方向所对应的方位角分别称为真方位角、磁方位角和坐标方位角。

(1) 真方位角。由真子午线方向北端起，依顺时针方向至某直线的水平角称为该直线的真方位角，用 A 表示。实际工程中，真方位角可用陀螺经纬仪(陀螺全站仪)测定。

(2) 磁方位角。由磁子午线方向北端起，依顺时针方向至某直线的水平角称为该直线的磁方位角，用 A_m 表示。实际工程中，磁方位角可用罗盘仪测定。

(3) 坐标方位角。由坐标纵轴方向北端起，依顺时针方向至某直线的水平角称为该直线的坐标方位角，用 α 表示。坐标方位角是工程测量中最常用的方位角，一般可用已知两点的坐标反算得到。

5.1.3 三种方位角之间的关系

由于地磁南北极与地球南北极不重合，因此过地面上某点的真子午线方向与磁子午线方向并不重合，两者之间的夹角称为磁偏角，用 δ 来表示。如图5-1所示，以真北方向为准，判断磁北方向：磁北方向偏于真北方向以东，δ 为正；磁北方向偏于真北方向以西，δ 为负。根据图5-1，可得直线的真方位角与磁方位角之间的换算关系为

$$A = A_m + \delta \tag{5-1}$$

式中，磁偏角 δ 可正可负，区域不同，其值也不同，我国磁偏角的变化大约在－10°到6°之间。

在高斯投影平面内，中央子午线是一条直线，作为该带的坐标纵轴；而其他子午线投影后为收敛于两极的曲线。如图5-1所示，子午线收敛角 γ 是坐标北方向与真北方向间的夹角。以真北方向为准，判断坐标北方向：坐标北方向位于真北方向以东，γ 为正；坐标北方向位于真北方向以西，γ 为负。根据图5-1，可得真方位角与坐标方位角之间的换算关系为

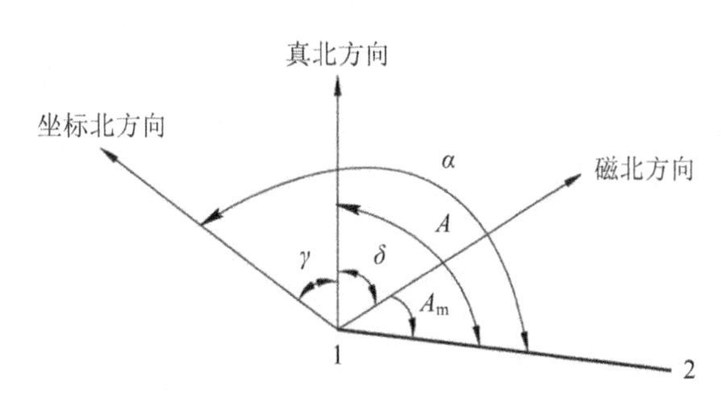

图5-1 三种方位角的关系

$$A = \alpha + \gamma \tag{5-2}$$

由式(5-1)和式(5-2)可以推导出坐标方位角与磁方位角之间的换算关系为

$$\alpha = A_m + \delta - \gamma \tag{5-3}$$

5.1.4 象限角

第1章中已经介绍了高斯平面直角坐标系，坐标横轴和纵轴将平面分为Ⅰ、Ⅱ、Ⅲ、Ⅳ

四个象限。直线与坐标纵轴方向之间所夹的锐角称为象限角，用 R 表示，其取值范围为 0°～90°。除了方位角，象限角也可以表示直线方向。用象限角表示直线方向时，不仅要注明角度大小，还必须说明该直线位于第几象限。例如，某直线位于第Ⅰ象限，象限角为 30°。在图 5－2 中，直线 $A1$、$A2$、$A3$、$A4$ 分别位于四个象限中，其名称分别为北东(NE)、南东(SE)、南西(SW)和北西(NW)。

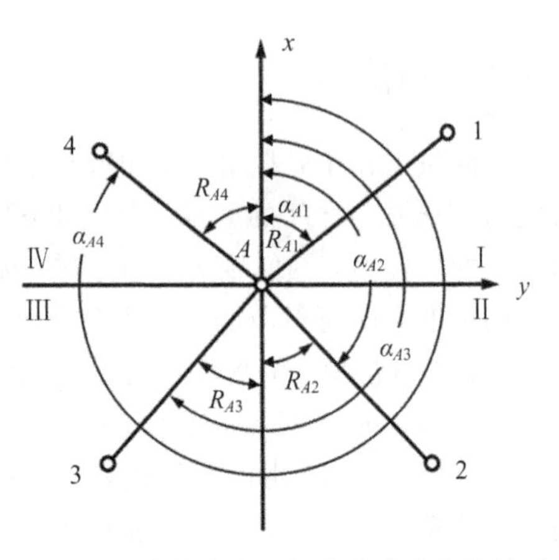

图 5－2 象限角与坐标方位角的换算关系

由于象限角自坐标纵轴北端或者南端量起，而坐标方位角自坐标纵轴北端顺时针量起，所以象限角和坐标方位角是可以互相转换的，其换算关系如图 5－2 所示，换算方法见表 5－1。

表 5－1 象限角与坐标方位角的换算方法

象限	由坐标方位角求象限角	由象限角求坐标方位角
Ⅰ	$R=\alpha$	$\alpha=R$
Ⅱ	$R=180°-\alpha$	$\alpha=180°-R$
Ⅲ	$R=\alpha-180°$	$\alpha=180°+R$
Ⅳ	$R=360°-\alpha$	$\alpha=360°-R$

5.1.5 正、反坐标方位角

如图 5－3 所示，直线 AB 的起点为 A 点、终点为 B 点，则直线 AB 的坐标方位角为 α_{AB}，称为直线 AB 的正坐标方位角；直线 BA 的坐标方位角为 α_{BA}，称为直线 AB 的反坐标方位角(是直线 BA 的正坐标方位角)。正、反坐标方位角是相对的。由图 5－3 可以看出，正、反坐标方位角之间的关系为

$$\alpha_{AB}=\alpha_{BA}\pm 180° \tag{5-4}$$

式(5－4)也可以写成

$$\alpha_{BA}=\alpha_{AB}\pm 180°$$

在计算时选择“＋”或“－”180°都可以，不影响结果。最终的结果若大于 360°，则需要减去 360°；若小于 0°，则需要加上 360°。

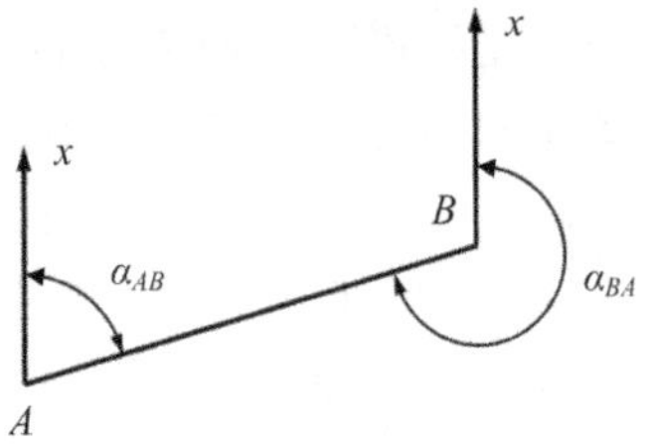

图 5－3 正、反坐标方位角的关系

5.1.6 坐标方位角的推算

在测量工作中，坐标方位角并不是直接测定的，而通过与已知点进行联测(水平角测量)，根据已知边的坐标方位角推算出其他各边的坐标方位角。如图 5－4 所示，坐标方位角的推算是已知 12 边的坐标方位角 α_{12}，根据观测的水平角 β_2、β_3，推算 23 边和 34 边的坐标方位角的过程。

推算方法如下：已知12边的坐标方位角α_{12}，测定12边与23边的转折角β_2和23边与34边的转折角β_3，利用正、反坐标方位角的关系和测定的转折角推算连续折线上23边和34边的坐标方位角α_{23}、α_{34}。根据图5-4，由几何方法分析可知：

$$\alpha_{23}=\alpha_{21}-\beta_2=\alpha_{12}\pm180°-\beta_2 \tag{5-5}$$

$$\alpha_{34}=\alpha_{32}+\beta_3=\alpha_{23}\pm180°+\beta_3 \tag{5-6}$$

根据以上推算过程，要想确定坐标方位角推算的一般公式，必须先确定坐标方位角推算的前进方向，然后判定转折角是左角还是右角。沿着推算前进方向，在由点组成的折线边左侧的转折角是左角，在折线边右侧的转折角是右角。如图5-4所示，确定推算前进方向后，转折角β_2在折线(由点1、2、3、4组成)的右边，那么β_2是右角，同理可得β_3是左角。由12边的坐标方位角推算23边的坐标方位角时，根据推算前进方向，可以把12边看作后视边、23边看作前视边，从而可以确定坐标方位角推算的一般公式为

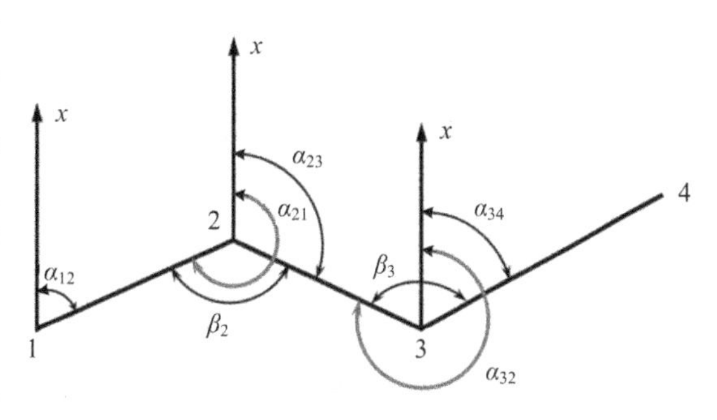

图5-4　坐标方位角的推算

$$\alpha_{前}=\alpha_{后}\pm180°+\beta_L \tag{5-7}$$

$$\alpha_{前}=\alpha_{后}\pm180°-\beta_R \tag{5-8}$$

式中：β_L、β_R——左角和右角，推算计算过程可以总结为“左加右减”；

$\alpha_{前}$、$\alpha_{后}$——前视边和后视边的坐标方位角。

前视边和后视边的前和后是相对的。图5-4中，根据12边的坐标方位角求23边的坐标方位角时，12边是后视边，23边就是前视边；根据23边的坐标方位角求34边的坐标方位角时，34边是前视边，23边就变成了后视边。此外，由于坐标方位角的值域为0°～360°，因此，对于计算结果，如果坐标方位角$\alpha>360°$，则自动减去360°；如果$\alpha<0°$，则自动加上360°。

综上所述，在进行坐标方位角推算时，首先要确定推算方向，然后判定转折角是左角还是右角，再选择式(5-7)或式(5-8)进行计算。如遇到比较复杂的折线图形，则式中加或减的转折角一定是该式中前视边和后视边的水平夹角。

【例5.1】 在由A、B、C、D四个点组成的闭合四边形中，观测角如图5-5所示。已知起始边AB的坐标方位角为40°48′00″，试求BC、CD、DA边的坐标方位角。

【解】 已知AB边的坐标方位角求BC、CD、DA边的坐标方位角，以顺时针方向为推算方向，可以判定图5-5中闭合四边形的内角全部是右角，则由式(5-8)可得

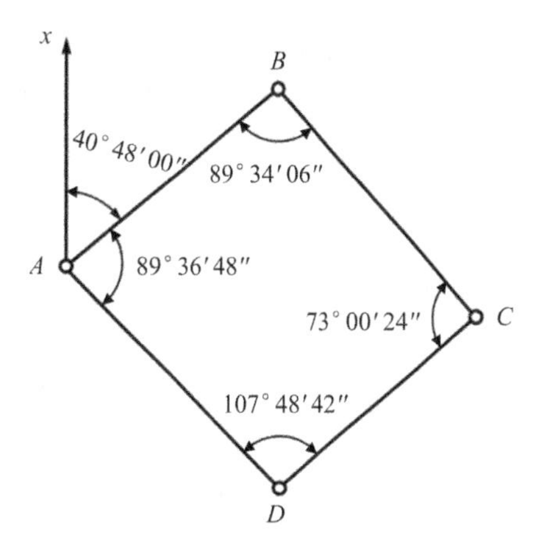

图5-5　闭合四边形中坐标方位角的推算

$$\alpha_{BC}=40°48'00''-89°34'06''\pm180°=131°13'54''$$

$$\alpha_{CD}=131°13'54''-73°00'24''\pm180°=238°13'30''$$

$$\alpha_{DA}=238°13'30''-107°48'42''\pm180°=310°24'48''$$

检核：

$$\alpha_{AB}=310°24'48''-89°36'48''\pm180°=40°48'00''$$

5.1.7 坐标正、反算

1. 坐标正算

由直线的水平距离和坐标方位角及直线已知端点坐标计算直线另一端点坐标的过程称为坐标正算。

如图 5-6 所示，直线 AB 是平面中任意一条直线，已知 A 点坐标(x_A，y_A)、AB 的水平距离 D_{AB} 和坐标方位角 α_{AB}，求 B 点的坐标(x_B，y_B)。

根据图 5-6，先计算 A 点到 B 点的坐标增量 Δx_{AB}、Δy_{AB}：

$$\begin{cases}\Delta x_{AB}=D_{AB}\cos\alpha_{AB}\\ \Delta y_{AB}=D_{AB}\sin\alpha_{AB}\end{cases} \tag{5-9}$$

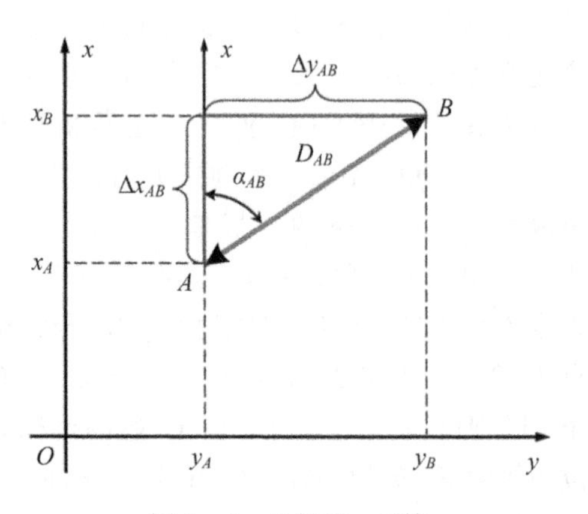

图 5-6 坐标正、反算

则 B 点的坐标为

$$\begin{cases}x_B=x_A+\Delta x_{AB}=x_A+D_{AB}\cos\alpha_{AB}\\ y_B=y_A+\Delta y_{AB}=y_A+D_{AB}\sin\alpha_{AB}\end{cases} \tag{5-10}$$

2. 坐标反算

由直线的两个端点的坐标计算该直线的水平距离和坐标方位角的过程称为坐标反算。

如图 5-6 所示，根据直角三角形勾股定理，可以得到直线的水平距离计算公式为

$$D_{AB}=\sqrt{\Delta x_{AB}^2+\Delta y_{AB}^2} \tag{5-11}$$

坐标方位角并不能直接根据公式求出，应先求出该直线的象限角，然后判定该直线所在象限，再将象限角转换成坐标方位角。象限角的计算公式为

$$R_{AB}=\arctan\frac{|\Delta y_{AB}|}{|\Delta x_{AB}|} \tag{5-12}$$

式中：Δx_{AB}、Δy_{AB}——坐标增量。

按照式(5-12)计算出象限角后，可根据表 5-2 的坐标增量正、负号规律来判定直线所在象限，再根据表 5-1 将象限角转换成坐标方位角即可。

表 5-2 坐标增量正、负号规律

象限	坐标方位角	Δx	Δy
Ⅰ	0°～90°	+	+
Ⅱ	90°～180°	−	+
Ⅲ	180°～270°	−	−
Ⅳ	270°～360°	+	−

综上所述，坐标反算的步骤分为以下三步：第一步，根据已知坐标值计算坐标增量，求

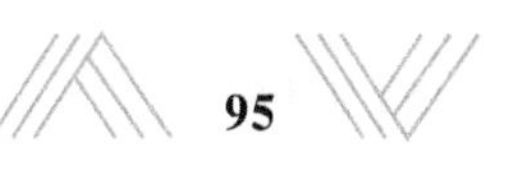

出直线的水平距离；第二步，计算直线的象限角；第三步，根据坐标增量的正负号，判定直线所在象限，再根据象限角和坐标方位角的换算方法将象限角转换为坐标方位角。

【例 5.2】 已知直线 AB 的两个端点 A、B 的坐标分别为：$x_A=512.652$ m，$y_A=847.389$ m，$x_B=315.645$ m，$y_B=694.021$ m，计算 AB 的水平距离 D_{AB} 和坐标方位角 α_{AB}。

【解】 因

$$\Delta x_{AB}=x_B-x_A=315.645-512.652=-197.007\ \text{m}$$

$$\Delta y_{AB}=y_B-y_A=694.021-847.389=-153.368\ \text{m}$$

故由式(5-11)可知

$$D_{AB}=\sqrt{\Delta x_{AB}^2+\Delta y_{AB}^2}=249.667\ \text{m}$$

由式(5-12)可知

$$R_{AB}=\arctan\frac{|\Delta y_{AB}|}{|\Delta x_{AB}|}=\arctan\frac{153.368}{197.007}=37°54'01''$$

因为 $\Delta x_{AB}<0$，$\Delta y_{AB}<0$，所以直线 AB 位于第三象限，其坐标方位角为

$$\alpha_{AB}=R_{AB}\pm180°=217°54'01''$$

综上，直线 AB 的水平距离 $D_{AB}=249.667$ m，坐标方位角 $\alpha_{AB}=217°54'01''$。

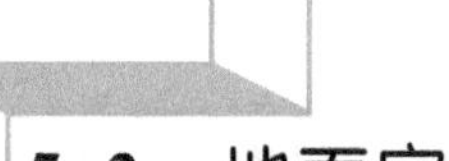

5.2 地面定位技术

在全球卫星定位技术出现以前，基于几何学原理，通过测量地面点间的相对关系(水平距离、水平角等)，解算出点的平面坐标或高程的技术，称为地面定位技术。地面定位技术是相对于全球卫星定位技术而言的。本节主要讲述地面定位的传统测量方法，全球卫星定位技术将在5.3节详细阐述。

5.2.1 测定平面坐标的方法

要测定地面点的平面坐标，可根据仪器、工具及现场地形情况等，选择观测不同的基本要素(水平角或水平距离)，进而选择不同的测定方法。水平角、水平距离两者都测，用极坐标法、导线法；只测量水平角，用角度交会法；只测量水平距离，用距离交会法。全站仪坐标测量就是利用极坐标法原理进行的，在传统测量过程中应用比较广泛。导线法主要用于平面控制测量，在后面控制测量章节会详细介绍。随着全站仪坐标测量技术的广泛应用和全球卫星定位技术的发展，角度交会法和距离交会法逐渐被淘汰。

1. 极坐标法

如图5-7所示，已知 A、B 两点的坐标，通过仪器观测获取水平角 β 和水平距离 D_{AP}，经过计算求得 P 点坐标的方法称为极坐标法。极坐标法的观测方法、计算步骤如下：

(1) 在已知点 A 安置仪器，观测水平角 β。

(2) 测量 A、P 两点间的水平距离 D_{AP}。

(3) 根据已知点 A、B 的坐标，利用坐标反算公式计算已知边 AB 的坐标方位角 α_{AB}。

(4) 根据坐标方位角 α_{AB} 和水平角 β，推算未知边 AP 的坐标方位角 α_{AP}，得

$$\alpha_{AP}=\alpha_{AB}+\beta \tag{5-13}$$

当未知边位于已知边的左侧时，式(5-13)取"$-\beta$"，计算结果为负值时"+360°"。

(5) 利用坐标正算公式(5-10)，推算未知点 P 的坐标 (x_P, y_P)。

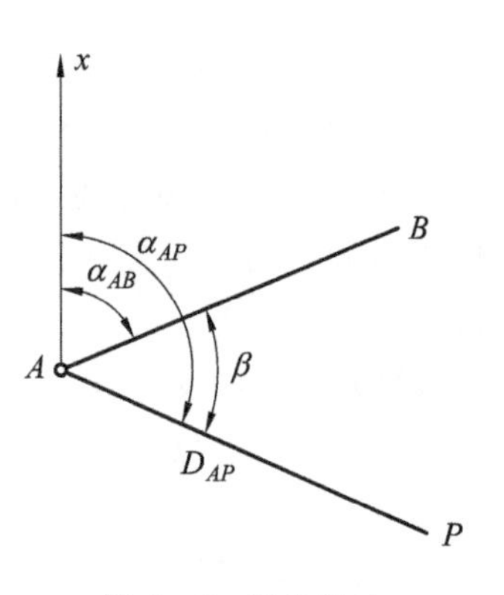

图 5-7　极坐标法

全站仪坐标测量就是利用极坐标法原理进行的。全站仪坐标测量的工作程序是：仪器安置、文件新建、测站设置、后视定向、坐标测量和数据传输。下面以南方 NTS-663 全站仪(工作程序见表 5-3)和华测 CTS-112R4Pro 全站仪(工作程序见表 5-4)为例来介绍坐标测量的工作程序。

表 5-3　南方 NTS-663 全站仪坐标测量的工作程序

工作程序	操作步骤
仪器安置	在测站点(控制点)上安置全站仪，包括对中、整平和量取仪器高。开机仪器常数设置：棱镜加常数为-30 mm(第一次设置后，下次可以不用设置)。气象参数设置：如实测气压和温度，照实输入
文件新建	进入"程序"→"标准测量"→"设置"→"作业"→"新建"→"文件"，打开新建的文件
测站设置	① 进入"记录"选项→"侧视测量"，根据提示输入测站点点名和仪器高；② 按回车键进入下一页，输入测站点坐标 $N(X)$、$E(Y)$、$Z(H)$；③ 按回车键进入下一页，输入后视点点名和棱镜高
后视定向	① 按回车键，输入后视点坐标，同时把棱镜竖立在后视点上，全站仪盘左照准后视点上的棱镜，按下"设置"键，再按"校核"键，进行校核；② 按回车键进入碎部点测量，即坐标测量
坐标测量	① 输入待测点点号，全站仪照准待测点上竖立的棱镜，按回车键，测量、记录待测点的坐标；② 选择下一个待测点，循环进行；③ 本站将所有需要待测的点全部测量完成后，在控制点上检测，合格后仪器关机
数据传输	① 用数据通信线将全站仪和电脑连接(COM 接口或 USB 接口)；② 启动南方 CASS 软件，在"数据"菜单中选择"读取全站仪数据"，系统弹出"全站仪内存数据转换"参数设置界面，打开全站仪"通信参数"对照，使软件参数设置和全站仪设置一致，指定文件的保存路径和文件名；③ 进入全站仪的"程序"→"标准测量"→"作业"→"打开"→"选择作业"→"传输"→"发送数据"→"坐标数据"，出现提示"准备好了吗?"，然后点击电脑界面上的"转换"，电脑弹出"先在微机上按回车"的提示，依照提示即可完成数据传输

表 5-4 华测 CTS-112R4Pro 全站仪坐标测量的工作程序

工作程序	操作步骤
仪器安置	在测站点(控制点)上安置全站仪，包括对中、整平和量取仪器高。开机仪器常数设置：棱镜加常数为－30 mm(第一次设置后，下次可以不用设置)。气象参数设置：如实测气压和温度，照实输入
文件新建	进入“菜单”→“数据采集”→“选择文件”→“输入文件名”。也可以采用快速坐标测量模式，开机后，按“CORD”键进入坐标测量模式
测站设置	① 进入“数据采集”选项→“设置测站点”；② 根据提示输入测站点点名，输入测站点坐标 $N(X)$、$E(Y)$、$Z(H)$和仪器高，按回车键进入下一项；③ 按回车键进入下一项，显示“是否继续设置后视”，选择“是”，进行后视设置
后视定向	① 根据提示输入后视点点名，输入后视点坐标 $N(X)$、$E(Y)$、$Z(H)$，按回车键进入下一项；② 提示“是否照准后视”，精确照准后视点的棱镜，然后选择“是”，提示“是否进行后视检查”，选择“是”，输入棱镜高，按“确认”键，进行检核；③ 按“确认”键，然后选择“测量点”进行坐标测量
坐标测量	① 输入待测点点号，全站仪照准待测点上竖立的棱镜，按“确认”键，测量、记录待测点的坐标；② 选择下一个待测点，选择“同前”，可以循环进行；③ 本站将所有需要待测的点全部测量完成后，在控制点上检测，合格后仪器关机
数据传输	① 采用数据通信线传输：用数据通信线将全站仪和电脑连接(COM 接口或 USB 接口)，打开全站仪“存储管理”菜单，选择“数据传输”，进入“数据传输”界面，选择“发送数据”，可以传输测量数据、坐标数据、编码数据和已知点数据，注意应先在电脑上启动传输软件接收数据，再启动仪器发送数据；② 采用蓝牙进行数据传输：打开配置蓝牙的设备(手机或电脑)，使其与全站仪“配对”，在“为你的设备输入密码”对话框内输入配对密码“0000”进行配对，配对成功后即可进行数据传输

2. 角度交会法

如图 5-8 所示，在已知点 A、B 分别观测水平角 β_1 和 β_2，利用 A、B 两点的坐标，经过计算求得 P 点坐标的方法称为角度交会法或测角前方交会法。角度交会法的观测方法、计算步骤如下：

(1) 在已知点 A 安置仪器，观测水平角 β_1。

(2) 在已知点 B 安置仪器，观测水平角 β_2。

(3) 根据已知点 A、B 的坐标，利用坐标反算公式计算已知边 AB 的水平距离 D_{AB} 和坐标方位角 α_{AB}。

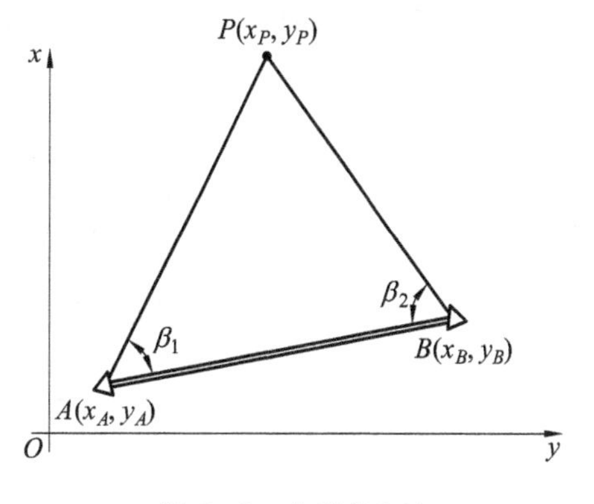

图 5-8 角度交会法

(4) 根据坐标方位角 α_{AB} 和水平角 β_1，参照式(5-7)或式(5-8)推算未知边 AP 的坐标方位角 α_{AP}。

(5) 在三角形 ABP 中，利用正弦定理求算未知边 AP 的水平距离 D_{AP}，得

$$D_{AP}=\frac{\sin\beta_2}{\sin(\beta_1+\beta_2)}D_{AB} \tag{5-14}$$

(6) 利用坐标正算公式(5-10)，推算求得未知点 P 的第一套坐标(x_P，y_P)。

(7) 根据以上步骤，还可以计算未知边 BP 的坐标方位角 α_{BP}、水平距离 D_{BP}，从而得出未知点 P 的第二套坐标。取两套坐标的平均值作为 P 点坐标的最后结果。

根据上述计算思路，还可导出角度交会法的余切公式：

$$\begin{cases} x_P = \dfrac{x_B \cot\beta_1 + x_A \cot\beta_2 + (y_B - y_A)}{\cot\beta_1 + \cot\beta_2} \\ x_P = \dfrac{y_B \cot\beta_1 + y_A \cot\beta_2 + (x_B - x_A)}{\cot\beta_1 + \cot\beta_2} \end{cases} \tag{5-15}$$

需要注意的是，在利用式(5-15)时，A、B、P 三点应按逆时针方向编号。角度交会时要注意三角形各角均不宜小于 30°，否则 P 点坐标精度会降低。

3. 距离交会法

如图 5-9 所示，分别以两个已知点 A、B 为中心，以未知点 P 与两已知点的水平距离 D_{AP}、D_{BP} 为半径画圆，两圆相交，经过计算求得 P 点坐标的方法称为距离交会法。距离交会法的观测方法、计算步骤如下：

(1) 测量 A、P 两点间的水平距离 D_{AP}。

(2) 测量 B、P 两点间的水平距离 D_{BP}。

(3) 根据已知点 A、B 的坐标，利用坐标反算公式计算已经知边 AB 的水平距离 D_{AB} 和坐标方位角 α_{AB}。

(4) 在三角形 ABP 中，利用余弦定理求算水平角 β_1，得

$$\beta_1 = \arccos \frac{D_{AP}^2 + D_{AB}^2 - D_{BP}^2}{2D_{AP}D_{AB}} \tag{5-16}$$

(5) 根据已知边 AB 的坐标方位角 α_{AB} 和水平角 β_1，参照式(5-7)或式(5-8)推算未知边 AP 的坐标方位角 α_{AP}。

(6) 利用坐标正算公式(5-10)，推算求得未知点 P 的第一套坐标(x_P，y_P)。

(7) 同理可求得水平角 β_2 和未知边 BP 的坐标方位角 α_{BP}，进而可以计算出未知点 P 的第二套坐标。取两套坐标的平均值作为 P 点坐标的最后结果。距离交会时两条测量边与已知边的长度相差不宜过大。

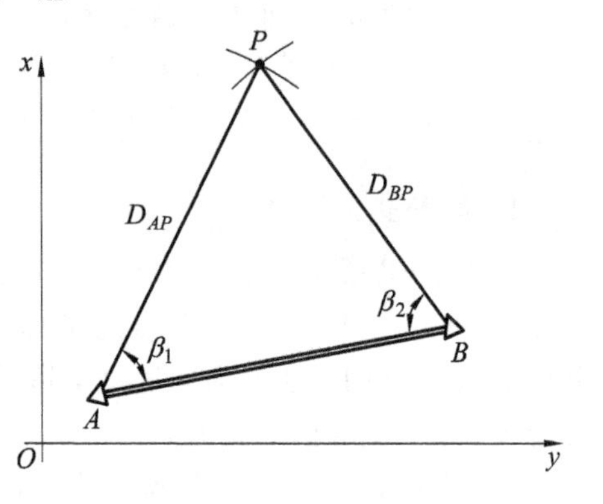

图 5-9 距离交会法

在图 5-9 中，如果在 P 点安置测距仪器(全站仪或光电测距仪)，分别照准点 A 和点 B 测量距离 D_{AP} 和 D_{BP}，则称为测距后方交会法，该方法的坐标计算和前述一致。

5.2.2 三角高程测量

高程 H 作为一维坐标，经常独立或与二维坐标(x，y)联合起来表示地面点位。第 2 章已经讲述过水准测量测定高差的原理和方法，水准测量是工程建设中测定高差最主要的方法。但在高差比较大的山区或一些特殊场合，采用水准测量往往会遇到很大的困难且费工

耗时效率低。此时若采用三角高程测量将十分便捷。随着全站仪的普及，三角高程测量的应用越来越广泛，其精度可达到三、四等水准测量的要求。

1. 三角高程测量原理

如图5-10所示，控制点 A 的高程 H_A 已知，在 A 点安置全站仪并量取仪器高 i_A，在待定点 B 安置照准觇牌(或棱镜)并量取目标高(棱镜高)v，对 B 点观测竖直角 α_{AB} 和水平距离 D_{AB}，进而确定待定点 B 的高程 H_B 的方法称为全站仪三角高程测量。

根据近距离测定的倾斜距离(斜距)S 计算水平距离(平距)D_{AB}、垂直距离(垂距)V 和高差 h_{AB} 时，由于两点的距离较近，地球曲率对平距和高差的影响微小，可以将“距离三角形”(斜距、平距、垂距构成的三角形)作为直角三角形处理；高程起算面和通过 A、B 两点的水准面可以作为水平面处理，通过 A、B 两点的铅垂线可以认为是平行的。于是此时三角高程测量的高差计算公式为

$$h_{AB}=D_{AB}\cdot\tan\alpha_{AB}+i_A-v$$

B 点的高程为

$$H_B=H_A+h_{AB}$$

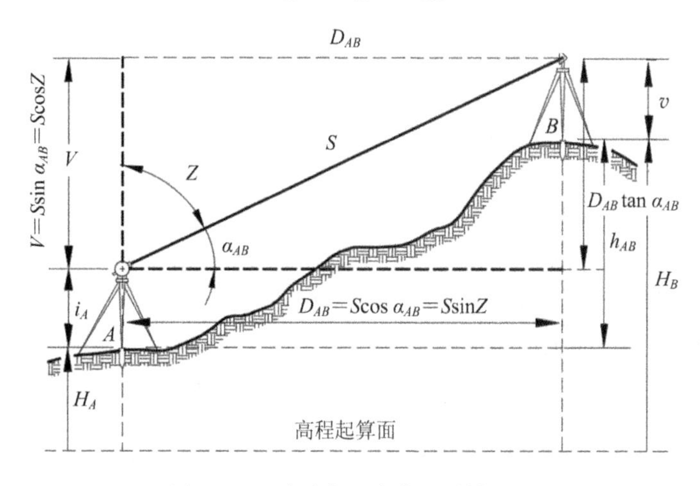

图5-10　全站仪三角高程测量原理

2. 球气差改正

在图5-10中，由于距离较近，所以我们认为全站仪测量竖直角时的视线是直线。实际上，视线在大气折光的影响下会产生凸形向下的弯曲，照准目标的视线是弯曲的，而不是直线。因此，便产生了如图5-11所示的大气垂直折光差，也称为气差 γ。另外，由于存在地球曲率，水平视线与水平面之间产生了如图5-11所示的地球曲率影响，也称为球差 c。若以图5-10中的竖直角 α_{AB} 计算高差 h_{AB}，便少了球差 c 而多了气差 γ。所以，需要考虑球差 c 和气差 γ 对高差 h_{AB} 的综合影响，将其称为地球曲率与折光差改正，简称球气差改正 f_{AB}。综上所述，高差 h_{AB} 的计算公式为

$$h_{AB}=D_{AB}\cdot\tan\alpha_{AB}+i_A-v+f_{AB}$$

当 A 点的高程 H_A 已知时，将 A、B 两点间的高差 h_{AB} 传递至 B 点，即得 B 点的高程 H_B 为

$$H_B=H_A+D_{AB}\cdot\tan\alpha_{AB}+i_A-v+f_{AB}$$

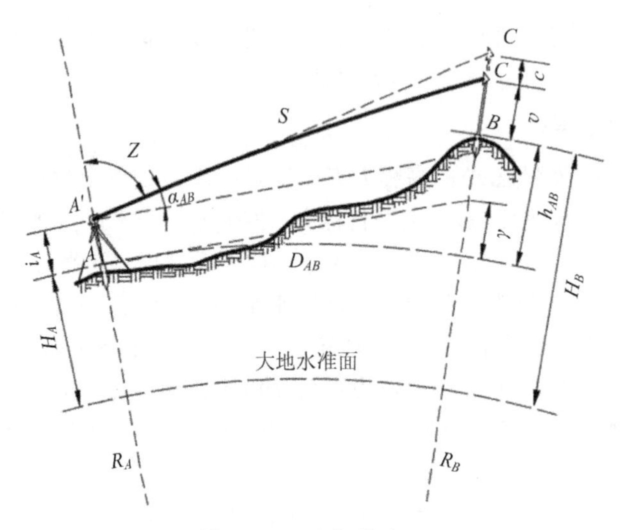

图 5-11 球气差改正

地球曲率影响即用水平面代替水准面对高差的影响，亦即球差 c，其计算公式为

$$c=\frac{D_{AB}^2}{2R} \tag{5-17}$$

式中：R——地球曲率半径，取为 6371 km。

大气垂直折光使得视线产生凸形向下的微量弯曲，此影响即为气差 γ。气差估算公式为

$$\gamma=\frac{K\cdot D_{AB}^2}{2R} \tag{5-18}$$

式中：K——大气垂直折光系数，与大气温度、湿度等因素密切相关。

据不同研究报告，K 值在 0.11～0.20 内变化，一般取为 0.14。地球曲率和大气折光的综合影响即为球气差改正，其计算公式为

$$f_{AB}=c-\gamma=\frac{(1-K)\cdot D_{AB}^2}{2R} \tag{5-19}$$

表 5-5 给出了当 $K=0.14$ 时，根据式(5-17)～式(5-19)计算的不同水平距离对应的球差、气差和球气差改正数。

表 5-5 $K=0.14$ 时的球差、气差和球气差改正数

水平距离 D_{AB}/km	0.1	0.2	0.3	0.4	0.5	1.0	1.5	2.0	2.5	3.0
球差 c/mm	0.8	3.1	7.1	12.6	19.6	78.5	176.6	313.9	490.5	706.3
气差 γ/mm	0.1	0.4	1.0	1.8	2.7	11.0	24.7	43.9	68.7	98.9
球气差改正 f_{AB}/mm	0.7	2.7	6.1	10.8	16.9	67.5	151.9	270.0	421.8	607.4

从表 5-5 中可以看出，球差 c 影响大，气差 γ 影响小，气差对球差有抵偿作用，但其综合影响球气差改正 f_{AB} 随水平距离 D_{AB} 的增加而急剧增加。当水平距离 D_{AB} 为 1 km 时，球气差改正 f_{AB} 为 67.5 mm。《工程测量标准》(GB 50026—2020)要求，进行全站仪三角高程测量时，水平距离要小于或等于 1 km。当水平距离超过 1 km 时，应采取更加严密的观测方案，以控制球气差影响。

3. 三角高程测量与计算

表5-6给出了三角高程测量的技术指标。三角高程测量的单向高差要经过球气差改正。利用改正后的高差计算往、返测平均高差(即高差中数)，进而构成闭合或附合路线。如果采用三角高程测量方法确定几个方向交会的待定点高程，则需用加权平均值的方法计算最终结果。

表5-6 三角高程测量的技术指标

等级	往、返高差较差/m	交会方向高程互差/m	路线高差闭合差/m	说明
各级小三角和导线	$0.1D_i$	$\pm 0.7\sqrt{D_1^2}+\sqrt{D_2^2}$	$\pm 0.05\sqrt{\sum D_i^2}$	D_i 为水平距离，以km计
图根三角和导线	$0.04D_i$	$0.2h_d$	$\pm 0.1h_d\sqrt{n}$	D_i 为水平距离，以km计；h_d 为基本等高距；n 为边数

当三角高程测量路线满足 $f_h \leqslant f_{h容}$ 后，依照闭合差反号且与边长成正比分配的原则改正各高差，按改正后的高差推算各点的高程。附合三角高程路线如图5-12所示，往、返测高差和高差中数的计算过程见表5-7。

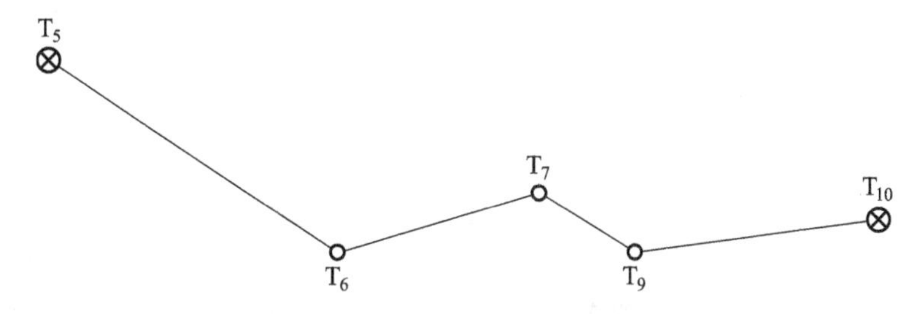

图5-12 附合三角高程路线

表5-7 三角高程测量的高差计算

测段方向	往	返	往	返	往	返	往	返
测站点 A	T_5	T_6	T_6	T_7	T_7	T_9	T_9	T_{10}
目标点 B	T_6	T_5	T_7	T_6	T_9	T_7	T_{10}	T_9
水平距离 D_{AB}/m	1164.394		685.165		374.766		804.083	
竖直角 α_{AB} (° ′ ″)	−0 25 11	+0 26 58	+1 10 05	−1 09 59	+2 16 50	−2 17 03	+0 30 58	−0 31 24
仪器高 i_A/m	1.452	1.265	1.265	1.285	1.283	1.345	1.345	1.570
目标高 v/m	2.100	1.455	1.285	1.325	1.345	1.283	1.585	1.350
球气差 f/m	0.091	0.091	0.031	0.031	0.009	0.009	0.043	0.043
单向高差 h_{AB}/m	−9.087	+9.035	+13.981	−13.959	+14.872	−14.877	+7.046	−7.125
平均高差/m	−9.087		+13.970		+14.874		+7.086	

5.3 全球卫星定位技术

全球卫星定位技术是利用导航卫星测定点位的技术。全球导航卫星系统(global navigation satellite system，GNSS)泛指所有的导航卫星系统，包括全球的、区域的和增强的，如美国GPS、俄罗斯GLONASS、中国BeiDou(COMPASS)、欧洲GALILEO以及美国WAAS(广域增强系统)、欧洲EGNOS(欧洲静地导航重叠系统)和日本MSAS(多功能运输卫星增强系统)等，涵盖在建和将建的其他导航卫星系统。

GNSS不但可以用于军事上各种兵种和武器的导航定位，而且在民用系统中也发挥了重大作用，如智能交通系统中车辆导航、车辆管理和救援，民用飞机和船只导航及姿态测量，大气参数测试，电力和通信系统中的时间控制，地震和地球板块运动监测，地球动力学研究等。GNSS在工程测绘领域，如大地测量、城市和矿山控制测量、建筑物变形测量、水下地形测量等方面得到了广泛应用。我国于1986年开始引进GNSS技术，相对于常规地面测量技术，GNSS技术具有定位速度快、成本低、不受天气影响、点间无需通视、控制点不建标等优越性。GNSS接收机轻巧、操作方便，目前已是我国测绘领域主要的仪器装备之一。

5.3.1 GNSS的组成

GNSS由空间卫星部分、地面监控部分和用户部分组成。

(1) 空间卫星部分：由一系列在轨运行的导航卫星(来自一个或多个导航卫星定位系统)构成，提供系统自主导航定位服务所必需的无线电导航定位信号。导航卫星内的原子钟(铷钟、铯钟甚至氢钟)为系统提供高精度的时间基准和高稳定度的信号频率基准。由于高轨卫星对地球重力异常的反应灵敏度低，因此GNSS导航卫星一般采用高轨卫星，卫星高度在20 000 km左右。BeiDou系统的同步卫星设计高度是21 500 km。

导航定位信号是指在轨GNSS导航卫星发射传输至地面的无线电信号，一般包括载波(L1和L2)、测距码(C/A码、P码或Y码)和数据码(D码或导航电文)三类信号。

(2) 地面监控部分：由一系列全球分布的地面站组成，这些地面站可分为卫星监测站、主控站和信息注入站。地面监控部分的主要功能是监测卫星“健康”运行，控制卫星轨道和时间系统处于“永远”正确状态。

(3) 用户部分：由大量的GNSS接收机终端构成。GNSS接收机是用户终端的基础部件，用于接收GNSS卫星发射的无线电信号，获取必要的导航定位信息，并经数据处理后完成各种导航、定位以及授时任务。一般情况下，用户可以根据不同的需求对GNSS接收机进行选择甚至定制。工程测量是众多定位服务用户之一。

5.3.2 GNSS定位方法

利用GNSS技术可快速得到用户接收机天线所在位置的三维坐标(x，y，H)，这种定位技术已经广泛应用于工程建设中。

GNSS定位是将高速运动的卫星的瞬间位置作为已知的起算数据，采用空间距离后方交会的方法，确定地面、海域或空中待测点的位置(坐标)。理论上，只要待测点上的接收机捕捉到3颗GNSS卫星，就可确定待测点的坐标。但在实际测量中，由于存在钟差等，要求接收机至少捕捉到4颗GNSS卫星，才能进行较为精确的定位。

根据用户接收机天线在测量中的运动状态的不同，GNSS定位方法可分为静态定位和动态定位；根据定位模式的不同，GNSS定位方法可分为绝对定位(单点定位)和相对定位(差分定位)；根据观测值类型的不同，GNSS定位方法可分为伪距测量定位和载波相位测量定位。各种定位方法可进行不同的组合，如静态绝对定位、动态相对定位等。

1. 静态定位和动态定位

1) 静态定位

静态定位是指GNSS定位时接收机天线的位置在整个观测(接收卫星信号)过程中保持不变、处于静止状态。在进行数据处理时，将接收机天线的位置作为不随时间变化的量。具体观测模式是一台或多台接收机分别在一个或多个测站上进行静态观测，时间持续几分钟、几小时甚至更长。

一台接收机观测称为单点定位，是单点静态绝对定位；多台接收机分别在多个测站上观测(一般要求同步进行)是多点静态相对定位。

静态定位通过大量的重复观测，高精度测定GNSS信号的传播时间，根据已知GNSS卫星瞬间位置(x、y，z)，准确确定接收机的三维坐标(x_p，y_p，z_p)。多点静态相对定位观测量大、可靠性强、定位精度高，是测绘工程中精密定位的基本方法。静态相对定位有时也简称为静态定位。

2) 动态定位

动态定位是指GNSS定位时接收机天线的位置在整个观测(接收卫星信号)过程中是变化、运动的。在进行数据处理时，将接收机天线的位置作为随时间变化的量。动态定位是待定点相对于周围固定点显著运动(相对于地球运动)的GNSS定位方法，以车辆、舰船、飞机和航天器为载体，实时测定GNSS信号接收机的瞬间位置。在测得运动载体实时位置的同时，测得运动载体的速度、时间和方位等状态参数，进而引导运动载体驶向预定的后续位置，这称为导航。各类导航均属于动态定位。

2. 绝对定位和相对定位

1) 绝对定位

绝对定位又称为单点定位，是采用一台接收机进行定位的方法，确定的是接收机天线的绝对坐标。GNSS静态绝对定位是在待定点上，用一台接收机独立接收GNSS卫星信号，测定待定点(天线)在WGS-84坐标系下的绝对坐标，如图5-13所示。绝对定位分为静态绝对定位和动态绝对定位，其优点是单机作业、方式简单。绝对定位受卫星钟误差、卫星星历误差、大气延迟误差等影响，定位精度较低，一般可达到2.5～5 m，多用于船舶、飞机、勘探、海洋作业等方面。

2) 相对定位

相对定位是采用两台或多台接收机，在不同控制点上同步接收相同卫星的信号，将获得的观测值按一定方法进行差分处理，以确定接收机天线间的相对位置(三维坐标或基线向量)的方法。只要给出其中一个控制点的坐标值，即可求得其余各控制点的坐标。由于多台接收机同步观测相同卫星，所以卫星钟误差、卫星星历误差、大气延迟误差可以是相同的，差分处理可有效消除或大幅度削弱这些误差影响，从而获得较高的定位精度。

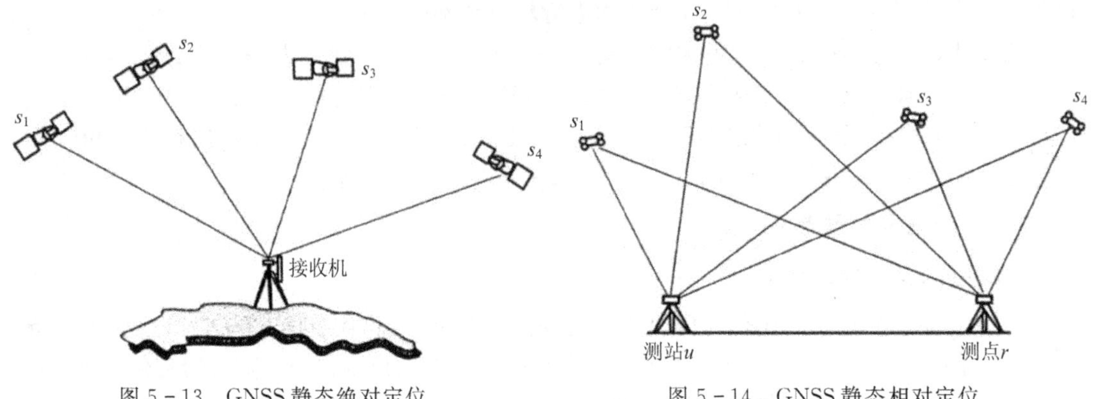

图 5-13 GNSS 静态绝对定位　　图 5-14 GNSS 静态相对定位

相对定位分为静态相对定位和动态相对定位。静态相对定位的定位精度可达毫米级甚至更高，相对精度可达 10^{-7}～10^{-6}，一般在大地测量、精密工程测量等领域中广泛应用。GNSS 静态相对定位如图 5-14 所示。

根据差分处理方法的不同，动态相对定位技术有位置差分、伪距差分和载波相位差分等多种技术。动态相对定位技术发展很快，应用非常广泛。其中实时动态(real-time kinematic, RTK)载波相位差分定位技术(简称 RTK 定位技术)是 GNSS 测量技术与数据传输技术相结合的一种定位技术，在测绘工程中具有重要地位。

3. RTK 定位技术

1) RTK 定位技术的概念

RTK 定位技术基于载波相位差分动态相对定位技术，是 GNSS 测量技术与数据传输技术相结合的定位技术。在合适的位置上安置 GNSS 接收机和电台(称为基准站)，利用流动站联测已知坐标的控制点，求出观测值的修正值，并将修正值通过无线电通信实时发送给各流动站，对流动站接收机的观测值进行修正，以达到提高实时定位精度的目的。RTK 定位至少需要 2 台接收机，基准站和流动站同步对多颗卫星观测，利用误差的相关性来削弱误差影响，从而提高定位精度。RTK 定位的定位精度可达到厘米级，单基站作用距离为 10～20 km。

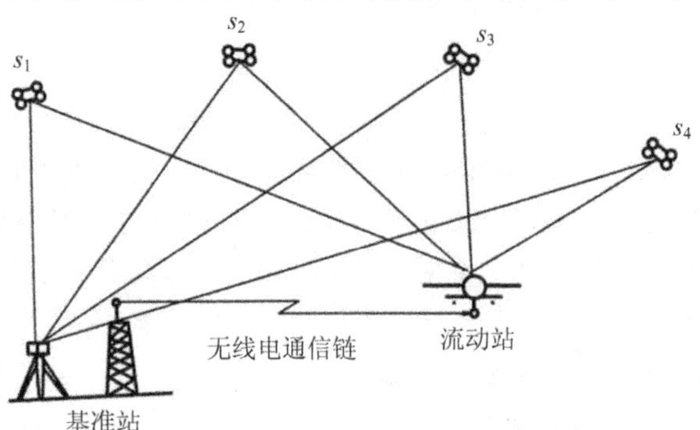

图 5-15 单基站 RTK 定位系统

2) 单基站 RTK 定位系统的组成

单基站 RTK 定位系统如图 5-15 所示，其组成如下：

(1) 基准站：用于安置 GNSS 接收机和电台(无线电通信链)，接收卫星定位信息，通过电台给流动站提供实时差分修正信息。

（2）流动站：GNSS接收机随待测点位置不同而流动，接收卫星定位信息，并接收基准站传输来的修正信息进行实时定位。

（3）无线电通信链：通过基准站电台和流动站天线将基准站差分修正信息传输到流动站。

3）连续运行参考站系统(CORS)

网络RTK定位技术是通过建立的多个基准站，利用GNSS实时动态差分定位技术对流动站进行定位，也称为多基站RTK定位技术。网络RTK定位技术是单基站RTK定位技术的改进和发展。当前，网络RTK定位技术的先进代表是基于连续运行参考站系统(CORS)的网络RTK定位技术。

连续运行参考站系统(CORS)是基于若干个固定的、年周期内连续运行的GNSS参考站，利用计算机、数据通信和互联网(LAN/WAN)技术组成网络，实时、自动地向不同用户提供经过检验的不同类型的GNSS观测值(如载波相位和伪距)、各种改正数、状态信息以及其他GNSS服务项目的系统。

连续运行参考站系统(CORS)由GNSS参考站子系统、通信网络子系统、数据控制中心子系统、用户应用子系统组成。

（1）GNSS参考站子系统：由若干个参考站组成，其主要功能是全天候不间断地接收GNSS卫星信号，采集原始数据。

（2）通信网络子系统：由包含1条静态IP和若干条动态IP的互联网络以及GSM/GPRS无线通信网络组成，其功能是实时传输各参考站GNSS数据至数据控制中心并发送RTK改正数给流动站。

（3）数据控制中心子系统：由服务器和相应的计算机软件构成，其功能是控制、监控、下载、处理、发布和管理各参考站GNSS数据，计算RTK改正数，生成各种格式的改正数据。

（4）用户应用子系统：由不同的GNSS-RTK流动站组成，其功能是接收RTK改正数并同时接收卫星数据，实时解算流动站的精确位置。

相对于单基站RTK定位系统，CORS有以下优势：

（1）参考站连续运行，覆盖范围大，大大减少了单基站RTK定位所需的起算控制点数量和基准站的搬站次数。

（2）定位精度高，数据安全、可靠，没有误差积累。

（3）自动化、集成化程度高，测绘功能强大。流动站利用内装式软件控制系统，无需人工干预便可自动实现多种测绘功能，辅助测量工作大为减少。

（4）操作简便，使用容易，数据输入、存储、处理、转换和输出能力强，可方便、快捷地与计算机或其他测绘仪器通信。

（5）无需关心参考站的设置和数据通信，只关注流动站的设置和外业作业环境等，可完全实现一人作业。

5.3.3　GNSS高程测量

GNSS高程测量是利用GNSS技术直接测定地面点大地高，间接确定地面点正常高的方法。

GNSS高程测量主要包括两方面内容：① 采用GNSS技术确定大地高$H_{大}$；② 采用水

准测量技术或全站仪三角高程测量技术测定同名点的海拔(正常高)$H_{正}$。利用 $H_{大}$ 和 $H_{正}$ 可计算高程异常 ξ，结合图 5-16 所示，有

$$\xi = H_{大} - H_{正} \tag{5-17}$$

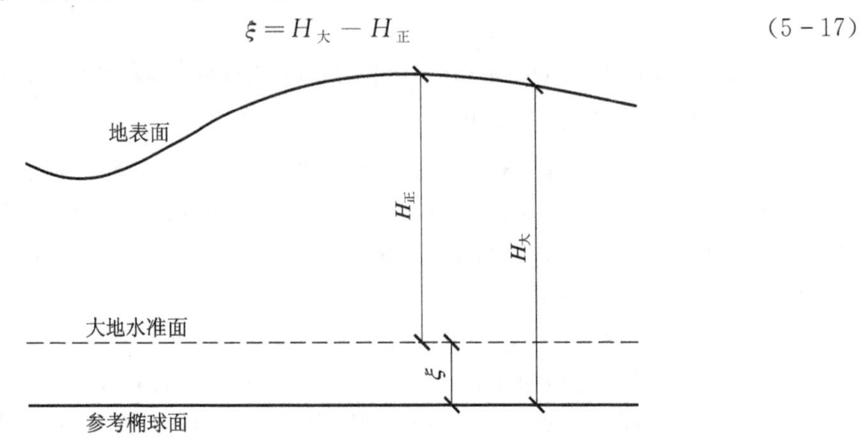

图 5-16　正常高与大地高的关系

测绘工程实践过程中，GNSS 静态和动态测量结果的高程分量就是大地高 $H_{大}$。由于单基站 RTK 测量开始测量时必须联测用户坐标系的控制点，所以其测量结果的高程分量是将大地高 $H_{大}$ 修正后的正常高 $H_{正}$，修正参数是根据各联测控制点坐标的高程分量拟合计算得出的。CORS 可以发布经大地水准面精化后的修正参数，从而将大地高 $H_{大}$ 修正为正常高。

在利用 GNSS 技术间接确定地面点正常高 $H_{正}$ 时，先直接测得测区内所有 GNSS 点的大地高 $H_{大}$；然后在测区内选择数量和位置均能满足高程拟合需要的若干 GNSS 点，利用水准测量技术测量其正常高 $H_{正}$，并利用式(5-17)计算高程异常，以此为基础利用平面或曲面拟合的方法进行高程拟合，即可获得测区内其他 GNSS 点的正常高 $H_{正}$。此法精度可达到厘米级，已经在工程测量中广泛应用。

5.3.4　GNSS 接收机的介绍与使用

目前市场上的 GNSS 接收机品牌和型号比较多，国内品牌主要以南方测绘、华测和中海达为代表，国外品牌主要以天宝系列、拓扑康系列和徕卡系列为代表。下面以华测品牌 i70II 型号 GNSS 接收机为例进行介绍。i70II 型号 GNSS 接收机和 iD3 手簿分别如图 5-17 和图 5-18 所示。

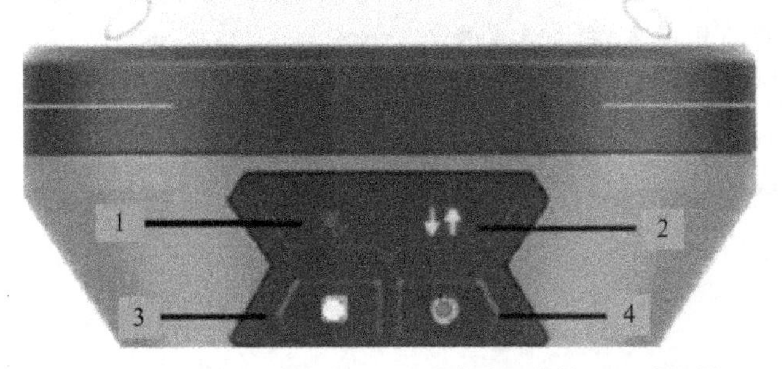

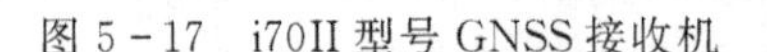

图 5-17　i70II 型号 GNSS 接收机

图 5-18　iD3 手簿

1. i70II 型号 GNSS 接收机和 iD3 手簿

i70II 型号 GNSS 接收机是一款又小又轻的 GNSS-RTK 接收机，采用全新的单板方案，集成度更高。从技术原理上讲，单板方案的干扰源和骚扰源更少，所以信号质量更优。同时，它实现了 RTK 作业模式的自由切换，不用人为干涉，所有工作由设备自动完成。RTK 的应用使得测量工作变得更加简单、高效。

iD3 手簿延续华测往代手簿经典设计语言的同时，为了提升用户的使用体验，使用了 5.5 寸视网膜全面屏，质量仅为 345 g，手簿结构基于人体工学设计，单手握持手感好，且内置 ESIM 卡，同时配备性能更强的八核、2.0 GHz 处理器。

i70II 型号 GNSS 接收机指示灯和按键说明及相关参数详见表 5-8、表 5-9 和表 5-10。

表 5-8　i70II 型号 GNSS 接收机指示灯说明

指示灯	颜色	含　义
卫星灯	蓝色	正在搜星，每 5 s 闪 1 下
		搜星完成，卫星颗数为 N，每 5 s 连闪 N 下
差分数据灯	黄色	基准站模式下，颜色为黄色
	黄色	移动站收到差分数据后，单点或者浮动为黄色
	绿色	移动站收到差分数据固定后为绿色

表 5-9　i70II 型号 GNSS 接收机按键说明

按 键	含　义
动/静态切换键	黄色灯闪烁表示正在记录静态
电源键	长按 3 s 关机或开机；关机状态充电为红灯常亮，充满电后为绿灯常亮

表 5-10　i70II 型号 GNSS 接收机的相关参数

项 目	内 容	指　标
接收机特性	卫星系统	GPS＋BDS＋Glonass＋Galileo＋QZSS，支持北斗三代，支持 5 星 16 频解算
	通道数	624 通道
	初始化可靠性	99.99％
	初始化时间	＜5 s(典型值)
	操作系统	Linux 系统
接收机外观	按键	1 个动/静态切换键、1 个电源键
	指示灯	1 个差分信号灯、1 个卫星灯、1 个静态数据采集灯、1 个电源灯
标称精度	单点精度	1.5 m
	RTK 精度	水平：$\pm(8+1\times10^{-6}\times D)$mm
		高程：$\pm(15+1\times10^{-6}\times D)$mm
	静态精度	水平：$\pm(2.5+0.5\times10^{-6}\times D)$mm
		高程：$\pm(5+0.5\times10^{-6}\times D)$mm

续表一

项目	内容	指标
GNSS+惯导	输出频率	200Hz
	倾斜角度	0°～60°
	倾斜补偿精度	10 mm + 0.7 mm/°倾斜(30°内精度小于 2.5 cm)
电气化参数	电池	内置 6800 mA·h 锂电池，支持移动站 15+小时续航
	外接电源	支持 USB 口外部供电
物理特性	材质	镁合金 AZ91D 机身
	尺寸	119 mm×119 mm×85 mm
	质量	≤0.73 kg
	工作温度	−45℃～75℃
	存储温度	−55℃～85℃
	防水防尘	IP68 级
	冲击震动	IK08 级
	防跌落	抗 2 米自由落体跌落
数据输出	输出格式	NMEA0183，二进制码
	输出方式	BT/Wi-Fi/电台
静态存储	存储格式	可直接记录 HCN、HRC、Rinex
	存储空间	标配 8GB 内置存储
	下载方式	通用 USB 数据下载或 HTTP 下载
数据通信	I/O 接口	1 个外置 UHF 天线接口
		1 个 USB Type-C 接口，支持充电、供电、下载数据
	网络模块	手簿支持 4G 全网通，赠送三年测绘流量
	电台	内置高频(450～470 MHz)单收电台
	电台协议	华测协议、透明传输、TT450
	蓝牙	BT4.0，向下兼容 BT2.x，兼容 Windows、Android、IOS 系统
	Wi-Fi	802.11 b/g/n
	NFC	支持 NFC 闪连
高级功能	超级双收、一键固定、远程协助	
外挂电台	液晶屏	可通过液晶屏显示和修改协议、信道、波特率
	信道数	支持 120 个通信信道，避免串频
	蓝牙	主机与电台可通过蓝牙连接，自动发送差分数据

续表二

项 目	内 容	指 标
手簿控制器	操作系统	Android 10，保障两年无需升级
	CPU	八核、2.0 GHz，保障操作流畅性
	电池	6240 mA·h
	液晶屏	5.5 英寸
	网络	4G 全网通，内置 eSIM，赠送三年测绘流量
软件要求	支持云服务数据合并导出、数据统计	
	后处理软件支持 RTK、GNSS 静态、GIS、电力、道路、无人机数据处理	
	道路编辑需同时支持交点法、线元法、坐标法	
	交点法编辑回头曲线和卵形曲线	
	CAD 可视化放样	
	道路测量横断面，可自动出横断面图	

注：D 是水平距离。

综上，i70II 型号 GNSS 接收机的特点如下：

(1) 移动站无需设置，一键匹配基站，作业模式自由切换，避免出错。

(2) 干扰源和骚扰源少，信号质量更优；恶劣环境依旧能固定；支持北斗三代卫星，支持 5 星 16 频解算，可用卫星 50+，提供 B1I/B3I/B1C/B2a 频点，具有搜索+解算功能，抗遮挡性能提升。

(3) 尺寸小：119 mm×119 mm×85 mm；质量轻：0.73 kg；续航久：内置 6800 mA·h 大容量电池，移动站续航时间可达 15 个小时。

(4) 可以倾斜测量，即对中杆倾斜时也可以准确、快速进行测量和放样，大大提高了工作效率，并且可以在 60°倾角内任意测量。

(5) 集成惯导模块的 i70II 接收机，确保实时、无干扰的倾斜补偿，不受任何地磁及外界金属构筑物等环境影响，倾斜补偿精度高。

(6) 没有复杂的校准过程，如旋转、整平等，操作简单，只需要拿着 i70II 惯导版前后晃一晃，就可以初始化内部惯导模块，实现倾斜测量作业。

2. i70II 型号 GNSS 接收机的使用

1) 仪器架设

主机开机，将手簿背面 NFC 区域贴近接收机 NFC 处，LandStar7 软件会自动打开。当听到“滴”的一声时，代表手簿已连接上了主机，随后 LandStar7 软件会提示“已成功连接接收机”。

2) 模式设置

GNSS 接收机目前的工作模式主要有“基站双发+移动站双收模式”和“CORS 模式”两种。

基站双发+移动站双收模式的设置过程如下：

(1) 基站设置：手簿连接基站，点击“基站设置”，选择“智能启动”，点击“一键启动”，如图 5-19 所示；

(2) 移动站设置：手簿连接移动站，点击“移动站设置”，输入“基站 SN 号”，点击“启动”，如图 5-20 所示。

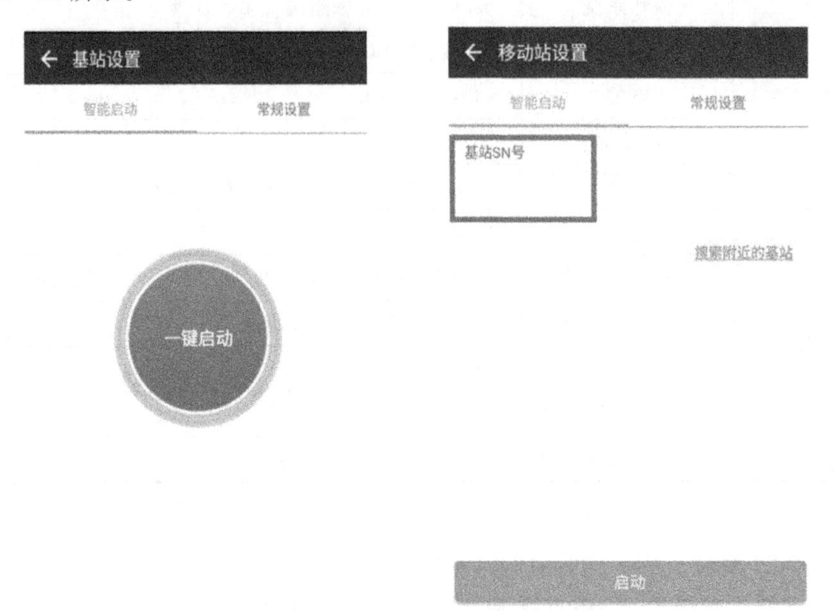

图 5-19　基站设置　　　　图 5-20　移动站设置

CORS 模式的设置过程：手簿插上手机卡，连接移动站，点击“移动站设置”，选择“常规设置”，点击“新建”，选择“手簿网络”，设置名称为工作模式名称、网络协议为 CORS，输入 CORS 账号的服务器地址、端口、源列表、用户名和密码，输入完成后点击“保存并应用”，如图 5-21 所示。

图 5-21　CORS 模式设置

3) 工程新建

打开“项目”界面，点击“工程管理”→“新建”，输入工程名，选择坐标系统、投影模型，点击向下箭头获取当地中央子午线经度，最后点击“接受”即可。

4) 点校正

(1) 录入控制点：打开“项目”界面，点击“点管理”→“添加控制点”，输入点名称和对应的坐标，然后点击“确定”即可。或者现场边校正边录入也可以。

(2) 采集控制点：打开手簿上测地通软件，进入“点测量”界面，点击测量图标采集坐标。

(3) 点校正：打开“项目”界面，点击“点校正”，高程拟合方法选“TGO”，点击“添加”(注意：GNSS 点是采集的控制点，已知点是录入或现场输入的控制点)，使用方式选择“水平＋垂直”。依次添加完参与校正的点对，点击“计算”，再点击“应用”，选择“是”。最好选择 4 对控制点进行校正，以保证测量精度。“添加点对”界面和“点校正”界面分别如图 5－22 和图 5－23 所示。

图 5－22　“添加点对”界面

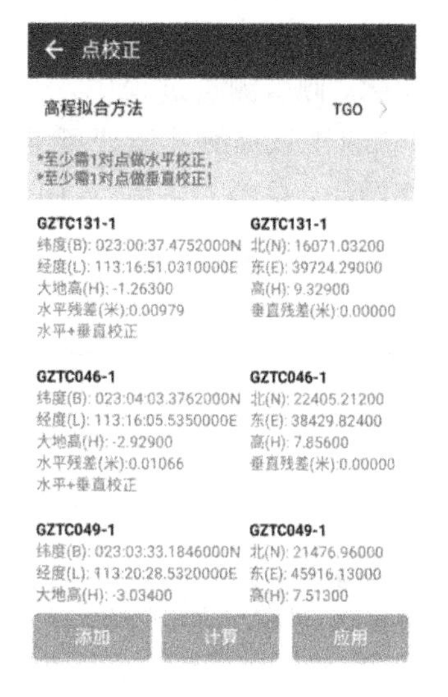

图 5－23　“点校正”界面

5）基站平移

点击“测量”→“基站平移”进入基准站平移后，在已知点“库选”中选择已知点的坐标，点击 GNSS 点“库选”选择在已知点上测量的点坐标，软件会自动计算出基准站平移量。点击“确定”，软件提示“是否解平移参数?”，选择“是”，平面坐标会发生改变。需要注意的是，每次基准站发生移动或重启时都必须进行基站平移操作。

6）点测量

打开“点测量”界面，如图 5－24 所示，点击倾斜测量图标开启倾斜测量功能。此时会进入如图 5－25 所示的“倾斜测量初始化”界面，按照界面提示步骤进行初始化，初始化成功后倾斜测量图标为绿色，便可开始使用倾斜测量。在测量前，输入点名和仪器高后点击倾斜

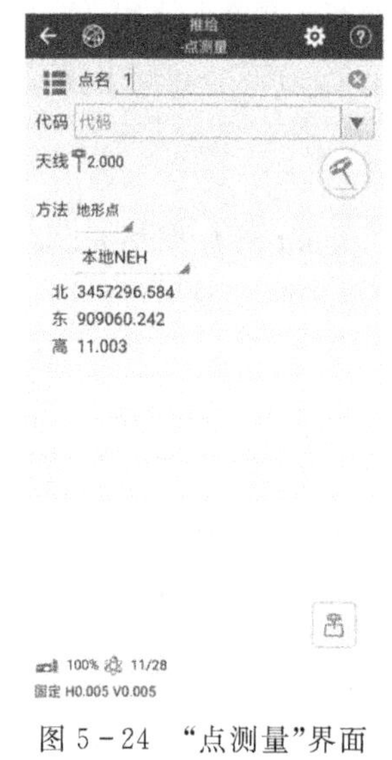

图 5－24　“点测量”界面

图 5－25　“倾斜测量初始化”界面

测量图标，采集完成后测量点会自动保存至“点管理”。

需要注意的是：初始化开始时，仪器的杆高和软件中输入的仪器高要一致；当倾斜测量图标变为红色时，界面底部辅助文字显示区会提示“倾斜不可用，需要重新初始化”，此时需要重新初始化；倾斜测量过程中，若手簿显示“倾斜不可用”(红字提醒)，则左右或前后轻微晃动RTK直至该提醒消失即可继续解惯导；若要关闭倾斜测量，则进入“设置”→“倾斜”界面进行操作，单击右下角“关闭倾斜测量”即可(当倾斜测量图标为绿色时，点击倾斜测量图标也可关闭倾斜测量)。

7) 点放样

打开“点放样”界面，如图5-26所示，点击左上角的图标，进入“点管理”界面，如图5-27所示，在“坐标库”里选择要放样的点(提前将待放样点输入或导入坐标库中，也可以现场边放样边输入)，点击右下角的“导出”按钮，所选点即在“点放样”界面中显示，然后进行放样工作即可。

图5-26 “点放样”界面

图5-27 “点管理”界面

8) 数据导入

LandStar7测地通软件支持导入＊.txt、＊.csv、＊.dat等数据格式。启动LandStar7测地通软件，打开工程，点击“导入”，选择需要导入的点文件类型和路径即可。

9) 成果导出

LandStar7测地通软件支持导出＊.txt、＊.csv、＊.dat、＊.dxf等数据格式。

启动LandStar7测地通软件，打开工程，点击“导出”，选择需要导出的点类型、文件类型和存储路径，然后对文件进行命名，最后导出数据即可。

第5章课后习题

第6章 观测误差基础知识

内容提要

本章的主要内容包括观测误差的概念、来源、分类，偶然误差的规律性，测量平差的含义，衡量观测值的精度指标，误差传播定律及其应用。本章的教学重点是观测误差的概念、来源、分类，偶然误差的规律性，衡量观测值的精度指标；教学难点是测量平差的含义，误差传播定律及其应用。

学习目标

通过本章的学习，学生应掌握观测误差的概念、来源、分类，偶然误差的规律性，衡量观测值的精度指标；了解测量平差的含义，误差传播定律及其应用。

前面已经介绍了水准测量、角度测量、距离测量和坐标测量的相关理论知识，也通过相应的测量仪器的实践操作获取了相应的测量数据，对测量过程和测量结果含有某些误差有了一定的感性认识。测量数据或观测数据是指用一定的仪器、工具或其他手段获取的反映客观物体的空间分布有关信息的数据。观测数据可以通过测量直接获得，也可通过一些变换间接得到。无论是直接获得的观测数据还是间接获得的观测数据，都或多或少带有误差。在测量过程中，误差是避免不了的，但我们可以采取一定的措施消除或削弱误差，从而保证所获得的测量结果在允许误差范围内。本章将说明测量误差的相关基础知识，目的是能够比较深入地了解测量误差及其对测量结果的影响。

6.1 观测误差

6.1.1 观测误差的概念

对某个未知量进行测量的过程称为测量或观测。测量的结果称为观测值。往往对某个量进行一次观测就可以获取该量的观测值，但实际测量中一般需要进行多次观测。例如，四等水准测量需要观测出黑面高差和红面高差，水平角测量需要观测上、下半测回甚至好几个测回，距离测量需要往、返观测等。进行多次观测后就会发现，这些观测值之间往往存在一些差异，这些差异说明观测值含有误差，实质上是观测值与其真实值之间的存在差异，

这种差异称为测量误差或观测误差。用 L_i 代表观测值，X 代表真实值(或真值)，则有

$$\Delta_i = L_i - X \quad (i=1, 2, 3, \cdots) \tag{6-1}$$

式中：Δ_i——观测误差，简称为误差，i 代表观测次数。

通过水准测量、角度测量和距离测量实践实训学习后，我们知道高差、角度和距离等观测结果都是含有观测误差的。例如，在闭合水准路线中，各测段的高差之和的理论真值应为零，实际上观测高差和与真值不相等，其差值就是高差闭合差，往往不等于零，即说明了水准测量过程中产生了误差；在相同条件下，测量一个平面三角形的三个内角，内角和理论上等于 180°，实际上往往不等于 180°，即说明了在测量过程中产生了误差。观测误差在测量工作中是不可避免的，我们可以采取一定的措施消除或削弱误差，保证观测结果在允许误差范围内。

6.1.2 观测误差的来源

观测误差的来源有很多，概括起来主要有测量仪器、观测者和外界环境三个方面。

1. 测量仪器

测量仪器是我们获取测量数据所使用的工具，如水准仪、经纬仪、全站仪等。测量仪器的构造并不是十分完美的，也存在一些缺陷和仪器本身精密度的限制，导致观测结果含有误差。例如，水准仪的水准管轴不平行于视准轴会对高差产生影响，经纬仪的视准轴与横轴不垂直会对角度产生影响等。此外，同一类测量仪器也有高精度和低精度之分，相对于低精度仪器而言，在其他条件一样的情况下，高精度仪器在观测过程中也会因仪器产生误差，只不过其产生的误差比低精度仪器产生的误差要小而已。

2. 观测者

观测者的感觉器官的鉴别能力的局限性，以及观测者的技术水平、操作熟练程度和工作态度等，都会对观测结果产生一定的影响。例如，水准测量中水准仪整平、照准、读数以及立尺等都会产生误差。

3. 外界环境

外界环境指在测量观测时所处的外界环境状况，如温度、湿度、风速、气压、太阳光线、大气折光等，这些因素时刻在变化，都会对观测结果产生影响。例如，太阳光线过强影响水准尺读数，风速过大影响测量仪器安置，水准测量中大气折光影响照准和读数等。

上述测量仪器、观测者和外界环境是观测误差的主要来源，我们把这三方面的因素综合起来称为观测条件。

在人们的印象中，总是希望每次测量所出现的误差越小越好，甚至趋近于零。要真正做到这一点，就要使用极其精密的仪器，采用十分严格的观测方法。这样一来，每次的测量工作都可能变得十分烦琐复杂，消耗大量的物力和精力。在实际测量工作中，观测结果的误差并不是由某一种因素引起的，而是由上述三种因素综合引起的。测量误差不是不可避免的，在测量过程中，根据不同的测量目的和要求，允许在测量结果中含有一定程度的测量误差。我们的目标不是简单地使测量误差越小越好，而是尽可能地提高观测条件来降低或削弱误差，使得观测结果的误差在允许误差范围内。

6.1.3 观测误差的分类

根据观测误差对测量结果的影响性质的不同，观测误差可以分为粗差、系统误差和偶然误差三大类。每次观测的误差可以认为是这三类误差的总和，即

观测误差＝粗差＋系统误差＋偶然误差

当然，由于测量仪器、观测者和外界环境的不同，这三类误差在每个测量误差中占的比重也不尽相同。

1. 粗差

粗差是指在测量工作过程中因各种失误、疏忽而产生的大量级的观测误差。从某种角度而言，粗差就是错误。

粗差产生的原因较多，主要由作业人员失误或疏忽大意而引起，例如水准尺读数读错，角度测量照错目标，读数被记录员记错等。粗差是可以避免的，可以通过重复观测和对观测数据进行检核而消除。如果发现含有粗差的数据，必须将其剔除，并重新进行观测。

2. 系统误差

在相同的观测条件下，对某一量进行一系列的观测，如果误差在大小和符号上均相同或按一定的规律变化，则称这种误差为系统误差。例如，水准仪的视准轴与水准管轴不平行对读数的影响，测角仪器的竖盘指标差对竖直角的影响，钢尺的尺长误差对量距的影响等都属于系统误差。

系统误差对于观测结果的影响具有累积的作用，在实际测量工作中，应该采取必要的措施消除或削弱系统误差的影响，使其达到可以忽略不计的程度。一种方法是在观测程序或观测方法上采取必要的措施。例如，进行水准测量时，使前后视距相等就可以消除由视准轴不平行水准管轴所引起的系统误差。另一种方法是对观测值进行公式改正，例如，使用钢尺精确量距时，需要加上尺长改正、温度改正和倾斜改正等。也就是说，通过采取适当的措施或方法是可以消除或削弱系统误差的。

3. 偶然误差

在相同的观测条件下，对某一量进行一系列的观测，如果误差在大小和符号上表现出偶然性，即从单个误差看，这一系列误差的大小和符号没有规律性，但就大量误差而言，具有一定的统计规律，则称这种误差为偶然误差。

偶然误差的产生原因往往是人力所不能控制的。例如，水准尺读数的估读误差，角度测量时的照准误差，经纬仪或全站仪操作过程中的对中和整平误差，温度、风速等外界环境不断变化引起的误差等都属于偶然误差。

6.1.4 偶然误差的规律性

在实际测量工作中，粗差是可以发现并剔除的，系统误差也可以采取一定措施消除或削弱，而偶然误差是不可避免且消除不了的。平时所说的观测误差，主要指的是偶然误差。为了得到质量更高的观测结果，下面主要研究偶然误差的相关特性。根据偶然误差的定义可知，就单个偶然误差而言，其符号和大小没有一定的规律性，但对大量的偶然误差进行统计分析就会发现规律性，并且误差的个数越多，统计规律性越明显。研究偶然误差的规律性为误差研究奠定了基础，也为实际工作带来了很多便利。下面通过实例来说明这种规律性。

在某一测区，相同的观测条件下，独立地观测了421个平面三角形的全部内角。我们知道，每个三角形的内角和为180°，但由于观测值带有误差，所以三角形三个内角的观测值之和不等于180°。根据下式可以求出各个三角形的观测误差：

$$\Delta_i = (\alpha_i + \beta_i + \gamma_i) - 180° \quad (i = 1, 2, 3, \cdots, 421) \tag{6-1}$$

式中：$\alpha_i + \beta_i + \gamma_i$——表示各三角形内角和的观测值；

Δ_i——仅仅指偶然误差。

现将误差出现的范围分为若干相等的小区间，第 i 个区间的长度 $d\Delta_i$ 为 0.02″。将这一组误差数值按大小排列，统计出现在各区间内误差的个数 k 以及误差出现在该区间的频率 $k/n(n=421)$，结果如表6-1所示。

表6-1　三角形内角和观测偶然误差的统计

误差区间/(″)	负偶然误差		正偶然误差	
	k	k/n	k	k/n
[0.00, 0.20]	40	0.095	37	0.088
[0.20, 0.40]	34	0.081	36	0.085
[0.40, 0.60]	31	0.074	29	0.069
[0.60, 0.80]	25	0.059	27	0.064
[0.80, 1.00]	20	0.048	18	0.043
[1.00, 1.20]	16	0.038	17	0.040
[1.20, 1.40]	14	0.033	13	0.031
[1.40, 1.60]	9	0.021	10	0.024
[1.60, 1.80]	7	0.017	8	0.019
[1.80, 2.00]	5	0.012	7	0.017
[2.00, 2.20]	6	0.014	4	0.009
[2.20, 2.40]	2	0.005	3	0.007
[2.40, 2.60]	1	0.002	2	0.005
2.60以上	0	0	0	0
Σ	210	0.499	211	0.501

从表6-1中可以看出，偶然误差分布的规律如下：偶然误差的绝对值有一定的限值，绝对值较小的偶然误差比绝对值较大的偶然误差多，绝对值相等的正、负偶然误差的个数相近。

由表6-1中的数据和大量的实验数据统计可以总结出偶然误差的四个特性如下：

(1) 有界性：在一定的观测条件下，偶然误差的绝对值有一定的限值，即超过一定限值的偶然误差出现的概率为零。

(2) 聚中性：绝对值较小的偶然误差比绝对值较大的偶然误差出现的概率大。

(3) 对称性：绝对值相等的正、负偶然误差出现的概率大致相同。

(4) 抵偿性：当观测次数无限增大时，偶然误差的理论平均值的极限为零，即

$$\lim_{n\to\infty} \frac{1}{n}(\Delta_1 + \Delta_2 + \cdots + \Delta_n) = \lim_{n\to\infty} \frac{1}{n}\sum_{i=1}^{n}\Delta_i = 0 \tag{6-2}$$

根据表6-1中的数据绘制出偶然误差频率直方图，如图6-1所示，利用该图可以更加直观地看出偶然误差分布的情况。图中横坐标代表偶然误差大小，纵坐标代表误差出现在各区间的频率。

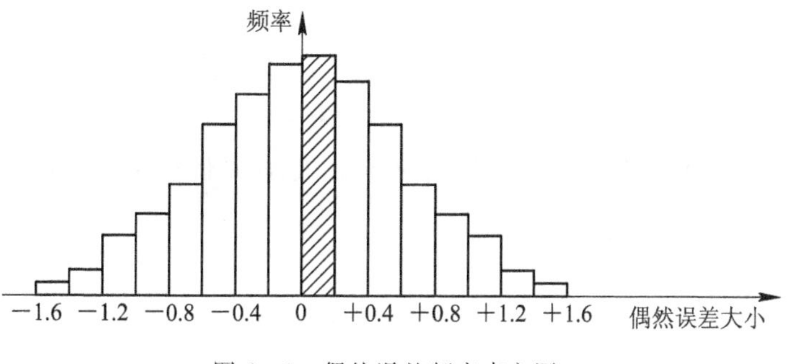

图6-1　偶然误差频率直方图

以上是根据421个三角形内角和观测的偶然误差出现的统计规律。当观测个数$n \to \infty$时，同时把误差区间无限缩小，则图6-1中各长方形条顶边所形成的折线将变成一条光滑的曲线。这条曲线称为概率分布曲线或偶然误差分布曲线，也称为正态分布曲线，其函数式为

$$y = f(\Delta) = \frac{1}{\sqrt{2\pi}\sigma} \cdot e^{-\frac{\Delta^2}{2\sigma^2}} \tag{6-3}$$

式中：π——圆周率；

e——自然对数的底；

σ——标准差，在测量工作中，由于实际观测的次数有限，因此标准差也称为中误差。

中误差的平方σ^2称为方差，方差为偶然误差平方的理论平均值，即

$$\sigma^2 = \lim_{n\to\infty} \frac{1}{n}(\Delta_1^2 + \Delta_2^2 + \cdots + \Delta_n^2) = \lim_{n\to\infty} \frac{1}{n}\sum_{i=1}^{n}\Delta_i^2 \tag{6-4}$$

于是中误差公式为

$$\sigma = \pm \lim_{n\to\infty} \sqrt{\frac{1}{n}\sum_{i=1}^{n}\Delta_i^2} \tag{6-5}$$

6.1.5　正态分布在误差分析中的意义

正态分布曲线如图6-2所示。图6-2中，加斜线的细长梯形的面积$f(\Delta)\,\mathrm{d}\Delta$代表偶然误差出现在该区间的概率。可以看到，函数$f(\Delta)$增大，偶然误差出现的概率也增大；函数$f(\Delta)$减小，偶然误差出现的概率也减小。因此，函数$f(\Delta)$也称为概率密度函数。此外，偶然误差分布曲线与横坐标轴所围成的面积$\int_{-\infty}^{+\infty} f(\Delta)\,\mathrm{d}\Delta = 1$，表明偶然误差出现的概率为1，属于必然事件。由此也可以看出，企图将观测误差降至零的想法实际上是不现实的。

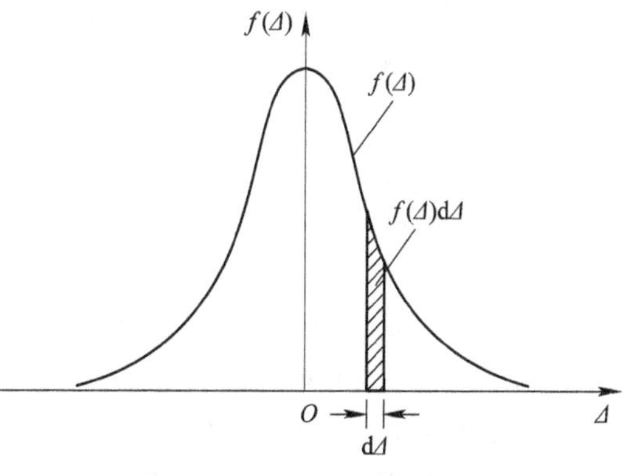

图6-2　正态分布曲线

通过对正态分布曲线的分析，可以看到$f(\Delta)$是偶函数，其图形关于纵轴对称。在正态分布曲线中，存在以下关系：

(1) 当$\Delta = 0$时，$f(\Delta)$有最大值，$f(\Delta)_{\max} = \dfrac{1}{\sqrt{2\pi}\sigma}$；

(2) 当 $\Delta \rightarrow \infty$ 时，$f(\Delta)$ 有最小值，$f(\Delta)_{\min} \rightarrow 0$。

由图 6-2 可知，横轴是正态分布曲线的渐近线。由于 $f(\Delta)$ 随着 Δ 的增大而较快地减小，可以想象，当 Δ 达到某一取值时，$f(\Delta)$ 已经小到足以忽略的程度。此时 Δ 的这个取值就可以作为偶然误差的限值。显然，这就是偶然误差的有界性和聚中性。

6.1.6 测量平差

为了防止错误的发生和提高观测成果的质量，在测量工作中一般要进行多于必要观测的观测，称为多余观测。例如，四等水准测量中测站高差需要观测黑面高差和红面高差，如果黑面高差是必要观测，则红面高差就是多余观测；对某个水平角度进行两个测回的观测，如果第一个测回的角值是必要观测，则第二个测回的角值就是多余观测；对某段距离进行往、返测量，如果往测是必要观测，则返测就是多余观测。

所有的观测数据都或多或少含有观测误差。在实际测量工作中，通过对观测值进行重复观测，得到多余观测值。重复观测的目的在于检核观测数据，及时发现粗差并剔除或重测。

重复观测可以得到多余观测值，而对于某个量，我们只需要一个观测结果，这时候就需要采用一定的数学法则或原则来处理这些观测值。观测结果不可避免地存在误差，处理带有误差的观测值，找出未知量的最佳估值，这个过程就是测量平差。

由以上内容可知，我们获得的观测数据是主要包含偶然误差的多个观测值，如何处理由多余观测引起的观测值之间的不符值或闭合差，求出未知量的最佳估值并评定结果的精度是测量平差的基本任务。测量平差即测量数据调整的意思，其基本的定义是：依据某种最优化准则，由一系列带有观测误差的测量数据求定未知量的最佳估值及精度的理论和方法。例如，在第 2 章水准测量的闭合水准或附合水准内业计算中，若高差闭合差的调整是一种准则，则认为改正后的高差是在这种准则下得到的最佳估值，这就是最简单的测量平差，也叫近似平差。在实际测量工作中，一般使用测量平差软件对获取的数据进行严密平差。

6.2 衡量观测值的精度指标

精度表征误差的特征，而观测条件是造成误差的主要来源。因此，在相同的观测条件下进行的一组观测，尽管每一个观测值的真误差不一定相等，但它们都对应着同一个误差分布，即对应着同一个标准差。这组观测称为等精度观测，所得到的观测值为等精度观测值。如果仪器的精度不同，或观测方法不同，或外界条件的变化较大，则这组观测就属于不等精度观测，所得到的观测值就是不等精度观测值。

精度是指误差分布的密集或离散的程度，也就是指离散度的大小。衡量观测值精度的高低可以通过判定各组观测值的离散度来实现，观测值的离散度越大，其标准差或中误差越大，精度越低，说明观测结果的质量不好；反之，观测值的离散度越小，其标准差或中误差越小，精度越高，说明观测结果的质量好。

为了衡量观测结果精度的优劣，必须有一个评定精度的统一指标，而中误差、平均误差、相对误差和极限误差(容许误差)是测量工作中最常用的衡量指标。

6.2.1　中误差

在测量实践中，观测次数总是有限的。为了评定精度，引入中误差这个概念，它其实是标准差 σ 的一个近似值，随着观测次数的增加，中误差将趋近于标准差 σ。中误差的大小直接影响正态分布曲线的形状，不同的中误差对应不同形状的正态分布曲线。中误差越小，正态分布曲线越陡峭；中误差越大，正态分布曲线越平缓。由此可见，中误差的大小可以很好地反映精度的高低。

根据式(6-5)可知中误差的表达公式，但在实际测量工作中，观测次数往往是有限的，由有限个观测值的误差只能求出中误差的估值，用 $\hat{\sigma}$ 表示为

$$\hat{\sigma}=\pm\sqrt{\frac{1}{n}\sum_{i=1}^{n}\Delta_i^{\,2}} \tag{6-6}$$

中误差和标准差的区别在于观测次数上。标准差 σ 表征了一组等精度观测在 $n\to\infty$ 时误差分布的扩散特征，即理论上的观测精度指标；而中误差则是一组等精度观测在观测次数为有限次数时的观测精度指标。

中误差不同于各个观测值的真误差，它反映的是一组观测值精度的整体指标，而真误差是描述每个观测值误差的个体指标。在一组等精度观测中，各观测值具有相同的中误差，但各个观测值的真误差往往不等于中误差，且彼此也不一定相等，有时差别还比较大，这是由于真误差具有偶然误差的特性。

与标准差一样，中误差的大小也反映出一组观测值误差的离散程度。中误差越小，表明该组观测值误差的分布越密集，各观测值之间的整体差异也越小，这组观测的精度就越高；反之，该组观测的精度就越低。

【例 6.1】 对某个量进行两组观测，各组均为等精度观测，各组的真误差分别如下所示，请评定哪组的精度高。

第一组：$-3''$、$+2''$、$-1''$、$0''$、$+4''$；

第二组：$+5''$、$-1''$、$0''$、$+1''$、$+2''$。

【解】 根据公式(6-6)分别计算两组的中误差：

第一组：　$$\hat{\sigma}_1=\pm\sqrt{\frac{(-3)^2+(+2)^2+(-1)^2+0+(+4)^2}{5}}=\pm 2.4''$$

第二组：　$$\hat{\sigma}_2=\pm\sqrt{\frac{(+5)^2+(-1)^2+0+(+1)^2+(+2)^2}{5}}=\pm 2.5''$$

可见第一组具有较小的中误差，即第一组的精度较高。

6.2.2　平均误差

在一定的观测条件下，一组独立的偶然误差的绝对值的数学期望称为平均误差。常用 θ 表示平均误差，则有

$$\theta=\pm\lim_{n\to\infty}\frac{\sum_{i=1}^{n}|\Delta_i|}{n} \tag{6-7}$$

在测量工作中，由于观测值的个数 n 总是一个有限值，因此在实际应用中也只能用 θ

的估值来衡量精度，用 $\hat{\theta}$ 表示，即

$$\hat{\theta} = \pm \frac{\sum_{i=1}^{n} |\Delta_i|}{n} \tag{6-8}$$

【例 6.2】 请计算例 6.1 中两组观测的平均误差。

【解】 根据公式(6－8)分别计算两组的平均误差：

第一组： $$\hat{\theta}_1 = \pm \frac{3+2+1+0+4}{5} = \pm 2.0''$$

第二组： $$\hat{\theta}_2 = \pm \frac{5+1+0+1+2}{5} = \pm 1.8''$$

从计算结果分析，第二组有比较小的平均误差，精度比较高，这显然与由中误差指标得到的结论相反。从前面叙述的统计学结果分析，中误差所反映的误差特征比平均误差所反映的误差特征更为科学、准确和可靠。

从上述例子可以看到，平均误差虽然计算简便，但在评定误差分布上，其可靠性不如中误差。所以，我国的有关规范均统一采用中误差作为衡量精度的指标。

6.2.3 相对误差

中误差和真误差都属于绝对误差。在实际测量中，有时依据绝对误差还不能完全反映出误差分布的全部特征，这在量距工作中特别明显。例如，分别丈量 500 m 和 100 m 的两段距离，中误差均为±5.0 mm，是否就能说明这两段距离的测量精度相等呢？显然，答案是否定的。因为在量距工作中，误差的分布特征除了与中误差有关系，还与距离的长短有关系。因此，在计算精度指标时，还应该考虑距离长短的影响，这就引出相对误差的概念。相对误差常由中误差求得，也称为相对中误差。

相对中误差 K 是中误差的绝对值与相应观测值的比值，无单位量纲，是一个相对值。为了书写直观，通常用分子为 1、分母为整数的分数形式来表示，即

$$K = \frac{|\sigma|}{D} = \frac{1}{D/|\sigma|} \tag{6-9}$$

式中：D——量距的观测值；

σ——中误差。

利用式(6－9)得出，上述两段距离测量的相对中误差分别为 1/10 000 和 1/2000。第一段距离测量的相对中误差比较小，精度较高。

在距离测量中，并不知道待测距离的真值，不能直接运用式(6－9)，而常采用往、返观测值的相对误差来进行校核，相对误差的表达式为

$$K = \frac{|D_{往} - D_{返}|}{D_{平均}} = \frac{\Delta D}{D_{平均}} = \frac{1}{D_{平均}/\Delta D} \tag{6-10}$$

从式(6－10)可以看出，相对误差实质上是相对真误差。它反映了该次往、返观测值的误差情况。显然，相对误差越小，观测结果越可靠。

值得注意的是，用经纬仪观测角度时，只能用中误差而不能用相对误差作为精度的衡量指标，因为测角误差与角度的大小是没有关系的。

6.2.4 极限误差

根据偶然误差的特性，在一定的观测条件下，误差的绝对值不会超过某一限值，这个限值就称为极限误差。中误差不代表个别误差的大小，而代表误差分布的离散度的大小。由中误差的定义式(6-6)可知，它代表一组相同精度观测误差平方的平均值的平方根极限值的估值，中误差越小，则表示在该组观测中绝对值较小的误差越多。按照正态分布曲线可以求得偶然误差出现在小区间的概率为

$$P(\Delta)=f(\Delta)\mathrm{d}\Delta=\frac{1}{\sqrt{2\pi}\sigma}\mathrm{e}^{-\frac{\Delta^2}{2\sigma^2}}\cdot\mathrm{d}\Delta \tag{6-11}$$

对式(6-11)积分可以得到偶然误差在任意区间出现的概率。设以 k 倍中误差作为区间，则在此区间，中误差出现的概率为

$$P(|\Delta|\leqslant k\sigma)=\int_{-k\sigma}^{+k\sigma}\mathrm{e}^{-\frac{\Delta^2}{2\sigma^2}}\cdot\mathrm{d}\Delta \tag{6-12}$$

将 $k=1$, 2, 3 代入式(6-12)，可得到偶然误差的绝对值不大于1倍中误差、2倍中误差和3倍中误差的概率为

$$\begin{cases}P(|\Delta|\leqslant\sigma)=68.3\%\\P(|\Delta|\leqslant 2\sigma)=95.5\%\\P(|\Delta|\leqslant 3\sigma)=99.7\%\end{cases} \tag{6-13}$$

由式(6-13)可知，偶然误差的绝对值大于1倍中误差的概率为31.7%，偶然误差的绝对值大于2倍中误差的概率为4.5%，而偶然误差的绝对值大于3倍中误差的概率仅为0.3%，这已经是接近于零的小概率事件或是不可能发生的事件。由于在实际测量工作中，虽然进行多余观测，但观测次数还是有限的，因此常以2倍或3倍中误差作为偶然误差的极限误差或容许误差，即

$$\Delta_{限}=2\sigma \quad 或 \quad \Delta_{限}=3\sigma \tag{6-14}$$

在测量工作中，如果某误差超过了极限误差，就可以认为该观测值存在错误，应该剔除该观测值并重测。

6.3 误差传播定律及其应用

在实际测量工作中，有些量的大小往往并不能通过直接观测获得，而需要由其他观测值通过一定的函数关系间接计算出来，这些量称为间接观测值。那么间接观测值的误差怎么确定呢？这就需要研究观测值的误差与间接观测值的误差的关系。由于直接观测的量含有误差，因而它的函数必然存在误差。各观测值的中误差与其函数的中误差之间的关系式称为误差传播定律。

6.3.1 误差传播定律

设 Z 为独立变量 x_1, x_2, …, x_n 的函数，即

$$Z=f(x_1, x_2, \cdots, x_n) \tag{6-15}$$

式中：函数 Z——间接观测值，其中误差为 σ_z；

$x_1, x_2, \cdots, x_n$——可以通过直接观测获得的独立变量，它们所对应的观测值中误差分别为 $\sigma_1, \sigma_2, \cdots, \sigma_n$。

要想根据观测值的中误差来确定函数的中误差，就必须知道它们的中误差之间的关系式。对式(6-15)两边同时取全微分，再根据中误差的定义，经推导可得函数的中误差和观测值的中误差之间的关系：

$$\sigma_z=\pm\sqrt{\left(\frac{\partial f}{\partial x_1}\right)^2\sigma_1^2+\left(\frac{\partial f}{\partial x_2}\right)^2\sigma_2^2+\cdots+\left(\frac{\partial f}{\partial x_n}\right)^2\sigma_n^2} \tag{6-16}$$

式中：$\frac{\partial f}{\partial x_i}$——函数 f 对各个独立变量的偏导数。

式(6-16)称为误差传播定律。

通常要先确定直接观测值和间接观测值的函数关系，再利用式(6-16)，根据直接观测值的中误差推得间接观测值的中误差。

利用式(6-16)可以推导出一些典型函数的误差传播定律，常见函数的误差传播公式见表6-2。

表6-2 常见函数的误差传播公式

函数名称	函数关系式	误差传播公式
和差函数	$Z=x_1\pm x_2$	$\sigma_Z=\sqrt{\sigma_1^2+\sigma_2^2}$
	$Z=x_1\pm x_2\pm\cdots\pm x_n$	$\sigma_Z=\sqrt{\sigma_1^2+\sigma_2^2+\cdots+\sigma_n^2}$
倍数函数	$Z=Cx$(C 为常数)	$\sigma_Z=\pm C\sigma$
线性函数	$Z=k_1x_1\pm k_2x_2\pm\cdots\pm k_nx_n$	$\sigma_Z=\sqrt{k_1^2\sigma_1^2+k_2^2\sigma_2^2+\cdots+k_n^2\sigma_n^2}$

6.3.2 误差传播定律的应用

误差传播定律在测绘领域的应用十分广泛，利用它不仅可以求得观测值函数的中误差，还可以研究确定容许误差或事先分析观测可能达到的精度等。

应用误差传播定律时，首先应根据问题的性质列出正确的观测值函数关系式，再利用误差传播公式求解。下面举例说明误差传播定律的应用。

【例6.3】 在1∶1000比例尺的地形图上，量得A、B两点间的距离 $d_{AB}=12.3$ mm，其中误差 $\sigma_D=\pm0.2$ mm，求A、B两点间的实地距离 D_{AB} 及其中误差 σ_D。

【解】 由题意知

$$D_{AB}=1000d_{AB}=12300\ \text{mm}=12.3\ \text{m}$$

根据表6-2中倍数函数的误差传播公式，得线段 AB 的中误差为

$$\sigma_D=\pm1000\times\sigma_D=\pm200\ \text{mm}=\pm0.2\ \text{m}$$

最后的结果可以写成

$$D_{AB}=12.3\ \text{m}\pm0.2\ \text{m}$$

第6章课后习题

第7章 工程控制测量

内容提要

本章的主要内容包括概述、工程控制测量的工作步骤、全站仪导线测量、GNSS静态相对测量、GNSS-RTK控制测量、工程高程控制测量。本章的教学重点是工程控制测量的工作步骤、全站仪导线测量、GNSS静态相对测量外业实施、GNSS-RTK控制测量、工程高程控制测量，教学难点是GNSS控制网数据预处理、GNSS控制网平差。

学习目标

通过本章的学习，学生应理解全站仪导线测量、GNSS静态相对测量、GNSS-RTK测量、四等水准测量外业数据采集，掌握单一导线、单一水准路线的手工平差概算，了解导线网、GNSS静态网平差过程，国家大地坐标系参考框架和国家高程基准参考框架与工程控制测量的关系。

测量的基本工作是确定地面上地物和地貌特征点的空间位置，即特征点的空间三维坐标(x, y, H)。从理论上来说，这样的工作可以从一个已知原点开始，依据前一个点测定后一个点的位置，逐步确定所有特征点的三维坐标。这样做虽然直接，但必将前一个点的误差传递到下一个点，误差逐步积累，以致达到无法接受的地步。因此，测量工作必须遵循“从整体到局部”“先控制后碎部”的基本原则，即先进行控制测量工作，然后以这些控制点为基准，再展开碎部测量工作。这样既可以保证所观测点位的精度，减少误差的积累，又不至于使工作强度太大。

工程控制测量是以国家大地测量参考框架为基础，在工程建设区域内建立大比例尺地形测绘或各种工程测量控制网的工作，即测量高精度控制点坐标和高程的工作。从传统意义上讲，工程控制测量分为工程平面控制测量和工程高程控制测量，并且两者独立进行。现如今随着测量科学技术的不断进步，低等级工程控制测量可以利用GNSS-RTK技术将平面控制测量和高程控制测量一并完成。工程测量控制网按用途不同可分为测图控制网、施工控制网、变形监测控制网和安装测量控制网。本章将结合测图控制网讲述工程控制测量的常用技术和方法，其他控制网将在后续专业测量中进一步介绍。测图控制网的作用是控制测量误差累积，保证测图精度均匀、相邻图幅正确拼接。测图控制网的特点是控制范围较大，控制点分布均匀，控制网等级和观测精度与测图比例尺大小相关。

7.1 概　　述

7.1.1 国家大地坐标系参考框架

国家大地坐标系参考框架是在全国范围内分级布设、以大地测量技术施测的平面控制网，又称为国家大地控制网，是工程平面控制测量的基础。在20世纪90年代以前，我国国家平面控制网主要以三角网形式布设，并分为四个等级，其中一等三角网观测精度最高，二等、三等、四等三角网观测精度逐级降低。一等三角网沿经纬线方向呈锁状布设，一般称为一等三角锁，在一些交叉处测定起算边长和起算坐标方位角，平均边长为20～25 km。一等三角网是国家天文大地网，它不仅是二等三角网的基础，还为研究地球形状和大小提供重要的科学依据。二等三角网在一等三角网范围内布设，构成全面网，平均边长为13 km。二等三角网是扩展加密低级网的基础。作为一等、二等三角网的进一步加密，三等、四等三角网常以插网和插点的方式布设，三等三角网的平均边长为8 km，四等三角网的平均边长为2～6 km。在通视困难和交通困难地区，比如城市建成区和林区，国家大地控制网可以布设为相应等级的导线网，进行国家一至四等精密导线测量。

如图7-1所示，A、B、C、D、E、F各控制点组成相互邻接的三角形，观测所有三角形的内角，并至少测量其中一条边长(例如图7-1中的AB边)作为起算边，通过计算就可以获得它们之间的相对平面位置。这种形成三角形的控制点称为三角点，由这些三角形构成的控制网称为三角网，在此基础上进行的测量工作称为三角形网测量。

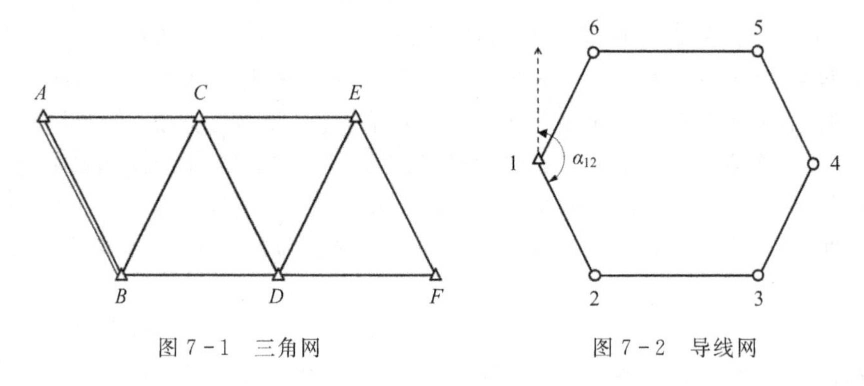

图7-1　三角网　　　图7-2　导线网

图7-2的控制点1、2、3、4、5、6连成折线多边形，测量各边长和相邻边的夹角，通过计算同样可以得到它们之间的相对平面位置。这种形成导线的控制点称为导线点，由这些导线构成的控制网称为导线网，在此基础上进行的测量工作称为导线测量。

国家平面控制网布设示意图如图7-3所示。一等三角网沿大地经线和纬线布设成纵横交叉的三角网系，网长为200～250 km。一等三角网内由近似等边的三角形组成，边长为20～30 km。然后在一等三角网环内填充布设二等三角网。一等三角网的两端和二等三角网的中间都要测定起算边长、天文经纬度和坐标方位角，所以国家一、二等三角网合称为天文大地网。我国的天文大地网于1951年开始布设，1961年基本完成，1975年修补测工作全部结束，全网约有五万个大地点。三、四等三角网作为一、二等三角网的进一步加密，满足测绘各种比例尺地形图和各项工程建设的需要。

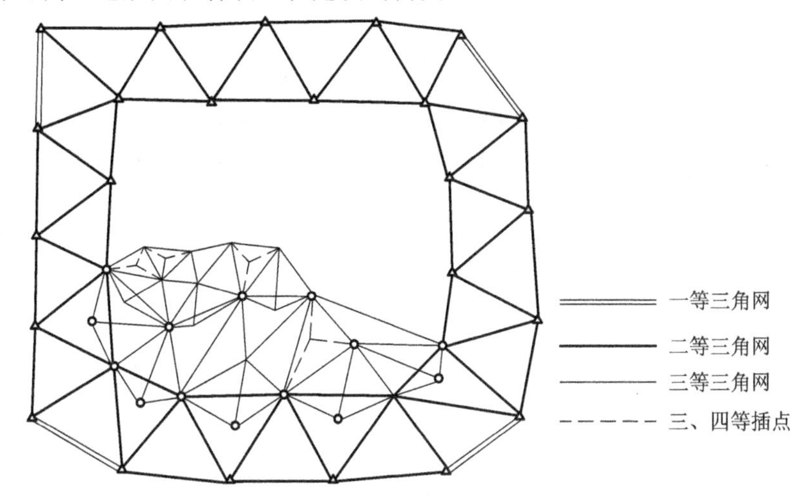

图7-3 国家平面控制网布设示意图

20世纪80年代末，我国开始应用全球导航卫星系统(GNSS)建立平面控制网，称为GNSS大地控制网。GNSS大地控制网按照精度分为A、B、C、D、E五个等级。在20世纪90年代，我国在全国范围内建立了由29个控制点组成的国家GNSS-A级网和由700多个控制点组成的国家GNSS-B级网。GNSS-A级控制点属于国家卫星导航定位连续运行基准站(GNSS-CORS)，是2000国家大地坐标系(CGCS2000)参考框架的第一级，也是我国北斗卫星导航系统(BDS)的参考框架，并与国际地球参考框架(ITRF)对准。

20世纪90年代末，我国将当时完成的全国GPS一级网、GPS二级网、GPS-A级网、GPS-B级网、地壳运动观测网共2500多个点联合平差，得到了以三维地心坐标为特征的高精度大地控制网，称作2000国家GPS大地控制网，它是CGCS2000参考框架的第二级。与2000国家GPS大地控制网联合平差后的国家天文大地网约50 000个点，是CGCS2000参考框架的第三级，并与2000国家重力基准网合称为2000国家大地控制网。

当前，CGCS2000参考框架和国家、省、市级GNSS连续运行基准站为工程平面控制提供起算依据。

7.1.2 工程平面控制测量

工程平面控制测量是指在工程建设区域为满足大比例尺地形图测绘和其他工程测量的需要而布设平面控制网的工作。对于工程平面控制测量，传统时期采用三角形网测量和导线测量技术，而现代工程则首选GNSS测量技术。三角形网测量是将控制点按三角形的形状连接起来构成网络(称为三角形网)，测量三角形的内角(水平角)、边长(水平距离)，利用起算数据，通过平差计算确定控制点平面坐标的技术。根据测量元素的不同，三角形网分为三角网、三边网、边角网。三角网的测量元素由网中三角形的所有内角和必要的起算边长组成。三边网的测量元素是网中三角形的所有边长。边角网的测量元素既可以是全部边角，也可以是部分边角。导线测量是将控制点连成折线，构成多边形网络(称为导线网)，测量边长和相邻边转折角(水平角)，通过起算数据确定控制点平面坐标的技术。

工程平面控制网的布设应遵循下列原则：首级控制网的布设应因地制宜，且适当考虑长远发展，当与国家坐标系统联测时，应同时考虑联测方案；首级控制网的等级应根据工程规模、控制网的用途和精度要求合理确定；加密控制网可越级布设或同等级扩展，单纯以大比例尺地形图测绘为目的时，图根控制可以作为首级控制。

工程平面控制网的建立要遵照《工程测绘基本技术要求》(GB/T 35641—2017)和《工程测量标准》(GB 50026—2020)的相关要求，以等级控制点为起算依据，根据不同测区范围和精度要求布设不同等级。工程平面控制网的等级划分为二等、三等、四等、一级、二级、三级和图根。GNSS静态相对定位测量技术和三角形网测量技术适用于以上各种等级；导线测量适用于三等、四等、一级、二级、三级和图根；GNSS-RTK技术适用于一级、二级、三级和图根。

工程平面控制网的坐标系统应满足测区内投影长度变形小于或等于2.5 cm/km的要求，通常有以下几种选择：在投影长度变形小于或等于2.5 cm/km的地区，采用统一的高斯投影3°带平面直角坐标系统；在投影长度变形大于2.5 cm/km的地区，采用高斯投影3°带，投影面为测区抵偿高程面或测区平均高程面的平面直角坐标系统；在高海拔地区，可采用任意3°带，投影面为1985国家高程基准面的平面直角坐标系统；小测区或有特殊精度要求的控制网，可采用独立平面直角坐标系统；在已有工程平面控制网的地区，可沿用原有坐标系统；厂区内可采用建筑坐标系统。

当前，GNSS技术是工程平面控制测量的首选方法；在GNSS技术使用不便的区域，可选用导线测量技术；三角形网测量技术使用较少。对一些建立了测绘标准(规范)体系的工程建设领域进行工程控制测量时，执行相应的专业测绘标准。例如，城市建设执行《城市测绘基本技术要求》(GB/T 35637—2017)和《城市测量规范》(CJJ/T 8—2011)，城市轨道交通工程建设执行《城市轨道交通工程测量规范》(GB/T 50308—2017)，新建铁路工程执行《铁路工程测量规范》(TB 10101—2018)，公路工程建设执行《公路勘测规范》(JTG C10—2007)和《公路勘测细则》(JTG/T C10—2007)，水利水电工程建设执行《水利水电工程测量规范》(SL 197—2013)和《水利水电工程施工测量规范》(SL 52—2015)。

7.1.3 国家高程基准参考框架

国家高程基准参考框架是在全国范围内分级布设、采用水准测量方法建立的高程控制网，又称为国家水准网。国家水准网分为四个等级，实行逐级控制、逐级加密。

各等级水准路线要求自身构成闭合环线或附(闭)合于高级水准点。一、二等水准网是国家高程控制的基础，通常沿铁路、公路或河流布设成闭合环线或附合路线，用一、二等水准测量的方法施测，其成果还是研究地球形状和大小的重要依据。另外，根据重复测量的成果可以研究地壳的垂直形变，而这是地震预报研究的重要依据。1999年，我国共建成国家一等水准网复测水准路线85 450 km，一等水准点16 485座。国家三、四等水准网在一、二等水准网的基础上加密，且直接为地形图测绘和工程建设提供高程控制点。国家高程基准参考框架(国家水准点)是工程高程控制的起算依据。

7.1.4 工程高程控制测量

工程高程控制测量是通过一定的测量技术精确测定控制点高程的工作，也是为满足大比例尺地形图测绘和其他工程测量需要而布设高程控制网的工作，主要工作内容是确定工程平面控制点的高程。依据《工程测绘基本技术要求》(GB/T 35641—2017)和《工程测量标准》(GB 50026—2020)，工程高程控制网分为二等、三等、四等、五等和图根 5 个等级，宜在已有的等级高程控制点之下加密布设。工程高程控制测量常用水准测量技术施测。在山区或丘陵地区进行低等级高程控制测量时，可以采用全站仪三角高程测量方法。现在 GNSS 高程测量技术应用广泛，可用作图根高程控制。首级高程控制的等级需根据工程建设范围、精度要求来确定。

工程高程控制测量应采用 1985 国家高程基准；在已有高程控制网的测区，可沿用原有高程基准；当小测区与 1985 国家高程基准联测有困难时，可采用假定高程基准。

7.2　工程控制测量的工作步骤

在工程控制测量工作中，主要需要进行技术设计、选点与埋石、数据采集以及数据处理几个步骤。

7.2.1　技术设计

工程控制测量是非常重要的工作环节，在实施之前应进行技术设计。技术设计是指根据用户要求，结合专业规范(标准)、承担机构专业技术水平和技术装备条件制订切实可行的技术方案，目的是保证成果符合技术要求并令用户满意，且获得最佳的社会效益和经济效益。技术设计包括项目设计和专业技术设计。在工程控制测量中关注更多的是专业技术设计，即针对工程控制测量专业工作的技术要求进行设计。工程控制测量技术设计是指在收集测区已有地形图、起算控制点成果以及地理条件等资料的基础上，依据《工程测绘基本技术要求》(GB/T 35641—2017)和《工程测量标准》(GB 50026—2020)等相关规范、标准，进行控制网设计和技术方案设计。工程控制测量技术设计要充分考虑用户提出的技术要求、承担测量任务的机构自身的专业技术水平和技术装备条件，体现测量科技进步，努力实现测量科技创新。

工程控制测量技术设计成果以“技术设计书”的形式体现，是指导工程控制测量实施的主要技术依据。“技术设计书”应该包括概述、测区自然地理概况、已有资料利用情况、引用文件、成果的主要技术指标和规格、技术设计方案等内容。技术设计方案是技术设计的主体内容，包括坐标系统选择、起算数据分析、与国家大地测量参考框架的联测方法、首级控制等级和加密方法、控制网形和精度分析、技术条件分析、实施方案和备选方案等，相关的设计图、表也是技术设计方案的重要内容。

7.2.2　选点与埋石

根据“技术设计书”进行实地选点，确定控制点的适宜位置。选取的控制点要稳固，能长期保存，便于观测、扩展和加密。实地选定的控制点要通过埋设标石将点位在地面上固定下来，这个过程称为埋石。控制点测量成果是以标石的中心标志为基准的，因此标石及其保存非常重要。由于控制网种类、等级和地形、地质条件不同，因此有不同的标石类型。

图 7-4 是一些平面控制点的埋石规格示意图。有些低等级控制点的标定可用道钉(铁桩)或在固定石上凿刻标记。为了便于日后使用和管理，三、四等导线点在埋石的同时还需绘制点之记，绘制控制点位置和标石结构略图、标注与周围固定地物的相关尺寸等。必要时需对埋设的控制点标石进行委托管理。

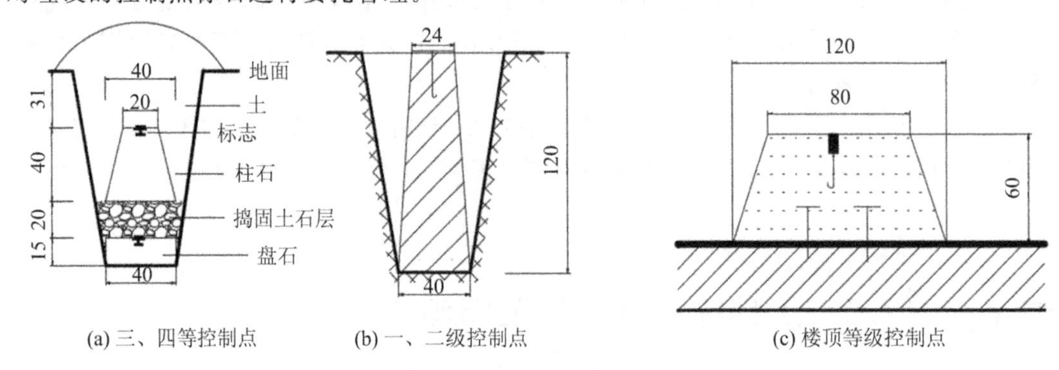

图 7-4　平面控制点的埋石规格示意图(单位：cm)

当平面控制测量采用导线测量或三角形网测量时，因地形条件限制，高等级控制点需要在控制点上方建造觇标；低等级控制点则要在控制点标志上竖立花杆等，作为测量角度时的照准目标。当利用 GNSS 技术进行控制测量时，由于相邻控制点之间不需要光学通视，因此不需要建造觇标，也不需要竖立对中杆。

高程控制点的标石规格参见 2.3.1 节，标石在埋设以后一般不需要建立特别的标志。

7.2.3　数据采集

工程控制测量数据采集是指通过外业观测获得需要的测量数据和信息，其内容依据工程控制测量类型和技术方法不同而异，有水平角、边长(水平距离)、高差、基线向量等。导线网、三角形网利用全站仪观测水平角和边长；GNSS 网则利用 GNSS 接收机接收卫星信号获得载波相位观测值，并以此解算基线向量；水准网利用水准测量技术观测高差；三角高程网利用全站仪观测竖直角和边长。数据采集的基本方法已在相关章节介绍过，在此强调的是数据采集应遵守相关技术规范和“技术设计书”对测站观测的技术要求。

7.2.4　数据处理

工程控制测量的最终目的是得到控制点的平面坐标和高程。控制点的平面坐标或高程是利用起算数据和观测数据经平差计算得到的。数据采集工作完成后，应对数据进行检核，对观测边长进行归算、改化等，对 GNSS 基线进行解算和质量评估等预处理，保证观测成果合格，然后进行平差计算。平差计算是根据测量平差理论，采用相应的数学模型处理观测数据之间、观测数据与起算数据之间的误差，从而求得观测数据及其参数的最佳估值，并进行精度估算的过程。

控制网平差计算需有起算数据。当只有一套起算数据，例如导线网中已知一点坐标和一条边的坐标方位角，水准网中已知一点高程时，称这套起算数据为必要起算数据，称所属控制网为独立网。独立网中存在着观测数据之间的误差。多于必要起算数据的控制网称为非独立网。非独立网中还存在着观测数据与起算数据之间的误差，甚至存在起算数据与

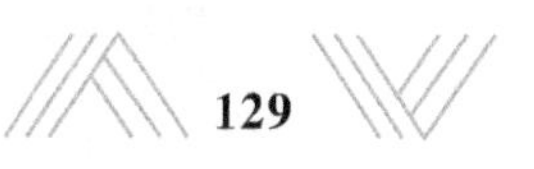

起算数据之间的误差。对于高等级控制网须进行严密平差，严密平差一般利用专业的计算机平差软件进行，称为计算机平差。对于二级及其以下的控制网可以进行近似平差。

现在，计算机平差软件有很多，其中南方测绘的平差易2005(Power Adjust 2005)和武汉大学测绘学院的科傻系统(COSA-CODAPS)应用较广，适用于导线网、三角形网、水准网等控制网的平差计算。

GNSS网的平差计算通常使用GNSS接收机随机软件进行。其中南方测绘的GNSSadj是一款符合《全球定位系统(GPS)测量规范》(GB/T 18314—2009)相关规定的常用软件，可以实现GNSS静态观测网平差计算。高精度解算可以使用武汉大学测绘学院的科傻系统(COSA-GPS)。

7.3　全站仪导线测量

在卫星信号接收较差的地区、城市建筑区和森林隐蔽地区等，工程平面控制测量主要采用全站仪导线测量技术。由于传统的钢尺量距导线测量技术现在已经极少使用，视距测量也已经被淘汰，因此本节主要围绕全站仪导线测量技术来进行讲解。

7.3.1　导线测量的主要技术要求

全站仪导线测量是工程平面控制测量的主要技术之一。《工程测量标准》(GB 50026—2020)将导线测量划分为三等、四等、一级、二级、三级和图根6个等级，每个等级对应的主要技术指标包括导线长度、平均边长、测角和测距精度、测回数、质量要求(方位角闭合差和导线全长相对闭合差)，其详细要求见表7-1。

表7-1　导线测量的主要技术要求

等级	导线长度/km	平均边长/km	测角中误差/(″)	测距中误差/mm	测距相对中误差	测回数				方位角闭合差/(″)	导线全长相对闭合差
						0.5″级仪器	1″级仪器	2″级仪器	6″级仪器		
三等	14	3	1.8	20	1/150 000	4	6	10	—	$3.6\sqrt{n}$	1/55 000
四等	9	1.5	2.5	18	1/80 000	2	4	6	—	$5\sqrt{n}$	1/35 000
一级	4	0.5	5	15	1/30 000	—	—	2	4	$10\sqrt{n}$	1/15 000
二级	2.4	0.25	8	15	1/14 000	—	—	1	3	$16\sqrt{n}$	1/10 000
三级	1.2	0.1	12	15	1/7000	—	—	1	2	$24\sqrt{n}$	1/5000
图根	$\leqslant \alpha M$	—	首级:20,加密:30	—	首级:1/4000,加密:1/3000	—	—	1	1	$40\sqrt{n}$、$60\sqrt{n}$	$1/(5000\alpha)$

注：1. 表中α是计算闭合差时用到的转折角个数，n为测站数。

2. 当测区测图的最大比例尺为1∶1000时，一至三级导线的导线长度和平均边长可以适当放长，但最大长度不能超过表中规定的相应长度的2倍。

3. M为测图比例尺分母，图根导线系数α一般取1，当测图比例尺为1∶500、1∶1000时α可在1～2之间选取。

7.3.2 导线的布设形式

技术设计时应考虑导线的布设形式。导线是由若干条直线连成的折线，每条直线称作导线边，相邻导线边所夹的水平角称作转折角。先通过全站仪测量转折角和边长，然后以已知坐标方位角和已知坐标为起算数据，计算出各导线点的坐标。根据具体测区的地形条件和起算点分布情况，通常将导线布设成支导线、附合导线、闭合导线、单结点导线网、多结点导线网几种形式。

1. 支导线

如图 7-5 所示，支导线从一个已知控制点出发，既不附合到另一个已知控制点，也不回到原来的已知控制点。支导线必须观测连接角。连接角是已知方向与待定方向(导线边)之间的水平角。支导线不具备检核条件，通常用于地形测绘的图根控制，支出的未知点一般不多于三个。

2. 附合导线

如图 7-6 所示，附合导线起始于一个已知控制点，而终止于另一个已知控制点。附合导线可以有连接角，也可以没有连接角。一端有连接角的附合导线称为单定向附合导线；两端有连接角的附合导线称为双定向附合导线；没有连接角的附合导线称为无定向附合导线。

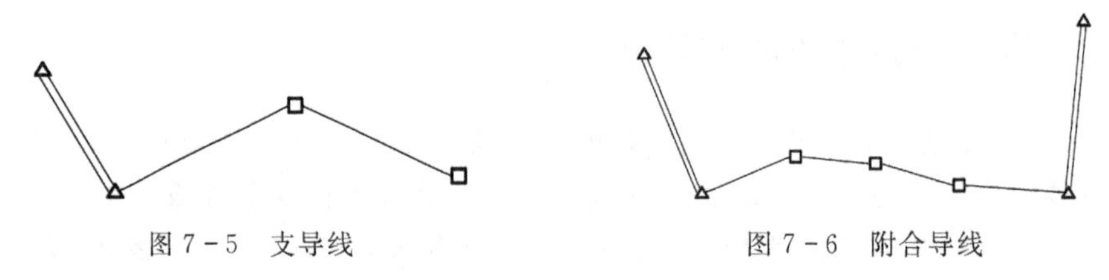

图 7-5　支导线　　图 7-6　附合导线

3. 闭合导线

如图 7-7 所示，闭合导线从一个已知控制点出发，最后仍回到这个点，形成一个闭合多边形。在闭合导线中需要观测连接角。

4. 单结点导线网

如图 7-8 所示，单结点导线网从三个或多个已知控制点开始，几条导线边交会于一个结点，构成简单的网结构。

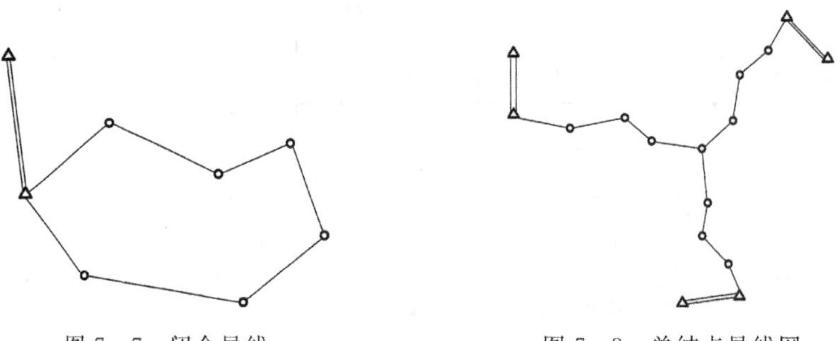

图 7-7　闭合导线　　图 7-8　单结点导线网

5. 多结点导线网

如图 7-9 所示，多结点导线网有两个或两个以上的结点，可以构成复杂的网结构。

导线网用作测区首级控制时，应布设成闭合导线，且宜联测两个已知方向。加密网可采用附合导线或结点导线网。结点间或结点与已知点间的导线段宜布设成直伸形状，相邻边长不宜相差过大。导线的布设网形确定之后即可绘出观测示意图，用以指导选点、埋设和测站观测。

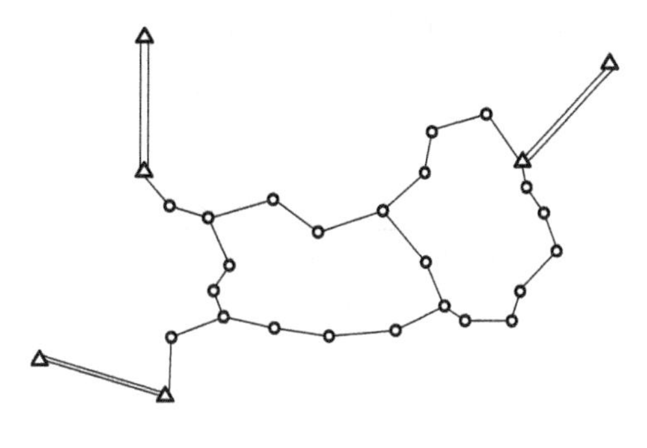

图 7-9　多结点导线网

导线选点应充分利用旧有控制点，选在土质坚实、稳固可靠、便于保存的地方，视野应相对开阔，便于加密和扩展。相邻点之间应通视良好。视线两侧距障碍物要求：三、四等不宜小于 1.5 m；四等以下宜保证便于观测，以不受旁折光的影响为原则。采用电磁波测距时，视线应避开烟囱、散热塔、散热池等发热体及强电磁场；视线倾角不宜过大。

7.3.3　导线测量外业观测

1. 仪器检验、校正或检定

导线测量外业观测使用全站仪(电子经纬仪)，在使用前应对其进行检验、校正或检定，使其主要指标符合要求。

照准部旋转轴正确性指标：管水准器气泡或电子水准器长气泡在各位置的读数较差，1″级仪器不应超过 2 格，2″级仪器不应超过 1.5 格，6″级仪器不应超过 1 格；水平轴不垂直于仪器竖轴之差指标：1″级仪器不应超过 10″，2″级仪器不应超过 15″，6″级仪器不应超过 20″；补偿器的补偿要求：在仪器补偿器的补偿区间内，对观测成果应能进行有效补偿，以及垂直微动旋转时，视准轴在水平方向上不产生偏移；仪器的基座在照准部旋转时的位移指标：1″级仪器不应超过 0.3″，2″级仪器不应超过 1″，6″级仪器不应超过 1.5″；激光(或光学)对中器的视轴与竖轴的重合度不应大于 1 mm。

当上述指标不符合要求时，应进行校正。校正应由测绘仪器维修机构或专业维修人员进行。

2. 导线转折角观测

导线转折角(包括连接角)是水平角，而水平角观测使用全站仪(电子经纬仪)。水平角观测一般采用方向观测法，观测限差应符合表 7-2 的要求。此外，水平角观测还应符合下列要求：仪器或觇牌(棱镜)的对中误差应不大于 2 mm；水平角观测过程中，气泡中心位置偏离整置中心不宜超过 1 格；如受外界因素(如震动)的影响，仪器的补偿器无法正常工作或超出补偿器的补偿范围时，应停止观测；当测站或照准目标偏心时，应在水平角观测前或观测后测定归心元素。

当水平角观测误差超限时，应在原来的度盘位置上重测；当一测回内 2C 互差或同一方向值各测回较差超限时，应重测超限方向，并联测零方向；当下半测回归零差或零方向的 2C 互差超限时，应重测该测回；当一测回中重测方向数超过总方向数的 1/3 时，应重测该测回；当重测的测回数超过总测回数的 1/3 时，应重测该测站。

当观测方向不多于三个时，可不归零；当观测方向多于六个时，可进行分组观测。分组观测应包括两个共同方向(其中一个为共同零方向)，其两组观测角之差应不大于同等级测角中误差的2倍。分组观测的最后结果应按等权分组观测进行测站平差。各测回之间应配置度盘，取各测回的平均值作为水平角测站观测成果。

表7-2 水平角方向观测法的技术要求

测角等级	仪器精度等级	半测回归零差/(″)	测回内2C互差/(″)	同方向各测回较差/(″)
四等及以上	0.5″级	±3	±5	±3
	1″级	±6	±9	±6
	2″级	±8	±13	±9
一级及以下	2″级	±12	±18	±12
	6″级	±18	—	±24

注：当观测方向的垂直角超过±3°范围时，一测回内2C互差可按相邻测回同方向进行比较，比较值应满足表中一测回内2C互差的限值。

对于三、四等导线的水平角观测，当测站只有两个方向时，应在观测总测回中以奇数测回的度盘位置观测导线前进方向的左角，以偶数测回的度盘位置观测导线前进方向的右角。左、右角的测回数为总测回数的1/2。但在观测右角时，可以左角起始方向为准变换度盘位置，也可用起始方向的度盘位置加上左角的概值在前进方向上配置度盘。左角平均值与右角平均值之和与360°之差应不大于相应等级测角中误差的2倍。

每日观测结束后，应对外业记录表(簿)进行检查。当使用电子记录时，应保存原始观测数据，打印输出相关数据和预先设置的各项限差。

3. 导线边长测量

导线边长采用全站仪测量。各等级导线边长测量的主要技术要求见表7-3。

表7-3 各等级导线边长测量的主要技术要求

导线等级	仪器精度等级	测回数		一测回读数较差/mm	单程各测回较差/mm	往返测距较差/mm
		往	返			
三等	5 mm级	3	3	≤5	≤7	$\leqslant 2(a+b\cdot D)$
	10 mm级	4	4	≤10	≤15	
四等	5 mm级	2	2	≤5	≤7	
	10 mm级	3	3	≤10	≤15	
一级	10 mm级	2	—	≤10	≤15	—
二级及以下	10 mm级	1	—	≤10	≤15	—

注：1. a为测距仪标称精度的固定误差，单位为mm；b为比例误差系数，单位为mm/km；D为边长，单位为km。

2. 一测回是指照准目标一次，读数2～4次的过程。

3. 困难情况下，边长测量可采取不同时间段测量代替往返观测。

此外，导线边长测量还应符合下列要求：测站对中误差和棱镜对中误差应不大于 2 mm；当观测数据超限时，应重测整个测回，如观测数据出现分群，应分析原因，采取相应措施重新观测；导线边长倾斜改正应采用水准测量高差，当采用电磁波测量三角高差时，竖直角测量和对向观测高差的要求可按五等全站仪三角高程测量的规定放宽至 2 倍，并进行球气差改正；每日观测结束后，应对外业记录进行检查。

4. 三联脚架法

全站仪导线的转折角(连接角)观测和边长测量应采用三联脚架法同步完成。该方法使用了三个既能安置全站仪又能安置觇牌(含棱镜)的通用基座和三个脚架，基座具有通用的激光或光学对中器。施测时，将全站仪安置在测站 i 的基座上，将觇牌(含棱镜)安置在后视点 $i-1$ 和前视点 $i+1$ 的基座上。完成水平角测量后，接着测量距离。当测完本站向下一站搬迁时，导线点 i 和导线点 $i+1$ 的脚架和基座不动，只是从基座上取下全站仪和觇牌(含棱镜)，在 $i+1$ 点的基座上安置全站仪，在 i 点的基座上安置觇牌(含棱镜)，并在 $i+2$ 点安置脚架、基座和觇牌(含棱镜)。这样重复操作，直至整条导线测量完毕。上述方法称为三联脚架法，如图 7-10 所示。

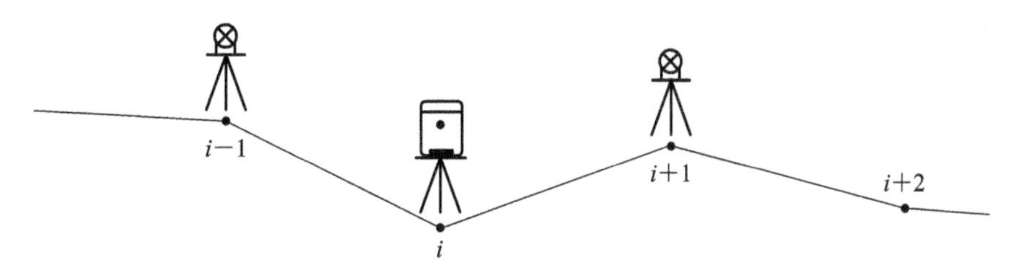

图 7-10　三联脚架法

三联脚架法是一种提高导线测角和测距精度的技术措施，尤其适用于短边导线测量。由于全站仪和觇牌(含棱镜)均能在通用基座上共轴，因此这种方法能够保证全站仪和觇牌(含棱镜)的对中，从而提高测角和测距的可靠性和精度，同时也节省了安置仪器的时间，提高了工效。

7.3.4　导线测量的严密平差

导线测量数据处理的核心是平差计算。一级及其以上等级的导线 通常使用计算机平差软件进行严密平差，称为计算机平差。二级及其以下等级的导线可进行近似平差。当进行近似平差时，成果表中应提供坐标反算的方位角和边长。

在准备平差数据之前，需要做数据预处理。预处理包括偏心改正(当观测数据中含有偏心测量成果时，应首先进行偏心归心改正计算)、水平距离计算(对测量的斜距进行仪器加常数、乘常数改正，以及气象改正和倾斜改正)、测角中误差计算、测距中误差计算和“技术设计书”规定的距离归算改正和投影距离改化等。

导线网水平角观测的测角中误差 m_β 可按下式计算：

$$m_\beta=\sqrt{\frac{\sum\frac{f_\beta^2}{n}}{N}} \tag{7-1}$$

式中：f_β——导线网中闭合导线或附合导线的方位角闭合差，单位为″；

n——计算 f_β 时相应的测站数；

N——导线网中闭合导线及附合导线的总数。

当导线网中的边长相差不大时，可按下式计算导线网的平均测距误差：

$$m_D = \sqrt{\frac{\sum d^2}{2n}} \tag{7-2}$$

式中：d——各边往返测的距离较差，单位为 mm；

n——测距边数。

导线网严密平差时，角度和距离的先验中误差可分别按式(7－1)和式(7－2)计算，也可用经验公式估算先验中误差的值，用以计算角度及边长的权；对计算略图和计算机输入数据应仔细进行校对，对计算结果应进行检查；输出成果应包含起算数据、观测数据以及观测值改正数等必要的中间数据；平差后的精度评定应包括单位权中误差、点位中误差、边长相对中误差、点位误差椭圆参数或相对点位误差椭圆参数，近似平差的精度评定可做相应简化。

如图 7－11 所示，计算机平差过程如下：

(1) 控制网数据录入。录入控制网的起算数据和观测数据，既可以手工录入，也可以编辑数据文件后进行导入。观测数据的组织以“测站”为基本单元进行。

(2) 近似坐标推算。根据起算数据和观测数据，计算软件自动推算控制点近似坐标、生成控制网图，并显示在计算机屏幕上。

(3) 概算。等级控制网和精密工程网需要概算，对观测数据进行必要的归化计算和投影改化计算。一般工程测量可略去概算过程。

(4) 平差方案选择。对于具体工程，依据控制测量等级和使用设备的标称精度，设定“验前单位权中误差”“固定误差”“比例误差”“控制网等级”等。

(5) 闭合差计算与检核。平差软件自动计算控制网中的条件闭合差和闭合差限差，并进行比较，判断是否超限。如果超限，则需查找原因，甚至返工重测，以获得新的观测数据。

(6) 平差计算。在闭合差计算与检核合格之后，由计算机平差软件自动完成平差计算工作。

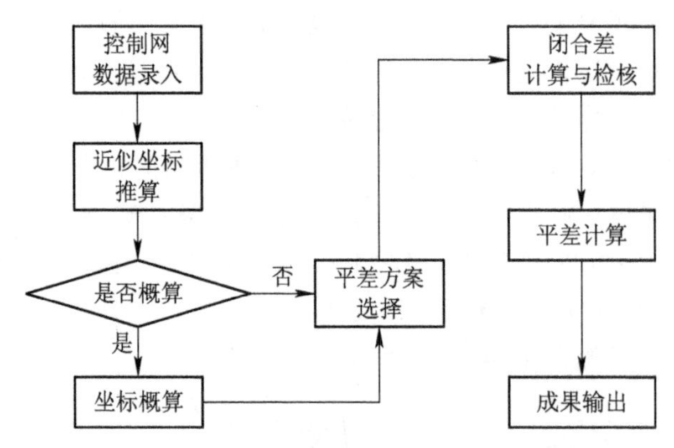

图 7－11 计算机平差过程

(7) 成果输出。输出成果由三部分组成：平差报告、控制网图、精度统计和网形分析。平差报告包括控制网属性、控制网概况、闭合差统计表、方向观测成果表、距离观测成果表、高差观测成果表、平面点位误差表、点间误差表、控制点成果表等。控制网图与输入数据同步动态显示，以.dwg 格式输出。精度统计和网形分析包括最弱精度信息、边长大小信息、角度大小信息、误差统计的直方图等。

7.3.5　导线测量的近似平差

二级及其以下的单一导线(支导线、附合导线和闭合导线)可以使用近似平差方法进行手工计算。

1. 内业计算的理论依据

导线计算的目的是推算各导线点的坐标。在进行导线内业计算的过程中，主要涉及坐标正算、坐标反算以及由转折角推算坐标方位角的基本理论知识。

1) 坐标正算

坐标正算是指根据起点的坐标、已知边长和已知边的坐标方位角，计算另一端点的坐标。如图 7-12 所示，已知 A 点的坐标为 x_A、y_A，AB 边的长度为 D_{AB}，AB 边的坐标方位角为 α_{AB}，则从图 7-12 中可看出 B 点的坐标 x_B、y_B 为

$$\begin{cases} x_B = x_A + \Delta x_{AB} \\ y_B = y_A + \Delta y_{AB} \end{cases} \tag{7-3}$$

坐标增量 Δx_{AB}、Δy_{AB} 为

$$\begin{cases} \Delta x_{AB} = x_B - x_A = D_{AB}\cos\alpha_{AB} \\ \Delta y_{AB} = y_B - y_A = D_{AB}\sin\alpha_{AB} \end{cases} \tag{7-4}$$

式(7-4)中，D_{AB} 始终为正值，所以增量 Δx_{AB}、Δy_{AB} 的正负由三角函数 $\cos\alpha_{AB}$、$\sin\alpha_{AB}$ 的正负决定，而 $\cos\alpha_{AB}$、$\sin\alpha_{AB}$ 的正负与坐标方位角所在的象限有关。坐标方位角在Ⅰ、Ⅳ象限，$\cos\alpha_{AB}$ 为正，增量 Δx_{AB} 为正；坐标方位角在Ⅱ、Ⅲ象限，$\cos\alpha_{AB}$ 为负，增量 Δx_{AB} 为负；坐标方位角在Ⅰ、Ⅱ象限，$\sin\alpha_{AB}$ 为正，增量 Δy_{AB} 为正；坐标方位角在Ⅲ、Ⅳ象限，$\sin\alpha_{AB}$ 为负，增量 Δy_{AB} 为负。

坐标计算也可利用计算器或计算机软件进行，计算结果直接显示正、负号。

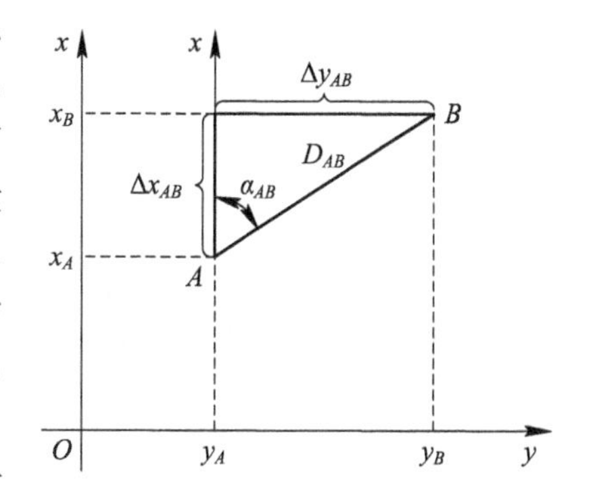

图 7-12　坐标计算

式(7-3)和式(7-4)即坐标正算的基本公式，用于计算点的坐标，作为确定点的平面位置的依据。

2) 坐标反算

坐标反算是指根据两个已知点的坐标计算两点间的距离和坐标方位角。如图 7-12 所示，已知 A 点的坐标为 x_A、y_A，B 点的坐标为 x_B、y_B，则根据三角原理可得距离 D_{AB} 和坐标方位角 α_{AB} 分别为

$$D_{AB}=\sqrt{(x_B-x_A)^2+(y_B-y_A)^2} \tag{7-5}$$

$$\alpha_{AB}=\arctan\left|\frac{\Delta y_{AB}}{\Delta x_{AB}}\right|=\arctan\left|\frac{y_B-y_A}{x_B-x_A}\right| \tag{7-6}$$

在利用式(7-6)计算坐标方位角 α_{AB} 时，应先求坐标增量差比值的绝对值，然后用计算器计算象限角，再根据增量的正负来判断 α_{AB} 所在的象限(如Δx_{AB} 为正、Δy_{AB} 为负，则 α_{AB} 在Ⅳ象限)，最后按照坐标方位角与象限角之间的关系将象限角换算成坐标方位角。

坐标反算公式常用于计算导线的起算数据或检核数据(即计算高级控制点间的距离和坐标方位角)，也常用在施工放样前计算放样数据。

3) 由转折角推算坐标方位角

导线测量的外业工作之一是测量转折角，而由式(7-4)可知计算导线点的坐标需要的是坐标方位角，所以必须由转折角和起始方位角推算出各导线边的坐标方位角，再进行坐标计算。

2. 导线坐标计算的一般步骤

进行坐标计算前要认真检查起算数据是否正确、外业观测成果是否齐全、精度是否满足要求，核对无误后绘制计算简图，并把数据注在图上的相应位置。

1) 角度闭合差的计算与调整

由于观测水平角不可避免地含有误差，因此实测的内角之和 $\sum\beta_{测}$ 不等于理论值 $\sum\beta_{理}$，两者之差称为角度闭合差，用 f_β 表示，即

$$f_\beta=\sum\beta_{测}-\sum\beta_{理}$$

对于闭合导线：

$$\sum\beta_{理}=(n-2)\times180°$$

对于附合导线：

$$\sum\beta_{理(左)}=(\alpha_{终}-\alpha_{始})+n\times180°$$

或

$$\sum\beta_{理(右)}=(\alpha_{始}-\alpha_{终})+n\times180°$$

不同等级导线的角度容许闭合差(即方位角闭合差)见表7-1。图根导线角度闭合差的容许值为

$$f_{\beta容}=\pm40''\sqrt{n}$$

式中：n——转折角的个数。

如果 $f_\beta>|f_{\beta容}|$，则说明所测水平角不符合要求，应对水平角重新检查或重测。

如果 $f_\beta\leqslant|f_{\beta容}|$，则说明所测水平角符合精度要求，可将角度闭合差按相反的符号平均分配到各观测角中。也就是说，每个水平角加相同的改正数 v_β，且

$$v_\beta=-\frac{f_\beta}{n}$$

计算检核：水平角改正数之和应与角度闭合差大小相等、符号相反，即

$$\sum v_\beta=-f_\beta$$

当角度闭合差不能平均分配时，可将多余的整秒调整到由短边构成的转折角上，或将不足的整秒数调整到由长边构成的转折角上。

改正后的水平角 $\beta_{i改}$ 等于所测水平角加上水平角改正数：

$$\beta_{i改}=\beta_i+v_\beta$$

2）坐标方位角的推算

坐标方位角的推算公式为

$$\begin{cases}\alpha_{前}=\alpha_{后}+\beta_{左}-180^\circ\\ \alpha_{前}=\alpha_{后}-\beta_{右}+180^\circ\end{cases}$$

计算检核：推算出已知边的坐标方位角，它应与已知边给定的坐标方位角相等，否则应重新检查计算。

3）坐标增量闭合差的计算与调整

先按式(7-4)计算导线各边的坐标增量，再计算出导线的坐标增量闭合差。

纵坐标增量闭合差 f_x 和横坐标增量闭合差 f_y 分别为

$$\begin{cases}f_x=\sum\Delta x-\sum\Delta x_{理}=\sum\Delta x-(x_{终}-x_{起})\\ f_y=\sum\Delta y-\sum\Delta y_{理}=\sum\Delta y-(y_{终}-y_{起})\end{cases}$$

由于闭合导线的起点和终点为同一点，因此

$$\begin{cases}\sum\Delta x_{理}=0\\ \sum\Delta y_{理}=0\end{cases}$$

从而闭合导线的坐标增量闭合差为

$$\begin{cases}f_x=\sum\Delta x\\ f_y=\sum\Delta y\end{cases}$$

坐标增量闭合差的存在使得推算出的导线点不能闭合于已知点，它与已知点的距离称为导线全长闭合差，用 f_D 表示：

$$f_D=\sqrt{f_x^2+f_y^2}$$

导线测量的精度是指导线全长闭合差 f_D 与导线全长 $\sum D$ 之比，用 K 表示：

$$K=\frac{f_D}{\sum D}=\frac{1}{\sum D/f_D}$$

不同等级的导线，其容许值相对闭合差 $K_{容}$ 有相应的要求。若 $K>K_{容}$，则说明边长测量的外业成果不合格，应首先检查计算有无错误，然后检查外业距离测量成果，必要时重测；若 $K\leqslant K_{容}$，则说明边长测量的外业成果符合要求，可以对坐标增量闭合差 f_x、f_y 进行调整。调整的原则是将 f_x、f_y 反号，并按与边长成正比的原则分配到各边对应的纵、横坐标增量中去。以 v_{x_i}、v_{y_i} 分别表示第 i 边的纵、横坐标增量改正数，则

$$\begin{cases}v_{x_i}=-\dfrac{f_x}{\sum D}\cdot D_i\\ v_{y_i}=-\dfrac{f_y}{\sum D}\cdot D_i\end{cases}$$

计算检核：纵、横坐标增量改正数之和应满足下式：

$$\begin{cases}\sum v_x = -f_x \\ \sum v_y = -f_y\end{cases}$$

各边坐标增量计算值加上相应的改正数，即得各边改正后的坐标增量：

$$\begin{cases}\Delta x_{i改} = \Delta x_i + v_{x_i} \\ \Delta y_{i改} = \Delta y_i + v_{y_i}\end{cases}$$

计算检核：改正后纵、横坐标增量之代数和应分别等于理论值。

4）导线坐标计算

根据起始点已知坐标和改正后各导线边的坐标增量，按式(7-3)依次推算出各导线点的坐标，实际推算的公式为

$$\begin{cases}x_i = x_{i-1} + \Delta x_{i-1改} \\ y_i = y_{i-1} + \Delta y_{i-1改}\end{cases}$$

计算检核：推算出的已知点坐标与给定的坐标应相等，以便检核。

最后将导线坐标计算的数据填入导线内业成果计算表内。

由于支导线不具备像闭合、附合导线那样的检核条件，因此不需要计算角度闭合差、坐标增量闭合差，也就是导线转折角与坐标增量计算值不需要改正计算，而其余计算步骤和方法与闭合导线或附合导线的相同，即先由观测的转折角推算坐标方位角，然后由起点的坐标推算导线点的坐标。

【例 7.1】 闭合图根导线测量的外业观测数据如图 7-13 所示，A、B 为控制点，计算导线点 1、2、3、4 的坐标。已知起算数据为

$$\begin{cases}x_A = 1246.81\ \text{m} \\ y_A = 3308.65\ \text{m} \\ \alpha_{AB} = 328°37'06''\end{cases}$$

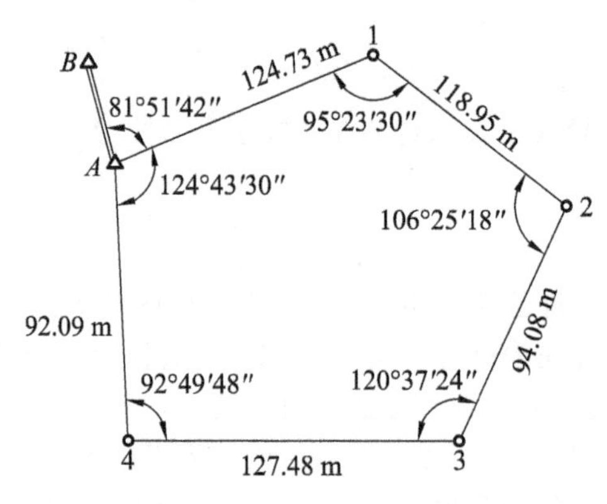

图 7-13　闭合图根导线测量的外业观测数据

【解】 先根据连接测量数据计算出起始边的坐标方位角 α_{A1}：

$$\alpha_{A1} = \alpha_{AB} + \angle BA1 - 360° = 50°28'48''$$

此处的 α_{A1} 也可按坐标方位角推导公式进行计算。

接下来根据前面所述的坐标计算步骤进行计算，得计算结果如表 7-4 所示。

表 7－4　闭合图根导线坐标计算成果表

点号	观测角	改正数	改正角	坐标方位角	距离 /m	增量计算值		改正后增量		坐标	
						Δx/m	Δy/m	Δx/m	Δy/m	x/m	y/m
A										1246.81	3308.65
				50°28′48″	124.73	+0.00 +79.37	+0.01 +96.22	+79.37	+96.23		
1	95°23′30″	+6″	95°23′36							1326.18	3404.88
				135°05′12″	118.95	+0.00 −84.24	+0.01 +83.98	−84.24	+83.99		
2	106°25′18″	+6″	106°25′24							1241.94	3488.87
				208°39′48″	94.08	+0.00 −82.55	+0.00 −45.13	−82.55	−45.13		
3	120°37′24″	+6″	120°37′30							1159.39	3443.74
				268°02′18″	127.48	+0.01 −4.36	+0.01 −127.40	−4.35	−127.39		
4	92°49′48″	+6″	92°49′54							1155.04	3316.35
				355°12′24″	92.09	+0.00 +91.77	+0.00 −7.70	+91.77	−7.70		
A	124°43′30″	+6″	124°43′36							1246.81	3308.65
				50°28′48″							
1											
∑	539°59′30″	+30″	540°00′00″		557.33	−0.01	−0.03	0	0		

辅助计算

$$\sum\beta_{理} = (n-2)\times180° = (5-2)\times180° = 540°00'00''$$

$$f_\beta = \sum\beta_{测} - \sum\beta_{理} = 539°59'30'' - 540°00'00'' = -30''$$

$$f_{\beta容} = \pm40''\sqrt{n} = \pm40''\sqrt{5} = \pm1°29'$$

$$f_x = \sum\Delta x_{测} - \sum\Delta x_{理} = -0.01 - 0 = -0.01$$

$$f_y = \sum\Delta y_{测} - \sum\Delta y_{理} = -0.03 - 0 = -0.03$$

$$f_D = \sqrt{f_x^2 + f_y^2} = \sqrt{(-0.01)^2 + (-0.03)^2} = 0.03$$

$$K = f_D / \sum D = 0.03/557.33 = 1/18706 < 1/2000$$

【例 7.2】 附合图根导线测量的外业观测数据如图 7－14 所示，A、B、C、D 为控制点，计算导线点 1、2、3、4 的坐标。已知起算数据为

$$\begin{cases} x_B = 1248.64\ \text{m} \\ y_B = 2307.66\ \text{m} \\ \alpha_{AB} = 128°17'27'' \end{cases}$$

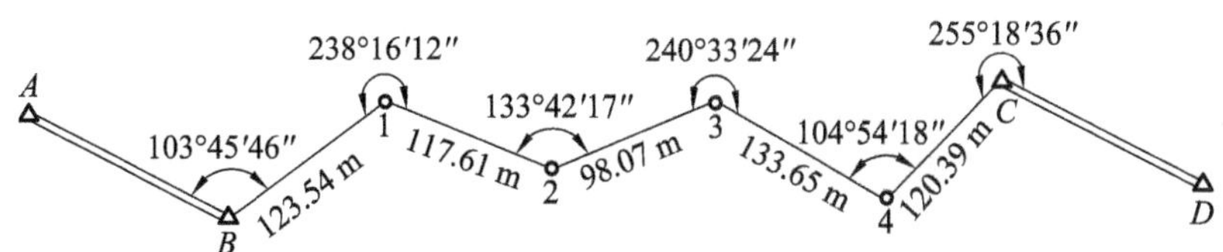

图 7－14　附合图根导线测量的外业观测数据

$$\begin{cases} x_C = 1329.14 \text{ m} \\ y_C = 2805.12 \text{ m} \\ \alpha_{CD} = 124°47'30'' \end{cases}$$

【解】 根据前面所述的坐标计算步骤进行计算，得计算结果如表 7－5 所示。

表 7－5　附合图根导线坐标计算成果表

点号	观测角	改正数	改正角	坐标方位角	距离/m	增量计算值		改正后增量		坐标	
						Δx/m	Δy/m	Δx/m	Δy/m	x/m	y/m
A											
				128°17′27″							
B	103°45′46″	−5″	103°45′41″							1248.64	2307.66
				52°03′08″	123.54	+0.01 +75.97	+0.01 +97.42	+75.98	+97.43		
1	238°16′12″	−5″	238°16′07″							1324.62	2405.09
				110°19′15″	117.61	+0.01 −40.84	+0.00 +110.29	−40.83	+110.29		
2	133°42′17″	−5″	133°42′12″							1283.79	2515.38
				64°01′27″	98.07	+0.01 +42.95	+0.00 +88.16	+42.96	+88.16		
3	240°33′24″	−5″	240°33′19″							1326.75	2603.54
				124°34′46″	133.65	+0.02 −75.85	+0.01 +110.04	−75.83	+110.05		
4	104°54′18″	−5″	104°54′13″							1250.92	2713.59
				49°28′59″	120.39	+0.01 +78.21	+0.01 +91.52	+78.22	+91.53		
C	255°18′36″	−5″	255°18′31″							1329.14	2805.12
				124°47′30″							
D											
∑	1076°30′33″	−30″	1076°30′03″		593.26	+80.44	+497.43	+85.50	+497.46		

辅助计算：

$\sum\beta_{理} = (\alpha_{终} - \alpha_{始}) + n \times 180° = (\alpha_{终} - \alpha_{始}) + 6 \times 180° = (124°47'30'' - 128°17'27'') + 6 \times 180° = 1076°30'03''$

$f_\beta = \sum\beta_{测} - \sum\beta_{理} = 1076°30'33'' - 1076°30'03'' = +30''$

$f_{\beta容} = \pm 40''\sqrt{n} = \pm 40''\sqrt{6} = \pm 1'38''$

$f_x = \sum\Delta x_{测} - \sum\Delta x_{理} = \sum\Delta x_{测} - (x_C - x_B) = +80.44 - (1329.14 - 1248.64) = -0.06$

$f_y = \sum\Delta y_{测} - \sum\Delta y_{理} = \sum\Delta y_{测} - (y_C - y_B) = +497.43 - (2805.12 - 2307.66) = -0.03$

$f_D = \sqrt{f_x^2 + f_y^2} = \sqrt{(-0.06)^2 + (-0.03)^2} = 0.06$

$K = \dfrac{f_D}{\sum D} = \dfrac{0.06}{593.26} = \dfrac{1}{9888} < \dfrac{1}{2000}$

7.4 GNSS静态相对测量

GNSS静态相对测量是工程平面控制测量的首选技术，可用于各种等级的工程平面控制测量。

7.4.1 GNSS静态网的主要技术要求

《工程测量标准》(GB 50026—2020)将GNSS静态网划分为二等、三等、四等、一级、二级5个等级，每个等级对应的主要技术指标包括平均边长、接收机固定误差、比例误差系数、约束点间边长相对中误差和约束平差后最弱边相对中误差，具体要求见表7-6。

表7-6 GNSS静态网的主要技术要求

等级	平均边长/km	接收机固定误差 A/mm	比例误差系数 B/(mm/km)	约束点间边长相对中误差	约束平差后最弱边相对中误差
二等	9	≤10	≤2	≤1/250 000	≤1/120 000
三等	4.5	≤10	≤5	≤1/150 000	≤1/70 000
四等	2	≤10	≤10	≤1/100 000	≤1/40 000
一级	1	≤10	≤20	≤1/40 000	≤1/20 000
二级	0.5	≤10	≤40	≤1/20 000	≤1/10 000

GNSS静态相对定位技术是将2台或多台GNSS接收机分别安置在不同控制点上，同步接收GNSS卫星信号，将载波相位观测值线性组合后形成差分观测值(单差观测值、双差观测值或三差观测值)，以消除卫星时钟误差，削弱电离层和对流层延时影响，消除整周模糊度，从而解算出WGS-84坐标系下的高精度基线，进行基线向量网平差、地面用户网联合平差，最终得到控制点在用户坐标系下的坐标。

现在，GNSS控制测量所使用的接收机性能已大大提高，一般是双频甚至多频接收机，可接收L1、L2和L5载波信号，同时接收多系统(BDS/GPS/GLONASS和GALILEO)卫星信号。接收机标称精度可达2.5 mm+1 mm/km，接收机内存可以记录采样间隔时间为1 s的数据容量。近10年来，卫星星座的相关技术日新月异，特别是我国BDS组网成功，使得GNSS静态测量的可靠性和定位精度有了根本保证。

7.4.2 GNSS静态网网形

GNSS静态网网形构成比较灵活，这是因为控制点精度与控制网网形关系不大，它主要取决于卫星与测站点间构成的几何网形、观测的载波相位信号质量和数据处理模型。因此，GNSS 静态网主要考虑具体工程对控制点位置的要求。在 GNSS 静态网网形构成时要考虑以下几个基本概念：

（1）观测时段：接收机从开始接收到终止接收卫星信号的连续观测时间段。

（2）同步环：由 3 台或 3 台以上接收机同步观测所获得的基线向量构成的闭合环，又称同步观测环。

（3）独立基线：由 N 台接收机同步观测所确定的函数独立的基线。同步基线总数 $J=N(N-1)/2$，其中独立基线 DJ($=N-1$)是同步观测构成的最大独立基线组。

（4）异步环：除网中同步环之外的所有闭合环，也称异步观测环。

（5）重复基线：不同时段重复观测的基线。

（6）独立环：由不同时段独立基线构成的闭合环。

N 台接收机同步观测构成的同步图形如图 7-15 所示。在同步图形中，可以选择 $N-1$ 条独立基线(边)参与构网。GNSS 静态网网形构成就是把独立基线连在一起构成网络。为了有效地发现粗差，保证测量成果的可靠性和精度，独立基线必须构成一些几何图形(三角形、多边环形或附合路线)，形成几何检核条件。同步观测基线间的连接方式有点连式、边连式、网连式和混连式，如图 7-16 所示。基线不多于 6 条，二等、三等 GNSS 静态网不应以点连式构网。

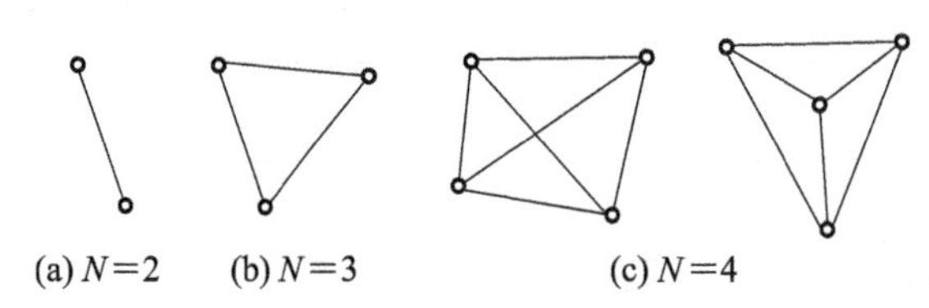

图 7-15　N 台接收机同步观测构成的同步图形

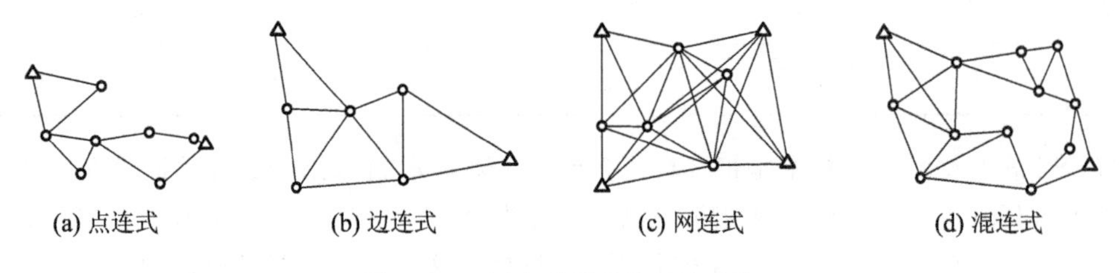

图 7-16　同步观测基线间的连接

7.4.3　GNSS 静态相对测量外业实施

GNSS 静态相对测量外业实施包括选点、埋石和外业观测。

依据“技术设计书”的要求进行选点、埋石。选点、埋石的基本要求有：点位视野范围内障碍物高度角小于或等于 15°，地面基础稳固，便于安置接收机；距离大功率无线电发射源(电视台、电台、微波站等)大于或等于 200 m；距离高压输电线路和微波传送通道大于或等于 50 m；远离强反射物体；交通方便并利于其他测量技术(比如全站仪技术)的扩展和联测；充分利用已有点位。选定点位之后，埋设标石并根据需要绘制点之记。标石过了稳定期后，方可组织外业观测。

GNSS 静态相对测量外业观测主要依据的是测站作业的基本技术要求，参见表 7-7。

表 7-7　GNSS 静态相对测量测站作业的基本技术要求

等级	二等	三等	四等	一级	二级
接收机类型	多频	多频/双频		双频/单频	
接收机标称精度	3mm+1mm/km	5mm+2mm/km		10mm+5mm/km	
观测量	载波相位				
卫星高角度/(°)	≥15				
有效卫星数/颗	≥5		≥4		
时段长度/min	≥30	≥20	≥15	≥10	≥10
采样间隔/s	10～30			5～15	
空间位置精度因子(PDOP)	≤6			≤8	

GNSS 控制测量在实施观测时，应根据投入设备数量和已知起算点、待定控制点分布，依据“技术设计书”中的设计网形示意图，编制作业调度计划，独立基线观测总数应不少于必要独立基线的 1.5 倍，并按照调度计划展开测站工作。GNSS 静态相对测量外业观测包括安置 GNSS 接收机、接收观测数据和外业检核等工作。观测前，应对接收机进行预热和静置，同时检查电池电量、接收机内存空间是否充足。

(1) 安置 GNSS 接收机。安置仪器是保证观测数据质量的前提，要做到接收机既对中又整平，对中误差小于或等于 2 mm，基座管水准器整平误差小于或等于 1 格。在观测时段开始前后各量一次天线高，且以三方向量取，精确到 1 mm，取均值。观测员将测站名称和接收机编号、天线高等信息记录在记录表中。

(2) 接收观测数据。开机，输入测站名称或编号，设置采样间隔和截止高度角，开始自动记录数据，直至观测时段结束，关机。现在的接收机自动化程度很高，开机便自动进入接收和记录数据状态。观测员要在记录表中记录时段开始时间、结束时间，整个时段的接收机状态等信息。整个观测时段避免在接收机近旁使用无线电通信工具。

(3) 外业检核。外业检核是保证外业观测质量和提高观测精度的重要环节。观测员将当天的观测数据下载至计算机，利用随机软件进行基线解算，检核同步环、异步环闭合差，并对不合格的数据进行分析，及时补测或重测。

7.4.4　GNSS 控制网数据预处理

GNSS 静态相对测量外业实施采集数据之后，便可到内业进行 GNSS 控制网数据处理。数据处理是指从外业原始数据传输到最终获得控制点坐标成果的整个过程，包括数据预处理，基线向量网无约束平差(三维自由网平差)、约束平差(地面网联合平差)几个步骤。数据处理通常用随机软件进行，也可使用专用软件。

GNSS 控制网数据预处理主要包括基线解算和基线质量评估。在基线解算过程中，由多台 GNSS 接收机在野外通过同步观测采集到的观测数据被用来确定接收机间的基线向量及其方差-协方差阵。基线解算成果除了用于后续的网平差，还用于检验和评估外业观测成果的质量。对于一般工程，基线解算通常在外业观测期间进行。

基线向量是利用2台或2台以上GNSS接收机采集的同步观测数据形成的差分观测值，通过参数估计的方法计算出的两接收机间的三维坐标差。与常规地面测量的基线边长不同，基线向量是既具有长度特性又具有方向特性的矢量，而基线边长则是仅具有长度特性的标量。如图7-17所示为基线边长与基线向量。

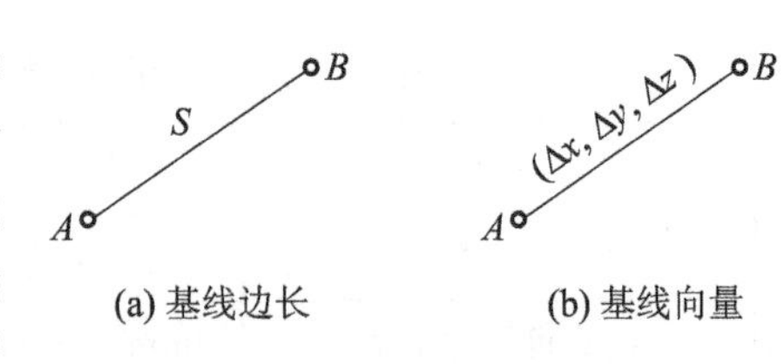

图7-17 基线边长与基线向量

对于一组具有一个共同端点的同步观测基线来说，由于在进行基线解算时用到了一部分相同的观测数据，数据中的误差将同时影响这些基线向量，因此，这些同步观测基线之间应存在固有的统计相关性。在进行基线解算时，应考虑这种相关性，但由于不同模式的基线解算方法在数学模型上存在一定差异，因而基线解算结果及其质量也不完全相同。工程应用中常用的基线解算模式主要有单基线解(或基线)模式和多基线解(或时段)模式。

单基线解模式是最简单也是最常用的一种基线解算模式。在该模式中，对基线逐条进行解算。也就是说，在进行基线解算时，一次仅同时提取2台GNSS接收机的同步观测数据来求解它们之间的基线向量。当在该时段中有多台接收机进行了同步观测而需要求解多条基线时，需要在独立的解算过程中逐条进行。

单基线解模式是目前工程应用中最常采用的基线解算模式，大多数商业软件都采用这一模式。单基线解模式的优点是模型简单，一次求解的参数较少，计算工作量小；缺点是解算结果无法反映同步观测基线间的统计相关性，无法充分利用观测数据之间的关联性。不过，在大多数情况下，解算结果仍能满足一般工程应用要求。

在多基线解模式中，对基线逐时段进行解算。也就是说，在基线解算时，一次提取一个观测时段中所有同步观测的N台GNSS接收机所采集的观测数据，通过一个点一个点解算可解算出$N-1$条相互独立的基线。一个完整的多基线解包含了独立基线向量的结果。

与单基线解模式相比，多基线解模式的优点是数学模型严密，并能在结果中反映同步观测基线之间的统计相关性。但是，多基线解模式的数学模型和解算过程都比较复杂，并且计算量也较大，该模式通常用于对质量要求较高的场合。目前，绝大多数科学研究采用软件进行基线解算时，一般都会选用多基线解模式。

GNSS接收机厂商通常都会配备相应的数据处理软件，它们在具体操作细节上会存在一些不同，但基本操作步骤大体是一致的。GNSS数据预处理过程参见图7-18。

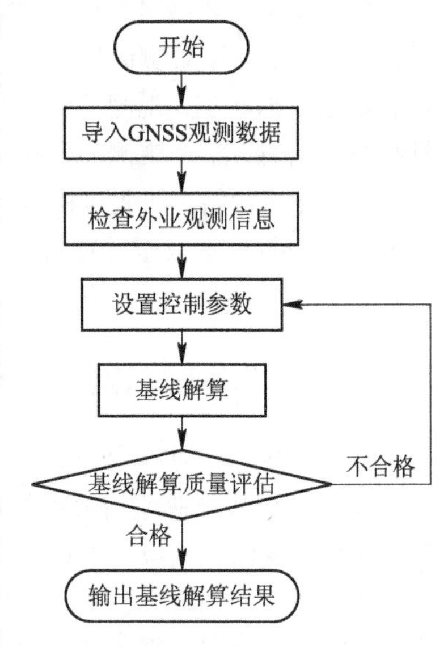

图7-18 GNSS数据预处理过程

由图7-18可知，GNSS数据预处理过程如下：

(1) 导入GNSS观测数据。在进行基线解算时，首先需要导入原始的GNSS观测数据。一般来说，GNSS接收机厂商提供的数据处理软件都可以直接处理从接收机中传输来的GNSS原始观测数据，而由第三方开发的数据处理软件通常需要进行观测数据的格式转换。目前，最常用的格式是RINEX格式，按此种格式存储的数据，几乎所有数据处理软件都能直接处理。

(2) 检查外业观测信息。在导入了GNSS观测数据后，就需要对观测数据进行检查，以

发现并改正外业观测时由误操作所引起的问题。检查的项目包括测站名/点号、天线高、天线类型、天线高量量取方式等。

(3) 设置控制参数。基线解算的控制参数用以确定数据处理软件采用何种处理方式来进行基线解算。设置控制参数是基线解算时的一个重要环节，直接影响基线解算结果的质量。基线的精化处理也是通过控制参数的设置来实现的。

(4) 基线解算。基线解算的过程一般自动进行，无需人工干预。

(5) 基线解算质量评估。基线解算结果的质量通过一系列质量指标来评定，而基线解算结果质量的改善则通过基线的精化处理来实现。

评定基线解算结果质量的指标有两类：一类是基于测量相关规范的控制指标，另一类是基于统计学原理的参考指标。在工程应用中，控制指标必须满足，而参考指标则不作为判断质量是否合格的依据。

控制指标包括数据剔除率、同步环闭合差、独立环闭合差、复测基线长度较差、无约束平差基线向量残差、基线长度中误差(相对中误差)。

参考指标包括单位权方差、整周模糊度解的均方根差比(RATIO)、空间相对定位精度因子(RDOP)、观测值残差的均方根误差(RMS)。

利用外业观测数据解算基线应满足下列要求：① 起算点的单点定位观测时间不少于30 min；② 解算模式可采用单基线解模式，也可采用多基线解模式；③ 解算成果采用双差固定解。

解算的基线结果应通过同步环、异步环和重复基线检核。同步环、异步环和重复基线检核条件如下。

同步环 x 坐标分量闭合差 W_x、y 坐标分量闭合差 W_y、z 坐标分量闭合差 W_z 应满足：

$$W_x \leqslant \sigma\sqrt{\frac{n}{5}}, \quad W_y \leqslant \sigma\sqrt{\frac{n}{5}}, \quad W_z \leqslant \sigma\sqrt{\frac{n}{5}}$$

式中：n——同步环中基线个数；

σ——基线长度中误差，用下式计算：

$$\sigma = \sqrt{A^2 + B^2 d^2}$$

式中：A——GNSS 接收机固定误差，单位为 mm；

B——接收机比例误差系数，单位为 mm/km；

d——基线长度，单位为 km。

同步环全长闭合差 W 应满足：

$$W = \sqrt{W_x^2 + W_y^2 + W_z^2} \leqslant \sigma\sqrt{\frac{3n}{5}}$$

异步环 x 坐标分量闭合差 W_x、y 坐标分量闭合差 W_y、z 坐标分量闭合差 W_z 应满足：

$$W_x \leqslant 2\sigma\sqrt{n}, \quad W_y \leqslant 2\sigma\sqrt{n}, \quad W_z \leqslant 2\sigma\sqrt{n}$$

异步环全长闭合差 W 应满足：

$$W = \sqrt{W_x^2 + W_y^2 + W_z^2} \leqslant 2\sigma\sqrt{3n}$$

重复基线的长度较差 Δd 应满足：

$$\Delta d \leqslant 2\sqrt{2}\sigma$$

外业观测数据检验合格后，应按下式对 GNSS 控制网的观测精度进行评定：

$$m=\sqrt{\frac{\sum(W^2/n)}{3N}}\leqslant\sigma$$

式中：m——GNSS控制网的测量中误差；

N——网中异步环个数；

n——网中异步环边数；

W——异步环全长闭合差。

当基线结果不能满足检核条件时，应进行全面分析，或经过数据精化处理后再次解算基线，或舍弃不合格基线，但应顾及舍弃基线后，数据剔除率不超过10%，构成异步环的边数不超过6；否则，应重测该基线或相关同步环。重测时应合理调度，尽量将所有重测(补测)基线安排在一起进行同步环观测。

数据精化处理通常采用的方法是：删除观测时间太短的卫星观测数据和多路径效应严重的时段或卫星，改变截止高度角，剔除受对流层或电离层影响的观测数据，也可尝试对双频观测值使用无电离层观测值解算基线。

(6) 输出基线解算结果。输出质量评估合格的基线向量。数据预处理结束。

如图7-19所示是中海达GNSS数据处理软件的基线解算显示界面。

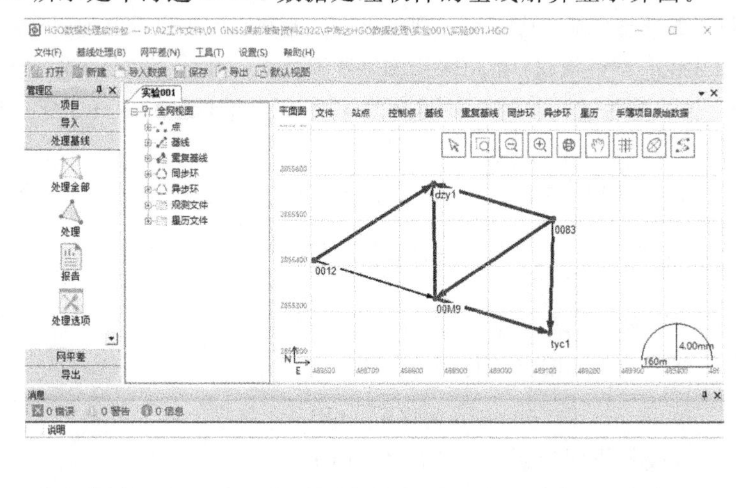

图7-19 中海达GNSS数据处理软件的基线解算显示界面

将基线结果输入网平差软件进行网平差处理。一般情况下，基线解算结果包括如下内容：① 数据记录情况(起止时刻、历元间隔、观测卫星、历元数)；② 测站信息，包括位置(经度、纬度、高度)、接收机序列号、接收天线序列号、测站编号、天线高；③ 每一测站在观测时段的卫星跟踪状况；④ 气象数据(气压、温度、湿度)；⑤ 基线解算控制参数(星历类型、截止高度角、解的类型、对流层折射的处理方法、电离层折射的处理方法、周跳处理方法等)；⑥ 基线向量估值及其统计信息(基线分量、基线长度、基线分量的方差-协方差阵/协因数阵、观测值残差的均方根误差、整周模糊度解的均方根差比、单位权方差μ)；⑦ 观测值残差序列。此外，基线解算结果还包括同步环闭合差、异步环闭合差和重复基线较差等。

7.4.5 GNSS控制网平差

同其他测量数据处理一样，网平差仍然是GNSS测量数据处理的主要任务之一。采用

GNSS技术建立地面控制网，通常采用相对定位技术测定基线向量。由基线向量互相联结构成的网称为GNSS基线向量网，简称GNSS网。由于存在观测误差和模型误差，GNSS基线向量网中由不同时段观测的基线向量组成的闭合环存在不符值(闭合差)。因为GNSS基线向量是三维地心坐标系下的成果，所以首先应在三维地心坐标系下对其进行平差，即以GNSS基线向量及其相应的方差阵作为观测信息，进行GNSS网平差，以消除不符值，最终获得网中各点平差后的三维坐标、基线向量的平差值、基线向量的改正数，并对观测值和点位坐标的精度进行评定。另外，为了能和已有的常规测量数据联合使用，还需考虑GNSS测量数据的二维平差。

下面着重讨论GNSS网平差的目的、类型和整体流程。

1. GNSS网平差的目的

进行GNSS网平差的目的主要有三个：① 消除由观测量和已知条件中的误差引起的GNSS网在几何上的不一致；② 改善GNSS网的质量，评定GNSS网的精度；③ 确定GNSS网中的点在指定参考系下的坐标以及其他所需参数的估值。

2. GNSS网平差的类型

通常，无法通过某个单一类型的网平差过程来达到上述三个目的，而必须分阶段采用不同类型的网平差方法。根据进行网平差时所采用的观测量和已知条件的类型及数量的不同，网平差可分为无约束平差、约束平差和联合平差三种类型。这三种类型的网平差除了都能消除由观测值和已知条件引起的GNSS网在几何上的不一致，还具有各自不同的功能。无约束平差能够评定GNSS网的内符合精度和探测处理粗差，而约束平差和联合平差则能够确定GNSS网点在指定参考系下的坐标。GNSS网平差还可以根据平差时所采用坐标系类型的不同，分为三维平差和二维平差。下面简要介绍无约束平差、约束平差和联合平差。

1）无约束平差

GNSS网的无约束平差所采用的观测量完全是GNSS基线向量，平差通常在与基线向量相同的地心地固坐标系下进行。无约束平差还可分为最小约束平差和自由网平差两类。在平差进行过程中，最小约束平差除了引入一个提供位置基准信息的起算点坐标，不再引入其他的外部起算数据；而自由网平差则不引入任何外部起算数据。它们之间的一个共性就是都不引入会使GNSS网的尺度和方位发生变化的外部起算数据，而这些外部起算数据往往决定了GNSS网的几何形状。由于在GNSS网的无约束平差中，GNSS网的几何形状完全取决于GNSS基线向量，而与外部起算数据无关，因此GNSS网的无约束平差结果实际上也完全取决于GNSS基线向量。所以，GNSS网的无约束平差结果的质量，以及在平差过程中所反映出的观测值间的几何不一致性，都是观测值本身质量的真实反映。GNSS网无约束平差的这一特点，使得通过GNSS网无约束平差得到的GNSS网的精度指标被用作衡量GNSS网内符合精度的指标，而且通过GNSS网无约束平差反映出的观测质量又被用作判断粗差观测值及进行相应处理的依据。

2）约束平差

GNSS网的约束平差所采用的观测量也完全是GNSS基线向量，但在平差过程中引入了会使GNSS网的尺度和方位发生变化的外部起算数据。根据前面所述，只要在网平差中引入边长、方向或两个及两个以上的起算点坐标，就可能会使GNSS网的尺度和方位发生变化。约束平差常被用于实现 GNSS 网成果由基线解算时采用的卫星星历坐标系到用户特定坐标系的转换。

3）联合平差

在进行 GNSS 网平差时，所采用的观测值不仅包含 GNSS 基线向量，还可能包含边长、角度、方向和高差等地面常规观测量，这种平差称为联合平差。联合平差的作用大体上与约束平差的相同，也是实现 GNSS 网成果由基线解算时采用的卫星星历坐标系到用户特定坐标系的转换，通常在大地测量中采用约束平差，在工程测量中采用联合平差。

3. GNSS 网平差的整体流程

在使用 GNSS 数据处理软件进行 GNSS 网平差时，通常需要按图 7－20 所示的流程进行。

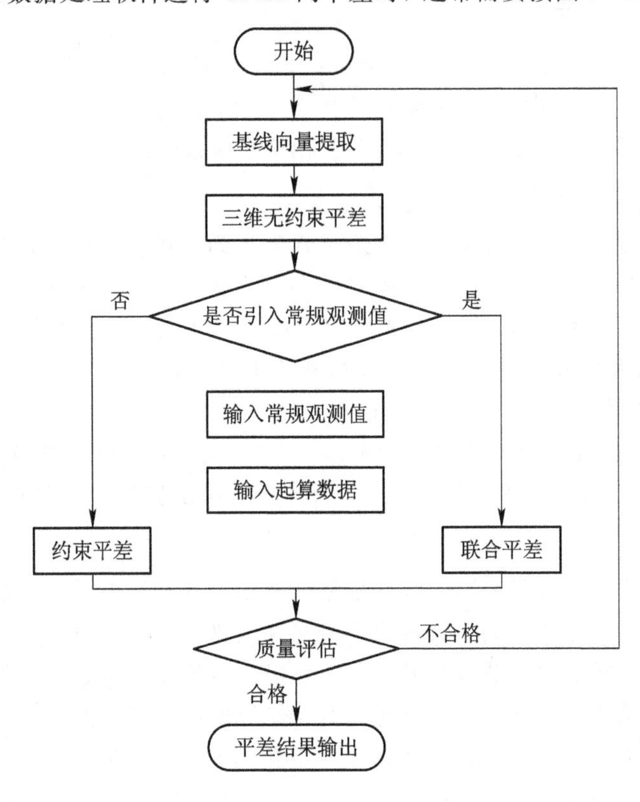

图 7－20　GNSS 网平差的整体流程

（1）基线向量提取。要进行 GNSS 网平差，首先必须提取基线向量，构建 GNSS 基线向量网。提取基线向量时需要遵循以下原则：选取相互独立的基线，否则平差结果会不符合真实的情况；所选取的基线应构成闭合的几何图形；选取质量好的基线向量，基线质量可以依据 RMS、RDOP、RATIO、同步环闭合差、异步环闭合差及重复基线较差来判定；选取能构成边数较少的异步环的基线向量。

（2）三维无约束平差。在完成 GNSS 基线向量网的构建后，需要进行 GNSS 网的三维无约束平差。通过无约束平差，主要达到以下目的：根据无约束平差的结果，判断在所构成的 GNSS 网中是否含有粗差的基线向量，如发现含有粗差的基线向量，则需要进行相应处理，必须使得最后用于构网的所有 GNSS 基线向量均满足相应等级质量要求；调整各基线向量观测值的权，使得它们相互匹配。

（3）约束平差/联合平差。在进行三维无约束平差后，需要进行约束平差或联合平差。平差可根据需要在三维空间或二维空间中进行。约束平差的具体步骤为：指定进行平差的基准和坐标系统，指定起算数据，检验约束条件的质量，进行平差解算。

（4）质量评估。在进行 GNSS 网平差质量的评估时，可以采用的指标有基线向量的改正数、相邻点的中误差和相对中误差。

根据《工程测量标准》(GB 50026—2020)，GNSS 网的无约束平差应符合下列规定：应在 WGS-84 坐标系中进行三维无约束平差，并提供各观测点在 WGS-84 坐标系中的三维坐标，各基线向量的三个坐标差、观测值的改正数、基线长度、基线方位及相关的精度信息等；无约束平差的基线向量改正数的绝对值不应超过相应等级基线长度中误差的 3 倍。

GNSS 网的约束平差应符合下列规定：应在国家坐标系或地方坐标系中进行二维或三维约束平差；对于已知坐标、距离或方位，可以强制约束，也可加权约束；约束点间的边长相对中误差应满足相应等级的规定要求；平差结果应输出观测点在相应坐标系中的二维或三维坐标、基线向量的改正数、基线长度、基线方位角以及相关的精度信息等，需要时还应输出坐标转换参数及其精度信息；控制网约束平差的最弱边边长相对中误差，使之满足相应等级的规定。图 7－21 是中海达 GNSS 数据处理软件的平差成果显示界面。

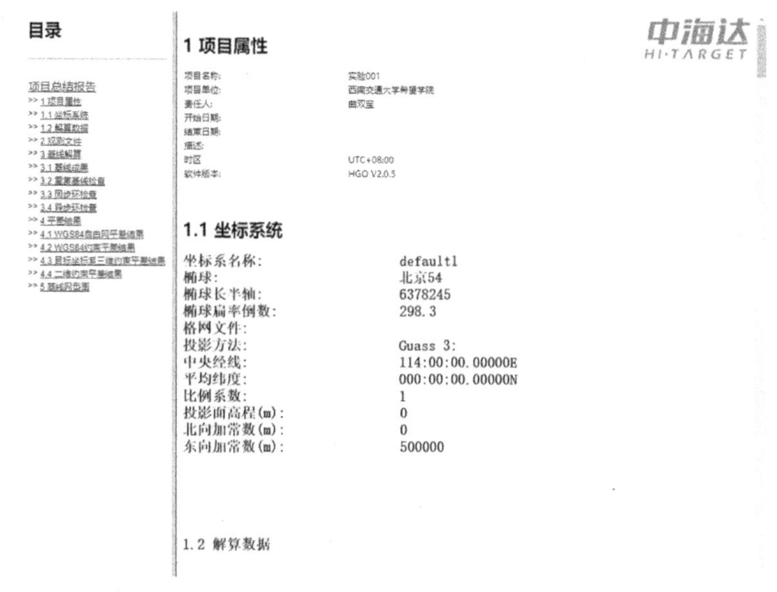

图 7－21　中海达 GNSS 数据处理软件的平差成果显示界面

7.5　GNSS-RTK 控制测量

GNSS-RTK 定位技术(包括单基站 RTK、网络 RTK 和连续运营参考站 CORS-RTK)只能用于一级及其以下等级的平面控制测量。但用于图根控制时可将平面控制测量、高程控制测量一起完成。

采用 GNSS-RTK 定位技术进行控制测量时，参数设置、测站观测、质量限差可参照表 7－8 执行。

表 7-8 GNSS-RTK 控制测量技术要求

等级	工程一级	工程二级	工程三级	图根点	碎(细)部点
截止高度角/(°)	≥15	≥15	≥15	≥15	≥15
有效卫星数/颗	≥6	≥6	≥6	≥6	≥6
空间位置精度因子(PDOP)	≤4	≤4	≤4	≤4	≤4
距离准站距离/km	≤5	≤5	≤5	≤7	≤10
对中方式	三脚架	三脚架	三脚架	对中杆	对中杆
观测数/次	≥2	≥3	≥2	≥2	≥1
每次历元数/个	≥20	≥20	≥20	≥20	≥5
采样间隔/s	2～5	2～5	2～5	2～5	2～5
平面、高程收敛精度/cm	2/3	2/3	2/3	2/3	2/3
各次平面坐标较差/cm	4	4	4	图上 0.1 mm	图上 0.1 mm
各次大地高较差/cm	4	4	4	1/10 等高距	2/10 等高距
重合点检验平面较差/cm	7	7	7	7	图上 0.2 mm
平面坐标转换残差/cm	2	2	2	图上 0.07 mm	图上 0.1 mm
高程拟合残差	—	—	—	1/12 等高距	1/10 等高距

7.6 工程高程控制测量

工程高程控制测量的精度等级依次为二等、三等、四等、五等。各等级高程控制宜采用水准测量，四等及其以下等级可采用全站仪三角高程测量，五等也可采用 GNSS 拟合高程测量。

首级高程控制网的等级应根据工程规模、控制网的用途和精度要求合理选择。首级网应布设成环形网，加密网宜布设成附合路线或结点网。

测区的高程基准宜采用 1985 国家高程基准。在已有高程控制网的地区测量时，可沿用原有的高程基准；当小测区联测有困难时，也可采用假定高程基准。

高程控制点间的距离：一般地区应为 1～3 km，工业厂区、城镇建筑区宜小于 1 km，但一个测区及其周围至少应有 3 个高程控制点。

高程控制测量的目的是高精度测量各控制点的高程，主要技术方法包括水准测量、全站仪三角高程测量和 GNSS 高程测量(GNSS 水准高程测量、GNSS-RTK 高程测量)，可以根据具体工程的建设规模、技术要求和地形条件，灵活选用具体的技术方法。

图根高程控制可采用图根水准、全站仪三角高程等测量方法，起算点的精度不应低于四等水准高程点的精度。

7.6.1 工程水准测量

工程水准测量的主要技术要求应符合表 7-9 的规定。

表7-9　工程水准测量的主要技术要求

等级	每千米高差全中误差/mm	路线长度/km	水准仪级别	水准尺类别	观测次数		往返较差、闭合差/mm	
					联测已知点	闭合/附合	平地	山地
二等	±2	—	1 mm级	因瓦	往返各1次	往返各1次	$\pm4\sqrt{L}$	—
三等	±6	50	1 mm级	因瓦	往返各1次	往1次	$\pm12\sqrt{L}$	$\pm4\sqrt{n}$
			3 mm级	双面	往返各1次	往返各1次		
四等	±10	16	3 mm级	双面	往返各1次	往1次	$\pm20\sqrt{L}$	$\pm6\sqrt{n}$
五等	±15	—	3 mm级	单面	往返各1次	往1次	$\pm30\sqrt{L}$	—
图根	±20	5	10 mm级	单面	往返各1次	往1次	$\pm40\sqrt{L}$	$\pm12\sqrt{n}$

注：1. 表中 L 是往返测段、附合或闭合水准路线的长度，以km计；n 是测站数。

2. 结点之间或结点与高级点之间线路长度应不大于表中规定的70%。

3. 数字水准仪测量的技术要求和同等级的光学水准仪相同。

4. 条码式因瓦水准尺和线条式因瓦水准尺在没有特指的情况下均称为因瓦水准尺。

工程水准测量所使用的水准仪及水准尺应符合下列规定：对于水准仪视准轴与水准管轴的夹角 i，1 mm级水准仪应不超过15″，3 mm级水准仪应不超过20″；对于补偿式自动安平水准仪的补偿误差 $\Delta\alpha$，二等水准应不超过0.2″，三等水准应不超过0.5″；对于水准尺上的米间隔平均长与名义长之差，线条式因瓦水准尺应不超过0.15 mm，条码式因瓦水准尺应不超过0.1 mm，区格式双面水准尺应不超过0.5 mm。

工程水准点的布设与埋石还应符合下列规定：应将点位选在土质坚实、稳固可靠的地方或稳定的建筑物上，且便于寻找、保存和引测；当采用数字水准仪作业时，水准路线应避开电磁场的干扰；可采用水准标石，也可采用墙水准点；标志及标石的埋设应符合相关规范要求；二等、三等点应绘制点之记，其他控制点可视需要确定，必要时还应设置指示桩。

水准观测应在标石埋设稳定后进行。各等级水准观测的主要技术要求应符合表7-10的规定。

表7-10　各等级水准观测的主要技术要求

等级	水准仪级别	视距长度/m	视线高度/m	前后视距之差/m	视距差累积/m	基辅读数之差/m	基辅高差之差/m
二等	1mm级	50	0.5	1	3	0.5	0.7
三等	1 mm级	100	0.3	3	6	1.0	1.5
	3 mm级	75	0.3	3	6	2	3
四等	3 mm级	100	0.2	5	10	3	5
五等	3 mm级	100	—	近似相等	—	—	—
图根	10 mm级	100	—	近似相等	—	—	—

注：1. 二等水准视距长度小于20 m时，视线高度不能小于0.3 m。

2. 三、四等水准采用变动仪器高观测单面水准尺时，所测两次高差之差应当与基辅高差之差的要求相同。

3. 利用数字水准仪时，观测基辅读数之差和基辅高差之差要与此表中的相同。

当两次观测高差较差超限时应重测。重测后，对于二等水准应选取两次异项观测的合格结果，其他等级则应对重测结果与原测结果分别进行比较，较差均不超过限值时，取三次结果的平均值。

当水准路线跨越江河(湖塘、宽沟、洼地、山谷等)时，需采用跨河水准测量技术。跨河水准测量技术将在后续章节中讲述。

工程水准测量的数据处理应符合下列规定：

(1) 当每条水准路线分测段施测时，应按下式计算每千米水准测量的高差偶然中误差，其绝对值应不超过相应等级每千米高差全中误差的1/2：

$$M_{\Delta}=\sqrt{\frac{\sum\left(\frac{\Delta^{2}}{L}\right)}{4n}}$$

式中：M_{Δ}——高差偶然中误差，单位为 mm；

Δ——测段往返高差不符值，单位 mm；

L——测段长度，单位为 km；

n——测段数。

(2) 工程水准测量结束后，应按下式计算每千米水准测量高差全中误差，其绝对值应不超过相应等级的规定：

$$M_{W}=\sqrt{\frac{\sum\left(\frac{W^{2}}{L}\right)}{N}}$$

式中：M_{W}——高差全中误差，单位为 mm；

W——附合或环线闭合差，单位为 mm；

L——计算各 W 时，相应的路线长度，单位为 km；

N——附合路线和闭合环的总个数。

(3) 当二等、三等工程水准测量与国家水准点附合时，高山地区除应进行正常位水准面不平行改正外，还应进行重力异常的归算改正。

(4) 各等级工程水准网应按最小二乘法进行平差并计算每千米高差全中误差。

(5) 对于高程成果的取值，二等水准精确至0.1 mm，三等、四等、五等水准精确至1 mm。

7.6.2 全站仪三角高程测量

全站仪三角高程测量常在工程平面控制点的基础上布设成三角高程网或三角高程导线。表7-11是全站仪三角高程测量的主要质量技术要求。

表7-11 全站仪三角高程测量的主要质量技术要求

等级	每千米高差全中误差/mm	路线长度/km	边长/km	观测方式	对向观测高差较差/mm	附合或环形闭合差/mm
四等	10	$\leqslant 16$	$\leqslant 1$	对向观测	$\pm 40\sqrt{D}$	$\pm 20\sqrt{\sum D}$
五等	15	—	$\leqslant 1$	对向观测	$\pm 60\sqrt{D}$	$\pm 30\sqrt{\sum D}$
图根	20	$\leqslant 5$	—	对向观测	$\pm 80\sqrt{D}$	$\pm 40\sqrt{\sum D}$

注：D 为测距边的长度，单位为 km。

表7-12是全站仪三角高程观测的技术要求。对于竖直角的对向观测，当直觇完成后应即刻迁站进行返觇测量。仪器高、目标高应在观测前后各测量一次并精确至1 mm，取其平均值作为最终结果。

表7-12　全站仪三角高程观测的技术要求

等级	竖直角观测				边长测量	
	仪器精度等级	测回数	指标差较差/(″)	测回较差/(″)	仪器精度等级	观测次数
四等	2″级	3	≤7	≤7	10 mm级	往返各1次
五等	2″级	2	≤10	≤10	10 mm级	往1次
图根	2″级	2	≤25	≤25	10 mm级	往1次

全站仪三角高程测量的数据处理应符合下列规定：对于直返觇的高差，应进行地球曲率和大气折光差的改正；各等级高程网应按最小二乘法进行平差并计算每千米高差全中误差；高程成果的取值应精确至1 mm。

7.6.3　GNSS高程测量

GNSS高程测量仅适用于平原或丘陵地区的五等及其以下等级高程控制，应与GNSS工程平面控制测量一起进行。但GNSS高程测量不能用于首级高程控制。

GNSS高程测量的主要技术要求有：以四等以上高程点作为起算数据，采用四等水准测量技术联测GNSS控制点，联测的GNSS点宜分布在测区的四周和中央，若测区为带状地形，则联测的GNSS点应分布于测区两端及中部；联测点数应大于拟合计算模型中未知参数个数的1.5倍，相邻联测点的间距宜小于10 km；对于地形高差变化较大的地区，应适当增加联测的点数；对于地形趋势变化明显的大面积测区，宜采取分区拟合方法。

GNSS测站观测的技术要求与平面控制的一致。天线高应在观测前后各测量一次，取其平均值作为最终高度。

GNSS高程测量的数据处理应符合下列规定：应充分利用当地的重力大地水准面模型或资料；应对联测的已知高程点的可靠性进行检验，并剔除不合格点；地形平坦的小测区可采用平面拟合模型，地形起伏较大的大面积测区宜采用曲面拟合模型；应对拟合高程模型进行优化；GNSS点的高程计算不宜超出拟合高程模型所覆盖的范围；应对GNSS点的拟合高程成果进行检验，检测点数不少于全部高程点的10%且不少于3个点；高差检验可采用相应等级的水准测量方法或全站仪三角高程测量方法，其高差较差不应超过$\pm 30\sqrt{D}$ mm(D为检查路线长度，单位为km)。

第7章课后习题

第8章
地形图测绘

内容提要

本章的主要内容包括地形图的概念，地形图的比例尺，大比例尺地形图图式，地貌的表示方法，地形图分幅与编号，地形图图外要素，测图前的准备工作，经纬仪测图法，地形图的绘制，图根控制测量，碎部测量，地形测绘内容及取舍要求，地籍图测绘。本章的教学重点是碎部点的选择，全站仪测记法，GNSS-RTK测记法；教学难点是CASS数字地形图绘制。

学习目标

通过本章的学习，学生应理解地形测绘内容及取舍要求，掌握大比例尺地形图上表示地物和地貌的方法、碎部点选择和编码的目的与方法、全站仪测记法、全站仪电子平板法、GNSS-RTK测记法、数据采集的辅助方法、地面三维激光扫描技术的原理和工作步骤，了解地形图质量检查的意义和做法，熟练掌握全站仪测记法的外业工作和数字地形图的绘制等。

8.1 地形图的基本知识

地图是按照一定的数学法则，使用地图语言，通过制图综合，表示地面上地理事物的分布、联系及其随时间发展变化状态的图形。它是对客观世界的抽象与概括，具有可视化特点。地图是有史以来最直观、最易被人们认识和使用的地理空间数据的表达形式，所表达的图形符号与客观世界存在着一对一的位置变换关系。

地形是地物和地貌的总称。地物是指地面上天然或人工形成的物体，如平原、湖泊、河流、海洋、房屋、道路、桥梁等；地貌是指地表高低起伏的形态，如山地、丘陵和平原(原始形态)等。

地形图是按一定的程序和方法，用符号和注记及等高线表示地物、地貌及其他地理要素平面位置和高程的正射投影图。当测区较小时，不考虑地球曲率的影响，将地面上各种地形沿铅垂线方向投影到水平面上，再按一定比例缩绘到图纸上，并使用统一规定的符号绘制成图。在图上仅表示地物平面位置的称为平面图。若所测区域范围较大，则要顾及地球曲率的影响，采用专门的投影方法，运用测绘成果编绘而成地图。为了统一，国家测绘局颁发了各种比例尺的《地形图图式》，规定了地形图的格式、符号和注记，供测图和用图时使用。

8.1.1 地形图的比例尺

1. 地形图比例尺的分类

地形图上一段线段的长度 d 与地面上相应线段的实际长度 D 之比称为地形图的比例尺。地形图的比例尺又分为数字比例尺、图示比例尺和斜分比例尺。

1) 数字比例尺

以分子为1的分数形式表示的比例尺称为数字比例尺。数字比例尺的定义式为

$$\frac{d}{D}=\frac{1}{\frac{D}{d}}=\frac{1}{M}=1:M \tag{8-1}$$

式中：M——比例尺分母，代表实地水平距离缩绘在图上的倍数。

当地形图上1 cm代表实地水平距离10 m时，该地形图的比例尺为1/1000，一般写成1∶1000或1∶1千，通常标注在地形图的下方。

一般将数字比例尺化为分子为1、分母为一个比较大的整数 M 的形式。M 越大，比例尺的值就越小；M 越小，比例尺的值就越大。例如，数字比例尺1∶500大于1∶1000。经济建设部门习惯上称比例尺为1∶500、1∶1000、1∶2000、1∶5000的地形图为大比例尺地形图；称比例尺为1∶1万、1∶2.5万、1∶5万、1∶10万的地形图为中比例尺地形图；称比例尺为1∶25万、1∶50万、1∶100万的地形图为小比例尺地形图。我国规定1∶1万、1∶2.5万、1∶5万、1∶10万、1∶25万、1∶50万、1∶100万这7种比例尺地形图为国家基本比例尺地形图。地形图的数字比例尺注记在南面图廓外的正中央，如图8-1(a)所示。中比例尺地形图是国家的基本地图，由国家专业测绘部门负责测绘，目前大多采用航空摄影测量方法成图；小比例尺地形图一般由中比例尺地形图缩小编绘而成。土建类各专业一般需要大比例尺地形图，其中比例尺为1∶500和1∶1000的地形图一般用平板仪、经纬仪或全站仪等测绘；比例尺为1∶2000和1∶5000的地形图一般由1∶500或1∶1000的地形图缩小编绘而成。现在，比例尺为1∶5000～1∶500的地形图也可以采用航空摄影测量方法进行成图。

2) 图示比例尺

如图8-1(b)所示，用一定长度的线段表示图上长度，并按图上比例尺相应的实地水平距离注记在线段上，这种比例尺称为图示比例尺。图示比例尺绘制在数字比例尺的下方，其作用是便于用分规直接在图上量取直线段的水平距离，同时还可以消除在图上量取长度时图纸伸缩的影响。

3) 斜分比例尺

斜分比例尺也称为复式比例尺。通常把斜分比例尺刻制在合金板上，用于纸质地图上高精度的量距。还有一种针对不同地图投影而设计的经纬线比例尺，它也属于斜分比例尺，其作为图示比例尺专门绘制在小比例尺地形图上。

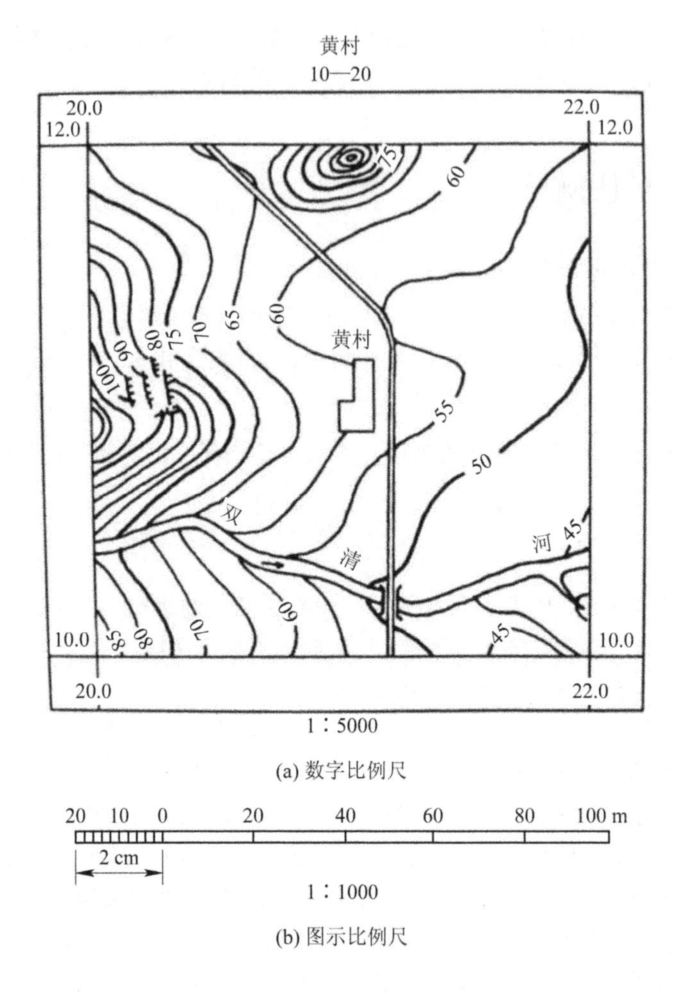

(a) 数字比例尺

(b) 图示比例尺

图 8-1 地形图上的数字比例尺和图示比例尺

2. 地形图比例尺的选择

在城市建设的规划、设计和施工中，需要根据地形图比例尺的用途(见表 8-1)选择不同的比例尺。

表 8-1 地形图比例尺的用途

比例尺	用 途
1∶10 000	城市总体规划、厂址选择、区域布置、方案比较
1∶5000	
1∶2000	城市详细规划及工程项目初步设计
1∶1000	建筑设计、城市详细规划、工程施工设计、竣工图
1∶500	

图 8-2 为 1∶1000 地形图样图，地形图中的内容以城区平坦的地物为主。

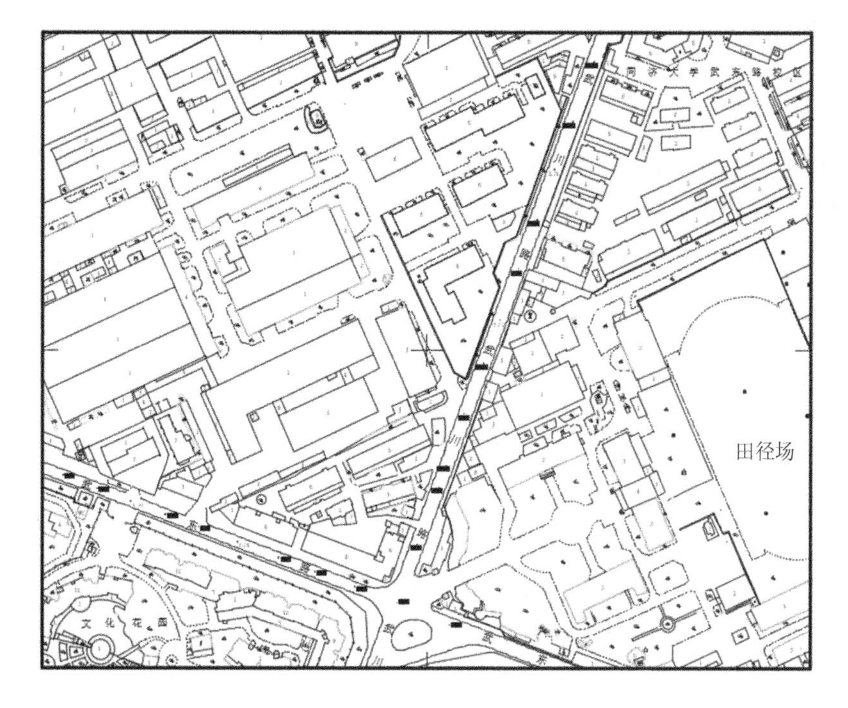

图 8-2 1∶1000 地形图样图

3. 地形图比例尺的精度

我们总希望地图绘制得越详细越好，但是，传统的模拟地图从绘制到使用都会受到人眼最小视角的限制。人的肉眼能分辨的图上最小距离是 0.1 mm，如果地形图的比例尺为 1∶M，则将图上 0.1 mm 所表示的实地水平距离 0.1M(mm)称为比例尺的精度。根据比例尺的精度，不仅可以确定测绘地形图的距离测量精度，还可以在规定了图上要表示的地物最短长度时确定采用多大的测图比例尺。例如，测绘 1∶1000 比例尺的地形图时，比例尺的精度为 0.1 m，则量距的精度只需到 0.1 m，因为小于 0.1 m 的距离在图上表示不出来。

当设计规定了需要在图上能量出的实地最短长度时，根据比例尺的精度，可以反算出测图比例尺。如欲使图上能量出的实地最短线段长度为 0.05 m，则所采用的比例尺不得小于$\frac{0.1\ \text{mm}}{0.05\ \text{m}}=\frac{1}{500}$。表 8-2 为大比例尺地形图的比例尺精度，其规律是：比例尺越大，表示地物和地貌的情况越详细；比例尺越小，表示地物和地貌的情况越简单。

表 8-2 大比例尺地形图的比例尺精度

比例尺	1∶500	1∶1000	1∶2000	1∶5000
比例尺精度/m	0.05	0.1	0.2	0.5

对同一测区，采用较大比例尺测图的工作量和经费支出往往比采用较小比例尺测图的工作量和经费支出增加数倍。所以，测绘何种比例尺的地形图，应根据工程的性质、规划和设计用途的需要合理地选择，不要盲目地认为比例尺越大越好。

现在生产的数字地形图是用地形特征点的坐标值反映地图要素，而不是模拟地形图时的图解值，其精度是坐标值的测量精度，与比例尺无关。所以，对数字地形图通常不讨论比例尺精度问题。

8.1.2 大比例尺地形图图式

“地形图图式”是对地形图上地物、地貌符号的式样、规格、颜色、使用以及注记和图廓整饰等所做的统一规定，属于规范或标准。

我国现行的地形图图式是《国家基本比例尺地图图式》，共有4个部分，分别为：《国家基本比例尺地图图式 第1部分：1∶500 1∶1000 1∶2000 地形图图式》(GB/T 20257.1—2017)；《国家基本比例尺地图图式 第2部分：1∶5000 1∶10 000 地形图图式》(GB/T 20257.2—2017)；《国家基本比例尺地图图式 第3部分：1∶25 000 1∶50 000 1∶100 000 地形图图式》(GB/T 20257.3—2017)；《国家基本比例尺地图图式 第4部分：1∶250 000 1∶50 0000 1∶1 000 000 地形图图式》(GB/T 20257.4—2017)。

实际上，1∶500、1∶1000、1∶2000 大比例尺地形图还没有纳入我国基本比例尺地形图生产系列。但是，近年来也在一些省(自治区、直辖市)的重要区域统一生产1∶2000地形图。大比例尺地形图长期应用于工程建设领域的规划、设计、施工以及运营管理阶段，使用《国家基本比例尺地图图式 第1部分： 1∶500 1∶1000 1∶2000 地形图图式》(GB/T 20257.1—2017)。该图式初版于1960年发布，经过1987年、1995年、2007年和2017年四次重要修订。《国家基本比例尺地图图式 第1部分：1∶500 1∶1000 1∶2000 地形图图式》(GB/T 20257.1—2017)是现行版，相对于前版，其主要做了以下修订：将符号类别“测量控制点”修改为“定位基础”；修改了7个符号名称；增加了94个地物的表示；增加或修改了9个地物的定义和描述；修改了7个符号式样，调整了注记字体和字号，微调了地物类别；补充完善了河流、房屋以及垣栅类和堤坎堑类符号的图形表示和综合取舍指标。

《国家基本比例尺地图图式 第1部分：1∶500 1∶1000 1∶2000 地形图图式》(GB/T 20257.1—2017)规定了1∶500、1∶1000、1∶2000地形图上表示各类地物、地貌要素的符号名称、式样、尺寸、定位，各类注记的等级规格、颜色标准、图幅整饰规格以及使用地形符号的方法和基本要求。地形符号分为定位基础、水系、居民地及设施、交通、管线、境界、地貌、植被与土质、注记共9大类363个小类，在某些小类下面还进行了三级分类。符号有对应的编号、名称、式样、细部图、多色图色值和简要说明。

《国家基本比例尺地图图式 第1部分：1∶500 1∶1000 1∶2000 地形图图式》(GB/T 20257.1—2017)是工程建设领域大比例尺地形图测绘和应用的必备工具。

地形图的内容丰富，主要可归纳为数学要素、地形要素和整饰要素(辅助要素)三大类。数学要素为图廓、坐标格网、比例尺等，地形要素为地物和地貌符号，整饰要素有图名、图号、接图表等。一个国家的地形图图式是统一的，它属于国家标准。我国当前使用的最新的大比例尺地形图图式是由国家测绘总局组织制定的、国家技术监督局发布的、2018年5月1日开始实施的《国家基本比例尺地图图式 第1部分：1∶500 1∶1000 1∶2000 地形图图式》(GB/T 20257.1—2017)。地形图图式中的符号有三类：地物符号、地貌符号和注记符号。

(1) 地物符号。地物符号分为依比例符号、非比例符号、半比例符号。

① 依比例符号。有些地物轮廓较大，如房屋、运动场、稻田、花圃、湖泊等，这些地物的形状和大小可以按测图比例尺缩小，并用规定符号和注记说明地物的性质特征，这些符号称为依比例符号，如表8-3中编号1到5对应的符号都是依比例符号。

② 非比例符号。有些重要或目标显著的独立地物，若其面积甚小(如三角点、导线点、水准点、塔、碑、独立树、路灯、检修井等)，则其轮廓亦较小，无法将其形状和大小按照地形图的比例尺绘到图上，故不考虑其实际大小，只准确表示物体的位置和意义，采用规定的符号表示，这种符号称为非比例符号。如表 8－3 中编号 6 到 10 对应的符号都是非比例符号。

表 8－3　常用地物、地貌和注记符号

编号	符号名称	符号式样		
		1∶500	1∶1000	1∶2000
1	一般房屋 砖—房屋结构 3—房屋层数		砖3	1.0
2	简单房屋			
3	建筑中的房屋	建		
4	破坏房屋	破		
5	台阶	1.0 混5 1.0		
6	卫星定位等级点 B—等级 14—点号 495.263—高程	B14/495.263 3.0		
7	水准点 Ⅱ京石 5—等级、点名、点号 32.805—高程	2.0 Ⅱ京石5/32.805		
8	旗杆	1.6 1.0 4.0 1.0		
9	通信检修井孔 a—电信入孔 b—电信手孔	a 2.0　b 2.0		

续表

编号	符号名称	符号式样		
		1∶500	1∶1000	1∶2000
10	管道其他附属设施 a—水龙头 b—消火栓 c—阀门 d—污水、雨水篦子	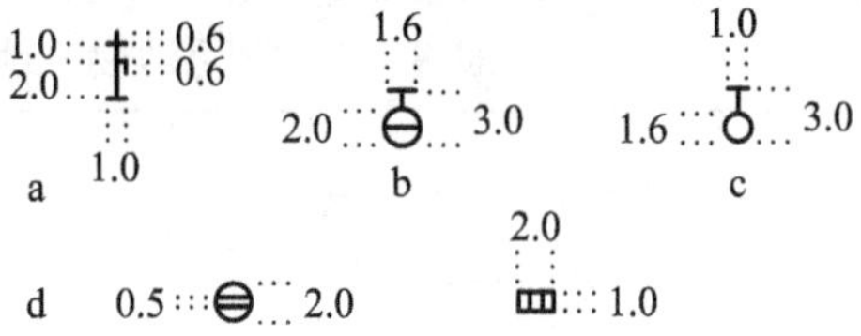 a 1.0 2.0 0.6 0.6 1.0; b 1.6 2.0 3.0; c 1.0 1.6 3.0; d 0.5 2.0; 2.0 1.0		
11	陡坎 a—未加固的 b—加固的	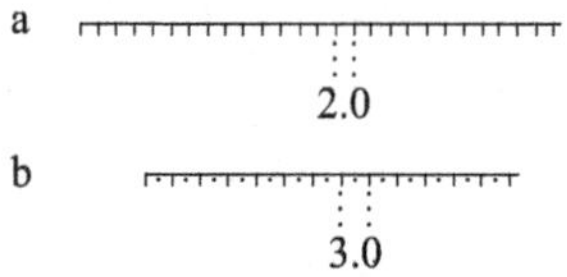 a 2.0; b 3.0		
12	架空的配电线 a—电杆	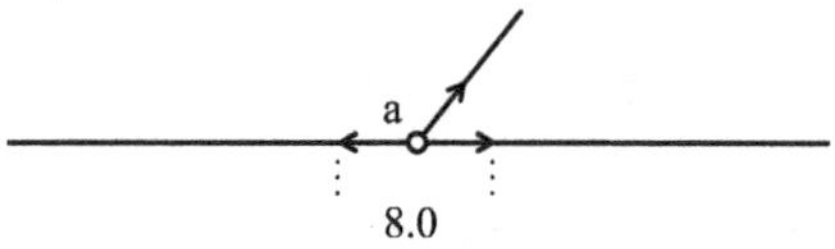 a 8.0		
13	架空的高压输电线 a—电杆 35—电压(kV)	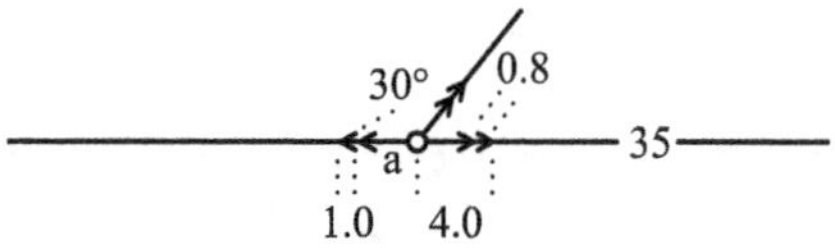 30° 0.8 a 35 1.0 4.0		
14	地面上的通信线 a—电杆	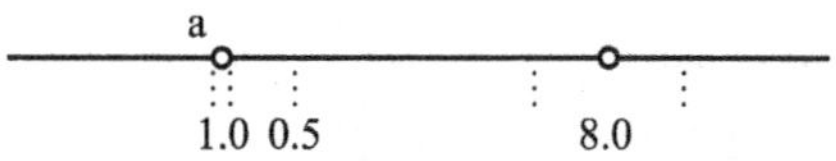 a 1.0 0.5 8.0		
15	陡崖、陡坎 a—土质的 b—石质的 18.6、22.5—比高	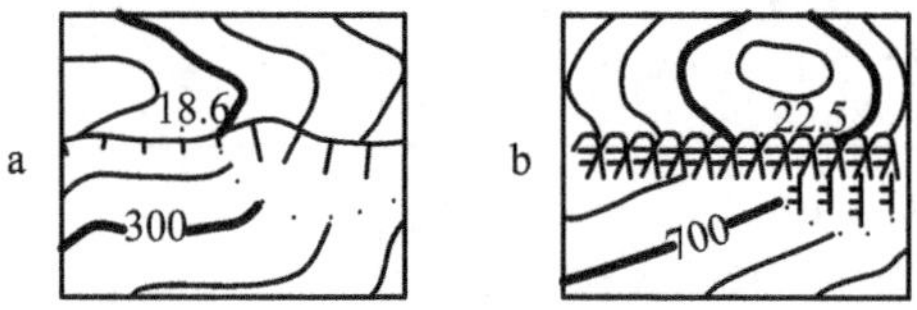 a 18.6 300; b 22.5 700		
16	等高线及其注记 a—首曲线 b—计曲线 c—助曲线 25—高程	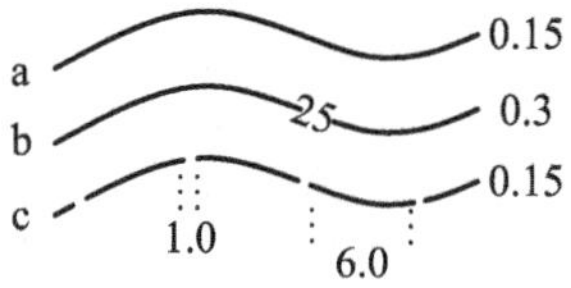 a 0.15; b 25 0.3; c 0.15 1.0 6.0		
17	示坡线	 0.8		

③ 半比例符号。半比例符号一般称为线形符号。对于沿线形方向延伸的一些带状地物，如铁路、通讯线、管道、垣栅等，其长度可按比例缩绘，而宽度无法按比例表示，这种符号称为半比例符号。半比例符号的中心就是实际地物的中心线。如表8-3中编号11到14对应的符号都是半比例符号。

(2) 地貌符号。地貌指地球表面高低起伏的自然形态，其内容复杂，变化万千。在地形图上表示地貌的方法有很多种。在测量工作中，表示地貌的方法一般是等高线。等高线又分为首曲线、计曲线、间曲线和助曲线。在计曲线上注记等高线的高程(如表8-3中编号16对应的符号)；在谷地、鞍部、山头及斜坡方向不易判读的地方和凹地的最高、最低一条等高线上，绘制与等高线垂直的短线，称为示坡线，用以指示斜坡降落方向(如表8-3中编号17对应的符号)。等高线的画法遵从相应的规定。

(3) 注记符号。用文字、数字或特定的符号加以说明或注释的符号称为地物注记，如房屋的结构、层数(编号文字、数字)、地名、路名、单位名(编号文字)、计曲线的高程、碎部点高程、独立性地物的高程以及河流的水深、流速等(编号数字)，它包括文字注记、数字注记、符号注记三种。

8.1.3 地貌的表示方法

地形的类别划分应根据地面倾斜角的大小确定，一般分为以下四种地形类型：地势起伏小，地面倾斜角在3°以下的称为平坦地；倾斜角为3°～10°的称为丘陵地；倾斜角为10°～25°的称为山地；绝大多数倾斜角超过25°的称为高山地。地形图上表示地貌的主要方法是等高线。

1. 等高线的基本概念

1) 用等高线表示地貌的原理

地面上高程相等的相邻各点所连的闭合曲线称为等高线。如图8-3所示，设想有一座

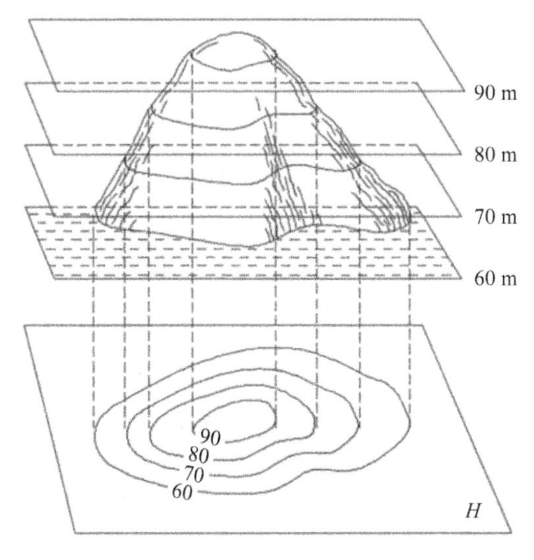

图8-3 用等高线表示地貌的原理

高出水面的小山头与某一静止的水面相交形成的水涯线为一闭合曲线，曲线的形状随小山头与水面相交的位置而定，曲线上各点的高程相等。例如，当水面高为70 m时，曲线上任一点的高程均为70 m；若水位继续升高至80 m、90 m，则水涯线上任一点的高程分别为80 m、90 m。将这些水涯线垂直投影到水平面 H 上，并按一定的比例尺缩绘在图纸上，就将小山头用等高线表示在地形图上了。这些等高线具有数学概念，既有平面的位置，又表示了一定的高程数字。因此，这些等高线的形状和高程客观地显示了小山头的形态、大小和高低。

2）等高距与等高线平距

水平面的高程不同，相应等高线表示的地面高程也不同。地形图上相邻等高线间的高差称为等高距，通常用 h_0 表示，图 8-3 中 $h_0=10$ m。地形图上相邻等高线间的水平距离称为等高线平距，通常用 d 表示。同一幅地形图的等高距 h_0 是相同的，所以等高线平距 d 的大小与地面坡度 i 有关。等高线平距越小，等高线越密集，表示地面坡度越陡；反之，等高线平距越大，等高线越稀疏，表示地面坡度越缓。如图 8-4 所示，地面坡度较陡的 AB 段的等高线平距较小，图上等高线显得密集；地面坡度较缓的 BC 段的等高线平距较大，图上等高线显得稀疏；地面坡度相同的 AB 段的等高线平距也相等。因此，可以根据等高线的疏密判断地面坡度的缓与陡。

等高线平距与地面坡度的关系可用下式表示：

$$i=\frac{h_0}{dM} \tag{8-2}$$

式中：M——地形图比例尺分母。

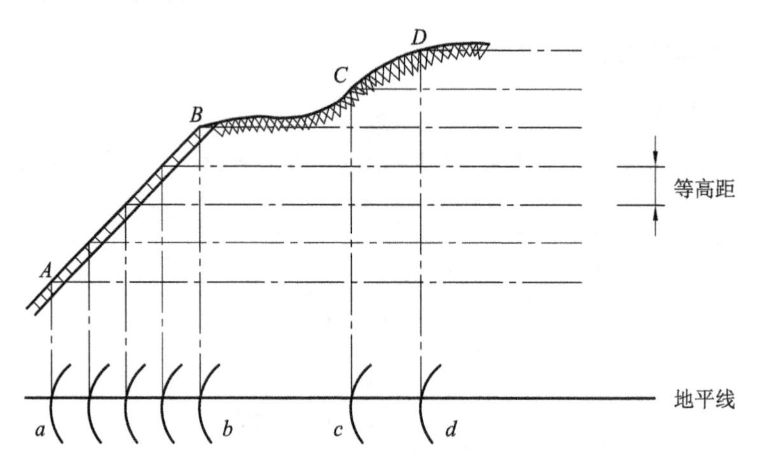

图 8-4　等高距与等高线平距

地形图的等高距也称为基本等高距。大比例尺地形图常用的基本等高距为 0.5 m、1 m、2 m 等。等高距越小，用等高线表示的地貌细部越详尽；等高距越大，用等高线表示的地貌细部越粗略。但是，当等高距过小时，图上的等高线过于密集，将会影响图面的清晰度，而且会增加测绘工作量。测绘地形图时，要综合测图比例尺、测区地面的坡度情况、用图目的等因素全面考虑，并按国家规范要求选择合适的基本等高距。地形图的基本等高距见表 8-4。

表 8-4　地形图的基本等高距

地形类别	地面坡度角	比例尺			
		1∶500	1∶1000	1∶2000	1∶5000
平坦地	$\theta<2°$	0.5	0.5	1	1
丘陵地	$2°\leqslant\theta<6°$	0.5	1	1	2.5
山地	$6°\leqslant\theta<25°$	1	1	2	5
高山地	$25°\leqslant\theta$	1	2	2	5

2. 等高线的分类

为了便于从地形图上正确地判别地貌，在同一幅地形图上应采用一种等高距。由于地球表面形态复杂多样，有时按基本等高距绘制等高线往往不能充分表示出地貌特征。为了更好地显示局部地貌和用图方便，地形图上可采用下面四种等高线(见图 8-5)。

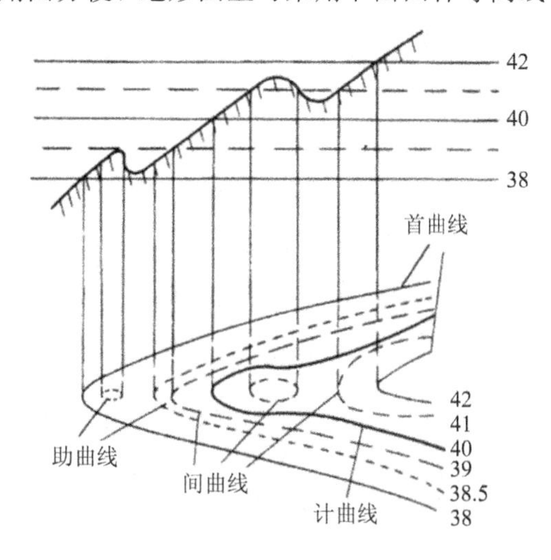

图 8-5　等高线的分类

(1) 首曲线。按基本等高距测绘的等高线称为首曲线。首曲线用 0.15 mm 宽的细实线绘制。

(2) 计曲线。为了读图方便，凡是高程能被 5 倍基本等高距整除的曲线均用 0.3 mm 粗实线描绘，并注上该曲线的高程，称为计曲线。计曲线又称加粗曲线。

(3) 间曲线。对于坡度很小的局部区域，当用基本等高线不足以反映地貌特征时，可按 1/2 基本等高距加绘一条等高线，该等高线称为间曲线。间曲线用 0.15 mm 宽的长虚线(6 mm 长、间隔为 1 mm)绘制，可不闭合。

(4) 助曲线。当用间曲线还无法显示局部地貌特征时，可按 1/4 基本等高距描绘等高线，称为辅助等高线，简称为助曲线。助曲线用短虚线绘制。在实际测绘中，极少使用助曲线。

3. 基本地貌的等高线

地貌虽然复杂多样，但经过仔细研究分析就会发现，它们可以归纳为几种基本地貌：

山头与洼地、山脊与山谷、鞍部、陡崖与悬崖等。地貌的基本形态如图 8－6 所示。了解和熟悉基本地貌的等高线，有助于正确地识读、应用和测绘地形图。

图 8－6　地貌的基本形态

1）山头与洼地

图 8－7(a)、(b)分别表示山头与洼地的等高线，它们投影到水平面都是一组闭合曲线，其区别在于：山头的等高线内圈高程大于外圈高程，洼地则相反。这样就可以根据高程注记区分山头和洼地，也可以用示坡线来指示斜坡向下的方向。在山头、洼地的等高线上绘出示坡线，有助于识别地貌。

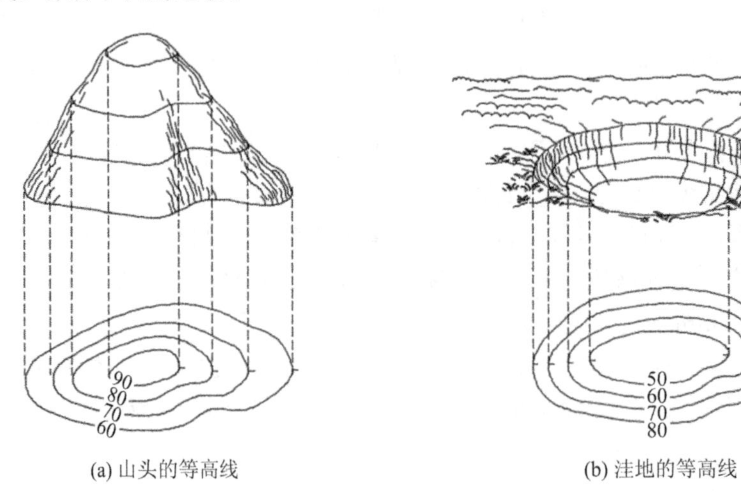

(a) 山头的等高线　(b) 洼地的等高线

图 8－7　山头与洼地的等高线

2）山脊与山谷

如图 8-8 所示，山脊的等高线是一组凸向低处的曲线，各条曲线方向改变处的连接线称为山脊线；山谷的等高线为一组凸向高处的曲线，各条曲线方向改变处的连线称为山谷线。为了读图方便，在地形图上山脊线用点画线表示，山谷线用虚线表示。山坡的坡度和走向发生改变时，在转折处就会出现山脊或山谷地貌。山脊的等高线均向下坡方向凸出，两侧基本对称。山脊线是山体延伸的最高棱线，也称为分水线。山谷的等高线均凸向高处，两侧也基本对称。山谷线是谷底点的连线，也称为集水线。在土木工程规划及设计中，要考虑地面的水流方向、分水线、集水线等问题。因此，山脊线和山谷线在地形图测绘及应用中具有重要的作用。

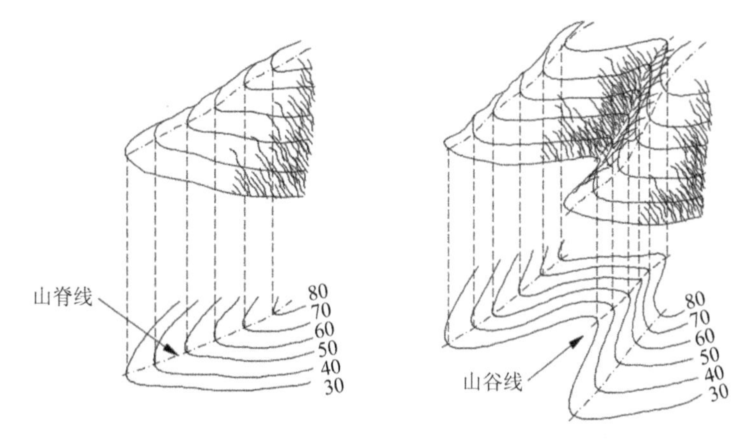

图 8-8　山脊与山谷的等高线

3）鞍部

处在相邻两个山头之间呈马鞍形的低凹部分习惯上称为鞍部。鞍部是两个山脊和两个山谷汇合的地方。鞍部左、右两侧的等高线是近似对称的两组山脊线和两组山谷线，如图 8-9 所示。鞍部是山区道路选线的重要位置，一般是越岭道路的必经之地，因此在道路工程上具有重要意义。

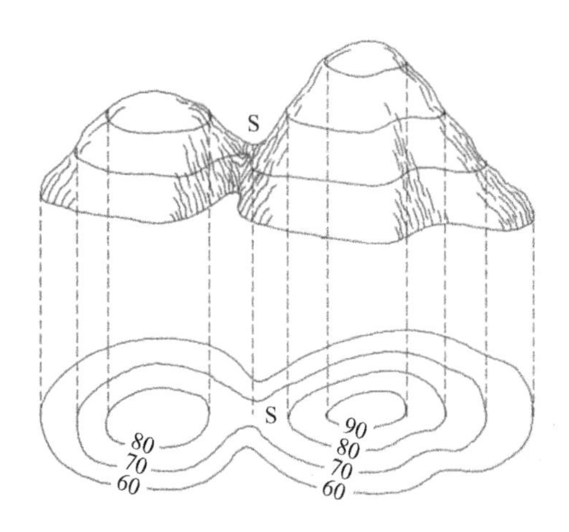

图 8-9　鞍部的等高线

4）陡崖与悬崖

陡崖是坡度在70°以上难于攀登的陡峭崖壁，分石质和土质两种，如果用等高线表示，将非常密集或重合为一条线，因此采用“地形图图式”中陡崖符号来表示，如图8-10(a)所示。悬崖是上部凸出、下部凹进的地貌。悬崖上部的等高线投影到水平面时，与下部的等高线相交，下部凹进的等高线部分用虚线表示，如图8-10(b)所示。

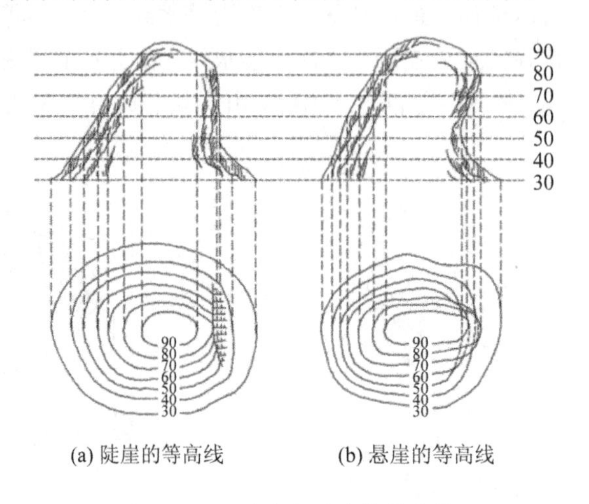

图8-10　陡崖与悬崖的等高线

还有一些地貌符号，如陡坎、崩崖、滑坡、冲沟、梯田坎等，将这些地貌符号和等高线配合使用就可以表示各种复杂的地貌。

4. 等高线的特性

通过研究用等高线表示地貌的规律，可以归纳出等高线有下面这些特性：

(1) 同一条等高线上各点的高程相等。

(2) 等高线是闭合曲线，不能中断(间曲线除外)。如果等高线不在同一幅图内闭合，则必定在相邻的其他图幅内闭合。

(3) 等高线只有在陡崖或悬崖处才会重合或相交。

(4) 等高线经过山脊或山谷时改变方向，因此山脊线和山谷线应与改变方向处的等高线的切线垂直相交，并且山脊线或山谷线的两侧构成近似对称图形。

(5) 在同一幅地形图内，基本等高距是相同的。因此，等高线平距大表示地面坡度小；等高线平距小则表示地面坡度大；等高线平距相等则表示地面坡度相同。倾斜平面的等高线是一组间距相等且平行的直线。

了解等高线的这些特性有助于客观合理地测绘地貌并勾绘等高线，更好地使用地形图。

8.1.4　地形图分幅与编号

1. 1∶100万～1∶5000的中、小比例尺地形图的梯形分幅和编号

为使各种比例尺地形图幅面规格大小一致，避免重测、漏测，需要将测图区域按一定

规律划分为若干小块，这就是地形图的分幅。图号是为了方便储存、检索和使用地形图而给予各幅地形图的代号，通常标注在地形图的正上方处。地形图的分幅方法有两种：一种是按经纬线分幅的梯形分幅法，它一般用于1：100万～1：5000的中、小比例尺地形图的分幅；另一种是按坐标格网分幅的矩形分幅法，它一般用于城市和工程建设1：2000～1：500的大比例尺地形图的分幅。地形图的梯形分幅又称为国际分幅，由国际统一规定的经线为图的东西边界、统一规定的纬线为图的南北边界。由于子午线向南北极收敛，因此整个图幅呈梯形，其划分的方法和编号随比例尺不同而不同。

1）1：100万比例尺地形图的分幅和编号

1：100万比例尺地形图的分幅是从地球赤道(纬度为0°)起，分别向南北两极每隔纬差4°为一横行，依次用拉丁字母A，B，C，D，…，V表示；由经度180°起，自西向东每隔经差6°为一纵列，依次用数字1，2，3，…，60表示。如图8－11所示为东半球北纬1：100万地形图的国际分幅和编号。

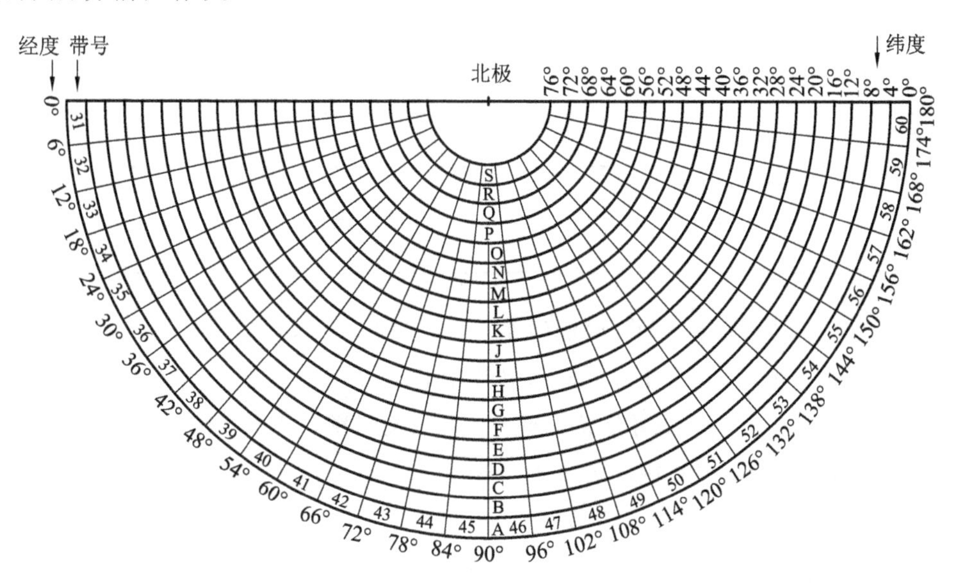

图8－11　东半球北纬1：100万地形图的国际分幅和编号

2）1：50万、1：20万、1：10万比例尺地形图的分幅和编号

这三种比例尺地形图的分幅和编号都是在1：100万比例尺地形图分幅和编号的基础上，按照表8－5中的相应纬差和经差划分的。每幅1：100万地形图按经差3°、纬差2°可划分成4幅1：50万地形图，分别用A、B、C、D表示。

3）1：5万、1：2.5万、1：1万比例尺地形图的分幅和编号

这三种比例尺地形图的分幅和编号都是在1：10万比例尺地形图分幅和编号的基础上进行的，其划分的经差和纬差见表8－5。

每幅1：10万地形图可划分为4幅1：5万地形图，分别在1：10万地形图号后面写上各自的代号A、B、C、D。每幅1：10万地形图如果按其经差和纬差作8等分，则可直接划分为64幅1：1万地形图，分别以(1)，(2)，(3)，…，(64)作为编号。

表 8－5　各种比例尺地形图按经、纬度分幅

比例尺	图幅大小		1∶100 万、1∶10 万、1∶5 万、1∶1 万地形图的分幅数	分幅代号
	纬差	经差		
1∶100 万	4°	6°	1	A, B, C, …, V 1, 2, 3, …, 60 [1], [2], [3], …, [36] 1, 2, 3, …, 144
1∶50 万	2°	3°	4	
1∶20 万	40′	1°	36	
1∶10 万	20′	30′	144	
1∶10 万	20′	30′	1	A、B、C、D (1), (2), (3), …, (64)
1∶5 万	10′	15′	4	
1∶1 万	2′30″	3′45″	64	
1∶5 万	10′	15′	1	1、2、3、4
1∶2.5 万	5′	7′30″	4	
1∶1 万	2′30″	3′45″	1	a、b、c、d
1∶5000	1′15″	1′52.5″	4	

4) 1∶5000 比例尺地形图的分幅和编号

按经纬线分幅的 1∶5000 比例尺地形图是在 1∶1 万比例尺地形图分幅和编号的基础上进行的，每幅 1∶1 万地形图可分成 4 幅 1∶5000 地形图，并分别在 1∶1 万地形图号后面写上各自的代号 a、b、c、d 作为编号。

2. 大比例尺地形图的分幅与编号

GB/T 20257.1—2017 规定：1∶2000～1∶500 比例尺地形图一般采用 50 cm×50 cm 正方形分幅或 40 cm×50 cm 矩形分幅。根据需要，也可以采用其他规格的分幅。例如，1∶2000 地形图也可以采用经纬度统一分幅。1∶2000～1∶500 比例尺地形图编号一般采用图廓西南角坐标公里数编号法，也可选用流水编号法或行列编号法等。采用图廓西南角坐标公里数编号法时 X 坐标在前，Y 坐标在后，1∶500 地形图取至 0.01 km(如 20.50—41.76)，1∶1000、1∶2000 地形图取至 0.1 km(如 20.0—41.0)。带状测区或小面积测区可按测区统一顺序进行编号，一般按从左到右、从上到下用数字 1，2，3，4，…编定，如图 8－12(a)所示的“江夏-7”，其中“江夏”为测区地名。行列编号法一般以代号(如 A，B，C，D，…)为横行，由上到下排列，以数字 1，2，3，…为代号的纵列，从左到右排列来编定，先行后列，如图 8－12(b)中的 A-4。采用国家统一坐标系时，图廓间的公里数根据需要加注带号和百公里数，如 X：4327.8，Y：37457.0。

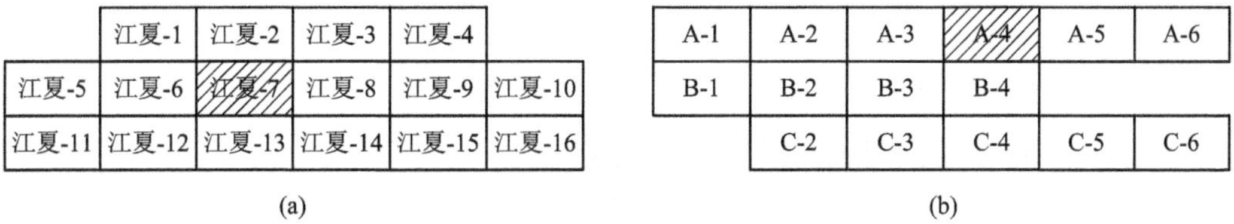

	江夏-1	江夏-2	江夏-3	江夏-4	
江夏-5	江夏-6	江夏-7	江夏-8	江夏-9	江夏-10
江夏-11	江夏-12	江夏-13	江夏-14	江夏-15	江夏-16

(a)

A-1	A-2	A-3	A-4	A-5	A-6
B-1	B-2	B-3	B-4		
	C-2	C-3	C-4	C-5	C-6

(b)

图 8-12　大比例尺地形图的分幅与编号

当测区同时有多种比例尺地形图时，通常以 1∶5000 地形图为基础，将测区 4 等分后得到 4 幅 1∶2000 地形图，在对应的 1∶5000 地形图编号后分别加上罗马数字Ⅰ、Ⅱ、Ⅲ和Ⅳ，即得该 4 幅地形图的编号。同理，根据 1∶2000 或 1∶1000 地形图及其编号可得 1∶1000 或 1∶500 地形图及其编号。

8.1.5　地形图图外要素

图外要素是内图廓以外区域表示的内容，也称辅助要素、整饰要素、图外注记。地图种类、比例尺不同，图外要素也会有所不同。

1. 大比例尺地形图图外要素

在大比例尺地形图系列中，1∶500、1∶1000、1∶2000 矩形分幅的地形图图外要素按照《国家基本比例尺地图图式 第 1 部分：1∶500 1∶1000 1∶2000 地形图图式》(GB/T 20257.1—2017)图廓整饰样式绘制，主要包括图名和图号、比例尺、邻接图表、内外图廓和坐标网线、其他要素。

(1) 图名和图号。图名即本幅地形图的名称，一般以图幅内主要地名命名。图名选取有困难时，要素布局也可不注图名，仅注图号。图名和图号注写在图幅上部中央，图名在上，图号在下。

(2) 比例尺。地形图的比例尺以数字形式标注在图幅下部中央，在数字比例尺之下绘制图示比例尺。

(3) 邻接图表。邻接图表也称图幅结合表，说明本图幅与相邻图幅的关系，绘制在图幅上部左侧，供检索相邻图幅用。邻接图表可采用图名标注，也可采用图号标注。

(4) 内外图廓和坐标网线。地形图有内图廓和外图廓。内图廓是地形图的边界线，也是平面直角坐标格网线。外图廓是在内图廓以外平行绘制的加粗延伸直线，起装饰作用。内外图廓的四角注记以 km 为单位的平面直角坐标值，1∶500 地形图注记至 0.01 km，1∶1000、1∶2000 地形图注记至 0.1 km。

(5) 其他要素。外图廓的下方左侧注记测绘日期、测绘方法、坐标系统和高程基准名称、等高距、地形图图式版别。外图廓的左侧偏下位置竖排注明测绘机构名称。外图廓的下方右侧注记“附注”，对一些共性问题进行简要说明。外图廓的上方右侧注明保密等级。

2. 中、小比例尺地形图图外要素

中、小比例尺地形图图外要素和大比例尺地形图图外要素基本一致。其中，有所区别和增加的几项是：内外图廓，坡度尺，三北方向图和地磁标志点，以及高度表、深度表和投影方法。

8.2 测图前的准备工作

测图前需准备好仪器工具和有关资料，将控制点展绘在图纸上，并制定出工作计划。待测区完成控制测量工作后，就可以测定的图根控制点作为基准，进行地形图的测绘。

8.2.1 图纸准备

现在测绘单位大多用聚酯薄膜图纸替代绘图纸测绘地形图。聚酯薄膜图纸厚度一般为0.07～0.1 mm，经过热定型处理后，伸缩率小于0.2‰。聚酯薄膜图纸的优点有：透明度好、伸缩性小、不怕潮湿；图纸弄脏后，可以水洗，便于野外作业；在图纸上着墨后，可直接复晒蓝图。其缺点是易燃、易折，在使用与保管时要注意防火、防折。

8.2.2 绘制坐标方格网

聚酯薄膜图纸分为空白图纸和印有坐标方格网的图纸。印有坐标方格网的图纸又有50 cm×50 cm正方形分幅和40 cm×50 cm矩形分幅两种规格。如果购买的聚酯薄膜图纸是空白图纸，则需要在图纸上精确绘制坐标方格网，每个方格的尺寸为10 cm×10 cm。绘制坐标方格网的方法有对角线法、坐标格网尺法及使用AutoCAD绘制等。采用对角线法绘制坐标方格网的操作如下：

如图8-13所示，将高硬度铅笔(或专用绘图笔)削尖，用长直尺沿图纸的对角方向画出两条对角线，相交于O点；自O点起沿对角线量取等长的4条线段OA、OB、OC、OD，连接A、B、C、D点得一矩形；从A、B两点起，沿AD、BC每隔10 cm取一点；从A、D两点起，沿AB、DC每隔10 cm取一点。分别连接对边AD与BC、AB与DC的相应点，即得到由10 cm×10 cm的正方形组成的坐标方格。为了保证坐标方格网的精度，绘制前应严格检查直尺是否平直，其长度分划线是否准确。

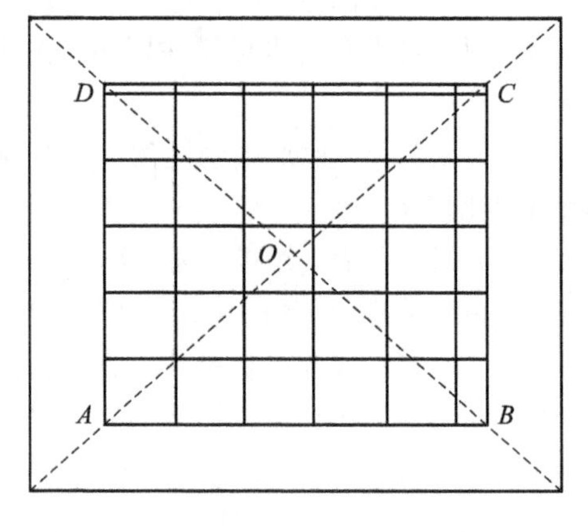

图8-13 采用对角线法绘制坐标方格网

坐标方格网绘制完成后，应进行以下几项检查：

(1) 检查同一条对角线方向的方格角点，它们应位于同一直线上，偏离不应大于0.2 mm。

(2) 检查各个方格的对角线长度，其值与理论值141.4 mm之差不应超过0.2 mm。

(3) 检查图廓对角线长度，其值与理论值之差不应超过0.3 mm。如果超过限差要求，则应该重新绘制；对于印有坐标方格网的图纸，则应予以作废。

8.2.3　展绘控制点

坐标方格网绘制完成后，将测区所分图幅的坐标值注记在相应格网边线的外侧，如图8-14所示。

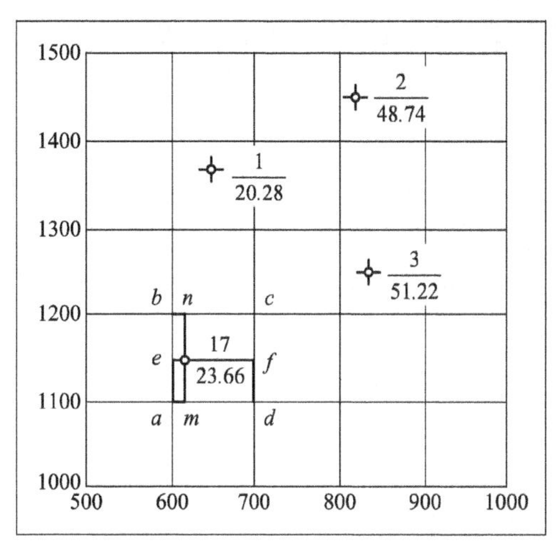

图8-14　展绘控制点

展点时，先根据控制点的坐标，确定其所在的方格。例如，某17号控制点的坐标值$x_{17}=1156.78$ m，$y_{17}=614.60$ m，其位置是在*abcd*小方格内，按其坐标值分别从*a*、*b*点用测图比例尺向右量14.60 m，得*m*、*n*两点，利用同样的法从*a*、*d*向上量56.78 m，得*e*、*f*两点，连接*mn*和*ef*，其交点即17号控制点的位置。在点的右侧画一短横线，在横线的上方注明点号，下方注明高程。同法可展绘其他控制点。为了测图方便，方格网线外边缘的控制点也应适当展绘。最后用比例尺检查相邻两控制点之间的边长与实际边长是否一致，其差值不得超过图上的±0.3 mm；用量角器检查各已知边的方位角，也不得有明显的误差。

为了保证地形图的精度，测区内应有一定数量的图根控制点。《城市测量规范》规定，测区内解析图根点的个数不应少于表8-6的要求。

表8-6　一般地区解析图根点个数

测图比例尺	图幅尺寸(cm×cm)	解析图根点个数
1∶500	50×50	8
1∶1000	50×50	12
1∶2000	50×50	15

8.3　经纬仪测图法

地形图测量的根本任务实际上是测定地面上地物、地貌的特征点的平面位置和高程，这些特征点亦称为碎部点。测绘地物、地貌特征点的工作称为碎部测量。碎部测量的方法有经纬仪法、大平板仪测绘法、小平板仪与经纬仪联合测绘法，以及全站式电子速测仪成图法等。本节主要介绍前面两种方法。

8.3.1 地形图测绘的基本要求

地形图测绘时仪器设置及测站检查，视距和测距最大长度设置，高程注记点分布，地物、地貌绘制等工作的基本要求在《城市测量规范》中规定如下。

1. 仪器设置及测站检查

(1) 仪器对中的偏差不应大于图上 0.05 mm。

(2) 以较远的一点定向，用其他点进行检核。采用平板仪测绘时，检核偏差不应大于图上 0.3 mm；采用经纬仪测绘时，其角度检测值与原角值之差不应大于 2′。每站测图过程中，应随时检查定向点方向，采用平板仪测绘时，偏差不应大于图上 0.3 mm；采用经纬仪测绘时，归零差不应大于 4′。

(3) 检查另一测站高程，其较差不应大于 1/5 基本等高距。

(4) 采用量角器配合经纬仪测图，当定向边长在图上短于 10 cm 时，应以正北或正南方向作为起始方向。

2. 视距和测距最大长度设置

地物点、地形点视距和测距最大长度要求应符合表 8-7 的规定。

表 8-7 地物点、地形点视距和测距最大长度

地形图比例尺	视距最大长度/m		测距最大长度/m	
	地物点	地形点	地物点	地形点
1∶500	—	70	80	150
1∶1000	80	120	160	250
1∶2000	150	200	300	400

3. 高程注记点分布

(1) 地形图上高程注记点应分布均匀，丘陵地区高程注记点间距宜符合表 8-8 的规定。

表 8-8 丘陵地区高程注记点间距

比例尺	1∶500	1∶1000	1∶2000
高程注记点间距/m	15	30	50

注：平坦及地形简单地区可放宽至 1.5 倍，地貌变化较大的丘陵地、山地与高山地适当加密。

(2) 山顶、鞍部、山脊、山脚、谷底、谷口、沟底、沟口、凹地、台地、河川湖岸旁、水涯线上以及其他地面倾斜变换处，均应测高程注记点。

(3) 城市建筑区高程注记点应测设在街道中心线、街道交叉中心、建筑物墙基脚和相应的地面、管道检查井井口、桥面、广场、较大的庭院内或空地上以及其他地面倾斜变换处。

(4) 基本等高距为 0.5 m 时，高程注记点应注至 cm；基本等高距大于 0.5 m 时，高程注记点可注至 dm。

4. 地物、地貌绘制

在测绘地物、地貌时，应遵守“看不清不绘”的原则。地形图上的线划、符号和注记应在现场完成。按基本等高距测绘的等高线为首曲线。从零米起算，每隔四根首曲线加粗一根计曲线，并在计曲线上注明高程，字头朝向高处，但需避免在图内倒置。山顶、鞍部、凹地等不明显处等高线应加绘示坡线。当首曲线不能显示地貌特征时，可测绘 1/2 基本等高距的间曲线。城市建筑区和不便于绘等高线的地方，可不绘等高线。

地形原图铅笔整饰应符合下列规定：

(1) 地物、地貌各要素应主次分明、线条清晰、位置准确、交接清楚。

(2) 对于高程注记的数字，字头朝北，书写应清楚整齐。

(3) 各项地物、地貌均应按规定的符号绘制。

(4) 各项地理名称注记位置应适当，并检查有无遗漏或不明之处。

(5) 等高线须合理、光滑、无遗漏，并与高程注记点相适应。

(6) 图幅号、方格网坐标、测图者姓名及测图时间应书写正确齐全。

8.3.2　经纬仪配量角器测图法

经纬仪配量角器测图法是将经纬仪安置在测点上，测定碎部点方向与已知方向之间的夹角，用视距法测定测站点到碎部点的水平距离和碎部点的高程，然后用量角器和比例尺将碎部点的位置展绘在测站旁所置小平板的图纸上。该方法的具体步骤如下：

(1) 安置仪器。如图 8－15 所示，安置经纬仪于测站 A 点上，对中、整平后量取仪器高 i，并记录在专用的测量手簿中。

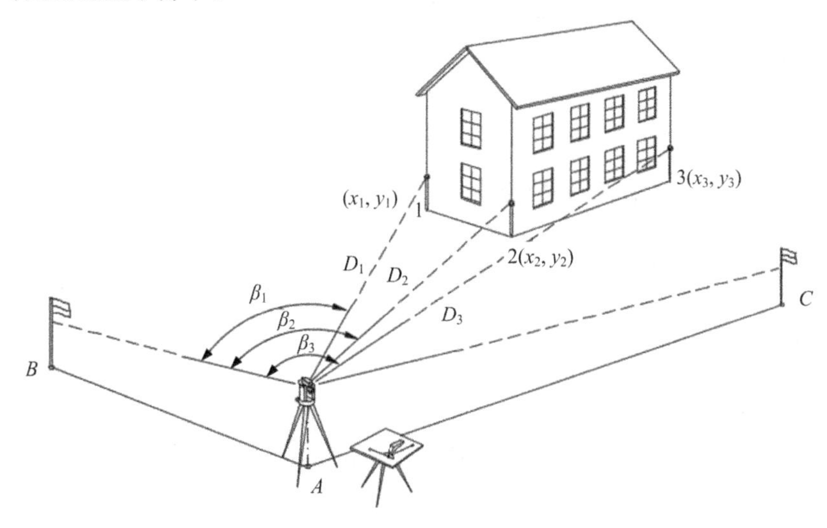

图 8－15　经纬仪配量角器测图法原理

(2) 定向。盘左照准另一控制点 B 并配置水平度盘读数为 $0°00'$。B 点称为后视点，亦称为定向点，AB 方向为起始方向或零方向。起始方向边长的图上长度最好大于 10 cm，以保证定向精度。

(3) 立尺。立尺员依次将视距尺立在地物或地貌特征点上。立尺前应商定立尺路线和施测范围，选定主要立尺点，并遵循“概括全貌、点少、能检核”原则，力求做到不漏点，不废点，一点多用，布点均匀。

(4) 观测。转动照准部，照准立于1、2、3点的视距尺，读取视距 Kl、中丝读数 v、竖盘读数 l 和水平角 β。

(5) 记录。将每一个碎部点所测得的数据依次记入视距测量手簿中。对于特殊的碎部点，如山顶、鞍部、房角、消火栓等，还应在备注栏中加以说明，以备查用。

(6) 计算。由竖盘读数 l 求出竖直角 α 后，根据观测值按下式分别计算控制点至碎部点的水平距离 D 和碎部点高程 H：

$$\begin{cases} D = Kl\cos^2\alpha \\ H = H_{视} + D\tan\alpha - v \end{cases} \tag{8-3}$$

式中：$H_{视}$——视线高程，$H_{视} = H_A + i$（H_A 为测站点高程，i 为仪器高）。

(7) 刺点。如图8-16所示，在图纸上由测站点 a 向定向点 b 作零方向线 ab 后，将小针钉入 a 点，并将量角器（亦称半圆仪）圆心处小孔套在小针上。转动量角器，使碎部点水平角值（如 $\beta_1 = 59°15'$）对应的量角器刻画线与图上零方向线 ab 重合后，在量角器零方向线（水平角大于180°时，在180°方向线）上，按测图比例尺定出水平距离为 D(64.5 m)的碎部点的位置，并在点的右侧注明高程，要求字头向北。用同样的方法，可以测出房屋的其他轮廓特征点，在图纸上进行绘图连接，即可将房屋的轮廓在图纸上完整地绘制出来。

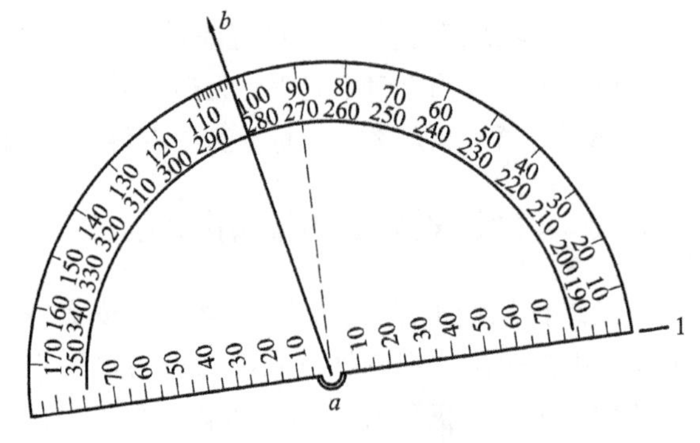

图8-16 使用量角器展绘碎部点示例

8.4 地形图的绘制

地形图的绘制包括地物的绘制，地貌的绘制，地形图的拼接、检查和整饰清绘等内容。

8.4.1 地物的绘制

一般能按比例尺大小表示的地物应同时测绘，即同一地物的特征点绘制完成后，地物要按“地形图图式”规定的符号表示，房屋轮廓需要用直线连接起来，而道路、河流的弯曲部分应逐点连成光滑的曲线。对于不能依比例描绘的地物，应用规定的非比例符号表示。

8.4.2 地貌的绘制

等高线是根据特征点的平面位置和高程勾绘出来的。各等高线的高程是等高距的整数倍。例如，若等高距为1 m，则等高线的高程必须是1 m的整数倍。而特征点的高程一般来讲都不是等高距的整数倍，特征点不一定正好是等高线通过点。但由于特征点是坡度变换或方向变换点，相邻特征点之间的地面坡度可认为是相同的。因此，可在各相邻两特征点

之间的连线上，根据等高线至特征点或相邻两等高线之间的高差，按平距与高差成正比的原理，内插出有关等高线在图上两特征点连线上的通过位置。

勾绘等高线时，首先用铅笔轻轻描绘出山脊线、山谷线等地性线，再根据碎部点的高程勾绘等高线。不能用等高线表示的地貌，如悬崖、陡崖、土堆、冲沟、雨裂等，应按图式规定的符号表示。

如图 8-17(a)所示，地面上两碎部点 C 和 A 的高程分别为 202.8 m 及 207.4 m，若取基本等高距为 1 m，则其间有高程为 203 m、204 m、205 m、206 m 及 207 m 五条等高线通过。

根据平距与高差成正比的原理，先将 AC 的水平段划分成 46 等份(用 207.4(A 点的高程)—202.8(C 点的高程))，图 8-17(a)中 m 点与 C 点的距离(202.8 m)是 2 份，q 点与 A 点的距离(207.4 m)是 4 份。也可先目估定出高程为 203 m 的 m 点和高程为 207 m 的 q 点，然后将 m、q 的距离四等分，定出高程为 204 m、205 m、206 m 的 n、o、p 点。利用同样方法定出其他相邻两碎部点间等高线应通过的位置。

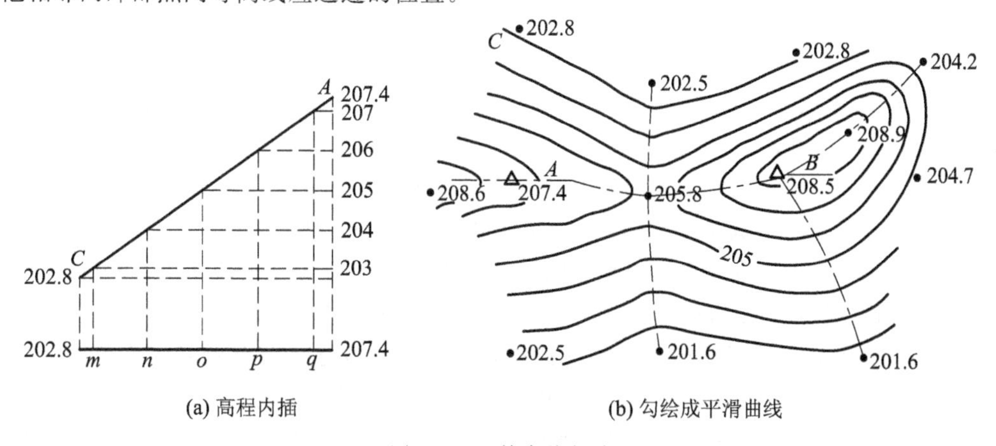

(a) 高程内插　　(b) 勾绘成平滑曲线

图 8-17　等高线勾绘

将高程相等的相邻点连成光滑的曲线，即得等高线，结果如图 8-17(b)所示。

勾绘等高线时，要对照实地情况，先画计曲线，后画首曲线，并注意等高线通过山脊线、山谷线的走向。

8.4.3 地形图的拼接

当测区面积较大时，需将整个测区划分为若干幅图进行施测。在相邻图幅的连接处，由于测量误差和绘图误差的影响，无论是地物轮廓线还是等高线，往往都不能完全吻合。

图 8-18 表示相邻两幅图相邻边的衔接情况。由图可知，将两幅图的同名坐标格网线

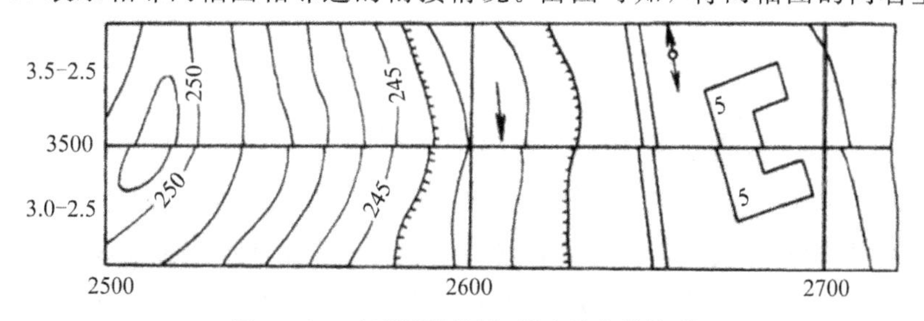

图 8-18　相邻两幅图相邻边的衔接情况

重叠时，图中的房屋、河流、等高线、陡坎都存在接边差。若接边差小于表 8－9 中规定的平面、高程中误差的 $2\sqrt{2}$ 倍，则可平均配赋，并据此改正相邻图幅的地物、地貌位置，但应注意保持地物、地貌相互位置和走向的正确性。超过限差时，则应到实地检查纠正。

表 8－9　地物点、地形点平面和高程中误差

地区分类	点位中误差（图上/mm）	邻近地物点间距中误差（图上/mm）	等高线高程中误差			
			平地	丘陵地	山地	高山地
城市建筑区和平地、丘陵地	≤0.5	≤0.4	$\leqslant\frac{1}{3}h_d$	$\leqslant\frac{1}{2}h_d$	$\leqslant\frac{2}{3}h_d$	$\leqslant h_d$
山地、高山地	≤0.75	≤0.6				

注：h_d 为基本等高距。

8.4.4 地形图的检查

为了保证地形图的质量，除施测过程中加强检查外，在地形图测绘完成后，作业人员和作业小组应对完成的成果、成图资料进行严格的自检和互检，确认无误后方可上交。地形图检查包括内业检查和外业检查。

（1）内业检查：图根控制点的密度应符合要求，位置恰当；各项较差、闭合差应在规定范围内；原始记录和计算成果应正确，项目填写齐全；地形图图廓、方格网、控制点展绘精度应符合要求；测站点的密度和精度应符合规定；地物、地貌各要素测绘应正确、齐全，取舍恰当，图式符号运用正确；接边精度应符合要求；图历表填写应完整清楚，各项资料齐全。

（2）外业检查：包括巡视检查和仪器设站检查。巡视检查是沿巡视路线将原图与实地进行对照，检查原图所绘内容与实地是否相符，有无遗漏，符号、注记是否正确。仪器设站检查是在内业检查和巡视检查的基础上进行的。对于内业检查中发现的问题与疑点，应到野外安置仪器，实地检查修改。此外，每幅图还可以采用散点法进行检查，检查量一般为原工作量的10%。

8.4.5 地形图的整饰清绘

为了使图面清晰、美观、合理，在地形图拼接和检查工作完成后，要进行整饰清绘，使图面更加完善。整饰过程遵循一定的次序，一般情况下，整饰的次序是“先图内，后图外；先地物，后地貌；先注记，后符号”，依规定的图式符号进行注记和绘制，最后着墨，形成一张完整的地形原图。

8.5 数字化测图技术

地形测绘是指根据相关规范和图式，测量地物、地貌和其他地理要素，绘制地形图并记录在某种载体上。现代地形测绘采用数字地形测绘技术，即数字化数据采集技术结合数字化地形绘图技术完成地形测绘的技术，完全替代了传统模拟技术。地形测绘的任务是测量和采集地理要素数据、绘制国家基本比例尺地形图和大比例尺地形图，即绘制数字线划地图(DLG)以及其他数字地图的衍生产品，比如数字栅格地图(DRG)、数字正射影像地图(DOM)、数字高程模型(DEM)、可量测实景影像库(DMI)等。

归纳起来，数字地形测绘方法主要有摄影测量成图法、遥感成图法、编绘成图法和全野外测量成图法。其中，摄影测量成图法是航空摄影测量学研究的主要内容，遥感成图法是遥感技术与地图学的结合，而编绘成图法则是地图学专门研究的内容，全野外测量成图法属于工程测量学的范畴。

大比例尺地形测绘是工程建设勘测设计阶段的重要工作内容。我们更关注的是用全野外测量成图法绘制大比例尺数字线划地图(DLG)时所涉及的地理信息数据的采集和数字地形图的绘制，这是数字地形测绘的基本内容。

1. 摄影测量成图法

摄影测量成图法主要是指航空摄影测量成图法，简称航测成图法，是在飞行器上安装专用照相机(传感器)，从空中对地面进行摄影，形成立体像对；然后对拍摄的影像进行几何纠正，再通过航摄立体量测仪或计算机平台重构测区地面的立体模型，并依此模型进行数据的量测；最后根据量测得到的点位坐标(x，y，H)以及航片调绘结果，绘成地形图的方法

摄影测量成图法的核心工作是将摄影对象的中心投影得到的航空相片变换为正射投影的地形图。全数字化自动测图系统已被广泛应用，其灵活性和自动化程度已经达到了很高水平。这种系统直接处理的是数字影像，计算机从左、右相片的数字阵列中提取目标数据进行相关运算，自动找出同名点计算其地面坐标，建立数字地形模型，并进行数字纠正，自动绘出数字线划地图。

从理论上讲，航测成图法可以用于生产各种大、中比例尺地形图。最近几年，测量型无人机数字航摄系统为较小区域的地形测绘提供了可行方案，并达到了较高的可靠性；倾斜摄影测量技术为城市建筑密集区的地形测绘提供了有效途径。

2. 遥感成图法

遥感技术是指通过某种传感器，在不与被研究对象直接接触的情况下，获取其电磁波反射和辐射信息，并对这些信息进行提取、解译、加工、表达和应用的科学技术。

遥感成图法是随着遥感技术的发展而兴起的中、小比例尺地形图成图方法。根据获取遥感信息的传感器平台的不同，遥感成图法分为航空遥感成图法和航天遥感成图法。遥感成图法还是自然专题地图、影像地图以及各类地图更新的重要方法。此外，遥感影像作为地理景观的客观图像记录，反映了各种地理要素在同一空间内的分布和相互联系，为系列地图制作提供了统一的信息源，从根本上解决了编制专题系列地图各时空要素统一协调的难题。

2012年1月，我国独立研制的首颗高分辨率光学立体测绘卫星“资源三号(ZY-3)卫星”发射成功，通过立体观测，可以测制1∶50 000地形图，其中包含的详细的地理、地质等资源信息和精确的三维测绘为遥感成图提供了优质的信息源。

3. 编绘成图法

编绘成图法是根据各种资料编辑制作地图的方法，过去采用的是传统手工工艺，现在采用的是计算机编辑制图技术。常用的编图资料主要有地图图形资料、统计数据和观测数

据以及文档资料。编图资料的类型不同，对应的编图方法也不同。根据地图图形资料编图，是中、小比例尺地形图成图的主要方法，其核心理论是制图综合；根据统计数据和观测数据编图，是地磁、地震、气象、气候、水文、海洋、环境污染以及人口、经济统计等专题地图编绘的常用方法，其核心理论是数据的分类、分级与可视化；根据文档资料编图，是制作历史地图的主要方法，即利用与空间位置有关系的文档资料编绘地图，这些文档资料可以是历史资料、考古资料、地方志。

4. 全野外测量成图法

全野外测量成图法是在测区进行首级控制测量，加密图根控制点，依据控制点测量地形特征点的平面位置和高程，再根据地物属性绘制地物符号和描绘等高线，最终完成地形图的方法。它可以通过不同的测量仪器、技术方法来实现。传统上长期采用平板仪测绘法、经纬仪测绘法等手工绘图的模拟测图技术。现在，常用全站仪技术、GNSS-RTK 技术和地面三维激光扫描技术配合计算机数字地形绘图软件的数字地形测绘技术。测图比例尺通常是 1∶500、1∶1000、1∶2000 和 1∶5000，当有特殊需求时，比例尺可调整为 1∶200 或 1∶10 000。测区较小的地形图，如城市地形图、矿山地形围、交通或水利工程带状地形图、工程竣工图等，往往是专门为了某个地区或某项工程建设而进行的测绘。

随着国家、省级及城市 GNSS-CORS 的建设，以及我国 BDS 的投入使用，全野外测量成图法更加依赖 GNSS-RTK 技术，控制测量工作变得更加轻松、方便和高效。

数字地形测绘技术是当前广泛应用的大比例尺地形图测绘技术，相比于模拟测图技术，它有着非常明显的特点，主要表现在以下几个方面：

(1) 自动化程度高。数字地形测绘技术利用全站仪、GNSS 接收机或地面三维激光扫描仪等光电数字测量仪器，在实地采集碎部点三维坐标和其他属性信息后，自动计算、记录、存储数据，再将数据传输给计算机便可进行数据处理、绘图，不但减轻了劳动强度，提高了工作效率，而且减少了出错机会，使绘制的地形图更精确、美观、规范。

(2) 精度高。数字地形测绘精度主要取决于对碎部点三维坐标的实地采集精度，而其他因素(如数据处理、计算机绘图等)造成的误差对地形图成图的影响极小。碎部点精度与测图比例尺大小无关。利用全站仪、GNSS 接收机或地面三维激光扫描仪等采集的数据的精度远远高于利用模拟测图技术采集的数据的精度。

(3) 使用方便。数字地形测绘技术采用解析法测定碎部点坐标，与成图比例尺无关；计算机数字地形绘图软件分层管理实测数据，可方便地绘制不同比例尺的地形图或不同用途的专题地形图，实现一测多用，同时便于地形图的管理、检查、修测和更新。

(4) 为地理信息系统(GIS)提供基础数据。数字地形图可为建立数据库提供适时的、现势性强的地形空间数据信息，同时也是 GIS 的基础信息，可以满足社会日益高涨的 GIS 需求。

本节主要针对大比例尺地形图测绘，讲述全野外测量成图法所涉及的技术方法，通过控制测量和碎部测量两个主要技术过程，完成大比例尺数字线划地图(DLG)的测绘。

8.5.1 图根控制测量

从概念上讲，图根控制测量是第 7 章所述控制测量的组成部分。但从深入学习和执行

相关测绘规范(标准)的角度出发，在此进一步讲述图根控制测量涉及的基本概念和《工程测量标准》(GB 50026—2020)中关于图根控制测量的基本要求。

图根控制测量是为地形测绘建立平面控制和高程控制的技术工作。图根平面控制测量和图根高程控制测量可以同时进行，也可分别进行。对于较小测区，图根控制可作为首级控制。图根控制点点位标识可采用木桩、道钉等，当首级控制或高等级控制点稀少时，应埋设适量标石。

测区控制点的密度应满足测图要求，且依测图方法不同而异。一般地区测图控制点密度见表 8-10，表中经纬仪模拟测图属已淘汰方法，在此列出是为了参照比较。城镇建成区测图控制点根据需要布设，密度将会成倍增加。保证控制点密度是为了在有效作用半径内高效、便捷地完成测站检核，转换参数的联测和校正，也为不同技术方法的联合作业留有接口。

表 8-10 一般地区测图控制点密度

测图比例尺	图幅尺寸	测图方法		
		GNSS-RTK 数字测图	全站仪数字测图	经纬仪模拟测图
1∶500	50 cm×50 cm	1	2	8
1∶1000	50 cm×50 cm	12	3	12
1∶2000	50 cm×50 cm	2	4	15
1∶5000	40 cm×40 cm	3	6	30

注：表中数量是包括加密图根控制点在内的可利用的所有控制点。

1. 图根平面控制测量

图根平面控制首选 GNSS-RTK 技术和全站仪导线测量技术，图根加密也可采用全站仪支导线法、交会法等方法。

GNSS-RTK 图根控制测量采用 GNSS-RTK 技术直接测定图根控制点的坐标和高程，其数据采集主要技术要求参见表 8-11。其中，作业半径不宜超过 7 km，且应在同一基准站或不同基准站下进行两次以上独立测量，其点位较差不应大于 0.1 mm，高程较差不应大于基本等高距的 1/10。

表 8-11 GNSS-RTK 图根控制测量数据采集主要技术要求

技术要求	与基站距离/km	对中方式	观测次数	各次平面坐标较差/cm	各次大地高较差/cm	重合点检验平面较差/cm	高程拟合残差
指标	≤7	对中杆	≥2	图上 0.1 mm	1/10 等高差	≤7	1/12 等高差

全站仪图根导线测量的主要技术要求参见表 8-12。在表 8-12 中，图根导线长度小于或等于 αM，系数 α 一般取值为 1，但测图比例尺为 1∶500 或 1∶1000 时，α 可在 1～2 之间取值。M 为测图比例尺分母，但对于工矿区现状图测量，无论测图比例尺大小，M 均取值为 500。隐蔽或施测困难地区，导线全长闭合差可放宽，但不应大于 $1/(1000\alpha)$。当导线长度小于 $\alpha M/3$ 时，导线全长闭合差不应大于图上 0.3 mm；对于测定细部点坐标的图根导线，其长度小于 200 m 时，导线全长闭合差不应大于 13 cm。

表 8-12　全站仪图根导线测量的主要技术要求

等级	导线长度/km	测角中误差/(″)	测距相对差	水平角测回数		方位角闭合差/(″)	导线全长闭合差
				2″级仪器	6″级仪器		
图根	$\leqslant \alpha M$	首级 20 加密 30	1/4000 1/3000	1	1	首级 $40\sqrt{n}$ 加密 $60\sqrt{n}$	$1/(5000\alpha)$

用全站仪支导线法加密图根控制点时，支导线最大边长、平均边长和支出未知点个数限值参见表 8-13，转折角和边长利用 6 秒级全站仪测量 1 测回。

表 8-13　全站仪支导线最大边长、平均边长和支出未知点个数限值

测图比例尺	1∶500	1∶1000	1∶2000	1∶5000
单点支导线(极坐标)最大边长/m	300	500	700	1000
多点支导线平均边长/m	100	150	250	350
支出未知点个数	3	3	4	4

图根控制点也可采用有检核条件的测角交会、测边交会、边角交会或内外分点等方法测定。当采用测角交会和测边交会时，交会角应在 30°～120°。分组计算所得的坐标较差不应大于图上 0.2 mm。

2. 图根高程控制测量

图根高程控制可采用图根水准测量、全站仪图根三角高程测量和 GNSS 高程测量几种方法。图根高程控制的起算点不应低于四等水准高程点。

图根水准测量的主要技术要求参见表 8-14。当布设为支水准路线时，路线长度不应大于 2.5 km。测站上前后视距均不应超过 100 m，并且要保持近似相等。

表 8-14　图根水准测量的主要技术要求

等级	每千米高差全中误差/mm	路线长度/km	水准仪级别	水准尺类别	观测次数		往返较差、闭合差/mm	
					联测已知点	闭合/附合	平地	山地
图根	±20	5	10 mm 级	单面	往返各 1 次	往 1 次	±80	±40

全站仪图根三角高程测量的主要技术要求参见表 8-15。仪器高和觇标高精确量至 1 mm，应在单向观测高差中加入球气差改正。

表 8-15　全站仪图根三角高程测量的主要技术要求

每千米高差全中误差/mm	附合路线长度/km	仪器精度等级	竖直角(中丝法)测回数	指标差较差/(″)	竖直角测回差/(″)	对向观测高差较差/mm	高差闭合差/mm
±20	≤5	6″级	2	25	25	$\pm 80\sqrt{D}$	$\pm 40\sqrt{\sum D}$

注：D 为全站仪测距边的长度，单位为 km。

8.5.2 碎部测量

利用全野外测量成图法测绘地形图时应遵循“先控制后碎(细)部、步步有检核”的原则，在控制测量工作完成之后，便可进行碎部测量，即依据控制点测定地物、地貌特征点的平面坐标和高程，并按一定比例尺和地形符号绘制地形图。习惯上将地物特征点和地貌特征点统称为碎部点。根据碎部测量技术的不同，全野外测量成图法采用的技术分为两种：以平板仪测绘法和经纬仪测绘法为代表的模拟地形测绘技术；以全站仪、GNSS接收机为主要技术装备，并辅以电子手簿、计算机及绘图软件的数字地形测绘技术。现在，数字地形测绘技术几乎取代了模拟地形测绘技术。因此，后续讲述将以数字地形测绘技术为主要内容。

1. 碎部点的选择

碎部点是地形测绘过程中测量的地形特征点，即地物特征点和地貌特征点的统称。地形图能够准确、全面地反映地面的实际地形状况，因此碎部点的选择至关重要。

地物特征部点应选在地物占地轮廓线的方向变化处，如建筑物墙角点、道路转折点、线状地物交叉点、河岸线转弯点及独立地物的几何中心等，如图8-19所示的小黑点。利用这些地物特征点，便可绘出与实地相似的地物图形符号。

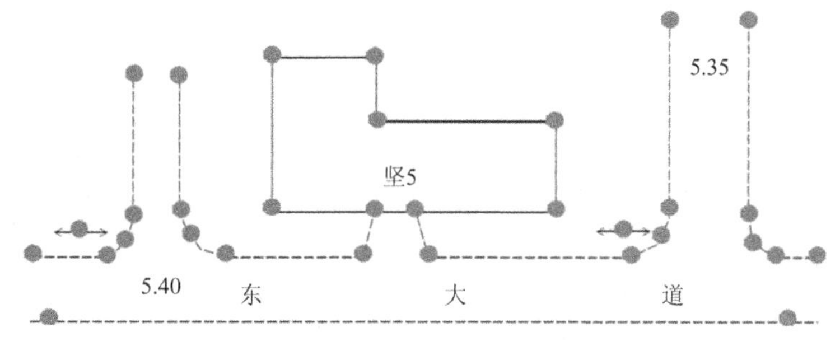

图8-19 碎部点的选择——地物特征点

地貌特征点应选在最能反映地貌特征的山脊线、山谷线等地性线上，如山顶、鞍部、山脚及坡地的方向变化处和坡度变化处。根据这些地貌特征点的坐标和高程内插勾绘等高线，即可将实际地貌在图上表现出来。实际的地貌特征点是比较模糊的，不像地物特征点那样明确。为了能逼真地反映实际地貌形态，在地面较平坦或坡度无明显变化之处，也要保证一定的碎部点密度。反映地貌形态的碎部点(地形点)最大间距和测量碎部点时的最大视距，应与相关规范要求的测绘方法、测图比例尺相对应，具体参见表8-16。表中列出经纬仪模拟地形测绘最大视距是为了参照比较。

表8-16 地形点最大间距和最大视距

全站仪数字地形测绘最大视距/m		比例尺	地形点最大间距/m	经纬仪模拟地形测绘最大视距/m			
				一般地区		城镇、建筑区	
地物点	地形点			地物点	地形点	地物点	地形点
160	300	1∶500	10	60	100	—	70
300	500	1∶1000	30	100	150	80	120
450	700	1∶2000	50	180	250	150	200
700	1000	1∶5000	100	300	350	—	—

2. 碎部点的编码

为了绘制地形图，需要知道碎部点的属性。碎部点属性由位置属性、分类属性、关系属性和其他属性组成。位置属性(坐标和高程)表述碎部点的地理位置，可由全站仪坐标测量或GNSS-RTK坐标测量并自动保存；分类属性表述碎部点是什么，按“国家基本比例尺地图图式”的地形符号分类，例如控制点、单幢房屋角点、道路转弯点、独立地物等；关系属性表述碎部点间的连接关系，由碎部测量的全站仪司镜或GNSS-RTK测量员实地确认并记录。根据碎部点的属性，可以实现计算机自动成图或人工辅助成图。

碎部点编码是记录分类属性、关系属性和其他属性的一组符号串，是对碎部点位置属性的进一步描述。碎部点编码方案应遵循以下原则：① 分类符合“国家基本比例尺地图图式”或相关专业测图规范；② 编码尽量简单，便于记忆和操作，符合测绘工作习惯；③ 便于计算机绘图处理。

现有的计算机数字测图软件系统都有编码方案，但具体编码方法不尽相同。常见的有六位编码法、简码法和拼音字母编码法。其中，六位编码法和简码法适合计算机自动成图工艺。

1）*六位编码法*

六位编码法由“分类码”(4位)和“关系码”(2位)组成。

《国家基本比例尺地图图式 第1部分：1∶500　1∶1000　1∶2000 地形图图式》(GB/T 20257.1—2017)(以下简称《图式》)是六位编码法的基础。《图式》在第4部分“符号与注记”中将地形符号分为9大类，每大类中再用1～3位数字或英文小写字母进行细分，符号编号与符号名称相对应。例如(此处略去了符号编号的前冠符“4.”)，a. 测量控制点：1.3导线点，1.6水准点；b. 水系：2.9地下渠道、暗渠，2.17池塘；c. 居民地及设施：3.1单幢房屋，3.38a依比例尺的温室、大棚，3.103a依比例尺的围墙；d. 交通：4.4高速公路，4.16内部道路，4.24停车场；e. 管线：5.1.1架空的高压输电线，5.4变电室(所)；f. 境界：6.6a已定界乡、镇级界线，6.7村界；g. 地貌：7.3高程点及其注记；h. 植被与土质：8.2旱地，8.15a行树(乔木)；i. 注记：9.3.1水系名称。

六位编码法中的“分类码”直接用《图式》中的地形符号编号，占4位。第1位用数字1，2，…，9表示，对应《图式》中“地形符号”的大类；第2、3、4位用数字或字母表示，对应《图式》中大类下的细分，由高位到低位，不足时用空缺符“#”补齐。

线状或面状地物特征点必须与其他碎部点相连，才能形成一个完整的线状或面状图形符号。因此，需要用“关系码”明确本点与关联点的连线次序(起点、中间点、终点、闭合到起点)和连线种类(直线、圆弧或样条曲线)。

六位编码法中的“关系码”是六位编码的第5、6位。第5位表示连接次序，用1位大写英文字母作为代码：B(begin)为起点，M(mid)为中间点，E(end)为终点，C(close)为闭合到起点。第6位表示连线种类，用1位数字作为代码：1为直线，2为圆弧，3为样条曲线。对于没有连接关系的碎部点，“关系码”空缺，用空缺符“#”补齐。

六位编码法举例见表8-17。这种编码与《图式》符号对应，具有唯一性，容易被计算机识别与处理；但由于记忆的局限，外业输入和记录比较困难。目前，数字测图系统多采用“选定图标菜单则自动给出碎部点编码”的办法，以方便外业测量和内业绘图的衔接。

表 8-17　六位编码法举例

六位编码	含　　义
13####，14####，17####	导线点，埋石图根点，GNSS 等级点
21##B3，21##M3，21##E3	河流，起点，样条曲线；河流，中间点，样条曲线；河流，终点，样条曲线
31##B1，31##M1，31##C1	单幢房屋，起点，直线；单幢房屋，中间点，直线；单幢房屋，终点(闭合到起点)，直线
392#B1，392#M1，392#C1	地类界，起点，直线；地类界，中间点，直线；地界类，终点(闭合到起点)，直线
45##N1，45##M1，45##E1	国道，起点，直线；国道，中间点，直线；国道，终点，直线
415#B1，415#M2，415#E2	内部道路，圆弧起点；内部道路，圆弧中间点；内部道路，圆弧终点
370###，3106##，422a##	旗杆，路灯，里程碑
58a###，58b###，59d###	上水管道检修井，下水管道检修井，污水箅子

2）简码法

简码法是在碎部测量外业时输入或记录的提示性编码方法。经内业简码识别，便可绘出与《图式》要求一致的地形符号。

南方 CASS 数字地形测绘系统的简码由“类别码”“关系码”“独立符号码”组成，每种码最多有 3 位字符。

“类别码”由 3 位字符组成：第 1 位为英文字母(大小写均可)，K(U)表示(曲)坎类、X(Q)表示(曲)线类、W 表示垣栅类、T 表示铁路类、D 表示电力线类、F 表示房屋类、G 表示管线类、Y 表示圆形物、P 表示平行关系、C 表示控制点等；后 2 位为数字(0～99)，表示在大类里由主到次的细分，无效 0 可省去，如 F00，F01，…，F06 和 F0，F1，…，F6 含义相同，分别表示坚固房屋、普通房屋、……、简易房屋。“类别码”后面可跟参数，进一步描述碎部点，参数可以是点名、坎高、宽度、楼层等信息。例如，YO12.5 表示圆形物，半径为 12.5 m。

“关系码”共有 4 种符号：“+”“-”“A$”“P”，用来配合描述碎部点间的连接关系。其中，“+”表示本点与上点依顺序连接；“-”表示本点与下点依逆序连接，“n+”表示本点与上 n 点依顺序连接，“n-”表示本点与下 n 点依逆序连接；“A$”表示断点识别符，“+A$”表示本点与上点连接，“-A$”表示本点与下点连接；“P”表示平行于上点所在物体，“nP”表示平行于上 n 点所在物体。

“独立符号码”用 A 起头的 3 位字符串表示单定位点的独立地物，如 A13 表示“泉”，A74 表示“旗杆”，A85 表示“抽水泵站”等。具体编码可查阅南方 CASS 数字地形测绘系统“用户手册”。

简码法形式简单、规律性强、易记忆，并能同时采集碎部点的地物要素和拓扑关系，能适应多人跑镜、不同地物交叉观测等复杂情况。

3）拼音字母编码法

拼音字母编码法是一种非常随性的碎部点属性外业记录方法，适用于计算机人工绘图，不适用于计算机自动绘图。编码主要表述碎部点的分类属性，由其地形要素名称的汉语拼音首字母组合而成；关系属性可与六位编码法一致，但更多的是用草图表达碎部点间的位置关系或连线关系。

拼音字母编码法举例见表 8-18。该法容易记忆，应用灵活，外业操作时可配合草图使用，从而提高外业效率。但是，编码与《图式》中的编号不对应。因此，内业绘图处理一定要及时，外业测量的碎部点宜当天完成内业绘图。

表 8-18　拼音字母编码法举例

编 码	含 义
gpsB5	GNSS 控制点，点名 B5
ybf1	一般房屋角点 1
ybf2，f3	一般房屋角点 2，房屋角点 3
gk，qz，qw	沟口，渠中，渠尾
xhd，ssj	信号灯，上水检修井
dxt，dc，hg	电线塔，渡槽，涵管

3. 全站仪测记法

全站仪测记法是用全站仪采集碎部点点号、三维坐标(x，y，H)，并自动记录数据，利用这些信息进行人机交互编辑绘图的方法。而碎部点属性信息(分类属性和关系属性)需要现场录入或通过手工记录，绘制草图表示。这种方法还可细分为草图法和编码法。实际作业时，草图法和编码法可以混合使用。

全站仪测记法需要观测员 1 人、立镜员 1 人和领尺员(绘草图人员)1 人组成一个基本作业小组(即测绘小组)。全站仪测记法的工作步骤如下。

1) 安置测站

如图 8-20 所示，观测员安置全站仪于测站 A，要求既对中又整平(对中误差小于或等于 1 cm，整平误差小于或等于 1 格)，量取仪器高；设置全站仪参数，包括仪器和棱镜常数、气压

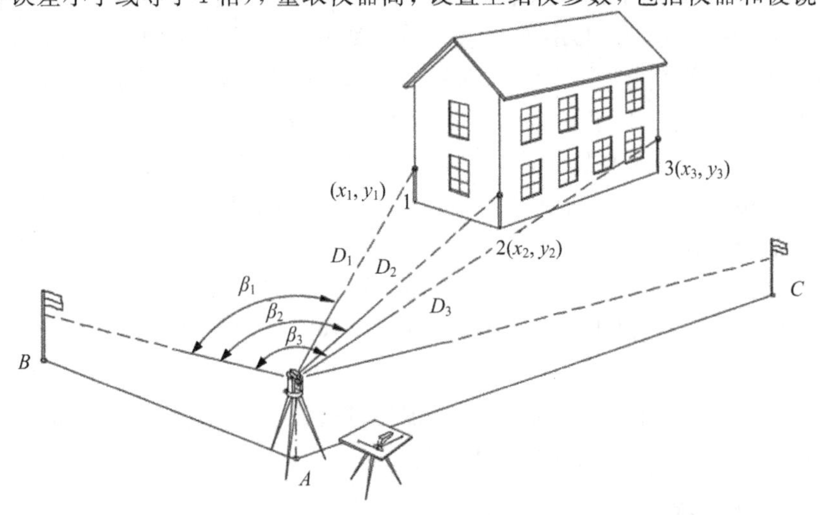

图 8-20　全站仪测记法

和温度参数；建立工程文件：输入测站点名、测站点坐标(x_A，y_A，H_A)、仪器高 i_A。

2) 后视定向与检核

输入后视点点名 B、后视点坐标(x_B，y_B，H_B)、棱镜高 v_B。盘左照准后视点进行定向，此时锁定度盘。检核后视点坐标，若与后视点已知坐标相符，则进行碎部测量；否则，查找原因，进行改正，重新检核后视点坐标。

3) 碎部点三维坐标测量

立镜员选择碎部点，领尺员绘制草图，观测员盘左照准棱镜，输入碎部点点号和属性编码，按回车键将测量信息自动记录。

领尺员绘的草图要反映碎部点的分类属性和连接关系，且要与仪器记录的点号信息相对应。因此，要保持领尺员与观测员的通信联系。如图 8-21 所示是外业草图和编码的一部分。

各测绘小组采用分区实测法施测时，相邻分区应重叠 5 mm；采用分图幅施测时，相邻分图幅也应在图廓线重叠 5 mm。

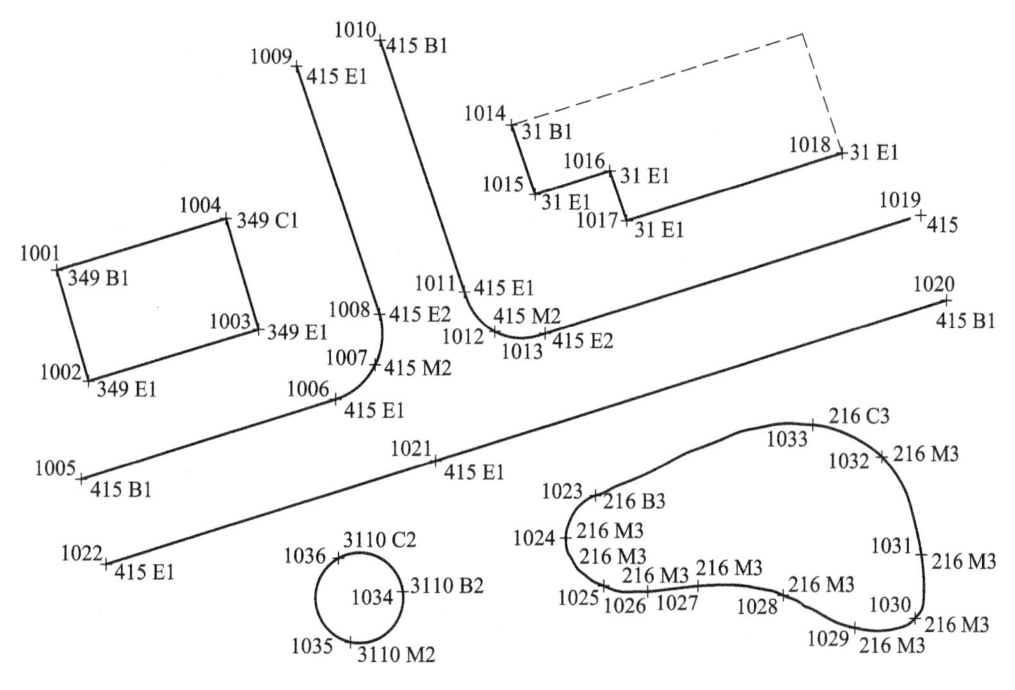

图 8-21 外业草图和编码的一部分

4) 检核

在碎部测量过程中，遇到关机、间停、间歇又重新开始时，必须在已知点(固定点)进行测量，并与已知坐标进行对比检核。正常开测与收测时也要与已知点(固定点)进行对比检核，以保证整个测量过程中数据采集的可靠性。

通常情况下，平面坐标分量较差不大于 5 cm(限差小于或等于图上 0.2 mm)，高程较差不大于 7 cm(限差小于或等于 $0.2h_d$，其中 h_d 代表基本等高距)，即可认为数据采集可靠。

5）绘图

地形图绘制通常在内业进行。将外业采集的碎部点坐标数据传输到计算机上，利用数字化成图软件展点、绘制地物、建立DTM绘制等高线、注记、整饰，最终绘制出地形图。绘制地物时，要以草图和编码为重要依据。下面以南方CASS软件为例讲述地形图绘制过程。

步骤1：启动软件，设置文件名，配置参数、比例尺。双击CASS成图系统图标打开CASS软件，其完全显示界面如图8-22所示；单击“文件”→“另存为”，保存文件至需要的目录中；单击“文件”→“cass参数配置”，弹出“cass参数设置对话框”，如图8-23所示，选择“地物绘制”等选项卡，设置修改参数；单击“绘图处理”→“改变当前图形比例尺”，如图8-24所示，在命令行输入需要的比例尺，并按回车键。

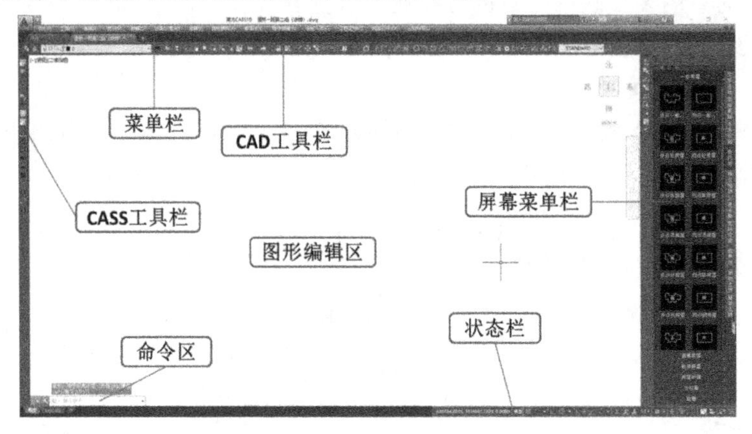

图8-22 CASS软件完全显示界面

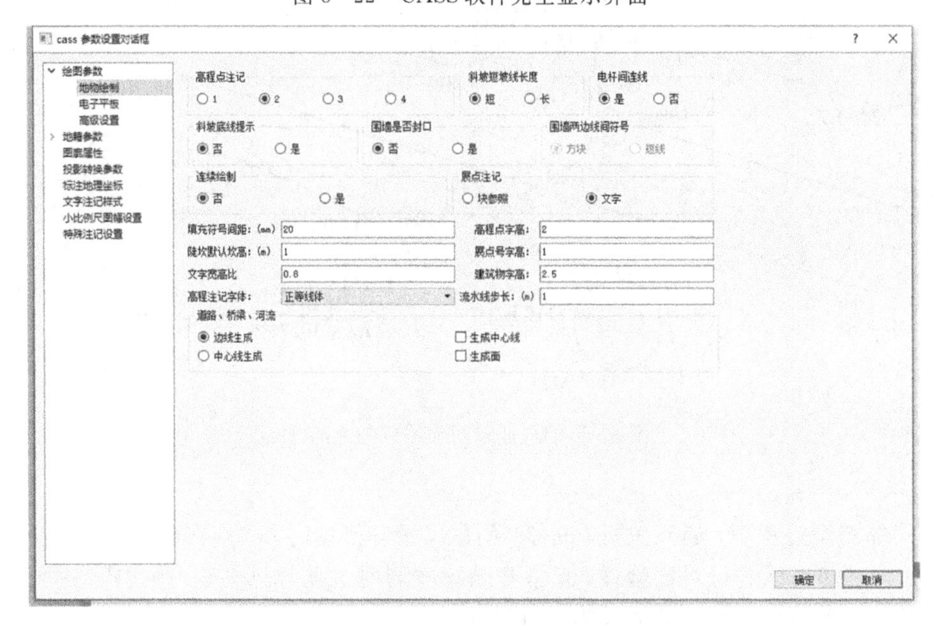

图8-23 cass参数设置对话框

步骤2：展野外测点点号。单击“绘图处理”→“展野外测点点号”，如图8-25所示，输入坐标数据文件名(.dat)，点击“确定”，图面上即可看到所展点号。“野外测点点号”是和草图相对应的，是绘图的依据。

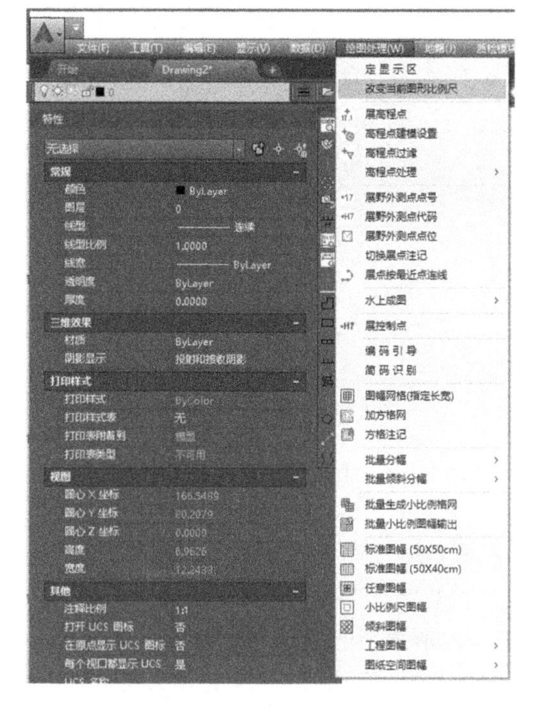

图 8-24 改变当前图形比例尺

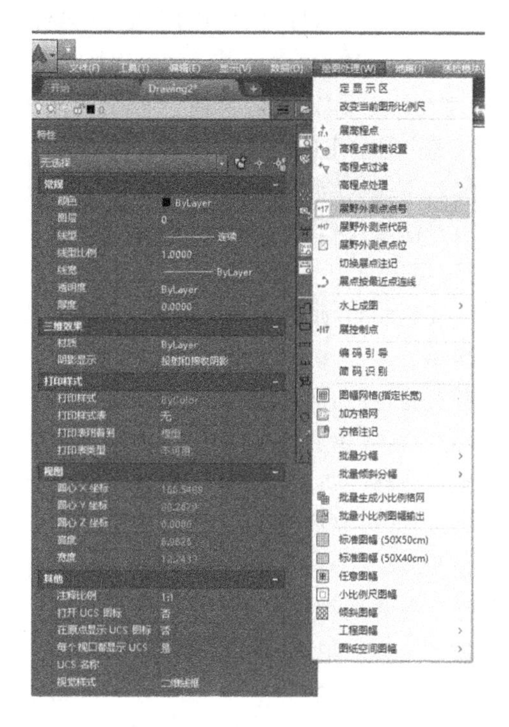

图 8-25 展野外测点点号

步骤 3：展绘控制点。单击“绘图处理”→“展控制点”，如图 8-26 所示，进行相应设置，即可完成控制点展绘。

图 8-26 展控制点

步骤4：绘制居民地房屋和道路设施。绘制居民地房屋：单击屏幕菜单中的“居民地”→“一般房屋”→“四点砼房屋”(砼指混凝土，因CASS软件中用砼代指混凝土，故本书中所有“砼”均不改为“混凝土”)→“1已知三点”，对照野外草图依次捕捉房屋的三个角点，绘出房屋(也可通过命令行输入相应命令，选择相应参数完成绘制)，如图8-27所示。同理可绘出四点房屋、多点房屋、已知二点及宽度的房屋。绘制道路设施：单击屏幕菜单中的“交通设施”选择“平行乡道县道细线边”，在绘图界面内依次给定公路一边的各测点，选择“1边点式”(指定公路另一边上的点)或“2边宽式”(给定公路宽度)即可完成绘制。

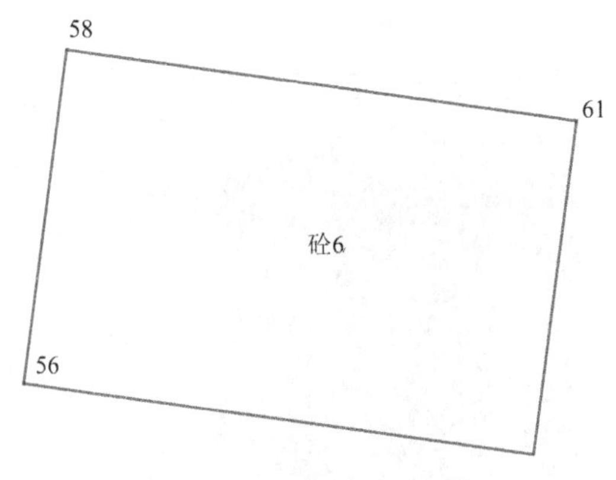

图8-27　绘制居民地房屋

步骤5：绘制其他地形元素。同理可以绘制“屏幕菜单”所列的“控制点”“水系设施”“居民地”“独立地物”“交通设施”“管线设施”“境界线”“地貌特征”“植被特征”“市镇部件”“坐标定位”“文字注记”命令中的下级命令。这些命令都是地形绘图的主题内容。

步骤6：绘制等高线。DTM(digital terrain model)即数字地面模型，它用大量的地面点三维坐标(x，y，z)表示地面，是地面空间位置特征和地形属性特征的数字描述。x、y表示点的平面坐标，z可以表示高程、坡度、温度等地形表面形态的属性信息。当z表示高程时，DTM就是数字高程模型(digital elevation model，DEM)。DTM使二维表示的地形信息3D化。此处所述DTM即DEM，是实现自动绘制等高线的前提。

不规则三角网(TIN)和规则格网(矩形、三角形等)都是DTM的表达形式。地面测绘技术的数据采集方式决定了建立DTM多采用TIN。TIN常用Delaunay三角形法构成，其构成准则是任何一个三角形的外接圆内部不能包含任何其他点。在Delaunay三角网中的每个三角形均可视为一个平面，平面的几何特征完全由三个顶点的空间坐标值(x，y，z)决定。因此，建立DTM就是构成TIN，也即建立DEM。首先检索在野外根据实际地形采集的呈不规则分布的碎部点，判断出最邻近的三个离散碎部点，并将其连接成最贴近地球表面的初始三角形；然后以这个三角形的每一条边为基础，连接邻近碎部点，组成新的三角形；再以新三角形的每条边作为基础连接其他碎部点，不断组成新的三角形；如此继续，所有地形碎部点构成的三角形就组成了TIN。以TIN建立DTM的优点有：三角形的顶点全为实测碎部点，使地貌特征数据得到了充分利用；等高线描绘完全依据碎部点的高程数据，几何精度高，且算法简单；等高线和碎部点的位置关系与原始数据完全相符，减少了模型错误的发生。在不规则三角形的各边上内插高程，经过等值高程点追踪、曲线平滑处理，一簇簇光滑的等高线便绘制出来。

建立DTM：单击“等高线”→“由数据文件生成”→“坐标数据文件名(.dat)”→“显示建三角网结果”，如图8-28所示。可以根据实测地形点与地形的对应情况修改三角网。

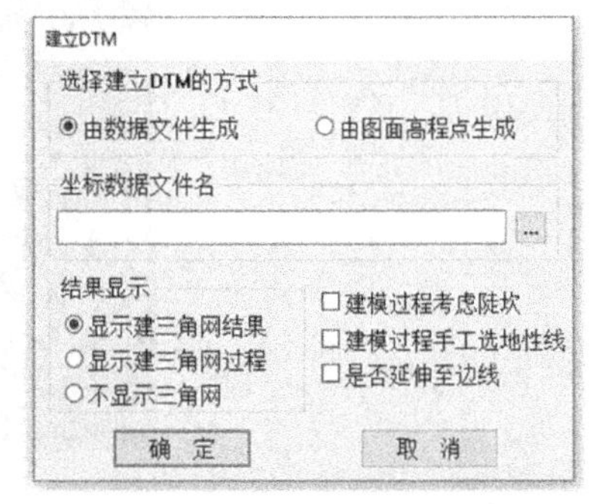

图8-28　建立DTM

绘制等高线：在顶部菜单栏中选择“等高线”→“绘等高程”，输入生成等高距（如 1.0 米），选择拟合方式为“三次 B 样条拟合”（折线拟合方式），点击“确定”，即可清晰看到等高线，如图 8－29 所示。

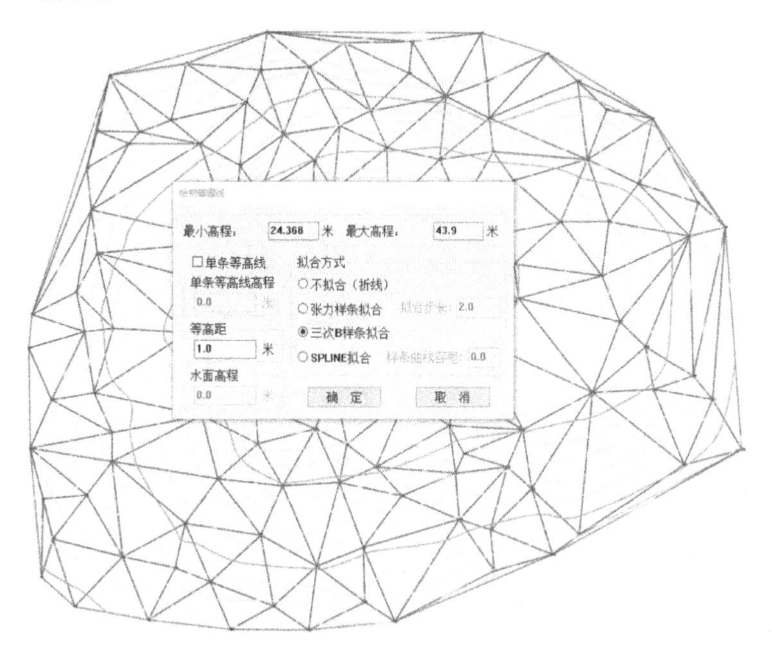

图 8－29 绘制等高线

步骤 7：拼接检查地形图。利用地面测绘技术测绘大比例尺地形图时，若测区面积较大，则一般会分组进行。各组在测区内以线状地物为任务分界线独立完成细分任务。各组完成任务后应将所绘图形和数据整合成为测区的总图和总数据。对任务分界线相邻两组的图形和数据进行拼接检查，可以消除由测量误差和绘图误差引起的任务分界线衔接处的地形偏差，以确保整个测区数据和图形的连贯、合理和完整。当拼接偏差不超限时，相邻的两侧各移动偏差的一半进行修改。否则，外业需检查修改。拼接检查完成后，应利用测区总数据重新建立 DTM，绘制等高线。

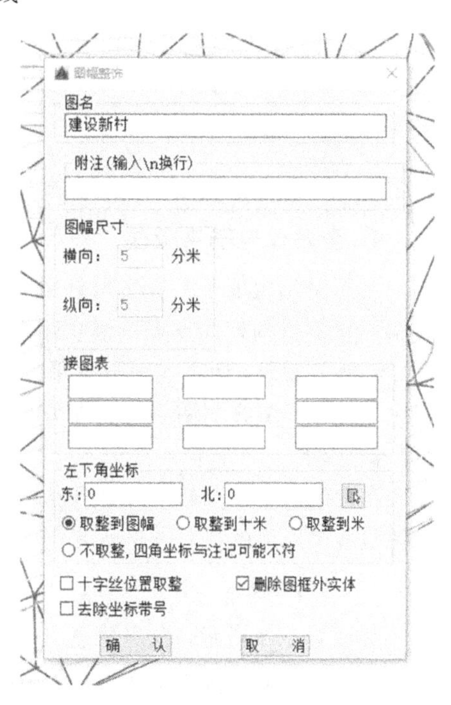

图 8－30 图形分幅与整饰

步骤 8：图形分幅与整饰。单击“绘图处理”，选择“标准图幅（50 cm×50 cm）”，在“图幅整饰”对话框中分别填入图名、接图表信息、左下角坐标和其他说明信息，如图 8－30 所示，点击“确认”，则软件自动完成分幅和整饰。分幅、整饰后的图幅如图 8－31 所示。分幅、整饰可以单幅进行，在面积大、图幅多的情况下也可批量进行。

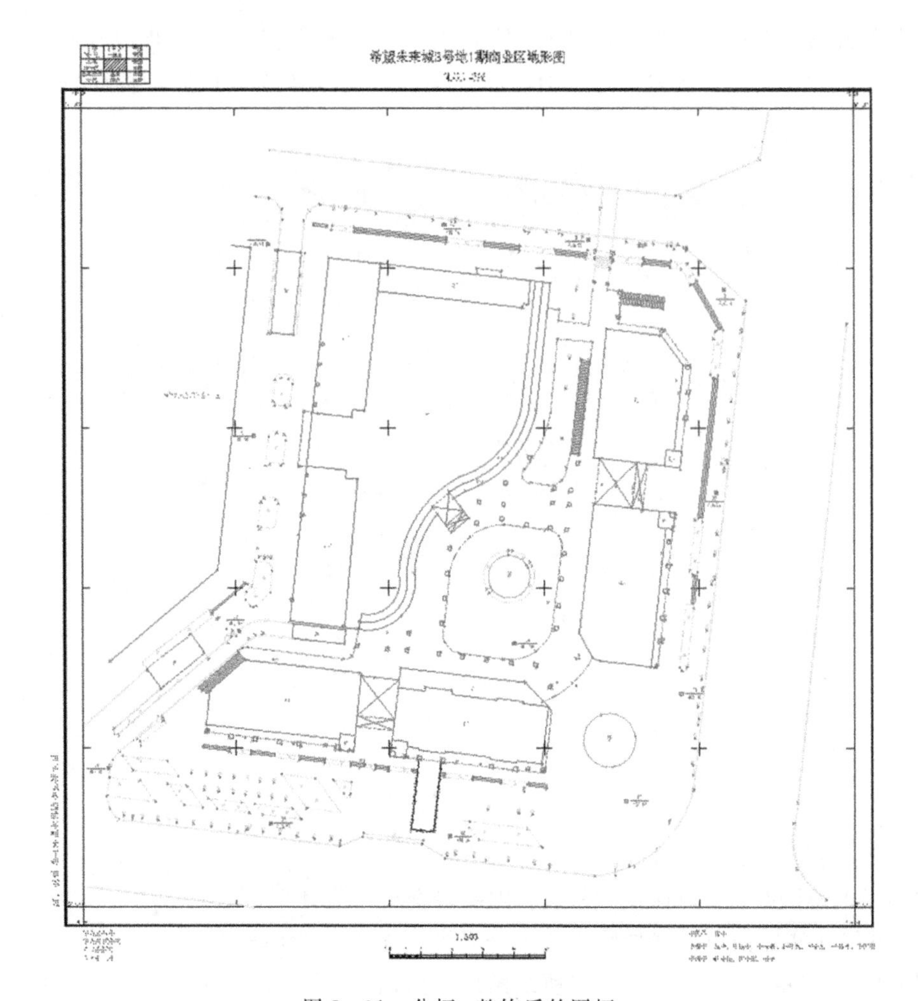

图 8-31 分幅、整饰后的图幅

4. 全站仪电子平板法

利用全站仪电子平板法野外采集数据时，使用笔记本电脑或掌上电脑与全站仪连接，将全站仪测得的地形点点位信息输入电脑并显示在电脑屏幕上，可边测边绘，无需绘制草图、记地形编码，便可实现数据采集和成图一体化，编辑修改非常方便。在全站仪电子平板法中，南方 CASS 测图系统、清华山维 EPSW 测图系统、威远图 SV300 测图系统等都得到了广泛应用。

下面结合南方 CASS 测图系统介绍全站仪电子平板法。该法需要观测员、电脑绘图员和立镜员各 1 人组成基本作业小组。测图前，将测区内的控制点录入测图系统，以备使用。

1）测站准备

如图 8-32 所示，在测站点 A 上安置全站仪，量取仪器高 i_A；设置全站仪参数，蓝牙连接笔记本电脑；将测站点点名、测站点坐标(x_A，y_A，H_A)、仪器高 i_A、后视点点名、后视点坐标(x_B，y_B，H_B)和棱镜高 v_B 输入全站仪。

(1) 启动 CASS，如图 8-22 所示。在窗口中单击“文件”→“cass 参数设置”后，单击“电子平板”选项卡，如图 8-33 所示，选择仪器类型、通讯口、波特率等，单击“确定”按钮。

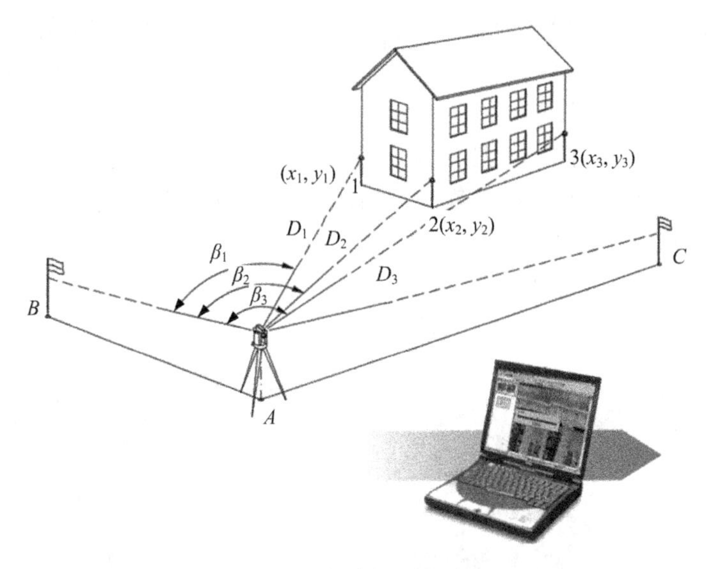

图 8-32 全站仪电子平板法

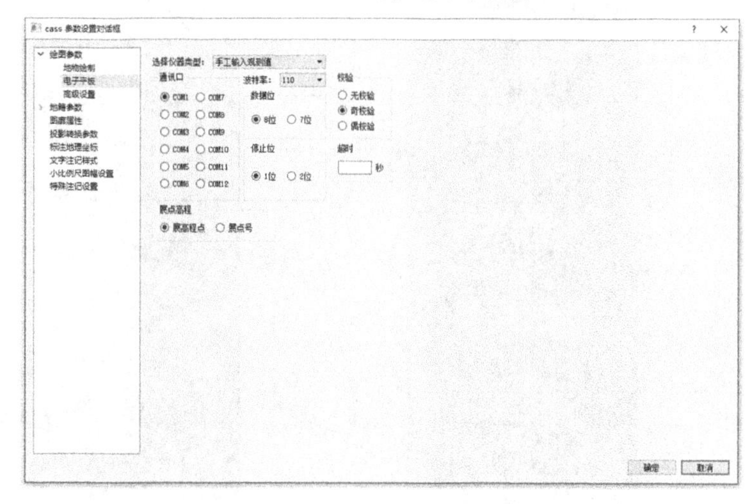

图 8-33 电子平板参数设置

(2) 展绘已知控制点。在窗口中单击“绘图处理”→“展控制点”，选择本测区控制点坐标文件，控制点即显示在屏幕上，如图 8-26 所示。

(3) 测站设置。单击右侧屏幕菜单中的“坐标定位”→“电子平板”，显示“电子平板测站设置”对话框，如图 8-34 所示，在测站点、定向点的文本框中输入相应的坐标和高程，选择定向方式为“定向点定向”，单击“确定”，全站仪即可进行定向和后视检核。经检核符合要求后，即可进行测图工作。

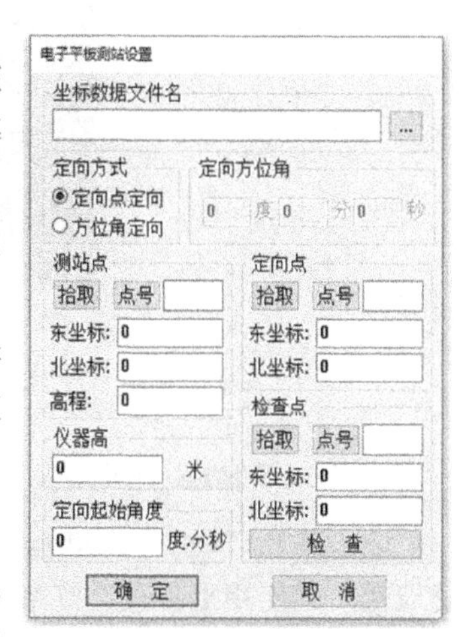

图 8-34 电子平板测站设置

2) 测图

CASS 电子平板法测图是指利用碎部点三维坐标(x，y，H)，在 CASS 窗口右侧的屏幕菜单中点取相应图层的符号命令进行绘图。例如，测一“开采的平洞洞口”，在 CASS 窗口右侧屏幕菜单中单击“独立地物”→“矿山开采”，如图 8－35 所示，再选中“开采的平洞洞口”，由全站仪传入开采平洞洞口的观测值(x，y，H)，即可将开采平洞洞口的符号绘在屏幕上。又如，测量一幢混凝土结构的楼房，先在屏幕菜单中单击“居民地”→“一般房屋”，便弹出如图8－36 所示的对话框，选中“四点砼房屋”并单击“确定”按钮，全站仪测量楼房特征点并传回数据，楼房符号便自动显示在屏幕上，加注楼层。也可以使用“绘图工具”绘制地物，利用系统的编辑功能进行文字注记、复制、删除等。

电子平板法的不足之处是电子屏幕在阳光下会给操作造成困难，且电脑容易损坏。但是这些系统大部分既能用电子平板法测图，也能兼用测记法测图。

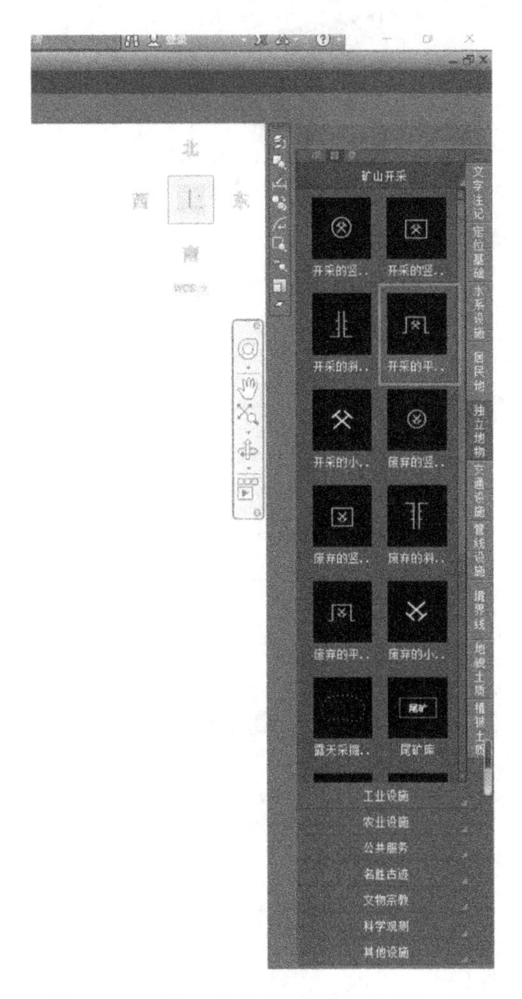

图 8－35 “独立地物”→“矿山开采”→“开采的平洞洞口”对话框

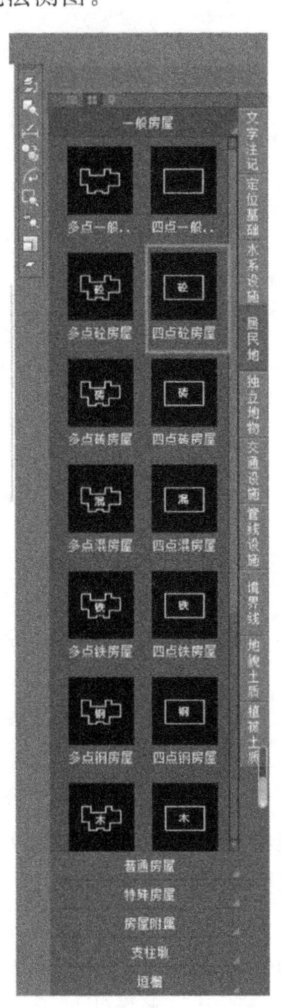

图 8－36 “居民地”→“一般房屋”→“四点砼房屋”对话框

5．GNSS-RTK 测记法

GNSS-RTK 可分为单基站 RTK 和网络(CORS)RTK。当前网络(CORS)RTK 已被广泛应用，其使用更方便，效率更高。下面介绍利用 GNSS-RTK 测记法进行数字地形测绘的工作步骤。

1）安置基准站

将GNSS接收机(基站)安置在一个已知点上作为基准站(也可安置在信号开阔的未知点上)，在3m以外安置天线，连接电台、天线、接收机和电源，并对电台进行相应的频道设置。

当GNSS接收机在卫星定位连续运行参考站系统(GNSS-CORS)的作用范围内工作时，与安置基准站相关的工作将不再开展，且数据采集将变成一件十分轻松的事情。

2）联测已知点，转换坐标

在测区范围内至少选取2个已知点，利用已知点上所采集的WGS-84坐标与用户已知坐标来计算坐标系转换参数，以便把WGS-84坐标转换到用户坐标系中。

当测区控制网是GNSS静态网时，应该直接使用GNSS静态网平差成果中的转换参数，但不能超出GNSS静态网的覆盖范围。

3）碎部点数据采集

利用至少1个流动站进行碎部点数据采集。测量员将GNSS接收机(流动站)对中杆放置在待测碎部点上，GNSS接收机接收卫星信号和通过无线电台接收基准站发来的信号，自动进行差分处理，实时解算出碎部点的三维坐标，在工作手簿(PDA)指定的工作目录下自动存储。解算过程无需人工干预，数据采集仅数秒钟就能完成。测量员要观察工作手簿，当GNSS接收机接收有效卫星数大于或等于5，PDOP≤6且固定解时，才可按下记录键，完成数据采集。

4）检核

GNSS-RTK在采集碎部点坐标过程中，遇到关机、停测再开始工作时，必须对已知点(固定点)进行测量，并与已知坐标进行比对检核；正常开测与收测时也与已知点(固定点)进行比对检核，以保证整个过程中数据采集的可靠性。通常情况下，平面坐标分量较差不大于5 cm(限差小于或等于图上0.2 mm)，高程较差不大于7 cm(限差小于或等于$0.2h_d$，其中h_d代表基本等高距)，即可认为数据采集可靠。

5）绘图

每天外业结束后，及时将工作手簿中的数据转存至电脑，并提取、编辑成绘图所需格式，进行地形绘图，注意做好原始数据备份。利用GNSS-RTK测记法进行地形图绘图的操作方法与利用全站仪测记法进行地形图绘图的操作方法一致。利用GNSS-RTK测记法进行地形图绘图的工作与利用全站仪测记法进行地形图绘图的工作相似，在利用GNSS-RTK测定碎部点坐标的同时绘制草图，并在草图上记录相应的点位属性信息，或记录属性及关系编码。数字地形图的绘制在计算机上进行，通过专用地形图成图软件来完成。

在建筑物或树木等障碍物较少的地区，采用GNSS-RTK测记法进行地形图测绘的工作效率明显高于其他方法的。

6. 数据采集的辅助方法

碎部测量过程中的大量碎部点信息、属性用草图或编码表示，并在施测现场手工绘制、记录完成；而点位信息(x，y，H)是全站仪根据极坐标原理或GNSS-RTK通过卫星定位原理测定出来的，仪器自动记录。但野外实际情况是复杂的，在全站仪或GNSS-RTK不能实现数据采集的个别情况下，要采用一些辅助方法。

常用的辅助方法有直角坐标法和距离交会法。对于建筑物凹凸部分，可用直角坐标法测量；对于个别独立地物，可用距离交会法测量。实际测量时辅助方法一般只确定碎部点的平面位置，由辅助方法测量数据，然后利用数字化绘图软件完成绘图，对其点位信息同样可在计算机绘图软件中进行输入、编辑、存储和显示等数字化操作。如图 8-37 所示是直角坐标法，对于一幢两侧凹凸的建筑，用全站仪技术只测量了最外四角，其他凹凸部分则用皮尺等工具量出距离，用草图记录下来，内业利用数字化绘图软件完成绘图。上述方法是以建筑物四角以及凹凸部分均是直角为前提的，不适合异形建筑。

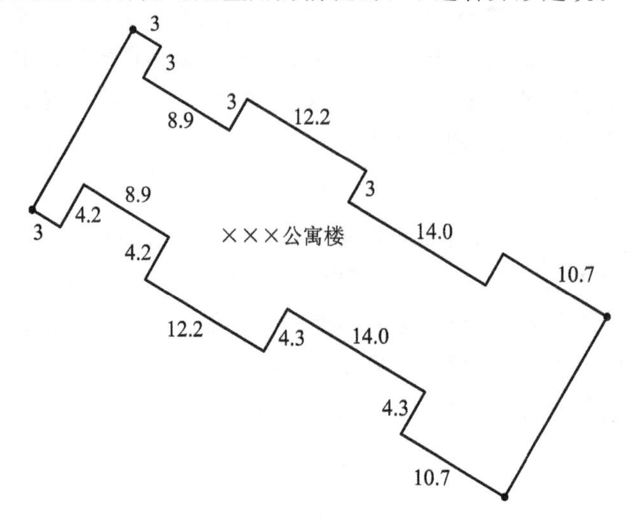

图 8-37 直角坐标法

7. 地面三维激光扫描技术

三维激光扫描仪也称激光雷达(LiDAR)，是发射激光束并接收回波以获取目标三维坐标信息的系统，可以搭载在汽车、无人机等不同平台上工作。地面三维激光扫描技术是将激光雷达(LiDAR)直接安置在地面上进行三维扫描测量的测绘技术。

三维激光扫描仪是由免棱镜激光测距系统与电子角度测量系统组合而成的自动化快速测量系统。面对复杂的地形，三维激光扫描仪在地面进行快速扫描测量，直接获得激光点所接触地形表面的水平方向、天顶距(竖直角)、斜距和反射强度，自动存储并计算，获得点云数据。点云数据经过计算机处理后，结合 CAD 可快速重构被测地形的三维模型及线、面、体、空间等地形绘图所需数据，从而绘制地形图，完成地形测绘。三维激光扫描仪最远测量距离可达数千米，最高扫描频率可达每秒几十万点，竖向扫描角 θ 接近 90°，横向可绕仪器竖轴进行 360°扫描，扫描数据可通过 TCP/IP 协议自动传输到计算机上，外置数码相机拍摄的场景图像可通过 USB 口同时传输到电脑中。

由于地面三维激光扫描仪测距范围以及视角的限制，要完成大测区完整的三维数据获取，需要布设多个测站，且需要多视点扫描来弥补点云空洞。除了每个测站以仪器中心为原点建立的独立扫描坐标系，还需建立一个统一的大地坐标系(用户坐标系)。因此，需要先建立地面控制网，以地面控制点为基础获得扫描仪中心与后视靶标的大地坐标(用户坐标)，再将扫描坐标系转换为大地坐标系(用户坐标系)。

1）点云数据采集

地面点云数据采集主要包括踏勘、控制网布设、靶标布设、扫描作业4个步骤。

（1）踏勘。踏勘的目的是现场了解扫描目标的范围、形态及需要获取的重点目标等，以便完成扫描作业方案的整体设计。其中最重要的是扫描测站位置的选择。扫描测站应该满足以下要求：相邻两扫描测站之间有适度的重合区域；扫描测站要尽量避免其他物体的遮挡，以保证获取点云的完整性及后续配准的可能性；扫描测站与地面目标的距离选择应适当，根据所用仪器的参数，扫描目标应控制在一般测程之内，以保证点云数据的质量。

（2）控制网布设。对于较大测区可布设导线网或GNSS控制网，扫描测站和后视点可用GNSS-RTK技术布设。若采用导线测量技术布设控制网，应做到控制点间通视良好、间距大致相等，控制点选在有利于仪器安置且受外界环境影响小的地方。平面控制可按二级导线技术要求进行测量，高程可按四等水准进行测量，经过平差后得到各控制点的三维坐标成果。

（3）靶标布设。扫描测站位置选定后，按照测站的分布情况进行靶标的布设，靶标主要有平面靶标、球形靶标、自制靶标等几种形式。平面靶标和自制靶标都属于单面靶标，当入射偏角较大时，容易产生较大的测量偏差或无反射信号，导致靶标畸变，不利于后续的靶标坐标提取；球形靶标具有独特的优点，它是一个球体，从四周任意角度扫描都不会变形，所以基于球形靶标提取的靶标坐标精度高、配准误差小。通过靶标配准统一各测站点云坐标时，靶标的布设应满足一定要求，具体如下：相邻两测站之间至少需扫描3个或3个以上靶标位置信息，以作为不同测站间点云配准转换的基准；靶标应分散布设，不能放置在同一直线或同一高程面上，以防止配准过程中出现无解情况；在条件许可的情况下，尽量选择球形靶标，这样不仅可以克服扫描位置不同所引起的靶标畸变问题，还可以提高配准精度。

（4）扫描作业。扫描的目的是获取地形点的三维坐标数据，从而建立精确的数字地面模型，提取等高线，绘制地形图。扫描点云数据配准统一坐标时，每个测站至少需要3个靶标参与坐标转换，每个测站扫描的点云坐标通过靶标中心坐标进行转换。因此，多个测站点云数据的配准不产生累积误差。

根据扫描方案，在每个扫描测站上应采用不同的分辨率进行扫描。首先，以非常低的分辨率（如1/20分辨率）扫描整体场景；然后，选择欲采集区域，按照正常分辨率（如1/4分辨率）扫描该区域。扫描结束后分别保存区域点云文件。在提取扫描测站与后视靶标坐标时，应确保提取精度，否则无法将各测站的点云数据转换到同一个坐标系统中。

2）点云数据处理

三维激光扫描数据的处理是一项十分复杂的工作。从三维建模过程来看，激光扫描数据处理可分为以下3个步骤：点云数据获取、点云数据加工处理、建立空间三维模型。根据数据处理主题的不同，激光扫描数据处理的步骤可进一步细分为：点云数据获取、数据配准、点云数据合并、网格建立、数据缩减、数据分割、数据分类和曲面拟合、数据分析、点云分层、等高线拟合、空间三维模型建立和纹理映射等。如图8－38所示为激光扫描数据处理流程简图。此外，进行点云数据分析时，需进行必要的去噪，删除非地形数据信息。利用三维激光扫描仪进行地形图生产的主要工序分为建立空间三维模型、拟合等高线、提取地物信息、绘制地形图。

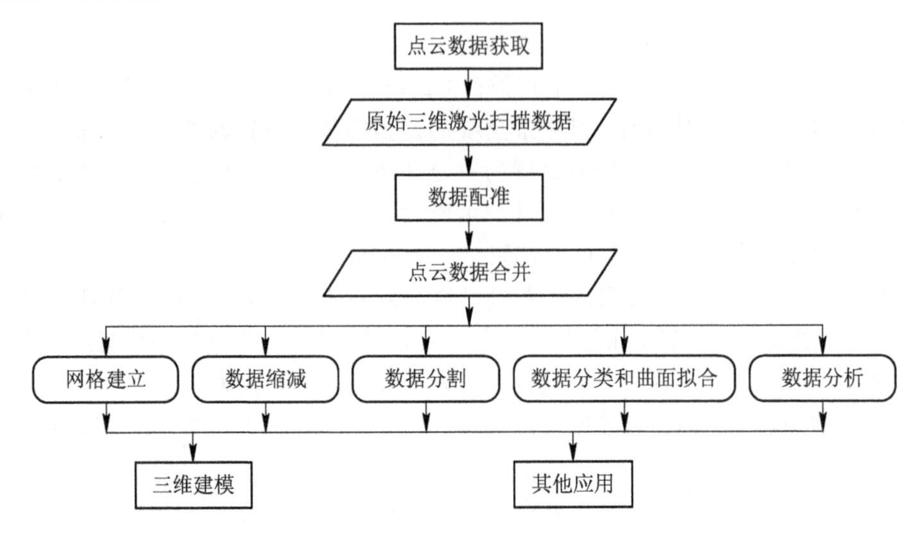

图 8-38 激光扫描数据处理流程简图

8. 地形图的质量检查

为确保地形图的质量，除施测过程中要加强自查和互查外，在地形图测绘完成后，还应由测绘成果质检部门或用户委托第三方对成图质量做一次全面检查，包括内业检查和外业检查。经过质量检查合格的成果才能提交用户使用。

(1) 内业检查：包括图上地物、地貌是否清晰、易读，各种符号、注记是否准确，等高线与地形点高程是否相符，图边拼接是否正确，图外整饰质量是否合格等。如发现内业不能修改的错误或疑问，应到野外进行实地检查、修改。

(2) 外业检查：分为巡视检查和仪器设站检查。巡视检查应根据内业检查的具体情况，有计划、有重点地确定巡视路线，进行实地对照查看，主要检查地物、地貌有无遗漏，等高线是否逼真、合理，符号、注记是否准确等。仪器设站检查是针对内业检查和巡视检查发现的问题，在控制点上安置仪器再进行检查。

除对发现的错误进行修改外，还要进行质量评定。以图幅为单位，随机选取 20～50 个碎部点，实地检测坐标和高程，计算点位中误差和高程中误差；随机选取至少 20 条边，实地检测距离，计算相邻点间距离相对中误差。与限差比较，不超限就是合格。

8.5.3 图解地形图的数字化

对已有地形图，可以利用扫描仪进行图形输入，用专门的程序把扫描获得的栅格数据转换成矢量数据，从中提取图形的点、线、面信息，然后编辑处理。采用扫描仪扫描等高线地形图是最有效的方法。因为等高线地形图绘制精细，并且有许多闭合圈而没有交叉线，所以用扫描仪扫描时，只要将激光束引导到等高线的起点，激光束就会自动沿等高线移动，并记录坐标，碰到环线的起始点或单线的终点时就自动停止，再进行下一条等高线的扫描。

扫描地形图使用的工程扫描仪有平台式和滚筒式两种，幅面可选用 A1(841 mm×597 mm)幅面或 A0(1189 mm×841 mm)幅面。《1∶500 1∶1000 1∶2000 地形图数字化规范》规定扫描仪的分辨率应不小于12点/cm(300 dpi)。对着好墨、图面清晰的聚酯薄膜底图，扫描分辨率一般设置为300 dpi(dot per inch，即每英寸点数)；对没有着墨的铅笔聚酯薄膜原图，扫描分辨率一般设置为450～600 dpi。扫描获得的栅格图像文件格式一般为TIFF、PCX或BMP。完成图纸的扫描后，线的修改在编辑菜单中进行。

8.5.4　地形测绘内容及取舍要求

在这里，地形测绘内容及取舍是指大比例尺地形图地物、地貌要素的测绘内容及取舍和要素间表示与配合。在计算机地形绘图过程中，当有人工干预或进行数字地形图质量检查时，均需熟知地形测绘内容及取舍要求，具体执行《工程测量标准》(GB 50026—2020)、《国家基本比例尺地图图式 第1部分：1∶500 1∶1000 1∶2000地形图图式》(GB/T 20257.1—2017)和《国家基本比例尺地图图式 第2部分：1∶5000 1∶10 000地形图图式》(GB/T 20257.2—2017)等标准。在《工程测量标准》(GB 50026—2020)中，分别对一般地区、城镇建筑区、工矿区、水域等四种不同地形类别进行了具体规定，读者可以参考学习。地形测绘内容及取舍要求通常如下所述。

(1) 测量控制点。

测量控制点是地形测绘和工程施工测量的主要依据，在地形图上应精确表示。各等级平面控制点(GNSS点、导线点、三角点、埋石图根控制点)和高程控制点(水准点等)均要以其坐标为定位点，使用相关图式符号表示。

(2) 水系。

① 海洋应测绘海岸线位置，海岸线按当地多年大潮、高潮所形成的实际痕迹施测。江、河、湖、水库、池塘、泉、井及其他水利设施应准确测绘表示，有名称的要加注名称。根据需要可测注水深，也可用等深线或等高线表示水下地貌。

② 河流、溪流、湖泊、水库等水涯线按测图时的水位表示。水涯线、陡坎线在图上距离小于1 mm时以陡坎线符号表示。河流、沟渠在图上宽度小于1 mm时可用单线表示。

③ 水位及实测日期根据需要测注。水渠测注渠顶边和渠底高程，时令河测注河床高程，堤、坝测注顶部及坡脚高程，池塘测注塘顶边及塘底高程，泉测注出水口高程，井测注井台高程，并根据需要注记井深。

(3) 居民地及设施。

① 准确测绘居民地的各类建筑物、构筑物及主要附属设施的外围轮廓，房屋的轮廓应以墙基外角为准，并按建筑材料和建筑结构分类，注记层数。临时性建筑可舍去。

② 测绘垣栅时应类别清楚，取舍得当。城墙按城基轮廓依比例尺表示，围墙、栅栏、栏杆等可根据其永久性、规整性、重要性综合取舍。

③ 台阶和室外楼梯长度大于图上3 mm，宽度大于图上1 mm时应表示出来。采用1∶500比例尺测图时，房屋内部天井宜表示出来。

④ 建筑物和围墙轮廓凹凸在1∶500比例尺地形图上小于1 mm，在其他比例尺地形图上小于0.5 mm时，可用直线连接。

⑤ 永久性门墩、支柱大于图上1 mm时依比例实测，小于图上1 mm时测量其中心位置，用非比例尺符号表示。重要的墩柱无法直接测量中心位置时，根据偏心距和偏心方向进行改算。

⑥ 建筑物上凸出的悬空部分应测量最外围的投影位置，并实测主要的支柱。

⑦ 能依比例尺表示的独立地物，实测其外轮廓，填绘符号；不能依比例尺表示的独立地物，准确表示其定位点或定位线，配以符号表示。

(4) 交通。

① 交通及附属设施的测绘，图上要准确反映陆地道路的类别和等级，附属设施的结构和关系；正确处理道路的相交关系及与其他要素的关系；正确表示水运和海运的航行标志、河流的通航情况、各级水路的相关关系。里程碑应实测其点位，并注明里程数。铁路、公路应在图上每隔 10 cm(山区公路 5 cm)及地形起伏变换处、桥隧建筑物处测注高程点。

② 双线道路在图上按实宽依比例尺表示。铁路测注内轨轨面高程；涵洞测注洞底高程；公路在图上每隔 15～20 cm 注记公路技术等级代码、编号和名称；公路、街道按其铺面材料分为水泥、沥青、砾石、条石或石板、硬砖、碎石、土路等，分别以"砼""沥""砾""石""砖""碴""土"等注记于图上，铺面材料变换处用点线分开；道路交叉口测注道路的走向。

③ 路堤、路堑按实地宽度绘出边界，并应在其坡顶、坡脚适当测注高程。桥梁应实测桥头、桥身和桥墩位置，并加注建筑结构。

④ 道路通过居民地时不宜中断，应按真实位置绘出。高速公路绘出两侧围栏和出入口。中央分隔带视用图需要表示出来。市区街道应将车行道、人行道、过街天桥、过街地道的出入口、分隔带、绿化带、环岛和街心花园绘出。

⑤ 大车路、乡村路、内部道路实测宽度小于图上 1 mm 时只测中线，用小路符号表示。

⑥ 1∶2000、1∶5000 地形图可适当舍去车站范围内的附属设施，小路可以选择测绘。

(5) 管线。

① 管线转角位置应实测。永久性的电力线、电信线应准确表示出来，电杆、铁塔位置也应实测。当多种线路在同一杆架上时，表示主要的线路。城市建筑区电力线、电信线可不连线，但应在杆架处绘出线路方向。管线密集时选择主要的测绘。各种管线应做到线类分明、走向连贯。

② 架空的、地面上的、有管堤的管道应实测，分别用相应符号表示，并注明传输物资的名称。当架空管道直线部分的支架密集时，可适当取舍。

③ 污水箅子、消防栓、阀门、水龙头、电线箱、电话亭、路灯、检修井均应实测中心位置，以符号表示，必要时标注用途。

(6) 地貌。

① 图上应正确表示地貌形态、类别和分布特征。

② 自然形态的地貌用等高线表示，崩塌残蚀地貌、坡、坎和其他特殊地貌用相应符号表示，或用等高线配合符号表示。当等高线密集、两根计曲线平距在图上小于 2 mm 时，首曲线可省略不绘。在山顶、鞍部和斜坡方向等高程不易判读的等高线上，加绘示坡线，示坡线长 0.8 mm。计曲线注记高程。

③ 各种天然形成和人工修筑的坡、坎，其坡度在 70°以上时表示为陡坎，坡度在 70°以下时表示为斜坡。斜坡在图上投影宽度小于 2 mm 时，以陡坎符号表示。当坡、坎比高小于 1/2 基本等高距或在图上长度小于 5 mm 时，可不表示。坡、坎密集时，可适当取舍。

④ 梯田坎顶到坡脚宽度在图上大于 2 mm 时，实测坡脚。采用 1∶2000 比例尺测图时，

梯田坎过密，两坎间距在图上小于5 mm时，可适当取舍。梯田坎较缓且范围较大时，可用等高线表示。

⑤ 坡度在70°以下的石山和天然斜坡，可用等高线或用等高线配合符号表示。独立石、土堆、坑穴、陡坡、斜坡、梯田坎、露岩等应在上下方分别测注高程(或比高)。

(7) 植被与土质。

① 地形图要正确反映植被与土质的类别特征和范围分布。对耕地、园地实测范围，配置相应的符号表示。大面积分布的植被在能表达清楚的情况下，可采用注记说明。同一地段生长有多种植物时，可按经济价值和数量多少适当取舍，符号配置不得超过3种。

② 旱地包括种植小麦、杂粮、棉花、烟草、大豆、花生、油菜等的田地，经济作物、油料作物应加注品种名称。有节水灌溉设备的旱地应加注“喷灌”“滴灌”等。一年多季种植不同作物的耕地，应以夏季主要作物为准配置符号。

③ 在图上大于1 mm的田埂宽度用双线表示。田块内应测注有代表性的高程。

④ 各种土质用相应的图式符号表示，大面积沙地用等高线加注记表示。

(8) 注记。

① 各种名称、说明和数字注记要准确注出。居民地、厂矿、机关、学校、医院、山岭、水库、河流和道路干线等的名称均应调查核实，有法定名称的则以法定名称为准。

② 高程注记点要分布均匀，丘陵地区为图上2～3 cm。

③ 山顶、鞍部、山脊、山脚、谷底、谷口、沟底、沟口、凹地、台地、河川湖池岸旁、水涯线上以及其他地面倾斜变换处均应测注高程点。

④ 基本等高距为0.5 m时，高程注记至cm；基本等高距大于0.5 m时，高程可注至dm。

(9) 地形要素间的配合。

① 当两个地物中心重合或接近，难以同时准确表示时，可将较重要的地物准确表示，次要地物移位0.3 mm或缩小1/3表示。

② 独立地物与房屋、道路、水系等其他地物重合时，可中断其他地物符号，间隔0.3 mm，将独立地物完整绘出。

③ 房屋或围墙等高出地面的建筑物，直接建筑在陡坎或斜坡上且建筑物边线与陡坎上沿线重合的，可用建筑物边线代替坎坡上沿线；当坎坡上沿线距建筑物边线很近时，可移位间隔0.3 mm表示。

④ 悬空在水上的房屋与水涯线重合时，可间断水涯线，房屋照常绘出。水涯线与斜陡坎重合时，可用陡坎边线代替水涯线；水涯线与坡脚线重合时，仍应在坡脚将水涯线绘出。

⑤ 双线道路与房屋、围墙等高出地面的建筑物边线重合时，以建筑物边线代替道路边线。道路边线与建筑物的接头处间隔0.3 mm。

⑥ 地类界与地面上有实物的线状符号重合时，可省略不绘；与地面上无实物的线状符号(如架空管线、等高线等)重合时，可将地类界移位0.3 mm绘出。

⑦ 等高线遇到房屋及其他建筑物、双线道路、路堤、路堑、坑穴、陡坎、斜坡、湖泊、双线河以及注记等时均应中断。

8.6 地籍图测绘

地籍是反映土地及其附属物的权属、位置、数量、质量和利用现状等基本情况的资料。测定和调查地籍资料并编绘成地籍图的工作称为地籍测量。地籍测量方法是指获取地籍要素各测量点之间几何关系数据的技术方法，即对地块权属界线的界址点坐标进行精确测定，并把地块及其附着物的位置、面积、权属关系、形状、数量和利用状况等要素测绘成地籍图，以提供完整的地籍资料，为地块的产权管理、税收、规划、市政、环境保护、统计等提供科学依据。地籍测量的成果包括数据集(控制点和界址点坐标等)、地籍图和地籍册。

8.6.1 地籍测绘概述

(1) 地籍测绘的任务：测定行政区划界和土地权属界的位置及界址点的坐标；调查土地使用单位的名称或个人姓名、住址和门牌号、土地编号、土地数量、面积、利用状况、土地类别及房产属性等；由测定和调查获取的资料和数据编制地籍数字册和地籍图，计算土地权属范围面积；进行地籍更新测量，包括地籍图的修测、重测和地籍簿册的修编工作。

(2) 地籍测绘的作用：为土地整治、土地利用、土地规划和土地政策制定提供可靠的依据；为土地登记和颁发土地证，保护土地所有者和使用者的合法权益提供法律依据，地籍测绘成果具有法律效力；为研究和制定征收土地税或土地使用费的标准提供准确的科学依据。

(3) 地籍测绘的原则：地籍测绘工作人员必须严格按照《地籍调查规程》(TD/T 1001—2012)和《地籍测绘规范》(CH 5002—1994)进行工作，特别是地产权属境界的界址点位置必须满足规定的精度。界址点正确与否，涉及个人和单位的权益问题。同时，遵守道德规范，严格职业操守，不偏不倚，严守秘密。

8.6.2 地籍控制测量

1. 地籍控制测量的含义

地籍控制测量是地籍图件的数学基础，是关系到界址点精度的全局性的技术环节。它是根据界址点及地籍图的精度要求，结合测区范围的大小、测区内现有控制点数量和等级情况，按控制测量的基本原则和精度要求进行技术设计、选点、埋石、野外观测、数据处理等的测量工作。

地籍控制测量包括地籍基本控制测量和地籍图根控制测量，前者是测区的首级控制，后者是直接为测图服务的扩展控制，两者构成了测区控制网的两个不同层次。这样既可保证测区控制点精度分布均匀，又可满足测区设站的实际要求。

2. 地籍控制测量原则

地籍控制点是进行地籍测量和测绘地籍图的依据。地籍控制测量必须遵循从整体到局

部、由高级到低级分级控制(或越级布网)的原则。

地籍基本控制测量可采用三角网(锁)、测边网、导线网和GNSS相对定位测量网进行施测，施测的地籍基本控制网点分为一、二、三、四等和一、二级，精度高的网点可作为精度低的控制网的起算点。在等级地籍基本控制测量的基础上，地籍图根控制测量主要采用导线网和GNSS相对定位测量网施测，施测的地籍图根控制网点分为一、二级。

3. 地籍控制测量的特点

地籍控制测量有如下特点：

(1) 因地籍图的比例尺比较大(1:2000～1:500)，故平面控制精度要求较高，以保证界址点和图面地籍元素的精度要求。

(2) 地籍元素之间的相对误差限制较严。例如，相邻界址点间距、界址点与邻近地物点间距的误差不超过0.3mm。因此，应保证平面控制点的点位精度。

(3) 城镇地籍测量由于城区街区街巷纵横交错，房屋密集，视野不开阔，故一般采用导线测量来建立平面控制网。

(4) 为了保证实地勘丈的需要，基本控制测量和图根控制测量必须有足够的密度，以便满足细部测量的要求。

(5) 规程中规定界址点的中误差为±5 cm，因此高斯投影的长度变形是不可忽视的。当城市位于3°带的边缘时，可按照《城市测量规范》(CJJ/T 8—2011)采取适当措施。

(6) 地籍图根控制点的精度与地籍图的比例尺无关。地形图控制点的精度一般用地图的比例尺精度来要求(地形图根控制点的最弱点相对于起算点的点位中误差为0.1 mm×比例尺分母M)，界址点坐标精度通常以实地具体的数值来标定，而与地籍图的精度无关。一般情况下，界址点坐标精度要求等于或大于其他地籍图的比例尺精度。如果地籍图根控制点的精度能满足界址点坐标精度要求，则也可满足测绘地籍图的精度要求。

现代地籍的一个重要用途是其资料能用于城市规划、土地利用总体规划各类工程设计。因此，为了达到这个目的，所有的地籍数据和图在大区域内必须能进行拼接并且不发生矛盾，否则，不但给管理带来不便，而且其数据也难用于规划设计。所以，要求控制测量应有较高的绝对定位精度和相对定位精度，同时其精度指标应有极高的可靠性。

8.6.3 地籍调查

地籍调查是土地管理的基础工作，内容包括土地权属调查、土地利用状况调查和界址调查，目的是查清每宗(块)土地的位置、权属、界线、数量、用途和等级及其地上附着物、建筑物等基本情况，满足土地登记的需要。地籍调查底图可采用1∶1000～1∶500的大比例尺地形图，也可采用与上述相同比例尺的正射影像图或放大航片。没有上述图件的地区，可利用城镇规划图件作为调查底图，在调查时，按街坊或小区现状绘制宗地关系位置图，避免出现重漏。根据城镇的具体情况，在调查底图上标绘调查范围界线、行政界线，统一进行街道、街坊划分。地籍调查的工作程序如下：

(1) 收集调查资料，准备调查底图；

(2) 标绘调查范围，划分街道、街坊；

(3) 分区、分片发放调查指界通知书；

(4) 实地进行调查、指界、签界；

(5) 绘制宗地草图；

(6) 填写地籍调查审批；

(7) 调查资料整理归档。

8.6.4 地籍图测绘

地籍图是必要的地形要素和地籍要素的综合。地籍要素是指行政界线、权属界址点、界址线、地类界线、块地界线、保护区界线；建筑物和构筑物；道路和与权界线关联的线状地物；水系和植被；调查房屋结构与层数、门牌号码、地理名称和大的单位名称等。地籍要素测量成果应能满足地籍图编制、面积量算和统计的要求。城市地籍图的比例尺应按照表8-19的规定选取。

表 8-19 城市地籍图的比例尺

地区类别	大城市市区	中、小城市市区，大独立工矿区	郊县城镇、小独立工矿区
比例尺	1∶500		1∶1000

1. 地籍权属调查资料的核实

进行地籍要素测绘之前，应对地籍权属调查资料加以核实。核实工作应在土地管理部门已完成地籍权属调查工作的基础上进行，与地籍调查人员配合，于实地一一核对。

2. 地籍要素测绘

地籍要素测绘主要采用地面测量手段。在建筑密度低、测区面积较大的地区，也可采用航空摄影测量与地面调查相结合的方法。地籍要素测绘方法主要有解析法和图解法。

1) 解析法

当地籍测量中要求界址点的测量精度为±0.05 m时，必须采用解析法。解析法是利用实地观测数据(角度、距离等)或采用数字摄影测量技术，按公式计算被测点坐标的方法。利用所测点的坐标可随时根据需要展绘不同比例尺的地籍图，实现计算机自动绘制地籍图，并为建立地籍数据库和土地信息系统服务。解析法应预先布测密度较大的控制网，施测时采用经纬仪和测距仪或全站仪。对于街坊外围的所有界址点，应尽可能在野外直接测定坐标；对宗地内部无法直接观测的界址点和建筑物主要特征点，可按解析几何方法求得解析坐标，但必须进行检核。野外观测时应注意防止出现粗差。仪器安置后应进行方向和距离检核，并在观测中经常检查定向方向以确认仪器有没有移动。

2) 图解法

图解法是指用平板仪测图、航测法测图或利用测区已有现势性较好的大比例尺地形图勘丈编绘地籍图的方法，它适用于土地价值较低且技术力量与物质条件达不到采用解析法的地区。用平板仪测制地籍图时，应充分利用控制点设站，不足时可增设测站点。测站点相对于控制点的点位中误差不得大于图上0.1 mm，测站点至界址点的距离不得超过50 m。展绘目标点的位置用复式比例尺测制地籍图时，其工作程序宜先内业测图，后外业实地核实、修正和补充，再完成正式的地籍图。地籍要素测量的精度指标分为界址点精度指标和

地籍原图基本精度指标两类，分别见表8－20和表8－21。

表8－20 界址点精度指标及适用范围

级别	界址点对邻近图根点的点位误差/cm		界址点间距允许误差/cm	适用范围
	中误差	允许误差		
一	±5	±10	±10	地价高的地区、城镇街坊外围界址点及街坊内明显的界址点
二	±7.5	±15	±15	地价较高的地区、城镇街坊内部隐蔽的界址点及村庄内部界址点
三	±10	±20	±20	地价一般的地区

表8－21 地籍原图基本精度指标

测量方法	宗地内相邻界址点间距中误差(图上/mm)	相邻宗地界址点间距中误差(图上/mm)	地物点点位中误差(图上/mm)	邻近地物点间距中误差(图上/mm)
解析法	±0.3	±0.3	±0.5	±0.4
部分解析法	±0.3	±0.4	±0.5	±0.4
图解法	±0.3	±0.5	±0.5	±0.4

3. 地籍要素测绘时的注意事项

(1) 界址点、界址线按权属调查确定的位置测绘。没有调查成果的，按实际使用范围界线测绘。

(2) 房屋及其他构筑物测绘应以外墙基为准，悬空建筑(水上房屋、飘楼、骑楼、柱廊等)按其外轮廓用虚线测绘并标注房屋结构与层数。

(3) 房檐及三面悬空的阳台、临时性棚房和简易房屋不表示。房屋内天井大于图上4 mm^2 的应表示，房屋外轮廓凹、凸小于图上0.4 mm时可综合，大于0.4 mm的依实际轮廓测绘。落地阳台应综合为房屋，构筑物按外轮廓测绘。

(4) 位于宗地界址线内的台阶、外楼梯应表示，宗地内部房屋的台阶、楼梯一般不表示。

(5) 作为权属界线的线状地物(围墙、栏栅、铁丝网、活树篱笆等)应测绘。

(6) 铁路、公路、街道、内部道路及道路交叉处、公共场所内的大花圃应测绘。铁路、公路两侧用地界线已有权属调查成果的，应予实测。公路按路肩测绘，街道按渠边石施测；无渠边石的不测绘街道线，内部道路按实际界线测绘。道路的路堤、路堑用相应符号表示。

(7) 块地按实际界线测量。

(8) 在山区或丘陵地区、大片没有建筑物的空旷地带应适当测注高程点。

4. 地籍图图式与样图

地籍测绘常用的符号见《地籍图图式》。图8－39为宗地图样例。

宗　地　图

单位：mm^2

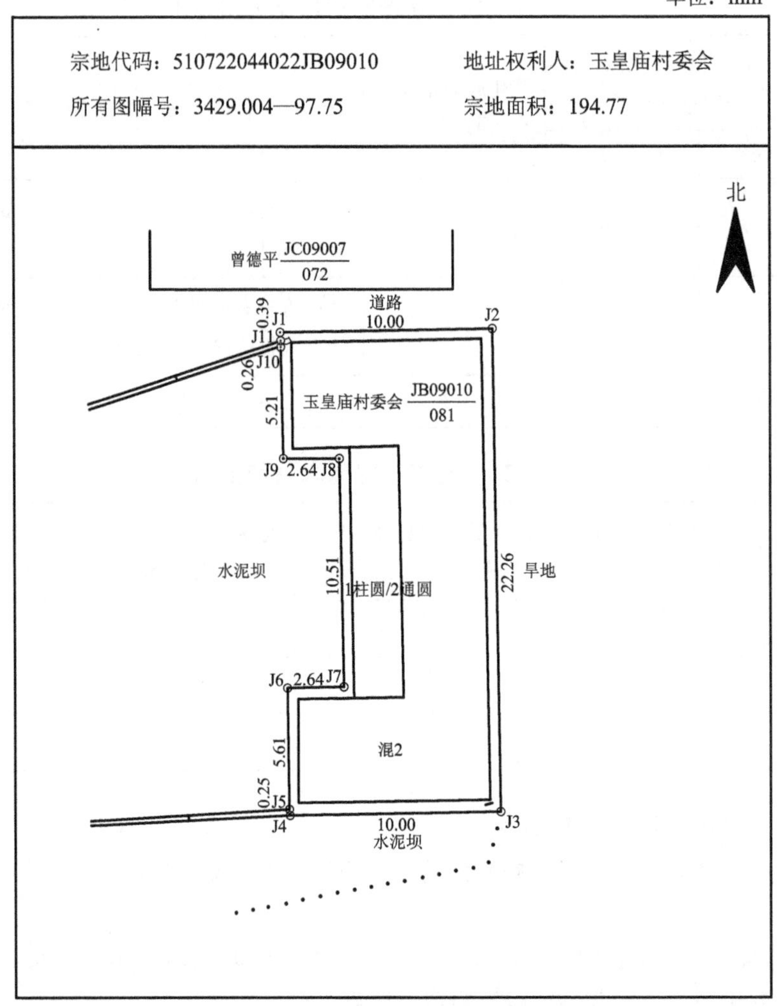

图 8-39　宗地图样例

8.6.5　面积量算

面积量算内容包括宗地面积、地块面积和建筑占地面积等。一般要求分级量算，分级平差。

1. 宗地面积量算方法

呈规则几何图形且已有实测边长数据的宗地(块地)，应采用实测边长计算其面积；呈规则几何图形但没有实测边长数据的宗地(块地)，可采用图解界址点坐标或图解界址边长、间距计算其面积；呈不规则曲线几何图形的宗地(块地)，可采用光电面积量测仪、求积仪量算其面积；已有计算机、数字化设备的地方，可采用图形数字化方法解算其面积。

2. 面积量算的精度要求

采用坐标解析法计算面积必须进行两次独立计算；图解面积量算应在地籍原图上进行，

当图纸伸缩较大时，还应考虑图纸伸缩系数的改正；宗地(块地)面积在图上小于 5 cm^2 时，应实地丈量求算面积，不得在地籍图上量算；图解面积量算应独立进行两次，面积量算结果取至 0.01 m^2，两次量算较差应符合如下规定：

$$\Delta P \leqslant 0.003M\sqrt{P} \tag{8-4}$$

式中：ΔP——面积两次量算较差(m^2)；

P——量算面积(m^2)；

M——地籍图比例尺分母。

两次量算结果较差在限差内的，取中数作为最后的量算结果。

3. 宗地面积的复核及填写

地籍测量前已经登记发证的地方，应做好地籍测量宗地面积与登记发证的宗地面积复核工作。宗地面积不一致的，应查明原因。

因宗地界址位置不一致造成面积不一致的，应到实地进行复核，确属地籍测量的错误，应及时对界址和面积进行修正；因测量精度引起宗地面积不一致的，应以高精度的测量成果为准；图解数据解算的面积与实量数据解算的面积不一致的，以实量面积为准；因登记发证或地籍测量前已发生变更造成宗地面积不一致的，应登记造册，适当时候通知土地使用者统一办理变更手续。宗地面积经复核无误后，补填地籍调查土地登记审批表中的宗地面积栏。

第8章课后习题

第9章 地形图的应用

内容提要

本章的主要内容包括地形图图面精度及比例尺选用原则，地形图的识读方法，地形图应用的基本问题，地形图应用的专业问题，利用地形图计算土方量。本章的教学重点为地形图的识读及应用，教学难点为利用地形图计算土方量。

学习目标

通过本章的学习，学生应了解地形图在各类工程应用中的重要性，掌握地形图的识读方法、地形图应用的基本问题，能利用数字地形图进行地表面积计算、断面图绘制和土方量计算。

地形图是地理空间信息的载体，其利用地形图符号语言来传递信息。地形图包含丰富的自然地理、人文地理、社会经济信息，直观反映各种自然地理要素和社会经济要素的空间位置、分布特征、分布范围、数量、质量特征、动态变化以及各种地理事物之间的相互联系和制约关系，是工程建设不可或缺的基础性资料。在地形图上，能确定点的坐标、点与点之间的距离和直线间的夹角；确定直线的方位；确定点的高程和两点间的高差；勾绘出集水线(山谷线)和分水线(山脊线)，标志出洪水线和淹没线；计算指定范围的面积和体积，由此确定地块面积、土方量、蓄水量、矿产量等；了解各种地物、地类、地貌等的分布情况，计算诸如村庄、树林、农田等数据，获得房屋的数量、质量、层次等资料；截取断面，绘制断面图。利用地形图作为底图，可以编绘出一系列专题地图，如地质图、水文图、农田水利规划图、土地利用规划图、建筑物总平面图、城市交通图和地籍图等。所以，地形图在国土整治、资源勘察、土地利用、环境保护、城乡规划、工程设计、矿产采掘、河道整理、军事指挥、武器发射等方面的应用非常广泛。

9.1 地形图图面精度及比例尺选用原则

前已述及，不同比例尺地形图是采用适当技术方法，依照相应技术规范(标准)测绘而成的。土木工程建设的不同阶段，应用不同比例尺地形图，尤其是 1∶500、1∶1000、1∶2000、1∶5000 大比例尺地形图。大比例尺地形图依据《工程测量标准》(GB 50026—2020)

或《城市测量规范》(CJJ/T 8—2011)和“国家基本比例尺地图图式”测绘，图面精度应满足相应规范要求。

9.1.1　地形图图面精度

地形图图面精度是指三维坐标测量、地物绘制、地形建模绘制等高线、图面整饰等环节完成之后的综合精度，包括平面精度和高程精度。

平面精度是指图面上地物点相对于邻近控制点的中误差，或相对于邻近地物点间距的中误差，与地形类别和比例尺有关，也与执行规范有关。《工程测量标准》(GB 50026—2020)与《城市测量规范》(CJJ/T 8—2011)的指标稍有差异。高程精度主要指等高线插求点中误差，与地形类别和基本等高距有关。高程注记点中误差与测量技术有关。《城市测量规范》(CJJ/T 8—2011)中的平面精度和高程精度指标参见表 9 - 1。

表 9 - 1　平面精度和高程精度指标

<table>
<tr><th rowspan="2">地形类别</th><th rowspan="2">相对邻近控制点中误差/mm</th><th rowspan="2">邻近地物点间距中误差/mm</th><th>硬化、砖铺</th><th>一般地区</th><th>水域</th></tr>
<tr><th>高程注记点中误差/m</th><th>等高线插求点中误差/m</th><th>等高线插求点中误差/m</th></tr>
<tr><td>城市建筑区、$h_d=0.5$ m的平坦地区</td><td rowspan="3">$\leqslant 0.5M$</td><td rowspan="3">$\leqslant 0.4M$</td><td rowspan="2">≤0.15</td><td rowspan="2">$\leqslant \frac{1}{3}h_d$</td><td>$\leqslant \frac{1}{2}h_d$</td></tr>
<tr><td>平地($\alpha<2°$)</td><td>$\leqslant \frac{2}{3}h_d$</td></tr>
<tr><td>丘陵地($2°\leqslant\alpha<6°$)</td><td>—</td><td>$\leqslant \frac{1}{2}h_d$</td><td>$\leqslant h_d$</td></tr>
<tr><td>山地($6°\leqslant\alpha<25°$)</td><td rowspan="3">$\leqslant 0.75M$</td><td rowspan="3">$\leqslant 0.6M$</td><td>—</td><td>$\leqslant \frac{2}{3}h_d$</td><td rowspan="2">$\leqslant \frac{3}{2}h_d$</td></tr>
<tr><td>高山地($\alpha\geqslant25°$)</td><td>—</td><td>$\leqslant h_d$</td></tr>
<tr><td>森林、隐蔽等困难地区</td><td>—</td><td>$\leqslant \frac{3}{2}h_d$
(放宽 50%)</td><td>—</td></tr>
<tr><td>水域</td><td>$\leqslant 1.5M$</td><td>—</td><td>—</td><td>—</td><td>—</td></tr>
<tr><td>水域作业困难、水深大于20 m或精度要求不高时</td><td>$\leqslant 2.0M$</td><td>—</td><td>—</td><td>—</td><td>$\leqslant 3h_d$
(放宽 1 格)</td></tr>
</table>

注：h_d 表示基本等高距，M 表示比例尺分母，α 表示地面倾角。

9.1.2　比例尺选用原则

土木工程建设的不同阶段需要不同比例尺的地形图。针对不同工程目的、工程建设的不同阶段，选用能够满足专业需求的比例尺。选用比例尺的一般原则如下：

(1) 图面所显示的地物、地貌详尽程度和明晰程度应能满足设计需求；

(2) 图上平面点位和高程的精度应能满足设计需求；

(3) 图幅大小应能满足总图设计的布局需求；

(4) 在满足以上需求的前提下，应尽可能选用较小比例尺。

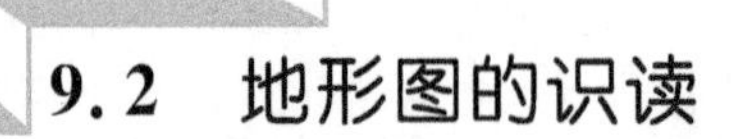

9.2 地形图的识读

地形图上的主要内容是用各种线划符号和文字注记所表示的地物和地貌，通过这些符号和注记认识地球表面的自然形态，全面了解制图区域的地理概况、各要素的相互关系。为了正确应用地形图，首先必须看懂地形图。地形图识读就是识别并读懂这些地物符号、地貌符号和注记，将地形图变成展现在我们脑海中的模型，让我们了解、认识地表的自然形态，判断各种地理要素间的相互关系。识读目的和要求不同，识读方法也有所不同。一般直读法、量算解析法、对比分析法和推理判断法是地形图识读的基本方法，这些方法常常交叉结合使用。当然，将这些方法结合实际应用到实地对照识读中，可以提高识读能力和应用能力。识读地形图还需了解不同比例尺、不同地形条件对应的地形图精度。

9.2.1 地形图一般直读法

一般直读法是指基于"国家基本比例尺地图图式"而直接观察地形图上的地图符号等信息，了解区域内自然、经济、地理等情况。例如，从地形图上直接了解区域地理位置、居民点、交通线路及水系等主要地物的分布情况，最高点、最低点的位置和高程，地面高低起伏状况，地貌地势倾斜方向等。一般直读法是最为基本的地形图识读方法。

9.2.2 地形图量算解析法

通过一般直读法只能对地形图上的地物、地貌进行定性了解和概略分析。若想从地形图上获得定量数据，就需要采用量算解析法。定量数据包括平面坐标、高程、长度、宽度、面积等。例如，在某丘陵地区发现一新矿区，选定一条坡度在 5°以下距离最短的交通线路。此时可以根据地形图编辑出山峦水系略图以及线路地势断面图，然后量算线路长度，选择最优线路方案，供实地选线时参考。量算解析法是在一般直读法的基础上进行的，识读深度提高了一步。

9.2.3 地形图对比分析法

为了深刻地认识地物、地貌，还可采用对比分析法。例如，可以对比同一区域不同时期的地形图，分析某一地物、地貌的发展变化情况和形成原因；也可以通过对比不同区域各类地物的分布差异，分析区域地物的空间分布特征和规律。通过对比分析法可以更深入地挖掘地形图中隐含的地理信息。

9.2.4 地形图推理判断法

推理判断法是依据地理事物之间相互联系、相互依存、相互制约的关系，利用地理学、地质学、地貌学、水文学等多学科原理以及社会生活实践知识，对地形图所表示的地物、地

貌进行分析推理，预判某些在地形图上没有直接表达的信息。例如，通过对水系的分析，可以推知地势起伏的基本概况；通过对地理位置、地貌、水文等要素的分析，可以推断出气候类型；通过对居民地交通网密度的分析，可以判断经济发达程度。

9.2.5　地形图的图廓外注记识读

下面以如图 9－1 所示的一幅 1∶10 000 比例尺地形图(局部)为例介绍地形图的识读方法。通过地形图的图外注记识读，可全面了解地形图的基本情况。地形图图廓外注记的内容包括图号、图名、接图表、比例尺、平面坐标系统和高程系统、图式版本、等高距、测图时间、测绘单位、图廓线、经纬线与坐标格网、三北方向线和坡度尺等，它们分布在东、南、西、北四面图廓线外。下面简要介绍图号、图名和接图表，比例尺，平面坐标系统和高程系统，测图时间，经纬线与坐标格网，三北方向线识读。

1. 图号、图名和接图表

为了区别各幅地形图所在的位置和拼接关系，每一幅地形图都编有图号和图名。图号是根据统一的分幅进行编写的;图名一般是本图内最著名的地名、最大的村庄或突出的地物、地貌等的名称。图号、图名注记在北图廓上方的中央，如图 9－1 的图廓上方所示，“J50G002037”为图号，“李家店”为本幅图的图名。在图的北图廓左上方，画有该幅图四邻各图号(或图名)的略图，称为接图表。接图表中间画有斜线的一格代表本图幅。接图表的作用是便于查找到相邻的图幅。

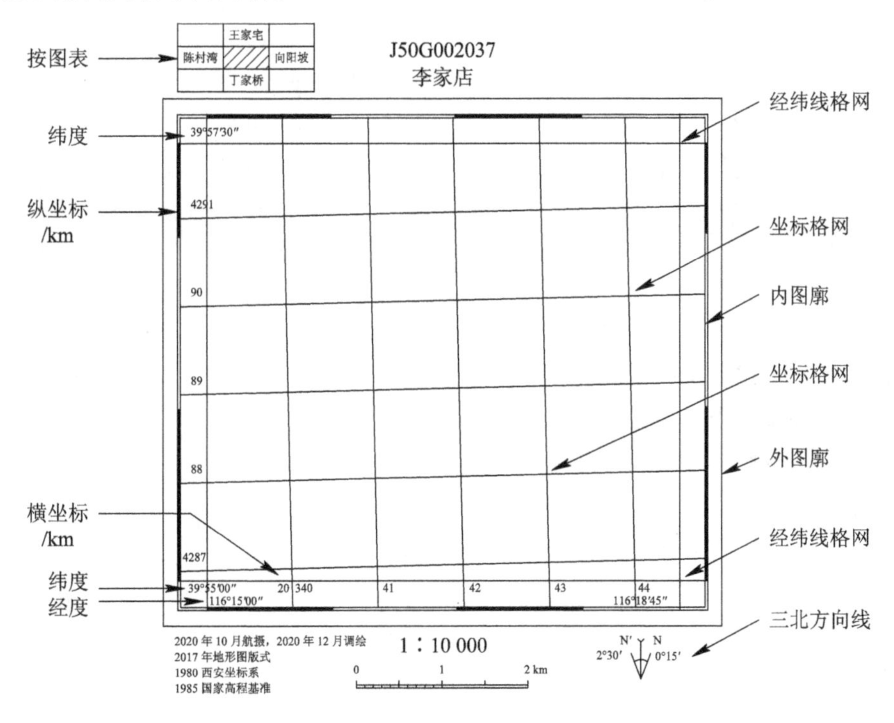

图 9－1　1∶10 000 比例尺地形图(局部)

2. 比例尺

在每幅图南图廓外的中央均注有数字比例尺，在数字比例尺下方绘出图示比例尺，其作用是便于用图解法确定图上直线的距离。对于 1∶500、1∶1000 和 1∶2000 等大比例尺地形图，一般只注明数字比例尺，不注明图示比例尺。

3. 平面坐标系统和高程系统

对于 1∶1 万或更小比例尺地形图，通常采用国家统一的高斯平面坐标系，如“1954 北京坐标系”或“1980 西安坐标系”。城市地形图一般采用以通过城市中心的某一子午线为中央子午线的任意带高斯平面坐标系，称为城市独立坐标系。当工程建设范围比较小时，也可采用把测区作为平面看待的假定平面直角坐标系。高程系统一般使用“1956 年黄海高程系”或“1985 国家高程基准”。但也有一些地方高程系统，如上海及其邻近地区即采用“吴淞高程系”，广东地区采用“珠江高程系”等。各高程系统之间只需加减一个常数即可进行换算。地形图采用的坐标系统和高程系统在南图廓外的左下方用文字说明。

4. 测图时间

测图时间在南图廓左下方注明，用户可以根据测图时间以及测区的开发情况，判断地形图的现势性。

5. 经纬线与坐标格网

图 9-1 是梯形分幅。梯形图幅的图廓由上、下两条纬线和左、右两条经线所构成，经差为 3′45″，纬差为 2′30″。本图幅位于东经 116°15′00″～116°18′45″、北纬 39°55′00″～39°57′30″所包括的范围。图廓四周标有黑、白分格，横分格为经线分数尺，纵分格为纬线分数尺，每格表示经差或纬差为 1′。如果用直线连接相应的同名分数尺，则形成由子午线和平行圈构成的梯形经纬线格网。

图 9-1 中部的方格网为平面直角坐标格网，它平行于以投影带的中央子午线为 x 轴和以赤道为 y 轴的直线，其间隔通常是 1 km，所以也称为公里格网。

按照高斯平面直角坐标系的规定，横坐标值 y 位于中央子午线以西为负，为了避免横坐标 y 出现负值，特将每一带的纵坐标轴西移 500 km。同时在点的横坐标值前直接标明所属投影带的号。图 9-1 中，第一条坐标纵线 y 为 20 340 km，其中 20 为带号，其横坐标值为(340 km－500 km)＝－160 km，即该纵线位于中央子午线以西 160 km 处；第一条坐标横线 x 为 4287 km，表示其位于赤道以北 4287 km 处。

经纬线格网可以用来确定图上各点的地理坐标——经纬度，而公里格网可以用来确定图上各点的平面直角坐标和任一直线的坐标方位角。

6. 三北方向线

三北方向是指真子午线北方向 N、磁子午线北方向和高斯平面直角坐标系的纵轴方向 $+x$。三个方向间的角度关系图一般绘制在中、小比例尺地形图的东图廓线的坡度比例尺上方。图 9-1 地形图中的三北方向线关系图如图9-2 所示，该图幅的磁偏角为 2°45′(西偏)，坐标纵轴偏于真子午线以西 0°15′，而磁子午线偏于坐标纵线以西 2°30′。利用三北方向线关系图，可对图上任一方向的真方位角、磁方位角和坐标方位角三者之间进行相互换算。

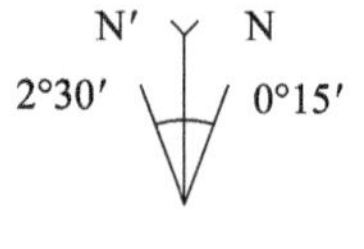

N′ N
2°30′ 0°15′

图 9-2 三北方向线关系图

大比例尺地形图的图廓外注记比小比例尺地形图的要简单一些。大比例尺地形图不需要经纬线格网，只需要坐标格网，因此不需要经纬度注记和三北方向线；一般也不画直线比例尺，仅注明数字比例尺。

9.2.6　地物与地貌的识别

应用地形图前应了解地形图所使用的地形图图式，熟悉一些常用的地物和地貌符号，了解图上文字注记和数字注记的确切含义。地形图上的地物、地貌是用不同的地物符号和地貌符号表示的。比例尺不同，地物、地貌的取舍标准也不同。随着各种建设的不断发展，地物、地貌又在不断改变。要正确识别地物、地貌，应先熟悉测图所用的地形图式、规范和测图日期。下面分别介绍地物、地貌的识别方法。

1. 地物的识别

地物识别的目的是了解地物的大小种类、位置和分布情况。识别时，通常按先主后次的程序，并顾及取舍的内容与标准进行。按照地物符号先识别大的居民点、主要道路和用图需要的地物，然后扩大到识别小的居民点、次要道路、植被和其他地物。通过分析，就会对主、次地物的分布情况，主要地物的位置和大小形成较全面的了解。

2. 地貌的识别

地貌识别的目的是了解各种地貌的分布和地面的高低起伏状况。识别时，主要根据基本地貌的等高线特征和特殊地貌(如陡崖、冲沟等)符号进行。山区坡陡，地貌形态复杂，尤其是山脊和山谷等高线犬牙交错，不易识别。这时可先根据水系的江河、溪流找出山谷、山脊系列，无河流时可根据相邻山头找出山脊，再按照两山谷间必有一山脊、两山脊间必有一山谷的地貌特征，即可识别山脊、山谷地貌的分布情况。结合特殊地貌符号和等高线的疏密进行分析，就可以较清楚地了解地貌的分布和高低起伏情况。最后将地物、地貌综合在一起，整幅地形图就像立体模型一样展现在眼前。

9.3　地形图应用的基本问题

地形图应用的基本问题是如何在图上确定地面点的坐标、高程，确定两点间距离、方位角和坡度，确定多点围成的面积。过去，这些均采用解析法或图解法在纸质地形图上完成。现在，一般在数字化成图软件环境下从数字地形图上直接查询完成。

9.3.1　点位坐标的量测

如图 9-3 所示，在大比例尺地形图上绘有纵、横坐标方格网(或在方格的交会处绘制有十字线)，欲从图上求 A 点的坐标时，可先通过 A 点作坐标格网的平行线 mn、pq，在图上量出 mA 和 pA 的长度 $\overline{mA}$ 和 $\overline{pA}$，分别乘以数字比例尺分母 M，即得实地水平距离为

$$\begin{cases} x_A = x_0 + \overline{mA} \cdot M \\ y_A = y_0 + \overline{pA} \cdot M \end{cases} \tag{9-1}$$

式中：x_0、y_0——A 点所在方格西南角点的坐标。

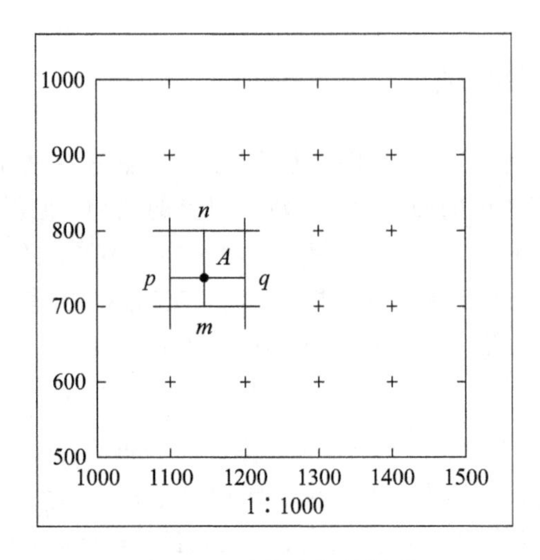

图 9-3 点位坐标的量测

为了检核量测结果，并考虑图纸伸缩的影响，还需要量出 An 和 Aq 的长度 $\overline{An}$ 和 $\overline{Aq}$。若 $\overline{mA}+\overline{An}$ 和 $\overline{pA}+\overline{Aq}$ 不等于坐标格网的理论长度 l(一般为 10 cm)，则 A 点的坐标应按下式计算：

$$\begin{cases} x_A = x_0 + \dfrac{l}{\overline{mA}+\overline{An}} \cdot \overline{mA} \cdot M \\ y_A = y_0 + \dfrac{l}{\overline{pA}+\overline{Aq}} \cdot \overline{pA} \cdot M \end{cases} \tag{9-2}$$

在数字化成图软件环境下，从数字地形图上可以查询点的坐标。如图 9-4 所示，利用 CASS 数字化成图软件，要查询数字地形图上导线点 X_{10} 的坐标，用鼠标点取“工程应用(C)”菜单下的“查询指定点坐标”命令，根据屏幕下方命令行提示，用十字光标指定所要查询的导线点 X_{10}，点击鼠标，命令行便会显示查询结果。

图 9-4 数字地形图上点的坐标查询

9.3.2　两点间水平距离的量测

在图 9-5 中，若需要确定 A、B 两点间的水平距离 D_{AB}，则可以根据已经量得的 A、B 两点的平面坐标(x_A, y_A)和(x_B, y_B)，按下式计算：

$$D_{AB}=\sqrt{(x_B-x_A)^2+(y_B-y_A)^2} \tag{9-3}$$

当量测距离的精度要求不高时，可直接在地形图上量取 A、B 两点间的长度 d_{AB}，再根据比例尺计算两点间的水平距离 D_{AB}，即

$$D_{AB}=d_{AB}\cdot M \tag{9-4}$$

当量测距离的精度要求不高时，还可利用复式比例尺直接量取两点间的水平距离。

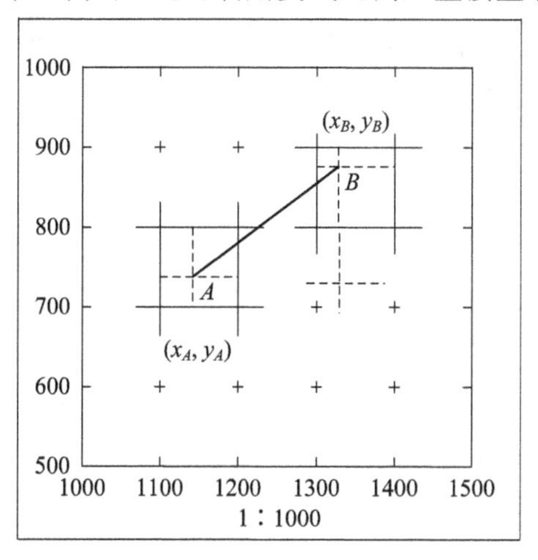

图 9-5　两点间水平距离的量测

9.3.3　直线坐标方位角的量测

如图 9-6 所示，如果需要确定直线 AB 的坐标方位角 α_{AB}，则可以根据已经量得的 A、B 两点的平面坐标(x_A, y_A)和(x_B, y_B)，先用下式计算象限角 R_{AB}：

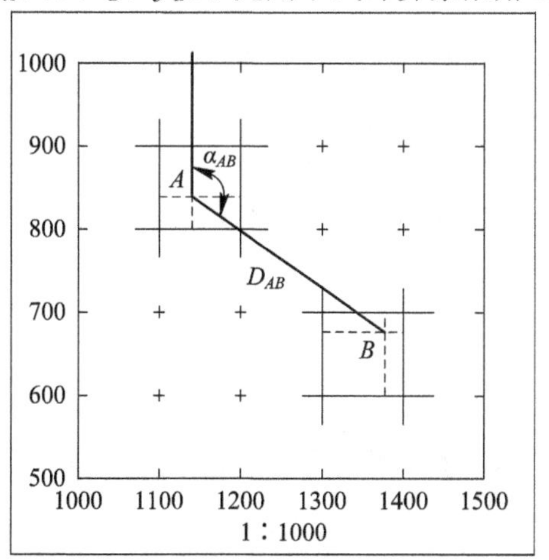

图 9-6　直线坐标方位角的量测

$$R_{AB}=\arctan\left(\frac{y_B-y_A}{x_B-x_A}\right) \tag{9-5}$$

然后根据直线所在的象限，参照表 5-1 计算坐标方位角。

当精度要求不高时，可以通过 A 点作平行于坐标纵轴的直线，用量角器直接在图上量取直线 AB 的坐标方位角 α_{AB}。

在数字化成图软件环境下，从数字地形图上可以查询两点间的距离和坐标方位角。如图 9-7 所示，利用 CASS 数字化成图软件，用鼠标点取“工程应用(C)”菜单下的“查询两点距离及方位”命令，根据提示用光标分别捕捉第 1 点 A 和第 2 点 B，屏幕下方的命令行便会显示两点间的实地距离、图上距离和坐标方位角的结果。

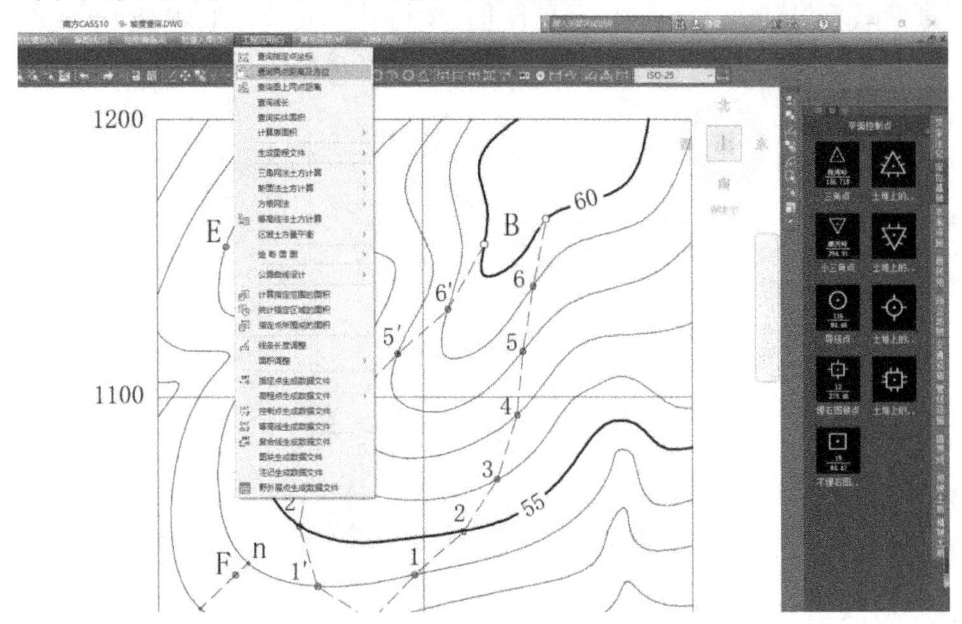

图 9-7　数字地形图上两点间的距离和坐标方位角查询

9.3.4　点的高程和两点间坡度的量测

在等高线地形图上，如果所求点刚好位于某一条等高线上，则该点的高程就等于该等高线的高程，如在图 9-8 中，E 点的高程为 54 m。如果所求点位于两条等高线之间，则需要采用比例内插的方法确定该点的高程。如在图 9-8 中，F 点位于 53 m 和 54 m 两条等高线之间，可过 F 点作一条大致与两条等高线垂直的直线，分别交两条等高线于 m、n 点，从图上量测得到距离 $\overline{mn}=d$，$\overline{mF}=d_1$，设等高距为 h，则 F 点的高程为

$$H_F=H_m+h\frac{d_1}{d} \tag{9-6}$$

式中：H_m——通过 m 点的等高线高程。

在地形图上量得相邻两点间的水平距离 d 和高差 h 以后，可得两点间的坡度为

$$i=\tan\alpha=\frac{h}{dM} \tag{9-7}$$

式中：α——地面两点连线相对于水平线的倾角。

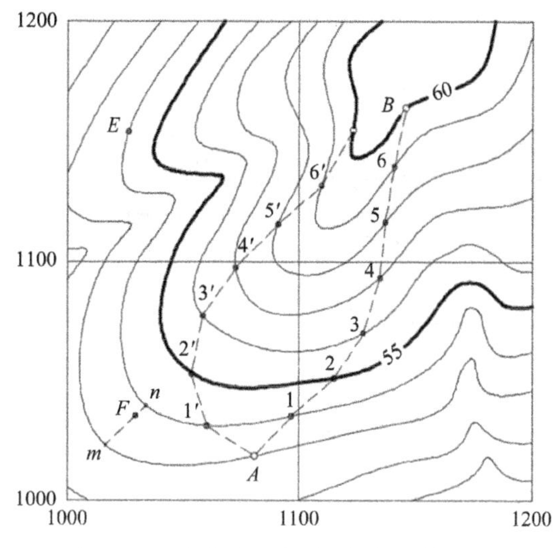

图 9-8　点的高程和两点间坡度的量测

9.3.5　图上面积量算

在工程建设、城市规划、地籍测量中常需要在地形图上量算一定轮廓范围的面积。面积计算的正确与否关系到有关各方的利益。尤其是社会飞速发展的今天，人们对面积的关注程度超出了以往任何时候，作为一个测绘工作者，要正确对待面积量算。只有通过选用适当的计算方法和正确的计算程序，才能保证计算结果的客观、公正和准确。

图上面积量算的方法有透明方格纸法、平行线法、解析法、求积仪法和 CAD 法(此处不讲)。

1. 透明方格纸法

如图 9-9 所示，要计算图中曲线内的面积，先将毫米方格纸覆盖在图形上，然后数出图形内完整的方格数 n_1 和不完整的方格数 n_2，则曲线内面积 A 的计算公式为

$$A=\left(n_1+\frac{1}{2}n_2\right)\frac{M^2}{10^6} \tag{9-8}$$

式中：M——地形图比例尺分母。

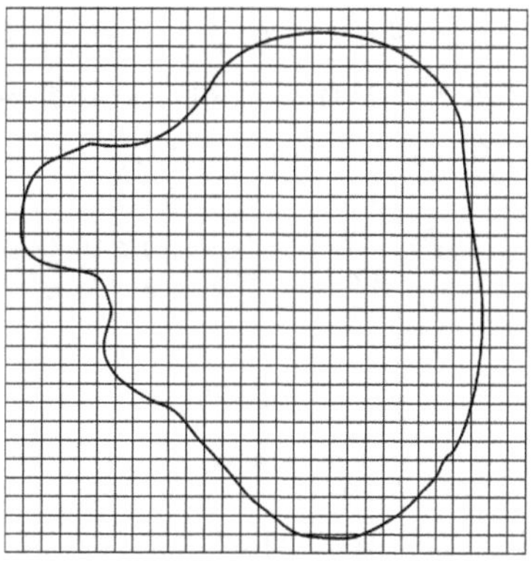

图 9-9　透明方格纸法面积量算

2. 平行线法

如图 9-10 所示，将绘制有平行线的透明纸覆盖在图形上，使两条平行线与图形的边缘相切，则相邻两平行线间隔的图形近似为梯形。若梯形的高为平行线间距 h，图形截割各平行线的长度分别为 l_1，l_2，…，l_n，则各梯形的面积为

$$\begin{cases} A_1=\dfrac{1}{2}h\,(0+l_1) \\ A_2=\dfrac{1}{2}h\,(l_1+l_2) \\ \quad\vdots \\ A_{n+1}=\dfrac{1}{2}h\,(l_n+0) \end{cases}$$

故图形总面积为

$$A = A_1 + A_2 + \cdots + A_n + A_{n+1} = h\sum_{i=1}^{n} l_i \tag{9-9}$$

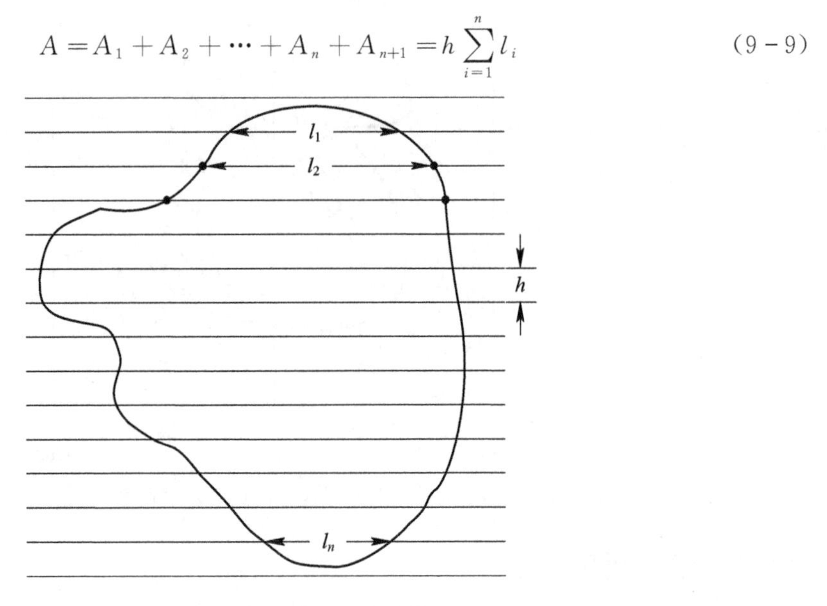

图 9-10 平行线法面积量算

3. 解析法

如果图形边界为任意多边形，且各顶点的平面坐标已经在图上量出或已经在实地测定，则可以利用多边形各顶点的坐标，用解析法计算出面积。

在图 9-11 中，J_1、J_2、J_3、J_4 为多边形的顶点，其平面坐标已知，则该多边形的每一条边及其向 y 轴的坐标投影线(图中虚线)和 y 轴都可以组成一个梯形，多边形的面积 A 就是这些梯形面积的和或差，其计算公式为

$$A = \frac{1}{2}\Big[(x_1 + x_2)(y_2 - y_1) + (x_2 + x_3)(y_3 - y_2) - (x_3 + x_4)(y_3 - y_4) - (x_4 + x_1)(y_4 - y_1)\Big]$$

$$= \frac{1}{2}[x_1(y_2 - y_4) + x_2(y_3 - y_1) + x_3(y_4 - y_2) + x_4(y_1 - y_3)]$$

对于任意的 n 边形，可以写出下列按坐标计算面积的通用公式：

$$A = \frac{1}{2}\sum_{i=1}^{n} y_i(x_{i-1} - x_{i+1}) \tag{9-10a}$$

或

$$A = \frac{1}{2}\sum_{i=1}^{n} x_i(y_{i+1} - y_{i-1}) \tag{9-10b}$$

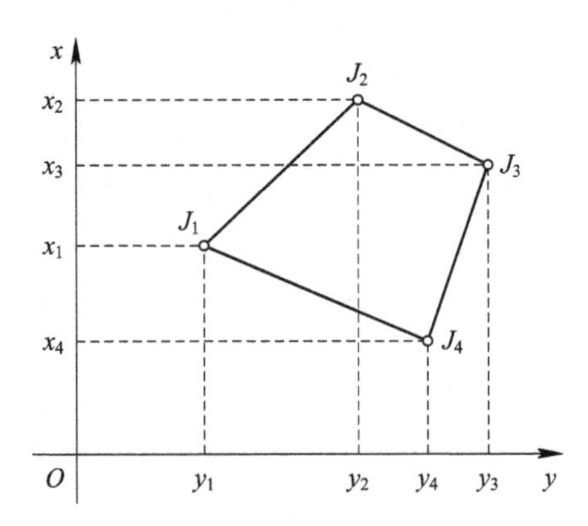

图 9-11 解析法面积量算

使用式(9-10a)和式(9-10b)时应注意如下几点：

(1) 各顶点应按顺时针编号；

(2) 当 x 或 y 的下标为 0 时，应以 n 代替，出现

$n+1$ 时，以 1 代替；

（3）作为检核，计算时各坐标差之和应等于零。

4. 求积仪法

求积仪是一种专门供图上面积量算的仪器，其优点是操作简便、速度快，适用于任意曲线图形的面积量算，并能保证一定的精度。求积仪有机械求积仪和电子求积仪两种。下面主要介绍常用的电子求积仪。

图 9-12 为日本 KOIZUMI（小泉）公司生产的 KP-90N 电子求积仪，该仪器在机械装置动极、动极轴、跟踪臂（相当于机械求积仪的描迹臂）等的基础上，增加了电子脉冲计数设备和微处理器，能自动显示测量的面积，具有面积分块测定后相加、相减和多次测定取平均值，面积单位换算，比例尺设定等功能。面积测量的相对误差为 1/500。

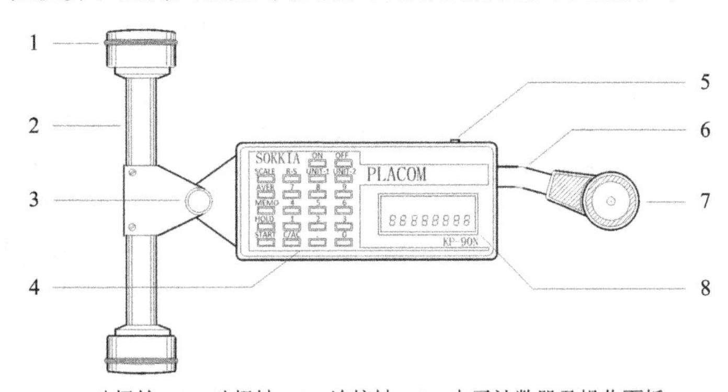

1—动极轮；2—动极轴；3—连接轴；4—电子计数器及操作面板；
5—整流器插座；6—跟踪臂；7—跟踪放大镜；8—显示屏。

图 9-12　KP-90N 电子求积仪

仪器内藏有镍镉可充电电池，充满电后，可以连续使用 30 小时。仪器停止使用 5 分钟后，将自动断电，以节约电源。电池将耗尽时，显示窗口将显示“Batt-E”。仪器配有输出电压为 5 V、电流为 1.6 A 的专用充电器，可以使用电压为 100～240 V 的交流电为电池充电。

仪器面板上设有 22 个键和一个显示窗，其中显示窗上部为状态区，用来显示电池、存储器、比例尺、暂停及面积单位；下部为数据区，用来显示量算结果和输入值。

仪器允许所测图形的纵、横向比例尺不相同，这对测量纵断面图的面积非常有用。如果已经测量了面积，则完成比例尺的设置后，显示窗中的面积值将自动转换为新设比例尺下的面积值。自动断电或关闭电源，设置的比例尺仍被记忆。

常用键盘及其功能如下：

（1）UNIT1：面积单位键 1。UNIT2：面积单位键 2。仪器有米制（km^2、m^2、cm^2）、英制（acre、ft^2、in^2）和日制（町、反、坪）三种面积单位制，它们在状态区按列排列。每按一次 UNIT1 键，将按米制→英制→日制的顺序循环选择。决定了单位制后，每按一次 UNIT2 键，则在已选定的某个单位制内循环，如选择的是米制，则在km^2→m^2→cm^2 内循环。

（2）0～9：数字键。

（3）“.”：小数点键。

（4）START：测量启动键。

(5) HOLD：测量暂停键。按 HOLD 键，显示窗中的“HOLD”字符被显示，当前的面积量算值被固定，并暂时停止面积测量，此时移动跟踪放大镜，显示的面积值不变；当要继续量算面积时，再按 HOLD 键，面积量算再次开始。该键主要用于分块量算面积。

(6) MEMO：测量结束和记忆键(存储)。面积量算结束后，按 MEMO 键，则将显示窗中显示的面积量算值存储在仪器的存储器中，此时显示窗中的“MEMO”字符被显示。仪器有 10 个存储器，最多可存储 10 个面积量算值。

(7) AVER：计算平均值键。按 AVER 键，可以对存储器中的面积量算值取平均。

(8) C/AC：清除键。按 C/AC 键，可以清除存储器中记忆的全部面积量算值。

在现代技术条件下，可通过数字矢量化技术将纸质地形图转化为数字地形图。因此，面积量算便可在数字化成图软件环境下的数字地形图上完成。如图 9-13 所示，利用 CASS 数字化成图软件，在“工程应用(C)”菜单下选择“查询实体面积”命令，然后“选取实体边线”，即可在命令行显示多段线围成的面积。要注意多段线应是闭合的。

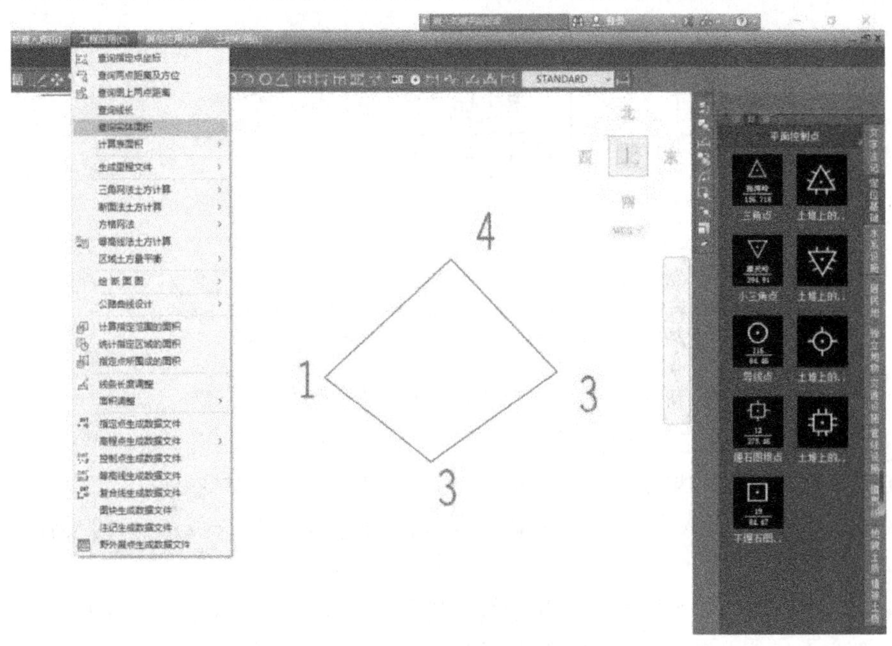

图 9-13　在数字地形图上查询面积

9.4　地形图应用的专业问题

在工程建设中，地形图应用的专业问题主要有绘制断面图、确定汇水面积、建立数字高程模型(DEM)、计算地表面积等。

9.4.1　利用地形图绘制断面图

在进行道路、隧道、管线等工程设计时，需要了解两点之间的地面起伏情况。这时可根

据地形图中的等高线来绘制断面图。如图 9－14(a)所示，在地形图上作 A、B 两点的连线，与各等高线相交，各交点的高程即为交点所在等高线的高程，而各交点的平距可在图上用比例尺量得。在毫米方格纸上画出两条相互垂直的轴线，以横轴表示平距，以垂直于横轴的纵轴表示高程，在地形图上量取 A 点至各交点及地形特征点的平距，并把它们分别转绘在横轴上，以相应的高程作为纵坐标，得到各交点在断面上的位置。连接这些点，即得到 AB 方向的断面图，如图 9－14(b)所示。为了更明显地表示地面的高低起伏情况，断面图上的高程比例尺一般比平距比例尺大 5～20 倍。

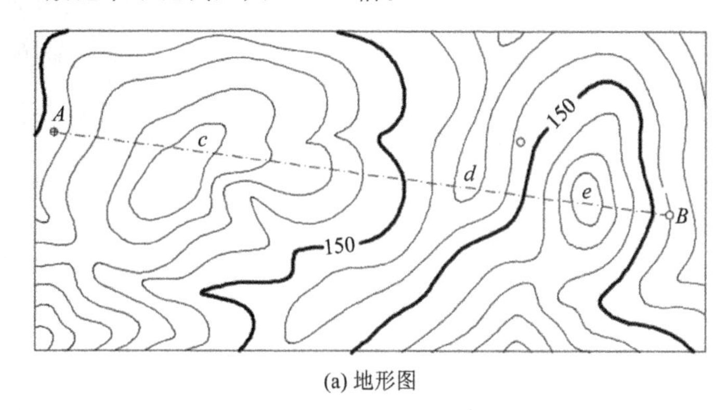

(a) 地形图

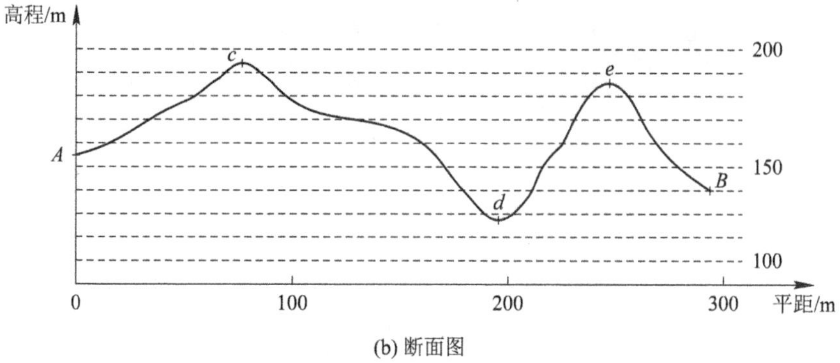

(b) 断面图

图 9－14　绘制断面图

在数字化成图软件环境下，可以根据数字地形图的原始坐标文件或图面地形信息绘制断面图。以下介绍一种利用 CASS 数字化成图软件绘制断面图的方法。

(1) 绘制中线。将断面中线用多段线(复合线)绘制出来，如图 9－15 所示。注意多段线不要拟合。

(2) 生成里程文件。如图 9－15 所示，在“工程应用(C)”菜单下选择“生成里程文件”→“由复合线生成”→“普通断面”命令，选择中线，根据提示选择已知坐标获取方式并指定路径，并给出里程文件名并指定保存路径，同时给出采样点间距和起始里程，即可生成里程文件.hdm 并保存在指定路径之下。

(3) 绘制断面图。如图 9－16 所示，在“工程应用(C)”菜单下选择“绘断面图”→“根据里程文件”命令，设置相关参数即可绘制断面图。

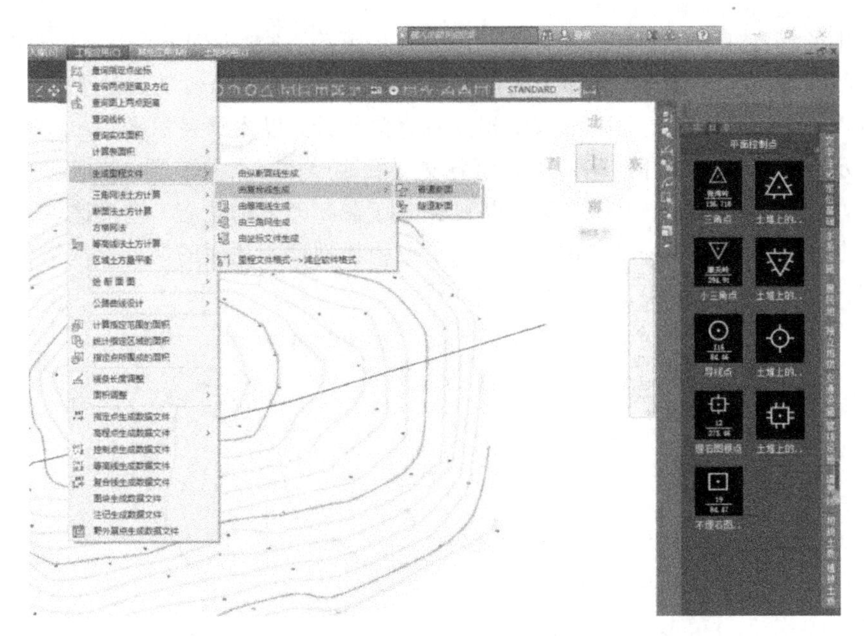

图 9-15 绘制中线并生成里程文件

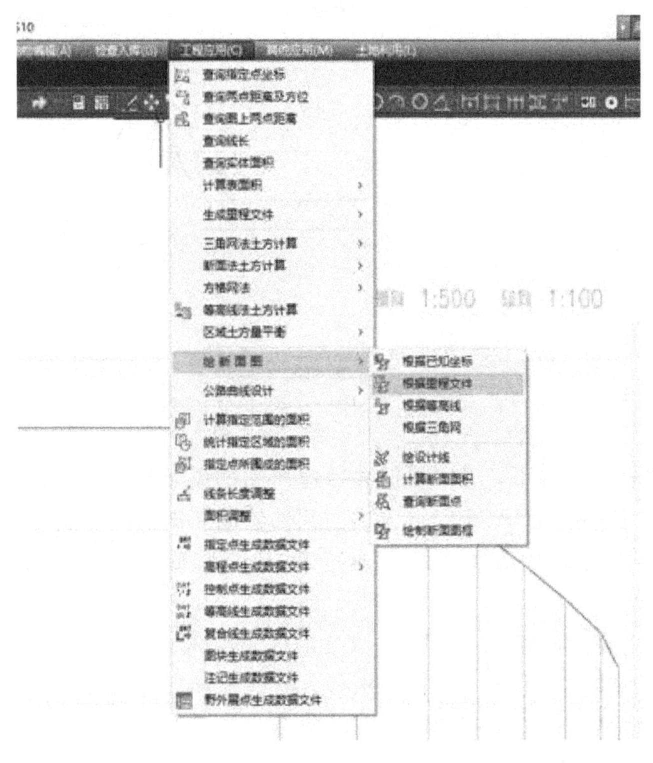

图 9-16 绘制断面图

9.4.2 按限制坡度在地形图上选线

道路、管线、渠道等工程通常都有纵坡度限制，也就是说，设计时要求在满足某一限制坡度条件下，选定一条最短线路或等坡线路，这在工程建设的前期显得相当重要。特别是在特殊地貌地段(如山地或丘陵地区)进行道路、管线等工程设计时，往往要求在不超过某一坡度的条件下选定一条最短线路。如图 9－17 所示，需要从低地 A 点到高地 B 点定出一条路线，要求坡度限制为 i。设等高线间距为 h，等高线间平距的图上值为 d，地形图的数字比例尺分母为 M，则根据坡度的定义有 $i=\frac{h}{dM}$，由此求得 $d=\frac{h}{iM}$。在图 9－17 中，$h=1$ m，$M=1000$，$i=3.3\%$，则 $d=0.03$ m。

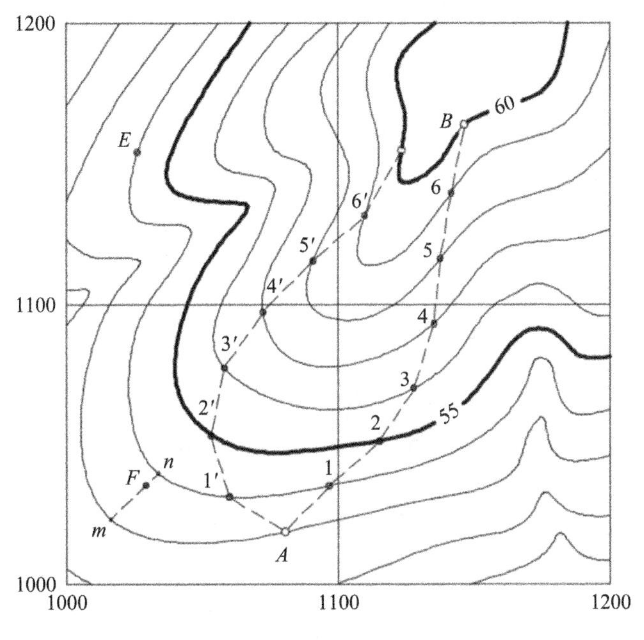

图 9－17　按设计坡度选线

在地形图上以 A 点为圆心、3 cm 为半径，用两脚规在直尺上截交 54 m 等高线，分别得到 1、1′点；用两脚规截交 55 m 等高线，分别得到 2、2′点；依次进行，直至 B 点。连接 A—1—2—…—B 和 A—1′—2′…—B 得到两条路线，则这两条路线一定满足设计坡度 3.3%。

如果等高线的平距大于最小平距，则画弧时不能与等高线相交。这说明地面坡度小于限制坡度。在这种情况下，可根据最短线路敷设。一般从图上可以选择不止一条线路，要综合各种因素考虑选定一条。

9.4.3　利用地形图确定汇水面积

修筑道路时，有时要跨越河流或山谷，这时就必须建设桥梁或涵洞，兴修水库则必须筑坝拦水。桥梁、涵洞孔径的大小，水坝的设计位置与坝高，水库的蓄水量等需要根据汇集于这个地区的水流量来确定。汇集水流量的面积称为汇水面积。由于雨水是沿山脊线(分水线)向两侧山坡分流，所以汇水面积的边界线是由一系列的山脊线连接而成的。如图 9－18 所示，一条公路经过山谷，拟在 P 处架桥梁或修涵洞，其孔径大小应根据流经该处的水流量确定，而水流量又与山谷的汇水面积有关。由山脊线和公路上的线段 A—B—C—D—E—F—G—H—I—A 所围成的封闭区域的面积就是这个山谷的汇水面积。量出该面积的值，再结合当地的气象水文资料，便可进一步确定流经公路 P 处的水量，为桥梁或涵洞的孔径设计提供依据。确定汇水面积的边界线时，应注意以下两点：

(1) 边界线(除公路 AB 段外)应与山脊线一致，且与等高线垂直；

(2) 边界线是经过一系列山脊线、山头和鞍部的曲线，并在河谷的指定断面(公路或水坝的中心线)闭合。

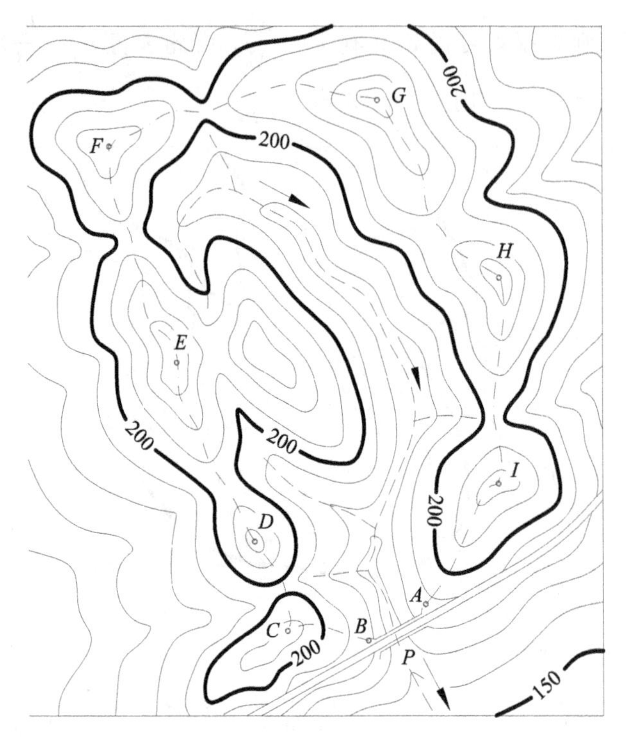

图 9-18 确定汇水面积

9.4.4 利用地形图建立数字高程模型(DEM)

建立数字高程模型(DEM)的数据基础是地形图上点的三维坐标或地形测绘的原始数据(碎部点三维坐标)。常用地面测绘技术的数据采集方式决定了建立 DEM 多采用不规则三角网(TIN)法。

南方 CASS 也采用 TIN 法构建 DEM。TIN 是利用野外实测的所有离散地形特征点或地形图图面高程点构造出由邻接三角形组成的网形结构，其构造思路是：首先对野外根据实际地形采集的、呈不规则分布的碎部点进行检索，判断出最贴近地面的三个相邻离散碎部点，并将其连接成初始三角形；然后以初始三角形的每一条边为基础，连接邻近碎部点组成新的三角形；再以新三角形的每条边为基础连接其他碎部点，不断组成新的三角形；如此继续，所有碎部点构成的三角形就组成了 TIN，也即建立了 DEM。DEM 是自动绘制等高线的基础，也是查询高程和地表面积的基础。

利用 CASS 数字化成图软件建立 DEM：单击“等高线”→“由数据文件生成”→“坐标数据文件名(.dat)”→“显示建三角网过程”，得到表示 DEM 的 TIN，如图 9-19 所示。根据实测地形点与地形的对应情况，可以修改 TIN。

建立 DEM 之后，还可用“三维模型”命令生成地面三维模型。图 9-20 是应用 TIN 生成的地面三维模型。

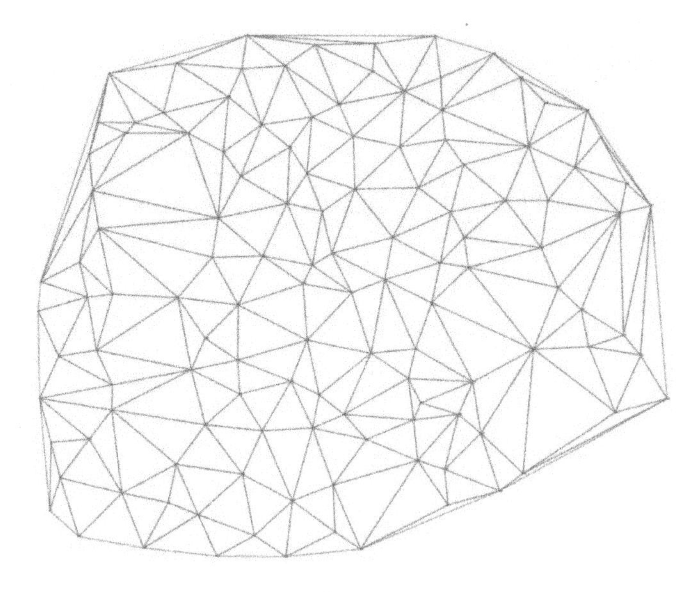

图9-19　表示DEM的TIN

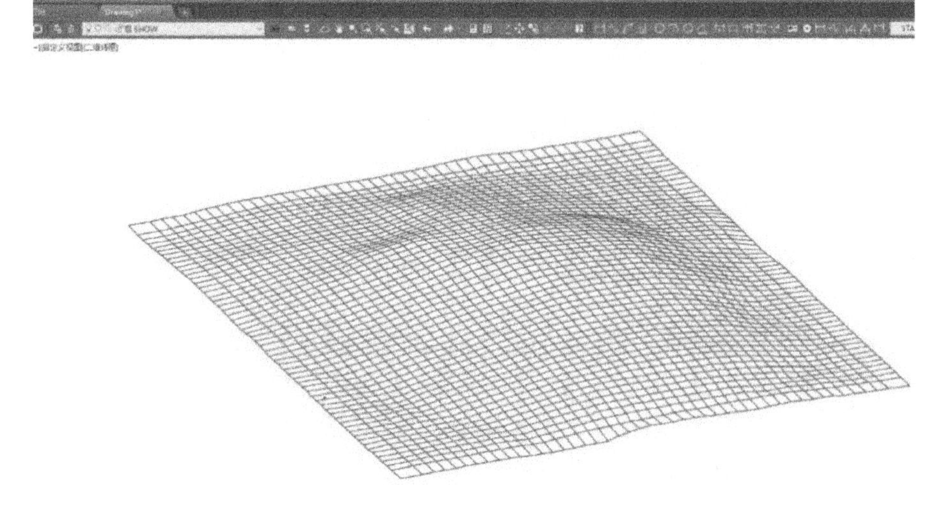

图9-20　地面三维模型

9.4.5　利用地形图计算地表面积

当地形高低起伏较大时，需要建立数字地面模型(DTM)计算其表面积。通过建立DTM，在三维空间内将地面点连接为带坡度的三角形，逐个计算三角形面积，再将每个三角形面积累加得到整个范围内的地表面积。

在数字化成图软件环境下，可以根据数字地形图的原始坐标文件或者图上高程点计算表面积。如图9-21所示，利用CASS数字化成图软件，在“工程应用(C)”菜单下选择“计算表面积”→“根据坐标文件”命令，根据命令行提示，选取“坐标文件.DAT”文件，选定计算区域并输入边界插值间隔，如5 m，即可在命令行显示地表面积结果。

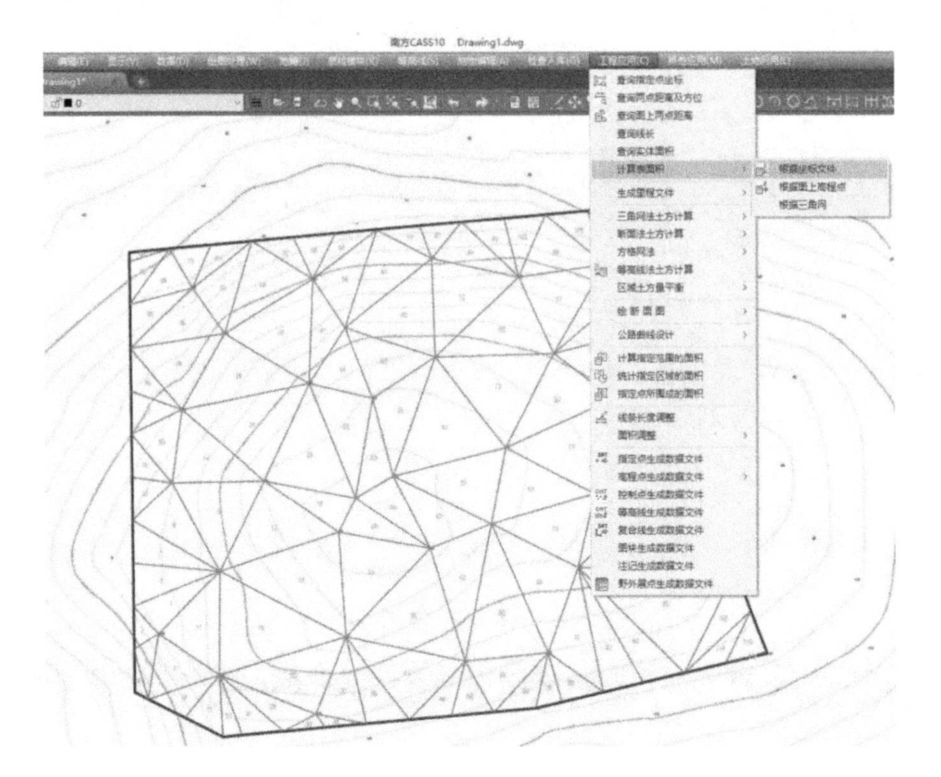

图 9-21 在数字地形图上计算地表面积

9.5 利用地形图计算土方量

土木工程建设往往是对原始地形进行必要的人工改造，使其满足人类生存、人民生活、经济建设和国防建设的需要。平整土地、开山修路、挖沟修渠是常见的工程建设，它们均需计算土方量，对应的计算方法有适用于平整土地的 DTM 法、方格法和等高线法，适用于开山修路、挖沟修渠的平均断面法。

9.5.1 平整为水平场地

图 9-22 为某场地的地形图，假设要求按照挖、填平衡的原则将原地貌改造成水平面，则土方量的计算步骤如下：

(1) 在地形图上绘制方格网。方格网的大小取决于地形的复杂程度、地形图比例尺的大小和土方计算的精度要求。一般情况下，方格边长为图上 2 cm。各方格顶点的高程用线性内插法求出，并注记在相应顶点的右上方。

(2) 计算挖、填平衡的设计高程。先将每一方格顶点的高程相加除以 4，得到各方格的平均高程 H_i；再将每个方格的平均高程相加除以方格总数 n，就得到挖、填平衡的设计高程 H_0，即

$$H_0=\frac{1}{n}(H_1+H_2+\cdots+H_n)=\frac{1}{n}\sum_{i=1}^{n}H_i$$

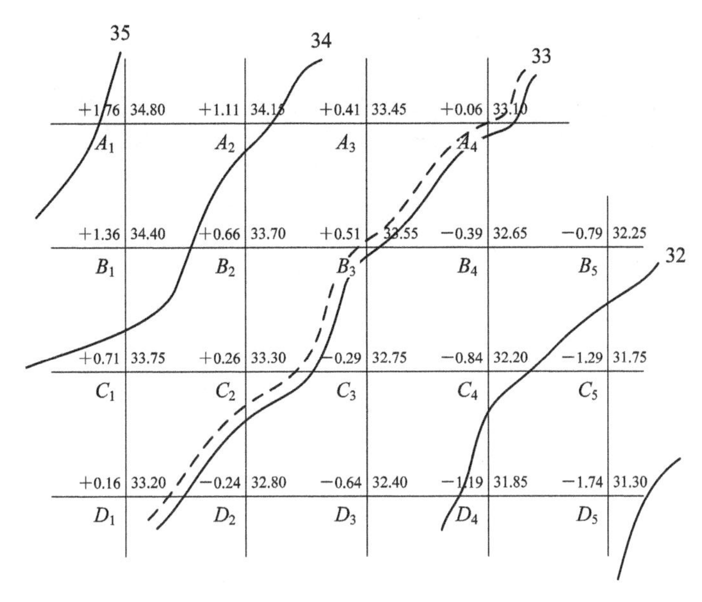

图 9-22　平整为水平场地方格法土方计算

方格网的角点 A_1、A_4、B_5、D_1、D_5 的高程只用了一次，边点 A_2、A_3、B_1、C_1、D_2、D_3、D_4、C_5 的高程用了两次，拐点 B_4 的高程用了三次，中点 B_2、B_3、C_2、C_3、C_4 的高程用了四次。因此，设计高程 H_0 的计算公式可以化为

$$H_0=\frac{1}{4n}\left(\sum H_{角}+2\sum H_{边}+3\sum H_{拐}+4\sum H_{中}\right) \tag{9-11}$$

将图 9-22 中各方格顶点的高程代入式(9-11)中，即可计算出设计高程为 33.04 m。在图 9-22 中内插入 33.04 m 的等高线(图中虚线)，此即挖、填平衡的边界线(也称为挖填边界线)。

(3) 计算挖、填高度。各方格顶点的高程减去设计高程 H_0，即得其挖、填高度，挖、填高度值标注在各方格顶点的左上方。

(4) 计算挖、填土方量。可按角点、边点、拐点和中点分别计算挖、填土方量，计算公式如下：

$$\begin{cases}角点：挖(填)高\times\dfrac{1}{4}方格网面积\\ 边点：挖(填)高\times\dfrac{2}{4}方格网面积\\ 拐点：挖(填)高\times\dfrac{3}{4}方格网面积\\ 中点：挖(填)高\times\dfrac{4}{4}方格网面积\end{cases} \tag{9-12}$$

将挖方和填方分别求和，即得总挖方和总填方。结果理论上应相等，而实际计算有少量差别。挖、填土方量的计算一般在表格中进行，通常使用 Excel 进行计算。

在数字化成图软件环境下，可以根据数字地形图的原始坐标文件，采用方格法计算方量。

利用 CASS 数字化成图软件，在“工程应用(C)”菜单下选择“方格网土方计算”命令，根据命令区提示，选择区域边界线，弹出“方格网土方计算”对话框，如图 9-23 右侧所示；按照步骤打开原始坐标文件.DAT，选择设计面为“平面”，输入“目标高程”和“方格宽度”，点击“确定”，即可得到如图 9－23 左侧所示的结果。

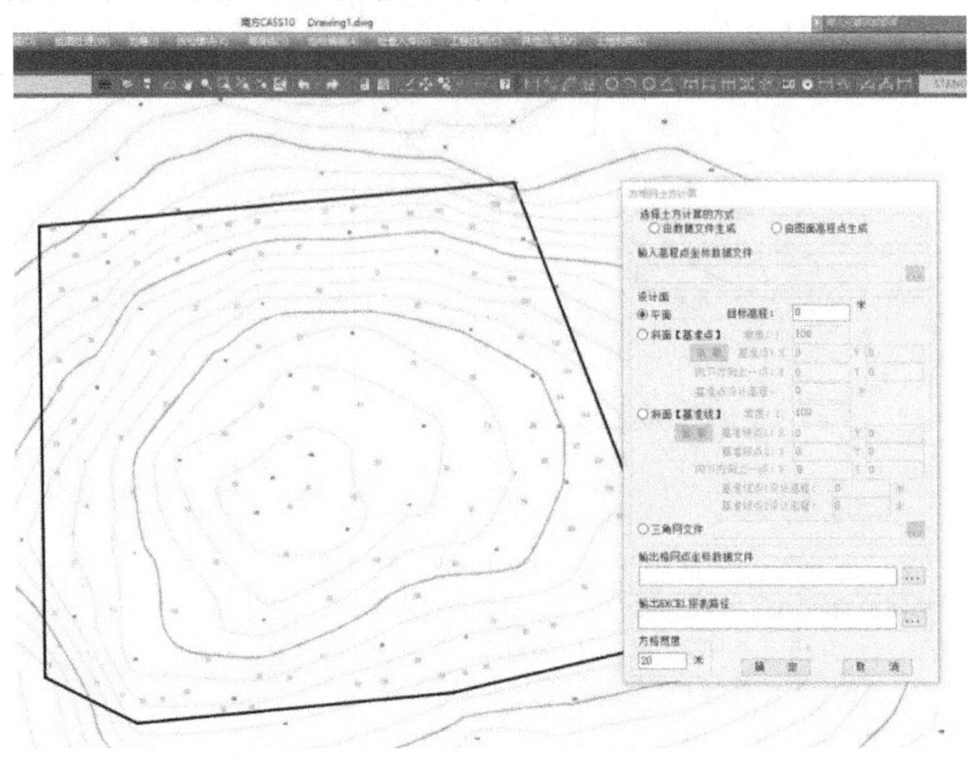

图 9－23 方格网土方计算

方格宽度越小，计算精度越高。但如果方格宽度太小，超过了野外采集点密度，也是没有实际意义的。因此，方格宽度应与地形图的野外采集点密度相匹配，一般根据数据采集技术在 5 m 至 20 m 之间选取。

计算土方量的另一目的是指导施工。将各方格顶点放样到实地，并标出挖、填高度作为施工依据。在图 9－22(或图 9－23)绘出的挖、填边界线上，按一定间隔提取点坐标，分别放样到实地。然后，用明显标志将这些放样点连成曲线(比如弹出石灰白线)，该曲线即挖、填边界线。挖、填边界线所在地面的高程应与设计高程 H_0 一致。在图 9－22(或图 9－23)上，提取各方格顶点坐标，分别将方格顶点放样到实地并用木桩标定，然后在木桩侧边标注挖、填高度 h_i(注意：h_i 为正时，表示挖深；h_i 为负时，表示填高)，作为平整场地的挖、填依据。

9.5.2 整理为倾斜面

将原地形整理成某一坡度的倾斜面后，一般可根据挖、填平衡的原则，绘制出设计倾斜面的等高线。有时要求所设计的倾斜面必须包含某些不能改动的高程点(称为设计倾斜面的控制高程点)，例如已有道路的中线高程点，永久性或大型建筑物的外墙地坪高程点等。如图 9－24 所示，设 A、B、C 三点为控制高程点，其地面高程分别为 54.6 m、51.3 m 和 53.7 m。要求将原地形整理成通过 A、B、C 三点的倾斜面，则土方量的计算步骤如下：

(1) 确定设计等高线的平距。过 A、B 两点作直线，用比例内插法在 AB 直线上求出高程分别为 54 m、53 m、52 m 的各点的位置，也就是设计等高线应经过 AB 直线上的相应位置，即图 9－24 中的 d、e、f、g 点。de、ef、fg 的距离即为设计等高线的平距。

（2）确定设计等高线的方向。在 AB 直线上比例内插出一点 k，使其高程等于 C 点的高程 53.7 m。过 k、C 点连一直线，则 kC 直线的方向就是设计等高线的方向。

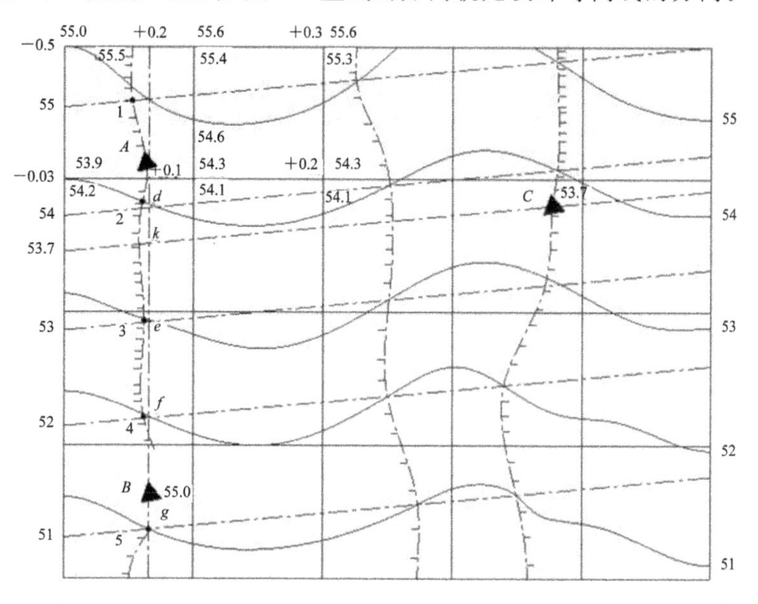

图 9－24　平整为倾斜场地方格法土方计算

（3）插绘设计倾斜面的等高线。过 d、e、f、g 各点作 kC 直线的平行线（图中虚线），即得设计倾斜面的等高线。连接设计等高线和原同高程的等高线的交点，即图 9－24 中的 1、2、3、4、5 等点，就可得到挖、填边界线。图 9－24 中绘有短线的一侧为填土区，另一侧为挖土区。

（4）计算挖、填土方量。与前面的方法类似，首先在图上绘制方格网，并确定各方格顶点的挖深和填高量，挖深和填高量仍注记在各方格顶点的左上方。不同的是各方格顶点的设计高程是根据设计等高线内插求得的，并注记在方格顶点的右下方。挖方量和填方量的计算与前面的方法相同。

在数字化成图软件环境下，设计面是倾斜面时方量计算的操作步骤与平面时的基本相同，区别在于"方格网土方计算"对话框中"设计面"栏中选择"斜面【基准点】"或"斜面【基准线】"，可参考图 9－23。

如果选择"斜面【基准点】"，则需要输入坡度、基准点和斜坡设计面向下方向线上某一点的坐标，以及基准点的设计高程，才可进行计算。

如果选择"斜面【基准线】"，则需要输入坡度并选取基准线上的两个点以及基准线向下方向线上的一点，并输入基准线上两个点的设计高程，才可进行计算。

9.6　地形图在土木工程中的应用

地形图在土木工程中的应用相当广泛，可以说，土木工程离不开地形图。下面主要介绍地形图应用的四个方面。

9.6.1 建筑设计中的地形图应用

现代技术设备能够推移大量的土方，在许多情况下，有可能将建设用地完全推平，消灭用地上的所有高低起伏。但是，很多事实证明，剧烈改变地形的自然形态，仅在特殊场合下才是合理的，因为这种做法需要花费大量的资金，更主要的是破坏了周围的自然环境，如地下水、土层、植物生态和地区的景观环境。这就要求在进行建筑设计时，应该充分考虑地形特点，进行合理的竖向规划。例如，当地面坡度为2.5%～5%时，应尽可能沿等高线方向布置较长的建筑物，这样，房屋的基础工程较为节约，道路和联系阶梯也容易布置。

现代建筑设计要求充分考虑现场的地形特点，不剧烈改变地形的自然形态，使设计的建筑物与周围景观环境比较自然地融为一体。这样既可以避免开挖大量的土方，节约建设资金，又可以不破坏周围的自然环境。地形对建筑物布置的间接影响主要考虑自然通风和日照效果两方面。

由地形和温差形成的地形风，常见的有山阴风、顺坡风、山谷风、越山风和山垭风等，往往对建筑通风起主要作用。在不同地区布置建筑物时，需结合地形特点并参照当地气象资料加以研究，合理布置。为达到良好的通风效果，在迎风坡，高建筑物应置于坡上；在背风坡，高建筑物应置于坡下。建筑物斜列布置在鞍部两侧迎风坡面，可充分利用垭口风，取得较好的自然通风效果。建筑物布列在山堡背风坡面两侧和正下坡，可利用绕流和涡流，获得较好的通风效果。在平地，日照效果与地理位置、建筑物朝向和高度、建筑物间隔有关；而在山区，日照效果除了与上述因素有关，还与周围地形、建筑物处于向阳坡或背阳坡、地面坡度大小等因素密切相关。因此，山区的日照效果问题就比平地的复杂得多，必须对山区的每个建筑物进行具体的分析来决定其布置。

在建筑设计中，既要珍惜良田好土，尽量利用薄地、荒地和空地，又要满足投资省、工程量少和使用合理等要求。例如，建筑物应适当集中布置，以节省农田，节约管线和道路；建筑物应结合地形灵活布置，以达到省地、省工、通风和日照效果都好的目的；公共建筑应布置在小区的中心；对不宜建筑的区域，要因地制宜地利用起来，可在陡坡、冲沟、空隙地和边缘山坡上建设公园和绿化地；自然形成或由采石、取土形成的大片洼地或坡地，因其高差较大，可用来布置运动场和露天剧场；高地可设置气象台和电视转播站等。建筑设计中所需要的上述地形信息，大部分都可以在地形图中找到。

9.6.2 给排水设计中的地形图应用

选择自来水厂的厂址时，要根据地形图确定位置。若厂址设在河流附近，则要考虑厂址在洪水期内不会被水淹没，在枯水期内又能有足够的水量。水源离供水区不应太远，供水区的高差不应太大。在地面坡度为0.5%～1%的地段，比较容易排除雨水；在地面坡度较大的地区内，要根据地形分区排水。由于雨水和污水的排除是靠重力在沟管内自流的，因此沟管应有适当的坡度。在布设排水管网时，要充分利用自然地形，如雨水干沟应尽量设在地形低处或山谷线处，这样既能使雨水和污水畅通自流，又能使施工的土方量最小。在防洪、排涝、涵洞和涵管等工程设计中，经常需要在地形图上确定汇水面积作为设计的依据。

9.6.3 勘测设计中的地形图应用

在建筑物、市政设施、线路工程等的勘测设计中，地形图的应用也相当广泛。道路一般以平直较为理想，但实际上由于地形和其他原因的限制，要达到这种理想状态是很困难的。为了选择一条经济而合理的路线，必须进行线路勘测。线路勘测是一个涉及面广、影响因素多、政策性和技术性强的工作。在进行线路勘测之前，要做好各种准备工作。首先要搜集与线路有关的规划统计资料以及地形、地质、水文和气象资料；然后进行分析研究，在地形图(通常为 1:5000 的地形图)上初步选择线路走向，利用地形图对山区和地形复杂、外界干扰多、牵涉面广的段落进行重点研究如线路可能沿哪些溪流，越哪些垭口；线路通过城镇或工矿区时，是穿过、靠近，还是避开而以支线连接等。研究时，应进行多种方案的比较。

9.6.4 城市规划用地分析中的地形图应用

在规划设计城市用地前，首先应按建筑、交通、给水和排水等对地形的要求，在地形图上对规划区域的地形进行整体认识和分析评价，标明不同坡度地区的地面水流方向、分水线和集水线等，以确保规划中能充分合理地利用自然地形条件，经济有效地使用城市土地，节约城市建设费用和促进城市的可持续发展。

城市各项工程建设与设施布设对用地地质、水文、地形等方面都有一定的要求。而在地形方面的要求主要是对不同地面坡度的要求。因此，在地形分析时应充分考虑地形坡度类型及其与各项建筑布设的关系，以便合理利用和改造原有地形。表 9-2 为城市各项工程建设对用地的坡度要求，表 9-3 为地形坡度类型与建筑布设的关系。

表 9-2　城市各项工程建设对用地的坡度要求

项 目	坡 度	项 目	坡 度
工业水平运输	0.5%～2%	铁路站场	0%～0.25%
居住建筑	0.3%～10%	对外主要公路	0.4%～3%
主要道路	0.3%～6%	机场用地	0.5%～1%
次要道路	0.3%～8%	绿化用地	任何坡度

表 9-3　地形坡度类型与建筑布设的关系

坡度类型	坡 度	建筑群与道路的布设方式
平坡	3%	基本为平地，建筑和道路可根据规划原理自由布置，但注意排水
缓坡	3%～10%	建筑群布置不受约束，车道也可以自由布置，不考虑梯级道路
中坡	10%～25%	建筑群组受一定限制，车道不宜垂直等高线布设，垂直等高线布设的道路要作为梯级道路
陡坡	25%～50%	建筑群受较大的限制，车道不平行等高线布置时，只能与等高线成较小的锐角布设

续表

坡度类型	坡 度	建筑群与道路的布设方式
急坡	50%～100%	建筑设计需做特殊处理，车道只能曲折盘旋而上，或考虑架设缆车道。梯级道路也只能与等高线成斜交布置
悬坡	100%以上	一般为不可建筑地带

根据规划原理和方法，在平原地区进行规划设计时，对建筑群体布置限制较小，布设比较灵活机动。但在山地和丘陵地区，由于建筑用地通常呈不规则的形状，需要在各种不规则形状中寻找布置的规律。因此，建筑群体的布设形式必然受到地形特点的制约，呈现出高低参差不同、大小分布各异的特点。下面以图 9-25 为例进行用地分析。

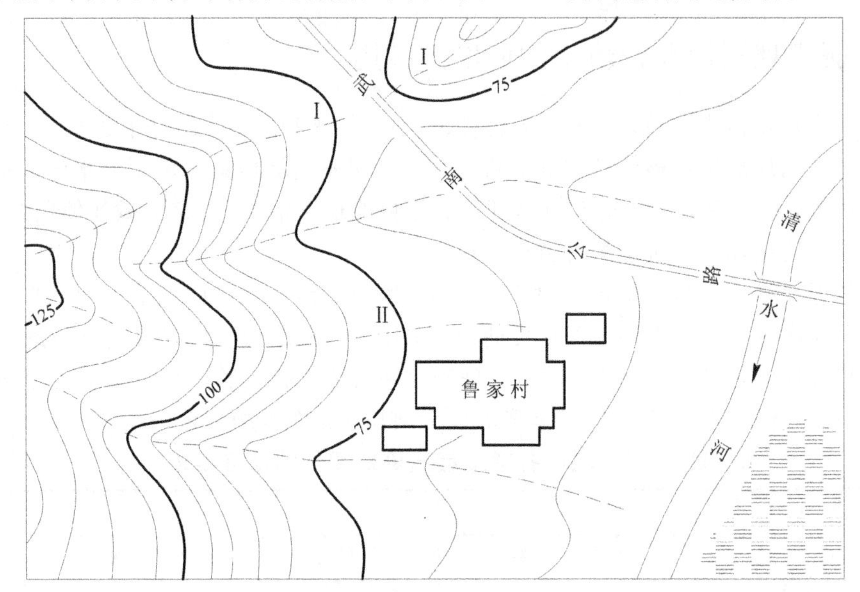

图 9-25 用地分析

由图 9-25 可知：

(1) 鲁家村以西有一座小山，东南有一条河流(清水河)，河南岸有一沼泽地。

(2) 在武南公路以北有一个高出地面约 30 m 的小丘，小丘东西向地势较南北向平缓。

(3) 鲁家村以西的地形为：75 m 等高线以上较陡，55～75 m 等高线一段渐趋平缓，55 m 等高线以下更为平坦。总的来说，这块地形除小山和小丘外还是比较平缓的。

(4) 根据地形起伏情况，从小山山顶向东北到小丘可找出分水线Ⅰ，从小山向东到武南公路找出分水线Ⅱ，分水线Ⅱ的一段与武南公路东段相吻合。在分水线Ⅰ和Ⅱ之间可找到集水线。根据地势情况，定出地面水流方向(最大坡度方向)，在分水线Ⅰ以北的地面水排向小丘和小丘以北，在分水线Ⅱ以南的地面水则向清水河汇集。

根据上述分析结果，在鲁家村四周、武南公路东南段两侧等处适宜规划建筑群体；而对于清水河南面的沼泽地区，需对其做工程地质和水灾地质等分析以后才能确定其用途。

第 9 章课后习题

第10章 施工测量基本知识

内容提要

本章的主要内容包括施工测量的目的、内容、特点、原则、精度和准备工作，施工控制网的布设，施工放样基本工作，平面位置放样常用方法。本章的教学重点为施工测量精度计算、高程放样、极坐标放样法，教学难点为如何针对不同工程问题合理选择放样方法。

学习目标

通过本章的学习，学生应理解施工测量的特点、精度和施工放样的准备工作，掌握施工放样基本工作，熟练掌握水准测量高程放样法和全站仪坐标放样法，了解施工放样的常用方法。

10.1 施工测量概述

土木工程建设的设计阶段完成后即进入施工阶段，通过工程施工来实现建设的最终目的。施工阶段所进行的测量工作称为施工测量。

与地形图测绘相比，施工测量同样需要遵循方案设计“从整体到局部”、工作程序和步骤“先控制后细(碎)部、步步有检核”的原则；但在数据采集设备和数据精度方面，不再遵循“先高级后低级”的原则。

施工测量根据建筑物的等级、大小、结构形式、建筑材料和施工方法的不同设置相应的精度要求。在实际施工中，如果精度选择过高，则会增加测量难度，降低工作效率，延缓工期；如果精度选择过低，则会影响质量和安全，造成重大安全事故隐患。因此，进行施工测量时，必须了解设计内容、工程性质以及精度要求等相关信息。

10.1.1 施工测量的目的和内容

在土木工程施工过程中进行的一系列测量工作称为施工测量。施工测量的目的是把设计的建筑物、构筑物的平面位置和高程，按设计要求以一定的精度测设在地面上，作为施工的依据，以衔接和指导各工序间的施工。施工测量的过程与地形测量的过程相反。

施工测量贯穿于工程建设的全过程，其内容主要包括：施工控制测量、建筑物主要轴线的测设、建筑物的细部测设，如基础模板的测设、构件与设备的安装测量等；工程竣工测量；施工过程中以及工程竣工后的建筑物变形监测等。

施工测量即建立施工平面控制网和施工高程控制网，其作用是为施工放样、施工期间的变形监测、监理和竣工测量等提供统一的坐标基准和高程基准。

施工控制网(包括施工平面控制网和施工高程控制网)具有以下特点：控制网大小、形状、点位分布与工程范围、施工对象相适应，点位分布便于施工测设；控制测量坐标系与施工坐标系或设计坐标系相一致，投影面与平均高程面或与测设精度要求最高的高程面相一致；精度不遵循“先高级后低级”的原则，因此当分级布设时，次级网精度往往比首级网精度要高，网中控制点精度不要求均匀，但要保证某几个点位和方向的精度相对较高。

在当今测量技术迅速发展的背景下，建立施工平面控制网首选 GNSS 静态测量技术，根据要求的精度不同还可以选择 GNSS-RTK 技术。线路工程可选择导线测量，桥梁施工控制网、地下工程洞口施工控制网等也可选择三角网(边角网、三边网)，建筑施工控制网传统上有建筑基线和建筑方格网等形式。

建立施工高程控制网的技术选择为：建筑施工、桥梁施工和地下工程施工常选择水准测量技术，线路工程也可选择三角高程测量技术或 GNSS 测量技术。

建筑物主要轴线的测设、建筑物的细部测设、工程竣工测量以及建筑物变形监测等技术，将会结合专业特点在后续各章节分别进行介绍。

10.1.2 施工测量的特点

一般来说，施工测量的精度比地形图测绘的精度要求高，而且建筑物的重要性、结构及施工方法等不同，对施工测量的精度要求也有所不同。通常，工业建筑物的测设精度高于民用建筑物的，钢结构建筑物的测设精度高于钢筋混凝土结构建筑物的，装配式建筑物的测设精度应高于非装配式建筑物的，高层建筑物的测设精度应高于低层建筑物的，吊装施工的测设精度高于现场浇筑施工的。

由于施工测量贯穿于施工的全过程，施工测量工作直接影响工程质量及施工进度，所以测量人员必须熟悉有关图纸，了解设计内容、性质及对测量工作的要求，了解施工的全过程，密切配合施工进度进行测设工作。另外，建筑施工现场多为立体交叉作业，且有大量的重型动力机械，这对施工控制点的稳定和施工测量工作带来一定的影响。因此，测量标志的埋设应特别稳固，并要妥善保护，经常检查，对于已发生位移或遭到破坏的控制点应及时重测和恢复。为了保证施工安全，对于深基坑工程、高层建筑、地下工程等，还需要进行变形监测。

10.1.3 施工测量的原则

施工现场有各种建筑物，且分布较广，往往又不是同时开工兴建。为了保证各建筑物的平面和高程位置都符合设计要求，互相连成统一的整体，与地形图测绘一样，施工测量也要遵循“从整体到局部，先控制后碎部”的原则，即先在施工场地建立统一的平面控制网和高程控制网，然后以此为基础，测设出各个建筑物的位置。施工测量的检核工作也很重要，必须采用各种不同的方法加强外业和内业的检核工作。

在此应特别提出的是，施工测量不同于地形测量，在施工测量中出现的任何差错都有可能造成严重的质量事故和巨大的经济损失。因此，测量人员应严格执行质量管理规程，仔细复核放样数据，力争将错误降到最低。

10.1.4　施工测量的精度

施工测量的精度由控制测量精度和施工放样精度两部分组成，取决于建筑限差的大小。

建筑限差即工程设计提出的总容许误差$\Delta_{建容}$，包含施工测量容许误差(测量限差)$\Delta_{测容}$和施工容许误差(施工限差)$\Delta_{施容}$，还可能包含构件加工制造容许误差(制造限差)$\Delta_{制容}$等其他有显著影响的分项因素。建筑限差与分项因素可采用“等影响原则”或“忽略不计原则”分配。分配出来的结果要与实际条件所能够达到的精度进行比较分析，根据分析结果，或做适当调整，或改善施工条件，目的是顺利完成施工，满足建筑限差要求。

(1) 施工、加工不同工种之间，依据“等影响原则”分配测量限差$\Delta_{测容}$、制造限差$\Delta_{制容}$和施工限差$\Delta_{施容}$。

当建筑限差$\Delta_{建容}$仅受施工测量和施工两个因素影响时，有

$$\Delta_{建容}^2=\Delta_{测容}^2+\Delta_{施容}^2 \tag{10-1}$$

$$\Delta_{测容}=\Delta_{施容}=\frac{\Delta_{建容}}{\sqrt{2}}=0.707\Delta_{建容} \tag{10-2}$$

当建筑限差$\Delta_{建容}$受施工测量、构件加工制造和施工三个因素影响时，有

$$\Delta_{建容}^2=\Delta_{测容}^2+\Delta_{制容}^2+\Delta_{施容}^2 \tag{10-3}$$

$$\Delta_{测容}=\Delta_{制容}=\Delta_{施容}=\frac{\Delta_{建容}}{\sqrt{3}}=0.577\Delta_{建容} \tag{10-4}$$

“等影响原则”的意义在于平衡工程施工中的各方因素，强调其误差对施工的影响均等。施工测量误差与构件加工制造误差、施工误差具有同等影响，施工测量精度与构件加工制造精度、施工精度相同。建筑限差决定着施工测量精度，也决定着构件加工制造精度和施工精度。同时，不同结构、不同施工工艺又决定着建筑限差。例如，钢筋混凝土工程的放样精度比砖石结构工程的放样精度高，金属结构工程的放样精度更高。组装式建筑应充分考虑构件加工制造误差的影响。

(2) 施工控制测量和施工放样之间，依据“忽略不计原则”分配控制测量中误差$m_{控}$和放样中误差$m_{放}$。施工控制测量是在施工前场地环境条件好、时间充裕的情况下进行的，可以用多种措施提高控制测量精度。而在施工放样时，环境条件差、各工种干扰大，为了密切配合施工，难以采用重复观测等措施提高放样精度。因此，依据“忽略不计原则”分配控制测量中误差$m_{控}$和放样中误差$m_{放}$，使得$m_{控}$对施工测量精度的影响可以忽略不计。

通常认为，当$m_{控}=m_{放}/3$时，$m_{控}$对施工测量精度的影响可以忽略不计。根据误差传播定律，即有

$$m_{测}^2=m_{控}^2+m_{放}^2=\frac{m_{放}^2}{9}+m_{放}^2 \tag{10-5}$$

由容许误差(限差)定义并结合式(10-2)，可得$m_{测}=\frac{\Delta_{测容}}{2}=0.354\Delta_{建容}$。因此，当建筑

限差仅受施工测量和施工两个因素影响时，控制测量中误差 $m_{控}$、放样中误差 $m_{放}$ 与建筑限差 $\Delta_{建容}$ 的关系为

$$m_{控}=0.112\Delta_{建容} \tag{10-6}$$

$$m_{放}=0.336\Delta_{建容} \tag{10-7}$$

由容许误差(限差)定义并结合式(10-4)，可得 $m_{测}=\frac{\Delta_{测容}}{2}=0.289\Delta_{建容}$。因此，当建筑限差受施工测量、构件加工制造和施工三个因素影响时，控制测量中误差 $m_{控}$、放样中误差 $m_{放}$ 与建筑限差 $\Delta_{建容}$ 的关系为

$$m_{控}=0.091\Delta_{建容} \tag{10-8}$$

$$m_{放}=0.274\Delta_{建容} \tag{10-9}$$

从以上关系中可以看出，当建筑限差一定时，影响施工误差的分项因素增加，便会对施工测量提出更高的精度要求，施工控制测量精度和施工放样精度均需提高。

10.1.4 施工放样的准备工作

施工放样是施工测量中最基本、最重要的部分，工作量大，责任重。因此，在施工放样之前，要做好充分准备：① 根据设计文件，了解工程意义，熟悉设计图纸；② 实地现场检视起算控制点是否完好，检核起算数据是否正确；③ 做出施工放样计划，编制施工放样说明；④ 依据设计总平面准备放样数据。依据放样点的设计坐标与施工控制点坐标，利用坐标反算原理计算放样数据。在设计总平面图上多方寻找检核条件，实现多条件检核，通过检核保证施工放样成果正确且有理有据。

10.2 施工控制网的布设

为工程施工所建立的控制网称为施工控制网，其主要作用是为建筑物的施工放样提供依据。另外，施工控制网也可为工程的维护保养、扩建改建提供依据。因此，施工控制网的布设应密切结合工程施工的需要及建筑场地的地形条件，以选择适当的控制网形式和合理的布网方案。

10.2.1 施工控制网的特点

与测图控制网相比，施工控制网具有以下特点：

(1) 控制的范围小、精度要求高。对于在工程勘测期间所布设的测图控制网，其控制范围总是大于工程建设的区域。对于水利枢纽工程、隧道工程和大型工业建设场地，其控制面积约在十几平方千米到几十平方千米，一般的工业建设场地的控制面积大都在 1 平方千米以下。由于工程建设需要放样的点、线十分密集，没有较为稠密的测量控制点将会给放样工作带来困难。至于点位的精度要求，测图控制网点是从满足测图要求出发提出的，其精度要求一般较低；而施工控制网的精度是从满足工程放样的要求提出的，精度要求一般较高。因此，施工控制网的精度要比一般测图控制网的高。

(2) 施工控制网的点位分布有特殊要求。施工控制网是为工程施工服务的。因此，为了施工测量应用方便，一些工程对点位的埋设有一定的要求。例如，桥梁施工控制网、隧道施工控制网和水利枢纽工程施工控制网要求在桥梁中心线、隧道中心线和坝轴线的两端分别埋设控制点，以便准确地标定工程的位置，减少放样测量的误差。

(3) 控制点使用频繁、受施工干扰大。大型工程在施工过程中，不同的工序和不同的高程上往往要频繁地进行放样，施工控制网点被反复应用，有的可能多达数十次。而且，工程的现代化施工经常采用立体交叉作业的方法，施工机械频繁调动，对施工放样的通视等条件产生了严重影响。因此，施工控制网点应位置恰当、坚固稳定、使用方便、便于保存，且密度也应较大，以便使用时有灵活选择的余地。

(4) 施工控制网投影到特定的平面。为了使由控制点坐标反算的两点间长度与实地两点间长度之差尽量减小，施工控制网不投影到大地水准面上，而投影到指定的高程面上。例如，工业场地施工控制网投影到厂区平均高程面上，桥梁施工控制网投影到桥墩顶高程面上等。也有的工程要求施工控制网投影到放样精度要求最高的平面上。

(5) 采用独立的建筑坐标系。在工业建筑场地，还要求施工控制网点的连线与施工坐标系的坐标轴平行或垂直，而且其坐标值尽量为米的整倍数，以利于施工放样的计算工作。例如，将厂房主轴线、大坝主轴线、桥中心线等作为施工控制网的坐标轴线。

当施工控制网与测图控制网联系时，应进行坐标换算，以便于以后的测量工作。坐标系的换算关系如图 10 - 1 所示。

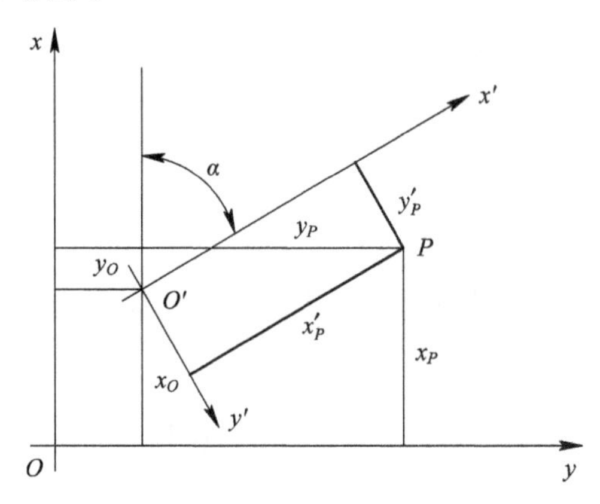

图 10 - 1　坐标系的换算关系

设 xOy 为第一坐标系统，$x'O'y'$ 为第二坐标系统，则 P 点在两个坐标系统中的坐标分别为

$$\begin{pmatrix} x \\ y \end{pmatrix} = \begin{pmatrix} a \\ b \end{pmatrix} + \begin{pmatrix} \cos\alpha & -\sin\alpha \\ \sin\alpha & \cos\alpha \end{pmatrix} \begin{pmatrix} x' \\ y' \end{pmatrix} \tag{10-10}$$

$$\begin{pmatrix} x' \\ y' \end{pmatrix} = \begin{pmatrix} \cos\alpha & \sin\alpha \\ -\sin\alpha & \cos\alpha \end{pmatrix} \begin{pmatrix} x-a \\ x-b \end{pmatrix} \tag{10-11}$$

式中：a、b——坐标平移量；

α——坐标系旋转角。

坐标平移量和坐标系旋转角的数据一般由设计文件给定。

由于施工控制网具有上述特点，因此施工控制网布设应该成为施工总平面图设计的一部分。设计点位时应充分考虑建筑物的分布、施工的程序、施工的方法以及施工场地的布置情况，将施工控制网点画在施工总平面图上相应的位置，并教育工地上的所有人员爱护测量标志，注意保存点位。

10.2.2 施工控制网的建立

大型工程的施工控制网一般分两级布设：首级施工控制网控制整体工程及与之相关的重要附属工程，二级加密网对工程局部位置进行施工放样。在通常情况下，首级施工控制网在工程施工前就应布设完毕，而二级加密网一般在施工过程中，根据施工的进度和工程施工的具体要求布设。

在布设施工控制网时，首先应根据工程的具体情况在图上进行设计，并进行精度估算。当估算的精度达不到要求时，可通过下列三个途径提高精度：

(1) 提高观测值的精度。采用较精密的测量仪器测量角度和距离。

(2) 建立良好的控制网网形结构。在三角测量中，一般应将三角形布设成近似等边三角形。另外，测角网有利于控制横向误差(方位误差)，测边网有利于控制纵向误差，若将两种网形结构组合成边角网的形式，则可达到网形结构优化的目的。

(3) 增加控制网中的观测数，即增加多余观测。具体观测数的增加方案应根据实际的控制网形状进行分析和确定。

控制网点位的确定主要取决于其控制的范围和是否便于施工放样，此外还应注意所选点位的通视、安全和施工干扰等要求。为此，在控制网选点时，应参阅“施工组织设计”中有关施工场地布置的内容，以保证控制点在施工过程中尽量少受破坏，在发生冲突时，应与施工组织部门协调。另外，在控制网选点前，应了解工程区域的地质情况，尽量将点位布设在稳固的区域，以保证点位的稳定性。

大型工程的建设工期一般均在 2 年以上，施工周期长，控制网点使用频繁。为便于施工放样和提高精度，常用的控制网点宜建造混凝土观测墩，并埋设强制归心设备。为保证点位的稳定性，观测墩的基础应埋设到冻土层以下的原状土中，在条件允许时，可在观测墩的基础下埋设钢管，以增加观测墩的稳定性。混凝土观测墩的基本构造见图 10-2。

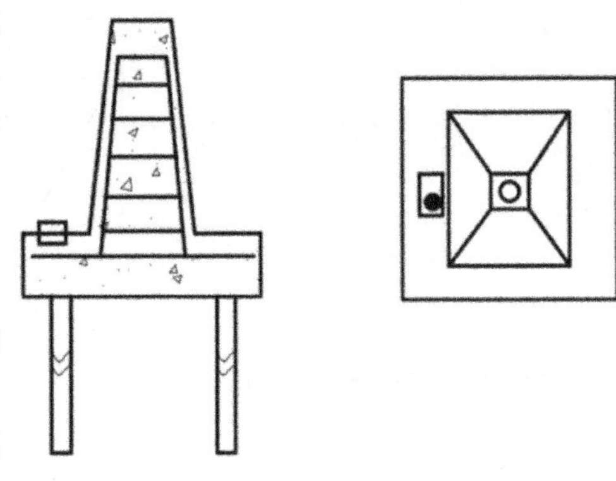

图 10-2 混凝土观测墩的基本构造

目前，常用的平面施工控制网形式有三角网(包括测角三角网、测边三角网和边角网)、导线网、GPS 网等。对于不同的工程要求和具体地形条件可选择不同的布网形式。例如，对于位于山岭地区的工程(水利枢纽、桥梁、隧道等)，一般可采用三角测量(或边角测量)的方法建网；对于地形平坦的建设场地，可采用任意形式的导线网；对于建筑物布置密集且规则的工业建设场地，可采用矩形控制网(即所谓的建筑方格网)。有时布网形式可以混合使用，如首级网采用三角网，在其下加密的控制网则可以采用矩形控制网。由于测距比测角更方便，而且测距的效率比测角的高得多，因此，目前建立控制网时基本上不采用纯三角网，而大多采用测边网。

在采用三角网形式建立施工控制网时，应使所选的控制网点有较好的通视条件，能构成较好的图形，避免出现大于 120°的钝角和小于 30°的锐角，以保证控制网有较好的图形强度。对于利用交会法放样的工程，还应使主要工程部位施工放样时有较好的交会角度，以保证施工放样的精度。在采用 GPS 方法建立施工控制网时，应保证点位附近天空开阔，且没有电波辐射源和反射源。另外，由于施工测量大都采用全站仪进行，应至少保证两点之间通视，对于放样重要位置的控制点，应保证两个以上的通视控制点。

为保证工程施工的顺利进行，所建立的施工控制网必须与设计所采用的坐标系统相一致(一般为国家坐标系)，但纯粹的国家坐标系统存在较大的长度变形，对工程的施工放样十分不利。因此，在建立施工控制网时，首先要保证施工控制网的坐标系和工程设计所采用的坐标系相一致。另外，还要使局部的施工控制网变形最小。为达到上述目的，应建立具有独立坐标系统的施工控制网。

施工控制网外业观测结束后，首先应进行外业观测精度的评定。对于水平角观测值，在计算各三角形角度闭合差后，按非列罗公式评定角度外业测量的精度；对于边长往返测观测值，在经过气象改正以及测距仪加乘常数改正后，将其化为平距并投影到控制网坐标基准面上，计算各边往返测距离的较差，再按公式评定水平距离每千米测距的单位权先验中误差。只有在外业观测精度评定达到其设计精度后，才可进行控制网的严密平差计算。

施工控制网的严密平差计算常采用间接平差进行，平差后先给出各网点的坐标平差值及其点位中误差和点位误差椭圆要素，观测角度和观测边长的平差值及其中误差，各边的方位角平差值及其中误差、相对中误差、相对误差椭圆要素和施工控制网平差后的单位权中误差等，然后根据网中观测要素的验前精度评定结果和验后单位权中误差，以及网中最弱边的相对中误差和最弱点的点位中误差，评价施测后的施工控制网是否达到设计的精度要求。

10.2.3　高程控制网的建立

高程控制网是为了高程放样而建立的专用控制网，其主要作用是统一本工程的高程基准面并为工程的细部放样和变形监测服务。目前，建立高程控制网的常用方法有水准测量、三角高程测量和 GPS 水准测量。

高程控制网可以一次全面布设，也可以分级布设，首级水准网必须与施工区域附近的国家水准点联测，布设成闭合(或附合)形式。首级高程控制网点应布设在施工区外，作为整个施工期间高程测量的依据。由首级高程控制网点引测的临时性作业控制点应尽可能靠近建筑物，以便做到安置一次或二次仪器就能进行高程放样。

高程控制网应采用该地区统一采用的高程系统，一般为国家高程系统，或者按照工程设计所采用的高程系统。在选择已知点时，对资料的来源等应进行认真的认证和复核。由于国家基本水准点的建立时间不同，所经路线可能很长，控制点之间可能存在较大的误差，因此，在建立首级水准网时，一般只采用一个点作为已知点，对其他纳入网内的基本水准点进行检核，当通过检测且确认基本水准点之间不存在明显的系统误差时，才可将其一起作为已知点使用。

由于国家基本点一般离工程所在区域较远，为使测量方便，应在工程附近建立高程工作基点。高程工作基点需定期与基准点联测，以检验其稳定情况。为保证测量工作的前后一致性，当无理由认为工作基点发生位移，应采用原先的成果，而不宜对成果做经常性的改动。

首级高程控制网是整个工程的高程基准，其基准点应稳定可靠且能长期保存。为此，水准基点一般应直接埋设在基岩上。当覆盖层较厚时，可埋设基岩钢管标志，其结构如图10－3所示。

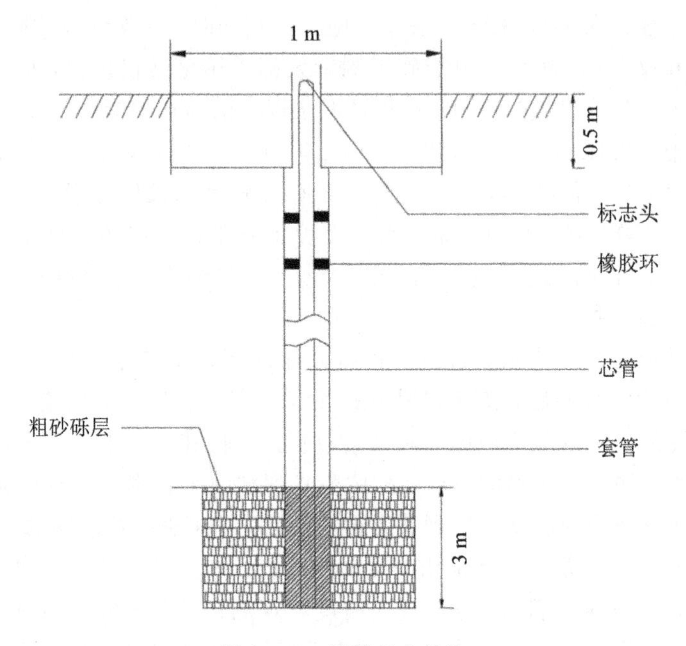

图 10－3　钢管标志结构

在高差很大的工程施工中，常常需要采用精密三角高程测量方法进行高程控制点的加密。三角高程测量是根据两点间的竖直角和水平距离通过计算高差而求出高程的，其精度一般低于水准测量的精度。三角高程测量可采用单一路线、闭合环、结点网或高程网的形式布设。三角高程路线一般由边长较短和高差较小的边组成，起讫于用水准联测的高程点。为保证三角高程网的精度，网中应有一定数量的已知高程点，这些高程点通过直接水准测量或水准联测求得。为了尽可能消除地球曲率和大气垂直折光的影响，每边均应对向观测。

10.2.4　施工控制网的维护

由于大型工程的施工期长，作业队伍多，精度要求高，为保证施工测量的顺利进行，必须对施工控制网进行必要的维护。

在大型工程施工过程中，各种大型机械非常之多，且有大量的重型运输车辆，这些机械或车辆在运行过程中可能会对控制点造成破坏。因此，在建立施工控制网时，首先对控制点施加保护措施，即在所有控制点的周围建立钢管围栏，并在控制点附近建立警示标志，提醒施工人员注意或禁止重型车辆通过。

大型工程的施工期长，且有些控制点建立在松软的地基上，再加上周围施工的影响，控制点的位移将不可避免。为保证施工测量的精度，必须对施工控制网进行定期的复测。施工控制网的复测一般每年一次，由管理部门根据控制点的稳定情况以及工程的进度情况决定。施工控制网复测的精度要求一般与建立时的精度要求相同，观测方法和手段可做适当改变。在对施工控制网进行复测时，应根据实际情况对原施工控制网的网形做适当修改，并对控制点做必要的增减。

10.2.5　工程实例

如图 10-4 所示，某大型桥梁工程的施工控制网共有 24 个控制点，其中 4 个为桥轴线点(轴 1、轴 2、轴 20、轴 21)。每个控制点都建有混凝土观测墩，墩高 1.2 m，基础厚度为0.6 m，每个观测墩的基础下埋入 4 根 8 m 深的钢管，以增强观测墩的稳定性。观测墩顶部均设置强制对中底盘及保护罩，观测墩的基础上埋设有水准标志。

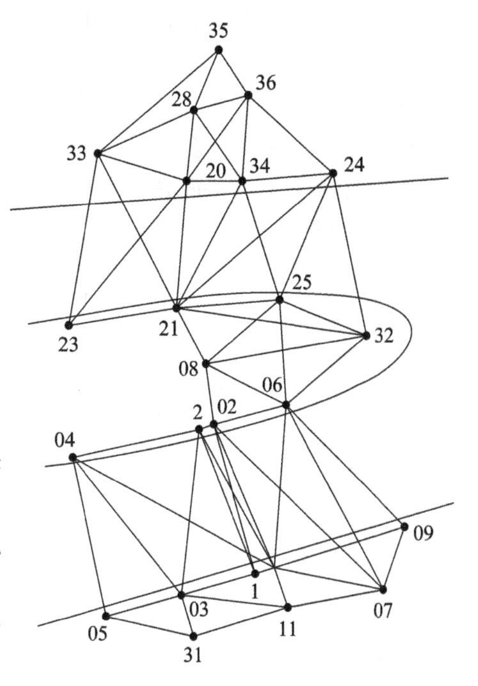

图 10-4　施工控制网

施工控制网采用边、角全测的三角网形式，按国家二等三角测量的精度要求施测。采用精密全站仪徕卡 TC2003 测角和测距，角度观测采用方向观测法测量 9 测回，边长测回数为 2，并进行往返测量。利用观测仪器的先验精度(测角精度为 0.5″，测距精度为 $1+1\times10^{-6}$)和设计图形数据对该施工控制网进行精度估算，全部控制点的点位误差都在±2 mm 以内。

该工程的设计全部在 1954 北京坐标系下进行，因此，施工控制网的平差计算仍采用 1954 北京坐标系。1954 北京坐标系的中央子午线取东经 119°22″，以高斯任意带投影，长度要素归化面为测区平均高程面。为使施工测量更方便，在施工控制网平差时，又以南汊桥桥轴线和北汊桥桥轴线分别建立桥轴线施工坐标系。

桥梁施工的精度要求主要在桥面高程上，施工控制网平差时，将施工控制网分别投影到测区平均高程面、北汊桥桥面高程面和南汊桥桥面高程面，以保证精度要求最高的部位的变形值最小。

该施工控制网经最小二乘平差后的单位权中误差(测角中误差)为±0.52″，最弱点的点位中误差为±1.39 mm，满足点位中误差小于±2 mm 的精度要求。

10.3　施工放样基本工作

施工放样的基本工作包括距离放样、角度放样和高程放样。其中，距离放样和角度放样组合起来确定放样点的平面位置，高程放样确定放样点的高程，这是施工放样的传统思路。

10.3.1　水平距离的测设(放样)

水平距离是指地面上两点之间的水平长度。测设水平距离是指从地面上某一已知起点开始，沿某一已知方向，根据设计长度，用钢尺或激光测距仪等工具将另一端点测设到地面上。

测设水平距离的常用方法有两种，即往返测设分中法和归化测设法。

1. 往返测设分中法

用往返测设分中法测设水平距离时，先在已知起点上沿标定方向用钢尺等工具直接量取设计长度，并在地面上临时标出其端点，这一过程称为往测；然后，从终点向起点再量取长度，称为返测。往测长度与返测长度之差称为往返测较差。若往返测较差在设计精度范围以内，则可取其平均值作为最或然值，同时将终点沿标定方向移动往返测较差的一半，并用标志固定下来，测设工作即完成。

测设的水平距离一般是根据控制点和待定点的坐标反算得到的，用钢尺放样时，应考虑钢尺的尺长改正。

采用这种方法测设水平距离既可提高测设精度，又可进行检核，防止出现差错。

若地面具有一定的坡度，则应特别注意将钢尺持平、拉直，标定点位一定要正确无误。若地面坡度比较均匀，则可用水准仪事先测定 A、B 之间的高差 h，借此可计算地面倾角 α 和倾斜距离 S。测设时，可以直接从 A 点沿倾斜地面量取倾斜距离 S，求出 B 点的位置，并用临时标志标定下来。而后按上述方法进行返测、分中，确定 B 点的最终位置。

【例 10.1】 测得 A、B 两点之间的高差 $h=+0.500$ m，测设时的温度 $t=+26$℃，所用钢尺的尺长方程式为 $l_t=30+0.004+1.25\times10^{-5}\times(t-20℃)\times30$ m，欲测设 A、B 两点之间的水平距离 $D=20.000$ m，则测设时在地面上应量的长度 D' 为多少？

【解】 首先按距离丈量中的方法求出三项改正。

尺长改正：

$$\Delta l_d=D\,\frac{l'-l_0}{l_0}=20\times\frac{30.004-30.000}{30.000}=+0.0027\ \text{m}$$

温度改正：

$$\Delta l_t=D\alpha(t-t_0)=20.000\times1.25\times10^{-5}\times(26-20)=+0.0015\ \text{m}$$

倾斜改正：

$$\Delta l_h=-\frac{h^2}{2D}=-\frac{0.500^2}{2\times20.000}=-0.0062\ \text{m}$$

测设长度时，尺长、温度、倾斜改正数的符号与量距时的相反，故测设的长度为

$$\begin{aligned}D'&=D-\Delta l_d-\Delta l_t-\Delta l_h\\&=20.000-(+0.0027)-(+0.0015)-(-0.0062)\\&=20.002\ \text{m}\end{aligned}$$

所以，从 A 点开始沿 AB 方向实量 20.002 m 得到 B 点时，A、B 点间的水平距离正好为 20.000 m。

2. 归化测设法

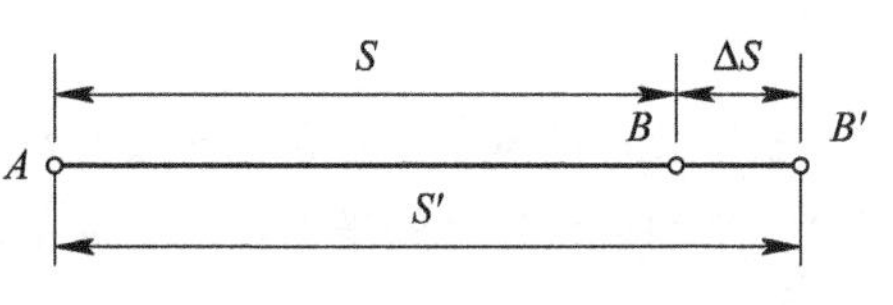

图 10-5 归化测设法测设水平距离

归化测设法是精密测设水平距离的方法之一。测设时，先确定欲测设距离的方向，并在该方向的起点上用钢尺量取设计长度，大致确定终点 B' 的位置，并将其作为临时点标定在地面上。而后反复丈量多次，取其平均值作为 S' 的精确值(见图 10-5)。根据设计值 S 与实量值 S' 计算距离归化值，得

$$\Delta S=S'-S \tag{10-12}$$

根据 ΔS 的大小和符号，将 B' 点移到 B 点上，并在实地进行标定。当 ΔS 为正值时，B' 点沿原方向退回至 B 点。在这种情况下，$B'B$ 的定向较为方便，因此在选择临时点 B'

时，通常使 S' 略大于 S。

使用该法时必须使用经过检定的钢尺，设计长度中应减去尺长改正数、温度改正数和倾斜改正数。

3. 测距仪放样

采用激光测距仪或电子全站仪测设水平距离时，应备有带对中杆的反光棱镜，以便于其在测设方向上前后移动。另外，放样时，可先在 AB 方向线上安置反光棱镜。设用测距仪测出的水平距离为 S'，若 S' 与欲测设的距离 S 相差 ΔS，则可前后移动反光棱镜，直到测出的水平距离为 S 为止。若测距仪上装有自动跟踪装置，则可对反光棱镜进行跟踪，直到得到欲测设的距离为止。

10.3.2　水平角的测设(放样)

测设水平角通常是指在某一控制点上，根据某一已知方向及水平角的设计值，用仪器找出另一个方向，并在地面上标定出来。一般可利用三个点的平面坐标反算两个坐标方位角，并根据坐标方位角计算欲测设的水平角。设 A 为已知点，AP 为已知方向，β 为欲测设的水平角。测设的目的是确定 AB 方向，并将 B 点标定在地面上。

测设水平角通常采用盘左盘右分中法和归化测设法。

1. 盘左盘右分中法

采用盘左盘右分中法测设水平角时，先把经纬仪安置于 A 点(如图 10－6 所示)，用盘左位置照准 P 点并读数；接着将望远镜沿顺时针方向转过 β 角，视准线指向 AB' 方向，随即将 B' 点标定在地面上；而后用盘右位置重新照准 P 点，并用同样的方法将 B'' 点标定在地面上；最后取 B' 点和 B'' 的中点作为 B 点的最终位置，此时 $\angle PAB$ 即为测设到地面上的 β 角。

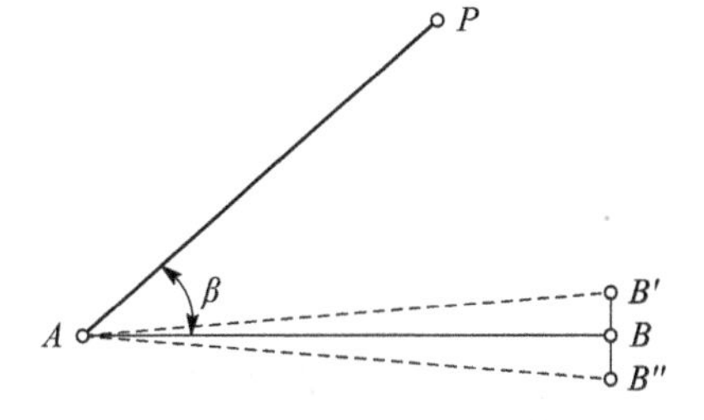

图 10－6　盘左盘右分中法测设水平角

采用这一方法测设水平角时，可以消除或减弱经纬仪的视准轴、水平轴和度盘偏心等仪器误差的影响。该法测设简单、速度快，但精度较低。

2. 归化测设法

如图 10－7 所示，用归化测设法测设水平角的步骤如下：

(1) 根据 β 角的设计值初步测设得 B' 点，用木桩临时将其标定在地面上。

(2) 采用测回法精确测定 β' 角，并量取 AB' 的水平距离 S。

(3) 根据 β' 值与设计值 β 计算两者之差 $\Delta\beta=\beta-\beta'$，并计算 AB' 的垂距 $e=S\sin\Delta\beta$。

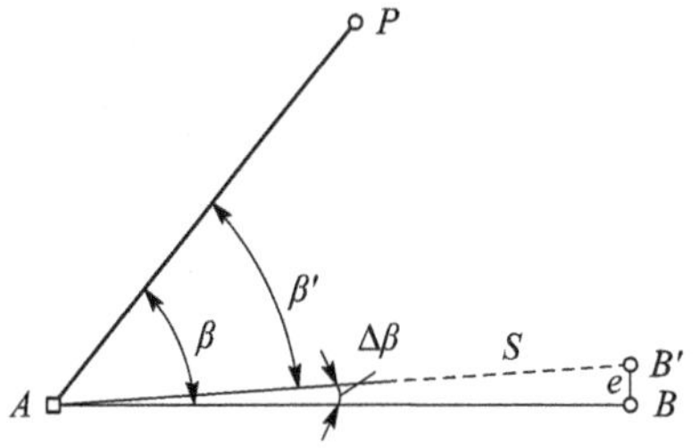

图 10－7　归化测设法测设水平角

由于 $\Delta\beta$ 值通常很小，所以

$$e=\frac{S\Delta\beta}{\rho} \tag{10-13}$$

(4) 沿 AB' 的垂线方向用钢尺精确量取垂距 e，得 B 点，并用标志将它固定在地面上。此时 $\angle PAB$ 即为测设到地面上的 β 角。式(10-11)中的 $\Delta\beta$ 称为角度归化值，e 称为线性归化值。

利用归化测设法测设水平角的精度取决于 β' 角的测量精度和 e 的测设精度。

10.3.3 高程的测设(放样)

根据已知点的高程，把设计高程位置在实地标定出来的过程称作高程放样。土木工程施工测量过程中的高程放样通常采用水准测量高程放样法，也可采用全站仪高程放样法和 GNSS-RTK 高程放样法。

1. 水准测量高程放样法

设地面有已知水准点 A，其高程为 H_A，待放样点 B 的设计高程为 H_B，要求在实地定出与该设计高程相应的水平线或待定点顶面。

如图 10-8 所示，a 为水准点 A 上水准尺的读数，则待放样点 B 上水准尺的读数 b 可由下式算得：

$$b = (H_A + a) - H_B \tag{10-14}$$

当待放样点 B 的高程 H_B 高于仪器视线时，可以把尺底向上，即用“倒尺”法放样，如图10-9 所示，这时

$$b = H_B - (H_A + a) \tag{10-15}$$

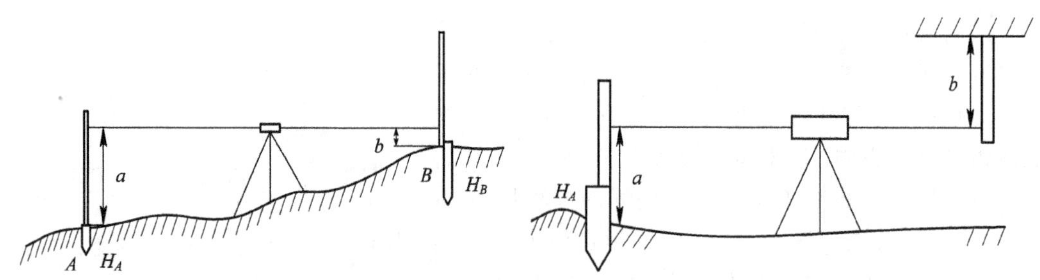

图 10-8 水准测量高程放样法放样　　图 10-9 “倒尺”法放样

当待放样的高程点与水准点之间的高差很大时，可以用悬挂钢尺代替水准尺，以放样设计高程。悬挂钢尺时，零刻画端朝下，并在其下端挂一个质量相当于钢尺鉴定时拉力的重锤，在地面上和坑内各放一次水准仪，如图 10-10 所示。设在地面上放仪器时对 A 点尺

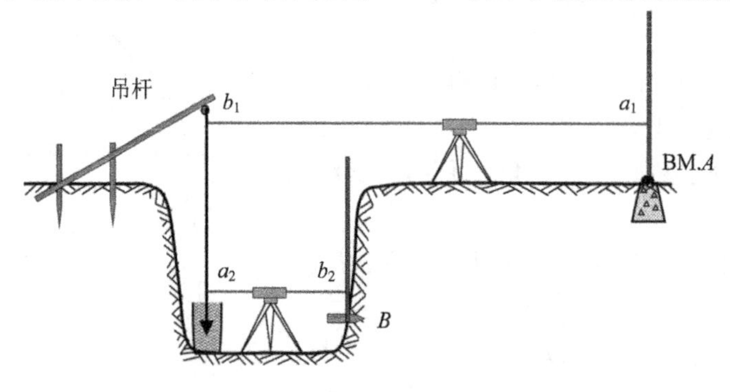

图 10-10 高程传递

上的读数为 a_1，对钢尺的读数为 b_1；在坑内放仪器时对钢尺的读数为 a_2，则对 B 点尺上的读数为 b_2。由 $H_B-H_A=h_{AB}=(a_1-b_1)+(a_2-b_2)$ 得

$$b_2=a_2+(a_1-b_1)-h_{AB} \tag{10-16}$$

用逐渐打入木桩或在木桩上划线的方法，使立在 B 点的水准尺上的读数为 b_2，就可以使 B 点的高程符合设计要求。

2. 全站仪高程放样法和 GNSS-RTK 高程放样法

对一些高低起伏较大的工程放样，用水准仪放样就比较困难，这时可用全站仪高程放样法直接放样高程。

如图 10-11 所示，为了放样目标点 B，C，D，…的高程，在 O 处架设全站仪，后视已知点 A（设目标高为 l，当目标采用反射片时 $l=0$），测得 O、A 之间的视线长度 S_1 和垂直角 α_1，从而计算 O 点全站仪中心的高程为

$$H_O=H_A+l-\Delta h_1 \tag{10-17}$$

然后测得 O、B 之间的距离 S_2 和垂直角 α_2，并结合式(10-17)，计算 B 点的高程为

$$H_B=H_O+\Delta h_2-l=H_A-\Delta h_1+\Delta h_2 \tag{10-18}$$

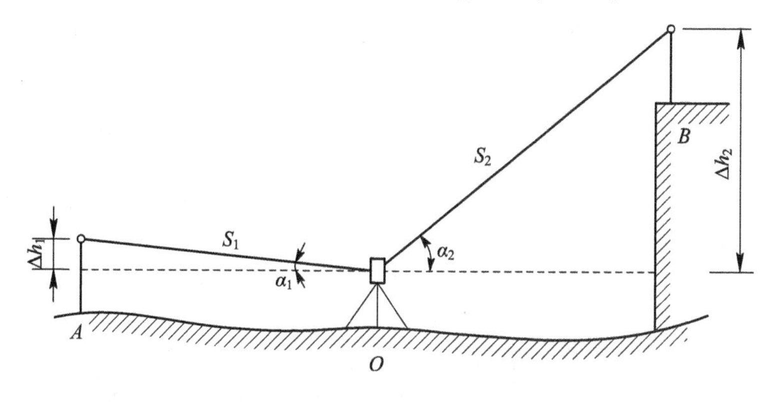

图 10-11　全站仪高程放样法放样

将测得的 H_B 与设计值比较，指挥并放样出高程点 B。从式(10-18)可以看出，此方法不需要测定仪器高，因而全站仪高程放样法同样具有很高的放样精度。

必须指出，当测站与目标点之间的距离超过 150 m 时，以上高差就应该考虑大气折光和地球曲率的影响，即

$$\Delta h=D\cdot\tan\alpha+(1-k)\frac{D^2}{2R} \tag{10-19}$$

式中：D——水平距离；

α——垂直角；

k——大气垂直折光系数，其值为 0.14；

R——地球曲率半径，其值为 6371 km。

全站仪是目前施工放样中最常用的测量仪器，它的最大特点是可以直接放样出所需要的点位。另外，许多全站仪都有高精度的测距系统，能方便、快捷地测量出两点之间的距离。在施工放样时，如果将全站仪的望远镜对准天顶，则测出的距离实际上就是两点的高差，利用这个原理，可以实施高精度的高程传递。利用全站仪天顶法传递高程的误差主要

来源于测距误差和量取仪器高的误差，在实际作业时，应精确测定各气象要素。在许多情况下，视线紧贴建筑物的表面，测距容易受到大气湍流的影响，实际作业宜在阴天等气象条件较好的时候进行。另外，棱镜经改装后，其常数一般会发生改变。因此，应对棱镜的常数进行检验。

GNSS-RTK 高程放样法与全站仪高程放样法的原理相似，利用 GNSS-RTK 技术测量 B 点桩顶高程 H 时，先按下式计算下返量 ΔH：

$$\Delta H = H - H_B \tag{10-20}$$

当下返量 ΔH 为正时，表示桩顶高程大于放样高程，可以桩顶为准，用钢尺向下量取 ΔH 并在木桩侧边画一横线，此横线即高程 H_B 的实地位置；当下返量 ΔH 为负时，表示桩顶高程小于放样高程，应用钢尺向上量取 ΔH 来确定高程 H_B 的实地位置。

10.3.4 已知坡度线的测设(放样)

坡度线测设是根据附近水准点的高程、设计坡度和坡度线端点的设计高程，用高程测设方法将坡度线上各点设计高程标定在地面上的测量工作。它常用于场地平整工作及管道、道路等线路工程中。坡度线的测设可根据地面坡度大小选用下面两种方法中的一种。

1. 水平视线法

如图 10-12 所示，A、B 为设计坡度线的两端点，A 点的设计高程为 H_A，为了施工方便，每隔一定距离 d 打一木桩，并要求在木桩上标定出设计坡度为 i 的坡度线。

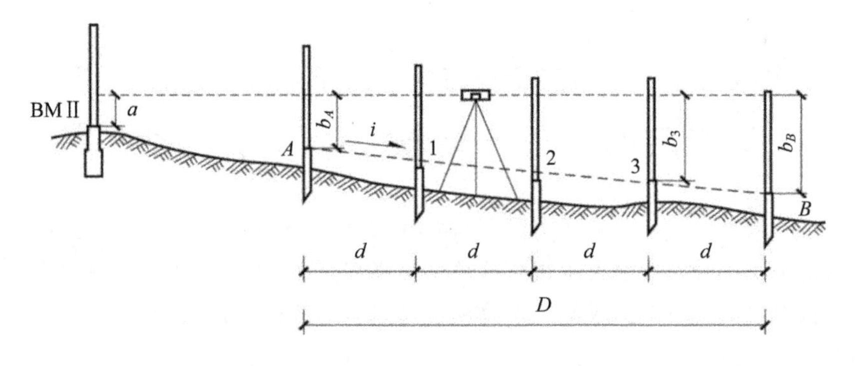

图 10-12 水平视线法测设坡度线

水平视线法的施测步骤如下：

(1) 利用以下公式计算各桩点的设计高程：

$$H_{设} = H_{起} + id$$

第 1 点的设计高程：

$$H_1 = H_A + id$$

第 2 点的设计高程：

$$H_2 = H_1 + id = H_A + 2id$$

第 3 点的设计高程：

$$H_3 = H_1 + id = H_A + 3id$$

B 点的设计高程：

$$H_B = H_3 + id = H_A + 4id$$

或

$$H_B = H_A + iD\text{（检核）}$$

式中：D——水平距离。

（2）沿 AB 方向，按间距 d 标定出中间点1、2、3的位置。

（3）安置水准仪于水准点BMⅡ附近，读后视读数 a，并计算视线高程：

$$H_{视} = H_{BMⅡ} + a$$

（4）按高程放样的方法，先算出各桩点上水准尺的应读数：

$$b_{应} = H_{视} - H_{设}$$

然后根据各点的应读数指挥打桩。当各桩顶水准尺读数都等于各自的应读数 $b_{应}$ 时，各桩顶的连线即为设计坡度线。也可将水准尺沿木桩一侧上下移动，当水准尺的读数为 $b_{应}$ 时，便可利用水准尺底面在木桩上画一横线，该线即在 AB 的坡度线上。如果木桩无法继续往下打或长度不够，则可立尺于桩顶，读得读数 b，$b_{应}$ 与 b 之差即为桩顶的填、挖土高度。

此法适用于地面坡度小的地段。

2. 倾斜视线法

倾斜视线法是根据视线与设计坡度线平行时，其竖直距离处处相等的原理，来确定设计坡度线上各点高程位置的一种方法，它适用于地面坡度较大且设计坡度与地面自然坡度较一致的地段。倾斜视线法的施测步骤如下：

（1）用高程放样的方法将坡度线两端点的设计高程标定在地面木桩上，如图10-13所示。

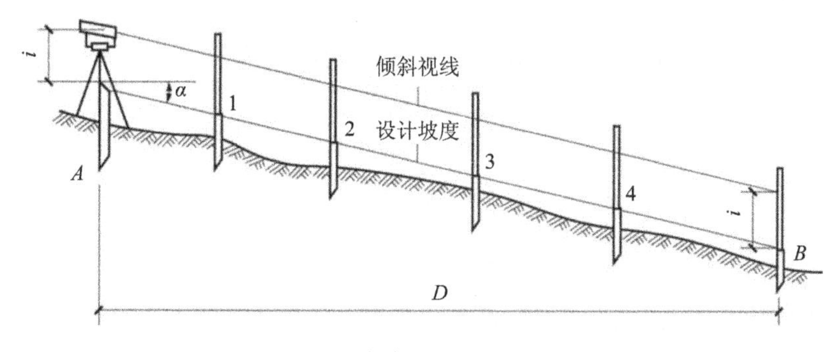

图10-13 倾斜视线法测设坡度线

（2）将水准仪安置在 A 点上，并量取仪器高 i。安置时使一个脚螺丝在 AB 方向上，另两个脚螺丝的连线大致与 AB 线垂直。

（3）旋转 AB 方向的脚螺丝或微倾螺丝，使视线在 B 尺上的读数为仪器高 i，此时视线与设计坡度线平行。当各桩点的尺上读数都为 i 时，各桩顶的连线就是设计坡度线。

当坡度较大时，可以用经纬仪代替水准仪测设中间点的高程，旋转望远镜的微动螺旋就能迅速、准确地使视线对准 B 桩上水准尺读数为 i 的位置，此时视线平行于设计坡度线。其后，按上述水准仪的操作方法可测设中间点的桩位。如果测设时难以使桩顶高程正好等于设计高程，则可以使桩顶高程与设计高程差一整分米数并将其差值注在桩上。

10.4 平面位置放样常用方法

点的平面位置放样(测设)有多种方法。例如，角度交会法(包括角度前方交会法和角度后方交会法)、距离交会法、极坐标法、直角坐标法、全站仪坐标法、自由设站法、GNSS-RTK坐标法等。目前，由于全站仪和GPS的普遍应用，放样的方法也发生了较大的变化，在工程施工中，一般以全站仪坐标法放样和GNSS-RTK坐标法为主。测设时可根据施工控制网的形式、控制点的分布、地形情况及现场条件等合理选用适当的测设方法。

10.4.1 角度前方交会法

如图10-14所示，A、B为已知点，其坐标分别为(x_A, y_A)、(x_B, y_B)，两个水平角α、β是观测值，则P点的平面坐标为

$$\begin{cases} x_P = \dfrac{x_A \cot\beta + x_B \cot\alpha + (y_B - y_A)}{\cot\alpha + \cot\beta} \\ y_P = \dfrac{y_A \cot\beta + y_B \cot\alpha + (x_B - x_A)}{\cot\alpha + \cot\beta} \end{cases} \tag{10-21}$$

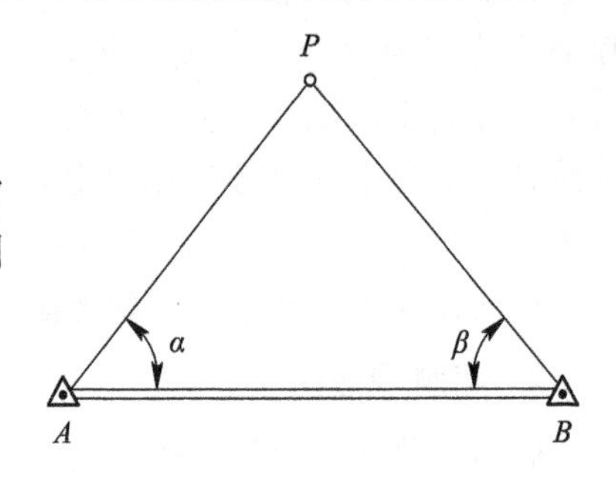

图10-14 角度前方交会法定点

式(10-21)也称为戎格公式。采用角度前方交会法定点时有双解的问题，在实际工作中可根据A、B、P逆时针编号法则解决该问题。

用角度前方交会法测设点位的中误差可按下式计算：

$$m_P = \frac{m_\beta}{\rho}\sqrt{\frac{a^2 + b^2}{\sin^2\gamma}} \tag{10-22}$$

式中：m_β——测角中误差；

γ——交会角；

a、b——交会边长。

为提高测量精度和成果的可靠性，角度前方交会一般应在三个方向上进行。控制点的选取应根据交会角的大小而定，一般交会角应以接近90°为宜。三方向交会时，其定位误差可简单地用两方向交会的$1/\sqrt{2}$表示。

10.4.2 角度后方交会法

如图10-15所示，A、B、C为已知点，其坐标分别为(x_A, y_A)、(x_B, y_B)、(x_C, y_C)，在待定点P上对已知点A、B、C分别观测了两个水平角α、β，由此可计算出P点的平面坐标为

$$\begin{cases} x_P = x_B + \Delta x_{BP} \\ y_P = y_B + k \cdot \Delta x_{BP} \end{cases} \tag{10-23}$$

式中：

$$k=\frac{a+c}{b+d}$$

$$\Delta x_{BP}=\frac{a-bk}{1+k^2}$$

其中：

$$a=(x_A-x_B)+(y_A-y_B)\cot\alpha$$
$$b=(y_A-y_B)+(x_A-x_B)\cot\alpha$$
$$c=(x_C-x_B)+(y_C-y_B)\cot\beta$$
$$d=(y_C-y_B)+(x_C-x_B)\cot\beta$$

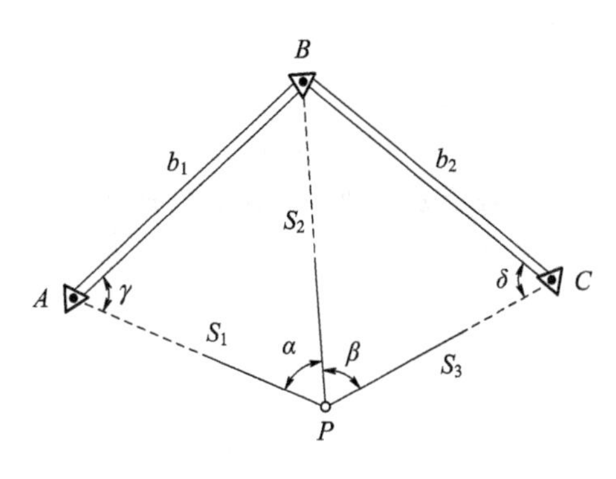

图 10-15　角度后方交会法定点

在实际测量过程中，还应注意已知点和待定点不能在同一个圆周上(危险圆)，应至少相距危险圆周半径的 20%。

采用角度后方交会法定点的精度可用下式计算：

$$m_P=\frac{S_2 m}{\rho\sin(\gamma+\delta)}\left[\left(\frac{S_1}{b_1}\right)^2+\left(\frac{S_3}{b_2}\right)^2\right] \tag{10-24}$$

式中：m——观测角的中误差。

10.4.3　距离交会法

距离交会法是测设两段已知距离交会点的平面位置的方法。在建筑场地平坦、量距方便且控制点离待定点不超过一个尺段的长度时，采用此法较为适宜。

如图 10-16 所示，A、B 为已知点，其坐标分别为 (x_A,y_A)、(x_B,y_B)，交会边长度 a、b 是观测值，根据 a、b 可求出 P 点的平面坐标。

根据 a、b 和已知点 A、B 间的距离 S_{AB}，结合余弦公式可得：

$$\angle PAB=\arccos\frac{b^2+S_{AB}^2-a^2}{2bS_{AB}}$$

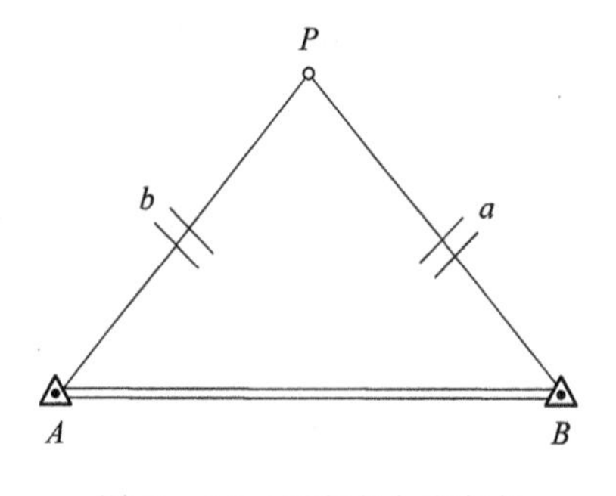

图 10-16　距离交会法定点

又

$$\alpha_{AP}=\alpha_{AB}-\angle PAB$$

故有

$$\begin{cases}x_P=x_A+b\cos\alpha_{AP}\\y_P=y_A+b\sin\alpha_{AP}\end{cases} \tag{10-25}$$

采用距离交会法定点时同样有双解问题，在实践中可仿照角度前方交会的方法解决该问题。

用距离交会法测设点位的中误差的计算公式如下：

$$m_P=\frac{1}{\sin\gamma}\sqrt{m_a^2+m_b^2} \tag{10-26}$$

式中：m_a、m_b——交会边长度 a 和 b 的中误差；

γ——交会角。

由式(10-26)可知，γ 角等于90°时，m_P 值最小；m_a 和 m_b 越小，m_P 值也越小。因此，在使用该法时应注意下列几点：

(1) γ 角通常应保持在60°～120°；

(2) 测距要仔细，以减小交会边长度 a 和 b 的中误差 m_a 和 m_b；

(3) 交会边长度 a 和 b 应力求相等。

10.4.4 极坐标法

如图10-17所示，A、B 为已知点，其坐标分别为(x_A, y_A)、(x_B, y_B)，设计点 P 的坐标为(x_P, y_P)。测设 P 点位置的具体步骤如下：

(1) 计算测设数据 S 与 β。根据坐标反算公式得

$$\begin{cases} \alpha_{AB} = \arctan \dfrac{y_B - y_A}{x_B - x_A} \\ \alpha_{AP} = \arctan \dfrac{y_P - y_A}{x_P - x_A} \\ \beta = \alpha_{AB} - \alpha_{AP} \\ S = \dfrac{y_P - y_A}{\sin\alpha_{AP}} = \dfrac{x_P - x_A}{\cos\alpha_{AP}} \end{cases} \tag{10-27}$$

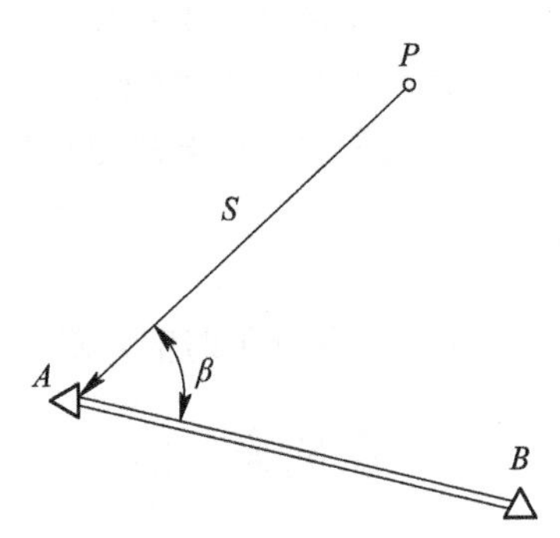

图10-17 极坐标法放样

(2) 将经纬仪安置在 A 点，对中、整平后照准 B 点，测设角度 β，得 AP 方向。

(3) 沿 AP 方向测设长度 S，即得 P 点的位置。

若仅考虑角度和距离的测量误差，则用极坐标法测设点位的测设误差可用下式表示：

$$m_P = \sqrt{m_S^2 + \left(\frac{m_\beta}{\rho}\right)^2 S^2} \tag{10-28}$$

式中：ρ——一弧度所对应的角度秒值，$\rho = 206\ 265''$；

m_P——P 点的距离中误差；

m_β——β 角的测角中误差；

m_S——长度 S 的距离中误差。

10.4.5 直角坐标法

如图10-18所示，已知某矩形控制网的四个角点 A、B、C、D 的坐标，现需测设建筑物角点1，其步骤如下：

(1) 计算测设数据。1点离 B 点较近，从 B 点测设1点较方便，计算 B 点与1点的坐标差为

$$\begin{cases} \Delta x_{B1} = x_1 - x_B \\ \Delta y_{B1} = y_1 - y_B \end{cases} \tag{10-29}$$

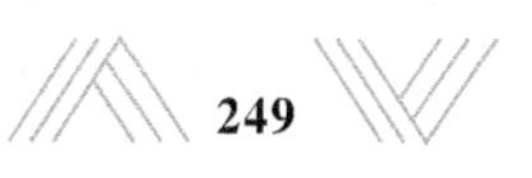

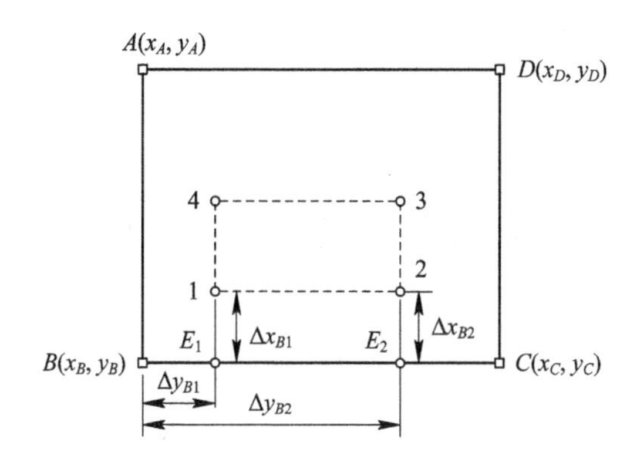

图 10 - 18 直角坐标法测设

(2) 在 B 点安置经纬仪，对中、整平后照准 C 点，在 BC 方向上测设长度Δy_{B1}，得 E 点。

(3) 将经纬仪移至 E 点，对中、整平后照准 C 点，测设角度为 90°，得到 $E1$ 方向，在此方向上测设长度Δx_{B1}，即得 1 点。

用同样的方法可以测设出建筑物各角点 2、3、4。最后检查四个角是否等于 90°，各边边长是否等于设计边长，误差在允许范围内即可。

直角坐标法测设点位的精度取决于测设距离 Δx 和 Δy 的误差 $m_{\Delta x}$、$m_{\Delta y}$，在 E 点测设直角误差 m_β，在 B 点和 E 点进行对中、照准以及标定 E 点和 1 点的误差分别为 $m_{中}$、$m_{偏}$ 及 $m_{标}$，则总误差为

$$m_P = \sqrt{m_{\Delta x}^2 + m_{\Delta y}^2 + \left(\Delta x \frac{m_\beta}{\rho}\right)^2 + 2(m_{中}^2 + m_{偏}^2 + m_{标}^2)} \tag{10-30}$$

10.4.6 全站仪坐标法

全站仪坐标法充分利用了全站仪测角、测距和计算一体化的特点，只需知道待放样点的坐标，不需事先计算放样要素就可在现场放样，而且操作十分方便。目前，全站仪的使用已十分普及，因此全站仪坐标法已成为目前施工放样的主要方法。

将全站仪架设在已知点 A 上，只要输入测站点 A、后视点 B 以及待放样点 P 的坐标，照准后视点定向，按下反算方位角键，仪器就自动将测站与后视的方位角设置在该方向上。然后按下放样键，仪器自动在屏幕上用左、右箭头提示，应该将仪器往左或往右旋转，这样就可使仪器到达设计的方向线上。再通过测设距离，仪器自动提示棱镜前后移动，直到放样出设计的距离，这样就能方便地完成点位的放样。

若需要放样下一个点位，只要重新输入或调用待放样点的坐标即可，按下放样键后，仪器会自动提示旋转的角度和移动的距离。

用全站仪放样点位，可事先输入气象要素，即现场的温度和气压，仪器会自动进行气象改正。因此用全站仪放样点位，既能保证精度，同时操作十分方便，无需做任何手工计算。

如图 10 - 19 所示，O 为测站点，P 为放样点，S 为斜距，Z 为天顶距，α 为水平方向值

(即方位角)，则 P 点相对测站点的三维坐标为

$$\begin{cases} x = S\sin Z\cos\alpha \\ y = S\sin Z\sin\alpha \\ H = S\cos Z \end{cases}$$

上述计算结果会立即显示在全站仪的显示屏上，并可记录在袖珍计算机中。计算工作由仪器的计算程序自动完成，降低了人工计算出错的概率，同时提高了速度。

按照测量误差理论，从上述计算式可求得全站仪坐标法放样的精度为

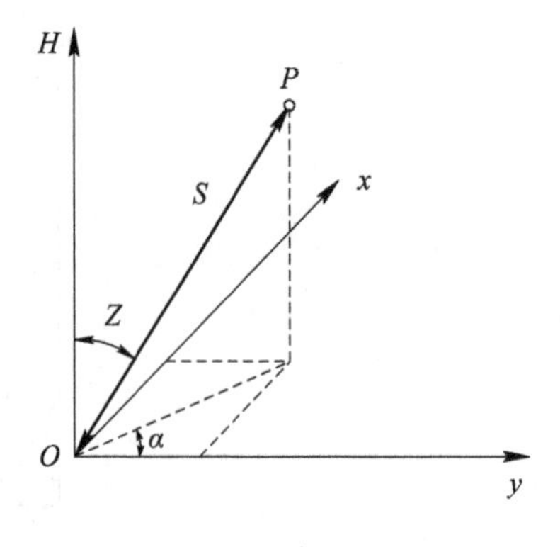

图 10-19 坐标放样原理

$$\begin{cases} m_x^2 = m_S^2\sin^2 Z\cos^2\alpha + S^2\cos^2 Z\cos^2\alpha \cdot \dfrac{m_Z^2}{\rho^2} + S^2\sin^2 Z\sin^2\alpha \cdot \dfrac{m_\alpha^2}{\rho^2} \\ m_y^2 = m_S^2\sin^2 Z\sin^2\alpha + S^2\cos^2 Z\sin^2\alpha \cdot \dfrac{m_Z^2}{\rho^2} + S^2\sin^2 Z\cos^2\alpha \cdot \dfrac{m_\alpha^2}{\rho^2} \\ m_H^2 = m_S^2\cos^2 Z + S^2\sin^2 Z \cdot \dfrac{m_Z^2}{\rho^2} \end{cases} \tag{10-31}$$

式中：ρ——一弧度所对应的角度秒值，$\rho=206\ 265''$。

m_x、m_y——x 坐标、y 坐标的中误差；

m_H——高程 H 的中误差；

m_S——斜距 S 的观测中误差；

m_Z——天顶距 Z 的观测中误差；

m_α——水平方向值(即方位角)α 的观测中误差。

10.4.7 自由设站法

自由设站法是在合适的位置架设仪器，通过与已知点的联测得到设站点的坐标的方法。当得到设站点坐标以后，就可将此作为已知点，以此来放样建筑物的细部点。

目前，由于测距的精度高且方便快捷，在自由设站法中大多采用测距的方式来测定设站点(即利用边长交会的方式来测定)。当精度要求较高时，也可采用边、角同测的方法来定点。为了保证测量成果的可靠性，自由设站法应有一定的多余观测，通常采用联测多点的方式进行。

自由设站法的数据处理可用常规的控制网平差软件进行，也可根据需要编制特定的计算程序进行。在采用自由设站法时，应根据工程实际情况进行精度估算，以使放样结果达到设计要求。

自由设站法有如下特点：

(1) 不必在已知点上设站便可建立控制点。常规方法是在已知点上设站，用交会法等测定未知点的坐标，然后在新点上进行下一步工作。而自由设站法只需要在待定点上架设仪器，通过观测角度或边长便可得到测站点的坐标，并可立即进行下一步的测量工作，因而工作量小、速度快。

(2) 方便、灵活、安全。当原有控制点点位不理想或不安全时，采用自由设站法时可在任意点设站并安置仪器，使测量人员可以选择最佳位置进行施工放样，通视条件得到改善，外界影响减少，工作效率得到明显的提高。

(3) 提高了测量精度。采用自由设站法时在地面不设点位标志，不需对中，去掉了测量加密控制点的一些中间步骤，减少了误差的传递与累积，提高了测量精度。

10.4.8　GNSS-RTK 坐标法

GNSS-RTK 坐标法是指将基准站的相位观测数据及坐标信息通过数据链方式及时传送给流动站接收机，流动站接收机将收到的数据链连同自采集的相位观测数据进行实时差分处理，从而获得流动站的实时三维位置，流动站接收机再将实时三维位置与设计值相比较，进而指导放样。GNSS-RTK 坐标法需要一台基准站接收机和一台或多台流动站接收机，以及用于数据传输的电台。

GNSS-RTK 坐标法的流程如下：

(1) 收集测区的控制点资料。任何测量工程进入测区，首先一定要收集测区的控制点资料，包括控制点的坐标、等级、中央子午线、坐标系等。

(2) 求定测区转换参数。GNSS-RTK 测量是在 WGS-84 坐标系中进行的，而各种工程测量和定位是在当地坐标或我国的 1954 北京坐标系中进行的，这之间存在坐标转换的问题。GNSS 静态测量中，坐标转换是在事后处理的，而 GNSS-RTK 是用于实时测量的，要求立即给出当地的坐标，因此，坐标转换工作更显重要。

(3) 设置工程项目参数。根据 GNSS 实时动态差分软件的要求，应输入的参数有当地坐标系的椭球参数、中央子午线、测区西南角和东北角的大致经纬度、测区坐标系间的转换参数、放样点的设计坐标。

(4) 野外作业。将基准站 GNSS 接收机安置在参考点上，打开接收机，除了将设置的参数读入 GNSS 接收机，还要输入参考点的当地施工坐标和天线高，基准站 GNSS 接收机通过转换参数将参考点的当地施工坐标化为 WGS-84 坐标，同时连续接收所有可视 GNSS 卫星信号，并通过数据发射电台将其测站坐标、观测值、卫星跟踪状态及接收机工作状态发送出去。流动站接收机在跟踪 GNSS 卫星信号的同时，接收来自基准站的数据，进行处理后获得流动站的三维 WGS-84 坐标，再通过与基准站相同的坐标转换参数将 WGS-84 坐标转换为当地施工坐标，并在流动站的手控器上实时显示。接收机可将实时位置与设计值相比较，以达到准确放样的目的。

下面以南方 S82 系列接收机为例介绍 GNSS-RTK 坐标法(单基站)放样的工作步骤。

1. 基准站设置与安置

将一台 GNSS 接收机切换为基准站模式，关机；在测区空旷位置安置基准站，将射频天线安装到 UHF 口；基准站开机，记住开机时屏幕或语音提示的通道数，如通道 8。

2. 移动站设置

将另一台 GNSS 接收机切换为移动站模式，关机；连接接收机与对中杆，固定天线高，记住对中杆上的天线高刻划读数(杆高)；开机，通过蓝牙连接接收机与操作手簿。

新建工程：在操作手簿上启动工程之星 EGStar3.0，新建工程，建立作业文件名称，选择坐标转换参数设置中的参考椭球名称(如 CGCS2000)、当地中央子午线经度(如成都 104°)。检查电台通道设置是否与基准站一致，设置对中杆高。

联测已知控制点，求解转换参数：在控制点 A 上竖立对中杆，当“固定解”时采集数据(WGS-84 坐标)；在“求转换参数”提示下输入控制点名及其坐标(已知的用户坐标)，从坐标管理库选择当前工程文件夹下以.rtk 为后缀的文件，选择方才采集的同名点坐标(WGS-84 坐标)；重复“增加”控制点 B。增加完所有控制点后，查看水平误差和高程误差，合格后完成转换参数求解，以当前工程名保存文件。注意：求解转换参数的已知控制点不要相距太近。

3. 点放样

进入“点放样”界面。添加放样点，输入放样点“点名、X、Y、H”。

选择要放样的点，按照提示进入点放样指示界面。界面图形区显示放样点的点位和点名；“DX”为当前坐标与放样点的 X 坐标差；“DY”为当前坐标与放样点的 Y 坐标差；“DH”为当前高程与放样点的高程差；“距离”是现在所在位置到放样点的距离。“P”不是固定解；“H”代表 HDOP，水平位置精度因子；“V”代表 VDOP，高程精度因子；“S”为当前捕捉到的卫星个数。

根据“DX”“DY”“距离”指示，移动对中杆，最终至放样点，按“1”采集数据。根据其他检核条件进行有效检核。

4. 线放样

进入“线放样”界面。添加直线，输入直线起点“点名、X、Y”，终点“点名、X、Y”。

选择要放样的线，按照提示进入线放样指示界面。“线名”：当前放样的直线；“HRMS、VRMS”：精度因子；“里程”：当前位置的里程(此处里程的意思是从当前点向直线作垂线，垂足点的里程)；“DX、DY”：当前点与线段垂足之间的距离，当前点的垂足不在线段上时，表示当前点在直线外；“状态”：必须是固定解；“偏离距”：当前点偏离直线的距离，偏离距的左、右方向依据的是起点到终点的方向，偏离距是当前点到线上垂足的距离；“起点距、终点距”：起点距和终点距有两种显示方式，一种是当前点的垂足到起点或终点的距离，另一种是当前点到起点或终点的距离。点击屏幕右下角的“小扳手”按钮，进入线放样设置界面。

第 10 章课后习题

第11章 建筑工程施工测量

本章的主要内容包括民用建筑工程施工测量，工业建筑工程施工测量，烟囱、水塔施工测量以及建筑工程竣工总平面图编绘。本章的教学重点为建筑物的定位和测设、基础施工测量、主体施工测量，教学难点为高层建筑轴线投测与高程传递，工业厂房矩形控制网测设、柱列轴线测设、柱基施工测量、构件安装测量。

学习目标

通过本章的学习，学习应掌握民用建筑、工业建筑工程施工测量的基本内容和方法，了解烟囱、水塔施工测量及大型设备和构件安装测量的基本内容和方法，了解建筑工程竣工总平面图的编绘。

建筑工程建设要经过勘测、设计、施工、竣工验收等几个阶段。施工阶段所进行的测量工作称为施工测量。施工测量的主要工作是测设，在工程建设中人们习惯称之为放样，即利用测量技术，将设计的建筑物的平面位置和高程，按设计要求放样到实地，并标定出来，作为后期施工的依据。在施工过程中，随时放样出建筑物的施工方向、平面位置和高程，还要检查建筑物的施工是否满足设计要求。在安装建筑设备和工业设备时，要根据工艺和设计要求放样出安装的空间位置和方向。当施工结束后，要及时编绘建筑工程竣工总平面图，以便今后管理、维修、改建、扩建时使用。特别是隐蔽工程(地下建筑、管道、电缆、光缆等)，在施工过程中要及时进行测量，以便为建筑工程竣工总平面图的编绘提供基础信息。施工测量自始至终贯穿整个施工过程。

11.1 民用建筑工程施工测量

民用建筑按使用功能可分为住宅、办公楼、商店、食堂、俱乐部、医院和学校等，按楼层多少可分为单层、低层(2～3层)、多层(4～8层)和高层几种。不同类型的民用建筑，其放样方法和精度要求有所不同，但放样过程基本相同。下面分别介绍多层和高层民用建筑工程施工测量的基本方法。

11.1.1 施工测量的准备工作

1. 熟悉设计图纸

设计图纸是施工放样的主要依据，在进行施工测量前，应核对设计图纸，检查总尺寸和分尺寸是否一致，总平面图和大样详图尺寸是否相符，不符之处要向设计单位提出，及时进行修正。与施工放样有关的图纸主要有建筑总平面图(见图 11－1)、建筑平面图(底层)(见图 11－2)、基础平面图(见图 11－3)和基础剖面图(见图 11－4)。

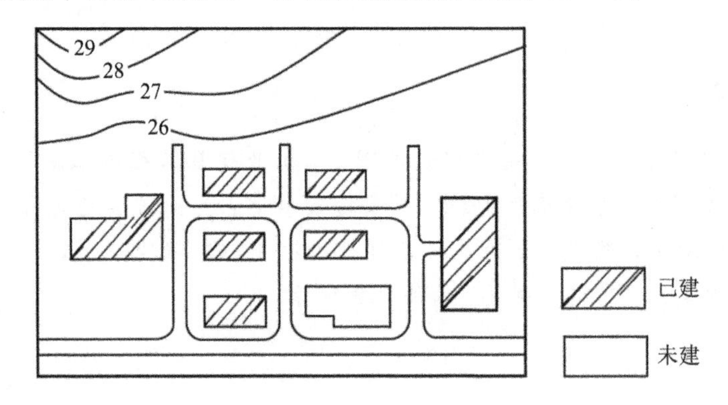

图 11－1 建筑总平面图

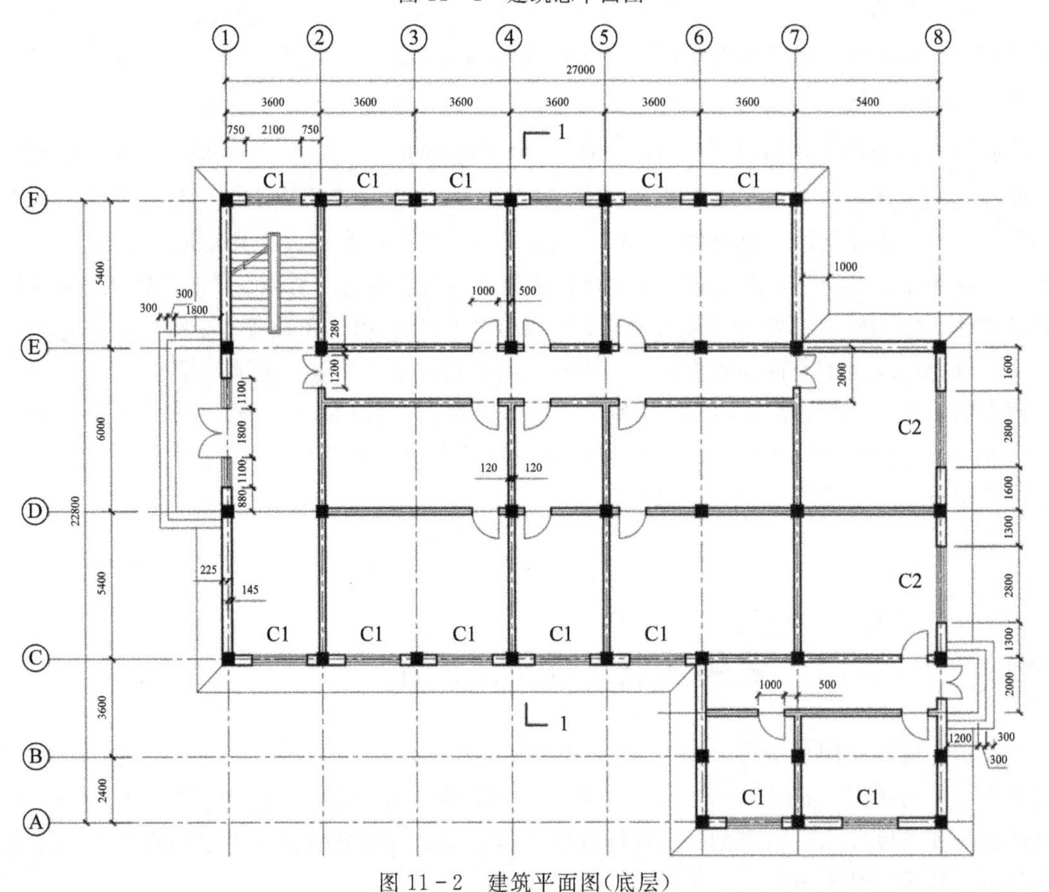

图 11－2 建筑平面图(底层)

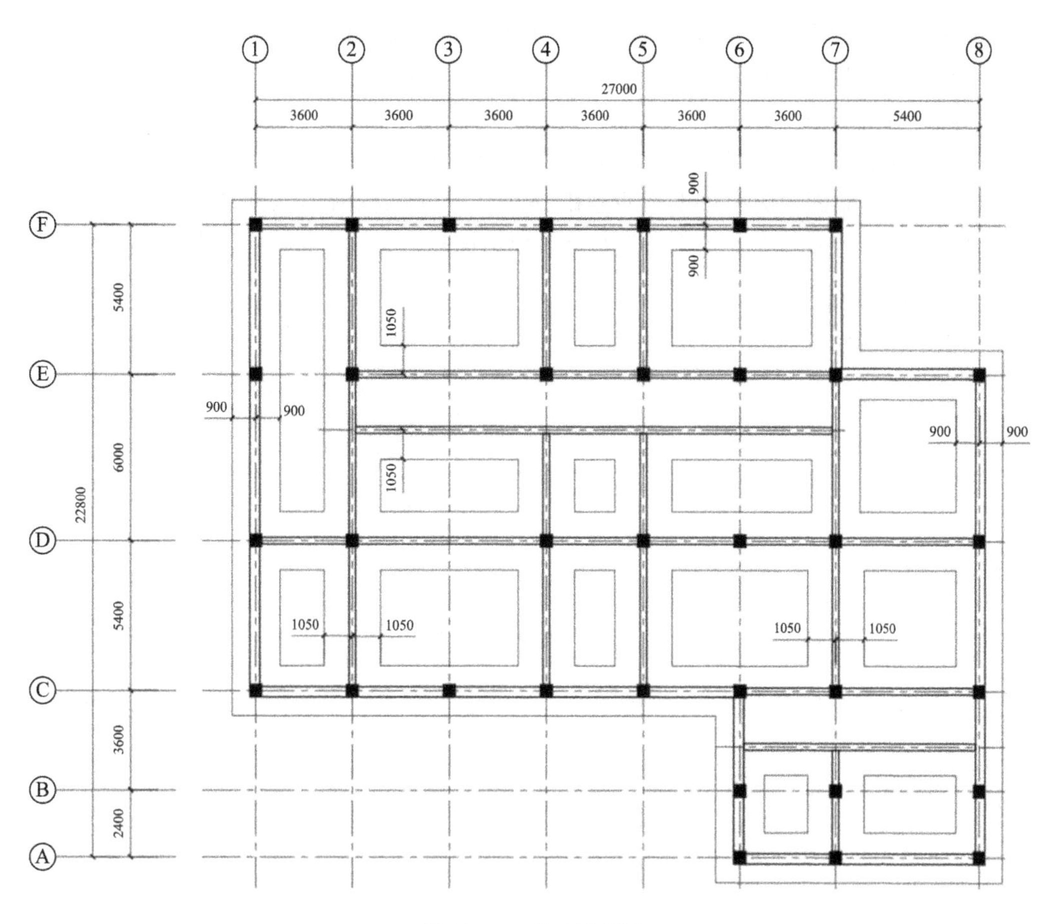

图 11-3　基础平面图

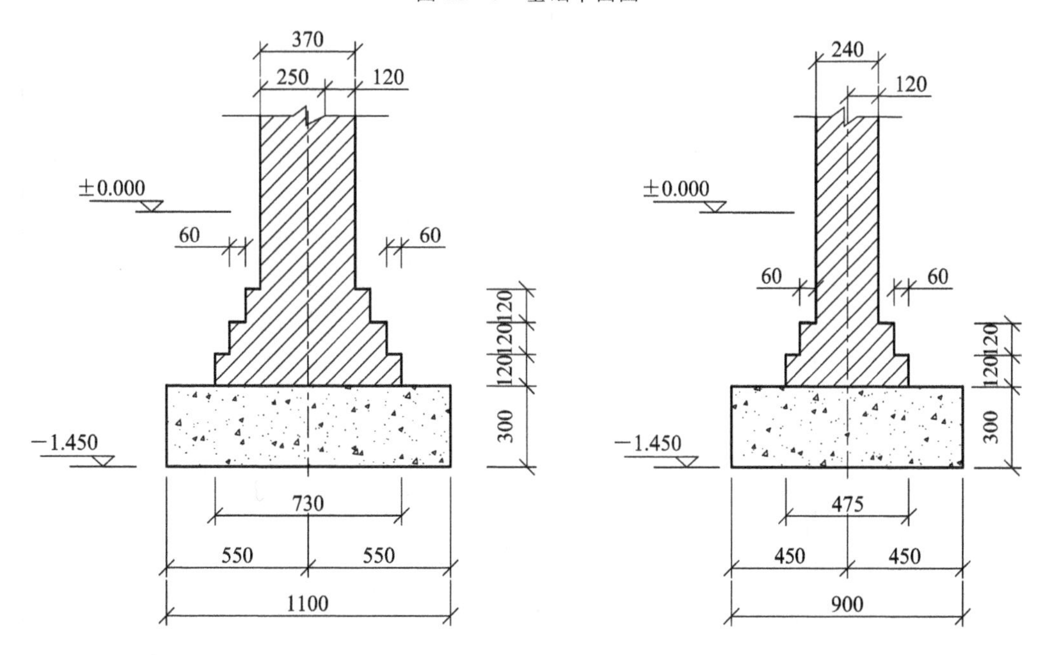

图 11-4　基础剖面图

通过建筑总平面图可以了解设计建筑物与原有建筑物的平面位置和高程的关系，它是测设建筑物总体位置的依据。从建筑平面图(包括底层和楼层平面图)中可以查明建筑物的总尺寸和内部各定位轴线间的尺寸关系，它是放样的基础资料。从基础平面图中可以获得基础边线与定位轴线间的尺寸关系，以及基础布置与基础剖面的位置关系，以确定基础轴线的放样数。从基础剖面图中可以查明基础立面尺寸、设计标高，以及基础边线与定位轴线间的尺寸关系，从而确定开挖边线和基坑底面的高程位置。

2. 了解施工放样精度

建筑物的结构特征不同，施工放样的精度要求也有所不同。施工放样前，应熟悉相应的技术要求和技术参数，合理选用放样方法。表 11－1 为建筑物施工放样的主要技术要求。

表 11－1　建筑物施工放样的主要技术要求

项　目	内　容		允许偏差/mm
基础桩位放样	单排桩或群桩中的边桩		±10
	群桩		±20
各施工层上放线	外廓主轴线长度 L/m	$L\leqslant 30$	±5
		$30<L\leqslant 60$	±10
		$60<L\leqslant 90$	±15
		$90<L$	±20
	细部轴线		±2
	承重墙、梁、柱边线		±3
	非承重墙边线		±3
	门窗洞口线		±3
轴线竖向投测	每层		3
	总高 H/m	$H\leqslant 30$	5
		$30<H\leqslant 60$	10
		$60<H\leqslant 90$	15
		$90<H\leqslant 120$	20
		$120<H\leqslant 150$	25
		$150<H$	30
标高竖向传递	每层		±3
	总高 H/m	$H\leqslant 30$	±5
		$30<H\leqslant 60$	±10
		$60<H\leqslant 90$	±15
		$90<H\leqslant 120$	±20
		$120<H\leqslant 150$	±25
		$150<H$	±30

3. 拟定测设方案

在了解设计参数、技术要求和施工进度计划的基础上，对施工现场进行实地踏勘，清理施工现场，检测原有测量控制点，根据实际情况拟定测设方案，准备测设数据，绘制测设略图。此外，还应根据测设的精度要求，选择相应等级的仪器和工具，并对所用的仪器、工具进行严格的检验和校正，确保仪器、工具的正常使用。

11.1.2　多层建筑施工测量

1. 建筑物定位

建筑物定位就是在实地标定建筑物外廓轴线的工作。根据施工现场情况及设计条件，建筑物定位的方法主要有以下几种。

1）根据测量控制点测设

当设计建筑物附近有测量控制点时，可根据原有控制点和建筑物各角点的设计坐标，采用极坐标法、角度交会法、距离交会法等测设建筑物的位置。

2）根据建筑基线或建筑方格网测设

在布设有建筑基线或建筑方格网的建筑场地，可根据建筑基线或建筑方格网点和建筑物各角点的设计坐标，采用直角坐标法测设建筑物的位置。

3）根据建筑红线测设

建筑红线又称规划红线，是经规划部门审批并由国土管理部门在现场直接放样出来的建筑用地边界点的连线。测设时，可根据设计建筑物与建筑红线的位置关系，利用建筑用地边界点测设建筑物的位置。当设计建筑物边线与建筑红线平行或垂直时，采用直角坐标法测设；当设计建筑物边线与建筑红线不平行或垂直时，则采用极坐标法、角度交会法、距离交会法等测设。

如图 11－5 所示，A、BC、MC、EC、D 点为城市道路建筑红线点，IP 为两直线段的交点，转角为 90°，BC、MC、EC 为圆曲线上的三点，设计建筑物 $MNPQ$ 与城市道路建设红线间的距离注于图上。测设时，首先在建筑红线上从 IP 点沿 IP—A 方向量 15 m 得到 N' 点，并量建筑物长度 l 得到 M' 点；然后分别在 M' 和 N' 点安置经纬仪或全站仪，测设 90°，并量 12 m 分别得到 M、N 两点，再量建筑物宽度 d 分别得到 Q、P 两点；最后检查角度和边长是否符合限差要求。

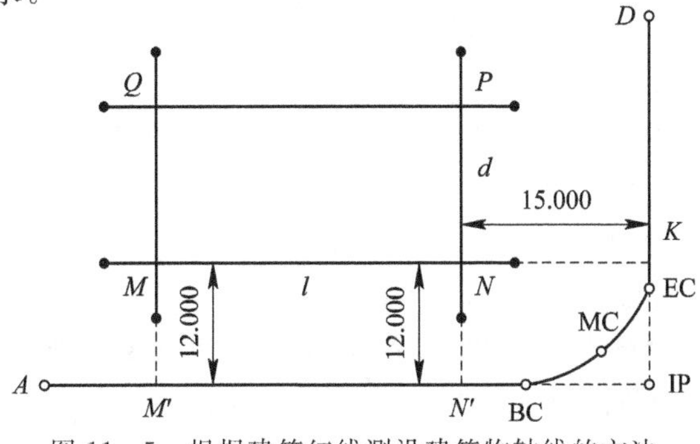

图 11－5　根据建筑红线测设建筑物轴线的方法

4) 根据设计建筑物与原有建筑物的关系测设

在原有建筑群中增建房屋时，设计建筑物与原有建筑物一般保持平行或垂直关系。因此，可根据原有建筑物，利用延长直线法、平行线法、直角坐标法等测设设计建筑物的位置。

图 11-6 为几种常见的根据原有建筑物测设设计建筑物轴线的方法，绘有斜线的表示原有建筑物，没有斜线的表示设计建筑物。

如图 11-6(a)所示，可用延长直线法测设设计建筑物的位置，即先通过等距延长 CA、DB，获得 AB 边的平行线 $A'B'$；然后在 B' 点安置经纬仪或全站仪，作 $A'B'$ 的延长线 $E'F'$；最后分别安置仪器于 E' 和 F' 点并测设 90°，根据设计尺寸定出 E、G 和 F、H 四点。

如图 11-6(b)所示，可用平行线法定位，即在 AB 边的平行线上的 A' 和 B' 点安置经纬仪或全站仪，分别测设 90°，并根据设计尺寸定出 G、E 和 H、F 四点。

如图 11-6(c)所示，可用直角坐标法定位，即先在 AB 边的平行线上的 B' 点安置经纬仪或全站仪，作 $A'B'$ 的延长线至 E'；然后安置仪器于 E' 点并测设 90°，根据设计尺寸定出 E、F 两点；最后在 E 点和 F 点安置仪器并测设 90°，根据设计尺寸定出 G、H 两点。

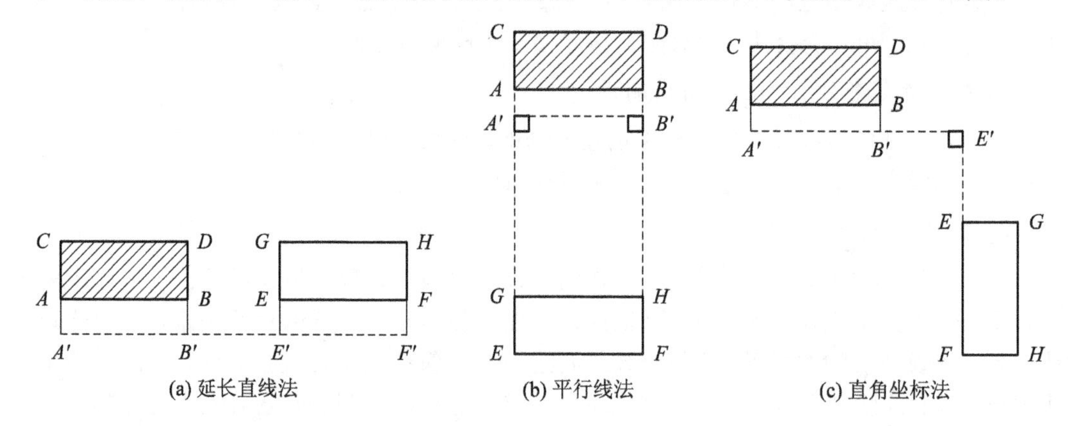

图 11-6 根据原有建筑物测设设计建筑物轴线的方法

建筑物定位后，应进行角度和长度的检核，确认符合限差要求并经规划部门验线后，方可进行施工。

2. 引测轴线

建筑物定位后，所测设的轴线交点桩(或称为角桩)在基槽开挖时将被破坏。因此，在基槽开挖前，应将轴线引测到基槽边线以外的安全地带，以便施工时能及时恢复各轴线的位置。引测轴线的方法有龙门板法和轴线控制桩法。

1) 龙门板法

龙门板法适用于一般民用建筑物。为了方便施工，可在基槽开挖边线以外一定距离处(根据土质情况和挖槽深度确定)钉设龙门板。

如图 11-7 所示，首先在建筑物四角与隔墙两端基槽开挖边线以外约 1.5～2 m 处钉设龙门桩，使龙门桩的侧面与基槽平行，并将其钉直、钉牢；然后根据建筑场地的水准点，用水准仪在龙门桩上测设建筑物±0.000 标高线(建筑物底层室内地坪标高)；再将龙门板钉在龙门桩上，使龙门板的顶面与建筑物±0.000 标高线齐平；最后用经纬仪或全站仪将各轴线引测到龙门板上，并钉小钉表示，称为轴线钉。龙门板设置完毕后，利用钢尺检查各轴

线钉的间距，使其符合限差要求。

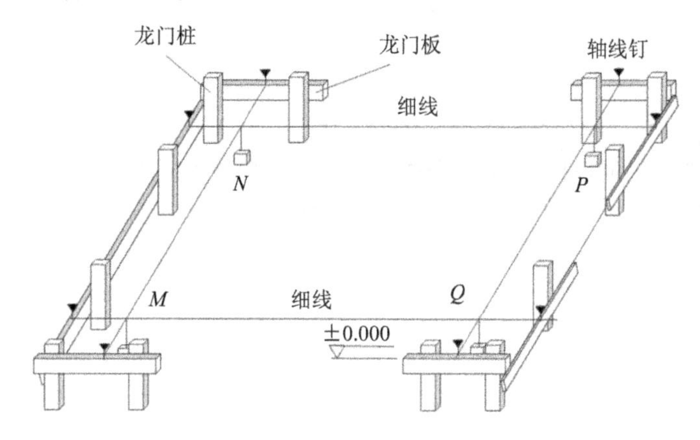

图 11-7　龙门板法引测轴线

2）轴线控制桩法

设置在基槽外建筑物轴线延长线上的桩称为轴线控制桩(或引桩)。它是开槽后各施工阶段确定轴线位置的依据。轴线控制桩离基槽外边线的距离根据施工场地的条件而定，以不受施工干扰、便于引测和保存桩位为原则。如果附近有已建建筑物，最好将轴线引测到建筑物上。为了保证控制桩的精度，一般将控制桩与定位桩一起测设，也可先测设控制桩，再测设定位桩。

龙门板法虽然使用方便，但占用场地多，对交通影响大。在机械化施工时，一般只测设轴线控制桩，不设置龙门桩和龙门板。

3. 基础施工测量

建筑物±0.000 以下的部分称为建筑物的基础，其按构造方式可分为条形基础、独立基础、片筏基础和箱形基础等。基础施工测量的主要内容有基槽开挖边线放线、基础开挖深度控制、垫层施工测设和基础测设。

1）基槽开挖边线放线

基础开挖前，先按基础剖面图的设计尺寸计算基槽开挖边线的宽度，然后由基础轴线桩中心向两边各量基槽开挖边线宽度的一半，做出记号，在两个对应的记号点之间拉线并撒上白灰，就可以按照白灰线位置开挖基槽。

2）基础开挖深度控制

为了控制基槽的开挖深度，当基槽挖到一定的深度后，用水准测量的方法在基槽壁上每隔 2～3 m 及拐角处测设离槽底设计高程为一整分米数(0.3～0.5 m)的水平桩，并沿水平桩在槽壁上弹出墨线，作为控制挖深和铺设基础垫层的依据，如图 11-8 所示。在建筑施工中，高程测设称为抄平

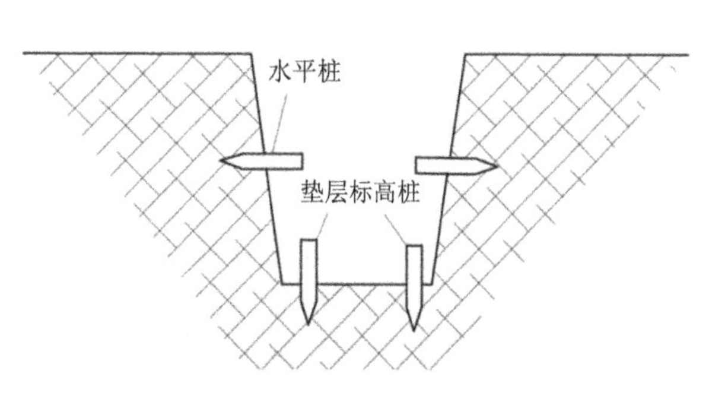

图 11-8　基础开挖深度控制

或找平。

基槽开挖完成后，应根据轴线控制桩或龙门板复核基槽宽度和槽底标高，合格后方可进行垫层施工。

3）垫层施工测设

基槽开挖完成后，可根据龙门板或轴线控制桩的位置和垫层的宽度，在槽底层测设出垫层的边线，并在槽底设置垫层标高桩，使桩顶面的高程等于垫层设计高程，作为垫层施工的依据，如图 11－8 所示。

4）基础测设

垫层施工完成后，根据龙门板或轴线控制桩，用拉线吊垂球的方法将墙基轴线投测到垫层上，用墨斗弹出墨线，用红油漆画出标记。墙基轴线投测完成后，应按设计尺寸严格校核。

4. 主体施工测量

主体施工测量的主要内容有楼层轴线投测和楼层高程传递。

1）楼层轴线投测

楼层轴线投测的目的是保证建筑物各层相应的轴线位于同一竖直面内。多层建筑物轴线投测最简便的方法是吊垂线法，即将垂球悬吊在楼板或柱顶边缘，当垂球尖对准基础上的定位轴线时，垂球线在楼板或柱边缘的位置即为楼层轴线端点位置，画出标志线，经检查合格后，即可继续施工。

当风力较大或楼层较高，用垂球投测误差较大时，可用经纬仪或全站仪投测轴线。如图 11－9(a)所示，③和Ⓒ分别为某建筑物的两条中心轴线，在进行建筑物定位时应将轴线控制桩 3、3′、C、C'设置在距离建筑物尽可能远的地方(建筑物高度的 1.5 倍以上处)，以减小投测时的仰角，提高投测的精度。

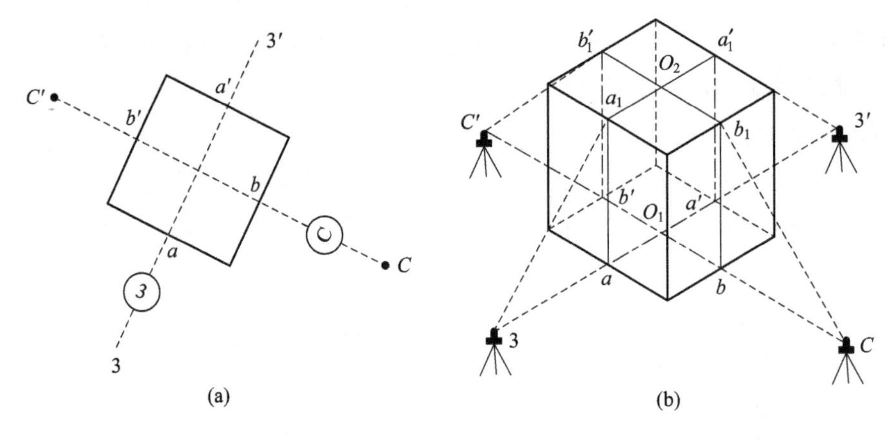

图 11－9 利用经纬仪或全站仪投测轴线

随着建筑物的不断升高，应将轴线逐层向上传递。如图 11－9(b)所示，将经纬仪或全站仪分别安置在轴线控制桩 3、3′、C、C'点上，分别照准建筑物底部的 a、a'、b、b'点，采用正倒镜分中法将轴线③和Ⓒ向上投测到每一层楼的楼板上，得 a_i、a_i'、b_i、b_i' 点，并弹墨线标明轴线位置，其余轴线均以此为基准，根据设计尺寸进行测设。

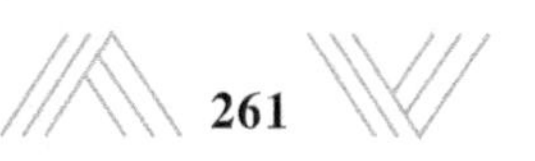

2）楼层高程传递

墙体标高可利用墙身皮数杆来控制。墙身皮数杆根据设计尺寸，按砖、灰缝厚度从底部往上依次标明±0.000、门、窗、过梁、楼板预留孔，以及其他各种构件的位置。同一标准楼层的墙身皮数杆可以共用，不同标准楼层则应分别制作墙身皮数杆。砌墙时，将墙身皮数杆竖立在墙角处，使杆端±0.000 的刻画线对准基础墙上的±0.000 位置，如图 11-10 所示。楼层高程则用钢尺和水准仪沿墙体或柱身向楼层传递，作为过梁和门、窗口施工的依据。

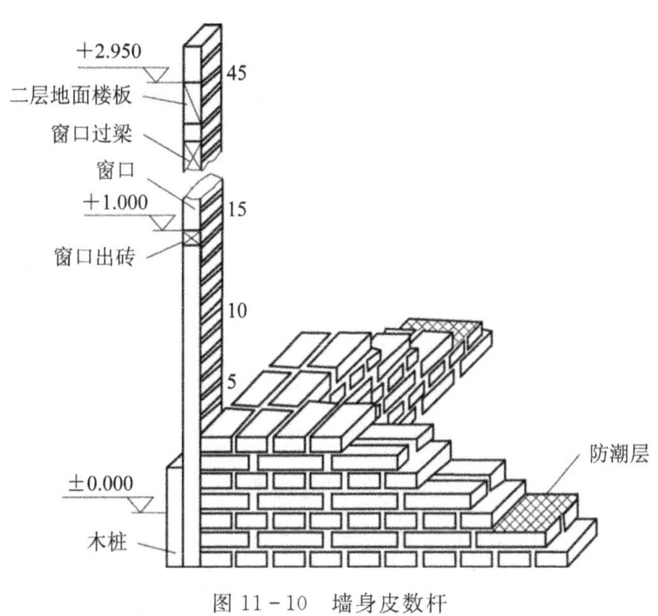

图 11-10　墙身皮数杆

11.1.3　高层建筑施工测量

随着现代城市的发展和建筑技术的不断进步，高层建筑日益增多、增高。由于建筑层数多、高度大、施工场地狭窄，且多采用框架结构、滑模施工和先进施工器械，因此在施工过程中，对于垂直度偏差、水平度偏差及轴线尺寸偏差都必须严格控制，对测量仪器的选用和观测方案的确定都有一定的要求。

1. 基础及基础定位轴线测设

由于高层建筑物轴线的测设精度要求高，为了控制轴线的偏差，基础及基础定位轴线的测设一般采用工业厂房矩形控制网和工业厂房柱列轴线测设法进行，这两种测设方法将在下一节阐述。

2. 高层建筑轴线投测

高层建筑轴线投测的方法主要有经纬仪或全站仪引桩投测法、激光垂准仪投测法和光学垂准仪投测法。

1）经纬仪或全站仪引桩投测法

在多层建筑物轴线投测中，利用经纬仪或全站仪可将建筑物轴线向上投测到每一层楼的楼板上，如图 11-9(b)所示。但随着建筑物的增高，望远镜的仰角不断增大，投测精度将降低。为了保证投测精度，应将轴线控制桩引测到更远的安全地点或附近建筑物的屋顶上。如图 11-11 所示，将经纬仪或全站仪分别安置在某楼层的投测点(如 L_{10}、L'_{10})上，照准地面上的轴线控制桩 A_1、A'_1，以正倒镜分中法分别将轴线投测到附近楼顶的 A_2 点或远处的 A'_2 点，其余各层即可在新引测的轴线控制桩上进行投测。

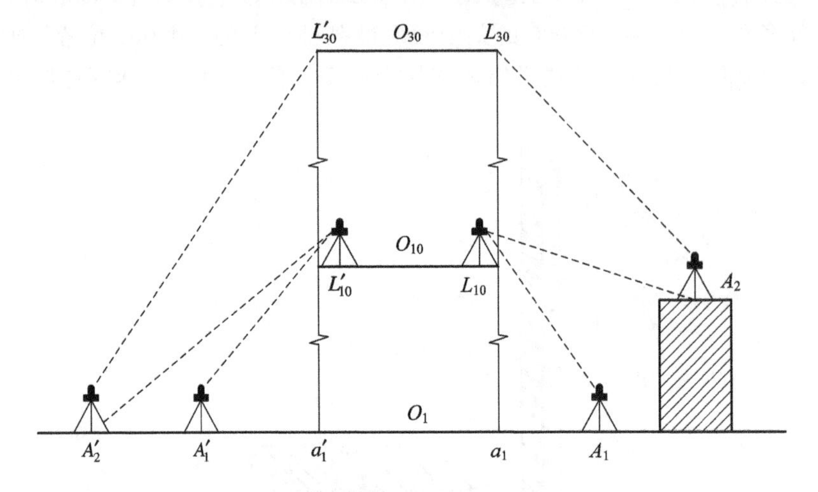

图 11-11 利用经纬仪或全站仪引桩投测

2) 激光垂准仪投测法

激光垂准仪是一种专用的铅直定位仪器，适用于高层建筑、烟囱和高塔架的铅直定位测量。图 11-12 为苏州一光仪器有限公司生产的 DZJ_2 型激光垂准仪。它在光学垂准系统的基础上添加了半导体激光器，可以分别给出上、下同轴的两根激光铅垂线，并与望远镜视准轴同心、同轴、同焦。安置仪器后，接通激光器电源，当望远镜照准目标时，在目标处就会出现一个红色光斑，并可以从目镜中观察到；另一个激光器通过下面的对点系统将激光束发射出来，利用激光束照射到地面的光斑进行对中操作。

图 11-12 DZJ_2 型激光垂准仪

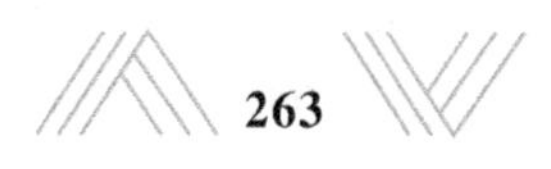

如图11－13所示，利用激光垂准仪向上投测轴线控制点进行铅直定位时，应先根据建筑物的轴线分布和结构情况设计好投测点位，投测点位离最近轴线的距离一般为0.5～0.8 m。基础施工完成后，将设计投测点位准确地测设到地坪层上，以后每层楼板施工时，都应在投测点位处预留30 cm×30 cm的垂准孔。进行轴线投测时，将激光垂准仪安置在首层投测点位上，打开电源，在投测楼层的垂准孔上就可以看见一束可见激光，转动激光光斑调焦螺旋，使激光光斑聚焦于目标面上的一点，用压铁拉两根细线，使其交点与激光束重合，在垂准孔旁的楼板面上弹出墨线标记。也可以移动专用的激光接收靶，使靶心与激光光斑重合，拉线将投测上来的点位标记在垂准孔旁的楼板面上，从而方便地将轴线从底层传至高层。

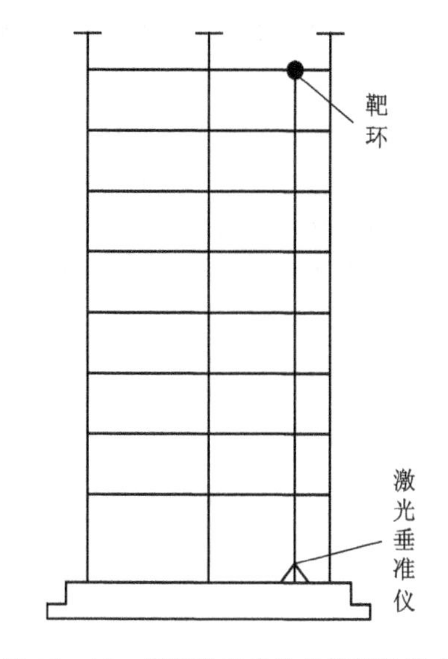

图11－13 利用激光垂准仪投测轴线点

若利用具有自动安平补偿器的全自动激光垂准仪，只需通过圆水准器粗平后就可以提供向上或向下的激光铅垂线，其投测精度优于普通激光垂准仪的。

激光具有方向性好、发散角小、亮度高、适合夜间作业等特点，因此激光垂准仪在高层建筑物轴线投测中得到了广泛的应用。

3）光学垂准仪投测法

光学垂准仪是一种能够照准铅垂方向的仪器。整平仪器后，仪器的视准轴指向铅垂方向，目镜则利用转向棱镜设置在水平方向，以便进行观测。

投点时，将仪器安置在首层投测点位上，根据指向天顶的垂准线，在相应楼层的垂准孔上设置标志，就可以将轴线从底层传递到高层。有些光学垂准仪具有自动补偿装置，使用时只需使圆水准器气泡居中就可以提供竖直光线，实现向上或向下的铅垂投点。

3. 高层建筑高程传递

高层建筑高程传递的目的是确定各楼层的高程，主要方法有钢尺测量法、水准测量法和全站仪天顶测距法。

1）钢尺测量法

钢尺测量法的步骤为：首先根据附近水准点，用水准测量法在建筑物底层内墙面上测设一条＋0.5 m的标高线，作为底层地面施工及室内装修的标高依据；然后用钢尺从底层＋0.5 m的标高线沿墙体或柱面直接垂直向上测量，在支承杆上标出上层楼面的设计标高线和高出设计标高＋0.5 m的标高线。为了减少逐层读数误差的影响，可采用数层累计读数的测法，如每三层楼换一次钢尺。

2）水准测量法

水准测量法是指在高层建筑的垂直通道（楼梯间、电梯间、垃圾道、垂准孔等）中悬吊钢尺，钢尺下端挂一重锤，用钢尺代替水准尺，在下层与上层各架一次水准仪，根据底层＋0.5 m的标高线将高程向上传递，从而测设出各楼层的设计标高线和高出设计标高＋0.5 m

的标高线。如图 11－14 所示，第二层＋0.5 m 标高线的水准尺读数应为

$$b_2 = a_2 - l_1 - (a_1 - b_1) \tag{11-1}$$

式中：a_1、a_2——钢尺读数；

b_1——第一层＋0.5 m 标高线的水准尺读数；

l_1——设计层高。

通过上下移动水准尺使其读数为 b_2，沿水准尺底部在墙面画线，即可得到第二层＋0.5 m 的标高线。依此进行各楼层的高程传递，并注意在进行相邻楼层高程传递时，应保持钢尺上下稳定。

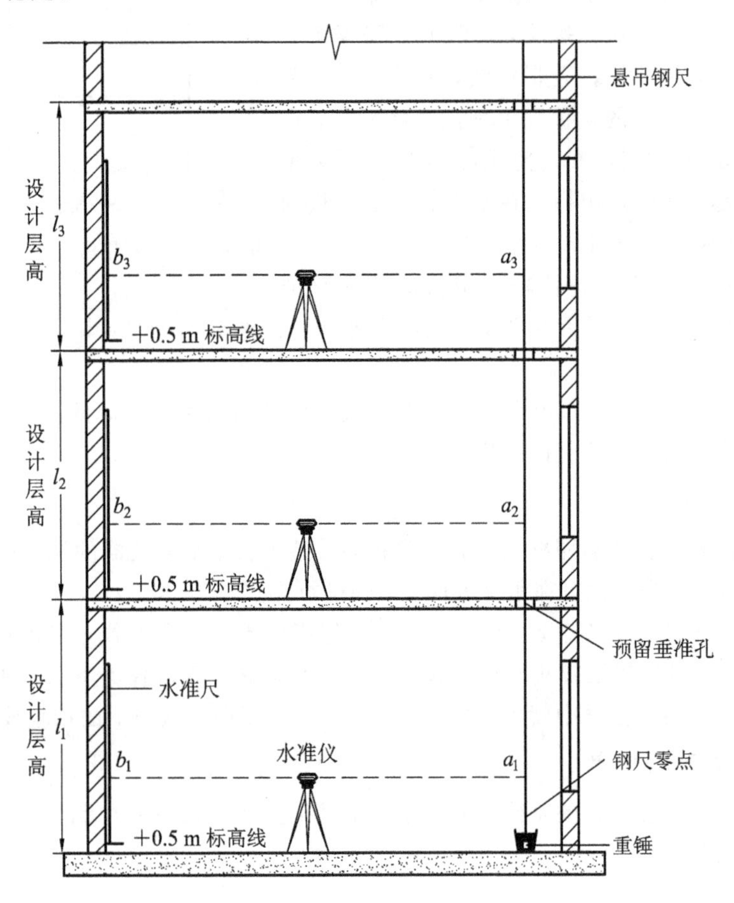

图 11－14　水准测量法传递高程

3）全站仪天顶测距法

对于超高层建筑，悬吊钢尺有困难时，可以在底层投测点或电梯井安置全站仪，通过全站仪天顶测距法引测高程。如图 11－15 所示，首先将全站仪的望远镜置于水平位置，读取竖立在底层＋0.5 m 标高线上水准尺的读数 a_1，测出全站仪的仪器标高；然后将全站仪的望远镜指向天顶，在需传递高程的第 i 层楼面垂准孔上放置一块预制的圆孔铁板，并将棱镜平放在圆孔上，测出全站仪至棱镜的垂直距离 d_i；预先测出棱镜常数 k，再按式(11－2)获得第 i 层楼面铁板的顶面标高 H_i；最后通过安置在第 i 层楼面的水准仪测设出设计标高线和高出设计标高＋0.5 m 的标高线。

$$H_i = a_1 + d_i - k \tag{11-2}$$

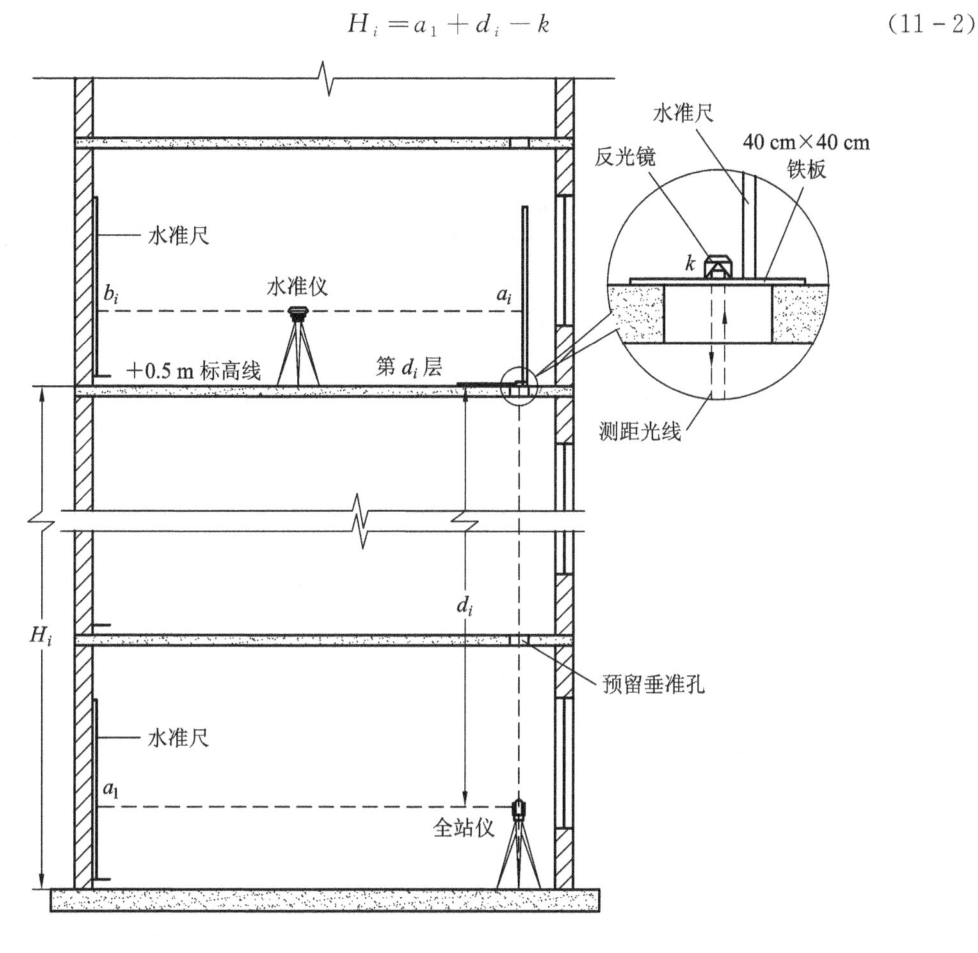

图 11-15　全站仪天顶测距法传递高程

11.2　工业建筑工程施工测量

工业建筑是指各类生产用房和为生产服务的附属用房，以工业厂房为主体。工业厂房有单层厂房和多层厂房。工业厂房的柱子按其结构与施工的不同分为预制钢筋混凝土柱子、钢结构柱子及现浇钢筋混凝土柱子。目前使用较多的是钢结构及装配式钢筋混凝土结构的单层厂房。各种工业厂房由于结构和施工工艺的不同，其施工测量方法亦略有差异。下面以装配式钢筋混凝土结构的单层厂房为例，着重介绍工业厂房矩形控制网测设、柱列轴线测设、柱基施工测量、构件安装测量等。

11.2.1　工业厂房矩形控制网测设

在图 11-16 中，M、N、Q、P 四点是工业厂房最外沿四条轴线的交点，从设计图纸上已知 M、N、Q、P 四点的坐标。R、S、U、T 为布置在基坑开挖范围以外的工业厂房矩形控制网，R、S、U、T 四点的坐标可以通过计算或 AutoCAD 获得。

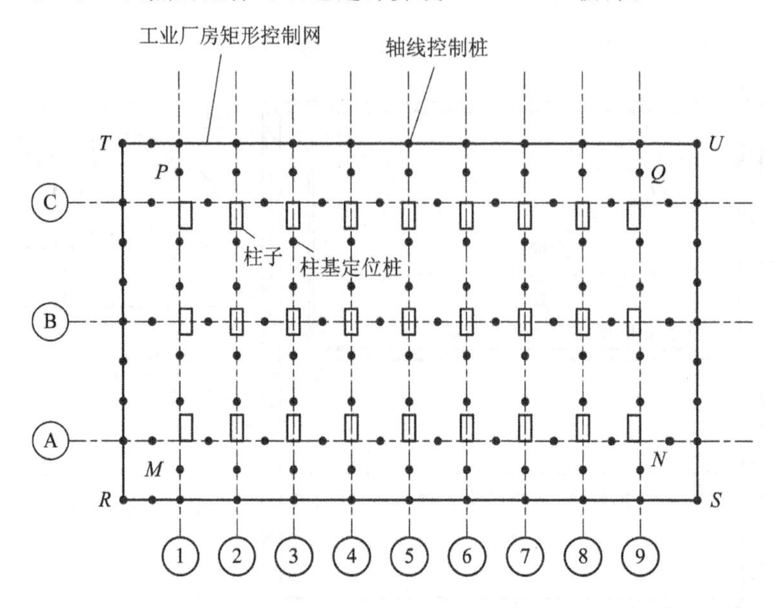

图 11－16 工业厂房矩形控制网和柱列轴线测设

根据工业厂房矩形控制网点 R、S、U、T 的坐标和厂区已建立的建筑方格网，通常采用直角坐标法测设 R、S、U、T 点的位置，并进行检查测量。对一般厂房，角度测设误差不应超过±10″，边长相对误差不应超过 1/10 000。

11.2.2 工业厂房柱列轴线测设

图 11－16 中Ⓐ、Ⓑ、Ⓒ及①～⑨等轴线称为柱列轴线。工业厂房矩形控制网建立之后，根据设计柱间距和跨间距，用钢尺沿矩形控制网逐段测设柱间距和跨间距，以定出各轴线控制桩，并在桩顶钉小钉，作为柱列轴线和柱基测设的依据。

11.2.3 工业厂房柱基施工测量

1. 柱基测设

柱基测设就是在柱基坑开挖范围以外测设每个柱子的四个柱基定位桩，作为放样柱基坑开挖边线、修坑和立模板的依据。测设时，将两架经纬仪分别安置在两条互相垂直的柱列轴线控制桩上，沿轴线方向交会出柱基定位点(定位轴线交点)，再根据定位点和定位轴线，按如图 11－17 所示的基础大样图上的平面尺寸和基坑放坡宽度，用特制角尺放出柱基坑开挖边线，并撒上白灰；同时在基坑外的轴线上，离柱基坑开挖边线约 2 m 处各打下一个基坑定位小木桩，如图 11－18(a)所示。桩顶钉小钉作为修坑和立模的依据，如图 11－18(b)所示。

进行柱基测设时，应注意定位轴线不一定都是基础中心线。如图 11－16 中的柱列轴线Ⓑ及②～⑧是基础中心线，而其他柱列轴线则是柱子的边线。

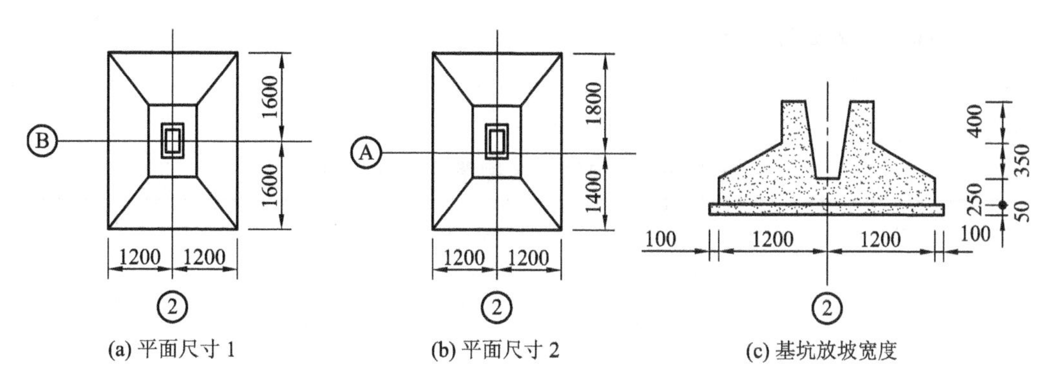

(a) 平面尺寸 1　(b) 平面尺寸 2　(c) 基坑放坡宽度

图 11－17　基础大样图

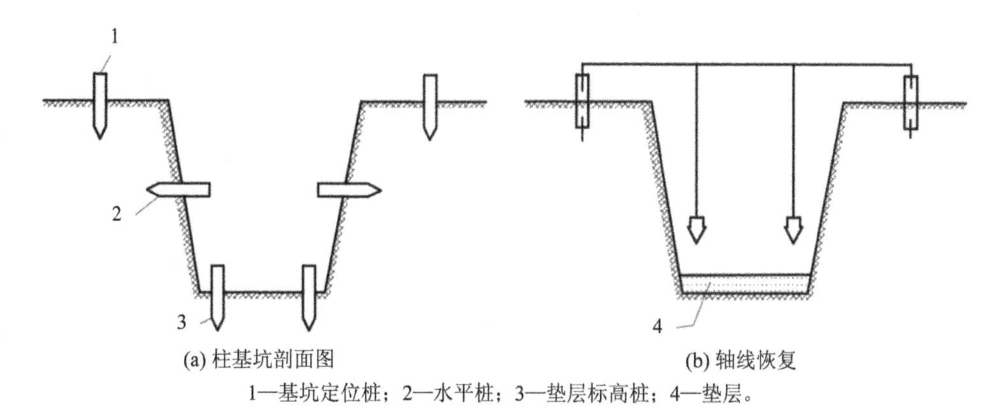

(a) 柱基坑剖面图　(b) 轴线恢复

1—基坑定位桩；2—水平桩；3—垫层标高桩；4—垫层。

图 11－18　柱基放样

2. 基坑施工测量

如图 11－18(a)所示，当基坑开挖到一定深度时，应在坑壁四周离坑底设计高程 0.3～0.5 m 处设置几个水平桩，作为基坑修坡和清底的高程依据。另外，还应在基坑底设置垫层标高桩，使桩顶面的高程等于垫层的设计高程，作为垫层施工的依据。

3. 基础模板定位

如图 11－18(b)所示，当垫层施工完成后，根据基坑边的柱基定位桩，用拉线吊垂球的方法将柱基定位线投测到垫层上，用墨斗弹出墨线，用红油漆画出标记，作为柱基立模板和布置基础钢筋的依据。立模板时，将模板底线对准垫层上的定位线，并用拉线吊垂球的方法检查模板是否竖直。同时注意使基坑底部标高低于其设计标高 2～5 cm，作为抄平调整的余量。拆模后，在基坑顶部面上定出柱轴线，在基坑内壁上定出设计标高。

11.2.4　工业厂房构件安装测量

装配式单层工业厂房主要由柱子、吊车梁、屋架、天窗架和屋面板等主要构件组成。在吊装每个构件时，有绑扎、起吊、就位、临时固定、校正和最后固定等几道操作工序。下面主要介绍柱子、吊车梁及吊车轨道等构件在安装时的测量工作。

1. 构件安装测量技术要求

工业厂房构件安装测量前应熟悉设计图纸，详细制定作业方案，了解限差要求，以确保构件的精度。表 11 - 2 为构件安装测量的允许偏差。

表 11 - 2 构件安装测量的允许偏差

<table>
<tr><th>测量项目</th><th colspan="2">测 量 内 容</th><th>测量允许偏差/mm</th></tr>
<tr><td rowspan="9">① 柱子、桁架或梁安装测量</td><td colspan="2">钢柱垫板标高</td><td>±2</td></tr>
<tr><td colspan="2">钢柱±0 标高检查</td><td>±2</td></tr>
<tr><td colspan="2">混凝土柱(预制)±0 标高</td><td>±3</td></tr>
<tr><td rowspan="3">柱子垂直度检查</td><td>钢柱牛腿</td><td>5</td></tr>
<tr><td>柱高 10 m 以内</td><td>10</td></tr>
<tr><td>柱高 10 m 以上</td><td>$H/1000$，且≤20</td></tr>
<tr><td colspan="2">桁架和实腹梁、桁架和钢架的支撑结点间相邻高差的偏差</td><td>±5</td></tr>
<tr><td colspan="2">梁间距</td><td>±3</td></tr>
<tr><td colspan="2">梁面垫板标高</td><td>±2</td></tr>
<tr><td rowspan="3">② 构件预装测量</td><td colspan="2">平台面抄平</td><td>±1</td></tr>
<tr><td colspan="2">纵横中心线的正交度</td><td>$\pm 0.8\sqrt{l}$</td></tr>
<tr><td colspan="2">预装过程中的抄平工作</td><td>±2</td></tr>
<tr><td rowspan="6">③ 附属建筑物安装测量</td><td colspan="2">栈桥和斜桥中心线投点</td><td>±2</td></tr>
<tr><td colspan="2">轨面的标高</td><td>±2</td></tr>
<tr><td colspan="2">轨道跨距测量</td><td>±2</td></tr>
<tr><td colspan="2">管道构件中心线定位</td><td>±2</td></tr>
<tr><td colspan="2">管道标高测量</td><td>±2</td></tr>
<tr><td colspan="2">管道垂直度测量</td><td>$H/1000$</td></tr>
</table>

注：H 在①中为柱子高度(mm)，在③中为管道垂直部分的长度(mm)；l 为自交点起算的横向中心线长度，不足 5 m 时以 5 m 计。

2. 柱子安装测量

1）柱子吊装前的准备工作

柱子吊装前，应根据轴线控制桩把定位轴线投测到基坑基础的顶面上，并用墨线标明，如图 11 - 19 所示。同时在基坑内壁测设一条标高线，使从该标高线起向下量取一整分米数即到基坑底的设计标高。另外，应在柱子的三个侧面弹出柱中心线，并做小三角形标志，以便安装校正，如图 11 - 20 所示。

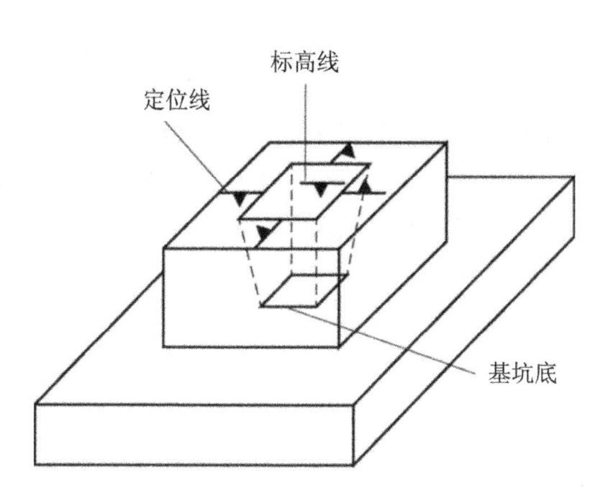

图 11-19　杯形柱基

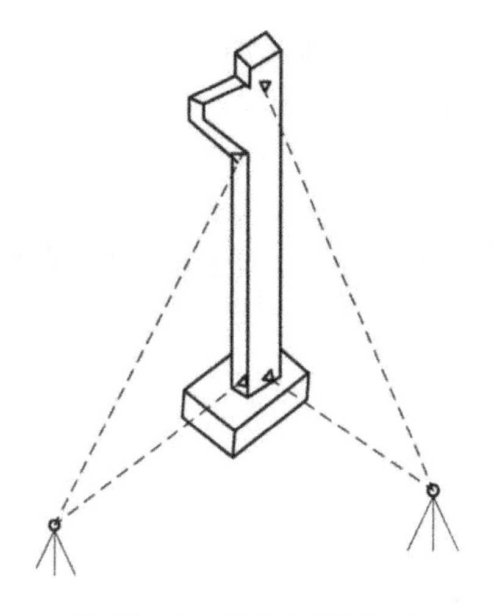

图 11-20　柱子垂直度校正

柱子吊装前，还应进行柱长的检查与基坑底找平。柱底到牛腿面的设计长度 l 加上基坑底高程 H_1 应等于牛腿面的高程 H_2，即 $H_2=H_1+l$，如图 11-21 所示。但在预制柱子时，模板制作和模板变形等不可能使柱子的实际尺寸与设计尺寸一样。为了解决这个问题，往往在浇筑基础时把基坑基础底面高程降低 2～5 cm，然后用钢尺从牛腿顶面沿柱边量到柱底，根据这根柱子的实际长度，用 1∶2 水泥砂浆在基坑底进行找平，使牛腿面符合设计高程。

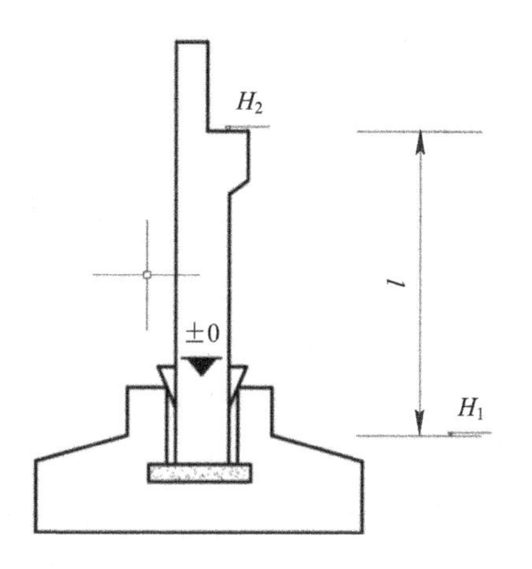

图 11-21　柱长检查与基坑底找平

2）柱子安装时的垂直度校正

柱子插入基坑后，首先应使柱身基本竖直，再使其侧面所弹的中心线与基础轴线重合，用木楔或钢楔初步固定，即可进行竖直校正。校正时将两架经纬仪分别安置在柱基纵、横轴线附近，离柱子的距离约为柱高的 1.5 倍，如图 11-20 所示。先将经纬仪照准柱中线底部，固定照准部，仰视柱中线顶部，如重合，则柱子在此方向是竖直的；如不重合，则应进行调整，直到柱子两侧面的中心线都竖直为止。

柱子校正时应注意以下几点：

（1）校正用的经纬仪事前应经过严格检校，因为校正柱子竖直时，往往只能用盘左或盘右一个盘位观测，仪器误差影响较大。操作时还应使照准部水准管气泡严格居中。

（2）柱子在两个方向的垂直度校好后，应复查平面位置，检查柱子下部的中线是否仍对准基础轴线。

（3）当校正变截面的柱子时，经纬仪应安置在轴线上，否则容易出错。

（4）在烈日下校正柱子时，柱子受太阳光照射后，容易向阴面弯曲，使柱顶有一个水平位移。因此，应在早晨或阴天时校正。

（5）当安置一次仪器校正几根柱子时，仪器偏离轴线的角度最好不超过 15°。

3. 吊车梁安装测量

吊车梁安装前，应先弹出吊车梁顶面和两端的中心线，再将吊车轨道中心线投到牛腿面上。如图 11-22(a)所示，首先，利用厂房中心线 A_1A_1，根据设计轨距在地面上测设出吊车梁中心线 $A'A'$和 $B'B'$；然后，分别安置经纬仪于吊车梁中心线的一个端点 A'上，照准另一个端点 A'，仰起望远镜，即可将吊车梁中心线投测到每根柱子的牛腿面上，用墨斗弹出墨线；最后，根据牛腿面上的柱中心线和吊车梁端面的中心线，将吊车梁安装在牛腿面上。

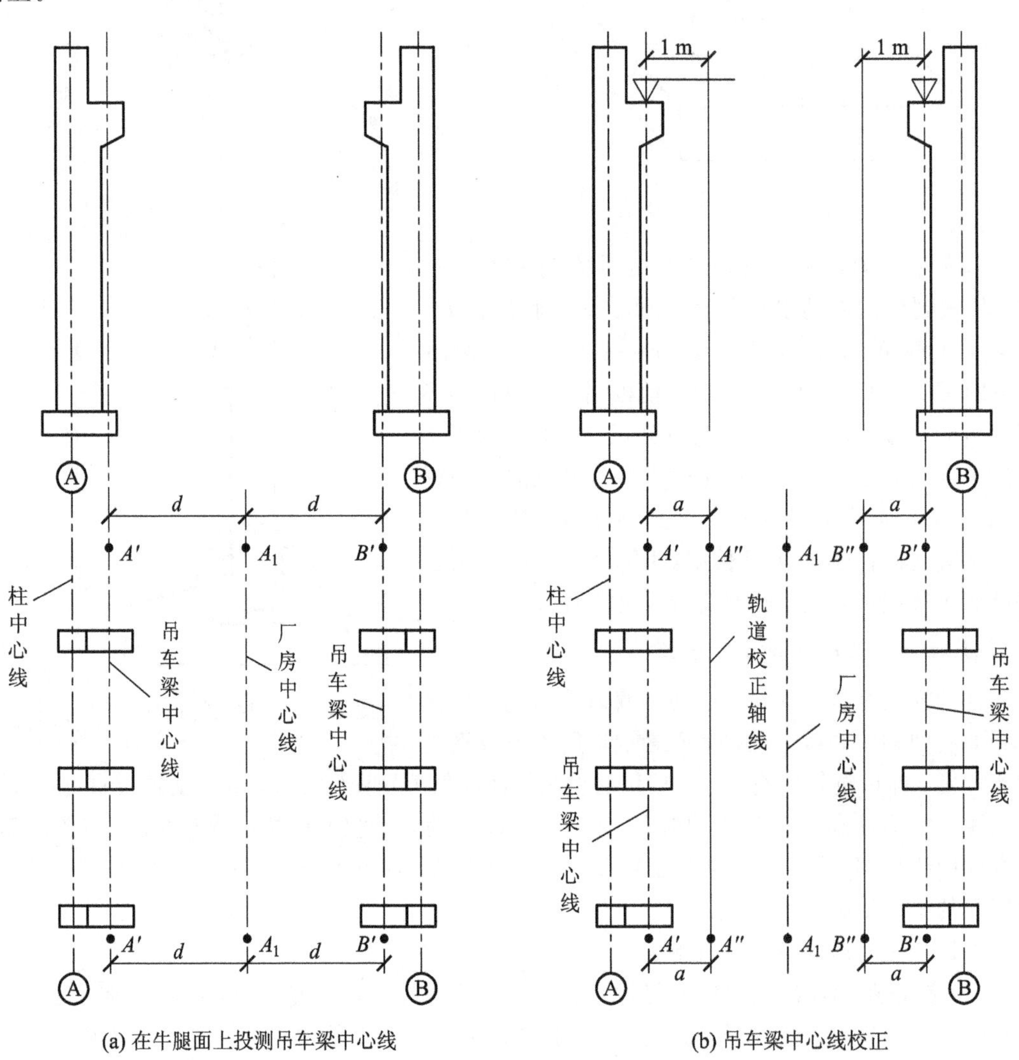

(a) 在牛腿面上投测吊车梁中心线

(b) 吊车梁中心线校正

图 11-22 吊车梁和吊车轨道安装测量

吊车梁安装完后，还需检查其顶面高程。检查吊车梁顶面高程的步骤是：首先，将水准仪安置在地面上，在柱子侧面测设+50 cm 的标高线；然后，用钢尺从该线沿柱子侧面向上量出至吊车梁顶面的高度，检查吊车梁顶面的高程是否正确；最后，在吊车梁下用钢板调整吊车梁顶面的高程，使之符合设计要求。

4. 吊车轨道安装测量

吊车轨道安装前，通常先采用平行线法检测吊车梁顶面的中心线是否正确。如图11-22(b)所示，首先，在地面上从吊车梁中心线向厂房中心线方向量出长度$a=1$ m，得平行线$A''A''$和$B''B''$；然后，安置经纬仪于平行线一端的A''点上，照准另一端点A''，固定照准部，仰起望远镜投测。此时另一人在吊车梁上左右移动横放的水准尺，当视线正对水准尺上1 m刻画时，水准尺的零点应与吊车梁顶面的中心线重合，如不重合，应予以改正，可用撬杠移动吊车梁，直到吊车梁中心线至$A''A''$($B''B''$)的间距等于1 m为止。

吊车轨道按吊车梁中心线安装就位后，应进行高程和距离两项检测。进行高程检测时，将水准仪安置在吊车梁上，水准尺直接放在吊车轨道顶上，每隔3 m测一点的高程，并与设计高程相比较，误差不应超过相应的限差。距离检测可用钢尺丈量两吊车轨道间的跨距，与设计跨距进行比较，误差应符合相应要求。

11.3 烟囱、水塔施工测量

虽然烟囱和水塔等高矗建筑物的形式不同，但它们具有基础小、主体高、重心高、稳定性差的共同特点。施工时必须严格控制主体的中心位置偏差，保证主体竖直。如图11-23为一座超高烟囱，采用滑模施工工艺，用激光垂准仪导向。《烟囱工程施工及验收规范》规定：当烟囱高度H为100 m或100 m以下时，烟囱筒身中心线的垂直度偏差应小于$0.15H\%$；当烟囱高度H为100 m以上时，烟囱筒身中心线的垂直度偏差应小于$0.1H\%$，但不能超过50 cm。

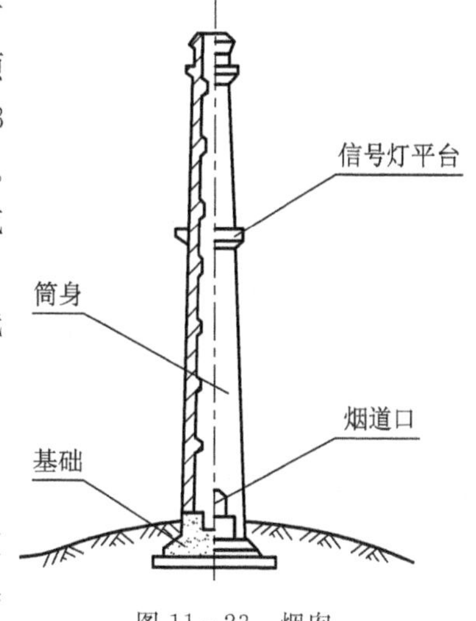

图11-23 烟囱

11.3.1 基础施工测量

如图11-24所示，首先，根据设计要求和已有测量控制点情况拟定测设方案，准备测设数据，并在实地定出基础中心点O的位置；然后，安置经纬仪或全站仪于O点，定出正交的两条定位轴线AB和CD，轴线控制桩A、B、C、D应选在不易碰动和便于安置仪器的地方，离中心点O的距离应大于烟囱或水塔底部直径的1.5倍；最后，以O点为圆心，以烟囱或水塔底部半径r与基坑开挖时放坡宽度b之和(即$r+b$)为半径，在地面上画圆，并撒灰线，以标明开挖边线，同时在开挖边线外侧2 m左右的定位轴线方向上标定E、G、H、F四个定位小木桩，作为修坑和恢复基础中心用。

当基坑挖至接近设计深度时，应在坑壁测设标高桩，作为检查挖土深度和确定浇筑混凝土垫层标高用。浇筑混凝土基础时，根据定位小木桩，在基础表面中心埋设角钢，用经纬仪或全站仪将烟囱或水塔中心投到角钢上，并锯刻十字标记，作为主体施工时垂直导向和控制半径的依据。

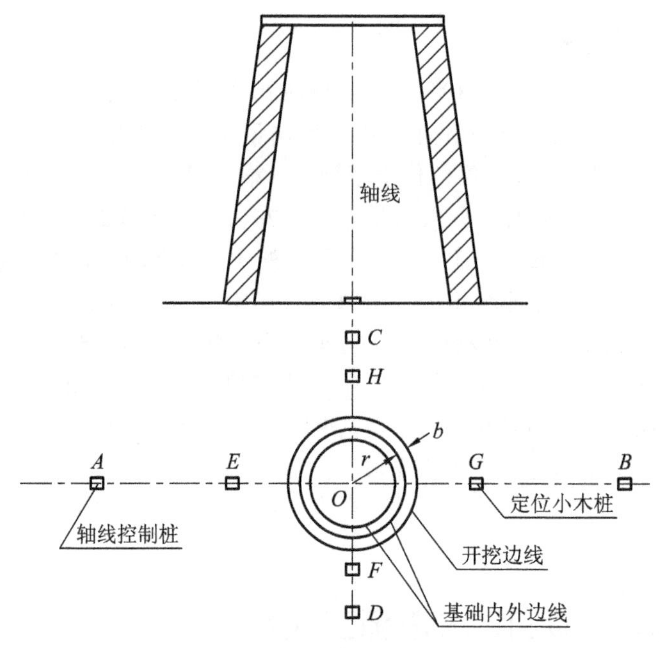

图 11-24 烟囱、水塔基础中心定位

11.3.2 主体施工测量

在烟囱或水塔主体施工过程中，每提升一次模板或步架，都要用吊垂线法或激光导向法将烟囱或水塔中心点垂直引测到工作面上，再以引测的中心点为圆心，以工作面上烟囱或水塔的设计半径为半径，用木尺杆画圆，以检查烟囱或水塔壁的位置，并作为下一步搭架或滑模的依据。

吊垂线法是在施工工作面的木方上用细钢丝悬吊 8～12 kg 重的垂球，调整木方，当垂球尖对准基础中心点时，钢丝在木方的位置即为烟囱或水塔的中心。此法是一种比较原始但非常简便的方法，但由于垂球容易摆动，故其只适用于高度在 100 m 以下的烟囱或水塔，而且模板或步架每提升 10～20 m，都要用经纬仪或全站仪进行一次复核，以免出错。

激光导向法是将激光垂准仪安置在烟囱中心点 O 上，根据铅直的激光束调整木方，当激光光斑中心与接收靶中心重合时，靶中心即为烟囱或水塔中心。利用激光导向法投点后，同样需用经纬仪或全站仪进行投点检核，投点偏差也不应超过规定的限差。

对于主体的标高测设，先用水准测量方法将 +0.5m 的标高线测设在烟囱或水塔的外壁上，然后从该标高线起用钢尺向上量取进行高程传递。

11.4 建筑工程竣工总平面图编绘

建筑工程竣工总平面图是指在施工结束后，对施工区域内地上、地下建筑物及构筑物的位置和高程等进行实测与编绘而形成的图纸，是设计总平面图在施工结束后实际情况的全面反映。

建筑工程竣工总平面图的内容主要包括测量控制点、厂房、辅助设施、生活福利设施、架空与地下管线、道路等建筑物、构筑物的平面坐标和高程，以及厂区净空地带和尚未兴建区域的地物、地貌等内容。

建筑工程竣工总平面图编绘的依据是设计总平面图、单位工程平面图、纵横断面图、施工放样资料、施工检查测量及竣工测量资料、有关部门和建设单位的具体要求等。

11.4.1　竣工总平面图编绘的目的

竣工总平面图编绘的目的如下：

(1) 在施工过程中可能由于设计时没有考虑到的问题而使设计有所变更，这种临时变更设计的情况必须通过测量反映到竣工总平面图上；

(2) 将便于日后进行各种设施的管理、维修、扩建、改建、事故处理等工作，特别是地下管道等隐蔽工程的检查和维修工作；

(3) 为项目扩建提供了原有各建筑物、构筑物地上和地下各种管线及交通线路的坐标、高程等资料。

因此，工业与民用建筑工程建设项目竣工后，必须编绘竣工总平面图。

11.4.2　竣工测量的内容

竣工总平面图编绘前应收集以下资料：总平面布置图、施工设计图、设计变更文件、施工检测记录、竣工测量资料及其他相关资料。编绘前，应对所收集的资料进行实地对照检核，不符之处，应实测其位置、高程及尺寸。

1. 编制规定

(1) 竣工总平面图的比例尺宜选用 1∶500；坐标系统、高程基准、图幅大小、图上注记、线条规格应与原设计图相一致；图例符号应采用现行国家标准《总图制图标准》(GB/T 50103—2010)。

(2) 地面建筑物应按实际竣工位置和形状进行编制。

(3) 地下管道及隐蔽工程应根据回填前的实测坐标和高程记录进行编制。

(4) 施工中，应根据施工情况和设计变更文件及时编制。

(5) 对实测的变更部分，应按实测资料编制。

(6) 当平面布置改变超过图上面积 1/3 时，不宜在原施工图上修改和补充，应重新编制。

2. 绘制基本要求

(1) 应绘出地面的建筑物、道路、铁路、地面排水沟渠、树木及绿化地等。

(2) 矩形建筑物的外墙角应注明两个以上点的坐标。

(3) 圆形建筑物应注明中心坐标及接地处半径。

(4) 主要建筑物应注明室内地坪高程。

(5) 道路的起终点、交叉点应注明中心点的坐标和高程；弯道处应注明交角、半径及交点坐标；路面应注明宽度及铺装材料。

(6) 铁路中心线的起终点、曲线交点应注明坐标；曲线上应注明曲线的半径、切线长、曲线长、外矢距、偏角等曲线元素；铁路的起终点、变坡点及曲线的内轨轨面应注明高程。

(7) 当不绘制分类专业图时，给水管道、排水管道、动力管道、工艺管道、电力及通信线路等在总图上的绘制应符合分类专业图的规定。

3. 给水、排水管道专业图的绘制要求

(1) 给水管道应绘出地面给水建筑物及各种水处理设施和地上、地下各种管径的给水管线及其附属设备。对于管道的起终点、交叉点、分支点，应注明坐标；变坡处应注明高程；变径处应注明管径及材料；不同型号的检查井应绘制详图。当图上按比例绘制管道结点有困难时，可用放大详图表示。

(2) 排水管道应绘出污水处理构筑物、水泵站、检查井、跌水井、水封井、雨水井、排出水口、化粪池以及明渠、暗渠等。检查井应注明中心坐标、出入口管底高程、井台高程；管道应注明管径、材质、坡度。对于不同类型的检查井，应绘出详图。

(3) 给水、排水管道专业图上还应绘出地面有关建筑物、铁路、道路等。

4. 动力、工艺管道专业图的绘制要求

(1) 应绘出管道及有关的建筑物。管道的交叉点、起终点应注明坐标、高程、管径和材质。

(2) 对于沟道敷设的管道，应在适当地方绘制沟道断面图，并标注沟道的尺寸及各种管道的位置。

5. 电力及通信线路专业图的绘制要求

(1) 电力线路应绘出总变电所、配电站、车间降压变电所、室内外变电装置、柱上变压器、铁塔、电杆、地下电缆检查井等，并应注明线径、送电导线数、电压及变电设备的型号、容量。

(2) 通信线路应绘出中继站、交接箱、分线盒(箱)、电杆、地下通信电缆入孔等。

(3) 各种线路的起终点、分支点、交叉点的电杆应注明坐标；线路与道路交叉处应注明净空高。

(4) 地下电缆应注明埋设深度或电缆沟的沟底高程。

(5) 电力及通信线路专业图上还应绘出地面有关建筑物、铁路、道路等。

当竣工总平面图中图面负载较大但管线不甚密集时，除绘制总图外，还可将各种专业管线合并绘制成综合管线图。综合管线图的绘制也应满足分类专业图的要求。

竣工总平面图编绘完成后，应附必要的说明及图表，连同原始地形图、地址资料、设计图纸文件、设计变更资料、验收记录等合编成册，由原设计及施工单位负责人审核、会签。

11.4.3 竣工总平面图的实测

竣工总平面图的实测宜采用全站仪数字化测图及编辑成图的方法；应在已有的施工控制点上进行施测，当控制点被破坏时，应进行恢复；对已收集的资料应进行实地对照检查，满足要求时应充分利用，否则，应重新测量。

竣工测量与地形图测绘的方法大致相同，但竣工测量的重点是测定细部点的坐标和高程，其主要内容有：

(1) 工业厂房及一般建筑物：包括房角坐标，各种管线进出口的位置和高程，并附房屋编号、结构层数、面积和竣工时间等资料。

（2）铁路和公路：包括起止点、转折点、交叉点的坐标，曲线元素、桥涵、路面、人行道、绿化带界限等构筑物的位置和高程。

（3）地下管网：包括窨井、转折点的坐标，井盖、井底、沟槽和管顶等的高程，并附注管道及窨井的编号、名称、管径、管材、间距、坡度和流向等。

（4）架空管网：包括转折点、结点、交叉点的坐标，支架间距，基础面的高程等。

（5）其他：包括沉淀池、烟囱、水塔、煤气罐等及其附属建筑物的外形和四角坐标，圆形构筑物的中心坐标，基础面标高，烟囱、水塔高度，沉淀池深度等。

竣工测量完成后，应提交工程名称、施工依据、施工成果等资料，作为编绘竣工总平面图的依据。

第 11 章课后习题

第12章 线路工程测量

本章的主要内容包括线路工程勘测设计测量、线路工程施工测量及线路工程竣工测量等。本章的教学重点为线路工程中线测量、圆曲线测设、纵横断面测量、恢复中线测量、施工控制桩测设、路基边桩与边坡测设及竖曲线测设，教学难点为线路工程圆曲线、路基边桩与边坡及竖曲线相关坐标、高程等参数的计算。

学习目标

通过本章的学习，学生应掌握线路工程中线测量、圆曲线测设、纵横断面测量、恢复中线测量、施工控制桩测设、路基边桩与边坡测设及竖曲线测设的原理、方法，了解线路工程圆曲线、路基边桩与边坡及竖曲线相关坐标、高程等参数的计算。

12.1 概　　述

线路工程是指长宽比很大的线形工程，主要包括铁路、公路、运河、供水明渠、输电线路、通信线路以及各种用途的管道和架空索道工程等，有地面、地下和空中三种不同位置。各种线路工程建设过程中所进行的测量工作称为线路工程测量，其中在施工阶段所进行的测量工作称为线路工程施工测量，线路工程施工测量就是为这些工程的设计和施工服务的。由于工程的用途不同、地质条件有差异、施工方法和施工工艺不同，测设的具体内容和方法也不尽相同，但测设的基本内容和特点是一致的。

12.1.1 线路工程测量的基本内容

线路工程测量主要涉及勘测设计、施工和竣工运营三个阶段的具体测量工作。

1. 线路工程勘测设计测量

线路工程勘测设计是分阶段进行的，一般先进行初步设计，再进行施工图设计。线路工程勘测设计测量的目的是为各阶段设计提供详细资料，一般可分为初测和定测两个阶段。

1）初测阶段

初测是线路工程初步设计阶段进行的测量工作。根据初步提出的各个线路方案，对地形、地质及水文等进行较为详细的测量，从而确定最佳线路方案，为线路初步设计提供资料。初测的主要任务有平面和高程控制测量、带状地形图测绘等。初测的测量成果是定测和施工测量的依据。

平面和高程控制测量通过在沿线路可能经过的范围内布设导线点、GNSS点等形式，建立相应的平面控制和高程控制。

带状地形图测绘是指在沿线路可能经过的线路中线两侧测绘一定区域的地形图。带状地形图的比例尺为1∶5000～1∶2000，其测绘宽度视定线方法而定，采用“纸上定线法”(先获取大比例尺地形图，然后在地形图上选定线路方案的方法)时，线路中线两侧应各测绘200～400 m；采用“现场定线法”(现场直接测量线路导线或中线，然后测绘地形图等以确定线路线位的方法)时，线路中线两侧应各测绘150～250 m。高速公路和一级公路采用分离式路基时，地形图测绘宽度应覆盖两条分离线路及中间带的全部地形；当两条线路相距很远或中间带为大河与高山时，中间带的地形可不测绘。

2）定测阶段

定测是将批准的初步设计线路中线测设于实地上的测量工作，必要时可对初步设计方案做局部修改。定测的主要任务有中线测量、纵横断面测量、局部地形测量，以及详细的地质和水文勘测等。高速公路、一级公路采用分离式路基时，应按各自的中线分别进行定测。定测资料是施工图设计和工程施工的依据。

2. 线路工程施工测量

线路工程施工阶段的测量工作是指按设计文件要求的位置、形状及规格在实地测设线路中线及其构筑物。线路工程施工测量的工作主要有恢复线路中线及其构筑物、施工放样、竣工测量等，其目的是指导工程的施工，并为工程竣工后的使用、维护、养护改建和扩建等提供基础资料。

3. 线路工程竣工运营测量

线路工程竣工后，对已竣工的工程要进行竣工验收，测绘竣工平面图和断面图，为工程运营做准备。在运营阶段，还要监测工程的运营状况，对地基或高铁、地铁、管道等要定期进行监测，进而评价工程的安全性。关于监测的相关知识，将在第15章进行详细讲述。

12.1.2　施工测量的基本特点

施工测量贯穿于整个工程建设过程中，从工程的勘测设计、施工到竣工运营等各环节都离不开施工测量工作。在不同的施工阶段，应根据施工的特点、设计要求和施工进度进行相应的施工测量工作，以确保施工的进度和质量。线路工程施工测量从勘测设计、施工到竣工运营经历了一个从粗到精的过程，工程的完美设计需要通过勘测、设计、施工与监理人员的完美配合才能逐步实现。

12.2 线路工程勘测设计测量

在线路工程勘测设计阶段所进行的测量工作称为线路工程勘测设计测量。下面重点介绍线路工程中线测量、线路工程圆曲线测设和线路工程纵横断面测量。

12.2.1 线路工程中线测量

线路的起点、终点和转向点统称为线路主点，主点的位置及线路的方向是根据设计确定的。线路工程中线测量是在实地对线路设计中线的位置进行测设的工作。线路中线的平面线型是由直线及曲线构成的，如图 12-1 所示，中线测量就是要把这些直线与曲线在实地标定出来，作为测绘纵横断面图、平面图以及施工放样的依据。线路工程中线测量的主要工作有中线交点和转点测设、转角测定、里程桩设置等。

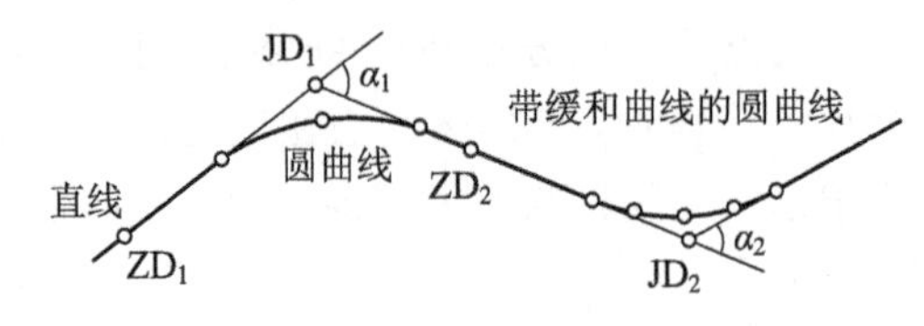

图 12-1 线路中线

公路测量符号可采用英文(包括国家标准或国际通用)字母或汉语拼音字母。当工程需要引进外资或为国际招标时，应采用英文字母；为国内招标时，可采用汉语拼音字母。一条公路应使用一种符号。《公路勘测规范》(JTG C10—2007)对公路测量符号有统一的规定，常用符号如表 12-1 所示。

表 12-1 公路测量符号

符号名称	汉语拼音缩写	英文符号	符号名称	汉语拼音缩写	英文符号
交点	JD	IP	公里标记	K	K
转点	ZD	TP	左偏角	$\alpha_{左}$	α_L
导线点	DD	RP	右偏角	$\alpha_{右}$	α_R
水准点	BM	BM	缓和曲线角	β	β
圆曲线起点	ZY	BC	缓和曲线参数	A	A
圆曲线中点	QZ	MC	平、竖曲线半径	R	R
圆曲线终点	YZ	EC	曲线长	L	L
复曲线公切点	GQ	PCC	圆曲线长	L_r	L_C
第一缓和曲线起点	ZH	TS	缓和曲线长	L_S	L_h
第二缓和曲线起点	HY	SC	平、竖曲线切线长	T	T
第一缓和曲线终点	YH	CS	平、竖曲线外矢距	E	E
第二缓和曲线终点	HZ	ST	方位角	α	α

1. 中线交点和转点测设

1) 交点测设

线路的转折点或两相邻直线方向的相交点称为交点，也叫转向点，如图 12-1 所示的

JD 点。交点是布设线路、详细测设直线和曲线的基本控制点。对于低等级的线路，常采用一次定测的方法直接在现场测设出交点的位置。对于高等级的线路或地形复杂的地段，一般先在初测的带状地形图上进行纸上定线，然后实地标定交点的位置。定位条件和现场情况不同，交点的测设方法也灵活多样，应根据实际情况合理选择，主要有以下几种方法：

(1) 根据原有地物测设。如图 12-2 所示，根据交点与地物之间的位置关系，首先在地形图上量出交点 JD 至量房角点和电杆的水平距离，然后在现场按距离交会法测设出交点的实地位置。

(2) 根据平面控制点测设。如图 12-3 所示，根据线路初测阶段布设的平面控制点坐标以及道路交点的设计坐标，计算出有关测设数据，按极坐标法、距离交会法、角度交会法或直接用全站仪测设出交点的实地位置。

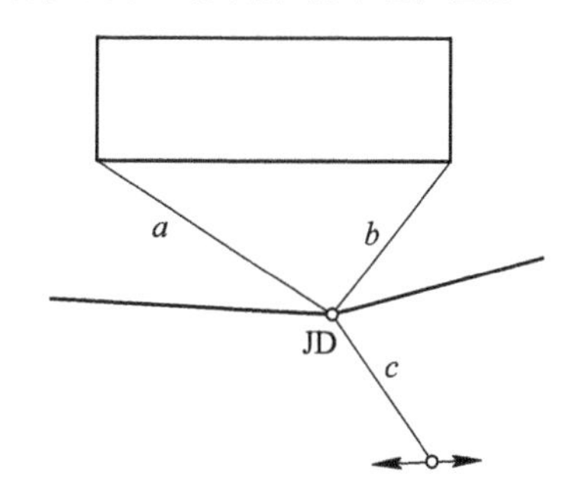

图 12-2　根据原有地物测设交点

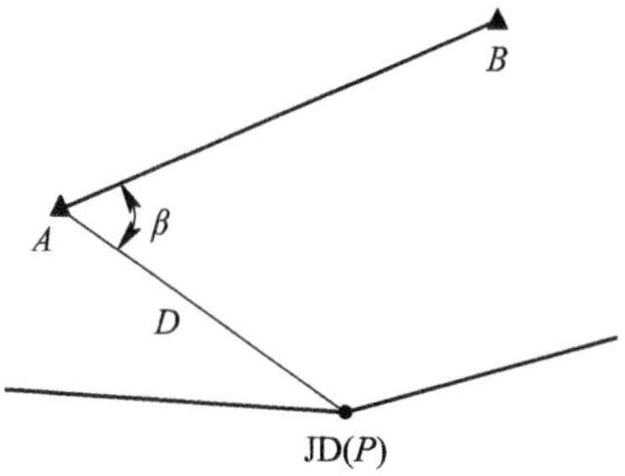

图 12-3　根据平面控制点测设交点

(3) 穿线交点法。穿线交点法是指利用图上的平面控制点或地物点与图上定线的直线段之间的角度和距离关系，用图解法求出测设数据，通过实地的平面控制点或地物点，用适当的方法把线路的直线段独立测设到地面上，然后将相邻两直线段延长相交，定出交点的实地位置。

如图 12-4(a)所示，由于图解数据和实地测设均存在误差，因此测设的临时点 P_1、P_2、P_3、P_4 并不严格在一条直线上。此时，可根据现场实际情况，采用目估法或仪器视准法定出一条直线 AB，使之尽可能多地穿过或靠近临时测设点，这项工作称为穿线。根据穿线的结果得到线路直线段上的 A、B 点或在其方向上打下两个以上的转点桩，取消临时点桩，便定出了直线段的位置。

如图 12-4(b)所示，当相邻两直线 AB、CD 在实地定出后，即可将 AB、CD 直线延长相交，定出交点 JD 的位置。将经纬仪或全站仪安置在 B 点，照准 A 点，倒转望远镜，在视

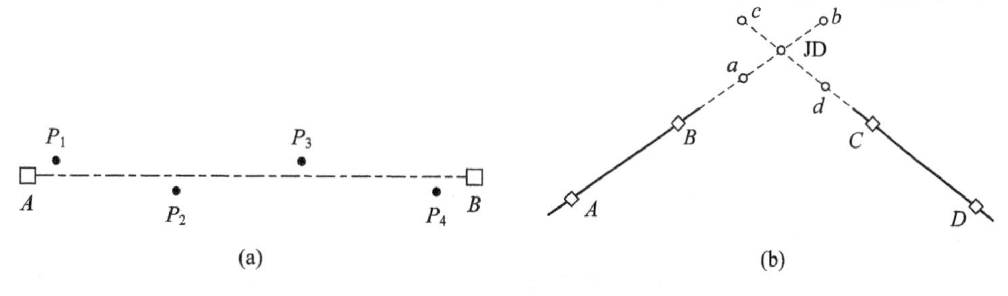

图 12-4　穿线交点法

线上接近交点JD的概略位置前后打下两桩(称为骑马桩)，采用正倒镜分中法在这两桩上定出a、b两点，并钉小钉，挂上细线。将仪器搬至C点，以同样的方法定出c、d两点，挂上细线，在两细线的相交处打下木桩，并钉小钉，即得到交点JD。

2) 转点测设

当相邻两交点直线较长或互不通视时，需在其连线方向上测定一个或数个点，以便在交点上测定转角、在直线上量距或延长直线时作为照准和定线的目标，这种点称为转点。通常情况下，交点至转点或转点至转点间的距离不应小于50 m或大于500 m，一般为200～300 m。另外，在不同线路交叉处，以及线路上需设置桥涵等构筑物处也应设置转点。

当相邻两交点间相互通视时，可利用经纬仪或全站仪直接定线，或采用正倒镜分中法测设转点。

当相邻两交点间互不通视时，可根据附近的平面控制点坐标以及相邻两交点的设计坐标，计算出转点的坐标及相应的测设数据，然后利用全站仪或GPS定位方法在附近的平面控制点或交点直接测设转点。

2. 转角测定

线路的交点和转点标定后，即可测定线路的转角。如图12-5所示，通常先测出线路前进方向的右角β(水平角)，再计算转角α。水平角一般用DJ_6经纬仪按测回法观测一测回。

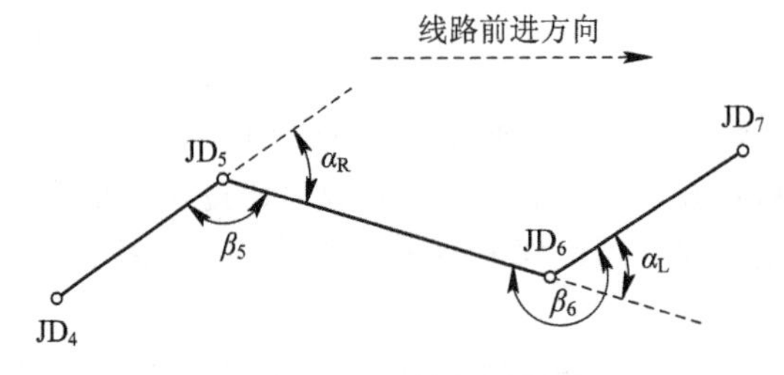

图12-5 转角测定

转角也叫偏角，当$\beta<180°$时，线路向右偏转，称为右偏；当$\beta>180°$时，线路向左偏转，称为左偏。转角可按下式计算：

$$\begin{cases}\alpha_R=180°-\beta \\ \alpha_L=\beta-180°\end{cases} \tag{12-1}$$

测定水平角β后，为了便于日后测设线路圆曲线中点，应定出分角线方向，并钉临时桩。

3. 里程桩设置

里程桩又称中桩。在线路中线上测设里程桩的工作称为里程桩测设，其作用是标定线路中线的位置、形状和长度，作为施测线路纵横断面的依据。里程桩设置包括定线、量距和打桩等工作。测设时，自线路起点可通过钢尺量距或电磁波测距(等级较低的公路可用皮尺量距)设置，目前常用全站仪测量技术或GNSS-RTK技术边实测边设置。每个桩的桩号表示该桩距线路起点的里程。如某桩的桩号为K1+934.16，则该桩距线路起点的里程为1934.16 m。

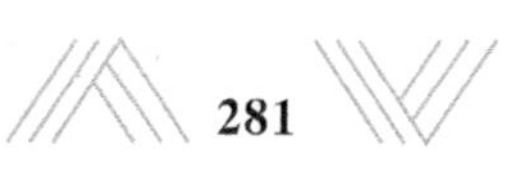

里程桩分为控制桩、整桩和加桩。控制桩为线路骨架，也称为主点桩。整桩为从起点开始，按里程桩间距整倍数设置的桩。加桩是指在特殊地点设置的桩。图 12－6(a)为一般加桩桩号，图 12－6(b)、(c)分别代表涵洞和直圆点两个特殊地点的加桩桩号。

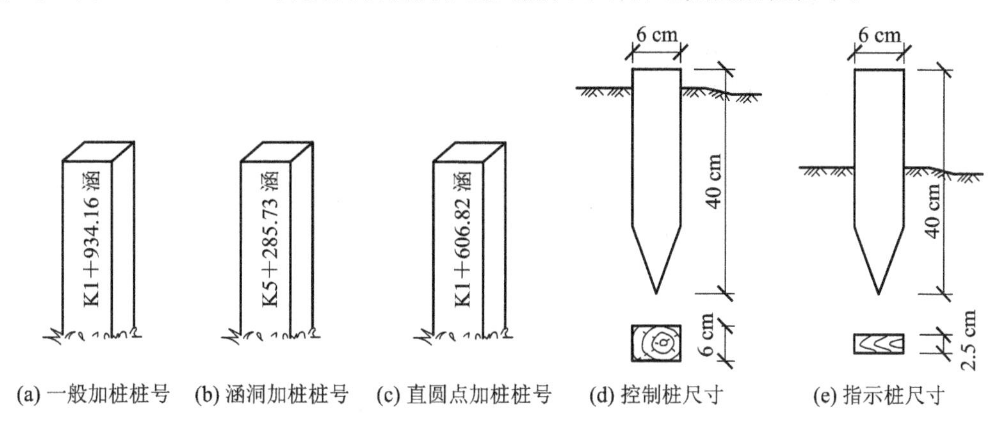

图 12－6　里程桩

通常情况下，控制桩的尺寸按照图 12－6(d)所示制作，并在旁边设置指示桩，便于后期施工过程中找桩。指示桩的尺寸按照图 12－6(e)所示制作。除了控制桩，其他里程桩可用板桩钉在点位上，高出地面约 15 cm，桩号字面朝向线路起点。

12.2.2　线路工程圆曲线测设

当线路由一个方向转向另一个方向时，必须用曲线来连接。曲线的形式有多种，如圆曲线、缓和曲线及回头曲线等，圆曲线是最常用的一种平面曲线。圆曲线测设分主点测设和详细测设。

1. 圆曲线要素计算及主点测设

如图 12－7 所示，已知圆曲线的半径为 R(由设计给出)，转角为 α(现场测出)，则圆曲线要素的计算公式为

$$\begin{cases} T = R\tan\dfrac{\alpha}{2} \\ L = R\alpha\ \dfrac{\pi}{180} \\ E = R\left(\sec\dfrac{\alpha}{2} - 1\right) \\ q = 2T - L \end{cases} \tag{12-2}$$

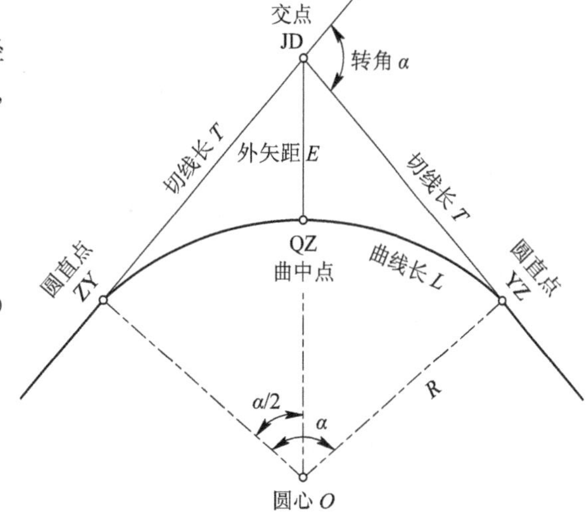

图 12－7　圆曲线测设

式中：T——切线长；

L——曲线长；

E——外矢距；

q——切曲差。

圆曲线主点测设时，将经纬仪或全站仪安置在交点 JD 处，从交点 JD 沿两切线方向分

别测设切线长 T，可定出圆直点 ZY 和 YZ；沿转角 α 的内角平分线方向测设外矢距 E，可定出曲中点 QZ。

2. 圆曲线主点桩号计算

如图 12-7 所示，圆曲线主点 ZY、QZ 和 YZ 的桩号(或里程)可根据交点 JD 的桩号和曲线测设要素按下式进行计算：

$$\begin{cases} \text{ZY 桩号} = \text{JD 桩号} - T \\ \text{QZ 桩号} = \text{ZY 桩号} + \dfrac{L}{2} \\ \text{YZ 桩号} = \text{QZ 桩号} + \dfrac{L}{2} \\ \text{JD 桩号} = \text{QZ 桩号} + \dfrac{q}{2} \text{ 检核} \end{cases} \tag{12-3}$$

【例 12.1】 设某线路圆曲线的设计半径 $R=300$ m，交点 JD 的桩号为 K3+182.76，测得转角 $\alpha_R=25°48'10''$，试计算圆曲线测设要素及主点的桩号。

【解】 由式(12-2)计算的圆曲线测设要素和由式(12-3)计算的主点桩号如表 12-2 所示。

表 12-2 圆曲线测设要素及主点桩号

已知参数	转角 $\alpha_R=25°48'10''$	JD 桩号=K3+182.76	设计半径 $R=300$ m	—
测设要素	切线长 $T=68.72$ m	曲线长 $L=135.10$ m	外矢距 $E=7.77$ m	切曲差 $q=2.34$ m
主点桩号	ZY 桩号=K3+114.04	QZ 桩号=K3+181.59	YZ 桩号=K3+249.14	JD 桩号=K3+182.76(检核)

3. 圆曲线详细测设的方法

当地形变化不大、曲线长度小于 40 m 时，仅测设曲线的三个主点就能满足设计和施工的要求，无需进行曲线加桩测设。如果地形变化大，或者曲线较长，则仅测设曲线的三个主点不能确切地反映曲线的线型。此时，为了满足施工的要求，应在曲线上按一定的桩距测设整桩和加桩的位置，这项工作称为圆曲线的详细测设。

圆曲线详细测设的方法应结合现场地形情况、道路精度要求以及使用仪器情况合理选用，常用的方法有极坐标法、直角坐标法、切线支距法和 GNSS-RTK 法等。

1) 极坐标法

极坐标法主要适合于用半站仪(经纬仪+测距仪)或全站仪测设圆曲线的情形。测设时，将仪器安置在线路的起点或终点上，根据曲线起点(或终点)至曲线上任一点的弦长和弦线与切线之间的夹角即弦切角(称为偏角)进行细部点测设，此法速度快、精度高。

(1) 测设数据计算。如图 12-8 所示，φ_i 为圆心角，δ_i 为细部点的偏角(弦长方向与切线方向之间的夹角)，l_i 为弧长，c_i 为弦长。根据几何原理，有如下计算公式：

$$\varphi_i = \frac{l_i}{R} \cdot \frac{180}{\pi} \tag{12-4}$$

$$\delta_i = \frac{l_i}{2R} \cdot \frac{180}{\pi} \tag{12-5}$$

$$c_i = 2R\sin\delta_i \tag{12-6}$$

$$d_i = l_i - c_i \approx \frac{l_i^3}{24R^3} \tag{12-7}$$

式中：d_i——弧弦差。

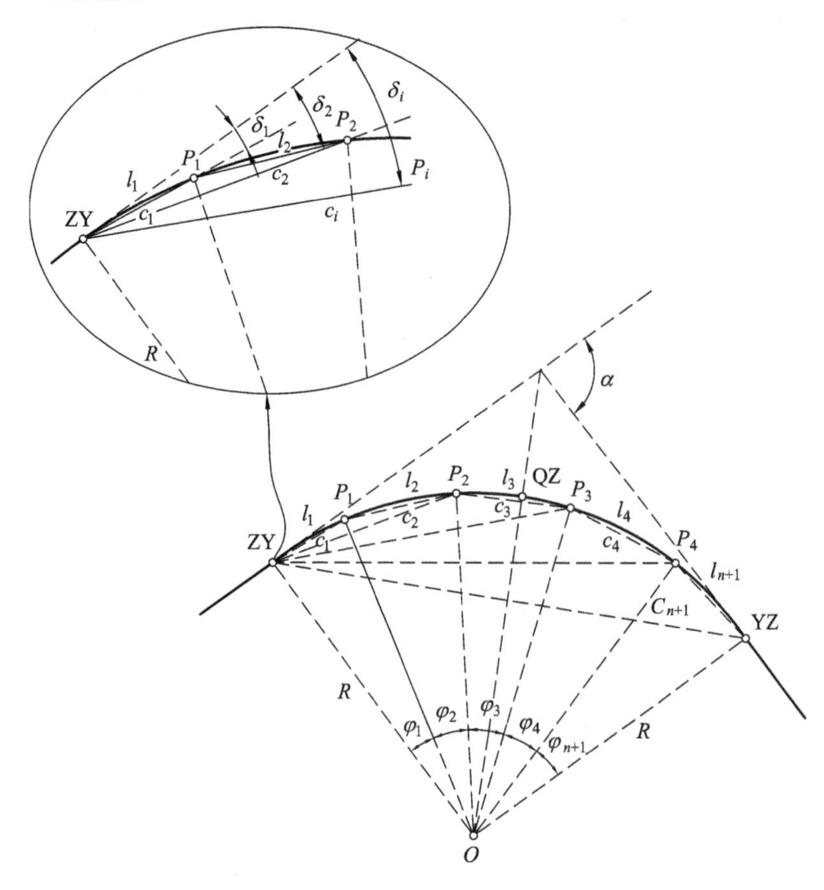

图 12-8　极坐标法测设圆曲线

(2) 测设方法。将半站仪或全站仪安置于 ZY 点或 YZ 点，照准 JD 点方向，使水平度盘读数为 0°00′00″，依次测设偏角 δ_i 及相应的弦长 c_i，即可得到曲线上各点。

若用经纬仪和钢尺进行细部点测设，则可将经纬仪安置在 ZY 点或 YZ 点，依次根据偏角方向和相邻桩间的弦长，按方向距离交会法测设细部点位置，并注意检查 QZ 点和 YZ 点或 ZY 点与主点测设时所定的位置是否相符。当曲线较长时，为了减少误差积累，提高测设精度，可分别自 ZY 点和 YZ 点向 QZ 点测设，分别测设出曲线上一半的细部点，并注意检查 QZ 点与主点测设时所定的位置是否相符。

【例 12.2】　根据例 12.1 中线路圆曲线的设计参数和主点桩号，若曲线详细测设时桩距为 20 m，试计算用极坐标法在曲线起点 ZY 测设圆曲线细部点的数据。

【解】　由式(12-4)至式(12-7)计算在 ZY 点用极坐标法测设圆曲线细部点的数据如表 12-3 所示。

表 12-3 用极坐标法测设圆曲线细部点的数据

点位及桩号	各点至 ZY 点的弧长/m	偏角	相邻桩间弧长/m	相邻桩间弦长/m
ZY K3+114.04	0.00	0°00′00″	5.96	5.96
P_1 K3+120	5.96	0°34′09″	20	19.99
P_2 K3+140	25.96	2°28′44″	20	19.99
P_3 K3+160	45.96	4° 23′ 20″	20	19.99
P_4 K3+180	65.96	6°17′55″	1.59	1.59
QZ K3+181.59	67.55	6°27′02″	18.41	18.41
P_5 K3+200	85.96	8°12′31″	20	19.99
P_6 K3+220	105.96	10°07′06″	20	19.99
P_7 K3+240	125.96	12°01′42″	9.41	9.14
YZ K3+249.14	135.10	12°54′05″		

2）直角坐标法

直角坐标法的本质是极坐标法，此法适合用全站仪测设圆曲线的各类地形，仪器可以安置在线路的交点、转点或其他控制点上，而且测设精度高，操作简单方便，在生产中得到了广泛的应用。

（1）测设数据计算。如图 12-9 所示，首先根据线路交点 JD，转点 ZD_1、ZD_2 的设计坐标和线路转角，计算出圆曲线两切线 ZD_1→JD、JD→ZD_2 的方位角 θ_1、θ_2 以及分角线 JD→QZ 的方位角 θ_3；然后根据交点 JD 的坐标，方位角 θ_1、θ_2、θ_3，切线长 T 和外矢距 E，按式(12-8)计算圆曲线的主点坐标；再根据主点坐标及主点至细部点的方位角和水平距离，按式(12-9)计算各细部点的坐标。

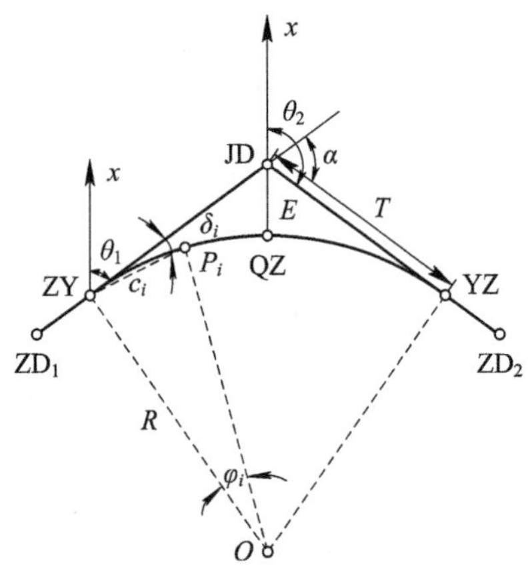

图 12-9 直角坐标法测设圆曲线

$$\begin{cases} x_{ZY} = x_{JD} + T\cos(\theta_1 \pm 180°) \\ y_{ZY} = y_{JD} + T\sin(\theta_1 \pm 180°) \\ x_{YZ} = x_{JD} + T\cos\theta_2 \\ y_{YZ} = y_{JD} + T\sin\theta_2 \\ x_{QZ} = x_{JD} + E\cos\theta_3 \\ y_{QZ} = y_{JD} + E\sin\theta_3 \end{cases} \tag{12-8}$$

$$\begin{cases} x_{P_i} = x_{ZY} + c_i\cos\theta_{P_i} \\ y_{P_i} = y_{ZY} + c_i\sin\theta_{P_i} \end{cases} \tag{12-9}$$

（2）测设方法。对于智能型全站仪（如南方测绘 NTS-660 系列），可以直接将已知点、圆曲线主点和细部点的坐标编辑成文本文件上传到全站仪中，或将全站仪置于放样模式，直接输入测站点、后视点及细部点坐标。测设时，将全站仪安置在线路的交点、转点、主点或其他已知点上，根据测站点、后视点及细部点坐标直接测设细部点的位置。对于非智能型全站仪，测设前需要根据测站点、后视点及细部点坐标反算坐标方位角和水平距离，然后进行细部点测设。

【例 12.3】 根据图 12-10 中 JD、ZD_1、ZD_2 的坐标及例 12.1 和例 12.2 中的已知参数及计算数据，计算圆曲线的主点和细部点坐标。

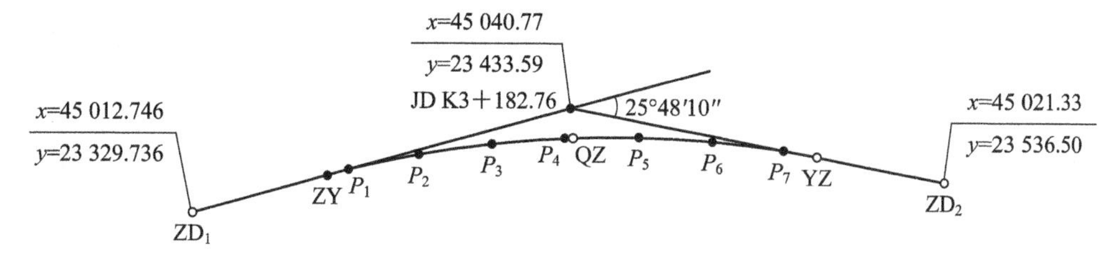

图 12-10　圆曲线的主点和细部点坐标计算

【解】 圆曲线两切线及分角线的方位角计算结果分别为

$$\theta_1 = \arctan\frac{y_{JD} - y_{ZD_1}}{x_{JD} - x_{ZD_1}} = 74°53'38''$$

$$\theta_2 = \theta_1 + \alpha_R = 100°41'58''$$

$$\theta_3 = \theta_1 + 90° + \frac{\alpha_R}{2} = 177°47'43''$$

圆曲线主点坐标计算结果如表 12-4 所示。

表 12-4　圆曲线主点坐标计算结果

点名及桩号	JD 点至主点的方位角(° ′ ″)	JD 点至主点的水平距离/m	x 坐标/m	y 坐标/m
JD K3+182.76	—	—	45 040.77	23 433.59
ZY K3+114.04	74°53′38″	68.72	45 022.86	23 367.24
YZ K3+249.14	100°41′58″	68.72	45 028.01	23 501.11
QZ K3+181.59	177°47′43″	7.77	45 033.01	23 433.89

圆曲线细部点坐标计算结果如表 12-5 所示。

表 12-5　圆曲线细部点坐标计算结果

点名及桩号	偏角	ZY 点至主点的方位角	ZY 点至主点的水平距离/m	x 坐标/m	y 坐标/m
ZY K3+114.04	0°00′00″	0°00′00″	0.00	45 022.86	23 367.24
P_1 K3+120	0°34′09″	75°27′47″	5.96	45 024.36	23 373.01
P_2 K3+140	2°28′44″	77°22′22″	25.95	45 028.53	23 392.01
P_3 K3+160	4°23′20″	79°16′38″	45.92	45 031.41	23 412.36

续表

点名及桩号	偏角	ZY点至主点的方位角	ZY点至主点的水平距离/m	x坐标/m	y坐标/m
P_4 K3+180	6°17′55″	81°11′13″	65.83	45 032.95	23 432.30
QZ K3+181.59	6°27′02″	81°20′40″	67.41	45 033.01	23 433.89
P_5 K3+200	8°12′31″	83°06′09″	85.67	45 033.15	23 452.29
P_6 K3+220	10°07′06″	85°00′44″	105.41	45 032.03	23 457.25
P_7 K3+240	12°01′42″	86°55′20″	125.04	45 029.58	23 492.10
YZ K3+249.14	12°54′05″	87°47′43″	133.96	45 028.01	23 501.11

注：1. ZY点至主点的方位角(θ_{P_i})=ZY点至JD点的方位角(θ_1)+偏角(δ_i)。

2. 细部点坐标取至0.01 m。

3) 切线支距法

切线支距法是以圆曲线起点ZY或终点YZ为独立坐标系的原点，以切线为x轴，以通过原点的半径方向为y轴，按曲线上各点的坐标值在实地测设曲线细部点的方法，也叫直角坐标法。此法适用于平坦开阔地区用钢尺作为量距工具进行测设的情形，具有误差不累积的优点。

(1) 测设数据计算。如图12-11所示，以ZY点(或YZ点)为原点，各细部点P_i的坐标分别为(x_i，y_i)，设P_i点至ZY点(或YZ点)的弧长为l_i，l_i所对的圆心角为φ_i，曲线半径为R，则各点的坐标可按下式计算：

$$\begin{cases} \varphi_i = \dfrac{l_i}{R} \cdot \dfrac{180°}{\pi} \\ x_i = R\sin\varphi_i \\ y_i = R(1-\cos\varphi_i) \end{cases} \tag{12-10}$$

(2) 测设方法。如图12-11所示，首先用钢尺自ZY点(或YZ点)沿切线方向分别测设出切线距离x_1，x_2，…，x_n，在地面上定出各垂足点；然后在各垂足点处用仪器或方向架定出切线的垂线方向，分别在各垂线方向上测设支距y_1，y_2，…，y_n，定出各细部点。用此法测得的QZ点应与测设主点时所定的QZ点相符，以作检核。

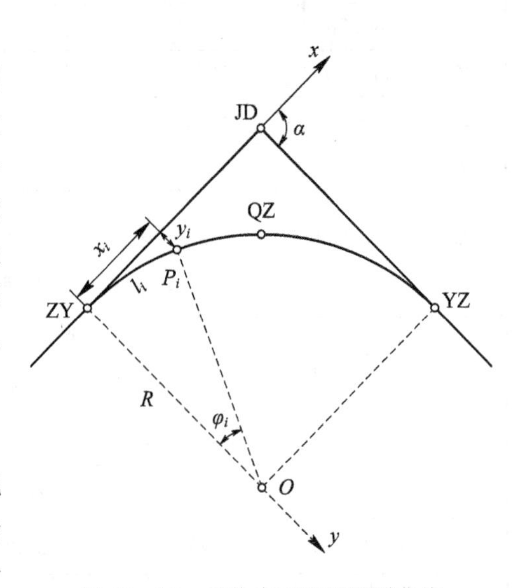

图12-11 切线支距法测设圆曲线

4) GNSS-RTK法

GNSS-RTK定位技术是将基准站的相位观测数据及坐标信息通过数据链方式及时传送给流动站，流动站接收机在跟踪GNSS卫星信号的同时，接收来自基准站的数据，进行实时差分处理后获得流动站的实时三维坐标，并在流动站的手控器上实时显示的技术。GNSS-RTK 法的精度和效率都比较高，是目前工程上常用的方法之一。进行曲线细部测设时，可通过将流动站接收机的实时位置与细部点设计值进行比较，合理移动流动站的位置，以达到准确放样的目的。关于 GNSS-RTK 法的测量原理及具体操作过程已在第 5 章进行详细讲解，这里不再赘述。

12.2.3　线路工程纵横断面测量

线路工程中线测量完成后，需要进行线路工程纵横断面测量，为施工图设计提供可靠的资料。

1. 纵断面测量

测量线路工程中线上各桩地面高程的工作叫作纵断面测量，又称为线路水准测量，其任务是测定线路中线上各里程桩的地面高程，绘制线路纵断面图。

为了保证测量精度，线路工程纵断面测量通常分两步进行，首先进行高程控制测量(也称基平测量)，然后进行中桩高程测量(也称中平测量)。

1）基平测量

基平测量是指沿线路方向设置水准点，使用水准测量的方法测量点的高程，以作为线路测量的高程控制。水准点应靠近线路，并应布设在施工干扰范围以外。一般地段约 2 km 设立一个水准点，复杂地段约 1 km 设立一个水准点；在桥梁两端、隧道洞口附近、涵洞附近均应设立水准点，并根据需要埋设标石。

高程系统一般应采用 1985 国家高程基准，在已有高程控制网的地区也可沿用原高程系统，独立工程或三级以下公路联测有困难时，可采用假定高程系统，但同一条线路应采用同一个高程系统，不能采用同一系统时，应给定高程系统的转换关系。

线路工程高程测量一般采用等级水准测量方法进行施测。观测时，应根据条件采用附合水准路线或闭合水准路线进行测量，外业成果合格后进行平差计算，以获得各水准点的高程。在水准测量确有困难的山岭地带以及沼泽、水网地区，四、五等水准测量可用光电测距三角高程测量代替。各级公路及构造物的水准测量等级按表 12-6 选定。

表 12-6　各级公路及构造物的水准测量等级

测量项目	等级	水准路线最大长度/km
4000 m 以上特长隧道、2000 m 以上特大桥	三等	50
高速公路、一级公路、1000～2000 m 特大桥、2000～4000 m 长隧道	四等	16
二级及二级以下公路、1000 m 以下桥梁、2000 m 以下隧道	五等	10

2）中平测量

中平测量是指利用基平测量布设的水准点，分段进行附合水准测量，测定线路中线上各里程桩的地面高程。根据中平测量的成果，绘制成纵断面图，供设计线路纵坡使用。

中平测量通常附合于基平测量所测定的水准点，即以相邻水准点为一测段，从一个水准点出发，逐个测定中桩的地面高程，附合到另一个水准点上。各测段的高差容许闭合差不应超过如下规定：

$$f_{h容}=\pm 30\sqrt{L}\ \text{mm} \quad （铁路、高速公路、一级公路） \tag{12-11}$$

$$f_{h容}=\pm 50\sqrt{L}\ \text{mm} \quad （二级及二级以下公路） \tag{12-12}$$

式中：L——附合水准路线长度(km)。

中平测量可用普通水准测量方法进行施测。观测时，在每一测站上先观测转点，再观测相邻两转点之间的中桩(称为中间点)。由于转点起传递高程的作用，因此转点尺应立在尺垫、稳定的桩顶或岩石上，读数至毫米，视线长一般不应超过 150 m。中间点尺应立在紧靠桩边的地面上，读数至厘米。

如图 12-12 所示，水准仪置于第Ⅰ站，后视水准点 BM.1，前视转点 TP_1，再观测 0+000、0+050、0+080、0+100、0+120、0+140 等中间点；第Ⅰ站观测结束后，将水准仪搬至第Ⅱ站，后视转点 TP_1，前视转点 TP_2，再观测 0+160、0+180、0+200、0+220、0+240、0+260、0+300 等中间点，完成第Ⅱ站观测；以同样方法继续向前测量，直到下一个水准点 BM.2，则完成了一测段的观测工作。

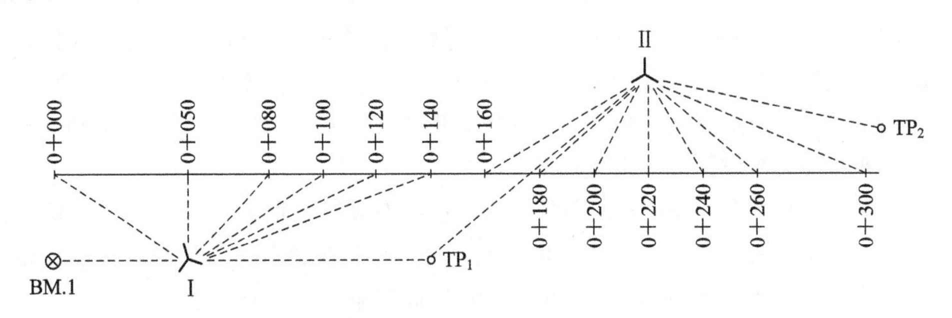

图 12-12 中平测量

在观测的同时，将观测数据分别记入表 12-7 的相应栏内，每一测站的各项计算按下式依次进行。

$$\begin{cases}视线高程=后视点高程+后视读数\\转点高程=视线高程-前视读数\\中桩高程=视线高程-中间读数\end{cases} \tag{12-13}$$

各站记录完成后，应及时计算各点的高程，直至下一个水准点为止，并计算高差闭合差 f_h，若 $f_h \leqslant f_{h容}$，则符合要求。在线路高差闭合差符合要求的情况下，可不进行高差闭合差的调整，直接以原计算的各中桩点高程作为绘制纵断面图的数据。

在表 12-7 中，已知水准点 BM.1 及 BM.2 的高程分别为 $H_1=12.315$ m、$H_2=15.351$ m，高差观测值 $h_{测}=3.012$ m，高差理论值 $h_{理}=3.036$ m，则高差闭合差 $f_h=h_{测}-h_{理}=-0.024$ m，高差容许闭合差 $f_{h容}=\pm 50\sqrt{L}=\pm 50\sqrt{0.4}=\pm 30$ mm，故观测成果符合要求。

表 12－7　线路纵断面水准(中平)测量记录表

测站	点号	水准尺读数/m			视线高程/m	测点高程/m	备注
		后视读数	中视读数	前视读数			
1	BM.1	2.191			14.506	12.315	已知点
	0+000		1.62			12.885	
	0+050		1.902			12.604	
	0+080		1.785			13.883	
	0+100		0.623			12.734	
	0+120		1.034			13.472	
	0+140		0.915			13.591	
	TP_1			1.007		13.499	转点 1
2	TP_1	2.162			15.661	13.499	转点 1
	0+160		0.526			15.135	
	0+180		0.827			14.835	
	0+200		1.208			14.453	
	0+220		1.019			14.642	
	0+240		1.060			14.601	
	0+260		1.235			14.426	
	0+300		0.953			14.708	
	TP_2			0.521		15.140	转点 2
3	TP_2	1.421			16.561	15.140	转点 2
	0+320		1.484			15.077	
	0+340		1.556			15.005	
	0+360		1.568			14.099	
	TP_3			1.388		15.173	转点 3
4	TP_3	1.724			16.897	15.173	转点 3
	0+380		1.586			15.311	
	0+390		1.531			15.366	
	0+400(BM.2)			1.570		15.327	已知点

3）纵断面图的绘制

纵断面图是根据中平测量的成果绘制而成的，既表示线路中线方向的地面高低起伏，又可供设计线路纵坡使用，是线路设计和施工的重要资料。

纵断面图以距离(里程)为横坐标、高程为纵坐标，按规定的比例尺标出外业所测各点，依次连接各点则得线路中线的地面线。在纵断面图的下部，通常注有地面高程、设计高程、设计坡度、里程、线路平面以及工程地质特征等资料。为了明显表示地势变化，纵断面图的高程比例尺通常比距离比例尺大10～20倍。纵断面图水平轴和垂直轴的比例尺可参照表12－8选用。

表12－8　线路纵断面图水平轴和垂直轴的比例尺选用

带状地形图比例尺	铁路		公路	
	水平轴	垂直轴	水平轴	垂直轴
1∶1000	1∶1000	1∶100～1∶50	—	—
1∶2000	1∶2000	1∶200～1∶100	1∶2000	1∶200～1∶100
1∶5000	1∶10 000	1∶1000～1∶500	1∶5000	1∶500～1∶250

图12－13为线路设计纵断面图。图的上半部有两条自左向右贯穿全图的折线，其中，细折线表示线路中线的地面线，是根据中平测量的中桩地面高程绘制的；粗折线表示线路的纵坡设计线，是按设计要求绘制的。此外，在折线上方还标注有水准点的编号、高程和位置，竖曲线示意图及曲线要素等。如果在该纵断面图的范围内有桥梁、涵洞及道路交叉点等，还应在纵断面图的上部标明桥梁的类型、孔径、跨数、长度、里程桩号和设计水位，涵洞的类型、孔径和里程桩号，以及其他道路、铁路交叉点的位置、里程桩号和有关说明等。在纵断面图的下半部分以表格形式注记纵断面测量及纵坡设计等方面的资料、数据，自上而下依次为坡度与距离、设计高程、地面高程、填挖土、桩号、直线与曲线等栏。

图12－13中所示各栏内容的计算与绘制方法如下：

(1) 桩号：自左向右按规定的距离比例尺标注各中桩的桩号，其位置为纵断面图上各中桩对应的横坐标。

(2) 地面高程：在各中桩桩号对应的位置上注上地面高程，并在纵断面图上按各中桩的地面高程依次展绘其相应位置，用细直线连接各相邻点位，即得线路中线的地面线。

(3) 坡度与距离：在所绘出的地面线的基础上进行纵坡设计。设计时，要考虑施工时土方工程量最小、填挖方尽量平衡及小于限制坡度等道路有关技术规定。坡度设计后，在坡度与距离栏内分别用斜线或水平线表示设计坡度的方向，不同坡度的路段以竖线分隔，上升的斜线表示上坡，下降的斜线表示下坡，水平线表示平坡，线上方注记坡度数值(以百分比表示)，下方注记坡长。

(4) 设计高程：分别填写各中桩的设计高程。中桩设计高程可按下式计算：

中柱设计高程＝起点高程＋设计坡度×该点至起点的水平距离

(5) 填挖土：填写各中桩处的填挖高度，即填挖高度＝设计高程－地面高程，正号为填土高度，负号为挖土深度。

(6) 直线与曲线：应按里程桩号标明线路的直线部分和曲线部分，直线部分用水平线表示，曲线部分用直角折线表示，上凸表示线路右偏，下凹表示线路左偏，并在凸出或凹进的线内标注交点编号及桩号、曲线半径 R、转角 α、切线长 T、曲线长 L、外矢距 E 等曲线要素。

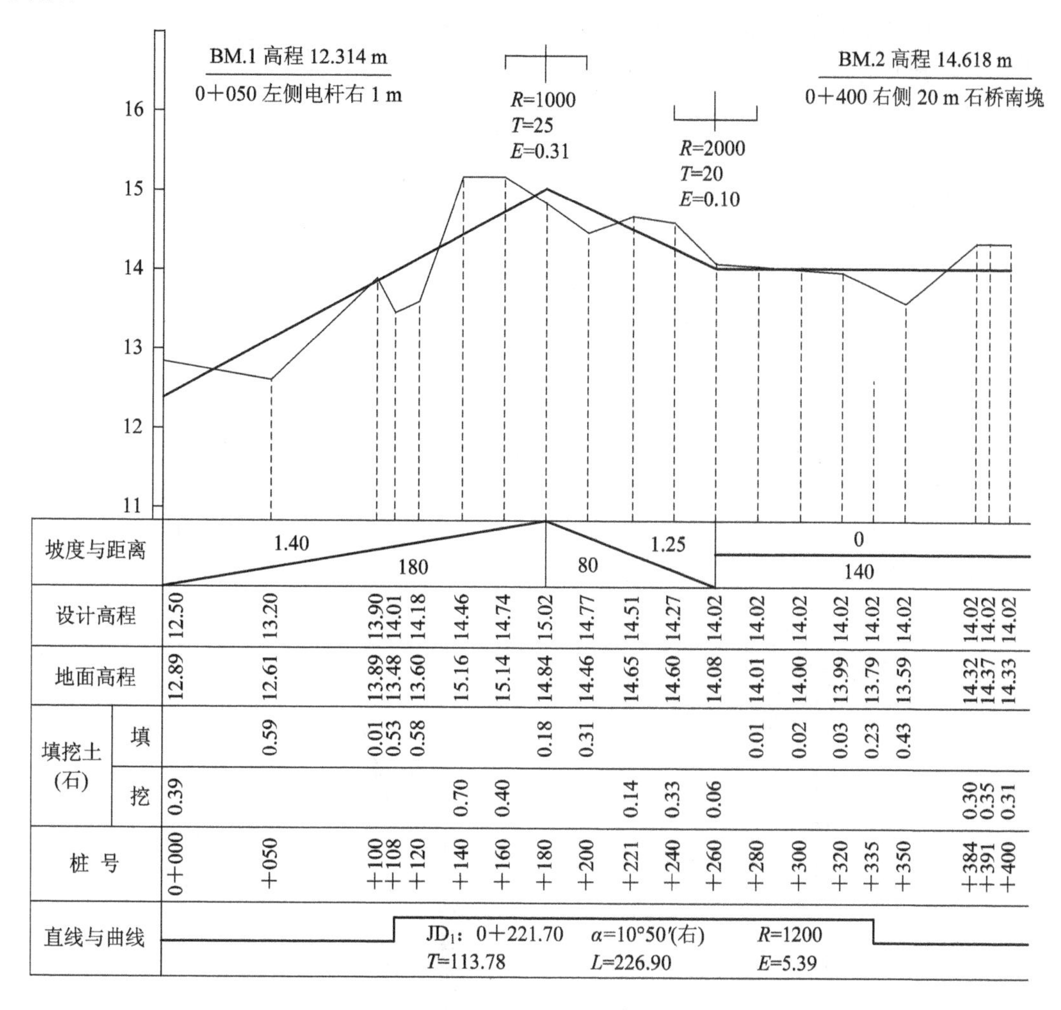

图 12－13　线路设计纵断面图

2. 横断面测量

对垂直于中线方向的地面高低起伏所进行的测量工作称为横断面测量。横断面测量的任务是测定线路中线各里程桩两侧垂直于中线方向的地面点距离和高程，绘制横断面图，供线路工程路基设计、计算土(石)方量及确定路基填挖边界等时使用。横断面测量的宽度由路基宽度及地形情况确定，一般为中线两侧各测 15～50 m，距离和高程的读数精确至 0.1 m 即可。

1) 横断面方向的测设

横断面的方向通常可用方向架、经纬仪或全站仪测设。利用经纬仪或全站仪测设时，一般只用盘左或盘右一个位置施测。

(1) 方向架法。如图 12－14 所示，当线路中线为直线段时，将方向架立于要测设横断面的中桩上，用方向架的一个方向照准中线方向上的另一个中桩，则另一方向所指即为横断面方向。

当线路中线为圆曲线时，其横断面方向就是中桩点与圆心的连线方向。因此，只要找到圆曲线的半径方向，就确定了中桩点的横断面方向。通常利用如图 12－15 所示的带活动定向杆的方向架进行测设。

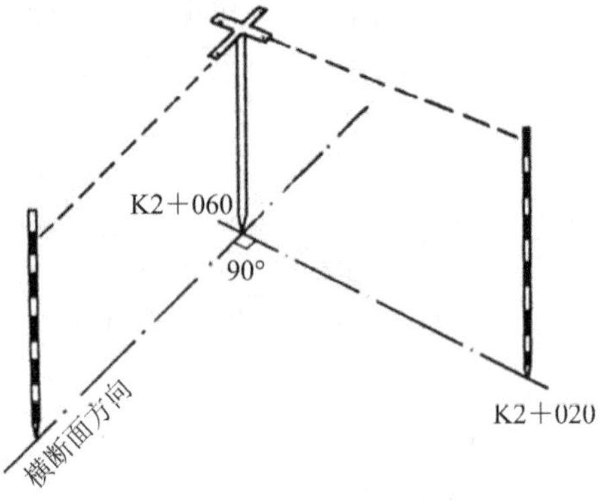

图 12－14　用方向架测设直线的横断面方向

如图 12－16 所示，首先将方向架立于圆曲线起点 ZY(即 P_0 点)，用固定定向杆 ab 照准切线方向，则另一固定定向杆 cd 所指方向为 ZY 点的圆心方向；然后用活动定向杆 ef 照准圆曲线上另一桩号 P_1，固紧活动定向杆 ef；再将方向架移至 P_1 点，用 cd 照准 ZY 点。由图可看出$\angle P_1P_0O=\angle OP_1P_0$。因此，$ef$ 方向即为 P_1 点的横断面方向。如要定出 P_2 点的横断面方向，则可先在 P_1 点用 cd 对准 P_1O 方向，然后松开活动定向杆 ef 的固定螺丝，转动活动定向杆 ef 使其对准 P_2 点，固紧活动定向杆 ef，再将方向架移至 P_2 点，用 cd 照准 P_1 点，则 ef 方向即为 P_2 点的横断面方向。用同样的方法可依次定出圆曲线上其他各点的横断面方向。

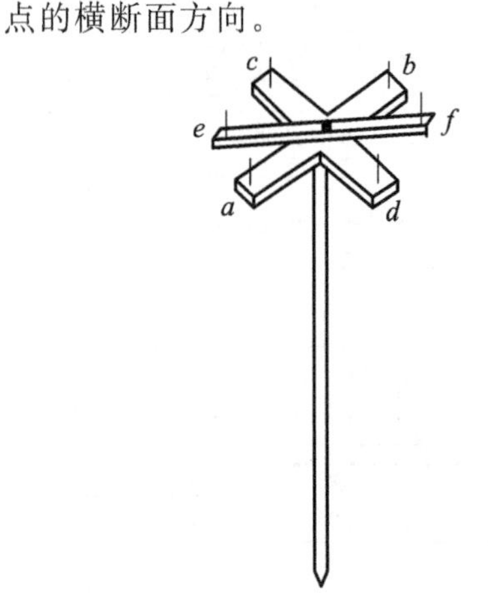

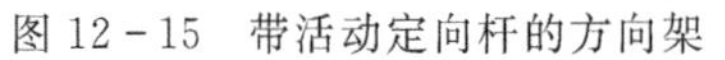

图 12－15　带活动定向杆的方向架

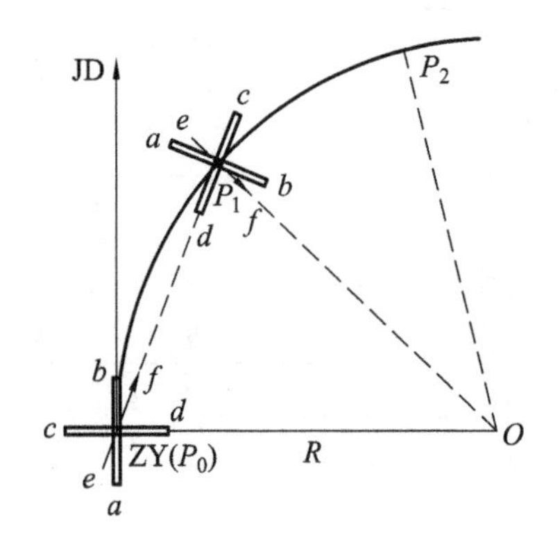

图 12－16　用方向架测设圆曲线的横断面方向

(2) 经纬仪或全站仪法。当线路中线为直线段时，在需测设横断面的中桩上安置仪器，照准中线方向，测设 90°角，即得横断面方向。

当线路中线为圆曲线时，如图 12－16 所示，首先在圆曲线起点 ZY(即 P_0 点)处安置经纬仪或全站仪，后视切线方向，测设 90°角，则得 P_0 点的横断面方向；然后测出水平角 $\angle P_1P_0O$ 的大小，再将仪器搬至 P_1 点，照准 P_0 点，测设$\angle P_0P_1O=360°-\angle P_1P_0O$，则得 P_1 点的横断面方向。用同样的方法可定出圆曲线上其他各点的横断面方向。

2) 横断面的测量方法

由于在纵断面测量时，已经测出了线路中线上各中桩的地面高程，因此只需要测出横断面方向上各地形特征点至中桩的水平距离及高差，即可获得各地形特征点的位置和高

程。横断面测量的方法通常有以下几种：

（1）水准仪皮尺法。如图 12－17 所示，水准仪安置后，以中桩点为后视点，以中桩两侧横断面方向上各地形特征点为中视点，读数至厘米。用皮尺分别量出各地形特征点至中桩的水平距离，可量至分米。水准仪皮尺法测量横断面记录见表 12－9。

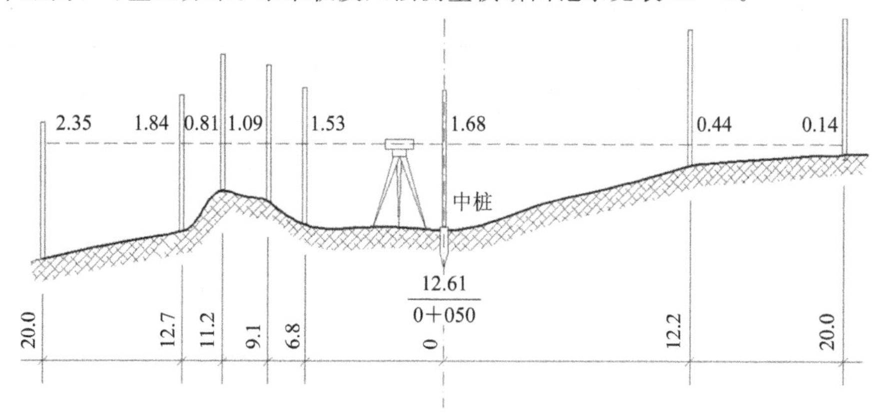

图 12－17　水准仪皮尺法测量横断面

表 12－9　水准仪皮尺法测量横断面记录

测站	地形特征点距中桩的水平距离/m	后视读数/m	中视读数/m	视线高程/m	高程/m
1	K0＋050	1.68		14.29	12.61
	左＋6.8		1.53		12.76
	左＋9.1		1.09		13.2
	左＋11.2		0.81		13.48
	左＋12.7		1.84		12.45
	左＋20.0		2.35		11.94
	右＋12.2		0.44		13.85
	右＋20.0		0.14		14.15

（2）标杆皮尺法。如图 12－18 所示，在横断面方向的各地形特征点上依次立标杆，皮尺紧靠中桩及标杆拉平，在皮尺上读取两点间的水平距离，在标杆上直接测出两点间的高差，直至得到所需宽度为止。标杆皮尺法测量横断面记录见表 12－10。

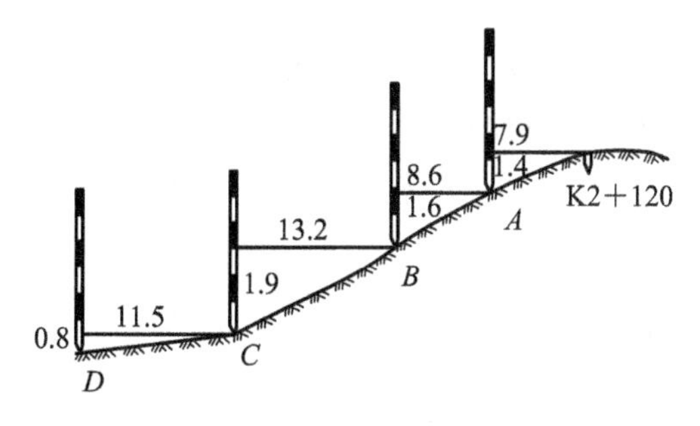

图 12－18　标杆皮尺法测量横断面

表 12-10 标杆皮尺法测量横断面记录

相邻两点间高差/m / 相邻两点间距离/m（左侧）				桩　号	相邻两点间高差/m / 相邻两点间距离/m（右侧）			
$\frac{-0.8}{11.5}$	$\frac{-1.9}{13.2}$	$\frac{-1.6}{8.6}$	$\frac{-1.4}{7.9}$	K2+120	$\frac{-1.1}{4.8}$	$\frac{-0.9}{6.3}$	$\frac{-1.2}{12.7}$	$\frac{-0.4}{4.4}$

(3) 经纬仪视距法。将经纬仪安置在中桩上，定出横断面方向，量取仪器高，用视距测量方法测出各地形特征点至中桩的水平距离和高差。此法可用于地形复杂、横坡较陡的地区。

(4) 全站仪法。利用全站仪的“对边测量”功能，测出横断面方向上各地形特征点至中桩的水平距离和高差，或直接测定中桩至各地形特征点的水平距离和高差。

3) 横断面图的绘制

横断面图是根据横断面测量得到的水平距离和高差，在毫米方格纸上或直接利用计算机绘制而成的。绘制横断面图时，以中线地面高程为准，以水平距离为横坐标、高程为纵坐标，绘出各地面特征点，依次连接各点便成地面线。为了便于计算面积，横断面图的高程比例尺和水平距离比例尺是相同的，一般采用 1∶100 或 1∶200。

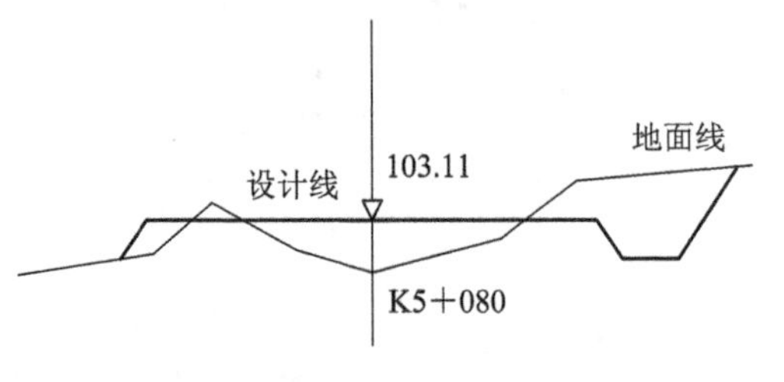

图 12-19　横断面图

如图 12-19 所示，绘出横断面图后，可根据纵断面图上该中桩的设计高程，将路基断面设计线画在横断面图上，并根据横断面的填、挖面积及相邻中桩的桩号，算出施工的土(石)方量。

12.3　线路工程施工测量

本节主要介绍铁路工程和公路工程，其中铁路线路由路基和轨道组成，公路线路由路基和路面构成。线路工程施工测量是将道路中线及其构筑物在实地按设计文件要求的位置、形状及规格正确地进行放样。线路工程施工测量的主要工作包括恢复中线测量、施工控制桩测设、路基测设及竖曲线测设等。

12.3.1　恢复中线测量

从工程勘测、设计到开始施工这段时间里，往往有一部分道路中线桩(包括交点桩和里程桩)点被碰动或丢失。为了保证线路中线位置的准确可靠，施工前应根据原定测资料进行复核，并将丢失、损坏或碰动过的中线桩恢复和校正好，以满足施工的需要，这项工作称为恢复中线测量，其方法与中线测量的相同。

12.3.2　施工控制桩测设

施工开挖后，道路中线桩将要被挖掉。为了在施工中能及时、方便、准确地控制道路中线位置，需在不易受施工破坏、便于引测、易于保存桩位的地方测设施工控制桩(也称护

桩)，通常有平行线法和延长线法两种测设方法。

1. 平行线法

平行线法是在设计路基宽度以外，距线路中线等距离处分别测设两排平行于中线的施工控制桩的方法。平行线法测设道路施工控制桩如图12-20所示。平行线法通常用于地势平坦、直线段较长的线路。为了便于施工，控制桩的间距一般为10～20 m。

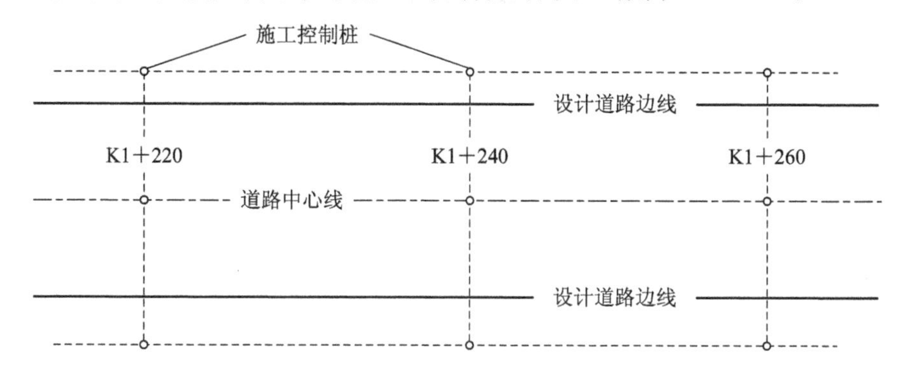

图12-20　平行线法测设道路施工控制桩

2. 延长线法

延长线法是在道路转弯处的中线延长线上以及曲线中点至交点的延长线上，测设两个能够控制交点位置的施工控制桩的方法。延长线法测设道路施工控制桩如图12-21所示。延长线法通常用于地势起伏较大、直线段较短的山区道路。为了便于恢复损坏的交点，应量出各施工控制桩至交点的距离。

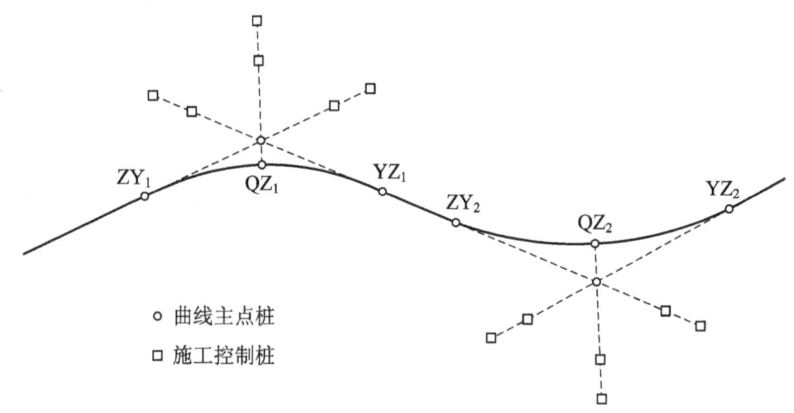

图12-21　延长线法测设道路施工控制桩

12.3.3　路基测设

路基测设包括路基边桩测设和路基边坡测设两方面内容。

1. 路基边桩测设

路基施工前，应实地测设路基边桩(即设计路基两侧的边坡与原地面相交的坡脚点(或坡顶点)的位置，以便施工。路基边桩的位置按路基的填土高度或挖土深度、边坡设计坡度及边坡处的地形情况而定，其测设方法主要有以下两种。

1）图解法

在绘有路基设计断面的横断面图上，直接量出中桩至坡脚点（或坡顶点）的水平距离，然后在实地用卷尺沿横断面方向测设出该长度，即得边桩的位置。

2）解析法

解析法是指通过计算求出路基中桩至边桩的水平距离，然后实地测设该距离，得到边桩的位置。对于智能型全站仪，可直接输入路基设计参数进行自动计算，并实地测设边桩位置。在平坦地段与倾斜地段，计算和测设的方法不同。

（1）平坦地段路基边桩的测设。

填方路基称为路堤，如图 12－22(a)所示，路基中桩至边桩的距离为

$$l_{左}=l_{右}=\frac{B}{2}+mh \tag{12-14}$$

挖方路基称为路堑，如图 12－22(b)所示，路基中桩至边桩的距离为

$$l_{左}=l_{右}=\frac{B}{2}+S+mh \tag{12-15}$$

式中：B——路基设计宽度；

m——路基边坡坡度；

h——填土高度或挖土深度；

S——路堑边沟顶宽。

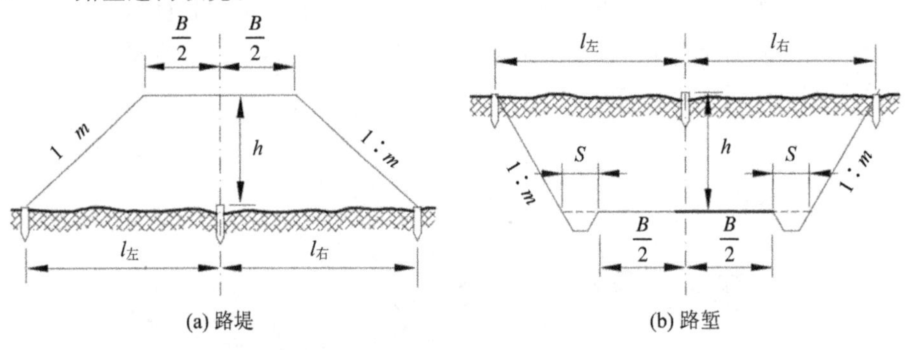

图 12－22　平坦地段路基边桩测设

（2）倾斜地段路基边桩的测设。

由图 12－23(a)可得路堤左、右侧边桩至中桩的距离分别为

$$l_{左}=\frac{B}{2}+m(h-h_1) \tag{12-16}$$

$$l_{右}=\frac{B}{2}+m(h+h_2) \tag{12-17}$$

由图 12－23(b)可得路堑左、右侧边桩至中桩的距离分别为

$$l_{左}=\frac{B}{2}+S+m(h+h_1) \tag{12-18}$$

$$l_{右}=\frac{B}{2}+S+m(h-h_2) \tag{12-19}$$

式中：h_1——斜坡上侧边桩与中桩的高差；

h_2——斜坡下侧边桩与中桩的高差。

式(12-16)至式(12-19)中，B、m、h、S 均为设计数据，$l_左$ 和 $l_右$ 随 h_1 和 h_2 而变化，h_1 和 h_2 在路基边桩定出前是未知数。在实际作业时，通常采用逐渐趋近法测设路基边桩的位置。

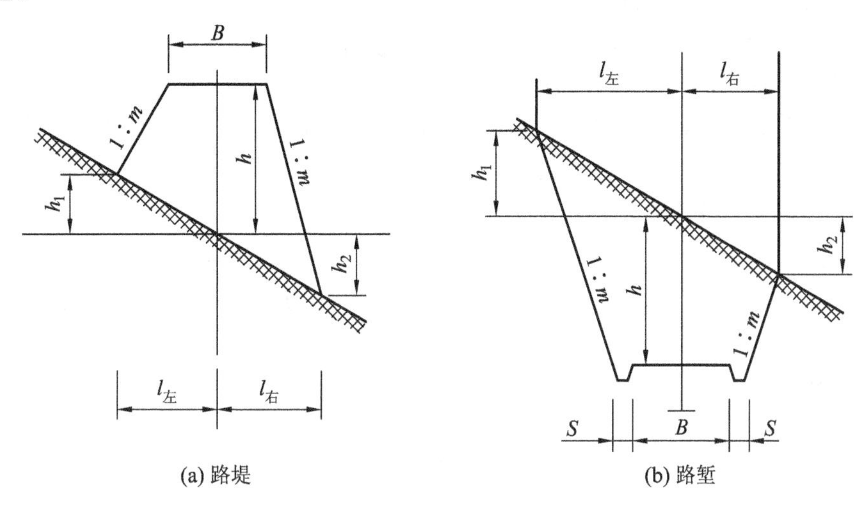

图 12-23　倾斜地段路基边桩测设

【例 12.4】　在图 12-23(b)中，设左侧路基设计宽度为 5.2 m，右侧路基设计宽度为 4.7 m，中桩处挖土深度为 5.0 m，边坡设计坡度为 1∶1，试以左侧边桩为例说明边桩的测设过程。

【解】　可按以下步骤进行左侧边桩的测设：

(1) 根据地面实际情况大致估计边桩位置，参考路基横断面图，估计边桩至中桩的距离 $l'_估$，按估计距离实地定出估计桩位。若地面平坦，则左侧边桩的距离应为 $5.2+5.0\times1=10.2$ m。而实际地形左侧地面较中桩处高，估计边桩地面比中桩处高 1.5 m，则 $h_1=1.5$ m，利用式(12-18)得左侧边桩与中桩的近似距离为

$$l'_估=5.2+1\times(5.0+1.5)=11.7 \text{ m}$$

在地面自中桩向左侧量 11.7 m，定出估计桩位 A 点。

(2) 实测估计桩位与中桩间的高差，按此高差用式(12-18)算出与其对应的边桩至中桩的距离 $l_左$。若 $l_左$ 与 $l'_估$ 相符，则估计桩位就是实际边桩位置；否则，需重新估计边桩位置。若 $l_左>l'_估$，则将原估计位置向路基外侧移动；反之，则向路基内侧移动。设实测估计桩位 A 点与中桩间的高差为 1.0 m，则 A 点距中桩的距离应为

$$l''_估=5.2+1\times(5.0+1.0)=11.2 \text{ m}$$

此值比初次估计值 11.7 m 小，说明边桩的正确位置应在 A 点的内侧。

(3) 重新估计边桩的位置，边桩的正确位置应在 11.2～11.7 m 之间，假设在距中桩 11.5 m 处定出地面点 B。

(3) 重复以上工作，逐渐趋近，直到计算值与估计值相符或非常接近为止，从而定出边桩位置。若实测 B 点与中桩间的高差为 1.3 m，则 B 点距中桩的距离应为

$$l'''_估=5.2+1\times(5.0+1.3)=11.5 \text{ m}$$

该值与估计值相符，故 B 点即为左侧边桩的位置。

2. 路基边坡测设

路基边坡测设的方法主要有以下两种。

1）竹竿绳索法

当路堤填土不高时，可用一次挂线的方法测设路基边坡。如图 12-24 所示，设 O 为中桩，A、B 为路基边桩，在地面上定出 C、D 两点，使 CO 及 DO 的水平距离均为路基设计宽度的一半。放样时，在 C、D 处竖立竹竿，在其上等于填土高度处做记号 C'、D'两点，用绳索连接 AC'、BD'，即得设计边坡。

当路堤填土较高时，可采用分层挂线的方法测设边坡，如图 12-25 所示。在每层挂线前，都应当标定中线并对层面进行找平。

上述测设路基边坡的方法称为竹竿绳索法。

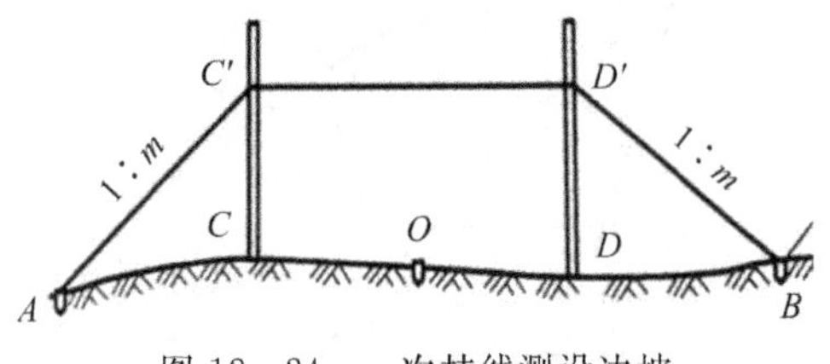

图 12-24 一次挂线测设边坡

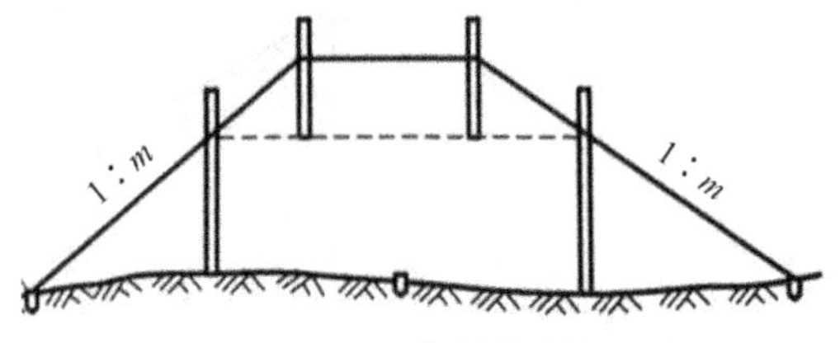

图 12-25 分层挂线测设边坡

2）边坡样板法

测设前先按照设计边坡坡度做好边坡样板，施工时利用边坡样板放样。如图 12-26 所示为活动式边坡样板测设边坡的情形。当边坡样板上的水准器气泡居中时，边坡尺斜边指示的方向即为设计边坡，借此可指示与检查路堤边坡的填筑。如图 12-27 所示为固定式边坡样板测设边坡的情形。开挖路堑时，在坡顶桩外侧按设计边坡设立固定式边坡样板，施工时可随时指示并检核路堑边坡的开挖与修整。

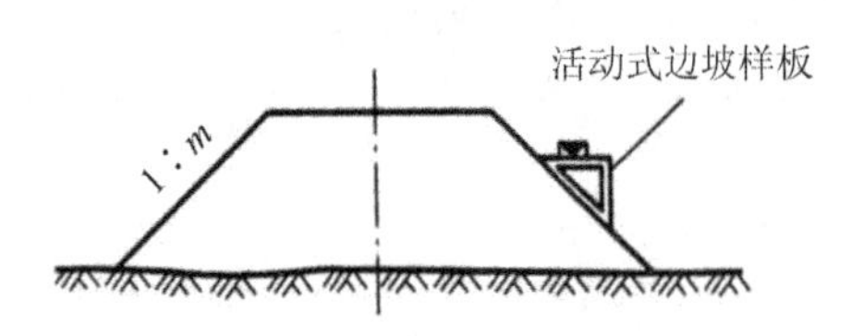

图 12-26 活动式边坡样板测设边坡

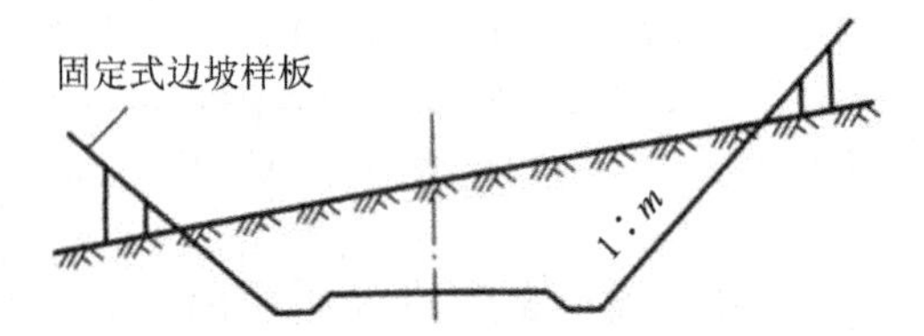

图 12-27 固定式边坡样板测设边坡

路基边坡测设后，为了保证路基填挖边坡按设计要求进行施工，应把设计边坡在实地标定出来。

12.3.4 竖曲线测设

为了保证行车安全，当道路相邻坡度值之差超过一定数值时，必须将道路纵坡的变换处竖向设置成曲线，使坡度逐渐改变，这种曲线称为竖曲线(即在道路竖直面上连接相邻不同坡道的曲线)。竖曲线可分为凸形竖曲线和凹形竖曲线，其线形通常为圆曲线，如图 12-28 所示。竖曲线的设计取决于公路等级、行车速度、线形、地形情况等因素，设计时应严格执行《公路工程技术标准》。

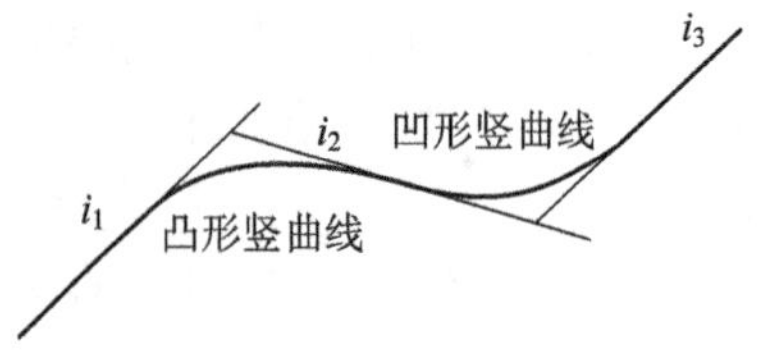

图 12-28 竖曲线

竖曲线测设时，应根据线路纵断面设计中所设计的竖曲线半径 R 和竖曲线双侧坡道的坡度 i_1、i_2 来计算测设数据。如图12-29所示，竖曲线测设要素有切线长T、曲线长L和外矢距E，可采用与平面圆曲线测设要素相同的公式进行计算，即

$$\begin{cases} T = R\tan\dfrac{\alpha}{2} \\ L = R\alpha\dfrac{\pi}{180} \\ E = R\left(\sec\dfrac{\alpha}{2} - 1\right) \end{cases} \tag{12-20}$$

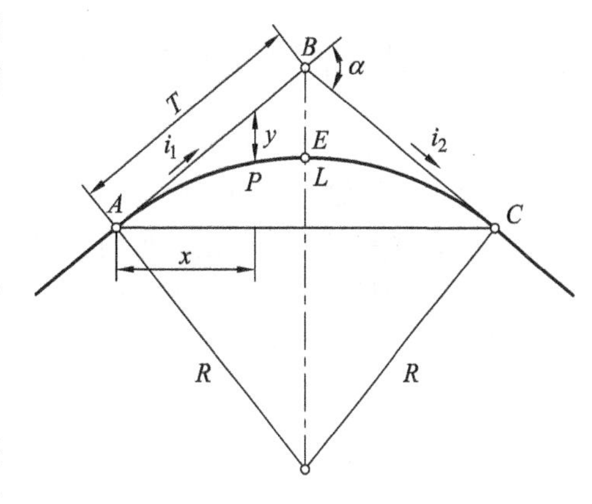

图12-29　竖曲线测设要素

由于竖曲线的坡度转角α一般很小，而竖曲线的设计半径R较大，因此计算时可对转角α做如下简化处理：

$$\alpha = \arctan i_1 - \arctan i_2 \approx (i_1 - i_2)\frac{\pi}{180} \tag{12-21}$$

利用式(12-21)可将式(12-20)简化为

$$\begin{cases} T = \dfrac{1}{2}R(i_1 - i_2) \\ L = R(i_1 - i_2) \\ E = \dfrac{T^2}{2R} \end{cases} \tag{12-22}$$

竖曲线的细部测设通常采用直角坐标法。在图12-29中，设竖曲线上任意细部点P至竖曲线起点或终点的水平距离为x，P点至切线的纵距(也称竖曲线上的标高改正值)为y。由于α角较小，因此可用P点至竖曲线起点或终点的曲线长度代替x值，而y值可按下式计算：

$$y = \frac{x^2}{2R} \tag{12-23}$$

根据设计道路的坡度，计算出切线坡道在P点处的坡道高程，再根据y值，即可按以下情况计算竖曲线上各点的设计高程：

对于凸形竖曲线，设计高程＝坡道高程$-y$。

对于凹形竖曲线，设计高程＝坡道高程$+y$。

竖曲线主点的测设方法与平面圆曲线的相同。在实际工作中，竖曲线的测设一般与路面高程桩的测设一起进行。测设时，只需将已经计算出的各点坡道高程减去(对于凸形竖曲线)或加上(对于凹形竖曲线)相应的标高改正值即可。

12.4　线路工程竣工测量

本节以道路工程为例讲述线路工程竣工测量。在道路路面施工结束后，要进行竣工测量。竣工测量是指检验施工质量、放样是否符合技术要求，并为编制竣工图、表提供资料。竣工测量的内容主要包括竣工中线测量、竣工纵横断面测量和竣工总图编绘。

12.4.1 线路工程竣工中线测量

竣工中线测量一般分两步进行：

(1) 收集该线路设计的原始资料、文件及修改设计资料、文件；

(2) 根据现有资料情况分两种情况进行实测：当线路中线设计资料齐全时，可按设计资料进行中桩测设，检查各中桩是否与竣工后线路中线位置相吻合；当设计资料缺乏或不全时，则采用曲线拟合法，即先对已修好的道路进行分中，然后将中心位置实测出来，并以此拟合平曲线的设计参数。

12.4.2 线路工程竣工纵横断面测量

竣工纵横断面测量是指在工程竣工后，以中桩为基础，将道路纵横断面情况实测出来，看是否符合设计要求，一般采用水准测量技术。

在实测工作中，对已有资料(包括施工图等)要进行详细的实地检查、核对，检查结果允许误差应不大于道路施工验收规程的规定。当工程施工符合要求时，应在曲线的交点桩、长直线的转点桩等线路控制桩处或在以坐标法施测的导线点处埋设永久性标志，并将高程控制点移至永久性建筑物上或固定的控制桩上，然后重新编制坐标、高程一览表和平曲线要素表。

12.4.3 线路工程竣工总图编绘

对于确实证明按设计图施工，没有设计变更的工程，可以按原设计图上的位置及数据编绘竣工总图，各种数据的注记均利用原图资料。对于施工中有变更的，按实测资料编绘竣工总图。

不论是利用原图资料还是实测资料编绘竣工总图，其图式符号、各种注记、线条等格式都应与原设计图完全一致，原设计图没有的图式符号可以参照《国家基本比例尺地图图式》(GB/T 20257—2017)使用。

编绘竣工总图是一项工作量较大的成果综合整理工作。在拟定施工测量方案时就应把这项工作考虑进去，以便统筹安排，分期收集编绘资料。最好是每一个单位工程完工后立即进行竣工测量，并整理出成果，然后由专人汇总各单位工程的竣工测量成果，通盘考虑竣工总图的编绘。

若竣工测量所得实测数据与相应的设计数据之差在允许误差内，则应按设计数据编绘竣工总图；否则，按竣工测量所得实测数据编绘竣工总图。

竣工总图的内容与设计施工图的内容基本相同，只是竣工总图中不包含工程概预算部分。

第 12 章课后习题

第13章 桥梁工程测量

内容提要

本章的主要内容包括水下地形测绘、桥梁工程施工控制测量、桥梁工程施工细部测量和桥梁工程竣工测量。本章的教学重点为水下地形测绘、桥梁工程施工控制测量，教学难点为桥梁工程施工细部测量。

学习目标

通过本章的学习，学生应理解水下地形测绘、桥梁工程施工控制测量、桥梁工程施工细部测量和桥梁工程竣工测量的相关理论知识与方法，掌握桥梁工程建设各阶段测量工作的主要内容、方法、步骤，了解桥梁工程竣工测量的相关知识。

13.1 概　　述

桥梁是交通工程和其他线形工程的重要组成部分，有的跨越山谷和江河湖海，有的穿越城市街道、立体交叉。按照用途的不同，桥梁可分为铁路桥梁、公路桥梁、铁路公路两用桥梁、城市立交桥等；按照轴线长度的不同，桥梁一般可分为小型桥梁(小桥)、中型桥梁(中桥)、大型桥梁(大桥)和特大型桥梁(特大桥)。桥梁在规划设计、施工和竣工运营阶段需要进行的测量工作称为桥梁工程测量。

在桥梁的规划设计阶段，对于一些小型桥梁，由于其技术条件比较简单，而且桥址位置往往服从于线路走向，因此一般不再进行单独勘测，而是包括在线路勘测之内。对于大中型或技术条件复杂的桥梁，由于其工程量大、造价高、施工工期长，桥位选择合理与否对造价和使用条件都有极大的影响，所以线路走向要服从于桥梁位置。为了能够选出最优的桥址，通常需要进行单独勘测。

对于大、中型或技术条件复杂的桥梁，其规划设计通常经过编制设计意见书、初步设计、施工图设计等几个阶段，各阶段要相应地进行不同的测量工作。

在编制设计意见书阶段，根据桥梁工程的情况，收集已有的1∶10 000、1∶25 000或1∶50 000比例尺地形图以及水文、气象、地质、农田水利、交通网规划、建筑材料来源等资料，在分析以上资料的基础上，提出所需的桥址备选方案。

在初步设计和施工图设计阶段，对选定的桥址备选方案进一步加以比较，以确定最优方案。为此要提供更为详细的地形、水文及其他相关资料作为备选依据，这些资料同时也供设计桥梁及附属构筑物之用。设计桥梁需要的测量资料主要有桥轴线长度、桥轴线纵断面图、桥位地形图(包括水下地形图)等。设计桥梁需要的水文资料可以向有关水文站索取，也可以在桥址处进行水文测量，包括洪水位、河流比降、流向及流速测量等。

根据设计和施工需要，地形图分为桥位总图和桥址地形图。桥位总图的比例尺一般为1∶10 000～1∶2000，其测绘范围应能满足选定桥位、桥头引道、调整构筑物(桥台的锥形护坡、台前护坡、导流坝、护岸墙等工程)的位置和施工场地轮廓布置的需要。通常上游测绘长度约为洪水泛滥宽度的2倍，下游测绘长度约为洪水泛滥宽度的1倍；顺着桥轴线方向为历史最高洪水位以上2～5 m或洪水泛滥线以外50 m。桥址地形图的比例尺一般为1∶2000～1∶500，其测绘范围：通常上游约为桥长的2倍，下游约为桥长的1倍；顺着桥轴线方向为历史最高洪水位以上2 m或洪水泛滥线以外50 m。陆地地形测绘的技术方法在第8章中已做介绍，本章主要介绍水下地形测绘的技术方法。

本章还将介绍桥梁工程在施工阶段的测量工作，包括施工控制测量，墩、台的中心定位，墩、台基础与顶部放样，梁的架设测量以及竣工测量等。

本章没有介绍大型斜拉桥和涵洞。相对于一般桥梁，大型斜拉桥和涵洞有相同的地方，也有其自身特点。大型斜拉桥施工测量同样需要先建立桥梁施工控制网，然后进行墩、台的定位、放样，这些内容与其他大型桥梁的基本相同；但其索塔、主梁和索道管等的定位、放样测量具有特殊性，不仅内容多，而且复杂，由于篇幅所限，本章没有介绍，有兴趣者可阅读相关专著。至于涵洞(属于小型线路构筑物，有的也将长度小于8 m的小桥归为涵洞)的施工测量，与桥梁的施工测量大体相同，但其精度要求比桥梁施工测量的精度要求低，利用线路控制点就可以进行，不需另外建立施工控制网；在平面放样时，主要是保证涵洞轴线与线路轴线保持设计的角度，即控制涵洞的方向；在高程放样时，要控制洞底与上、下游的衔接，保证水流顺畅；对人行通道或小型机动车通道，要保证洞底纵坡与设计一致，不得积水。

13.2 水下地形测绘

水下地形图与陆地地形图在投影、坐标系统、基准面、图幅分幅及编号等方面是一致的，但由于水下碎部点不能看到，所以水下地形测绘与陆地地形测绘在方法上有所不同。在进行陆地地形测绘时，碎部点的平面位置和高程通常是采用同一仪器(如GNSS接收机、全站仪等)测得的。而在进行水下地形测绘时，碎部点的平面位置和高程一般是用不同仪器和方法分别测得的，尤其是水下地形点的高程要经过水位和水深换算得到。所以，水下地形测绘的主要工作包括水位观测、水深测量、测深点布设、测深点定位、水下地形图绘制和河流纵断面图编绘。

13.2.1 水位观测

水下地形点(也称为测深点)的高程是以测深时的水面高程(称为水位)减去水深求得

的。因此，在测深的同时，必须进行水位观测。

水位观测通常采用设置水尺、读取水面在水尺上截取读数的方法。水尺一般用搪瓷制成，其尺面刻划与水准尺的相同。设置水尺时，先在岸边水中打入竖桩，然后将水尺固定在竖桩上，如图13-1所示。根据已知水准点引测水尺零点高程，则水位(水面高程)为

水位=水尺零点高程+水尺读数　　(13-1)

例如，水尺零点高程为 8.59 m，某日上午 9 时的水尺读数为 0.28 m，则此时的水位是 8.87 m。

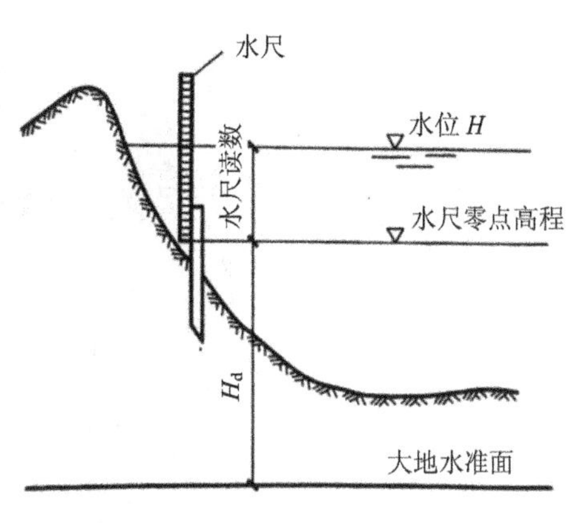

图 13-1　水位观测示意图

如果附近有水文(验潮)站，则可向水文(验潮)站索取水位资料，不必另设水尺。如果是小河或水位变化不大处，则可不设水尺，而将水准尺立于水边直接测定水面(水涯线)高程。

水位观测的时间间隔应视测区水位变化大小而定。当水位变化小于 0.1 m/d 时，应在每天工作开始之前和结束之后各观测一次；当水位变化大于 0.1 m/d 时，应增加观测次数，以便按时间内插、计算不同时间的水位。对于冰冻地区，可测定冰面高程和冰面以下的水深，从而计算测深点的高程。

13.2.2　水深测量

根据实际情况，水深测量可选用不同的测深仪器(设备、工具)和方法。

1. 测深杆法

如图 13-2 所示，测深杆是用长 4～6 m、直径约为 5 cm 的竹竿、木杆或铝杆等制成的。测深杆的表面以分米为间隔，涂以红白或黑白油漆，并注有数字。为防止测深杆底部插入水底泥沙之中而影响水深测量的精度，杆底装有铁垫。测量时，将测深杆竖直插入水中，即可直接读得所测水深。这种方法一般仅适用于水深小于 5 m 且流速不大的浅水区。

图 13-2　测深杆

2. 测深锤法

如图 13-3 所示，测深锤由一根标有长度标记的测绳和重锤(铅砣)组成。测深之前，应将测绳在水中浸泡一段时间，并对其长度进行校对。测量时，为防止水流对测深产生影响，应沿逆水流方向抛掷铅砣，以使铅砣落入水底时测绳正好处于铅直状态。这种方法只适用于水深小于 10 m、流速小于 1 m/s 的水域。

测深杆法、测深锤法皆为传统的测深方法，不仅精度较低，费工、费时，而且只能在船只停泊时进行定点测深，效率低。在水深、流急、面广的水域，利用这两种方法不易测得可靠成果，也不易实现测图自动化。随着科学技术的发展，下面介绍的单波束回声测深仪法已得到了广泛的应用。

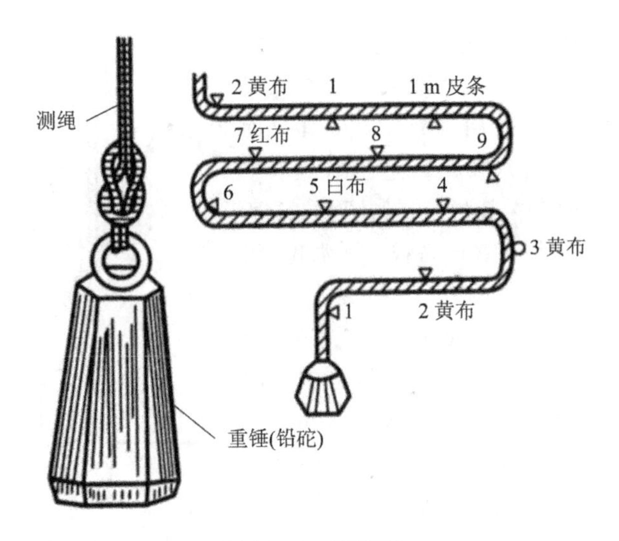

图 13-3　测深锤

3. 单波束回声测深仪法

如图 13-4 所示是一种单波束回声测深仪，是目前应用较广的一种水深测量仪器，其最小测深为 0.5 m，最大测深可达 500 m；在流速为 7 m/s 时还能应用。单波束回声测深仪法具有精度高、速度快等优点。

单波束回声测深仪的测量原理如图 13-5 所示，即利用装在离船首约 1/3 船长处的换能器将超声波垂直发射到水底，再由水底非水物质(泥土、沙、岩石等)将超声波反射到换能器，根据超声波所经过的时间及超声波在水中的传播速度即可计算出水深 h：

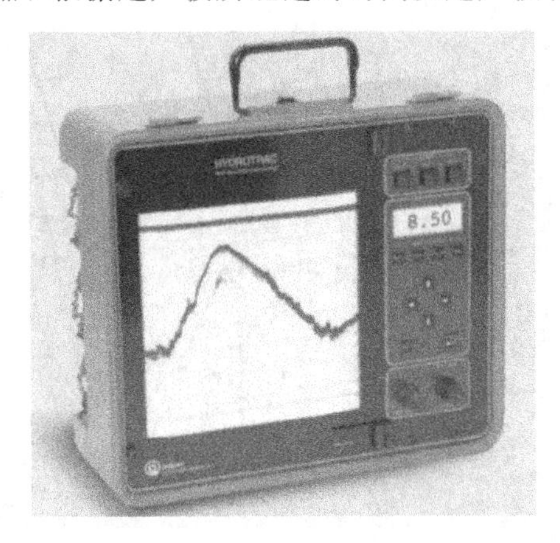

图 13-4　单波束回声测探仪

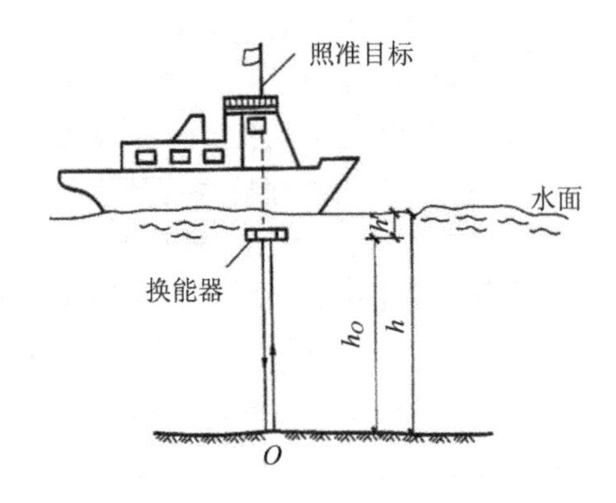

图 13-5　单波束回声测探仪的测量原理

$$\begin{cases} h = h_O + h' \\ h_O = \dfrac{1}{2}vt \end{cases} \tag{13-2}$$

式中：h'——水面至换能器的距离；

h_O——换能器到水底 O 点的距离；

v——超声波在水中的传播速度(约为 1500 m/s)；

t——超声波从发射到接收的往返时间。

当测量船在水上航行时，船上的单波束回声测深仪可测得一条连续的水深线，从而实现由点测量到线测量的转变，效率也随之提高。

4. 多波束回声测深仪法

多波束回声测深仪是从单波束回声测深仪发展起来的。如图 13-6 所示，多波束回声测深仪发射换能器由两个圆弧形基阵组成，并各有多个换能器。它能在与航线垂直的平面内以一定的张角同时发射多个波束，并接收水底反射波束，从而测定出多个测深点的水深值。当测量船在水上航行时，船上的多波束回声测深仪即可测得航线一定宽度内的多条连续的水深线，从而实现由点线测量到面测量的转变。因此，多波束回声测深仪具有测量范围大、效率高等优点。另外，多波束回声测深仪还可用于扫海测量、水底障碍物探测等。

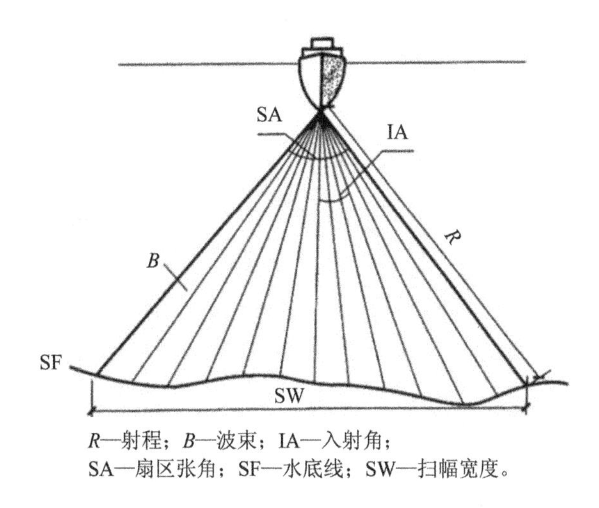

R—射程；*B*—波束；IA—入射角；
SA—扇区张角；SF—水底线；SW—扫幅宽度。

图 13-6　多波束回声测探仪的测量原理

显然，多波束回声测深仪的覆盖宽度与其张角和水深相关：张角越大，覆盖宽度越大；随着水深变浅，其覆盖宽度也逐渐变小。

多波束回声测深仪可分为窄带多波束回声测深仪和宽带多波束回声测深仪。窄带多波束回声测深仪的波束少、张角小、覆盖宽度小，能测较大的水深；宽带多波束回声测深仪的波束多、张角大、覆盖宽度大，适用于较浅水域内的扫海测量和水下地形测绘。

5. 机载激光测深技术

机载激光测深技术是 20 世纪 60 年代末、70 年代初开始出现的，到 20 世纪 90 年代进入实用阶段。它有别于传统的水深测量技术，目前其测深能力一般在 50 m 左右，测深精度在 0.3 m 左右，具有速度快、覆盖率高、灵活性强等优点，有广阔的应用前景。

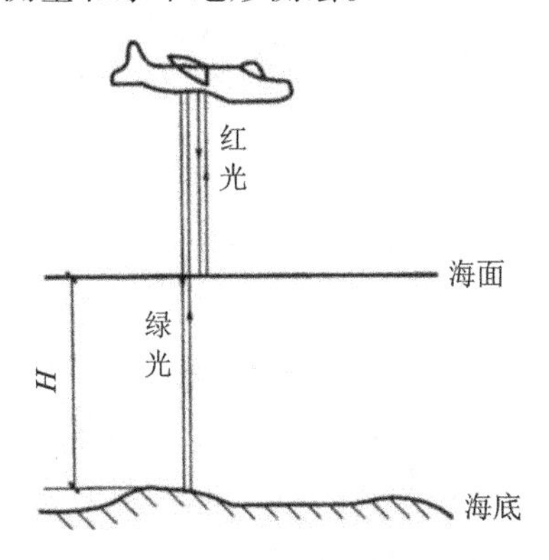

图 13-7　机载激光测探原理

机载激光测深原理与回声测深原理相似，如图13-7所示。从飞机上的激光发射器向海面发射两种波段的激光：一种为红光，波长为 1064 nm；另一种为绿光，波长为 523 nm。红光被海面反射，绿光则透射到海水里，到达海底遇到非水物质后被反射回来。这样，两束光被接收的时间差等于激光从海面到海底传播时间的 2 倍，由此可算得海底到海面的深度 H。

6. 遥感海底地形测量技术

空间遥感技术应用于海底地形测量是 20 世纪后期海洋科学取得重大进展的关键技术之一。遥感海底地形测量技术具有测量面积大、同步连续观测、分辨率高和可重复性强等优点(微波遥感器还具有全天候的特点)。这些都是传统测量手段所无法比拟的，但这种测量技术目前只适用于浅海区。遥感设备包括可见光多谱扫描仪、成像光谱仪、红外辐射计和微波辐射计，以及高度计、散射计和成像雷达。这些遥感设备能够直接测量的海洋环境参数有海色、海面温度、海面粗糙度和海平面高度。在这些参数的基础上，可以反演或计算出若干其他海洋环境参数，其中包括盐度、海冰、海洋降水、海底地形海洋重力场和海洋污染等，这对海洋认知、海洋开发利用和海洋环境保护具有积极意义。

13.2.3 测深点布设

一般情况下，水下地形是看不见的。因此，不能用选择地面地形特征点的方法，而是利用船艇在水面上测深的方法，按一定的形式布设适当数量的测深点。下面以河道水下地形测绘为例介绍两种常用的测深点布设方法。

1. 断面法

如图 13－8 所示，在河道横向上，每隔一定距离(一般规定为图上 1～2 cm)布设断面；在每一断面上，船艇由河岸的一端沿断面方向向对岸行驶，每隔一定距离(一般规定为图上 0.6～0.8 cm)施测一点，即为测深点。

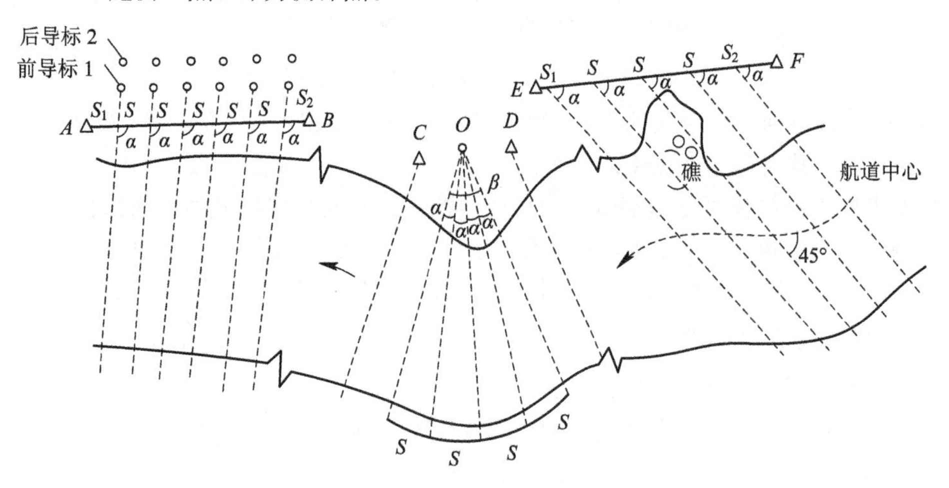

图 13－8 断面法布设测深点

布设的断面一般应与河道流向垂直，如图 13－8 中的 AB 河段；在河道弯曲处，断面一般布设成辐射线的形式，如图 13－8 中的 CD 河段；对于流速大的险滩或可能有礁石、沙洲的河段，断面可布设成与流向成 45°角的方向，如图 13－8 中的 EF 段。

2. 散点法

当在河面较窄、流速大、险滩礁石多、水位变化悬殊的河流中测深时，要求船艇在与流向垂直的方向上行驶是极为困难的。此时，可采用散点法布设测深点，如图 13－9 所示。测线间距由测船本身控制，测深点间距可根据测深技术确定。测深点越密，越能真实地显示出水下地形的变化情况，测量时应按测图要求、比例尺大小及水下地形情况考虑布设。布设测深点时，一般河道纵向可稍稀，横向宜稍密；岸边宜稍密，中间可稍稀。在水下地形变化复杂或有水工建筑物的地区，测深点的间距应适当缩小。

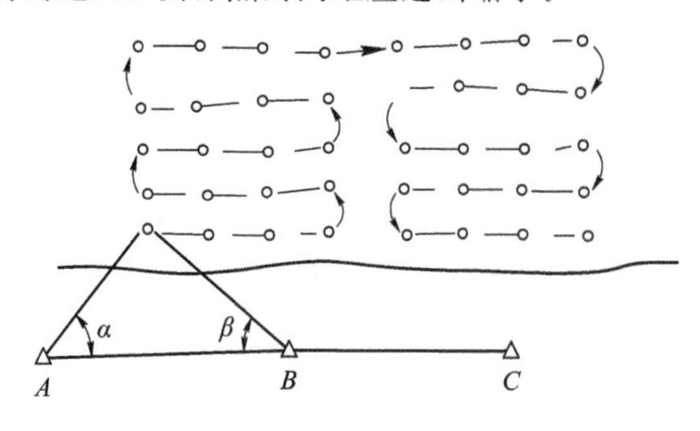

图 13－9　散点法布设测深点

13.2.4　测深点定位

在测深点布设的同时，应测定其相应的平面位置，称为测深点的定位。传统测深点定位方法有断面索法、交会法、无线电定位法等。目前生产单位常用的测深点定位方法为 GNSS-RTK 定位法。GNSS-RTK 定位法已经成为目前内陆和近海大面积水域测深点的主要定位方法。

中华人民共和国海事局在我国沿海地区，利用现有的无线电指向标站、导航台改建和新建的具有 20 世纪 90 年代国际先进水平的“中国沿海无线电指向标差分 GPS 台站”，为在近海地区进行测深点定位提供了保障。

在内陆水下地形测绘时，多采用单基站 GNSS-RTK 定位法进行测深点定位。现在还可以采用全球卫星定位连续运行网站 CORS RTK 进行测深点定位。

13.2.5　水下地形图绘制

每天外业施测完毕后，应将当天定位、测深及水位观测记录进行汇总，逐点进行核对，应特别注意防止定位观测记录与水深记录的点号错配。对于外业工作中遗漏的点或记录不完全的点，应及时予以补测。对于已核对的测深点，根据观测水位与水深逐点计算测深点的高程，并用数字化成图软件以相应控制点为基础绘出各测深点的位置，注上各点的高程，然后勾绘水下部分的等高线。

目前，一些生产单位已采用了内外业一体化、数字化的水下地形测量系统，即外业自动采集数据后传输给计算机，建立数据库，并由计算机绘图软件形成数字水下地形图。

13.2.6　河流纵断面图编绘

河流纵断面即沿河道深泓点(河床最深点)的连线所剖开的断面。若用横坐标表示河长、纵坐标表示高程，则将这些深泓点连接起来，便得到了河底的纵断面图。通常，河流纵断面图是利用已收集或实测的河流水下地形图等资料进行编绘的。

河流纵断面图的内容可根据设计工作的具体需要来确定，一般包括河流中线自河流上游(或下游)某点起算的累积里程，河流沿深泓点的断面线，注明时间的同时水位线或工作水位线、水面比降、最高洪水位，沿河流两岸的居民地、工矿企业，公路、铁路、桥梁的位置及顶部高程，其他水利设施和建筑物关键部位的高程，河流两岸的水文站、水位点、支流及其入口，两岸堤坝，河流中的险滩瀑布、跌水等。在图中，还应注明河道各部分所在的图幅、编号等。

13.3 桥梁工程施工控制测量

桥梁工程施工细部测量需要以控制点作为依据。在桥梁工程施工时，测量的主要任务是精确地放样出桥墩、桥台、索塔的位置和跨越结构的各个部分，并随时检查施工质量。对于中、小型桥梁，由于河窄水浅，桥墩、桥台间的距离较短，可直接利用勘测阶段的控制网点进行放样，而不必再建立专用的施工控制网。但对大型或特大型桥梁来说，由于其所经过的河道水域宽阔，桥墩、索塔在水域中建造、施工期较长，而且墩台、索塔较高，基础较深，墩台、索塔间跨距大，梁部结构复杂，对施工测量的精度要求也较高，因此不能使用勘测阶段建立的测量控制网来进行施工放样，而需要在施工前布测专用的桥梁工程施工平面控制网和施工高程控制网。

13.3.1 桥梁工程施工平面控制测量

桥梁工程施工平面控制网的基本网形一般为包含桥轴线的三角形和四边形，并以正桥部分为主。应用较多的桥梁工程施工平面控制网的基本网形有双三角形、大地四边形、三角形网、双大地四边形以及三角形与四边形结合的多边形等，如图 13-10(图中点画线为桥轴线)所示，可依据桥梁大小、地形和技术设备条件以及设计要求选用。

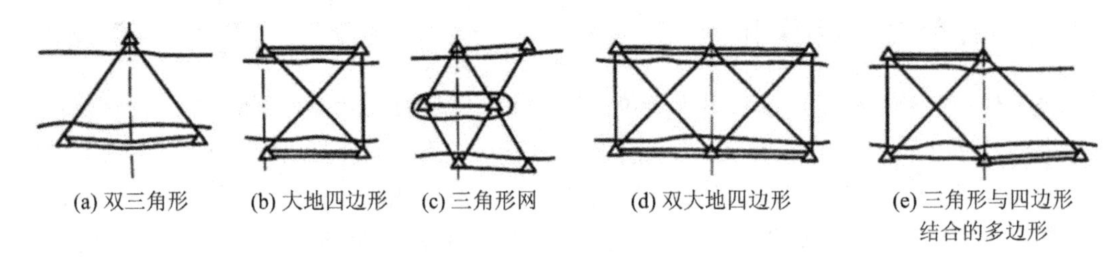

图 13-10 桥梁工程施工平面控制网的基本网形

桥梁工程施工平面控制测量可以采用常规地面三角形测量技术，也可以采用相应等级的 GNSS 定位技术进行施测。施测等级应根据桥长、结构和设计要求等合理地确定。《工程测量标准》(GB 50026—2020)中规定：当桥长大于 5000 m 时，应按二等或三等施测；当桥长为 2000～5000 m 时，应按三等或四等施测；当桥长为 500～2000 m 时，应按四等或一级施测；当桥长小于 500 m 时，应按一级施测。

高精度全站仪的广泛应用，使得桥梁工程施工平面控制测量可以选择布设精密导线网

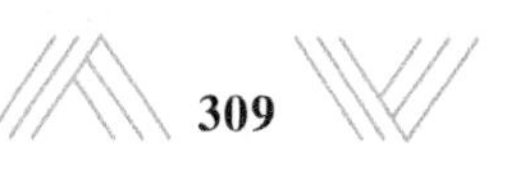

的方案。如图13-11所示，在河流两岸的桥轴线上各设立一个控制点A和B，并在桥轴线上、下游沿岸布设最有利于交会桥墩、索塔的精密导线点。采用这种布网形式的图形简单，可避免远点交会桥墩、索塔时交会精度差的缺陷。

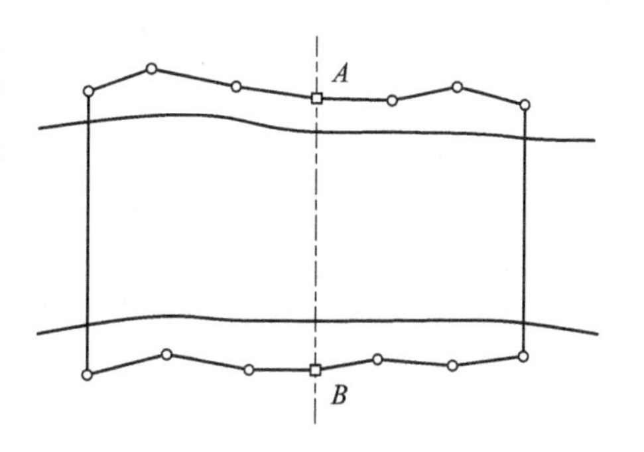

图13-11 精密导线网布设形式

此外，大桥、特大桥正桥两端一般都通过引桥与线路衔接。因此，为了保证全桥与线路连接的整体性，在布设正桥控制网(主网)的同时，还需布设引桥控制网(附网)。布设时，线路交点必须是附网中的一个控制点，曲线主点最好也纳入附网中。

13.3.2 桥梁工程施工高程控制测量

为了在桥址两岸建立统一、可靠的高程系统，应设置基本水准点(每岸不少于3个)。当引桥长大于1 km时，在引桥的两端也需设置基本水准点。基本水准点应选在尽可能靠近施工场地、地质条件好、不受水淹、不被扰动的地基稳定处，并埋设永久性标石或在基岩上凿出标志。所有基本水准点组成一个统一的专用桥梁工程施工高程控制网。同时，为了方便桥墩(桥台、索塔)高程放样，当基本水准点较远时，应增设施工水准点。施工水准点可在基本水准点间布设成附合水准路线，然后进行联测。

桥梁工程施工高程控制网可按桥梁大小、施工要求采用相应等级的水准测量进行施测。《工程测量标准》(GB 50026—2020)规定：当桥长大于5000 m时，应按二等水准施测；当桥长为2000～5000 m时，应按三等水准施测；当桥长为500～2000 m时，应按四等水准施测；当桥长小于500 m时，应按四等或五等水准施测。

在进行水准测量过程中，若跨越水域超过了水准测量规定的视线长度，则会给水准尺读数带来困难，且因前、后视距相差悬殊，水准仪i角误差以及地球曲率和大气折光的影响都会急剧增加。此时，可以采用跨河水准测量的方法进行施测。

在河流两岸分别选定立尺点和测站点，并将其布置成对称图形，如图13-12所示。布点时，应尽量使b_1I_2与b_2I_1基本相等、b_1I_1与b_2I_2基本相等且不小于10 m。

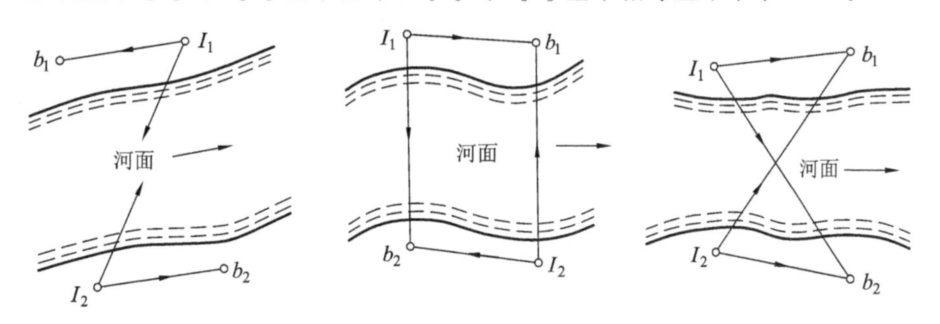

图13-12 跨河水准测量的立尺点和测站点布置

观测时，首先，将水准尺分别竖立在b_1和b_2点上，将两台同型号的水准仪分别安置在测站点I_1和I_2上，同时进行对向观测(没有条件时，可先后观测)，取两站所测高差的平均值作为一测回观测值；然后，将仪器对换，同时也将水准尺对换，用同样方法再测一个测回；最后，取两个测回的平均值作为 b_1、b_2 两点间的最终高差观测值。

当水面较宽、观测对岸水准尺进行直接读数有困难时，可在水准尺上安装一个能沿尺面上下移动的特制觇板，如图 13－13 所示。读数时，先由观测员指挥立尺员上下移动觇板，使觇板指标线被水准仪中丝所平分，然后由立尺员根据觇板指标线在水准尺上进行读数。

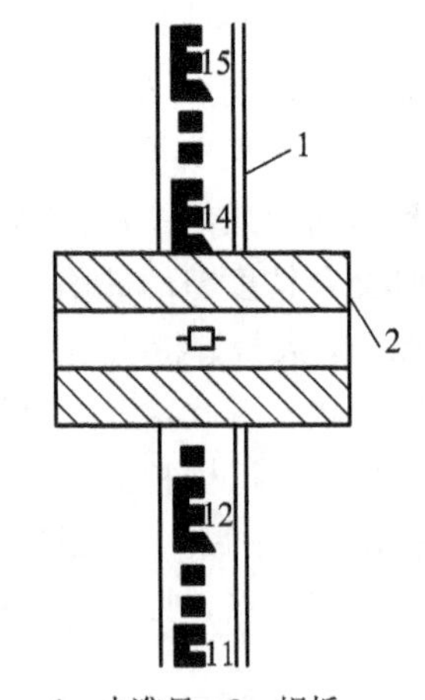

1—水准尺；2—觇板。

图 13－13 跨河水准测量的读数觇板

为了方便施测和提高观测精度，跨河水准测量应选择在水面较窄、地质稳定、高差起伏不大的地段，以使过河视线最短。视线应避免穿越草丛、干丘、沙滩的上方，以减少大气折光的影响。测站点位置应选在开阔、通风之处，不要靠近陡岸、悬壁、石滩等，且测站点至水边的距离应尽量相等，其周围地形、土质也应相似。

当桥梁工程施工控制测量的精度要求低于三等水准时，也可采用全站仪三角高程测量技术或 GNSS 高程测量技术施测。

13.4 桥梁工程施工细部测量

13.4.1 墩、台、索塔的定位

在桥梁基础施工之前，首先需将设计的桥墩(桥台、索塔)中心的平面位置在实地放样出来，此项工作称为墩、台、索塔的定位。墩、台、索塔定位的方法，可视桥梁大小、仪器设备、地形以及设计要求等情况，采用直接测距法、极坐标法、方向交会法或 GNSS 法等。

1. 小型桥梁墩、台、索塔的定位

建造跨度较小的小型桥梁时，为了便于桥梁墩、台、索塔的定位和施工，一般采用临时筑坝截断河流或选在枯水季节进行。由于小型桥梁的中轴线一般由道路的中线决定，因此小型桥梁(包括城市立交桥)的墩、台、索塔定位可采用第 12 章介绍的线路工程中线测量方法。

如图 13－14 所示，直线桥梁可采用直接测距法，即先根据桥轴线控制桩 A、B 和各墩、台、索塔中心点的里程，求得其间距 l_i；然后使用检定过的钢尺或光电测距仪(全站仪)，采用测设水平距离的方法，沿桥轴线方向从一端的控制桩 A 测向另一端，依次测设出各墩、台、索塔的中心位置；最后与另一端的控制桩 B 闭合，进行校核。

曲线桥梁可利用线路控制点和墩、台、索塔中心点的设计坐标，采用方向交会法或极坐标法进行定位。

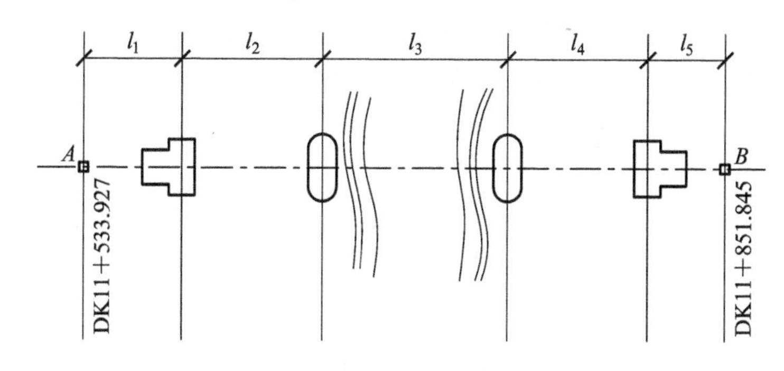

图 13-14　直接测距法定位墩、台、索塔

2. 大、中型桥梁墩、台、索塔的定位

在建造大、中型桥梁时，由于其跨度大、河面较宽，墩、台、索塔往往处于水中，此时需利用已建立的桥梁施工平面控制点，采用方向交会法进行墩、台、索塔的定位。

如图 13-15(a)所示，A、C、D 为桥梁施工平面控制点，P_i 点为待测设的墩、台、索塔的中心点，先根据其坐标计算出测设数据 α_i 和 β_i，然后分别在 C、D 点上安置测角仪器，测设出水平角 α_i 和 β_i，两方向交会点即墩、台、索塔中心位置。

为了防止发生错误和提高点位精度，实际上常用三方向交会。为了保证墩、台、索塔的中心位于桥轴线方向上，第三个方向应是桥轴线方向。由于存在测量误差，三方向交会时会形成示误三角形，如图 13-15(b)所示。如果示误三角形在桥轴线方向上的边长 c_2c_3 不大于限差(一般底部定位为±25 mm，顶部定位为±15 mm)，则取 c_1 在桥轴线上的投影位置 c 作为墩、台、索塔中心的最终位置。

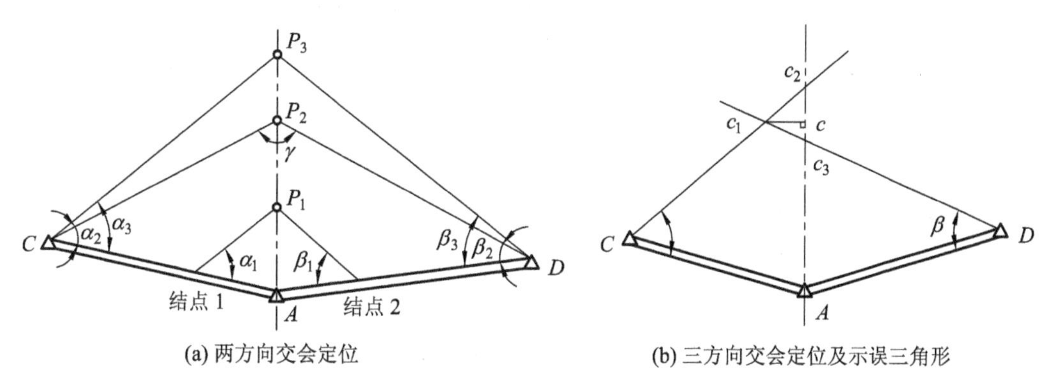

图 13-15　方向交会法定位墩、台、索塔

为了保证墩、台、索塔定位的精度，交会角 γ 应接近于 90°。但由于各墩、台、索塔的位置有远有近，因此交会时不能将仪器始终固定在两个控制点上，而有必要对控制点进行选择。如图 13-15(a)所示，点 P_1 宜在结点 1、结点 2 上进行交会。同时，为了获得好的交会角，不一定要在同岸交会，应充分利用两岸的控制点，选择最为有利的观测条件，必要时也可以在控制网中增设插点，以满足测设要求。

在桥梁施工过程中，随着工程的进展，需要反复多次地交会出墩、台、索塔中心的位置，且要迅速、准确。为此可把交会的方向延长到对岸，并用觇牌进行固定，如图 13-16 所示。这样，在以后的交会中，就不必重新测设角度，而用仪器直接照准对岸的觇牌结点即可。为了防止墩、台、索塔筑高后阻挡视线，可在墩、台、索塔施工至水面之后，将交会的方向延长到墩、台、索塔侧身，用红油漆画出照准标志。

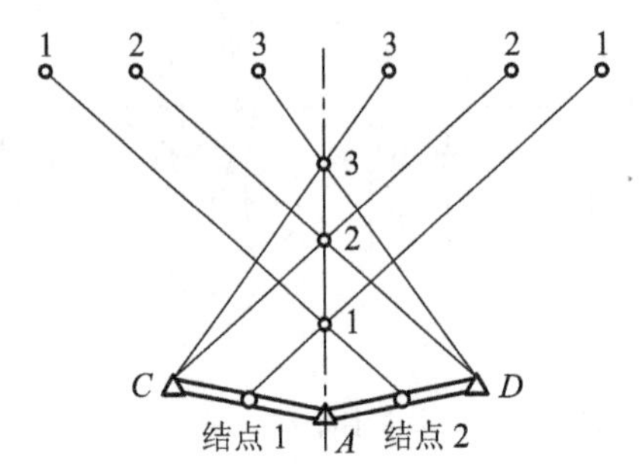

图 13-16 方向交会时的找准觇牌设置

13.4.2 墩、台、索塔纵、横轴线的测设

墩、台、索塔定位后，还应测设出墩、台、索塔的纵、横轴线，作为墩、台、索塔细部放样的依据。下面以直线桥梁为例，介绍墩、台、索塔纵、横轴线的测设方法。

直线桥梁的墩、台、索塔横轴线与桥轴线相重合，因而可以利用桥轴线两端的控制桩来标定墩、台、索塔横轴线的方向。

在无水地区，墩、台、索塔纵轴线的方向可通过在已放样出的墩、台、索塔中心点上安置测角仪器，后视桥轴线方向测设 90°水平角获得。

在施工过程中，需要经常恢复墩、台、索塔纵、横轴线的位置。因此，为了简化工作，应在墩、台、索塔中心点四周纵、横轴线上设置轴线控制桩，将其准确地标定在地面上，如图 13-17 所示。

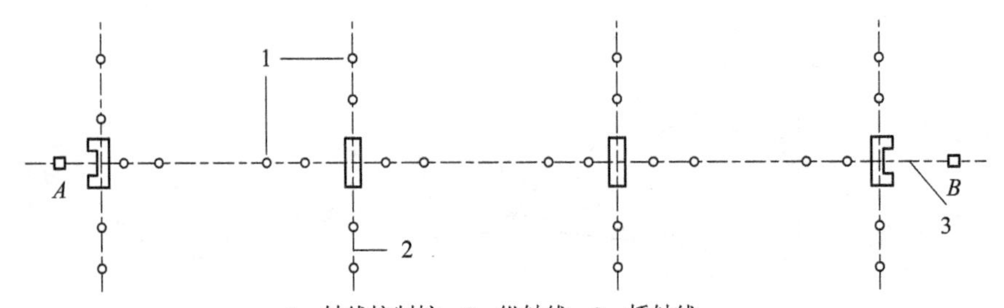

1—轴线控制桩；2—纵轴线；3—桥轴线。

图 13-17 墩、台、索塔的纵、横轴线及控制桩设置

轴线控制桩的位置应选在离开施工场地一定距离、通视良好、地质条件稳定的地方，每侧各设置 2～3 个。这样，在个别轴线控制桩丢失或损坏后也能及时恢复桥轴线，并且在墩、台、索塔施工到一定高度，影响到两侧轴线控制桩通视时，也能利用同一侧的轴线控制桩恢复出桥轴线。

对于水中的墩、台、索塔，上述方法显然无法实现。此时，一般先在初步定出的墩、台、索塔位置处筑岛、建围堰或搭建测量平台，然后用交会或其他方法精确测设出墩、台、索塔的中心位置，并将桥轴线测设于岛、围堰或测量平台上。

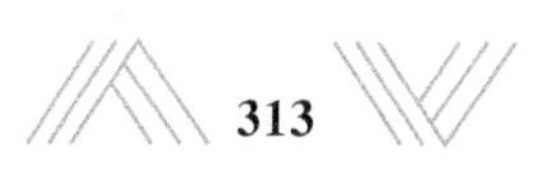

13.4.3　墩、台、索塔基础施工测量

地形条件不同，墩、台、索塔基础的施工方法不同，测量方法各异。下面分别予以介绍。

1. 明挖基础施工测量

明挖基础多在地面无水的地基上施工，先挖基坑，然后在基坑内砌筑基础或浇筑混凝土基础。如果明挖基础是浅基础，则可连同承台一次砌筑或浇筑，如图 13－18 所示。如果在水域明挖基础，则要先建立围堰，将水排出后再进行。

在墩、台、索塔基础开挖前，应根据已放样出的墩、台索塔中心点及其纵、横轴线位置，结合基础的尺寸，在地面上标定出开挖边界线，如图 13－19 所示(坑底平面尺寸应比基础襟边宽 0.3～0.5 m，垂直开挖的基坑也可不加宽)。

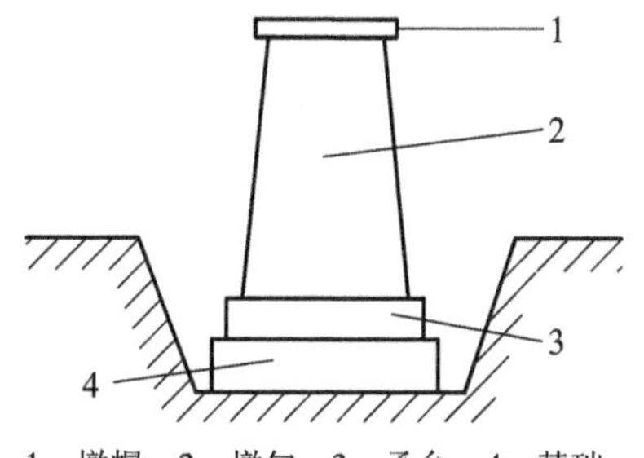

1—墩帽；2—墩匀；3—承台；4—基础。

图 13－18　明挖基础

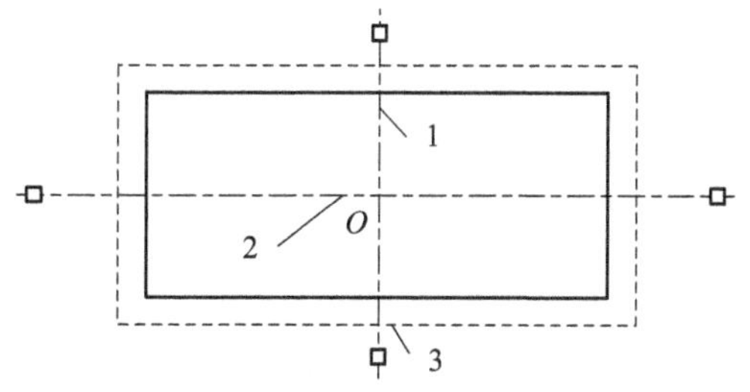

1—桥轴线；2—纵、横轴线；3—开挖边界线。

图 13－19　明挖基础放样

开挖基坑的标高控制可根据具体情况采用水准测量、全站仪三角高程测量或吊钢尺等方法进行。

基坑开挖好后，在确定墩、台、索塔的轴线控制桩准确无误后，先根据轴线控制桩将墩、台、索塔的中心及桥轴线投影到基坑底部，做好标记；再定出基础底部的四角点，砌筑或立模浇筑混凝土基础。

2. 桩基础施工测量

桩基础是目前常用的一种桥梁基础类型。根据施工方法的不同，桩基础可分为打(压)入桩和钻(挖)孔桩。打(压)入桩的施工方法是预先将桩制好，然后在现场按设计位置及深度将其打压入地下。而钻(挖)孔桩的施工方法则是先在基础设计位置上钻(挖)好桩孔，然后在桩孔内放入钢筋笼，并浇筑混凝土成桩。桩基础完成后，在其上浇筑承台，使桩与承台连成一个整体。之后，再在承台上修筑墩身，如图 13－20 所示。

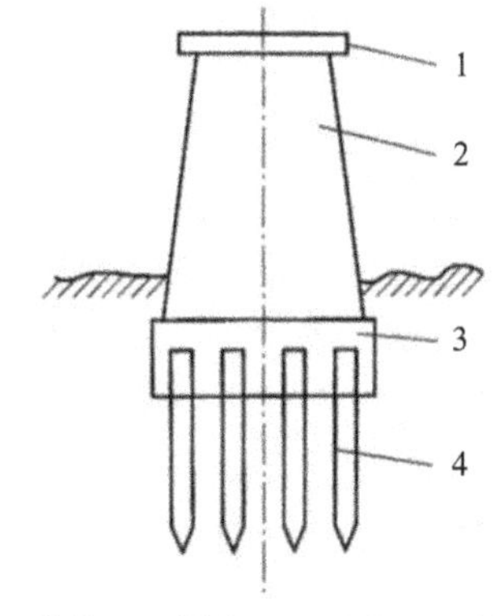

1—墩帽；2—墩身；3—承台；4—桩。

图 13－20　桩基础与墩的关系

在桩基础施工前，需先放样出各桩的平面位置。在无水的情况下，每一根桩的中心点可根据已放样出的墩、台、索塔中心点及其纵、横轴线位置，结合其在以墩、台、索塔纵、横轴线为坐标轴的坐标系中的设计坐标，用直角坐标法进行测设，如图 13－21(a)所示，图中 ϕ 是圆形-桩基础的直径。

如果各桩为圆周形布置，则各桩多以其与墩、台、索塔纵、横轴线的偏角和至墩、台、索塔中心点的距离，用极坐标法进行测设，如图 13－21(b)所示，图中 ϕ 是圆形桩基础的直径。一个墩、台、索塔的全部桩位宜在场地平整后一次放出，并以木桩标定，以便桩基础的施工。

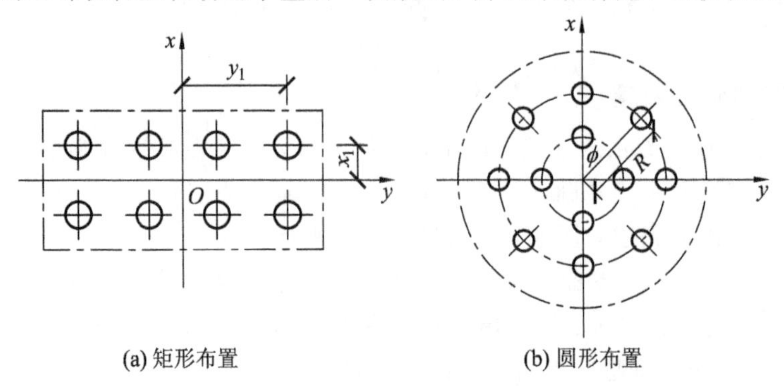

图 13－21　桩基础位置放样

如果桩基础位于水域，则可利用已建立的桥梁施工平面控制点，采用方向交会法直接将每个桩位定出。若在墩、台、索塔附近搭设有施工平台，如图 13－22 所示，则可先在平台上测定两条与桥轴线平行的直线 AB、$A'B'$，然后按各桩之间的设计尺寸定出各桩位放样线 1—1′、2—2′、3—3′等，沿此方向测距即可测设出各桩的中心位置。

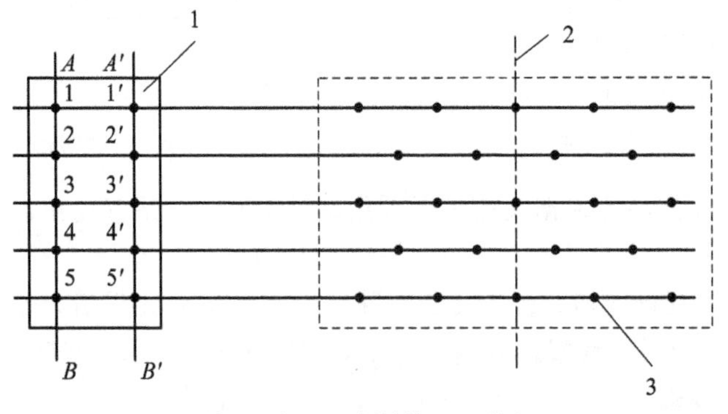

1—施工平台；2—桥轴线；3—桩位。

图 13－22　利用施工平台测设桩基础的位置

在桩基础施工中的标高控制同样根据具体情况采用水准测量、全站仪三角高程测量等方法进行。

在桩基础施工中，要注意控制桩的深度和倾斜度。每个钻(挖)孔的深度可用线绳吊以重锤测定，打(压)入深度则可根据桩的长度来推算。对于钻(挖)孔桩，由于在钻(挖)孔时为了防止孔壁坍塌，孔内灌满了泥浆，因而无法在孔内直接测定倾斜度，只能在钻(挖)孔过程中测定钻孔机导杆的倾斜度，并利用钻孔机上的调整设备进行校正。钻孔机导杆以及打(压)入桩的倾斜度可用靠尺法测定。

靠尺法所使用的工具称为靠尺，靠尺一般用木板制成。如图 13－23(a)所示，先在尺的一端钉一小钉，以拴挂锤球；在尺的另一端，从与小钉至直边距离相等处绘一垂线，量出该直线至小钉的距离 S，然后按 $S/1000$ 的比例在该直线上刻出分划线并标注注记，这就制成了一个靠尺。使用时将靠尺直边靠在钻孔机导杆或桩上，则锤球线在刻划上的读数即为以千分数表示的倾斜率，如图 13－23(b)所示。

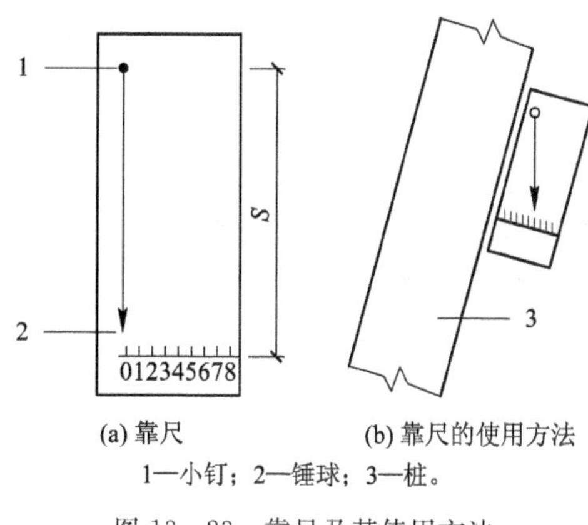

(a) 靠尺　　　　(b) 靠尺的使用方法

1—小钉；2—锤球；3—桩。

图 13－23　靠尺及其使用方法

3. 沉井基础施工测量

沉井制作好以后，在沉井外壁用油漆标出竖向轴线，在竖向轴线上隔一定的间距做标尺，如图 13－24 所示。标尺的尺寸从刃角算起，刃角的高度应从井顶理论平面往下量出。如四角的高度有偏差，则应取齐，可取四点中最低的点为零点。沉井接高时，标尺应相应地向上画。

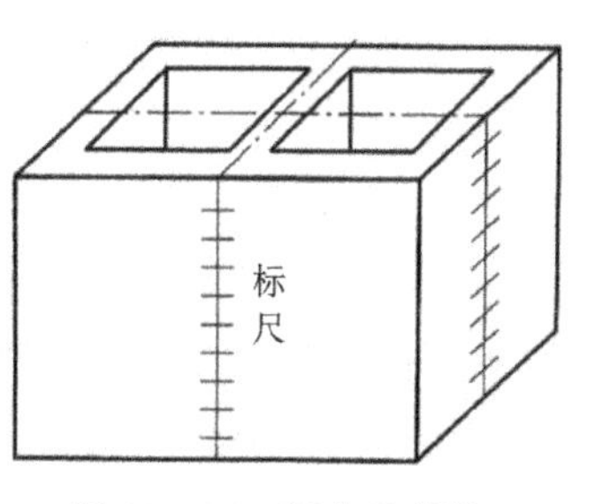

图 13－24　沉井示意图

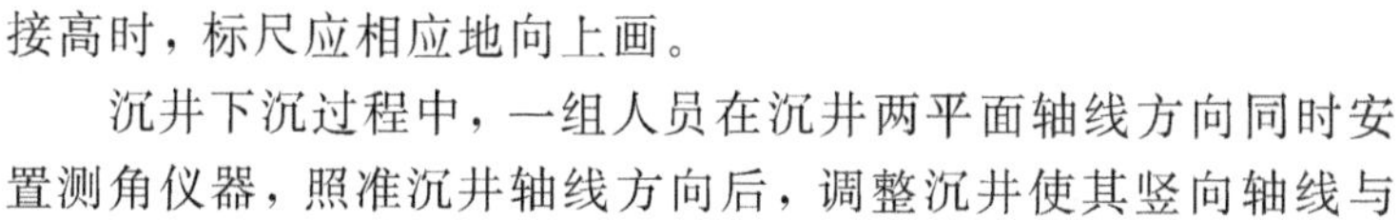

沉井下沉过程中，一组人员在沉井两平面轴线方向同时安置测角仪器，照准沉井轴线方向后，调整沉井使其竖向轴线与望远镜竖丝重合，从而确保沉井的几何中心在下沉过程中不偏离设计中心；另一组人员在井顶测点竖立水准尺，用水准仪将井顶与水准点联测，计算出沉井的下沉量或积累量，了解沉井下沉的深度。对于沉井下沉时的中线及标高控制，至少沉井每下沉 1 m 检查一次。当发现沉井有位移或倾斜时，应立即纠正。

13.4.4　墩身、墩帽、索塔施工测量

基础完成之后，在基础顶面放样墩、台、索塔的纵、横轴线，弹上墨线，按墨线和墩、台、索塔尺寸设立板，浇筑混凝土。随着砌筑(或浇筑)高度的增加，应及时对墩、台、索塔的中心位置进行检查。

砌筑至离墩帽顶约 30 cm 时，要测设出纵、横轴线，然后支立墩(台)帽模板。为确保顶帽中心位置的正确，在浇筑混凝土之前，应复核纵、横轴线。

13.4.5　梁架铺设施工测量

梁架铺设是桥梁施工的最后一道重要工序。通过梁架铺设，将各个墩、台、索塔连接成一个整体。在梁架铺设之前，应对方向、距离和高程进行一次全面的精确测量。对于桥梁中心线方向的测定，在直线部分可采用准直法，用测角仪器正倒镜观测，在墩、台、索塔中心标板上刻划出中心线的方向。如果跨距较大(大于 100 m)，则应逐墩观测左、右角。在曲线部分，则采用测定偏角与弦长的方法标定中心点。

相邻墩、台、索塔中心点之间的距离用光电测距仪(全站仪)观测，适当调整中心点，并在中心标板上刻划里程线，与已刻划的方向线正交，形成墩、台、索塔中心十字线，使其里程与设计里程完全一致。

墩、台、索塔顶面的高程需用水准测量方法测定，并构成水准路线，附合到两岸基本水准点上。

对于大跨度钢梁或连续梁，一般采用悬臂或半悬臂安装梁架。安装梁架之前，应在横梁顶部和底部中点做出标志，以便架梁时测量钢梁中心线与桥梁中心线的偏差值。在梁架的安装过程中，应不断地进行测量，以保证钢梁始终在正确的平面位置上，使中心线方向偏差、最近结点高程差和距离差符合设计和施工要求。

全桥架通后，还需对方向、距离和高程等进行一次全面的测量，称为全桥贯通测量，其成果资料可作为钢梁整体纵、横移动和起落调整的施工依据。

13.4.6 桥台锥坡放样

桥台两边的护坡通常为 1/4 锥体，坡脚和基础边缘线的平面为 1/4 椭圆。根据椭圆的几何性质，坡脚和基础边缘线的放样可采用下面几种方法。

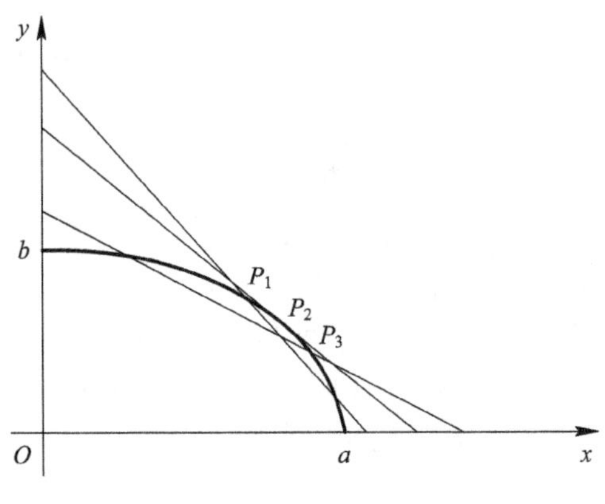

图 13-25 锥坡放样的拉线法

1. 拉线法

如图 13-25 所示，已知锥坡的高度为 H，两个方向的坡率分别为 m、n，则椭圆的长轴 $a=mH$，短轴 $b=nH$。在实地确定锥坡顶点的平面位置 O 以及长、短半轴方向后，在一根绳子的中间做上标记，使绳子的两端长度分别等于长轴 a、短轴 b。当绳子的两端沿着长、短半轴方向移动时，绳子上的标记经过的轨迹即坡脚与基础的边缘线(以 a、b 为长、短轴的 1/4 椭圆)。

2. 内坐标法

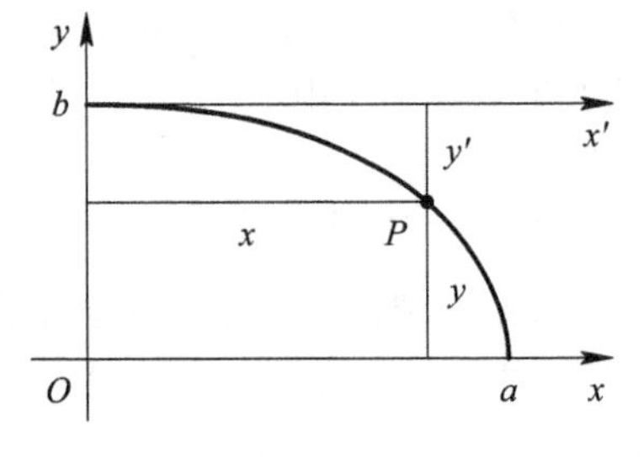

图 13-26 锥坡放样的内、外坐标法

如图 13-26 所示，如果以锥坡顶点的平面位置 O 为原点，以 1/4 椭圆的长、短轴为坐标轴建立直角坐标系 xOy，并计算出椭圆上任一点 P 在该坐标系中的坐标 (x, y)，那么在实地确定锥坡顶点的平面位置 O 以及长、短半轴方向后，采用直角坐标法即可放样出坡脚与基础的边缘线。

3. 外坐标法

施工中，为了减少土方回填，往往将开挖弃土堆放在锥坡内，此时用内坐标法不易放样锥坡。这时，可以采用平移 x 轴或 y 轴的方法，从外侧向内侧量距放样出坡脚与基础的边缘线。如图 13-26 所示，从椭圆短轴端点由外侧向内侧量距 $y'=b-y$，即可放样出椭圆上的一系列点。

13.5 桥梁工程竣工测量

桥梁工程竣工后，需进行桥梁工程竣工测量。桥梁工程竣工测量的作用如下：一是检查施工是否满足设计要求，起到检查施工质量的作用；二是作为今后分析桥梁变形的基础资料，通过变形观测结果与竣工资料的对比即可获知桥梁投入运营后是否发生变形。

同其他工程一样，桥梁工程竣工测量不能等到桥梁工程全部竣工后再进行，而应在施工过程的各个阶段结束时随时进行，并把这些资料整理、编制好，等全桥竣工后，及时移交运营单位。下面对几个重要阶段竣工测量的主要内容进行介绍。

1. 墩、台、索塔基础(承台以下)竣工测量的主要内容

(1) 打入桩基础竣工测量的主要内容如下：

① 桩尖、桩顶竣工标高及其倾斜率和桩顶的中心位移。

② 桩群顶、底的中心位移及其顶、底的平均标高。

(2) 钻孔灌注桩基础竣工测量的主要内容如下：

① 每个成孔的顶、底竣工标高及孔底沉渣厚度。

② 孔身的孔径、钢筋笼长度及成孔倾斜率。

③ 每个孔的顶、底中心位移。

④ 孔群中心的顶底位移。

(3) 沉井基础竣工测量的主要内容如下：

① 沉井下到设计标高后，经清基的井孔内泥面标高及其等高线图(或井孔内的泥面平均标高)。

② 沉井顶、底的中心位移及倾斜率。

③ 封底前后顶面及刃尖的平均标高，封底后井孔内的混凝土面竣工标高。

2. 承台、墩身、墩帽(或盖梁)竣工测量的主要内容

(1) 承台顶、底的竣工标高及其顶面的竣工尺寸。

(2) 墩身顶面的竣工标高及其平面的竣工尺寸。

(3) 墩柱的竣工标高(含支承垫石)及其平面竣工尺寸。

(4) 墩帽中心间的实际跨度。

(5) 墩、台预埋件的位置和标高。

3. 桥梁架铺设竣工测量的主要内容

(1) 主梁弦杆的直线度。

(2) 梁的拱度。

(3) 立柱的竖直度。

(4) 各个支点与墩、台、索塔中心的相对位置。

上述每项竣工测量工作结束后，要将相关资料绘成平、立面竣工图(图上注明竣工日期、测量日期和测量方法)，最后连同施工控制测量资料一同编制成册。

第 13 章课后习题

第14章 地下工程测量

本章的主要内容包括地上、地下控制测量，联系测量，地下工程施工测量，地下工程竣工测量。本章的教学重点为地上、地下控制测量和联系测量，教学难点为联系测量。

学习目标

通过本章的学习，学生应理解地上、地下控制测量，联系测量，地下工程施工测量，地下工程竣工测量的相关理论知识和方法；掌握地下控制测量、联系测量和地下施工测量的方法、步骤；了解陀螺经纬仪的原理和作业方式。

14.1 概　　述

建设在地表以下的工程称为地下工程，包括铁路、公路、输水沟渠的隧道，城市地下交通工程，越江隧道，人防工程的地下洞库、地下工厂、地下电站、地下医院等。由于作业条件的限制，地下工程测量环境较差，检核条件较少，精度较难把握，且工程耗资巨大，稍有差错就会造成工程事故。

如图14-1所示，为了加快隧道的掘进进度，往往会从两端相向掘进。对于特长隧道，还会采取开挖竖井、平峒或斜井的形式增加掘进工作面。

隧道自两端洞口相向掘进开挖，在洞内预定位置挖通，称为贯通。因此，隧道测量也称为贯通测量。地下工程以隧道工程为代表，尤其是目前高速公路、高速铁路快速发展，其线路不可避免地出现大量穿山隧道、特长隧道等，而保证隧道的正确贯通就显得尤为重要。

在隧道施工中，相向开挖的两个工作面开挖到贯通面后施工中线不能准确地重合，会产生错位，这种偏差称为贯通误差。贯通误差包括纵向贯通误差、横向贯通误差和高程贯通误差三个分量。

如图14-2所示，贯通误差沿中线方向的分量 Δt 称为纵向贯通误差；沿水平垂直于中线方向的分量 Δu 称为横向贯通误差；在铅垂面内的分量 Δh 称为高程贯通误差。

纵向贯通误差 Δt 影响隧道的长度，只要不大于定测中线的误差即可，实际上比较好控

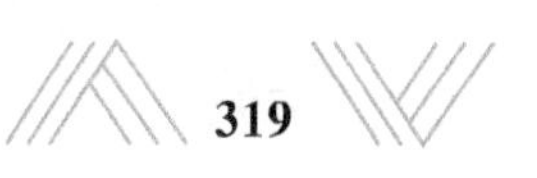

制。影响较大的就是横向贯通误差 Δu 和高程贯通误差 Δh，在整个隧道贯通后要进行贯通误差的评定。

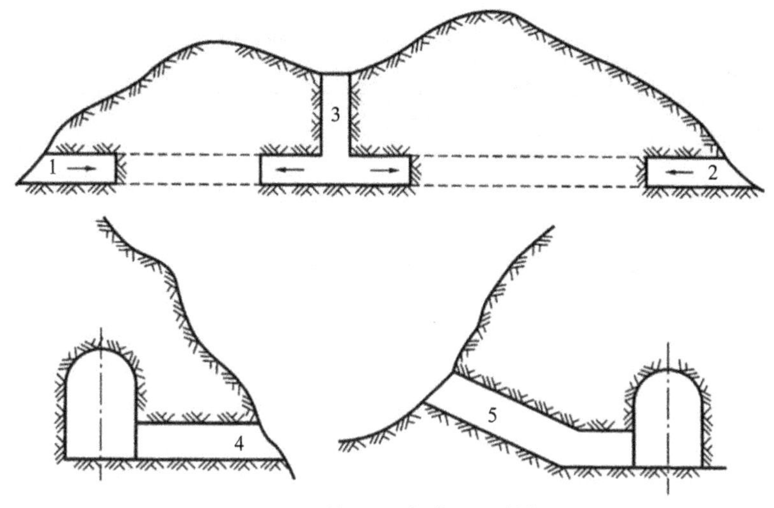

1，2，4—平洞；3—竖井；5—斜井。

图 14－1　隧道的开挖

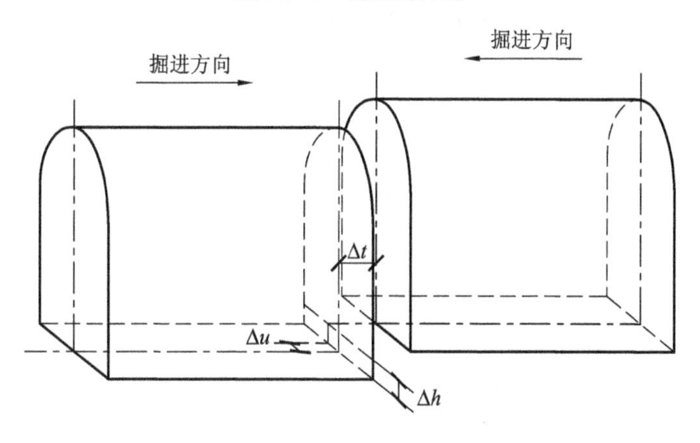

图 14－2　贯通误差

地下工程测量的内容包括建立地上平面和高程控制网，地上、地下的联系测量，地下平面与高程控制测量，中线放样，断面开挖和竣工测量。

与地面测量工作不同的是，隧道施工的掘进方向在贯通之前无法通视，只能完全依据沿隧道中线布设的支导线来指导施工。由于支导线无外部检核条件，同时隧道内光线暗淡，工作环境较差，因此在测量工作中易产生疏忽或错误，导致开挖方向偏离设计方向，从而导致隧道不能正确贯通。所以，进行隧道测量工作时，要十分认真细致，除按相关规范要求严格检验与校正仪器外，还应注意采取多种有效措施削弱误差，避免发生错误。

不同性质、不同行业对横向贯通误差和高程贯通误差的要求反映在不同规范中，从表 14－1 中可以看出不同规范对不同长度隧道贯通误差要求的差异。

表 14－1　不同规范对不同长度隧道的贯通误差要求

规范代码	横向贯通误差限差/mm								高程贯通误差限差/mm		
	100	130	150	160	200	250	320	360	50	70	75
GB 50026—2020	$L<4$		$4\leqslant L<8$		$8\leqslant L<10$					$L<10$	
TB 10101—2018	$L<4$	$4\leqslant L<7$		$7\leqslant L<10$	$10\leqslant L<13$	$13\leqslant L<16$	$16\leqslant L<19$	$19\leqslant L<20$	$L<20$		
DL/T 5173—2012	$L<5$		$5\leqslant L<10$						$L<5$		$5\leqslant L<10$

注：1. 隧道长度 L 的单位为 km。

2. 表中规范分别指《工程测量标准》(GB 50026—2020)、《铁路工程测量规范》(TB 10101—2018)和《水电水利工程施工测量规范》(DL/T 5173—2012)。

14.2　地上、地下控制测量

14.2.1　地上控制测量

为满足地下工程施工要求，需要在高等级地面控制点的基础上布设地面控制网，在洞口等关键部位加测一些控制点，同时对已知的控制点进行检核。地上控制测量分为地上平面控制测量和地上高程控制测量。

1. 地上平面控制测量

地上平面控制测量常用的技术方法有 GNSS 静态相对测量、全站仪导线测量、三角形网测量。

1) GNSS 静态相对测量

根据工程设计的等级不同，在布设 GNSS 控制网时，观测时段及基线长度要按照相关规范执行。

进行 GNSS 静态相对测量时，要求至少有 2 台 GNSS 接收机安置于不同的控制点上同步观测。下面结合如图 14－3 所示的地上 GNSS 控制网，以 4 台 GNSS 接收机为例来说明 GNSS 静态相对测量的作业过程。

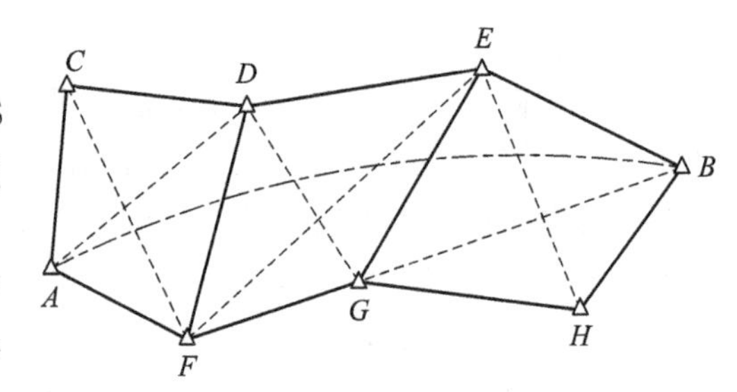

图 14－3　地上 GNSS 控制网

(1) 整个 GNSS 控制网布设成大地四边形，可分为三个闭合环，将 4 台 GNSS 接收机安置于 A、C、D、F 点上，开机同步观测 1 个时段；

(2) D、F 两点的仪器不动，将 A、C 两点的仪器搬至 E、G 处，4 台仪器再同步观测 1 个时段；

(3) E、G 两点的仪器不动，将 D、F 两点的仪器搬至 B、H 处，4 台仪器再同步观测 1 个时段，结束观测。

如此就完成了整个 GNSS 控制网的观测过程。在完成第 1 个时段(如 $ACDF$)的观测后，搬动仪器进行第 2 个时段的观测时，要保证相邻的两个闭合环有 1 条公共边(如 DF 边)相连。虽然也可以由一个点连接两个闭合环，但一旦这个连接点出现问题，会导致与后续的观测脱节，所以实际工程中以边连接方式为主。DF 和 EG 即为连接相邻两个闭合环的公共边。

上述过程中，D、G 为已知控制点，A、C、F 和 B、E、H 分别为两侧洞口加密的控制点。在进行 GNSS 静态相对测量时，至少要有两个已知点(如 D、G)作为起算数据。通常，为了有效地检核，在有多余已知点的情况下，将其纳入 GNSS 控制网中，并将多余已知点作为未知点来解算，再将解算坐标和已知坐标相比较，以检核精度。

GNSS 静态相对测量效率较高，野外工作较为简单。但内业处理与平差涉及过程比较多，选择不同的处理参数，会对最终平差结果产生不同的影响。另外，已知点的精度也会影响解算及平差结果的正确性，所以已知点一定要准确、可靠。结合连续运行参考站系统(CORS)的数据进行平差计算会增加可靠性。

2) 全站仪导线测量

如图 14-4 所示，在进行导线布设时，尽量在隧道中线上方的前进方向采用伸展式布设。布设的形式以闭合导线为主，构成闭合环网，并尽可能将隧道洞口控制点纳入导线网中。

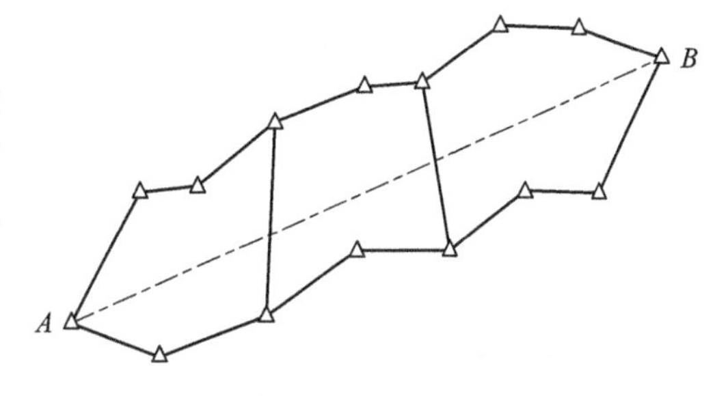

图 14-4　地上导线网

布设导线时要注意以下几个方面：

(1) 相邻导线点间高差不要太大，以免影响水平角的观测。

(2) 为尽量减少测距误差对横向贯通的影响，导线应尽可能沿隧道中线前进的方向布设。

(3) 导线点数不宜过多，以减少测角误差对横向贯通的影响。

(4) 隧道洞口(平峒、斜井和竖井)至少布设 2 个导线点，以作为将来进洞的起算数据。

(5) 对于曲线隧道，除了洞口，还应在曲线的起始点和切线上布设导线点。

(6) 为增加检核条件，提高导线测量精度，一般每延伸两三条边就组成一个小的闭合环。

3) 三角形网测量

如图 14-5 所示，在布设三角形网时，隧道洞口控制点 A 和 B 应包含在其中，用全站仪测定三角形网的全部角度和若干条边长或全部边长，使之成为边角网。布网时，三角点应尽量靠近轴线。洞口附近应至少布设 2 个控制点，洞口控制点应尽可能避免施工干扰，以保证点位稳定、安全。

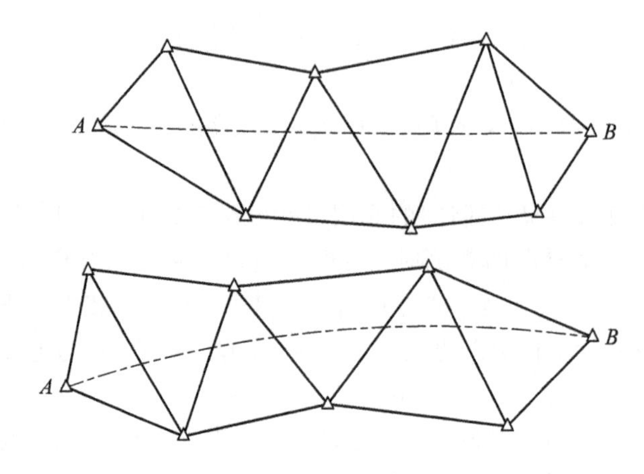

图 14-5 地上三角形网

2. 地上高程控制测量

地上高程控制测量的主要任务是在施工洞口附近建立至少 2 个准确的高程控制点，以作为洞内开挖高程基准，保证隧道竖向贯通(高程贯通)。

地上高程控制测量主要采用水准测量技术，等级按技术设计和规范要求。对于一些山势险峻等水准测量比较困难的地区，可以采用全站仪三角高程测量技术，但精度要符合要求。

在布设水准路线时，要求布设成闭合环，路线的选择以起伏较小和路线总长度尽量短为原则，通过减少测站数来减少误差来源。采用全站仪三角高程测量时，要求对向观测，边长不能过长，并加入球气差改正等参数。洞口附近至少布设 2 个水准点，应以安置一次仪器即可联测为宜。

14.2.2 地下控制测量

完成隧道洞口控制点的布设、观测和平差计算后，需要将平面控制点和高程控制点(水准点)往洞内延伸，以控制开挖方向和开挖底板高程。

地下控制测量分为地下平面控制测量和地下高程控制测量。

1. 地下平面控制测量

隧道内空间狭窄，受隧道形状和空间的限制，洞内的平面控制网只能以导线形式布设。地下导线网如图 14-6 所示。对于短隧道，可布设成单一的直伸导线；对于较长隧道，可布设成狭长且多环的闭合导线网。

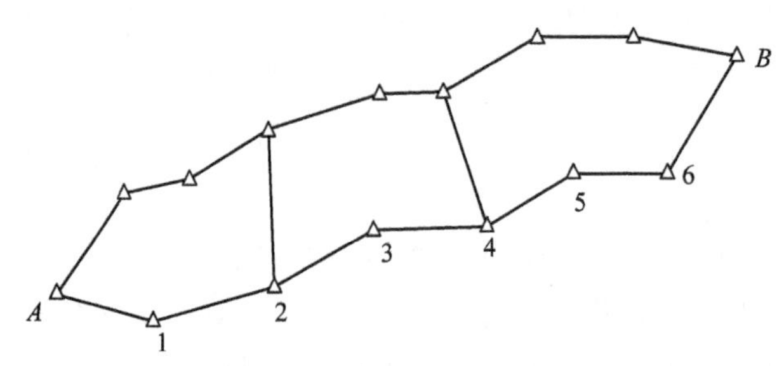

图 14-6 地下导线网

除了闭合导线，也可以布设成主、副导线的形式。在图 14-6 中，A—1—2—3—4—5—6—B 作为副导线，只测量角度，不测量距离。每个小闭合环的角度闭合差平均分配到小环内的每个角上，以提高测角的精度。按改正后的角度计算主导线各点的坐标，最后按主导线点的坐标放样中线位置。

和地面导线不同，地下导线是随着开挖的延伸而逐级布设的，即按照施工导线、基本导线、主要导线的顺序布设，这三种导线的特点如下：

(1) 施工导线：精度较低，边长为 25～50 m，用于控制初期的开挖方向。

(2) 基本导线：精度较高，掘进 100～300 m 时布设，边长为 50～100 m。

(3) 主要导线：精度更高，掘进 800 m 左右时布设，边长为 150～300 m。

为了减少埋点工作，主要导线点可与基本导线点重合。根据工程的实际情况，基本导线也可舍去，即在施工导线上布设主要导线，如图 14-7 所示。图中，• 是施工导线点；◦既是施工导线点，又是基本导线点；¤ 既是施工导线点、基本导线点，又是主要导线点。

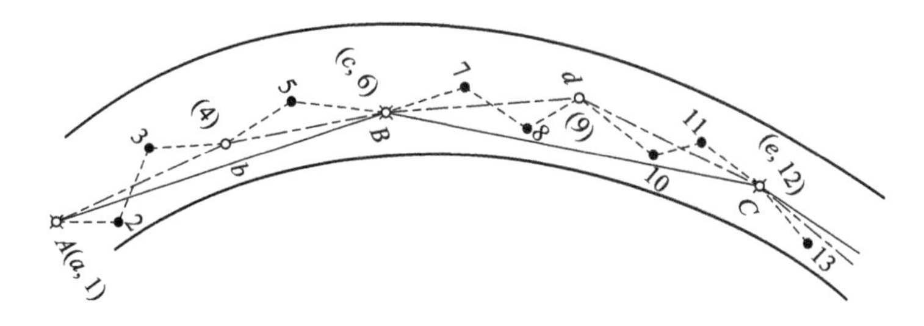

图 14-7　地下导线的逐级布设

由于地下导线是随隧道开挖而布设的支导线，当重新增加一个点(25～50 m)时，必须检查前一个旧点的稳定性，确认旧点没有发生位移，才能用来发展新点。此外，布设导线时还应注意以下几点：

(1) 地下导线点位于隧道顶板上时，需采用上对中的方式。

(2) 有平行导坑时，平行导坑内的单导线应与正洞导线联测。

(3) 地下导线边长较短、光线较暗，为减少测角误差，要尽可能减小仪器对中误差和目标照准误差。

(4) 主要导线边长在直线段处不宜短于 200 m，在曲线段处不宜短于 70 m。根据实际条件应布设尽可能长的导线边，以减少转角个数。

(5) 在隧道掘进过程中，施工爆破、岩层或土体应力变化等可能会使控制点产生位移，所以要定期进行复测检核。

2. 地下高程控制测量

地下高程控制测量的目的是由洞口高程控制点向洞内传递高程，作为洞内中线开挖的高程引导和洞内施工高程放样的依据。洞内应每隔 200～500 m 设立一对高程控制点。

地下高程控制测量采用水准测量技术，水准路线一般与导线测量路线相同，在隧道贯通以前为支水准路线，所以必须往返观测。

高程控制点可与导线点重合，也可根据情况埋设在隧道的顶板、底板或边墙上，如图 14-8 所示。

当水准点埋设在顶板时，水准尺需倒立。采用倒尺法传递高程时，规定倒尺读数为负值，高差的计算公式与常规水准测量方法的相同。例如，由 $h_{BC}=H_C-H_B=a_2-b_2$(其中，H_B、H_C 分别为 B 点、C 点的高程，a_2、b_2 为水准尺读数)，得 $H_C=H_B+a_2-b_2$，也就是由 B 尺视线高加上 C 尺的读数(此时 b_2 为负)，得到埋设在顶板上的水准点 C 的高程。

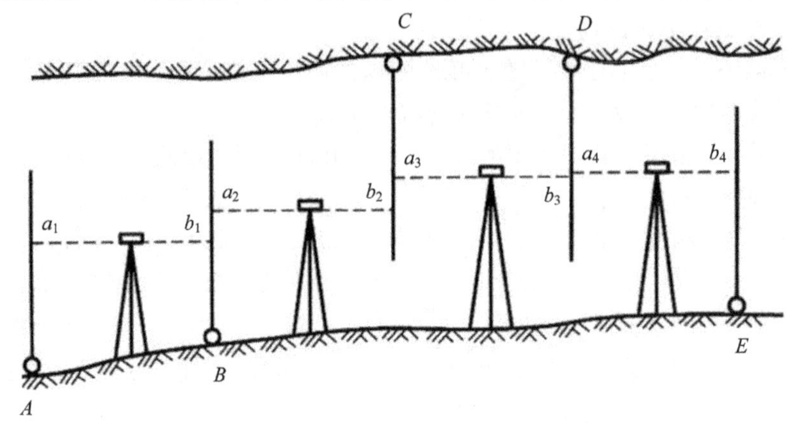

图 14-8　地下高程控制测量

14.3　联系测量

在地下工程施工中，通常会通过增加工作面的方式来加快施工进程，常用的方式有开挖平峒、斜井和竖井。为了保证各相向开挖的工作面最终正确贯通，需将地上平面坐标系统和高程系统传递到地下，这些传递工作称为联系测量。

平峒和斜井联系测量采用全站仪导线测量和水准测量技术，即利用全站仪导线测量和水准测量技术将地上平面控制和高程控制延伸引入地下。

竖井联系测量常采用一井定向、二井定向和陀螺经纬仪定向。本节主要介绍竖井联系测量。

14.3.1　一井定向

如图 14-9 所示，一井定向就是在一个竖井内悬挂两根垂线，在地面上根据地上控制点测定出两根垂线的地面坐标及方位角；在井下，根据垂线投影点的坐标及方位角，确定地下导线的起算坐标及方位角。

一井定向工作分为投点和连接测量两部分。投点时为了调整和固定钢丝位置，在井架上设有定位板，通过移动定位板可以移动钢丝至合适的位置。

(1) 投点。将钢丝挂以较轻的荷重，通过滑轮送入井下，然后换上作业重锤。钢丝的直径不能太大，以小于 1 mm 为宜，以免影响观测时的照准精度。作业重锤放入盛有机油的桶内，机油有一定的阻力，比水要好一些。作业重锤不能与桶壁接触，为防止滴水影响，桶需加盖。

(2) 调节小角。调节两根钢丝的位置，使得地上、地下测站点和两根钢丝的水平夹角尽可能地小。

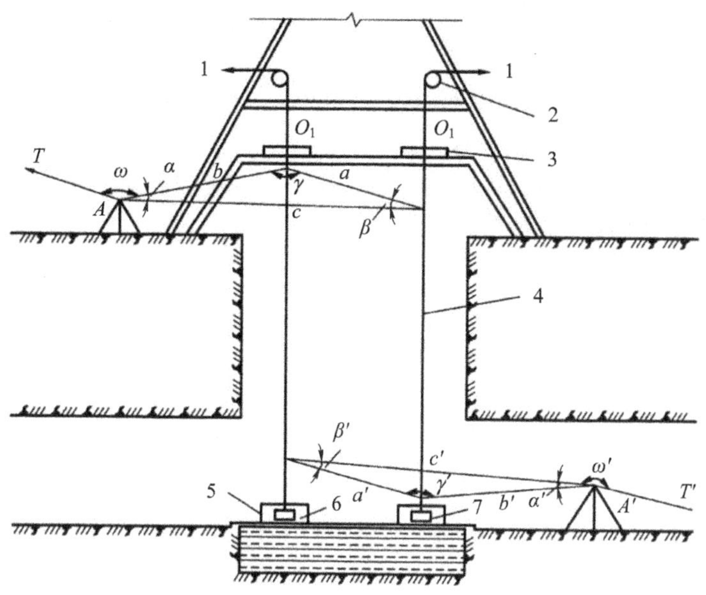

1—绞车；2—滑轮；3—定位板；4—钢丝；5—桶；6—稳定液；7—重锤。

图14-9　一井定向

（3）连接测量。在连接测量中构成的几何图形称为联系三角形，如图14-10所示，首先根据地上控制点在井口附近测设出近井点A；O_1、O_2为两条垂线在地面上的投影点，A'为洞内近井点，也是地下导线的起始点；$A'T'$为洞内导线的起始边，当两条垂线稳定后，在地面观测α角和连接角ω，并测量三角形边长a、b、c；在井下观测α'角和连接角ω'，并测量三角形边长a'、b'、c'。测量边长时使用具有毫米分划的钢尺，钢尺使用前应经过检验，每边往返测四次，估读到0.1 mm。在地面和地下量得的两条垂线间的距离之差不能超过2 mm。利用钢尺量得的垂线间的距离与按余弦定理$a=\sqrt{b^2+c^2-2bc\cos\alpha}$求得的距离之差应小于2 mm。

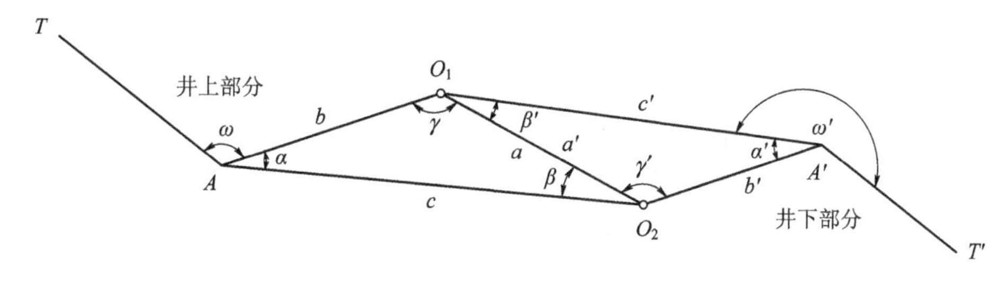

图14-10　联系三角形

（4）求解联系三角形。连接测量之后，通过正弦定理计算联系三角形中的β和β'。

$$\sin\beta=\frac{b}{a}\sin\alpha \tag{14-1}$$

$$\sin\beta'=\frac{b'}{a'}\sin\alpha' \tag{14-2}$$

联系三角形的最有利的形状：① 联系三角形应为伸展形状，α、β应接近于零，α角要小于3°；② 边长比b/a约为1.5为宜，两垂线间的距离应尽可能大；③ 连接角所关联的边

长 AT 应大于 20 m；④ 联系三角形未平差时，传递方向应选择经过小角 β 和 β' 的路线。

(5) 地下导线起算数据。根据观测成果和联系三角形的求解结果，可以计算地下导线起始点 A' 的坐标和地下导线起始边 $A'T'$ 的方位角。坐标计算可按导线测量进行，此处从略。起始边 $A'T'$ 的坐标方位角的计算公式如下：

$$\alpha_{A'T'} = \alpha_{AT} + \omega + \alpha + \beta - \beta' + \omega' \pm i \cdot 180° \tag{14-3}$$

式中：α_{AT}——AT 边的坐标方位角；

β、β'——水平夹角；

i——$i=1, 2, \cdots$。

为了提高精度，可移动定位板，改变垂线的位置，在三个不同的位置观测，取三组数据的平均值。

14.3.2 二井定向

在隧道施工过程中，为增加工作面，隧道中部开挖有多个竖井，或者为改善施工条件钻有通风孔。此时应该采用二井定向。二井定向时外业工作包括投点、地面与地下连接测量。

(1) 投点。二井定向是利用两竖井(或通风孔)分别悬挂一根吊锤线进行投点，投点方法与一井定向的相同。与一井定向相比，二井定向两吊锤线间的距离大大增加了，因而减小了由投点误差引起的方向误差，有利于提高地下导线的精度，这是二井定向的主要优点。此外，二井定向外业测量简单，占用竖井的时间较短。有条件时可以把吊锤悬挂在竖井的设备管道之间，对生产的影响更小。

(2) 连接测量。如图 14-11 所示，二井定向时，地面上采用导线测量方法测定两吊锤线的坐标；地下导线两端点分别与两吊锤线联测，组成一个闭合无定向导线。将地面坐标系中的坐标传递到地下，经计算可求得地下导线各点的坐标。

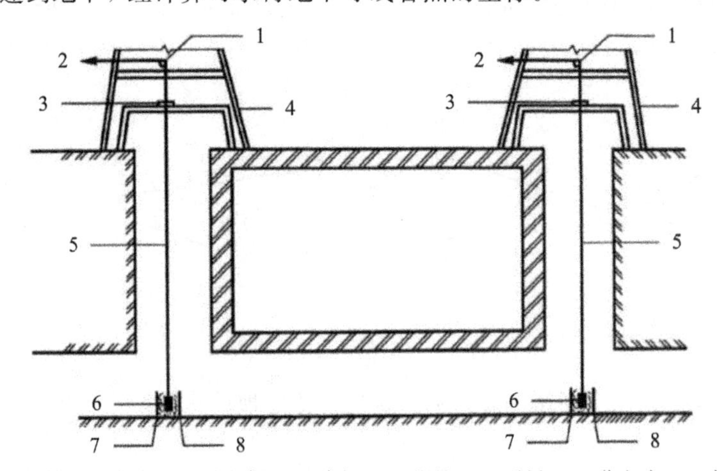

1—滑轮；2—绞车；3—定位板；4—支架；5—钢丝；6—重锤；7—稳定液；8—桶。

图 14-11 二井定向

在地下导线中，两吊锤线处缺少连接角，因此无起始方向角，故地下导线称为无定向导线，如图 14-12 所示，其内业计算过程如下：

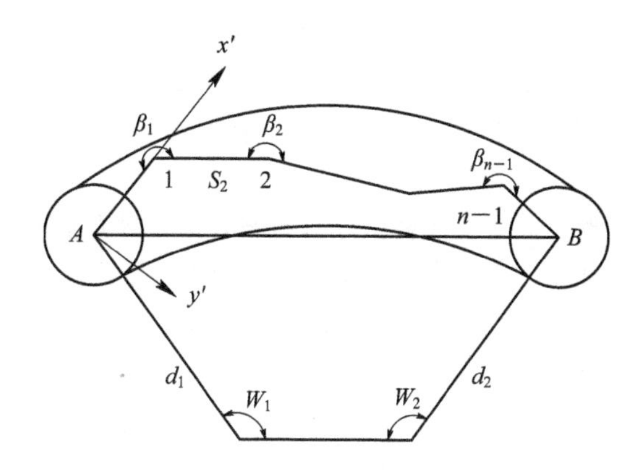

图 14-12　二井定向的无定向导线

① 根据地面连接测量的成果，按照导线的计算方法，计算出地面两垂线点 A、B 的平面坐标(x_A，y_A)和(x_B，y_B)。

② 计算两垂线点 A、B 的连线在地面坐标系统中的方位角和边长：

$$\begin{cases}\alpha_{AB}=\arctan\dfrac{y_B-y_A}{x_B-x_A}\\ S_{AB}=\sqrt{(x_B-x_A)^2+(y_B-y_A)^2}\end{cases}\tag{14-4}$$

③ 以 A 点为坐标原点、A 点和 1 点连线为 x' 轴、与其垂直方向为 y' 轴建立假定坐标系 $x'Ay'$。在假定坐标系中，$x'_A=y'_A=0$，$A1$ 边的坐标方位角 $\alpha'_{A1}=0$。利用地下导线测量所得各观测角及导线边长，计算地下各导线点在假定坐标系 $x'Ay'$ 中的坐标(x'_i，y'_i)，同时求得 B 点在 $x'Ay'$ 坐标系中的坐标(x'_B，y'_B)。

④ 计算 AB 在假定坐标系 $x'Ay'$ 中的方位角及边长：

$$\alpha'_{AB}=\arctan\frac{y'_B}{x'_B}\tag{14-5}$$

$$S'_{AB}=\sqrt{x'^2_B+y'^2_B}\tag{14-6}$$

⑤ 计算 $\Delta S=S_{AB}-S'_{AB}$ 的值。由地面与地下计算得到的 S_{AB} 与 S'_{AB} 必须投影到同一个投影面上时才能进行检核比较。在隧道施工中，竖井深度一般不太深，通常取地面与地下坑道的平均高程面作为投影面，这样可使地面与地下导线边的投影改正数很小或忽略不计。但是由于测量误差的影响，$\Delta S_{AB}\neq S'_{AB}$，其差值 $\Delta S=S_{AB}-S'_{AB}$，当经过投影改正，ΔS 不超过允许值时，就可以计算地下各导线点在地面坐标系中的坐标。

⑥ 计算两坐标系的旋转角：

$$\Delta\alpha=\alpha_{AB}-\alpha'_{AB}\tag{14-7}$$

利用两坐标系的旋转角，即可对地下各导线边的方位角进行改正，计算井下起始边在地面坐标系中的方位角。由于地下起始边 $A1$ 在假定坐标系 $x'Ay'$ 中的方位角为 0，因此其在地面坐标系中的方位角为

$$\alpha_{A1}=\alpha'_{A1}+\Delta\alpha=\Delta\alpha\tag{14-8}$$

⑦ 将地下导线边的方位角分别加上改正数，得到地下各导线边在地面坐标系中的方位角。再根据地下各导线边的边长和起始点 A 的坐标，即可计算地下各导线点在地面坐标系中的坐标。

⑧ 进行两竖井间地下导线的平差。由于测量误差的影响，在假定坐标系中算得的 B 点坐标(x'_B，y'_B)与地面上计算得到的 B 点坐标(x_B，y_B)也不相等，存在闭合差。将闭合差按与边长成正比反号分配到地下各导线边的坐标增量上，再由 A 点重新推算地下各导线点的坐标。

在实际工作中，可用激光垂准仪代替钢丝垂线来作业。激光垂准仪投点具有方向性好、不受风流影响、占用井筒时间少等优点。激光垂准仪使用之前一定要严格检验以保证精度。

激光垂准仪投点的基本原理：由垂准仪向上或向下垂直发射一条激光束，并投射至工作面，得到投影点。激光垂准仪投点主要有两个误差：对中误差，其消除方法与安置全站仪的相同；激光束不垂直的投点误差，该误差与投射距离成正比，距离越大，误差越大，其消除方法是在同一点位上，每隔 90°投点 1 次，转动一周完成 4 次投点，取 4 次投点的平均位置作为最后点位。激光垂准仪投点的方法：如图 14－13 所示，在井下选定点位，做好标志，用脚架将激光垂准仪在该点上方严格对中、整平；通过井口盖板上的预设圆孔(直径约为 20 cm)向上投点，每转动照准部 90°投点 1 次，取 4 次投点的中心作为最终投点位置；将投点位置与地面其他导线点联测，得出此点的平面坐标，也是该点的井下平面坐标。注意：在井口盖板上取平均位置时，要另搭木架(与井口盖板脱离)供观测者站立。

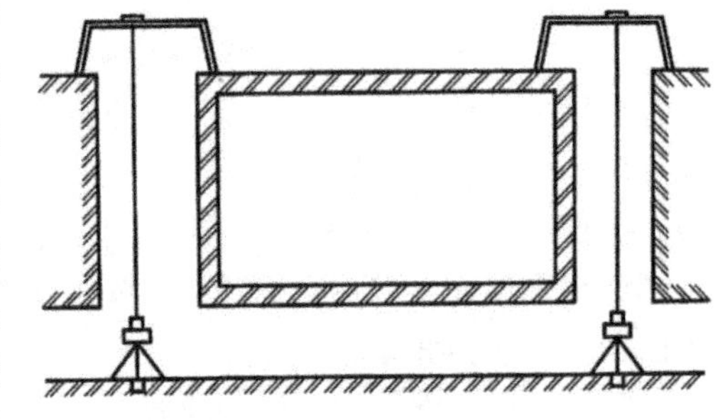

图 14－13　激光垂准仪投点

14.3.3　陀螺经纬仪定向

凡是绕自身对称轴高速旋转的物体都可以称为陀螺。陀螺在高速旋转时具有以下两个重要特性：

(1) 当无外力矩作用时，陀螺自转轴始终指向初始恒定方向，该特性称为陀螺的定轴性。

(2) 当受到外力矩作用时，陀螺自转轴将按一定的规律产生进动，该特性称为陀螺的进动性。

对于一个在平面上绕竖直轴(重力方向)高速旋转的陀螺，如果平面倾斜，则陀螺自转轴指向不会倾斜，仍指向竖直方向保持不变，这就是陀螺的定轴性，如图 14－14(a)所示；

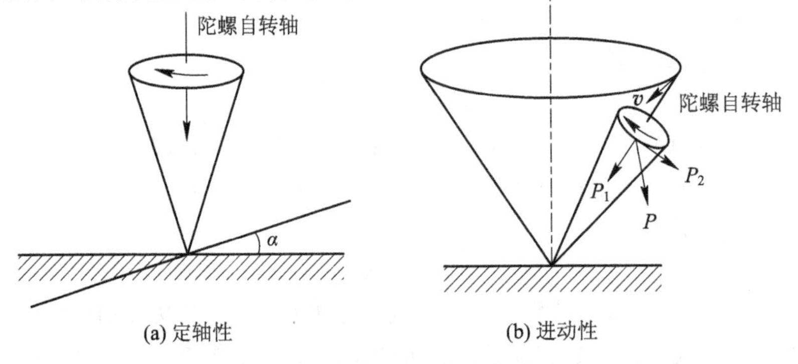

图 14－14　陀螺的定轴性和进动性

如果陀螺自转轴偏离重力方向一个夹角，则陀螺在自转的同时，其自转轴会在一个以重力方向为轴线的圆锥面上运动，而不会像静态的刚体那样在重力作用下倒下，这就是陀螺的进动性，如图 14－14(b)所示。陀螺的定轴性和进动性统称为陀螺效应。

1. 陀螺经纬仪的基本工作原理

陀螺经纬仪是一种将陀螺和经纬仪结合在一起的仪器。陀螺经纬仪的基本工作原理是：当陀螺旋转轴以水平轴转动时，由于地球的自转，陀螺的旋转轴会向子午线方向产生进动，最终稳定在子午面内，陀螺自转轴将以子午面为中心做往复摆动，求得陀螺自转轴摆动的平衡位置即得测站的真北方向。

根据连接形式的不同，陀螺经纬仪可分为上架式陀螺经纬仪和下架式陀螺经纬仪。若用全站仪代替经纬仪，则称为陀螺全站仪。

陀螺经纬仪的真北方向(子午线方向)的测定方法主要有逆转点法、中天法、阻尼法、积分法等。目前高精度的陀螺经纬仪多用积分法。

陀螺经纬仪可以用于精密定向，在大地测量、工程测量和军事测量中有重要应用，在地下工程(如隧道、地铁、矿山工程)测量中尤为重要。

陀螺经纬仪有半自动和全自动之分。全自动陀螺经纬仪在测量中除架设和照准外，整个过程无需任何人工操作，测量结束后，在显示屏上直接显示真北方位角，实现了测量全过程的自动限幅、自动锁放、自主寻北。

2. 陀螺经纬仪的主要结构

陀螺经纬仪主要由陀螺仪、经纬仪两大部分组成。其中陀螺仪由陀螺敏感部、锁放机构、输电机构及跟踪机构几部分组成，下面简要介绍这几部分的作用。

(1) 陀螺敏感部。陀螺敏感部是陀螺仪的关键部件。它能敏感地球自转的水平分量，形成参照真北方向的往复运动，从而达到定向的目的。陀螺敏感部主要由陀螺电动机、陀螺房体及悬挂机构组成，其结构示意图如图 14－15 所示。陀螺电动机固定在陀螺房体中，悬挂机构中的悬带(吊丝)使陀螺房体处于自由悬挂状态。陀螺房体分内、外房体，均为对称式结构，这样就确保了陀螺敏感部的静平衡。陀螺电动机固定在内房体上后整体安装在外房体上，其转速可达 16 000 r/min。

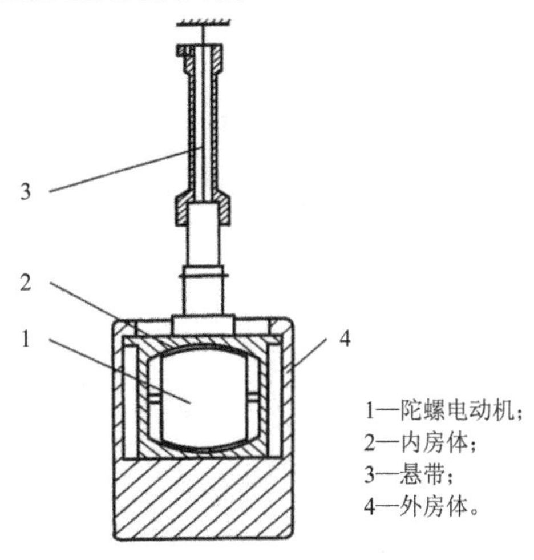

图 14－15　陀螺敏感部结构示意图

(2) 锁放机构。锁放机构使陀螺敏感部在工作状态下处于自由悬挂状态，在非工作状态下处于固定状态。

(3) 输电机构。输电机构的功能就是为运动中的陀螺供电。

(4) 跟踪机构。跟踪机构主要跟踪陀螺敏感部的运动轨迹。

3. 陀螺经纬仪定向的作业过程

陀螺经纬仪定向的作业过程主要包括：

(1) 测定仪器常数和地面(井上)已知边的陀螺方位角；

(2) 测定地下(井下)定向边的陀螺方位角；

(3) 仪器上井后重新测定仪器常数，计算仪器常数的最或是值；

(4) 计算子午线收敛角；

(5) 计算地下定向边的坐标方位角。

下面重点介绍仪器常数的测定和地下定向边坐标方位角的计算。

1) 仪器常数的测定

在理想情况下，所测边的陀螺方位角应与真方位角一致，这时仪器常数为0。但是，由于陀螺自转轴、经纬仪望远镜视准轴不在同一竖直面内，因此测得的陀螺方位角与真方位角不一致，其差值称为仪器常数，即真方位角＝陀螺方位角＋仪器常数。

通常是在已知真方位角的边上实测陀螺方位角，由两者之差求得仪器常数。当已知真方位角大于陀螺方位角时，仪器常数为"＋"，否则为"－"。

在下井定向之前，需要在地面已知边上测定仪器常数两次，各次之间的互差要符合相应的规定。在仪器保存得好时，仪器常数可能保持不变，但是经过一段时间后，仪器常数可能会慢慢变化。因此，在进行重要定向观测的前后，应分别在同一条已知真方位角的边上进行多次(一般应不少于3次)测定，取测前、测后的平均值作为仪器常数的最终值。当仪器经过长途搬运、震动或撞击，以及更换悬带后，仪器常数可能有较大变化，应及时进行检核、观测。地区与地区之间由于真方位角的测定精度不同，对仪器常数也有影响。因此，各地区间不应通用一个仪器常数，应分别独立测定。

测定陀螺经纬仪的仪器常数时，首先，在地面已知边上安置仪器，测出ⅠⅡ边的陀螺方位角 m_0，如图 14-16(a)所示；然后将仪器搬至地下定向边一端的 P_1 点上，测出 P_1P_2 边的陀螺方位角 m，如图14-16(b)所示。

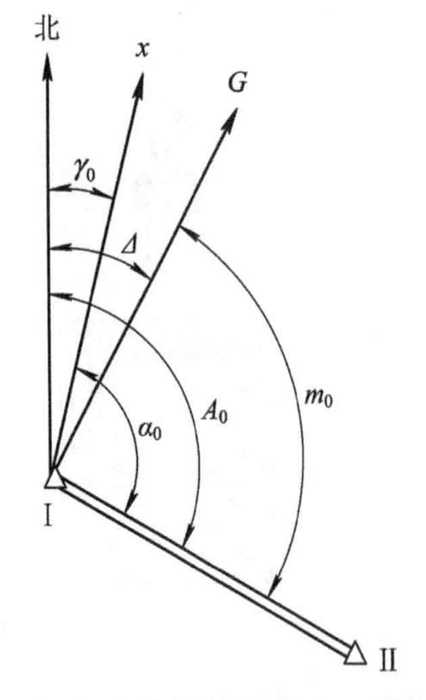

(a) 地面已知边的陀螺方位角 m_0 测定

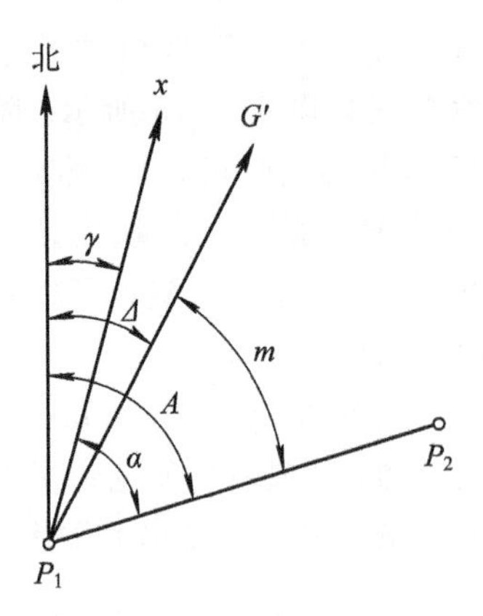

(b) 地下定向边的陀螺方位角 m 测定

图 14-16 陀螺经纬仪的仪器常数测定

在地下观测完毕后，将仪器再次搬至地面Ⅰ点上，以同样的观测方法在已知边ⅠⅡ上重新测定仪器常数，前后两次测定的仪器常数互差应符合相关规定，然后求出仪器常数的最终值。

2）地下定向边坐标方位角的计算

设 A_0 和 A 分别为地面已知边和地下定向边的真方位角，γ_0 和 γ 分别为地面已知边和地下定向边的子午线收敛角，m_0 和 m 分别为地面已知边和地下定向边的陀螺方位角，α_0 和 α 分别为地面已知边和地下定向边的坐标方位角，Δ 为仪器常数，ⅠG 和 P_1G' 分别为地面和地下的陀螺北方向，则由图 14-16 可得

$$\alpha = A - \gamma = m + \Delta - \gamma$$

因为 $\Delta = A_0 - m_0 = \alpha_0 + \gamma_0 - m_0$，所以

$$\alpha = \alpha_0 + (m - m_0) + \Delta\gamma \tag{14-9}$$

在式(14-9)中，$\Delta\gamma = \gamma_0 - \gamma$，其为地面与地下测站点的子午线收敛角的差值(以秒为单位)，其大小可按下式计算：

$$\Delta\gamma = \tan\varphi(y_{\mathrm{I}} - y_{P_1}) \tag{14-10}$$

式中：φ——当地纬度；

y_{I}，y_{P_1}——地面和地下测站点的横坐标，单位为 km。

例如，设某地纬度 $\varphi = 40°$，在图 14-16 中，地面ⅠⅡ边的已知坐标方位角 $\alpha_0 = 94°50'41''$，地面测站点Ⅰ的横坐标 $y_{\mathrm{I}} = 19\ 141.3$ km，地下测站点 P_1 的横坐标 $y_{P_1} = 19\ 144.5$ km。计算地下定向边 P_1P_2 的坐标方位角。

由式(14-9)可知，要求得未知量 α，需要计算出地面测站点与地下测站点的子午线收敛角的差值 $\Delta\gamma$，其大小可按式(14-10)计算。

将 $\varphi = 40°$，$y_{\mathrm{I}} = 19\ 141.3$ km，$y_{P_1} = 19\ 144.5$ km 分别代入式(14-10)，可计算得 $\Delta\gamma = -2.7''$；用陀螺仪测量出地下定向边 P_1P_2 的陀螺方位角 $m = 44°05'35''$，地面已知边ⅠⅡ的陀螺方位角 $m_0 = 96°12'03''$。将上述结果代入式(14-9)中，得地下定向边的坐标方位角为

$$\alpha = 94°50'41'' + (44°05'35'' - 96°12'03'') + (-2.7'') = 42°44'10.3''$$

4. 激光垂准仪与陀螺经纬仪联合定向

陀螺经纬仪定向时，当通过一井定向按如图 14-9 所示的方法将地面控制点的坐标传递到地下导线的起始点 A' 上后，不再利用角度推算地下起始边 $A'T'$ 的方位角，而是利用陀螺经纬仪独立测定 $A'T'$ 边的方位角作为地下导线的起算值。为了检核地下导线的角度观测，减少其误差累积，在地下导线的布设中，也可再选取几条边加测线陀螺方位角。由于悬吊锤线投点时，钢丝不易稳定，因此在实际工程中，多采用激光垂准仪与陀螺经纬仪联合定向。

如图 14-17 所示，首先采用激光垂准仪投点，确定井上、井下在同一垂线上的点位，然后用陀螺经纬仪分别进行井上、井下定向。根据陀螺定向成果，把井上导线的坐标和方位角传递到井下导线。

激光垂准仪与陀螺经纬仪联合定向的步骤如下：

(1) 竖井投点。A、B 为井上已知导线点，C、D、E 为井下待求导线点。在井口选定 T_1、T_2 两个点，用激光垂准仪向井下投点。T_1、$T_1{}'$ 在空间上为两个点，但投影到同一平面时就成为一个点，T_2、T_2' 的情况相同。井上、井下导线通过投点连成一闭合环。

(2) 陀螺定向。定向时采用陀螺经纬仪或陀螺全站仪进行。由于井筒上、下不宜安置仪器，因此井上选择 AB 为定向边，井下选择 CE 为定向边，进行定向观测。将定向观测的陀

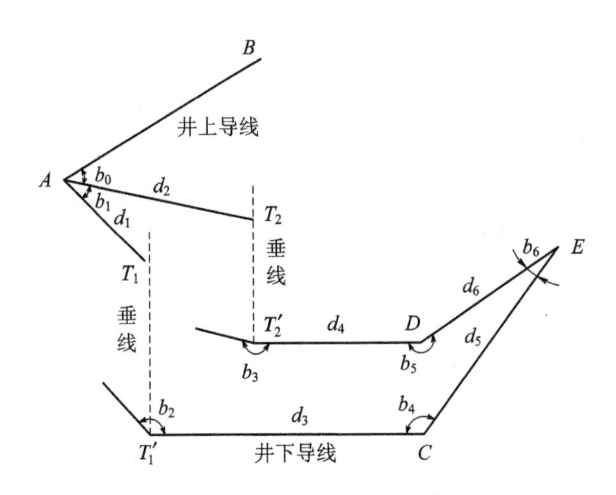

图 14－17 激光垂准仪与陀螺经纬仪联合定向

螺方位角换算为坐标方位角，AB 边的坐标方位角为 α_{AB}，CE 边的坐标方位角为 α_{CE}。

(3) 导线测量。安置全站仪于 A、C、D、E 点，进行导线测量。测量角度 b_0、b_1、b_4、b_5、b_6 和边长 d_1、d_2、d_3、d_4、d_5、d_6。

(4) 角度 b_2、b_3 计算。b_2 为 AT_1、$T_1'C$ 投影到平面上的夹角，b_3 为 AT_2、$T_2'D$ 投影到平面上的夹角，且

$$b_2 = \alpha_{CE} - \alpha_{AB} - b_0 - b_1 - b_4 + 360° \tag{14-11}$$

$$b_3 = \alpha_{AB} - \alpha_{CE} + b_0 - b_5 - b_6 + 360° \tag{14-12}$$

(5) 地下导线点坐标计算。坐标、方位角从井上导线点 A、B 传递到井下导线点 C、D、E 上，根据导线测量及定向测量数据，计算导线点的坐标。

根据陀螺经纬仪精度的不同，每一定向边可以进行 1～2 次独立定向测量，每次定向测量不少于三测回，每一测回均应重新安置仪器并重新开机。

利用陀螺经纬仪观测所得的井上导线已知边 AB 和井下导线起始边 CE 的方位角是陀螺方位角，需要改算成坐标方位角后才能使用。

14.3.4 高程传递

对于平峒或斜井，可按一般的水准路线布设。竖井高程传递的方法如图 14－18 所示。在高程传递前，必须对地面上的起始水准点进行检核。高程传递作业应同时使用两台水准仪、两根水准尺和一把钢尺进行。

由图 14－18 可知，B 点的高程为

$$H_B = H_A + a - (m - n) - b + \Delta t + \Delta l \tag{14-13}$$

式中：H_A，H_B——A、B 两点的高程；

a，b——两根标尺的读数；

m，n——钢尺读数；

Δt——钢尺的温度改正；

Δl——钢尺的尺长改正。

由于地面、地下温差较大，因此需要测定温度，对钢尺读数差进行温度改正。第一次观

测完后，改变地面、地下两台仪器高后再观测一次。可将地面 2～3 个水准点高程传递到地下对应的 2～3 个点上，以备检核之用。

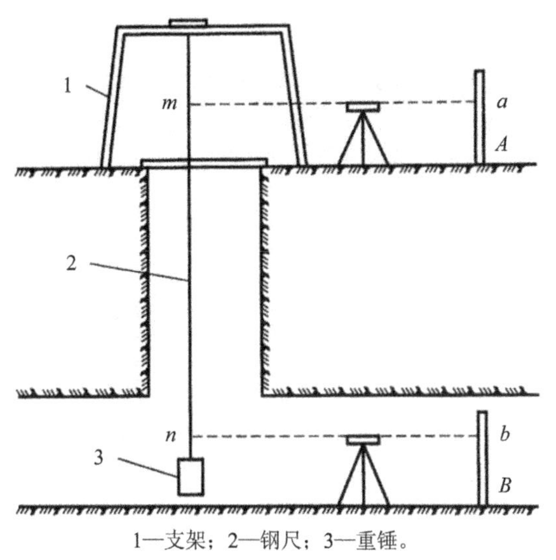

1—支架；2—钢尺；3—重锤。

图 14-18　竖井高程传递的方法

14.4　地下工程施工测量

地下工程施工测量的主要内容是以地下中线测设标定开挖方向，并通过腰线测定控制掘进的坡度和高程。

14.4.1　地下中线测设

地下中线测设是指以地下导线为依据测设中线点。通常情况下，地下导线点并不在理论中线上。

为了方便施工，需根据导线点测设一定数量的中线点，作为施工的依据。根据导线点测设中线点的方法如下：

(1) 如图 14-19 所示，P_1、P_2 为已布设的导线点，其坐标已知；A 点为中线点，根据其里程桩号可计算出其设计坐标。通过这三个点的坐标计算出放样中线点 A 所需的放样数据 β_2 和 L。

(2) 放样时，将全站仪安置于导线点 P_2，后视 P_1 点，然后转动 β_2 角并在视线方向上量取距离 L，即得中线点 A。

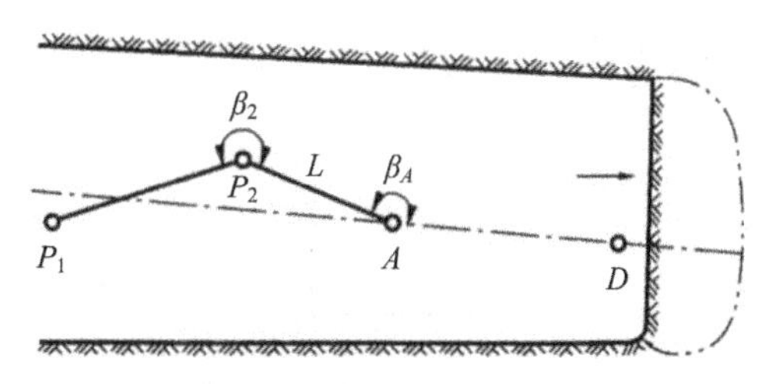

图 14-19　地下中线测设

(3) 标定开挖方向时，可将仪器置于 A 点，后视导线点 P_2，拨角 β_A，即得中线方向。β_A 可以根据中线的设计方位角和 A、P_2 点的坐标算得。

(4) 随着开挖面的向前推进，A 点距开挖面越来越远。这时，需要将中线点向前延伸，埋设新的中线点，如图 14－19 中的 D 点。

(5) 在实地标出中线点 D 后，可将仪器置于 D 点，后视 A 点，用正倒镜法继续标定出中线方向，指导开挖。AD 之间的距离在直线段上不宜超过 100 m，在曲线段上不宜超过 50 m。当中线点向前延伸时，在直线上宜采用正倒镜延长直线法，在曲线上则需用偏角法或弦线偏距法来测定中线点。

(6) 当使用全站仪进行工作时，可用坐标测量模式进行中线测设或中线点坐标测量。

14.4.2 开挖方向指示——激光指向法

在现代施工中，激光由于具有良好的方向性而成为理想的指向工具。激光指向仪发射出可见红色激光，在工作面上形成可见光斑，能够快速、准确地指示隧道中线的位置，从而指导开挖方向和坡度。

激光指向仪既可以安置在隧道顶部，使激光光束和隧道中线重合，如图 14－20(a)、(b) 所示；也可以安置在隧道边墙上，使激光光束和隧道中线平行，如图 14－20(c)所示。

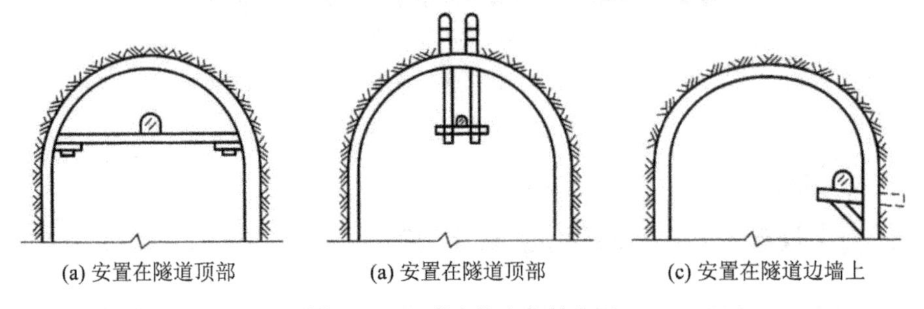

(a) 安置在隧道顶部　(a) 安置在隧道顶部　(c) 安置在隧道边墙上

图 14－20　激光指向仪的安置

激光指向仪的安置应注意以下几点：① 直线隧道中，激光光束和隧道中线平行并且和隧道坡度一致；② 曲线隧道中，无法满足激光光束和隧道中线平行的条件，只需将激光光束的坡度调整到和隧道坡度一致即可；③ 安置点距工作面要不小于 70 m，以防止因工作面开挖引起仪器震动而使其偏离原来的位置。每掘进 100 m，要对激光指向仪进行一次检查、测量。

当激光光束和隧道中线重合时，激光指向仪所指示方向即为中线方向。若激光指向仪安置在隧道边墙上，则任一激光点和隧道中线的距离 e、激光点和隧道起拱线间的高差 h 均为定值。根据测定的激光点的坐标、高程和路线设计参数，可以确定 e、h 的值。

如图 14－21 所示，由激光点量取水平距离 e，得隧道中线点；在竖直面内由激光点沿

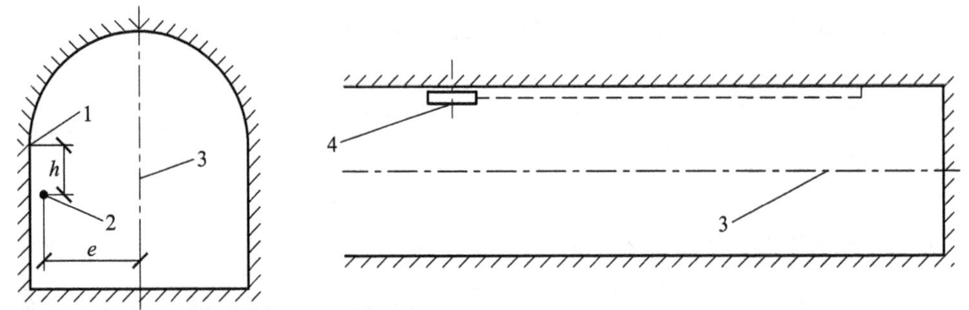

1—起拱线；2—激光点；3—隧道中线；4—激光指向仪。

图 14－21　边墙上的激光指向仪指示开挖方向

铅垂线方向量取 h，得到起拱线的高差，从而可以对隧道的开挖断面进行控制。

14.4.3　腰线测设

在隧道开挖过程中，除标定隧道在水平面内的掘进方向外，还应定出坡度，以保证隧道在竖直面内正确贯通。通常采用腰线法定出坡度。

隧道腰线是用来指示隧道在竖直面内掘进方向的一条基准线，通常标示在隧道壁上。在图 14-22 中，A 点为已知的水准点，C、D 为待标定的腰线点。标定腰线点时，首先在适当的位置安置水准仪，后视水准点 A，根据尺上读数可计算出视线高程。根据隧道坡度以及 C、D 两点的里程桩号可计算出 C、D 两点的底板设计高程和腰线点高程，从而放样出腰线点 C、D 的位置。

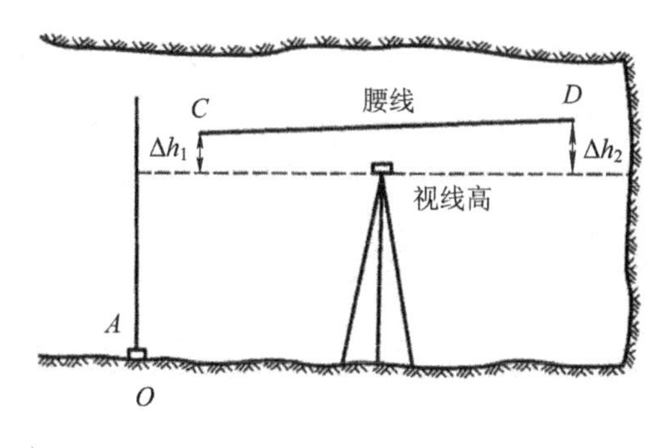

图 14-22　腰线测设

14.4.4　开挖断面放样

开挖断面时，需要根据设计要求确定出断面的形状，即进行开挖断面放样。如图 14-23 所示，在开挖里程断面内，将仪器安置在中线上，放样出中垂线 AB，其中 A 为拱顶，B 为底板；然后沿 AB 方向从 A 开始往下在拱部每 50 cm、直墙部分每隔 1 m 各量取一点；再按断面设计数据在每点左、右各量取相应的距离 l_1，l_2，l_3，…，并在轮廓线上标

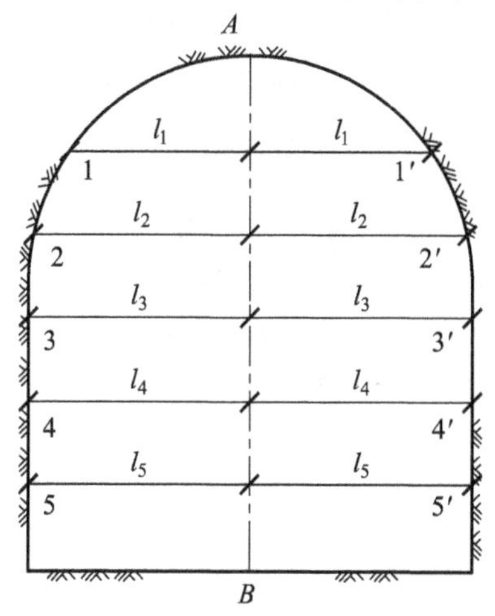

图 14-23　开挖断面放样

出1，2，3，…及1′，2′，3′，…。如此便得到开挖面轮廓线，之后再根据具体情况(如地质条件、装药量等)来布设炮眼位置。

在现代测量中，通常用带有激光指示的免棱镜全站仪联合可编程计算机进行开挖断面放样，即首先计算出要放样断面的坐标值，然后把坐标值输入免棱镜全站仪，用坐标放样的方式标出断面轮廓及炮眼位置，以指示开挖。全站仪坐标放样法比传统方法的效率大大提高，是目前实际工程中最为常用的方法。

14.5 地下工程竣工测量

地下工程竣工后，为检查主要结构及线路位置是否符合设计要求，应进行竣工测量。地下工程竣工测量主要包括三个方面的测量工作：永久中线点测量、永久水准点测量和净空断面测量。

隧道贯通后，对原有中线点进行复测。对复测合格的中线点，在直线段每200 m左右处埋设一个永久点；在曲线段的起、终点各埋设一个永久点，在曲线段的中部可根据情况适当增加永久点。

水准点每1 km埋设一个，不足1 km的应至少埋设一个，洞口两端各埋设一个，并在墙壁上做好标志。

对于净空断面测量，应在直线段每50 m、曲线段每20 m或根据工程实际要求在需加测断面处测绘实际净空。目前，有专用的断面仪可自动对断面进行扫描测量，并显示出断面的实际形状，也可用全站仪配合断面处理软件进行测量。由于断面仪专用性较强，所以有些施工企业并未配备。在现代测量中，通常利用免棱镜全站仪配合软件进行净空测量，具体方法是：先将免棱镜全站仪安置于需要测量的里程断面的中线点上(也可以是偏离中线的点)，以另一中线点为后视点进行定向；然后转动仪器照准部至垂直于中线的位置，固定照准部，测量断面轮廓点。断面轮廓点的采集密度根据实际工程要求来定，断面轮廓点越密集，净空断面曲线越平滑。外业采集完后，可将数据导入断面分析软件，绘制净空断面图，以图形和列表的方式显示出实测净空断面和设计断面之间的差异。

竣工测量结束后，根据测量成果编绘相关的图表作为竣工资料。竣工图表主要包括永久中线点、永久水准点的成果表和示意图，净空断面测量资料和断面图。

第14章课后习题

第15章 变形监测

内容提要

本章的主要内容包括沉降监测、水平位移监测、倾斜监测、挠度监测、裂缝监测、深基坑工程监测、变形监测数据的整编和分析。本章的教学重点为沉降监测和水平位移监测，教学难点为倾斜监测、挠度监测、裂缝监测和深基坑工程监测。

学习目标

通过本章的学习，学生应理解变形监测的相关理论知识，掌握沉降监测和水平位移监测的主要内容、方法、步骤以及变形监测数据的整编和分析，了解倾斜监测、挠度监测、裂缝监测和深基坑工程监测的方法。

15.1 概　　述

变形监测也称为变形观测，是对建筑物的地基、基础、上部结构及其受各种作用力而产生的形状或位置变化进行监测，确定变形体随时间的变化特征，并进行变形分析和安全预警的工作。

被监测的建筑物称为变形体。变形体一般包括工程建筑物、技术设备以及其他自然或人工对象，如古塔与电视塔、桥梁与隧道、船闸与大坝、大型天线、车船与飞机、油罐与贮矿仓、崩滑体与泥石流、采空区与高边坡、城市与灌溉沉降区域等。工程建筑物和技术设备变形以及局部地表变形的监测是工程测量学的重要内容。

建筑物受基础不均匀沉陷以及设计不够合理、施工质量不达标等影响，都会产生变形。随着施工的进展，上部荷载逐渐增加，建筑物地基承受的外力不断增大，也必然会引起地基及其周围地层的变形，进而导致建筑物自身和邻近的既有建筑物产生变形。承载力、自身荷载、外力和温度等条件变化都是产生变形的因素。

15.1.1 变形监测的内容

静态变形通常是指变形结果只表示某一时间段内的变形值。动态变形是指在外力影响下而产生的变形，其监测结果表示建筑物在某个时刻的瞬时变形，如超高层建筑在风力作用下的摆动、重车通过时桥梁中部产生的向下弯曲等。

变形监测的内容应根据建筑物的性质与地基情况来定，包括沉降、水平位移、倾斜、挠度、裂缝等项目。变形监测的目的是监测建筑物在施工过程中和竣工运营后的安全情况；验证地质勘察资料和设计数据的可靠程度；研究变形的原因和规律，以改进设计理论和施工方法。

对于不同的建筑物或构筑物，其监测内容不同。下面主要介绍工业与民用建筑物、水工建筑物、大型桥梁工程的变形监测内容。

1. 工业与民用建筑物的变形监测

对于工业与民用建筑物，主要进行沉陷、倾斜和裂缝的监测，即静态变形监测；对于高层建筑物，还要进行震动监测，即动态变形监测；对于大量抽取地下水及进行地下采矿的地区，则应进行地表沉降监测。工业与民用建筑物的主要监测项目有基础沉降监测、单点沉降量监测、水平位移监测、滑坡监测、裂缝监测和应力监测等，参见表 15-1。

表 15-1 工业与民用建筑物变形监测项目及内容

阶段	监测项目	主要监测内容
施工前期	场地沉降监测	沉降监测
基坑开挖期	基坑支护边坡监测	沉降监测、水平位移监测
	基坑地基回弹监测	基坑回弹监测
基坑开挖期的降水期	基坑地下水位监测	地下水位监测
主题施工期至竣工初期	基坑分层地基土沉降监测	分层地基土监测
	建筑物基础变形监测	基础沉降、基础倾斜监测
竣工初期	建筑物主体变形监测	水平位移、主体倾斜、日照变形监测
发现裂缝初期	建筑物主体变形监测	建筑裂缝监测

2. 水工建筑物的变形监测

对于大型水工建筑物，如混凝土坝，由于水的侧压力、外界温度变化、坝体自重等因素的影响，坝体将产生沉降、水平位移、倾斜、挠曲等变化，因而需要进行相应的变形监测。对于某些重要建筑物，除了进行必要的变形监测，还需要对其内部的应变、应力、温度、渗压等项目进行监测，以便综合了解建筑物的工作形态；另外，还要进行水位、气温、降雨量、风、地震、地下渗流场等的环境监测。水工建筑物变形监测项目及内容参见表15-2。

表 15－2 水工建筑物变形监测项目及内容

阶段	监测项目	主要监测内容
施工阶段	高边坡开挖稳定性监测	水平位移、沉降、挠度、裂缝、倾斜监测
	堆石体监测	水平位移、沉降监测
	结构物监测	水平位移、沉降、挠度、裂缝、接缝、倾斜监测
	临时围堰监测	水平位移、沉降、挠度监测
	建筑物基础沉降监测	沉降监测
	近坝区滑坡监测	水平位移、沉降、深层位移监测
	混凝土坝监测	水平位移、沉降、挠度、裂缝、接缝、倾斜、应力、应变等监测
运营阶段	土石坝监测	水平位移、沉降、挠度、裂缝、接缝、倾斜、应力、应变等监测
	灰坝、尾矿坝、堤坝监测	水平位移、沉降监测
	涵闸、船闸监测	水平位移、沉降、挠度、裂缝、张合变形等监测
	库区高边坡(滑坡体)监测	水平位移、沉降、深层位移、裂缝等监测
	库区高地质软弱层监测	水平位移、沉降、深层位移、裂缝等监测

3. 大型桥梁工程的变形监测

从工程部位来划分，桥梁工程的变形监测的主要内容包括桥梁墩台的垂直位移和水平位移监测，塔柱顶部水平位移、塔柱整体倾斜、塔柱周日变形、塔柱体挠度、塔柱体伸缩量监测，桥面在外界荷载的作用下的挠度和水平位移监测，具体参见表 15－3。

表 15－3 桥梁工程变形监测主要内容

类型	施工期主要监测内容	运营期主要监测内容
梁式桥	桥墩沉降、梁体水平位移、梁体沉降监测	桥墩沉降、桥面水平位移、桥面沉降监测
拱桥	桥墩沉降、拱圈水平位移、拱圈沉降监测	桥墩沉降、桥面水平位移、桥面沉降监测
悬索斜拉桥	索塔倾斜、塔顶水平位移、塔基沉降、主缆线性变形(拉伸变形)、索夹滑动位移、梁体水平位移、梁体沉降、散索鞍相对转动、锚碇沉降监测	索塔倾斜、索塔沉降、桥面水平位移、桥面沉降监测
两岸边坡	边坡水平位移、边坡沉降监测	边坡水平位移、边坡沉降监测

15.1.2 变形监测的目的

工程建筑物的变形监测是随着工程建设的发展而兴起的一门年轻学科。改革开放以后，我国兴建了大量的水工建筑物、大型工业厂房和高层建筑物。由于工程地质、外界条件等因素的影响，建筑物及其设备在运营过程中都会产生一定的变形，这种变形常常表现为建筑物整体或局部发生沉陷、倾斜、扭曲、裂缝等。如果这种变形在允许的范围之内，则认为是正常现象。如果这种变形超过了一定的限度，就会影响建筑物的正常使用，严重的还可能危及建筑物的安全。例如，不均匀沉降使某汽车厂的巨型压机的两排立柱靠拢，以致巨大的齿轮"咬死"而不得不停工大修；某重机厂柱子倾斜使行车轨道间距扩大，造成了行车下坠事故。不均匀沉降还会使建筑物的构件断裂或墙面开裂，使地下建筑物的防水措施失效。因此，在工程建筑物的施工和运营期间，都必须对它们进行变形监测，以监视建筑物的安全状态。此外，变形监测的资料还可以验证建筑物设计理论的正确性，修正设计理论上的某些假设和采用的参数。

变形监测的意义具体表现在：对于机械技术设备，保证设备安全、可靠、高效地运行，为改善产品质量和新产品的设计提供技术数据；对于滑坡，通过监测其随时间的变化过程，可进一步研究引起滑坡的成因，预报大的滑坡灾害；通过对矿山开挖所引起的实际变形的监测，可以采用控制开挖量和加固等方法，避免危险性变形的发生，同时可以改进变形预报模型。地壳构造运动监测主要是大地测量学的任务，但对近期地壳垂直和水平运动以及断裂带的应力积聚等地球动力学现象、大型特种精密工程(如核电厂、粒子加速器以及铁路工程)也具有重要的意义。

总之，建筑物变形监测的主要目的包括以下几个方面：

(1) 分析估计建筑物的安全程度，以便及时采取措施，设法保证建筑物的安全运行；

(2) 利用长期的监测资料验证设计参数；

(3) 反馈工程的施工质量；

(4) 研究建筑物变形的基本规律。

15.1.3 变形监测的特点

与常规的测量工作相比较，变形监测具有以下特点：

(1) 重复监测。变形监测的主要任务是周期性地对监测点进行重复监测，以求得其在监测周期内的变化量。为了最大限度地测量出建筑物的变形特征，降低由测量仪器、外界条件等引起的系统性误差的影响，每次监测时，测量的人员、仪器、作业条件等都应相对固定。

(2) 网形较差而精度要求较高。变形监测的各测点是根据建筑物的重要性及其地质条件等布设的，测量人员无法像常规测量那样考虑测点的网形。另外，变形监测的精度一般较高，这给测量工作带来一定的困难。

(3) 各种监测技术综合应用。在变形监测工作中需要用到多方面的测量技术，常用的测量技术包括三角测量、水准测量、基准线测量、倾斜仪监测以及 GNSS 技术、光纤技术、测量机器人等。

(4) 监测网着重于研究点位的变化。变形监测工作主要关心的是测点的点位变化情况，而对该点的绝对位置并不过分关注。因此，在变形监测中，常采用独立的坐标系统。

15.1.4 监测标志的设置

进行变形监测时，需要布设变形监测基准点、工作基点和监测点。变形监测基准点包括平面基准点和高程基准点。

变形监测基准点应设置在变形区域以外、位置稳定、易于长期保存的地方，并应定期复测。复测周期应视变形监测基准点所在位置的稳定情况而定，在建筑施工过程中宜一至两个月复测一次，点位稳定后宜每季度或每半年复测一次。当监测点变形出现异常或测区受到地震、洪水、爆破等外界因素影响时，应对变形监测基准点及时进行复测，并对其稳定性进行评估、分析。

变形监测基准点的标志埋设后，达到稳定状态后方可开始监测。稳定期应根据监测要求与地质条件确定，不宜少于15天。

当变形监测基准点与所测建筑物相距较远致使变形监测作业不方便时，宜设置工作基点。当有工作基点时，每期变形监测时均应将其与变形监测基准点进行联测，保证工作基点未出现异常，再对工作基点与监测点进行监测。

监测点应为设置在变形体上且能够反映平面位移或垂直沉降特征的固定标志，可根据变形体的不同结构和实际环境采取固铆或预埋等方式设置。

15.1.5 变形监测的周期

相邻两次变形监测的时间间隔称为监测周期，即在一定的时间内完成一个周期的测量工作。监测周期与工程的大小、监测点所在位置的重要性、监测目的以及监测一次所需时间的长短有关。根据监测工作量和参加人数，一个周期可从几小时到几天。监测速度要尽可能地快，以免在监测期间某些标志产生一定的位移。

变形监测的周期应以能系统反映所测建筑物变形的变化过程且不遗漏其变化时刻为原则，根据单位时间内变形量的大小、变化特征、监测精度要求及外界影响因素确定。当监测中发现变形异常时，应及时增加监测次数。一个周期的监测应在短时间内完成，在不同周期监测时，宜采用相同的监测网形、监测路线和监测方法，并使用同一测量仪器和设备。对于特级和一级变形监测，宜固定监测人员，选择最佳监测时段，在相同的环境和条件下进行监测。

一般可按荷载的变化或变形的速度来确定监测次数。在建筑物建成初期，变形速度较快，监测的频率要高一些；随着建筑物趋向稳定，可以减少监测次数，但仍应坚持长期监测，以便能发现异常变化。

建筑物变形监测应按技术设计确定的监测周期与总次数进行。变形监测周期的确定应以能系统地反映所测建筑物变形的变化过程且不遗漏其变化时刻为原则，并综合考虑单位时间内变形量的大小、变化特征、监测精度要求及外界因素影响等。

建筑物变形监测的首次(即零周期)应连续进行两次独立监测，并取监测结果的中数作为变形监测初始值。对于周期性的变形，在一个变形周期内至少应监测两次以上。

15.1.6 变形监测的规定与精度要求

《建筑变形测量规范》(JGJ 8—2016)规定，下列建筑物在施工期间和使用期间应进行变形监测：① 地基基础设计等级为甲级的建筑物；② 复合地基或软弱地基上的设计等级为乙级的建筑物；③ 加层或扩建的建筑物；④ 受邻近深基坑开挖施工影响或受场地地下水等环境因素变化影响的建筑物；⑤需要积累经验或进行设计分析的建筑物。

《建筑基坑工程监测技术标准》(GB 50497—2019)规定，开挖深度大于等于 5 m 或开挖深度小于 5 m，但现场地质情况和周围环境较复杂的基坑工程，以及其他需要监测的基坑工程，应实施基坑工程监测。基坑工程监测采用仪器监测和巡视检查相结合的方法。

当变形监测过程中发生下列情况之一时，必须立即报告委托方，同时应及时增加监测次数或调整变形监测方案：① 变形量或变形速率出现异常变化；② 变形量达到或超出预警值；③ 周边或开挖面出现塌陷、滑坡；④ 建筑物本身、周边既有建筑物及地表出现异常；⑤ 由于地震、暴雨、冻融等自然灾害引起的其他变形异常情况。

变形监测的级别、精度要求及其适用范围如表 15-4 所示。变形控制监测的精度级别应不低于沉降或位移监测的精度级别。

表 15-4 变形监测的级别、精度要求及其适用范围

变形监测等级	沉降监测	位移监测	主要适用范围
	监测点测站高差中误差/mm	监测点坐标中误差/mm	
特级	±0.05	±0.3	特高精度要求的特种精密工程的变形监测
一级	±0.15	±1.0	地基基础设计为甲级的建筑变形监测，重要的古建筑和特大型市政桥梁变形监测等
二级	±0.5	±3.0	地基基础设计为甲、乙级的建筑变形监测，场地滑坡监测，重要管线的变形监测，地下工程施工及运营中的变形监测，大型市政桥梁变形监测等
三级	±1.5	±10.0	地基基础设计为乙、丙级的建筑变形监测，地表、道路及一般管线的变形监测，中小型市政桥梁变形监测等。

注：1. 监测点测站高差中误差是指水准测量的测站高差中误差或与静力水准测量、全站仪三角高程测量中相邻监测点相应测段等价的相对高差中误差。

2. 监测点坐标中误差是指监测点相对测站点(如工作基点)的坐标中误差、坐标差中误差以及等价的监测点相对基准线的偏差值中误差、建筑或构件相对底部固定点的水平位移分量中误差。

15.1.7 变形监测成果整理与提交

每次变形监测结束后，均应及时进行监测资料的整理，以保证各项资料的完整性。其中重要的工作是计算各监测点的本期变形量、累积变形量和变形速率，绘制变形过程曲线，分析并判断是否达到预警水平，决定是否启动预警程序。各监测点的本期变形量、累积变

形量和变形速率的计算公式如下：

$$本期变形量=本期监测结果-上期监测结果$$

$$累积变形量=本期监测结果-首期监测结果$$

$$变形速率=\frac{本期变形量}{监测周期}$$

变形监测周期一般较长，很多情况下需要提交阶段性报告。变形监测任务全部完成后，应提交总结报告。

阶段性报告包括监测阶段的工程概况、监测项目和监测点布置图、监测数据及变形过程曲线(变形量与时间、荷载关系曲线等)、变形分析及预测、相关设计与施工建议。

总结报告主要包括工程概况、监测依据、监测内容(项目)、监测点布置图，监测方法和设备、监测频率、监测预警值，监测全程的变形发展分析及整体评述，结论和建议。

15.2 沉降监测

在建筑物修建过程中，随着地基承受荷载的不断增加，建筑物地基、基础及地面在荷载作用下会产生竖向移动，包括下沉和上升。下沉或上升值称为沉降量。

沉降监测是周期性地对监测点进行高程测量，以确定其沉降量，通过对沉降量的沉降速度等进行分析，判断变形体的安全情况。沉降监测也称为垂直位移监测。

沉降监测方法可根据精度要求、场地环境选用水准测量、全站仪三角高程测量或GNSS测量。其中水准测量是常用的沉降监测方法。下面重点讲述利用水准测量进行沉降监测。

15.2.1 监测点选点和埋设

通过水准测量方法进行沉降监测时，所布设的水准点分为高程基准点(或水准基准点)、工作基点、沉降监测点(沉降观测点)三种。

1. 高程基准点

高程基准点指的是稳定、可靠的点，其高程相对固定不变，是沉降监测的基准。高程基准点按如下要求布设：

(1) 高程基准点应选设在变形影响范围以外且稳定、易于长期保存的地方。

(2) 在建筑区内，高程基准点位与邻近建筑物的距离应大于建筑基础最大宽度的2倍，其标石埋深应大于邻近建筑基础的深度。

(3) 高程基准点也可选择在基础深且稳定的建筑物上。

(4)特级沉降监测的高程基准点不应少于4个，其他级别沉降监测的高程基准点不应少于3个。

2. 工作基点

工作基点可根据需要设置。当高程基准点与所测建筑物相距较远致使变形监测作业不方便时，宜设置工作基点。高程基准点、工作基点之间应便于进行水准测量，并形成闭合或附合路线。

3. 沉降监测点

沉降监测点是能直接反映建筑物沉降特征的点，它的布设应能全面反映建筑物的变形情况。沉降监测点的布设应结合建筑物结构、形状和场地工程的地质条件，并应顾及施工过程和竣工后的使用方便，同时应使点位易于保存。

沉降监测点埋设的高度、方向要便于立尺和监测。沉降监测标志可根据建筑结构类型和建筑材料采用墙(柱)标志、基础标志或隐蔽式标志，各类标志的立尺部位应加工成半球形或有明显的突出点，并涂上防腐剂。目前，常用的沉降监测标志有L形沉降监测点、沉降监测点(沉降观测点)、沉降监测数字贴，如图15-1所示。标志埋设位置应避开如雨水管、窗台线、暖气片、暖水片、暖水管、电气开关等有碍设标与监测的障碍物，并应视立尺需要离开墙(柱)面和地面一定距离。

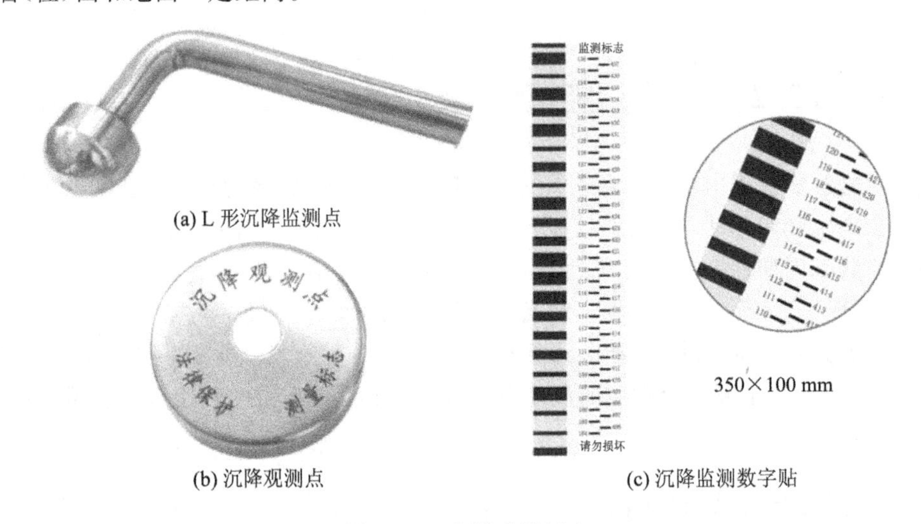

(a) L 形沉降监测点

(b) 沉降观测点

(c) 沉降监测数字贴

图15-1 沉降监测标志

高程基准点、工作基点及沉降监测点的标石、标志的选型及埋设应符合相关规范要求，具体如下：

(1) 高程基准点的标石应埋设在基岩层或原状土层中。可根据点位所处的不同地质条件，选用基岩水准基点标石、混凝土基本水准标石、深埋钢管水准基点标石、深埋双金属管水准基点标石。在基岩壁或稳固的建筑物上可埋设墙上水准标志。

(2) 工作基点的标石可按点位的不同要求，选用浅埋钢管水准标石、混凝土普通水准标石或墙上水准标志等。

(3) 沉降监测点的标石、标志的具体形式可参照相关规范。

15.2.2 沉降监测的技术要求

沉降监测的等级分为特级、一级、二级、三级。当采用水准测量时，其技术要求应符合表15-5的相关规定。

表 15－5 水准测量的视线长度、前后视距差、前后视距累积差和视线高度

变形监测等级	视线长度/m	前后视距差/m	前后视距累积差/m	视线高度/m
特级	≤10	≤0.3	≤0.3	≥0.8
一级	≤30	≤0.7	≤1.0	≥0.5
二级	≤50	≤2.0	≤3.0	≥0.3
三级	≤70	≤5.0	≤8.0	≥0.2

注：1. 表中的视线高度为下丝读数。

2. 当采用数字水准仪监测时，最短视线长度不宜小于 3 m，最低水平视线高度不应低于 0.6 m。

15.2.3 沉降监测的内容

建筑沉降监测可根据需要分别或组合进行建筑场地沉降监测、建筑基坑沉降监测、基础及上部结构沉降监测。对于深基础建筑物或高层、超高层建筑物，沉降监测应从基础施工时开始。

1. 建筑场地沉降监测

1）建筑场地沉降监测的分类

建筑场地沉降监测分为相邻地基沉降监测与场地地面沉降监测。

（1）相邻地基沉降监测。相邻地基沉降是由于毗邻建筑物间的荷载差异引起的相邻地基土的应力重新分布而产生的附加沉降。

毗邻的高层与低层建筑物或新建与既有建筑物之间荷载的差异，会引起相邻地基土的应力重新分布而产生差异沉降，致使毗邻建筑物受到不同程度的危害。差异沉降越大，建筑物刚度越差，危害越烈，轻则房屋粉刷层坠落、门窗变形；重则地坪与墙面开裂、地下管道断裂，甚至房屋倒塌。

因此，建筑场地沉降监测的首要任务是监测既有建筑物的安全，开展相邻地基沉降监测。

（2）场地地面沉降监测。场地地面沉降是由长期降雨、管道漏水、地下水位大幅度变化、大面积堆载、地裂缝、大面积潜蚀、砂土液化以及地下采空等引起的一定范围内的地面沉降。

在相邻地基变形范围之外的地面，由于降雨、地下水等自然因素与堆卸、采掘等人为因素的影响，也会产生一定沉降，并且有时相邻地基沉降与场地地面沉降还会交错重叠；但两者的变形性质与程度不同，应分别提供监测成果，以便于区分相邻地基沉降与场地地面沉降，这对于研究场地地面与相邻地基共同沉降的程度，进行整体变形分析和有效验证设计参数是有益的。

变形范围可参考桩基影响距离而定，桩基影响距离与沉降量、建筑结构形式等有相关关系。表 15－6 所列是桩基影响距离。

表 15－6 桩基影响距离

被影响建筑物的类型	影响距离/m
结构差的 3 层以下房屋	$(1.0\sim1.5)L$
结构较好的 3～5 层楼房	$1.0L$
采用箱基、桩基的 6 层以上楼房	$0.5L$

注：L 为桩基长度(m)。

2）建筑场地沉降监测点位的选择

（1）相邻地基沉降监测点可选在建筑纵横轴线或边线的延长线上，亦可选在通过建筑重心的轴线延长线上，其点位间距应根据基础类型、荷载大小及地质条件，与设计人员共同确定或征求设计人员意见后确定。点位可在建筑基础深度 1.5～2.0 倍的距离范围内，由于沉降量随监测点离开建筑物距离的增大而减小，因此沉降监测点应从建筑外墙附近开始向外由密到疏布置，但距基础最远的沉降监测点应设置在沉降量为零的沉降临界点以外。

（2）场地地面沉降监测点应在相邻地基沉降监测点布设线路之外的地面上均匀布设。根据地质地形条件，可选择使用平行轴线方格网法、沿建筑四角辐射网法或散点法布设。

3）建筑场地沉降监测标志

（1）相邻地基沉降监测点标志可分为用于监测安全的浅埋标和用于结合科研的深埋标两种。浅埋标可采用普通水准标石或用直径为 25 cm 的水泥管现场浇筑，埋深宜为 1～2 m，并使标石底部埋在冰冻线以下。深埋标可采用内管外加保护管的标石形式，埋深应与建筑基础深度相适应，标石顶部应埋入地面以下 20～30 cm，并砌筑带盖的窨井加以保护。

（2）场地地面沉降监测点的标志与埋设应根据监测要求确定，可采用浅埋标志。

4）建筑场地沉降监测周期

建筑场地沉降监测的周期应根据不同任务要求、产生沉降的不同情况以及沉降速度等因素具体分析确定，并符合下列规定：① 基础施工的相邻地基沉降监测在基坑降水时和基坑土开挖过程中应每天监测一次，混凝土底板浇完 10 d 以后，可每 2～3 d 监测一次，直至地下室顶板完工和水位恢复，此后可每周监测一次至回填土完工；② 主体施工的相邻地基沉降监测和场地地面沉降监测的周期可按照工程的相关规定确定。

2. 建筑基坑沉降监测

1）基坑及周边支护结构沉降监测

在建筑基坑开挖施工及使用期内，对基坑及周边支护结构要进行安全监测。特别是对开挖深度为 5 m 以上的深基坑，或开挖深度未超过 5 m 但现场地质情况和周围环境较复杂的基坑均应进行安全监测。常用水准测量技术进行基坑及周边支护结构沉降监测，具体内容如下。

（1）监测点布置。基坑监测点的布置应能反映实际沉降及其变化趋势，应布置在内力及反映变形的关键特征点上，并能满足监测要求。通常，监测点沿基坑周边在围护墙顶部或边坡顶部布置，间距不宜大于 20 m；周边中部、阳角处应布置监测点，每边不宜少于 3 个；沉降监测点和水平位移监测点宜共用；监测标志应稳固、明显、结构合理；监测点的位置应避开障碍物，便于监测。

（2）监测频率。沉降监测的时间间隔可根据施工进程确定，当基坑开挖深度增大、变形累积量或变形速率接近预警值时，应加密监测次数。当监测发现有事故征兆时，应连续监测。

（3）监测时限。沉降监测工作必须从基坑开挖之前开始，直至完成地下室结构施工至 ±0.00 和基坑与地下室外墙之间的空隙回填。但对基坑工程影响范围内的建筑物、道路、地下管线的变形监测应适当延长。

（4）监测预警值。监测预警值应由基坑工程设计人员确定，也可参考表15－7。

表15－7　基坑及周边支护结构沉降监测预警值

基坑及周边支护类型与项目	一级基坑		二级基坑		三级基坑	
	累积量/mm	变形速率/(mm/d)	累积量/mm	变形速率/(mm/d)	累积量/mm	变形速率/(mm/d)
放坡、土钉墙、喷锚支护、水泥土墙	20～40	3～5	50～60	5～8	70～80	8～10
钢板桩、灌注桩、型钢水泥土墙、地下连续墙	10～20	2～3	25～30	3～4	35～40	4～5
立柱沉降	25～35	2～3	35～45	4～6	55～65	8～10
周边地表沉降	25～35	2～3	50～60	4～6	60～80	8～10
坑底隆起(回弹)	25～35	2～3	50～60	4～6	60～80	8～10

注：相对基坑深度的控制值，本表没有列出，可通过查阅相关规范获取。

（5）监测数据的分析和反馈。在对每期监测数据(包括本次沉降量、累积沉降量和沉降变形速率)进行处理、分析后，对照预警值分析可能的沉降变化趋势，预测并判定是否预警警示。监测成果资料应及时反馈，当出现异常情况时，应以最快方式口头通知施工方和建设方，然后立即以书面报告形式通知并签字确认。

（6）提交报告。基坑开挖监测过程中，根据进度要求提交阶段性监测报告。监测任务全部完成后，提交完整的成果报告。

2）基坑回弹监测

基坑开挖后，上部的地基土被卸载，改变了原土体的应力平衡条件，使得地基土回弹隆起。对于浅基坑，其卸载量小，坑底回弹量微，危害较小，但深基坑回弹的危害却不容忽视。因此，基坑回弹监测便成为变形监测中的一项重要工作。

（1）基坑回弹监测的基本过程。在待开挖的基坑中预先埋设回弹监测标志，在基坑开挖前、后分别进行水准测量，测出布设在基坑底面的回弹监测标志的高差变化，从而得出回弹监测标志的变形量。

因坑壁对土体有一定的回弹制约力，故离坑壁越近，地基土回弹量越小，其回弹变化一般呈以下特点：① 对于整个基坑底面的回弹变形，其表面呈向上微鼓状态，且由中部向四周坑壁平缓微降，四周拐角处回弹量最小；② 若坑内各处工程地质条件简单均一，则基坑底面纵横中心轴线回弹变化曲线呈抛物线状，其回弹峰值在坑底中央，其变形一般呈对称分布。

（2）回弹监测点位的布设。根据基坑形状、大小、深度及地质条件确定监测点位，用适当的点数测出所需纵横断面的回弹量。可利用回弹变形的近似对称特性，按下列规定布点：① 对于短形基地，应在基坑中央及纵(长边)横(短边)轴线上布设监测点，纵向每8～10 m布一点，横向每3～4 m布一点。对其他形状不规则的基坑，可与设计人员商定。② 对基坑外的监测点，应埋设常用的普通水准点标石。监测点应在所选坑内方向线的延长线上且为基坑深度 1.5～2.0 倍距离内布置。当所选点位遇到地下管道或其他物体时，可将监测点移至与之对应方向线的空位置上。③ 应在基坑外相对稳定且不受施工影响的地点布设工作基点和寻找标志用的定位点。

(3) 回弹监测标志的埋设。回弹监测标志应埋入基坑底面以下 20～30 cm，根据开挖深度和地层土质情况，可采用钻孔法或探井法埋设。根据埋设与监测方法，可采用辅助杆压入式、钻杆送入式或直埋式标志。

(4) 回弹监测作业方法。基坑回弹监测通常采用几何水准测量法，回弹监测路线应组成起止于工作基点的闭合或附合水准路线。回弹监测不应少于三次，其中，第一次应在基坑开挖之前，第二次应在基坑挖好之后，第三次应在浇筑基础混凝土之前。当基坑挖完至基础施工的间隔时间较长时，应适当增加监测次数。由于监测点深埋于地下，实施监测比较复杂，且对最终成果精度影响较大，因此基坑开挖前的回弹监测是整个回弹监测的关键。

基坑开挖前的回弹监测结束后，为了防止点位被破坏和便于寻找点位，应在监测孔底充填厚度约为 1 m 的白灰。如果开挖后仍找不到点位，可用全站仪通过放样来确定。

回弹标志高程的测定通常采用水准仪、铟钢水准尺结合钢尺、悬吊磁锤与标顶严密接触的办法来传递高程。基坑卸荷后，回弹量一般很小，一般在几厘米左右。监测时要求使用固定的水准仪、铟钢水准尺和钢尺，仪器在使用前要经过鉴定，达到其标准精度，并在全过程中尽量固定操作人员。

回弹监测的步骤是：首先在地面上用钻机成孔，把回弹标志按上述标准埋设到预定位置，在标志上使用磁锤悬吊钢尺，保证回弹标志和钢尺位于同一条铅垂线上，然后通过在地面实施水准测量，把高程引测到每个回弹标志点上，作为每个回弹标志点的高程初始值。

① 开挖前测量高程。为减少误差传递，尽可能以一次架设仪器即可完成测量为宜。钢尺应用检定时的拉力，使磁锤与标顶接触，并保证钢尺垂直，同时测定孔上、下温度，以便对钢尺进行尺长改正。

如图 15-2 所示，一测回的两次高程之差均不得大于 1 mm，两测回高差较差也不得大于 1 mm，取中数作为最后的高差监测值，并求出回弹标志点的高程。检查无误后，取出磁锤，先回填 1 m 左右白灰，再拔出套管，填入沙土掩埋，最后用全站仪实测回弹标志点的坐标，绘制成图，以便开挖后寻找。

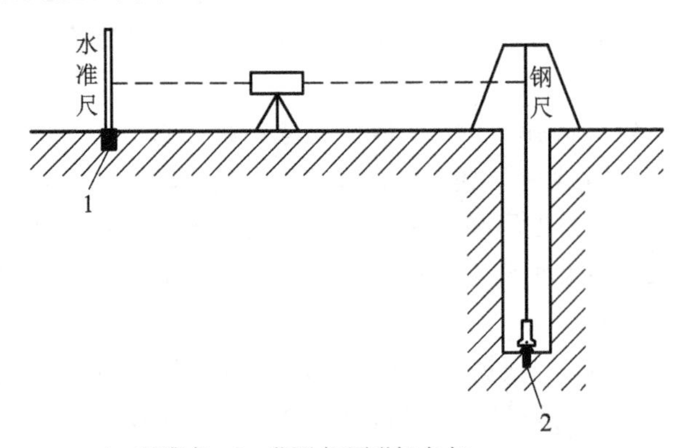

1—基准点；2—监测点(回弹标志点)。

图 15-2 开挖前测量回弹标志点高程

② 开挖后测量高程。基坑开挖至设计标高0.5～1 m时，用全站仪放样出回弹标志点。为避免机械开挖破坏点位，在一定范围内需人工开挖找出回弹标志点，并加以保护。

开挖后测量回弹标志点高程的方法如图15-3所示，钢尺下挂重量为鉴定时的标准拉力，待钢尺稳定后，在仪器安置点A、B处读取水准尺和钢尺的读数并测定当时的温度，以进行钢尺尺长改正，往返测一测回。在不影响施工的情况下再测1～2次，待数据稳定时为好，则回弹量为$\Delta=H_{后}-H_{前}$，其中$H_{前}$为开挖前回弹标志点的高程，$H_{后}$为开挖后回弹标志点的高程。

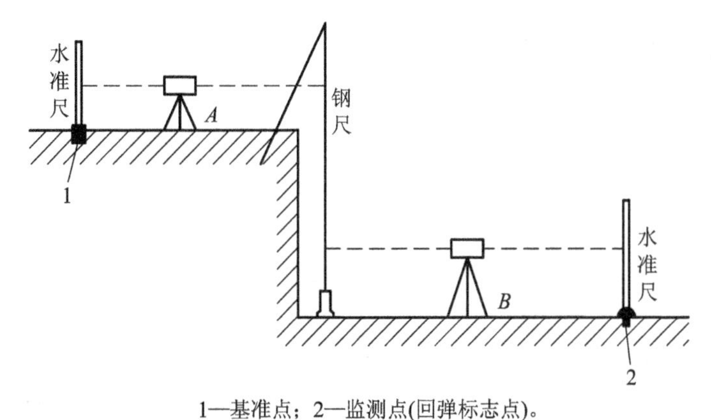

1—基准点；2—监测点(回弹标志点)。

图15-3　开挖后测量回弹标志点高程

基坑回弹监测比较复杂，需要建筑设计、施工和测量人员密切配合才能完成。回弹标志点的埋设也十分费时、费工，在基坑开挖时保护也相当困难。因此，在选定点位时要与设计人员讨论，原则上以用较少数量的点位测出基坑必要的回弹量为出发点。根据所测的成果，在基坑平面图上标绘出回弹标志点的位置和实测回弹量。

最后，依此成果并结合场地地质条件、基坑开挖的过程和施工工艺等因素，对基坑地基土回弹规律进行综合分析，提出基坑回弹监测成果技术报告。

3）地基土分层沉降监测

分层沉降监测是为了测定建筑地基内部各分层土的沉降量、沉降速度以及有效压缩层的厚度。

分层沉降监测应从基坑开挖后、基础施工前开始，直至建筑竣工后、沉降稳定时为止，首次监测至少应在标志埋好5d后进行。分层沉降监测应按周期用精密水准仪或自动分层沉降仪测出各标顶的高程，计算出沉降量。

分层沉降监测点应在建筑地基中心附近2 m×2 m或各点间距不大于50 cm的范围内，沿铅垂线方向上的各层土内布置。这样一方面是为了方便监测和管理，另一方面可以使制图较为准确。因为分层沉降监测从基础施工开始直到建筑沉降稳定为止，时间较长，所以在基础底面上加砌窨井与护盖，标志不再取出。

点位数量与深度应根据分层土的分布情况来确定。每一土层应设一点，最浅的点位应在基础底面下不小于50 cm处，最深的点位应在超过压缩层理论厚度处或在压缩性低的砾石或岩石层上。

地基土的分层及其沉降情况比较复杂，不仅各地区的地质分层不一，而且同一基础各分层的沉降量相差也比较悬殊。例如，最浅层的沉降量可能和建筑物的沉降量相同，而最深层(超过理论压缩层)的沉降量可能等于0。因此难以预估分层沉降量。地基土分层沉降监测精度可按分层沉降监测点相对于邻近工作基点或基准点的高程中误差不大于±1.0 mm的要求确定。

3. 基础及上部结构沉降监测

基础及上部结构沉降监测应测定建筑物及地基的沉降量、沉降差与沉降速度，并根据需要计算基础倾斜、局部倾斜、相对弯曲及构件倾斜。

1) 基础及上部结构沉降监测标志

沉降监测点的布设应能全面反映建筑物及地基的变形特征，并顾及地质情况和建筑结构特点。点位宜选设在下列位置：

(1) 建筑的四角、核心筒四角、大转角处及沿外墙每10～20 m处或每隔2～3根柱基上。

(2) 高低层建筑物、新旧建筑物、纵横墙等交接处的两侧。

(3) 建筑裂缝、后浇带和沉降缝两侧，基础埋深相差悬殊处、人工地基与天然地基接壤处、不同结构的分界处及填挖方分界处。

(4) 对于宽度大于等于15 m或小于15 m但地质复杂以及膨胀土地区的建筑物，应在承重内隔墙中部设内墙点，并在室内地面中心及四周布设地面监测点。

(5) 邻近堆置重物处、受震动显著影响的部位及基础下的暗沟处。

(6) 框架结构建筑物的每个或部分柱基上，或纵横轴线上。

(7) 筏形基础、箱形基础底板或接近基础结构部分的四角处及其中部位置。

(8) 重型设备基础和动力设备基础的四角、基础形式改变或埋深改变处以及地质条件变化处的两侧。

(9) 对于电视塔、烟囱、水塔、油罐、炼油塔、高炉等高耸建筑物，应在沿周边与基础轴线相交的对称位置上，点数不少于4个。

沉降监测的标志可根据不同的建筑结构类型和建筑材料采用墙(柱)标志、基础标志或隐蔽式标志等形式。标志的埋设位置应避开雨水管、窗台线、散热器、暖水管、电气开关等有碍设标与监测的障碍物，并应根据立尺需要离开墙(柱)面和地面一定距离。

2) 基础及上部结构沉降监测周期

(1) 施工阶段的监测应符合下列规定：普通建筑物可在基础完工后或地下室砌完后开始监测，大型、高层建筑物可在基础垫层或基础底部完成后开始监测；监测次数与间隔时间应视地基与加荷情况而定，民用高层建筑物可每加高1～3层监测一次，工业建筑物可按回填基坑、安装柱子和屋架、砌筑墙体、设备安装等不同施工阶段分别进行监测。若建筑物施工均匀增高，则应至少在增加荷载的25%、50%、75%和100%时各测一次；施工过程中若暂时停工，则在停工时及重新开工时应各测一次，停工期间可每隔2～3个月监测一次。

(2) 竣工后的监测次数应视地基土类型和沉降速率大小而定。除有特殊要求外，可在第一年监测3～4次，第二年监测2～3次，第三年后每年监测1次，直至稳定为止。

(3) 监测过程中若有基础附近地面荷载突然增减、基础四周大量积水、长时间连续降雨等情况，则均应及时增加监测次数。当建筑物突然发生大量沉降、不均匀沉降或严重裂

缝时，应立即进行逐日或2～3d一次的连续监测。

(4) 建筑沉降是否进入稳定阶段，应由沉降量与时间关系曲线判定。当最后100d的沉降速率小于0.01～0.04 mm/d时，可认为已进入稳定阶段。具体取值宜根据各地区地基土的压缩性能确定。

每周期监测后，应及时对监测资料进行整理，计算监测点的沉降量、沉降差以及本周期平均沉降量、沉降速率和累积沉降量。沉降速率或累积沉降量达到允许值时，需要报警。表15-8为常见建筑基础允许沉降值(报警值)。

表15-8　常见建筑基础允许沉降值(报警值)

<table>
<tr><th colspan="2" rowspan="2">变形特征</th><th colspan="2">地基土类别</th></tr>
<tr><th>中压缩性土</th><th>高压缩性土</th></tr>
<tr><td colspan="2">体型简单的高层建筑基础的平均沉降量/mm</td><td colspan="2">200</td></tr>
<tr><td colspan="2">单层排架结构(柱距为6 m)柱基的平均沉降量/mm</td><td>120</td><td>200</td></tr>
<tr><td rowspan="3">高耸结构基础的沉降量/mm</td><td>$H_g \leqslant 100$</td><td colspan="2">400</td></tr>
<tr><td>$100 < H_g \leqslant 200$</td><td colspan="2">300</td></tr>
<tr><td>$200 < H_g \leqslant 250$</td><td colspan="2">200</td></tr>
</table>

注：1. 本表数值为建筑物地基实际最终变形允许值。
2. H_g 为自室外地面起算的建筑物高度(m)。

监测时，仪器应避免安置在有空压机、搅拌机、卷扬机、起中机等振动能响的范围内。每次监测时应记载施工进度、荷载量变动、建筑倾斜裂缝等各种影响沉降变化和异常的情况。

沉降监测完毕后，应提交工程平面位置图、基准点和沉降监测点点位分布图、沉降监测成果表、时间-荷载-沉降量曲线等资料，其中，时间-荷载-沉降量曲线如图15-4所示。

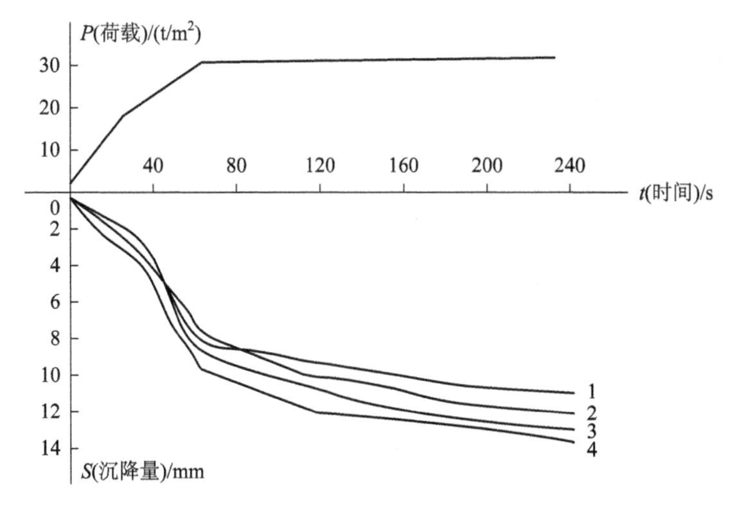

图15-4　时间-荷载-沉降量曲线

15.3 水平位移监测

水平位移监测的基准点应埋设在基坑开挖影响区域之外，或利用已有的稳定施工控制点，宜设置有强制对中的监测墩，采用精密的对中装置，对中误差不宜大于 0.5 mm。

水平位移监测点的位置应选在墙角、柱基及裂缝两边。标志可采用墙上标志，具体形式及其埋设应根据点位条件和监测要求确定。

水平位移监测的周期应符合以下要求：对于不良地基土地区的监测，可与同时进行的沉降监测协调确定；对于受基础施工影响的有关监测，应按施工进度的需要确定，可逐日或隔 2～3 天监测一次，直至施工结束。

15.3.1 水平位移监测的方法

水平位移监测可根据需要与现场条件选用下列方法：

(1) 测量监测点在特定方向的位移时，可使用视准线、激光垂直、测小角等方法。

(2) 测量监测点在任意方向的位移时，可视监测点的分布情况，采用前方交会、方向差交会、极坐标等方法。单个建筑物亦可采用直接量测位移分量的方向线法，在建筑物纵、横轴线的相邻延长线上设置固定方向线，定期测出基础的纵向和横向位移。

(3) 对于监测内容较多的大测区或监测点远离稳定区域的测区，宜采用测角、测边、边角及 GNSS 与视准线法相结合的综合测量方法。

下面主要介绍视准线性、前方交会法和极坐标法。

1. 视准线法

视准线法是以通过建筑物轴线或平行于建筑物轴线的固定不动的铅直平面为基准面，测定建筑物的水平位移的方法，主要包括小角法和活动觇牌法。

1) 小角法

小角法的基本原理是通过测定基准线方向与监测点视线方向之间的微小角度，从而计算监测点相对于基准线的偏离值，根据偏离值在各监测周期中的变化确定位移量。

采用小角法进行视准线测量时，视准线应按平行于待测建筑物边线布置，监测点偏离视准线的偏角不应超过 30″，这样做的目的在于监测时，固定仪器照准部于基准线方向，只旋进微动螺旋就可照准监测目标点读数，从而有效提高测角精度。小角法和活动觇牌法监测位移示意图如图 15-5 所示，其中 A、B 为基准点。

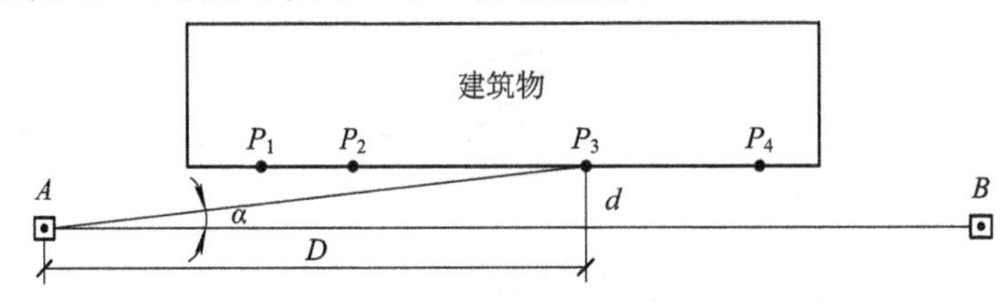

图 15-5 小角法和活动觇牌法监测位移示意图

监测点偏移视准线的距离为

$$d=\frac{\alpha}{\rho}D \tag{15-1}$$

式中：d——偏移距离(m)；

D——从测站点到监测点的距离(m)；

ρ——常数，其值为206 265″；

α——偏角(″)。

监测点偏移视准线的距离越短，对中误差对角度监测的影响越大。因此，在应用小角法进行水平位移监测时，对于精度要求高的监测项目，应使用强制对中装置。

2）活动觇牌法

活动觇牌法是通过一种精密的、附有读数设备的活动觇牌直接测定监测点相对于基准面的偏离值的方法。觇牌上有分划尺，最小分划为1 mm，用游标尺可直接读到0.01～0.1 mm。

以图15-5为例，活动觇牌法监测步骤如下：① 将高精度测角仪器安置在基准线端点A上，在墙点B安置固定觇牌；② 用测角仪器照准B点的固定觇牌，将视线固定；③ 把活动觇牌安置于监测点P_3上，移动活动觇牌使照准标志与仪器的十字丝重合，在分划尺与游标尺上读数，然后移动觇牌从相反方向再重新对准十字丝中心并读数。

一测回进行上述监测4次，每测回开始和结束都要重新照准B点，检查仪器及目标有无变动。以上为往测，结束后将仪器迁到B点、固定觇牌放到A点，用同样方法测量。最后，往返测依距离进行加权平均。

活动觇牌法的主要误差影响因素为照准误差，监测点偏离视准线的距离不应超过活动觇牌读数尺的读数范围。

需要注意的是，应用视准线法测定的水平位移方向都是基准线的垂直方向。基准线的稳定性直接影响监测数据的正确与否，因此通常需在基准线两端的延长线上设立检核基准点，以保证基准线的稳定。

2. 前方交会法

对于高层建筑物或不规则的建筑物等，可以采用前方交会的方法来测定监测点的坐标，通过对监测点的坐标进行比较，可以求得不同方向上的位移。这时，基准点选择在面对变形体的远处。

一般要求测站与定向点的距离不小于交会边的长度，交会角宜为60°～120°，基线之间的距离需进行精确测定。

如图15-6所示，分别在A、B两点安置测角仪器，按测回法(多测回)分别监测α角和β角，用前方交会公式计算待定点P的坐标。设P点初测坐标为(x_1, y_1)，一个周期后再次测量坐标为(x_2, y_2)，则通过两次坐标求差即可得到水平位移值。

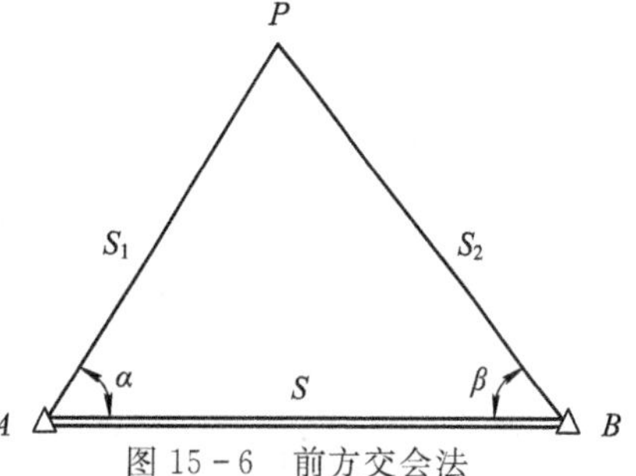

图15-6　前方交会法

应用前方交会法能同时监测2个方向的位移，基准点的布置有较大灵活性并可以适当远离监测建筑物。而视准线等方法的工作基点必须设置在位于变形体附近并且基本与监测点在同一轴线上，特别是当变形体附近难以找到合适的工作基点时，前方交会法更能显出其优势。

3. 极坐标法

目前全站仪已普遍应用，在要求精度不高的变形监测中，可以用全站仪直接测出监测点的坐标，然后计算位移值。

如图 15-7 所示，在已知点 A 安置仪器，后视另一已知点 B，通过测得 β 角以及 A、P 两点的水平距离 S，计算得出 P 点坐标。通过比较不同监测周期的 P 点坐标，即可得到位移值。

利用坐标正算可以计算出 P 点的坐标为

$$\begin{cases} x_P = x_A + S \cdot \cos\alpha_{AP} \\ y_P = y_A + S \cdot \sin\alpha_{AP} \end{cases} \tag{15-2}$$

式中：x_A，y_A——A 点的坐标(m)；

S——A、P 两点的水平距离(m)；

α_{AP}——直线 AP 的坐标方位角(°)。

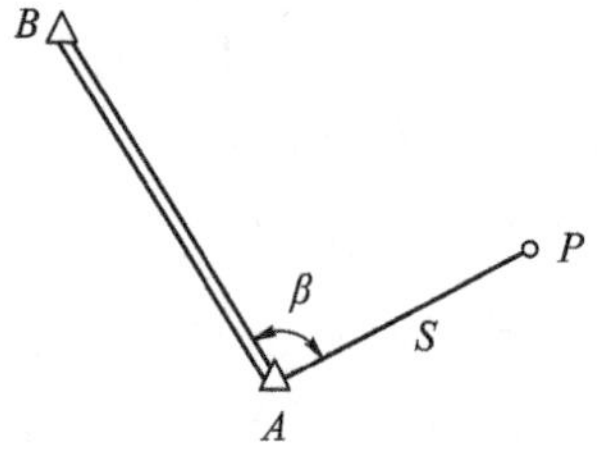

图 15-7 极坐标法

15.3.2 基坑壁侧向位移监测

在高层建筑物的深基坑施工中，为了确保支护结构和相邻建筑物的安全，深基坑固护结构墙顶的水平位移监测是非常重要的。基坑壁侧向位移监测可根据现场条件使用视准线法、测小角法、前方交会法或极坐标法，并宜同时使用测斜仪或轴力计等进行监测。

当使用视准线法、测小角法、前方交会法或极坐标法测定基坑壁侧向位移时，应注意以下几点：① 基坑壁侧向位移监测点应沿基坑周边围护结构墙顶每隔 10～15 m 布设一点；② 基坑壁侧向位移监测点宜布置在冠梁上，可采用铆钉枪射入铝钉，亦可钻孔埋设膨胀螺栓或用环氧树脂胶粘标志；③ 测站点宜布置在基坑围护结构的直角外。

基坑壁侧向位移监测的周期应符合以下要求：① 基坑开挖期间应 2～3 d 监测一次，位移速率或位移量大时应每天监测 1～2 次；② 当基坑壁的位移速率或位移量迅速增大或出现其他异常时，应在做好监测本身安全的同时，增加监测次数。

基坑壁侧向水平位移监测预警值应由基坑工程设计人员确定，也可参考表 15-9。

表 15-9 基坑及支护结构水平位移监测预警值

基坑及支护类型与项目	一级基坑		二级基坑		三级基坑	
	累积量/mm	变形速率/(mm/d)	累积量/mm	变形速率/(mm/d)	累积量/mm	变形速率/(mm/d)
放坡、土钉墙、喷锚支护、水泥土墙	30～35	5～10	50～60	10～15	70～80	15～20
钢板桩、灌注桩、型钢水泥土墙、地下连续墙	25～30	2～3	40～50	4～6	60～70	8～10
水泥土墙	30～35	5～10	50～60	10～15	70～80	15～20
钢板桩	50～60	2～3	80～85	4～6	90～100	8～10
型钢水泥土墙	50～55	2～3	75～80	4～6	80～90	8～10
灌注桩	45～50	2～3	70～75	4～6	70～80	8～10
地下连续墙	40～50	2～3	70～75	4～6	80～90	8～10

注：相对基坑深度的控制值，本表没有列出，可通过查阅相关规范获取。

15.4 倾斜监测

倾斜监测是指对建筑物中心线或其墙、柱等，在不同高度的监测点相对于底部基准点的偏离值所进行的测量，包括建筑物基础倾斜监测、建筑物主体倾斜监测。

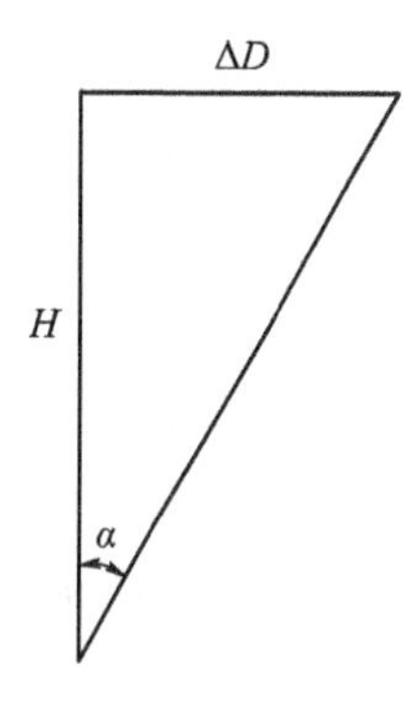

图 15－8 倾斜示意图

建筑物主体的倾斜率一般用 i 来表示，如图 15－8 所示，其计算式如下：

$$i = \tan\alpha = \frac{\Delta D}{H} \tag{15-3}$$

式中：i——建筑物主体的倾斜率；

H——建筑物的高度，单位为 m；

α——倾斜角，单位为(″)；

ΔD——建筑物顶部监测点相对于底部基准点的位移值，单位为 m。

由式(15－3)可知，要确定建筑物主体的倾斜率，只要测定建筑物顶部监测点相对于底部基准点的位移值 ΔD 和建筑物的高度 H。

测定建筑物倾斜的方法有两类：一类是直接测定建筑物的倾斜，包括测角仪器投影法、水平角法、测角前方交会法、垂准线法；另一类是通过测量建筑物基础相对沉降的方法来确定建筑物的倾斜，包括基础沉降法和水准测量法等。

下面重点介绍测角仪器投影法、水平角法、测角前方交会法、垂准线法、基础沉降法。

15.4.1 测角仪器投影法

1. 常规建筑物

监测常规建筑物的倾斜时，应在底部监测点位置安置水平读数尺等量测设备。在测站安置测角仪器投影时，应按正倒镜法测出每对上、下监测点标志间的水平位移分量，再按矢量相加求得水平位移值(倾斜量)和位移方向(倾斜方向)，如图 15－9 所示，步骤如下：

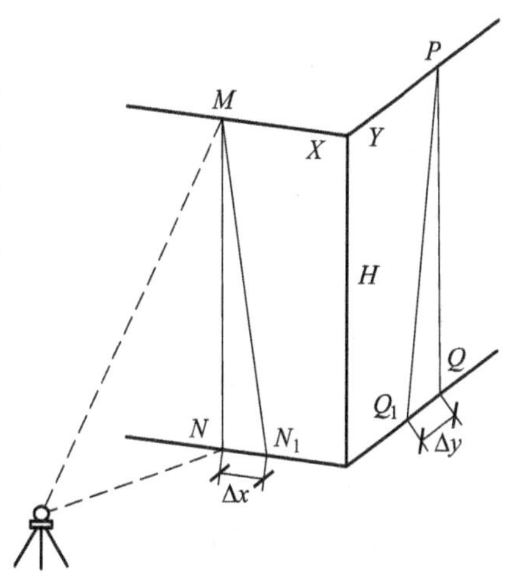

图 15－9 测角仪器投影法

(1) 将测角仪器安置在固定测站上，该测站到建筑物的距离为建筑物高度的 1.5 倍以上，照准建筑物 X 墙面上部的监测点 M，用盘左、盘右分中投点法定出 X 墙面下部的监测点 N。

(2) 用同样的方法，在与 X 墙面垂直的 Y 墙面上定出其上部监测点 P 和下部监测点 Q，M、N、P、Q 点即为所设监测标志。

(3) 间隔一段时间后，在原固定测站点上安置测角仪器，分别照准上部监测点 M 和 P，用盘左、盘右分中投点法得到 N_1 和 Q_1 点。如果 N 点与 N_1 点、Q 点与 Q_1 点不重合，则说明建筑物发生了倾斜。

(4) 分别量出 X、Y 墙面的偏移值 Δx、Δy，然后用矢量相加，计算出该建筑物的总偏移值 ΔD，即

$$\Delta D=\sqrt{(\Delta x)^2+(\Delta y)^2} \tag{15-4}$$

根据总偏移值 ΔD 和常规建筑物的高度 H，按式(15－3)即可计算出常规建筑物的倾斜率。此方法操作比较简便，但是需要建筑物处于比较开阔的位置，建筑物密集时则无法进行。

2. 圆形高耸建筑物

对圆形高耸建筑物的倾斜监测，是在互相垂直的两个方向上，测定其顶部中心对底部中心的偏移值，如图 15－10 所示，步骤如下：

(1) 在圆形高耸建筑物的底部正交平放两根标尺 x 和 y，在标尺中垂线方向上分别安置测角仪器，仪器到建筑物的距离为其高度的1.5 倍。

(2) 用望远镜将建筑物的顶部边缘两点 B_1、B_3 及底部边缘两点 A_1、A_3 分别投到标尺之上，得读数为 x_{B_1}、x_{B_3} 及 x_{A_1}、x_{A_3}。

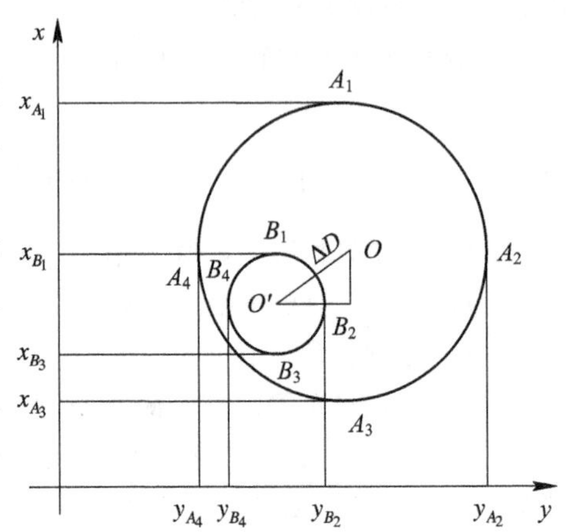

图 15－10 圆形高耸建筑的倾斜监测

(3) 计算顶部中心 O'对底部中心 O 在 x 方向上的偏移值 Δx，得

$$\Delta x=\frac{x_{B_1}+x_{B_2}}{2}-\frac{x_{A_1}+x_{A_2}}{2} \tag{15-5}$$

(4) 采用同样的方法，即用望远镜将建筑物的顶部边缘两点 B_2、B_4 及底部边缘两点 A_2、A_4 分别投到标尺 y 上，得读数为 y_{B_2}、y_{B_4} 及 y_{A_2}、y_{A_4}，从而可得顶部中心 O'对底部中心 O 在 y 方向上的偏移值 Δy 为

$$\Delta y=\frac{y_{B_1}+y_{B_2}}{2}-\frac{y_{A_1}+y_{A_2}}{2} \tag{15-6}$$

矢量相加后，计算出顶部中心 O'相对于底部中心 O 的总偏移量：

$$\Delta D=\sqrt{(\Delta x)^2+(\Delta y)^2} \tag{15-7}$$

根据总偏移值 ΔD 和圆形高耸建筑物的高度 H，按照式(15－3)即可计算出圆形高耸建筑物的倾斜率。

15.4.2 水平角法

对于塔形、圆形建筑物或构件，每测站的监测应以定向点作为零方向，测出各监测点的方向值和至底部中心的距离，计算顶部中心相对于底部中心的水平位移分量。对于矩形建筑物，可在每测站直接监测顶部监测点与底部监测点之间的夹角或上层监测点与下层监测点之间的夹角，以所测角值与距离值计算整体的或分层的水平位移分量和位移方向。以烟囱为例，如图 15－11 所示，水平角法的步骤如下：

(1) 在拟测烟囱的纵、横两轴线方向上距烟囱 1.5 倍高度的远处选定两个点 M、N 作

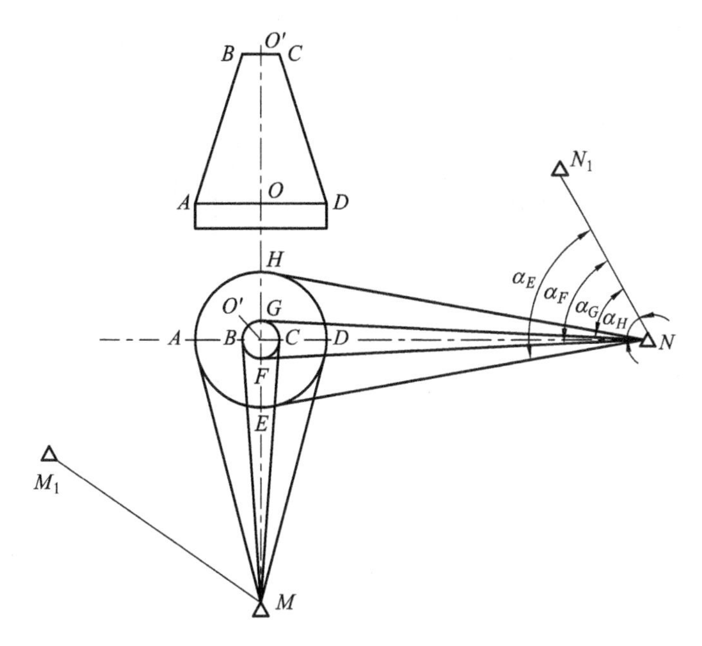

图 15-11　水平角法

为测站。在烟囱横轴线上布设监测标志点 A、B、C、D，在烟囱纵轴线上布设监测标志点 E、F、G、H，并选定远方通视良好的固定点 M_1、N_1 作为零方向。O 点为烟囱底部中心，O'点为顶部中心。

(2) 监测时，先在 N 点设站，以 N_1 点为零方向，以 E、F、G、H 点为监测方向，用测角仪器按方向监测法监测两个测回，得 E、F、G、H 各点的方向值分别为 α_E、α_F、α_G、α_H，则 O、O'点所对测站点 N 的水平夹角 $\angle ONO'=\theta_1=\frac{\alpha_E+\alpha_H}{2}-\frac{\alpha_F+\alpha_G}{2}$。若已知 N 点至烟囱底部中心的水平距离为 L_1，则烟囱在纵轴线方向的倾斜位移量为

$$\Delta_1=\frac{\theta_1}{\rho}L_1 \tag{15-8}$$

(3) 在 M 点设站，以 M_1 点为零方向，测出 A、B、C、D 各点的方向值 α_A、α_B、α_C、α_D。同理可得烟囱在横轴线方向的倾斜位移量为

$$\Delta_2=\frac{\theta_2}{\rho}L_2 \tag{15-9}$$

式中：θ_2——O、O'点所对测站点 M 的水平夹角，$\theta_2=\frac{\alpha_A+\alpha_D}{2}-\frac{\alpha_B+\alpha_C}{2}$；

L_2——M 点至烟囱底部中心的水平距离。

综上可知总的倾斜偏移值为

$$\Delta D=\sqrt{\Delta_1{}^2+\Delta_2{}^2} \tag{15-10}$$

倾斜率或倾斜角可按照式(15-3)计算。

15.4.3　测角前方交会法

当塔式建筑物很高，且周围环境不便采用水平角法时，可采用测角前方交会法进行

监测。

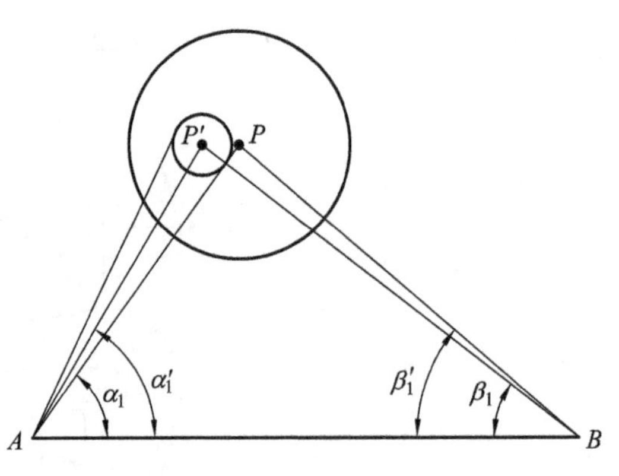

图 15－12 测角前方交会法

如图 15－12 所示，P 点为塔式建筑物底部中心，P'点为顶部中心，其附近布设基线 AB。A、B 点需选在稳定且能长期保存的地方，条件困难时也可选在附近稳定的建筑物顶面上。基线 AB 的长度一般不大于 5 倍建筑物高度。所选基线应与监测点组成最佳图形，交会角宜为 60°～120°。

安置全站仪于 A 点，测定顶部 P'点两侧切线与基线的夹角，取其平均值为 α_1'；测定底部 P 点两侧切线与基线的夹角，取其平均值为 α_1。再将仪器置于 B 点，测定顶部 P'点两侧切线与基线的夹角，取其平均值为 β_1'；测定底部 P 点两侧切线与基线的夹角，取其平均值为 β_1。根据 α'_1、β'_1、α_1、β_1，利用前方交会公式计算出 P'点和 P 点的坐标。通过坐标反算，求得 PP'的水平距离，此即倾斜偏移值 ΔD。

根据式(15－3)可计算倾斜率或倾斜角。

15.4.4 垂准线法

当建筑物顶部和底部之间有竖向通视条件时，可采用垂准线法，包括吊锤球法，正、倒垂线法，激光垂准仪法。正垂线是上端固定，下端悬挂重锤；倒垂线是下端固定，上端设浮筒，将上端重锤漂浮在浮筒的阻尼液中。

激光垂准仪法是利用激光垂准仪自下而上投测，是一种精度高、速度快的方法。激光垂准仪法的基本原理是利用该仪器发射的铅直激光束的投射光斑，在基准点上向上投射，从而确定偏离位置，如图 15－13 所示。

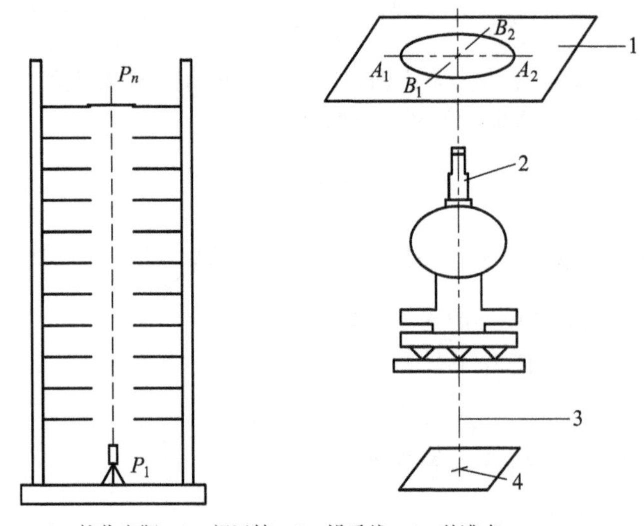

1—接收光靶；2—望远镜；3—铅垂线；4—基准点。

图 15－13 激光垂准仪法的基本原理

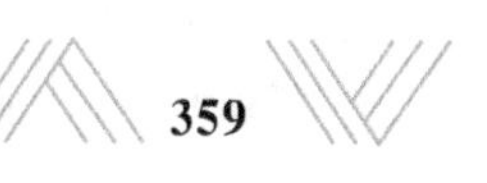

在高层建筑物的楼板上，通常设有垂准孔(预留孔，面积约为 25 cm×25 cm)。将垂准仪安置在底层平面的控制点上，精确整平仪器后，仪器的视准轴即处于铅垂位置。在顶部安置接收光靶，初次监测时，移动接收光靶，使接收光靶中心与激光光斑重合，然后做好固定位置标记。

后期监测时，将仪器在原来的基准点上安置好后，直接读取或量取顶部 A_1A_2 和 B_1B_2 两个方向上的位移量 ΔA、ΔB，则总的偏移量为

$$\Delta D=\sqrt{(\Delta A)^2+(\Delta B)^2} \tag{15-11}$$

倾斜率可利用式(15-3)计算。

15.4.5 基础沉降法

对于刚性比较好的建筑物，可以利用建筑物基础的相对沉降量间接确定建筑物的整体倾斜，如图 15-14 所示。在基础上选定两点 M、N，如图 15-14(a)所示；做好标志，如图 15-14(b)所示。定期监测基础上两点的高差，精确测定建筑物两端差异沉降量 Δh 之后，再根据建筑物的高度 H 和宽度 L，即可计算建筑物顶部的倾斜值：

$$\Delta D=\frac{\Delta h}{L}H \tag{15-12}$$

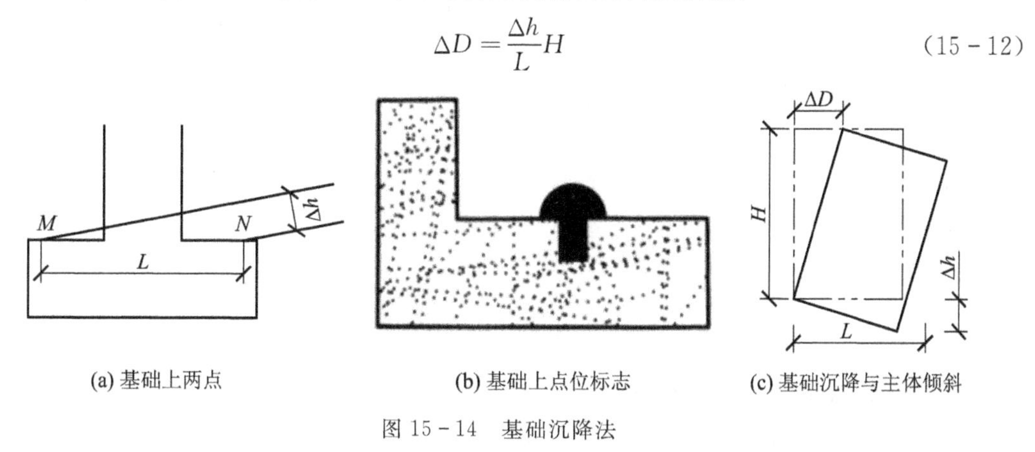

(a) 基础上两点 (b) 基础上点位标志 (c) 基础沉降与主体倾斜

图 15-14 基础沉降法

此外，也可以利用测斜仪来测定建筑物的倾斜。常用的测斜仪有水管式倾斜仪、水平摆倾斜仪、气泡倾斜仪和电子倾斜仪，使用时将其安置在建筑物需要监测的部位。电子倾斜仪具有可以连续读数、自动记录和传输数字等功能，可以通过水平倾斜角的变化值来反映和分析建筑物倾斜的变化程度。

15.5 挠度监测

挠度是指建筑物的基础、上部结构或构件等在弯矩作用下由挠曲引起的垂直于轴线的线位移，也就是建筑物在水平方向或竖直方向上的弯曲值，如高耸建筑物的侧向弯曲、大型桥梁中部的向下弯曲、大坝向下游的弯曲等。

根据挠度监测主体的不同，挠度监测主要包括建筑物基础挠度监测，建筑物主体挠度监测和墙、柱、梁等独立建筑物挠度监测。监测建筑物的挠度时，应按一定周期测定其挠度值。

15.5.1 建筑物基础挠度监测

建筑物基础挠度监测可与建筑物沉降监测同步进行。监测点应沿基础的轴线或边线布设，每一基础不得少于3点。建筑物基础挠度监测的标志设置、监测方法与建筑物沉降监测的相同。

如图15－15所示，挠度值 f_C 按照下式计算：

$$f_C=\Delta S_{AC}-\frac{L_1}{L_1+L_2}\Delta S_{AB} \qquad (15-13)$$

式中：f_C——C 点的挠度，单位为mm；

L_1——A、C 两点间的水平距离，单位为mm；

L_2——B、C 两点间的水平距离，单位为mm；

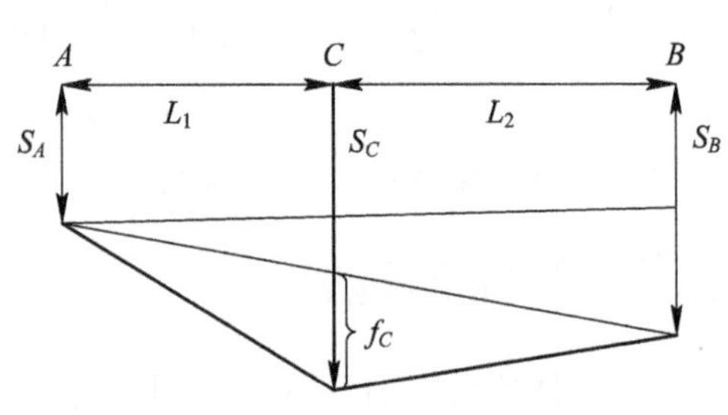

图15－15　基础挠度监测

ΔS_{AC}、ΔS_{AB}——A 点与 C 点、A 点与 B 点的沉降量差值，且

$$\begin{cases}\Delta S_{AC}=S_C-S_A\\ \Delta S_{AB}=S_B-S_A\end{cases} \qquad (15-14)$$

其中：S_A——基础上 A 点的沉降量，单位为mm；

S_B——基础上 B 点的沉降量，单位为mm；

S_C——基础上 C 点的沉降量，单位为mm。

跨中挠度值按下式计算：

$$f_O=\Delta S_{1O}-\frac{1}{2}\Delta S_{12} \qquad (15-15)$$

式中：f_O——跨中挠度，单位为mm；

ΔS_{1O}——基础端点1与 O 点的沉降量差值；

ΔS_{12}——基础两个端点1、2的沉降量差值，且

$$\begin{cases}\Delta S_{1O}=S_O-S_1\\ \Delta S_{12}=S_2-S_1\end{cases} \qquad (15-16)$$

其中：S_O——基础中点 O 的沉降量，单位为mm；

S_1、S_2——基础两个端点1、2的沉降量，单位为mm。

15.5.2 建筑物主体挠度监测

对于直立高大型建筑物，其挠度的监测方法是测定建筑物在铅垂面内各不同高程点相对于底部的水平位移值。

对于内部有竖直通道的建筑物，其挠度监测多采用正垂线法，即从建筑物顶部附近悬挂一根不锈钢丝，下挂重锤，直到建筑物底部。在建筑物不同高程上设置监测，以坐标仪定期测出各点相对于垂线的位移，比较不同周期的监测成果，即可求得建筑物的挠度值。也

可以采用激光准直仪监测的方法求得建筑物的挠度值。

正垂线法的主要设备包括悬线装置、固定夹线装置、活动夹线装置、监测墩、垂线、重锤、油箱(浮筒)等。下面主要介绍固定夹线装置、活动夹线装置、垂线、垂锤及油箱。

(1) 固定夹线装置。固定夹线装置是悬挂重锤的支点，该点在使用期间应保持不变。若垂线受损而折断，则支点应能保证所换垂线位置不变。当采用较重的重锤时，在固定夹线装置的上方 1 m 处设有悬线装置。固定夹线装置应装在顶部人能到达之处，以便调节垂线的长度或更换垂线。

(2) 活动夹线装置。活动夹线装置为多点夹线法监测时的支点，其构造需考虑不使垂线有突折变化，以免损伤垂线，同时还需考虑到在每次监测时都不改变原点位置。

(3) 垂线。垂线是一种高强度且不生锈的金属丝。垂线的粗细由本身的强度和重锤的重量决定，一般其直径为 1～2.5 mm。

(4) 重锤及油箱。重锤是使垂线保持铅垂状态的重物，可用金属或混凝土制成砝码形式。油箱的作用是不使重锤旋转或摆动，亦即加大阻力以保持重锤的稳定。

利用正垂线测定挠度的方法有多点监测站法和多点夹线法。

1. 多点监测站法

如图 15－16 所示，铅垂线自顶挂下，保持不动，在各监测点上安置坐标仪进行监测，由坐标仪测得的监测值为 S_0，S_1，S_2，…，S_N(N 为监测点数量)，监测点 N_i($i=1$，2，…，N)与顶点 N_0 之间的相对位移即为监测点 N_i 的挠度值：

$$f=S_0-S_i \tag{15-17}$$

由于这种监测方法必须在每个测站设置坐标仪，所以在仪器不足的条件下不方便使用。

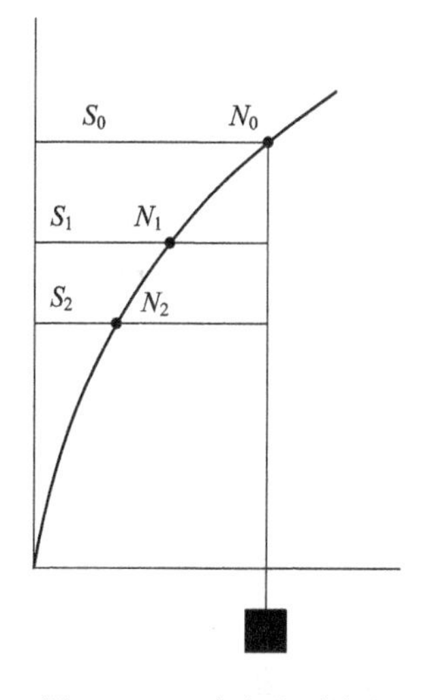

图 15－16　多点监测站法

2. 多点夹线法

如图 15－17 所示，将坐标仪设在垂线的最低点，在垂线上自上而下在 N_0、N_1、N_2 等处用夹线装置将垂线夹紧，在坐标仪上所得到的监测值(S_0、S_1、S_2 等)即为各点相对于最低点的挠度值。采用此法监测时，一般各监测点监测两个测回。在每个测回中，用坐标仪先后两次照准垂线读数，当其限差在±0.3 mm 之内时，取其平均值作为该测回的监测结果。第二个测回开始前，需在测点上重新夹定垂线，在测站上重新装置坐标仪，按上述方法测得第二个测回的监测值，测回差应不大于±0.3 mm。这种监测方法的优点是一台坐标仪可供多处流动使用。

独立建筑物的挠度监测，除可采用上述建筑物主体挠度监测方法之外，当条件允许时，亦可用挠度计、位移传感器等设备直接测定挠度值。

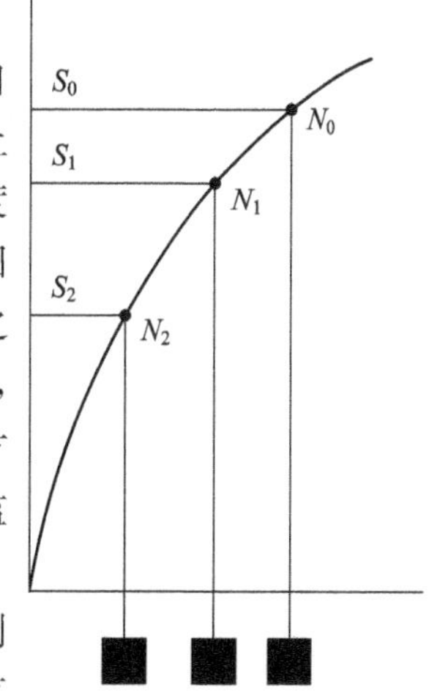

图 15－17　多点夹线法

15.6 裂缝监测

建筑物裂缝比较常见，成因不一，危害程度不同，严重的可能引起建筑物的破坏。裂缝监测的主要目的是查明裂缝情况，掌握其变化规律，分析其成因和危害，以便采取对策，保证建筑物的安全施工和运行。

裂缝监测是测定建筑物上的裂缝分布位置和裂缝走向、长度、宽度及其变化情况。对需要监测的裂缝应统一进行编号。每条裂缝应至少布设两组监测标志，其中一组应在裂缝的最宽处，另一组应在裂缝的末端。每组应使用两个对应的标志，分别设在裂缝的两侧。裂缝监测标志应具有可供测量的明晰端面或中心。裂缝宽度的监测精度不宜低于0.1 mm，长度和深度的监测精度不宜低于1 mm。

根据裂缝分布情况，对重要的裂缝应选择有代表性的位置，在裂缝两侧各埋设一个标志，一端埋入混凝土内，另一端外露。长期监测时，可采用镶嵌或埋入墙面的金属片标志、金属杆标志或楔形板标志。如图15-18所示为金属埋设标志，两个标志点的距离不得小于150 mm，用游标卡尺定期地测定两个标志点之间的距离，并计算变化值，测量精度可达到0.1 mm。

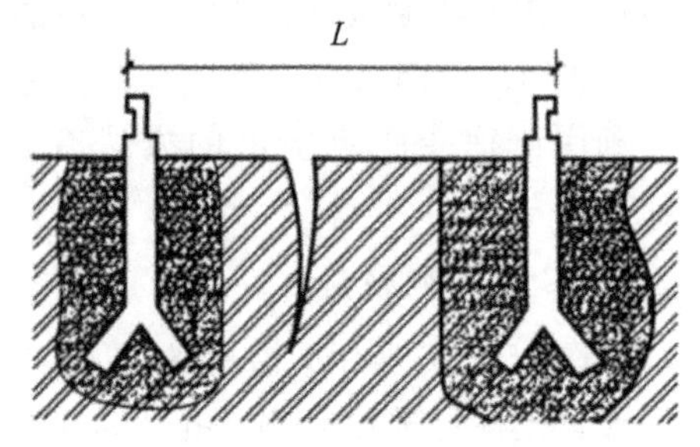

图15-18 金属埋设标志

短期监测时，可采用建筑胶粘贴的金属片标志。如图15-19所示，将一金属片先固定在裂缝一侧，并使其一边与裂缝的边缘对齐，另一稍窄的金属片固定在裂缝的另一侧，两金属片的边缘相互平行，并使其一部分重合紧贴；然后在标志表面涂红漆，写明编号与日期。裂缝扩展时，金属片相互拉开，露出下面没有涂漆的部分，这部分的宽度即为裂缝扩展的宽度。

也可在裂缝两侧绘两个平行线标志 A、B，通过测定 AB 长度的变化来掌握裂缝宽度的扩展情况，如图15-20所示。

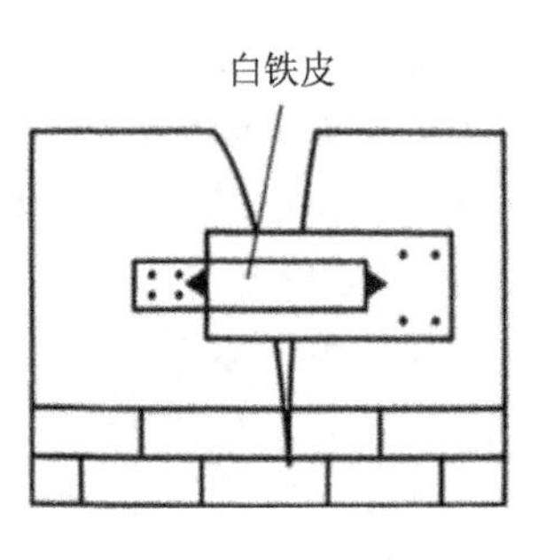

图15-19 金属片标志

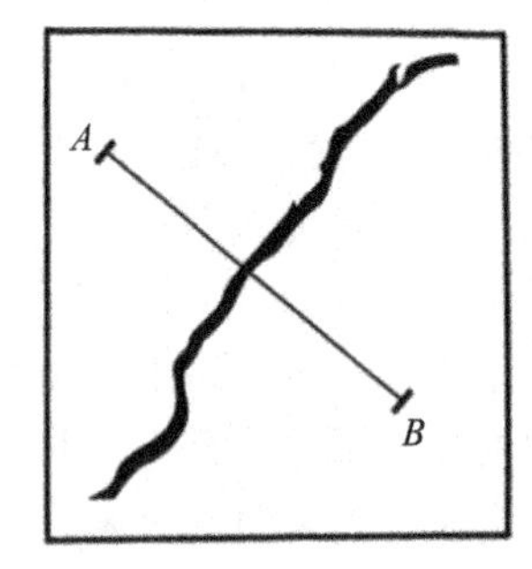

图15-20 平行线标志

对于数量少、量测方便的裂缝，可根据标志形式的不同分别采用小钢尺或游标卡尺等工具定期量出标志间的距离，求得裂缝变化值；或用方格网板定期读取“坐标差”，从而计算裂缝变化值。对于大面积且不便于人工量测的众多裂缝，宜采用交会测量或近景摄影测

量方法。需要连续监测裂缝变化时，可采用测缝计或传感器自动测记方法。对于裂缝深度的量测，当裂缝深度较小时，宜采用凿出法和单面接触超声波法；当深度较大时，宜采用超声波法。

裂缝监测中，裂缝宽度数据应量至0.1 mm，每次监测应绘出裂缝的位置、形态和尺寸，注明日期，并拍摄裂缝照片。裂缝监测的周期应根据裂缝变化速度而定，开始时可半个月监测一次，以后一个月监测一次。当发现裂缝加大时，应及时增加监测次数。

15.7 深基坑工程监测

随着城市建设的发展，越来越需要开发三维城市空间。目前各类用途的地下空间已在世界各大中城市中得到开发利用，诸如高层建筑物的多层地下室、地下铁路、地下车站、地下停车场、地下街道、地下商场、地下仓库、地下民防工程以及多种地下民用和工业设施等。现在，基坑工程不仅数量增多，而且向更大、更深方向发展。深基坑工程主要集中在市区，施工场地小，施工条件复杂，使用放坡方式开挖基坑这一传统的技术已不能满足现代化城市建设的需要。因此，如何对深基坑进行开挖与支护，如何减小基坑开挖对周围建筑物、道路和各种市政设施的影响，如何完善基坑工程的计算理论和施工技术，如何发展基坑开挖扰动环境稳定控制理论和方法，将引起人们进一步的关心与重视。

基坑工程根据其施工、开挖方法的不同可分为大开挖(无支护开挖)与支护开挖两大类。目前，在日益拥挤的城市建设中，由于周边环境条件所限，以支护开挖为主要形式。支护开挖包括围护结构、支撑(锚固)系统、土方开挖、被动区土体加固、地下水控制、工程监测、环境保护等几个主要组成部分。为保护环境，设计及施工时要将深基坑开挖对周围环境的影响控制在允许的范围内。根据对周围环境条件的调查研究，计算其周围建筑物、管线的允许变位，确定基坑开挖引起的地层位移及相应的基坑围护墙的水平位移、周围地表沉降的允许值，以作为设计基坑变形控制标准。

深基坑开挖不仅要保证基坑本身的安全与稳定，而且要有效控制基坑周围地层移动，以保护周围环境。在地层较好的地区，基坑开挖所引起的周围地层变形较小，若适当控制，则不会影响周围的市政环境。但在软土地区，特别是在软土地区的城市建设中，由于地层软弱复杂，进行基坑开挖往往会产生较大的变形，严重影响紧靠深基坑周围的建筑物、地下管线、交通干道和其他市政设施，因而是一项很复杂且带风险性的工程。目前，在城市基坑工程设计中，随着基坑变形控制要求越来越严格，以强度控制设计为主的方式逐渐被以变形控制设计为主的方式所取代，基坑的变形分析成为基坑工程设计中一个极重要的组成部分，这一点在软土地区尤为重要。因此，在深基坑施工过程中，只有对基坑支护结构、基坑周围的土体和相邻的建筑物进行综合、系统的监测，才能对工程情况有深入的了解，确保工程顺利进行。

15.7.1 监测内容

基坑开挖与支护的监测，可根据具体情况采用表15-10所列的部分或全部内容。

表 15-10 主要监测项目

序号	监 测 项 目	一级基坑工程	二级基坑工程	三级基坑工程
1	自然环境(雨水、气温、洪水等)	A	A	A
2	边坡土体顶部水平位移	A	A	A
3	边坡土体顶部垂直位移	A	B	C
4	挡土(围护)的水平位移	A	A	A
5	挡土(围护)的垂直位移	A	B	C
6	基坑周围地表沉降	A	B	C
7	基坑周围地表裂缝	A	A	B
8	挡土(围护)结构的应力应变	B	B	C
9	挡土(围护)结构的裂缝	A	A	B
10	支撑的应力和轴力	A	B	C
11	锚杆的应力和轴力	A	B	C
12	基坑底部回弹	B	C	C
13	基坑底部隆起	B	C	C
14	地下水位	A	B	C
15	墙体土压力	B	C	C
16	土体空隙水压力	B	C	C
17	立柱沉降或变形	B	B	B
18	周围建筑物的沉降	A	A	A
19	周围建筑物的水平位移	B	C	C
20	周围建筑物的倾斜	A	B	C
21	周围建筑物的裂缝	A	A	B
22	周围重要设施的变位和破损	A	A	A
23	基坑周围地面荷载状况	A	A	A
24	基坑渗、漏水状况	A	A	A
25	土体分层竖向位移	B	B	B

注：A 为必测项目，B 为选测项目，C 为可不测项目。

15.7.2 监测的基本要求

无论采用何种具体的监测方法，都要满足下列技术要求：

(1) 监测工作必须是有计划的，应严格按照有关的技术文件(如监测任务书)执行。这类技术文件的内容至少应该包括监测方法和使用的仪器、监测精度、测点的布置、监测周期等。计划性是监测数据完整性的保证。

(2) 监测数据必须是可靠的。数据的可靠性由监测仪器的精度、可靠性以及监测人员的素质来保证。

(3) 监测必须是及时的。因为基坑开挖是一个动态的施工过程，只有保证及时监测，才能有利于发现隐患，及时采取措施。

(4) 对于监测的项目，应按照工程具体情况预先设定预警值，预警值应包括变形值、内力值及变形速率。当发现超过预警值的异常情况时，要采取应急补救措施。

(5) 每个工程的基坑支护监测应该有完整的监测记录、现象的图表、曲线和监测报告。

15.7.3 监测点的布置

边坡土体顶部的水平位移、垂直位移监测点通常应沿基坑周边10～20 m布置，一般在每边的中部和端部布置监测点，并在远离基坑处(大于5倍基坑开挖深度)设基准点，且数量不应少于2点，对基准点要按其稳定程度定时检测其位移和沉降。

基坑周围地表裂缝、建筑物裂缝和挡土支护结构裂缝的监测应是全方位的，并选取其中裂缝宽度较大、有代表性的部位进行重点监测，记录裂缝的宽度、长度和走向。检查挡土支护结构的开裂变位情况，应重点检查挡土桩侧、挡土墙面、主要支撑及连接点等关键部位的开裂变位情况及挡土结构漏水的情况。

挡土(围护)结构、支撑及锚杆的应力应变监测点和轴力监测点应布置在受力较大且有代表性的部位，监测点数量视具体情况而定。挡土(围护)结构弯矩监测点通常布置在基坑每侧中心处，深度方向监测点间距一般以1～2 m为宜。支撑结构轴力监测点需设置在主撑跨中部位，每层支撑都应选择若干个具有代表性的截面进行测量。对监测轴力的重要支撑，宜配套监测其在支点处的弯矩，以及两端和中部的沉降和位移。

基坑周围地表沉降、地下水位、竖向位移、墙体土压力和空隙水压力的监测点宜设在基坑纵横轴线或其他有代表性的部位，监测点数量视具体情况而定。

环境监测应包括基坑开挖深度3倍以内的范围。地下管线的沉降监测点宜布设在地下管线顶部，也可设置在靠近管线底部的土体中。邻近建筑物的沉降监测点通常应布置在墙角、柱身、门边等外形突出部分，监测点间距以能反映建筑物各部分的不均匀沉降为宜。

立柱桩沉降监测点直接布置在力柱桩上方的支撑面上。每根立柱桩的沉降量、位移量均需测量，尤其在支撑交汇受力复杂处，立柱应作为监测的重点，对其变形和应力的监测应配套进行。

底板反力监测点按底板结构形状在最大正弯矩和负弯矩处布置。

15.7.4 工程实例

某工程地下有4层，基坑深13.5 m、长75.0 m、宽55.0 m，支护结构形式采用深层搅拌桩相互搭成截水围幕，采用人工挖孔桩结合两排预应力锚索作为支护结构，基坑的安全等级为二级。图15-21为基坑支护结构变形监测示意图。

根据该工程的特点，选择以下主要的监测内容：① 在基坑顶部布设11个水平位移监测点，间距为15～20 m，要求按二等水平位移测量精度进行监测，即变形点的点位中误差为±3 mm；② 埋点同水平位移监测点(共用)，采用二等水准测量精度监测，即变形点的高程中误差为±0.5 mm，并布设深式、浅式水准基准点各2个；③ 关于基坑支护结构桩侧向变形监测(测斜)，该基坑共布设了8个侧向变形监测(测斜)点，每边各2个，且按三等分，

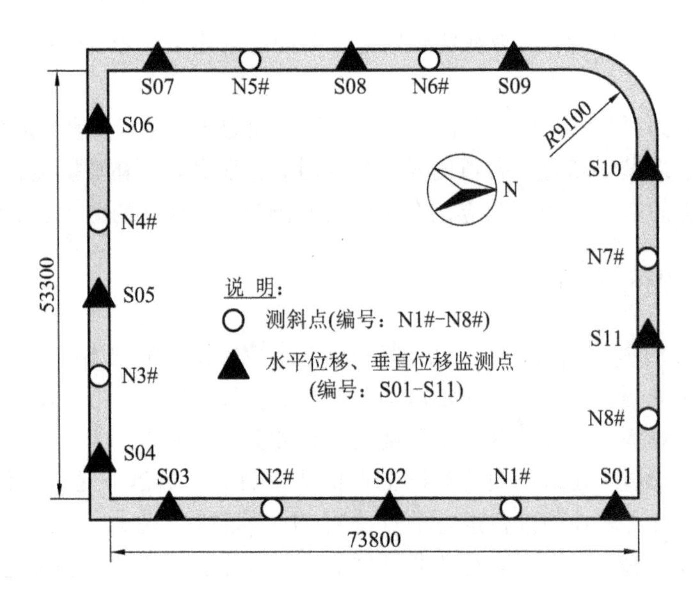

图 15-21 基坑支护结构变形监测示意图

采用直径为 55 mm 的专用测斜管预先绑扎在钢筋笼上，埋设于桩心，必须保持测斜管的内沟槽呈直线，并相对沟槽与基坑垂直，以获得最大的倾斜量，测量仪器采用意大利 SISGEOS. R. I 公司生产的数字式测斜仪；④ 在四边各埋设一个水位监测管，监测水位的升降情况；⑤ 对坑边、地面、围墙及支护结构的裂缝进行监测，采用贴纸条的方法观察裂缝的发展情况、测量裂缝的宽度。

土方开挖前监测 1 次，土方开挖期间 3～5 天监测一次(桩顶水平位移及沉降 1～3 天监测一次)，地下室施工期间 10～15 天监测一次，一直到±0.00 层施工完成。施工期间，如遇到暴雨及基坑出现较大变形，变形速率较大，支护结构开裂等情况，应调整监测周期，提高监测的频率。

15.8 变形监测数据的整编和分析

欲使变形监测起到监视建筑物安全使用和充分发挥工程效益的作用，除进行现场监测取得第一手资料外，还必须对监测资料进行整理分析，即对变形监测数据做出正确分析处理。变形监测数据处理工作的主要内容包括资料整编和资料分析。

对监测资料进行汇集、审核、整理、编排，使之集中化、系统化、规格化和图表化，并刊印成册的过程称为监测资料的整编，其目的是便于应用分析，向需用单位提供资料和归档保存。监测资料整编通常是在平时对资料已有计算、校核甚至分析的基础上，按规定及时对整编年份内的所有监测资料进行整编。

对工程及有关的各项监测资料进行综合性的定性和定量分析，找出变化规律及发展趋势的过程称为监测资料分析，其目的是对工程建筑物的工作状态做出评估、判断和预测，从而有效地监视建筑物安全运行。监测资料应随时监测、随时分析，以便发现问题，及时处理。监测资料分析是根据建筑物设计理论、施工经验、有关的基本理论和专业知识进行的。

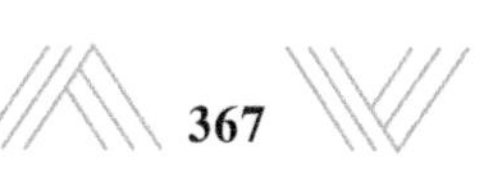

监测资料分析成果可指导施工和运行，同时也是进行科学研究、验证建筑物设计理论和提高施工技术的基本资料。

15.8.1 资料整编

20世纪70年代以来，美国、意大利、日本等一些国家均已应用自动化技术，采集和整编监测数据，并存入数据库，供随时调用。中国在20世纪80年代已制成自动化检测装置，可以对内部监测仪器的测值自动采集并按整编格式显示打印，该装置已在许多大型工程上安装使用。

资料整编的过程如下：

(1) 收集资料，包括：

① 工程或监测对象的资料：勘测、设计、施工、管理等资料和有关部位平面图、剖面图；

② 考证资料：监测设备的布置图、结构详图、安装情况，监测点改变及增设、测次调整情况等；

③ 监测资料：记录表、计算表、检查观察记录、平时分析成果等；

④ 有关文件：上级指示、批文和技术规定等。

(2) 审核资料，包括：

① 检查收集的资料是否齐全；

② 审查数据是否有误或精度是否符合要求；

③ 对可疑数据进行考证核定；

④ 对间接资料进行转换计算；

⑤ 对各种需要修正的资料进行计算修正；

⑥ 审查平时分析的结论意见是否合理。

(3) 填表和绘图，包括：

① 将审核过的数据资料分类填入成果统计表；

② 绘制各种过程线、相关线、等值线图等；

③ 按一定顺序进行编排。

(4) 编写整编成果说明，包括：

① 工程或其他监测对象情况：基本情况和整编年份内发生的重大问题和处理结果等；

② 监测情况：监测设备变动情况，监测方法、精度、测次情况，监测中发生的问题等；

③ 监测成果说明：对资料考证、鉴定、改进或删除的说明，概述本整编年份内资料变化的某些特点和规律，概述平时分析的结论意见，对工程或监测对象进行简要评价，指出监测工作中存在的问题并提出改进意见，指出使用本整编成果应注意的问题等。

(5) 刊印：经过仔细校对无误后付印。

15.8.2 资料分析

变形分析主要包括两方面内容：一是对建筑物变形进行几何分析，即对建筑物的空间变化给出几何描述；二是对建筑物变形进行物理解释。几何分析的成果是建筑物运营状态正确性判断的基础，常用的分析方法如下：

(1) 作图分析。将监测资料绘制成各种曲线，常用的是将监测资料按时间顺序绘制成沉降曲线图。通过监测物理量的过程线，分析其变化规律，并将其与水位、温度等过程线对比，研究它们之间的相互影响关系。也可以绘制不同监测物理量的相关曲线，研究其相互关系。这种方法简便、直观，特别适用于初步分析阶段。

(2) 统计分析。用数理统计方法分析、计算各种监测物理量的变化规律和变化特征，分析监测物理量的周期性、相关性和发展趋势。这种方法具有定量的概念，使分析成果更具实用性。

(3) 对比分析。将各种监测物理量的实测值与设计计算值或模型试验值进行比较，相互验证，寻找异常的原因，探讨改进运行和设计、施工方法的途径。由于水工建筑物实际工作条件的复杂性，必须用其他分析方法处理实测资料，分离各种因素的影响，才能对比分析。

(4) 建模分析。采用系统识别方法处理实测资料，建立数学模型，用以分离影响因素，研究监测物理量的变化规律，进行实测值预报和实现安全控制。建模分析常用数学模型有以下三种。

① 统计模型：主要以逐步回归计算方法处理实测资料建立的模型；

② 确定性模型：主要以有限元计算和最小二乘法处理实测资料建立的模型；

③ 混合模型：一部分监测物理量(如温度)用统计模型，另一部分监测物理量(如变形)用确定性模型。

建模分析方法能够定量分析，是对长期监测资料进行系统分析的主要方法。

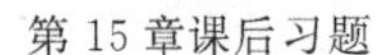

第 15 章课后习题　　习题及参考答案

参考文献

[1] 测绘词典编辑委员会.测绘词典[M]. 上海：上海辞书出版社，1981.
[2] 测绘学名词审定委员会. 测绘学名词[M]. 4版. 北京：测绘出版社，2020.
[3] 宁津生，陈俊勇，李德仁，等. 测绘学概论[M]. 3版. 武汉：武汉大学出版社，2016.
[4] 张正禄. 工程测量学[M]. 2版. 武汉：武汉大学出版社，2013.
[5] 程鹏飞，成英燕，文汉江，等. 2000国家大地坐标系实用宝典[M]. 北京：测绘出版社，2008.
[6] 党亚民，章传银，陈俊勇，等. 现代大地测量基准[M]. 北京：测绘出版社，2015.
[7] 孔祥元，郭际明，刘宗泉. 大地测量学基础[M]. 武汉：武汉大学出版社，2010.
[8] 施一民. 现代大地控制测量[M]. 2版. 北京：测绘出版社，2008.
[9] 陶本藻，邱卫宁. 误差理论与测量平差[M]. 武汉：武汉大学出版社，2012.
[10] 中国有色金属工业协会. 工程测量标准：GB 50026—2020[S]. 北京：中国计划出版社，2021.
[11] 冯晓，吴斌. 现代工程测量仪器应用手册[M]. 北京：人民交通出版社，2005.
[12] 陆国胜，王学颖. 测绘学基础[M]. 北京：测绘出版社，2006.
[13] 潘正风，程效军，成枢，等. 数字地形测量学[M]. 武汉：武汉大学出版社，2015.
[14] 谢钢. GPS原理与接收机设计[M]. 北京：电子工业出版社，2009.
[15] 李征航，黄劲松. GPS测量与数据处理[M]. 3版. 武汉：武汉大学出版社，2016.
[16] 徐绍铨，张华海，杨志强，等. GPS测量原理及应用[M]. 4版. 武汉：武汉大学出版社，2017.
[17] 黄丁发，张勤，张小红，等. 卫星导航定位原理[M]. 武汉：武汉大学出版社，2015.
[18] 黄声享，郭英起，易庆林. GPS在测量工程中的应用[M]. 北京：测绘出版社，2007.
[19] 周忠谟，易杰军，周琪. GPS卫星测量原理与应用[M]. 2版. 北京：测绘出版社，1997.
[20] 郑加柱，王永弟，石杏喜，等. GPS测量原理及应用[M]. 北京：科学出版社，2014.
[21] 中华人民共和国国家质量监督检验检疫总局，中国国家标准化管理委员会. 全球定位系统(GPS)测量规范：GB/T 18314—2009[S]. 北京：中国标准出版社，2009.
[22] 国家测绘局. 全球定位系统实时动态测量(RTK)技术规范：CH/T 2009—2010[S]. 北京：测绘出版社，2010.
[23] 孔祥元，郭际明. 控制测量学：上册[M]. 4版. 武汉：武汉大学出版社，2015.
[24] 孔祥元，郭际明. 控制测量学：下册[M]. 4版. 武汉：武汉大学出版社，2015.
[25] 顾孝烈，杨子龙，都彩生，等. 城市导线测量[M]. 北京：测绘出版社，1984.
[26] 纪明喜. 工程测量[M]. 北京：中国农业出版社，2005.
[27] 中华人民共和国国家质量监督检验检疫总局，中国国家标准化管理委员会. 城市测绘基本技术要求：GB/T 35637—2017[S]. 北京：中国标准出版社，2018.
[28] 中华人民共和国住房和城乡建设部. 城市测量规范：CJJ/T 8—2011[S]. 北京：中国建筑工业出版社，2012.
[29] 中华人民共和国国家质量监督检验检疫总局，中国国家标准化管理委员会. 国家基本比例尺地形图分幅和编号：GB/T 13989—2012[S]. 北京：中国标准出版社，2012.
[30] 中华人民共和国国家质量监督检验检疫总局，中国国家标准化管理委员会. 国家基本比例尺地图图式第1部分：1∶500 1∶1000 1∶2000地形图图式：GB/T 20257.1—2017[S]. 北京：中国标准出版社，2017.
[31] 中华人民共和国国家质量监督检验检疫总局，中国国家标准化管理委员会. 国家基本比例尺地图图

式第 2 部分：1∶5000 1∶10 000 地形图图式：GB/T 20257.2—2017[S]. 北京：中国标准出版社，2017.

[32] 中华人民共和国国家质量监督检验检疫总局，中国国家标准化管理委员会. 国家基本比例尺地图图式 第 3 部分：1∶25 000 1∶ 50 000 1∶100 000 地形图图式：GB/T 20257.3—2017[S]. 北京：中国标准出版社. 2017.

[33] 中华人民共和国国家质量监督检验检疫总局，中国国家标准化管理委员会. 国家基本比例尺地图图式 第 4 部分：1∶250 000 1∶50 0000 1∶1 000 000 地形图图式：GB/T 20257.4—2017[S]. 北京：中国标准出版社，2017.

[34] 焦健，曾琪明. 地图学[M]. 北京：北京大学出版社，2005.

[35] 龙毅，温永宁，盛业华. 电子地图学[M]. 北京：科学出版社，2006.

[36] 顾孝烈，鲍峰，程效军. 测量学[M]. 4 版. 上海：同济大学出版社，2011.

[37] 中华人民共和国国家质量监督检验检疫总局，中国国家标准化管理委员会. 1:500 1:1000 1:2000 外业数字测图规程：GB/T 14912—2017 [S]. 北京：中国标准出版社，2018.

[38] 郭宗河. 土木工程测量[M]. 北京：中国计量出版社，2011.

[39] 过静珺，饶久刚. 土木工程测量[M]. 3 版. 武汉：武汉理工大学出版社，2009.

[40] 王依，过静珺. 现代普通测量学[M]. 2 版. 北京：清华大学出版社，2009.

[41] 殷耀国，王晓明. 土木工程测量[M]. 2 版. 武汉：武汉大学出版社，2017.

[42] 殷耀国，郭宝宇，王晓明. 土木工程测量[M]. 3 版. 武汉：武汉大学出版社，2021.

[43] 纪明喜. 工程测量[M]. 北京：中国农业出版社，2005.

[44] 覃辉，马德富，熊友谊. 测量学[M]. 北京：中国建筑工业出版社，2007.

[45] 杨晓明，沙从术，郑崇启，等. 数字测图[M]. 北京：测绘出版社，2009.

[46] 梁勇，邱健壮，厉彦玲. 数字测图技术及应用[M]. 北京：测绘出版社，2009.

[47] 翟翊，赵夫来，杨玉海，等. 现代测量学[M]. 2 版. 北京：测绘出版社，2016.

[48] 张会霞，朱文博. 三维激光扫描数据处理理论及应用[M]. 北京：电子工业出版社，2012.

[49] 谢宏全，侯坤. 地面三维激光扫描技术与工程应用[M]. 武汉：武汉大学出版社，2013.

[50] 李青岳，陈永奇. 工程测量学[M]. 3 版. 北京：测绘出版社，2008.

[51] 宋超智，陈翰新，温宗勇. 大国工程测量技术创新与发展[M]. 北京：中国建筑工业出版社，2019.

[52] 覃辉. 建筑工程测量[M]. 北京：中国建筑工业出版社，2007.

[53] 岳建平，陈伟清. 土木工程测量[M]. 2 版. 武汉：武汉理工大学出版社，2010.

[54] 中华人民共和国交通部. 公路勘测规范：JTG C10—2007[S]. 北京：人民交通出版社，2007.

[55] 国家铁路局. 铁路工程测量规范：TB 10101—2018 [S]. 北京：中国铁道出版社，2019.

[56] 中华人民共和国住房和城乡建设部. 城市轨道交通工程测量规范：GB/T 50308—2017[S]. 北京：中国建筑工业出版社，2017.

[57] 郑文华. 地下工程测量[M]. 北京：煤炭工业出版社，2007.

[58] 阳凡林，暴景阳，胡兴树. 水下地形测量[M]. 武汉：武汉大学出版社，2017.

[59] 伊晓东，李保平. 变形监测技术及应用[M]. 郑州：黄河水利出版社，2007.

[60] 夏才初，潘国荣，等. 土木工程监测技术[M]. 北京：中国建筑工业出版社，2001.

[61] 段向胜，周锡元. 土木工程监测与健康诊断：原理、方法及工程实例[M]. 北京：中国建筑工业出版社，2010.

[62] 岳建平，田林亚. 变形监测技术与应用[M]. 北京：国防工业出版社，2007.

[63] 邱冬炜，丁克良，黄鹤，等. 变形监测技术与工程应用[M]. 武汉：武汉大学出版社，2016.